駿台受験シリーズ

理系標準問題集 化学

五訂版

石川正明 片山雅之 鎌田真彰 仲森敏夫 三門恒雄 共著

◆はじめに◆

入試で合格するレベルの学力をつけるためには，まず，学校での予習復習，定期テスト対策など，日々の学習の積み重ねが重要であることは言うまでもありません。ただ，残念ながら，そのレベルの学習だけでは，実際の入試問題が解ける所まで到達できません。やはり，実際のさまざまな入試問題を解いてみることが不可欠です。ただ，毎年，ぼう大な量の入試問題が作られており，どんな問題をどれくらい解けばよいのだろうかと途方にくれている人も多いでしょう。

本問題集を作成した私たちは，長年予備校という大学入試と常に向き合っている現場で教えてきました。その私たちの体験から確信をもって，どのような問題をどの程度解けば合格レベルに達するのかを示したのが本問題集です。私たちプロの目で選んだ問題を信頼して，これらの問題にしっかりと取り組めば，自然に合格レベルの力が身につくでしょう。

本書の特徴は以下の通りです。

1　問題のレベルは**A**，**B**の二ランクに分けられれています。**A**ランクはさらに基本チェックと頻出問題に分けられています。

2　**基本チェック**は通常の問題集にあるような用語の確認を中心としたものではなく，『入試問題を解く』という目的に照らして基本と呼べることがらを中心に問題形式で与えられています。そして，別冊の解説集では特に詳しい解説をつけてありますので，ここは何度も復習しましょう。

3　Aランクの残りの問題は，入試の**最頻出**問題です。もちろん，このような頻出問題が解けなくては，入試で合格することは絶対にできません。暗記してしまうくらいまで，復習をしましょう。

4　**B** ランクの問題は，考慮すべき要因が多い，計算が複雑である，素材でなじみが少ないなどのために**やや難**から**難**になっている問題（＊のマークあり）が主です。解くのに大きな困難を感じることがあるかもしれませんが，このレベルの問が解けるようになることが，合格を確実にしていくことにつながりますから，めげずにアタックしましょう。

そして，さらにハイレベルな“超”難問（＊＊のマークあり）が各章ごとに 1～2 題含まれています。超難関大学をめざす人は，ぜひこのような問にもチャレンジし，これらの大学を突破するのに自分には何が足りないのかを発見し，学力の一層のアップをはかってください。

5　別冊の**解答解説集**には，**自習ができる**よう，通常の問題集に比べるとはるかに詳しい解説がついています。しかも，予備校の現場で開発された，最新の解法や解説が載せられています。問題が解けた場合も，是非解説を読み，解法や考え方を深めるようにしましょう。また，ある程度考えても解き方がわからないときは，参考書のつもりで解説をどんどん読み込んで理解を深めるようにしましょう。

6　2025 年入試から，エンタルピー，エントロピーが高校化学に導入されます。そこで，これらに対処できる問題と，解法，解説を用意しました。十分に活用されることを願っています。

本問題集を使い込み，メキメキと実力をつけて，合格に向かって突き進んでください。そんなみなさんのたのもしい姿が見られることを願っています。

ファイト！

理系標準問題集作成グループ

石川，片山，鎌田，仲森，三門

目　次

第1章　物質の構成(構造の理論)

1　原子，物質量

2　原子の性質と化学結合

3　結合，構造と物質の性質

第2章　物質の状態1(状態の理論)

1　気体の法則

2　状態変化と蒸気圧

第3章　物質の状態2（溶液の理論）

1　物質の溶解

2　希薄溶液の性質

3　コロイド溶液

第4章　物質の変化1（反応の理論）

1　熱化学

2　反応速度

3　化学平衡

第5章　物質の変化2（基本的な反応）

1　酸と塩基

第7章　物質の性質2（有機化合物）

1　構造と異性体

2　脂肪族化合物（C, H）

3　脂肪族化合物（C, H, O）

4　芳香族化合物

第8章　物質の性質3（天然有機物と合成高分子化合物）

1　糖類

2　アミノ酸，ペプチド，タンパク質，酵素，核酸，医薬品

駿台受験シリーズ

理系標準問題集 化学

五訂版

第1章 物質の構成（構造の理論）

1 原子，物質量

1 ◀ 基本チェック ▶

(1) **【原子，分子の発見】** 以下の法則はどの順に発見されたか。
① 気体反応　② 定比例　③ 質量保存

(2) **【原子，イオンを構成する粒子】** $^{35}_{17}Cl$ の陽子，中性子，電子の個数，$_{20}Ca^{2+}$ の電子数を記せ。

(3) **【同位体】** 同位体の定義を 40 字以内で記せ。

(4) **【電子配置】** F，F^-，K，K^+ の電子配置を記入例に従って記せ。
［記入例］C＝K(2) L(4)

(5) **【元素の原子量】** 銀元素は，^{107}Ag(原子量 106.9) と ^{109}Ag(原子量 108.9) の 2 つの安定な原子からなり，これらの原子の数の％(存在比)はそれぞれ，51.35，48.65 である。銀元素の平均原子量を求めよ。

(6) **【原子量，分子量にグラムをつけた量に含まれる粒子の数】** 現在，原子量の基準は ^{12}C＝12 と約束されており，これによると H＝1，O＝16，H_2O＝18 となる。今，^{12}C の 12 g 中に含まれる原子の数を x，H_2O の 18 g 中に含まれる分子の数を y とするとき，$x=y$ となることを説明せよ。

(7) **【物質量(mol)の算出】** グルコース(分子式 $C_6H_{12}O_6$)の分子量はいくらであり，1mol は何 g か。また，グルコースの 36.0 g は何 mol か。ただし，原子量は，H＝1.00，C＝12.0，O＝16.0 とする。

(8) **【物質の変化量計算】** グルコース 36.0 g を完全燃焼させた。反応した O_2，生成した CO_2，H_2O の物質量(mol)と質量(g)を求めよ。

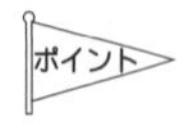

分子量にグラムをつけた質量中 ➡ その分子が 1mol 存在

2 ◀ 化学の基本法則 ▶

右表は近代化学の基礎となった法則および学説を年代順にまとめたものである。次の問いに答えよ。

法則又は学説	発見者又は提案者	内　容
質量保存の法則	(あ)	(き)
定比例の法則	(い)	(く)
原　子　説	(う)	(け)
倍数比例の法則	(え)	(こ)
気体反応の法則	(お)	(さ)
分　子　説	(か)	(し)

問1　表2列目の(あ)～(か)に適切な人名を下から選び，その記号を記せ。

a．アボガドロ　　b．ボイル　　c．ドルトン　　d．プルースト
e．ゲーリュサック　　f．メンデレーエフ　　g．ラボアジエ

問2　表3列目の(き)～(し)に適切な内容を下から選び，その記号を記せ。

h．同じ化合物の成分元素の質量の比は常に一定である。
i．化学反応の前後において，物質の質量の総和は変わらない。
j．温度が一定のとき，一定量の気体の体積は圧力に反比例する。
k．同温・同圧のもとで2種類以上の気体が反応して別の気体を生じるとき，それらの気体の体積の間には簡単な整数比が成り立つ。
l．2つの元素A，Bが2種類以上の化合物をつくるとき，元素Aの一定質量と化合する元素Bの質量は，これらの化合物の間では簡単な整数比が成り立つ。
m．すべての気体は，それぞれいくつかの原子が結合した分子からなり，同温・同圧のもとでは，同体積中に同数の分子を含む。
n．物質はすべて，それ以上分割できない原子からなり，化学変化では原子がなくなったり，新しく生じたりしない。化合物は何種類かの原子が一定の数の割合で結合したものである。〔静岡大〕

3 ◀ 同位体比率と原子量 ▶

酸化銅(Ⅰ) 1.429 g を水素により完全に還元したところ，金属銅 1.269 g が得られた。銅には2種類の同位体，^{63}Cu と ^{65}Cu が存在する。^{63}Cu の存在比は何％か。小数点以下第1位を四捨五入して解答せよ。ただし，酸素の原子量は 16.00，^{63}Cu，^{65}Cu の原子量はそれぞれ 62.93，64.93 とする。〔東工大〕

元素の原子量 ➡ 同位体の原子量の平均値

B

4* ◀ 原子・分子の概念の成立 ▶

1774年ラボアジエは当時としては最高精度の天秤を用い化学反応と質量の関係を研究し，a［ア］の法則が成立することを示した。1799年プルーストは純粋な化合物の精密な測定から，異なる元素が結合して化合物が生成する場合，それがいつどこでどのようにして作られても成分元素の質量の比は常に一定であるという［イ］の法則を見いだした。さらに1803年ドルトンは2種類の元素から生成するいくつかの化合物間に，一方の元素の一定量と化合する他の元素の量は互いに簡単な整数比をなすという［ウ］の法則が成立することを提唱するとともに，物質は原子からなるという考え方を打ち出した。そして，1808年にはこれまでの法則などを集大成する形でb［エ］説を公表した。この［エ］説は［ア］，［イ］および［ウ］などの法則を説明するために不可欠の仮説としてただちに認められた。同じ1808年ゲーリュサックは気体どうしの間で起こる反応の研究からc［オ］の法則を発表した。ほとんどの気体反応はこの法則にしたがい［エ］説で説明できたが，単体気体間の反応は［エ］説で説明できなかったためdドルトンは最後まで［オ］の法則を認めなかった。

［エ］説と［オ］の法則の間の矛盾の解決策として，1811年アボガドロはe気体の体積とその中に含まれている分子数に関する仮説と，f単体気体に関する仮説の二つを提出した。一番目の仮説はほぼ認められたが二番目のものはその後約50年間認められなかった。1858年カニッツァーロは水素を含むいくつかの気体化合物の密度とその化合物中の水素の質量百分率を測定し，アボガドロの二つの仮説を証明するとともに原子量，分子量の概念を確立した。

(1) 文中の［ア］～［オ］に適切な語句を記入せよ。

(2) 下線部a，bおよびcの内容を説明せよ。

(3) 下線部dでドルトンが認めなかったのはなぜか。1体積の窒素ガスと1体積の酸素ガスから2体積の一酸化窒素ガスが生じる反応を例に説明せよ。

(4) 下線部eおよびfのアボガドロの仮説を説明せよ。〔金沢大〕

質量保存 ➡ 定比例 ➡ ［原子説］ ➡ 気体反応 ➡ ［分子説］

*5** ◀ 同位体比率計算 ▶

気体の塩化マグネシウムは $MgCl_2$ 分子として存在する。マグネシウムの同位体には，^{24}Mg，^{25}Mg，^{26}Mg の3種類があり，^{26}Mg の存在比は ^{25}Mg の1.1倍である。また，塩素の同位体には ^{35}Cl と ^{37}Cl の2種類がある。次の問いに答えよ。解答は小数点以下第1位を四捨五入せよ。ただし，マグネシウムの原子量は24.32，塩素の原子量は35.50，マグネシウムの同位体の各原子量は24，25，26，塩素の同位体の各原子量は35，37とする。

(1)　^{24}Mg の同位体存在比は何％か。

(2)　$MgCl_2$ 分子のうち $^{24}Mg^{35}Cl^{37}Cl$ 分子の存在比は何％か。　〔東工大〕

*6** ◀ 物質の変化量計算 ▶

ドロマイトは炭酸カルシウムおよび炭酸マグネシウムを主成分とする鉱石である。$CaCO_3$ と $MgCO_3$ の混合物を850℃で加熱分解すると，$CaCO_3$ は CaO に，$MgCO_3$ は MgO にそれぞれ変化する。試料(ドロマイト)の一定量をとり，その重さを測定した後850℃で加熱分解した。再び重さを測定したら48.0％(百分率)の重量の減少がみられた。元の試料中に含まれていた $MgCO_3$ は何パーセントか。答えは百分率で有効数字3桁まで示せ。ただし，ドロマイト中には主成分以外の不純物は含まれていないものとする。(原子量 C＝12.0，O＝16.0，Mg＝24.3，Ca＝40.0)　〔名古屋市大〕

*7** ◀ 物質の変化量計算 ▶

硫酸鉄(Ⅱ)と硫酸鉄(Ⅲ)の混合物を水に溶解して直ちに充分な量の塩化バリウムを加えて硫酸バリウムを沈殿させ，その沈殿をろ過し乾燥してから重量をはかったら5.84 g あった。一方，ろ液に水酸化ナトリウム水溶液を加えてその中の鉄(Ⅱ)と鉄(Ⅲ)を完全に水酸化物の形で沈殿させた。沈殿をろ過，加熱して乾燥したところ合計で1.60 g の Fe_2O_3 を得た。はじめの混合物中に含まれる硫酸鉄(Ⅱ)は何 g か。(原子量 H＝1.0，O＝16，S＝32，Fe＝56，Ba＝137)　〔東京理科大〕

物質の変化量 ➡ モル関係(ツブツブ関係)を使って計算

2 原子の性質と化学結合

A

8 ◀ 基本チェック ▶

⑴ **【原子の基本的性質】** 第三周期の元素の原子の中で，以下の①～④の点で最大，最小のものの元素記号をそれぞれ記せ。

① 価電子数　② イオン化エネルギー　③ 電子親和力　④ 電気陰性度

⑵ **【原子，イオンの大きさ】** 以下の①～③の各粒子を大きい順に並べよ。

① K，Li，Na　② K^+，Li^+，Na^+　③ Na^+，Mg^{2+}，O^{2-}，F^-

⑶ **【結合の種類の判定】** 以下の①～④の物質中の主な結合の種類を記せ。

① 塩素　② 塩化水素　③ 塩化ナトリウム　④ ナトリウム

9 ◀ 結合の種類 ▶

以下の文章中の空欄に適切な語句，数値，化学式を記し文章を完成させよ。

⑴ 原子と原子を結びつけている化学結合では，原子の最外殻電子が重要な役割をはたしている。この電子は［ a ］ともよばれ，アルカリ金属の原子は［ b ］個，ハロゲンの原子では［ c ］個もっている。例えば，ナトリウムと塩素は［ a ］をやりとりして，［ d ］結晶を作る。

⑵ ナトリウムやマグネシウムは，単体で金属結晶を形成する。金属固体内で［ a ］は［ e ］となり，陽イオンを結びつける役目をはたしている。

⑶ 黒鉛は，炭素原子の4個の［ a ］のうち［ f ］個を［ g ］してできた［ g ］結合の巨大分子である。黒鉛は平面的な網目構造が積み重なった物質である。これら網目構造間には比較的弱い力が働いている。したがって，黒鉛は層状にはがれやすい。また，残り1個の［ a ］は網目構造の層の中を［ e ］のように動いているため［ h ］を導く。

⑷ 銅(Ⅱ)塩の水溶液に過剰のアンモニア水を加えると，深青色のイオン［ i ］が生じる。このイオンは錯イオンとよばれ，アンモニア分子の［ j ］電子対が，中心となる銅(Ⅱ)イオンに［ k ］結合している。〔山形大〕

価電子の働き方の違い ➡ 共有，配位，イオン，金属の各結合

B

10* ◀ 結合の分極 ▶

以下の文の空欄に適切な用語，化学式を記入して文章を完成させよ。

同じハロゲン原子間の結合は［ a ］である。一方，アルカリ金属原子とハロゲン原子の結合は［ b ］であり，その結合力は本質的には二つの電荷間に働く［ c ］である。しかし，一般に，異なる二つの原子AおよびBからなる分子ABの原子間の結合には，上の二つの結合形式がある割合で混ざり合っている。例えば，ハロゲン化水素の結合では，電子分布のハロゲン原子側へのかたよりによる［ b ］の寄与が無視できない。分子ABの結合において，二つの結合形式のどちらの寄与が大きいかを判定する一つの尺度として，A，Bそれぞれの原子の［ d ］の差が用いられる。すなわち，その差が大きいほどAB分子の［ e ］が強まり，［ b ］の割合が増大する。［ d ］の求め方の一つとしては，［ f ］と［ g ］の相加平均がある。［ f ］は，周期表の同じ周期では，右に移るほど［ h ］い値を示す傾向にある。また，同族元素では原子番号が増加するにつれて［ i ］するため，周期表で下にある原子ほど陽イオンになりやすい。ハロゲン原子の［ g ］は，フッ素を除き原子番号が小さくなるほど大きくなり，原子は陰イオンになりやすい。ただし，ハロゲン原子の［ g ］の最大値と最小値の差は，［ f ］のそれに比べて非常に小さいので，ハロゲン原子の［ d ］の順番は，もっぱら［ f ］の大きさで決まり，原子番号が増加するにつれて［ j ］する。このため，ハロゲン化水素の結合における［ b ］性はk［　＞　＞　＞　］の順になる。　〔京都大〕

11* ◀ 電子配置と化学結合 ▶

(1)　右表の電子配置をもつA～Hの原子の中で単原子分子として存在する原子をすべてあげ，このことと電子配置との関連を簡潔に記せ(20字以内)。

(2)　右表の電子配置をもつA～Hの原子の中で単体の状態で自由電子を生じる原子をすべてあげ，自由電子とその原子の電子配置の関連を簡潔に記せ(30字以内)。　〔電通大(改)〕

原子	電子殻の電子数		
	K	L	M
A	2		
B	2	1	
C	2	3	
D	2	5	
E	2	7	
F	2	8	
G	2	8	1
H	2	8	7

電気陰性度 ➡ イオン化エネルギーと電子親和力の和に比例

12** ◀ イオン化エネルギーとイオン化傾向 ▶

問１　イオン化エネルギーは次のように定義される。

「ばらばらの原子から１個の電子を取り去って１価の陽イオンにするのに必要な最小のエネルギーを第一イオン化エネルギーという。さらに，２個目，３個目の電子を取り去るのに要する最小のエネルギーを第二イオン化エネルギーおよび第三イオン化エネルギーという。」

この定義を考慮すると，各原子が有する電子数によって，イオン化エネルギーは特徴的な傾向を示すといえる。右の図に，次の各種金属元素(K, Mg, Al)の第一，第二および第三の各イオン化に対応するイオン化エネルギーをプロットし，示してある。図中の(1), (2), (3)で示す線に対応する金属をそれぞれ元素記号で示せ。

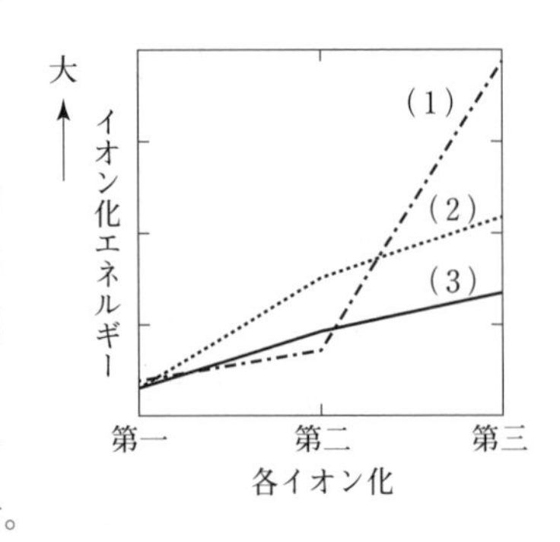

問２　「電子親和力は原子の最外殻に１個の電子が入って，１価の陰イオンになるときに放出されるエネルギーである」と定義される。その定義を考慮し，フッ素(F)とネオン(Ne)について，電子親和力の値の大小関係を予測して不等号で示せ。

問３　下に示す実験は，熱水または各水溶液に金属を入れたときに起こる反応を調べたものである。それぞれの反応で起こる変化を化学反応式で示せ。また，変化が起こらないものについては「変化なし」と示せ。

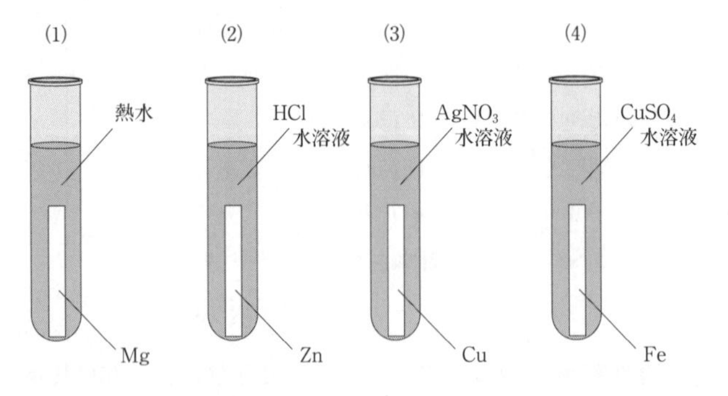

問４　金属がイオン化することによって形成された金属イオンが，極性分子である水分子に囲まれ，主として静電的な引力によって安定化される現象を（　A　）という。この過程で発生する熱を（　A　）熱という。（　A　）に適切な用語を記せ。このような金属イオンが水分子と相互作用する過程は，(B)吸熱過程か(C)発熱過程のどちらであると予想されるか。予想される過程を下線部分のどちらか選んで記号で示せ。

問５　問３で述べたような水溶液中で観測される現象は，金属のイオン化傾向によって予測できる。「イオン化傾向は水に接した金属単体から電子を引き抜き，金属イオンをつくる変化を表わす尺度」として定義される。この定義を考慮し，イオン化エネルギーとイオン化傾向との違いはどのように説明することができるか。150字程度で説明せよ。

問６　下の表に示す金属（Mg，Fe，Cu，Zn）のイオン化傾向を推定し，イオン化傾向の大きな順に並べよ。また，そのように推定した根拠を表の値を利用して（計算式も含めて）示せ。ただし，下表の各数値は絶対値で与えてある。また，単位はすべて kJ/mol で与えてある。

	金属から気体の金属原子を形成するためのエネルギー	第一イオン化エネルギー	第二イオン化エネルギー	イオンが水中で水分子と相互作用することによって発生した熱量	電子親和力
Mg	147	738	1451	1996	≒0
Fe	414	763	1562	2006	16
Cu	337	745	1958	2172	118
Zn	130	906	1733	2118	≒0

〔岡山大〕

イオン化エネルギー ➡ 原子（気体）が陽イオン（気体）に変化
イオン化傾向 ➡ 単体（固体）が水中で陽イオン（aq）に変化

3 結合，構造と物質の性質

A

13 ◀ 基本チェック ▶

(1) **【結合，構成粒子による結晶の分類】** 以下の①～⑤の結晶をⓐ金属結晶，ⓑイオン結晶，ⓒ共有結合結晶，ⓓ分子結晶のいずれかに分類せよ。

① 食塩　② 金　③ ダイヤモンド　④ 氷　⑤ 氷砂糖

(2) **【単位格子に関する計算】** 原子量 M で原子半径が r cm の原子 A が，以下の①～④の 1 辺 a cm の立方体の単体格子をもつ結晶を構成したとき，

ⓐ配位数(1 原子のまわりの接触原子数)，ⓑ単位格子内原子数，

ⓒ充填(てん)率(空間を原子が占める率)，　ⓓ密度(g/cm^3)

を求めよ。ただし，アボガドロ定数は N_A(個 /mol)とし，ⓓは a, M, N_A を使って表せ。

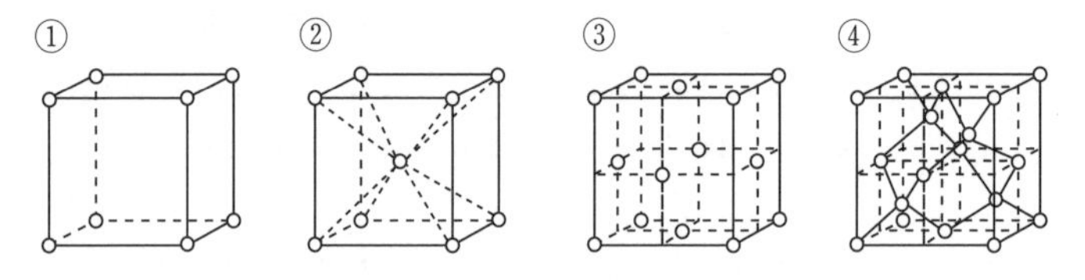

(3) **【分子の電子式】** 分子式が以下の①～⑩で表される分子について，分子中の各原子のまわりに 8 個(H の場合のみ 2 個)の電子が配置された電子式を書け。

① CH_4　② NH_3　③ H_2O　④ Cl_2　⑤ N_2

⑥ CO_2　⑦ SO_2　⑧ H_2SO_4　⑨ HNO_3　⑩ H_3PO_4

(4) **【分子の形の推定】** (3)で表した(オクテット則による)電子式では，各原子のまわりには 4 組の電子対が存在するが，これらは 4ヶ所，3ヶ所，2ヶ所のいずれかの方向に分かれている。ここで，電子対間の電気的反発を考慮すると，これらは，4ヶ所の場合は正四面体の頂点方向，3ヶ所の場合は正三角形の頂点方向，2ヶ所の場合は左，右の方向にあると予想できる。この予想をもとにして，①，②，③，⑥，⑦の分子の形を推定し，その形を図示せよ。

結晶の構造 ➡ 単位格子の繰り返しと考える
分子の構造 ➡ オクテット則による電子式と電子対反発則で推定

14 ◀ 金属結晶 ▶

以下の〔1〕～〔3〕の文中の空欄に適切な語句，数字を記入し文を完成させよ。

〔1〕 第4周期に属する元素の原子番号は19から36である。この中で原子番号21のスカンジウムから原子番号30の［ 1 ］までの元素は［ 2 ］元素と呼ばれるのに対して，それ以外の元素は［ 3 ］元素と呼ばれる。［ 2 ］元素の単体はすべて金属であり，原子番号が増加するとき，主に［ 4 ］より内側の電子殻に電子が入り［ 4 ］の電子数が増加しないために，原子番号が1だけ違った［ 2 ］元素の性質は［ 3 ］元素ほど大きく変化せず，よく似ている。

〔2〕 金属の結晶格子の原子配列には，［ 5 ］立方格子，［ 6 ］立方格子，六方最密構造などがあり，大部分の金属結晶はこれらのいずれかの原子配列をとることが知られている。結晶を構成する規則的な繰り返しの最小単位を単位格子という。単位格子に含まれる原子の数は［ 5 ］立方格子では［ 7 ］，［ 6 ］立方格子では［ 8 ］である。また，一個の金属原子に最隣接する原子の個数は［ 5 ］立方格子では8，［ 6 ］立方格子では［ 9 ］である。ある金属について，結晶格子の原子配列，単位格子の大きさおよび原子量を用いて，その金属の密度を計算することができる。

〔3〕 原子番号29の銅は赤色光沢をもち電気や熱の伝導の良い金属で，結晶格子の原子配列は［ 6 ］立方格子であり，その一辺の長さは3.62×10^{-8} cmである。この元素の原子量が63.5で，またアボガドロ数を6.02×10^{23}として，結晶の密度を計算すると［ 10 ］g/cm^{3}となる。

一方，原子番号26の［ 11 ］は灰白色光沢をもち，現在最も多く生産されている金属であり，その密度は7.9 g/cm^{3}である。この金属元素では，単位格子は一辺を2.87×10^{-8}cmとする立方体である。この元素の原子量が56であるとして，その単位格子に含まれる原子の数を計算すると，［ 12 ］である。このことから［ 11 ］の結晶構造の原子配列は［ 13 ］立方格子であることが示される。

〔近畿大(改)〕

15 ◀ 金属結晶 ▶

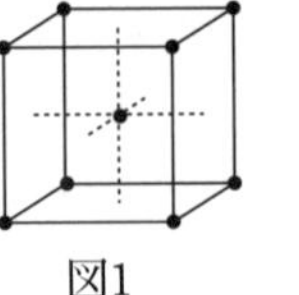
図1

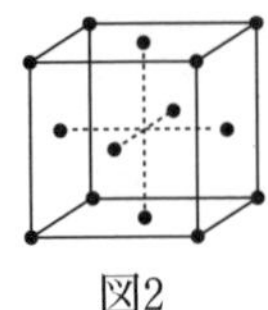
図2

鉄の結晶は体心立方格子(図1)であり，25 ℃における単位格子の一辺の長さは2.867 Åである。この結晶を加熱すると面心立方格子(図2)へ変化する。その面心立方格子の916 ℃における単位格子の一辺の長さは3.647 Åである。916 ℃における鉄の結晶の密度は25 ℃のときの密度の何倍か。ただし，1 Å＝10^{-8} cmである。(計算にあたっては，2.867^3＝23.6，3.647^3＝48.5とせよ。)

〔慶應大〕

金属結晶の単位格子 ➡ 面心立方，六方最密，体心立方が主

16 ◀ イオン結晶 ▶

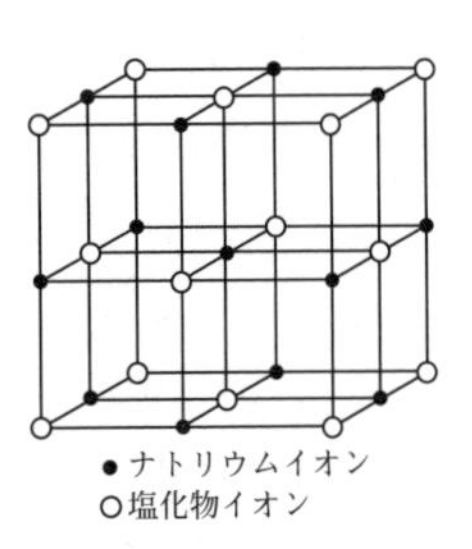

塩化ナトリウムの結晶はナトリウムイオンと塩化物イオンがそれぞれ図のように交互に並んで立方格子を作っている。これが塩化ナトリウムの単位格子である。次の各問いに答えよ。ただし，アボガドロ数＝6.02×10^{23}，原子量：Na＝23.0，Cl＝35.5とする。

(1) ナトリウムイオンと塩化物イオンのイオン半径をそれぞれ0.095 nmおよび0.186 nmとすると，塩化ナトリウムの単位格子の1辺の長さ(ナトリウムイオンとナトリウムイオン間の距離)は何nmか。

(2) 1つのNa^+の周りのイオンに注目すると，第一近接，第二近接，第三近接にあるイオンは何イオンで何個あるかを記せ。

(3) 塩化ナトリウムの単位格子にはナトリウムイオンと塩化物イオンが，それぞれ何個含まれるか。

(4) 塩化ナトリウムの結晶の密度は何g/cm^3か。

〔神奈川大(改)〕

17 ◀イオン結晶▶

図アおよび**図イ**は，組成式 A_xB_y(x, y は整数)のイオン結晶の構造で，単位格子の形はいずれも立方体である。

なお，**図イ**の構造では，小球で示したAイオンは単位格子中の8個の小立方体の中心に位置している。

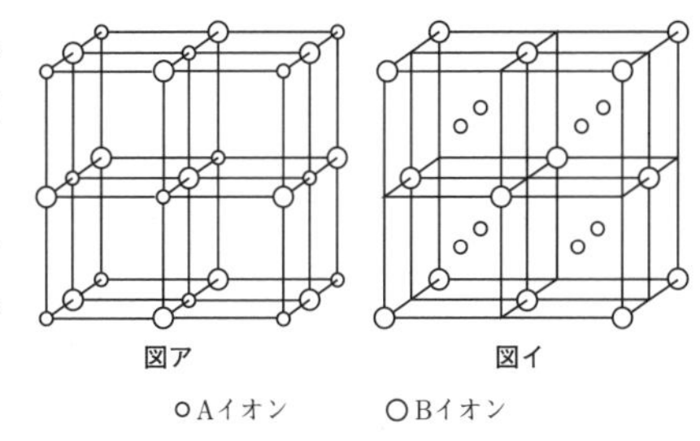

(1)　Bが O^{2-}(酸化物イオン)のとき，**図ア**および**図イ**の構造をもつ酸化物を①～⑧から選べ。

①　酸化アルミニウム　②　三酸化硫黄　③　酸化カルシウム
④　酸化鉄(Ⅲ)　⑤　酸化鉛(Ⅳ)　⑥　酸化バナジウム(Ⅴ)
⑦　酸化マンガン(Ⅳ)　⑧　酸化リチウム

(2)　(ⅰ)　**図ア**の構造で単位格子の一辺の長さを a とすると，Aイオン間で最も短い距離はいくらか。

(ⅱ)　**図イ**の構造で単位格子の一辺の長さを a とすると，1つの小立方体中でのA－Bイオン間の距離はいくらか。

(3)　(ⅰ)　**図ア**の構造では，1つのAイオンはいくつかのBイオンでとり囲まれている。Aイオンに最も近いBイオンのグループはどのような空間配置をとっているか。正確に表現する語を①～⑥から選べ。

(ⅱ)　**図イ**の構造では，1つのBイオンはいくつかのAイオンでとり囲まれている。Bイオンに最も近いAイオンのグループはどのような空間配置をとっているか。正確に表現する語を①～⑥から選べ。

①　正八面体　②　八面体　③　正四面体　④　四面体
⑤　立方体　⑥　直方体

〔大工大〕

イオン結晶 ➡ 組成式は単位格子内の粒子数比から求まる

18 ◀ 分子の極性，結晶 ▶

次の文の空欄に適切な語句を記入して文を完成させよ。

2つの水素原子から水素分子が形成されるとき，一方の原子の電子は，他方の原子の［ア］にも引きつけられ，2つの［ア］の間に2個の電子が存在するようになる。このような結合の様式を共有結合と呼ぶ。水素分子にみられるような同種原子間の共有結合では，結合にかかわる原子が電子を等しく共有することになる。ところが，塩化水素分子にみられるような異種原子間の共有結合では，電子はどちらか一方の原子へ強く引きつけられ，結合において電荷の［イ］が生じる。塩化水素分子が［ウ］をもつのは，このためである。塩化ナトリウムにみられるようなイオン結合と呼ばれる様式では，この電荷の［イ］が極端になっている。したがって，陽イオンと陰イオンの間に強い［エ］力が働き，固体状態では三次元に規則正しく配列した［オ］結晶を形成する。

二酸化炭素分子の酸素原子と炭素原子の間の結合に生じる電荷の［イ］は，この分子が［カ］形であるため分子全体で打ち消し合い，分子は［キ］である。また，四塩化炭素分子の炭素原子と塩素原子の間の結合では，塩素原子は部分的に［ク］の電荷を帯びているが，分子の形が［ケ］形であり，分子全体で［ウ］は互いに打ち消しあっている。一方，水分子やアンモニア分子は［ウ］分子であり，分子と分子の間に力が働く。二酸化炭素分子のような［キ］分子でも，分子全体で瞬間的には電荷の［イ］が生じ，分子と分子の間に力が働く。固体状態の二酸化炭素や四塩化炭素では，この力により，ヨウ素やナフタレンなどと同様に分子が構成単位となって規則正しく配列した結晶を形成している。この分子間に働いている力は，イオン結合や共有結合の力に比べるとはるかに［コ］ため，一般にこれらの結晶は軟らかく，［サ］温度で融解，または［シ］する。

〔九州大〕

19 ◀ 分子間に働く力と沸点 ▶

次の文中の空欄に適当な語句を入れよ。異なる番号に同一語句を用いてもよい。また，図2中の化合物 **A**，**B**，**C**，**D** はそれぞれ何か。化学式で示せ。

液体の沸点は，それを構成している分子間の結合力が大きいほど［①］。分子は全体としては電気的に中性であるが，異なる原子間の結合においては，［②］の差により結合原子間に電荷のかたよりができ，極性が生じ得る。極性の［③］分子間に働く結合力は［④］のみであるが，大きな極性をもつ分子間にはより大きな静電気的な力が加わる。

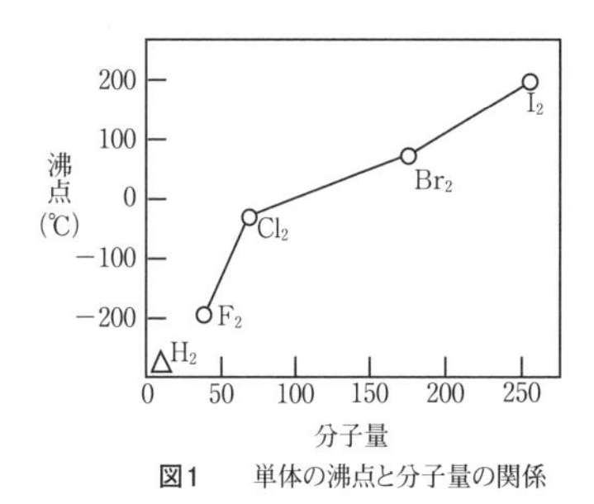

図1　単体の沸点と分子量の関係

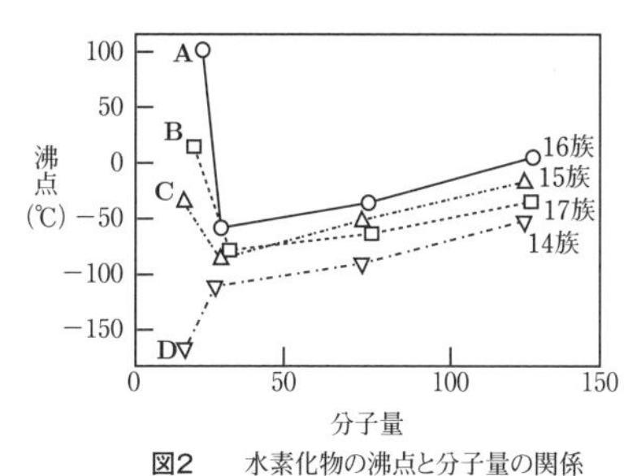

図2　水素化物の沸点と分子量の関係

図1 は単体の，**図2** は14〜17族元素の水素化物の分子量と沸点の関係を示している。単体および14族元素の水素化物の沸点は分子量の増大につれて高くなっている。これらの分子には極性が［③］ことから，［④］は分子量の増大につれて［⑤］なると考えられる。15，16，17族元素の水素化物には極性が［⑥］が，同一族元素の水素化物の沸点を比較すると，化合物 **A**，**B**，**C** を除いていずれも分子量の増大につれて沸点が高くなっている。これに対して，化合物 **A**，**B**，**C** の沸点は，それらの分子量から予想される値に比べて異常に高い。化合物 **A**，**B**，**C** は，分子中の［⑦］が［②］の［⑧］元素の原子と結合することにより，［⑧］極性をもち，この結果［④］以外の結合力が生じたものと考えられる。このような結合を［⑨］という。

〔宇都宮大〕

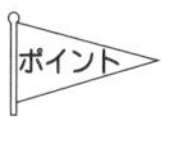

沸点 ⇔ **分子間の引力** ⇔ **分子量，極性，水素結合**

㊀高　　　㊀大　　　㊀大　㊀大　㊀有

B

20* ◀ 結晶の切断面の幾何 ▶

図 1 は，面心立方格子の，隣接した 2 つの単位格子を二つの面で切断した図である。原子 a，b，c，d を含む平面(原子面)とその上の平行な原子面との間を切断すると，**図 2** のような原子 a，b，c，d が露出した表面が得られる。これを表面 A と呼ぶ。同様に，原子 c，d，e，f を含む原子面とそれに隣り合う平行な原子面との間を切断して得られる表面を，表面 B と呼ぶ。

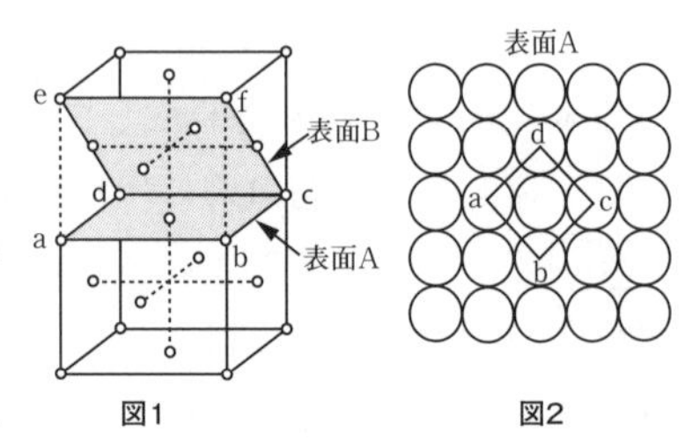

問 1　表面 A と B において，1 つの原子が接している原子の個数はいくらか。

問 2　表面 A と B における単位表面積あたりの表面原子の個数の比を 1：x と表した場合，x はいくらか。〔東工大〕

21* ◀ 三元素からなる化合物の結晶構造 ▶

右図のような立方体の単位格子がある。すべてのイオンは球形で，陽イオンと陰イオンはお互いに接し，陽イオンどうしや陰イオンどうしは離れているとして，以下の問に答えよ。

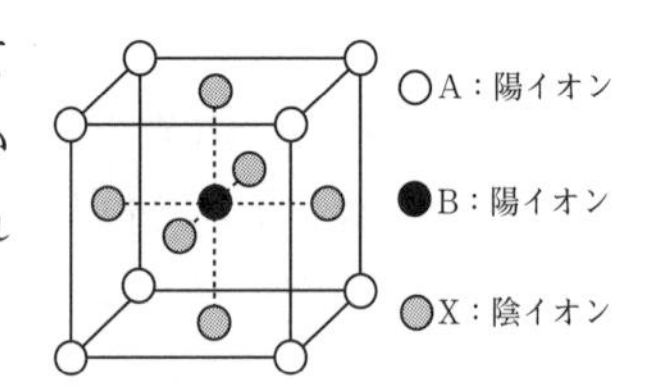

(1)　この結晶の組成式を A，B，X を用いて表せ。

(2)　A，B，X の原子量をそれぞれ m_A，m_B，m_X，アボガドロ数を N，単位格子の一辺の長さを L(cm)として，結晶の密度 d(g/cm^3)を求める式を示せ。

(3)　A が Sr^{2+}，B が Ti^{4+}，X が O^{2-} である結晶の単位格子の一辺の長さは 4.0 Å である。O^{2-} のイオン半径を 1.4 Å とすると，Sr^{2+} および Ti^{4+} のイオン半径はそれぞれ何 Å か。(1 Å＝10^{-8} cm)〔秋田大〕

粒子半径 ➡ 各粒子の中心を通る断面図を考える

22* ◀ イオン半径と結晶構造の関係 ▶

図は実験によって決められた**塩化ナトリウム**と**塩化セシウム**の結晶構造であり，陽イオンを黒丸で，陰イオンを白丸で示している。これらの結晶はともに立方格子で，単位格子の大きさは**塩化ナトリウム**が 0.564 nm で，**塩化セシウム**が 0.412 nm である。それぞれの結晶は，これらの単位格子が規則正しく積み重なってできている。

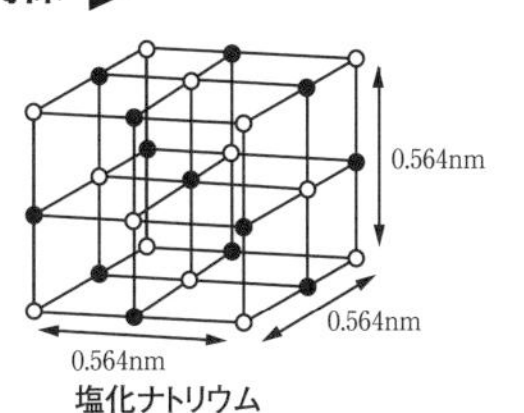

塩化ナトリウム

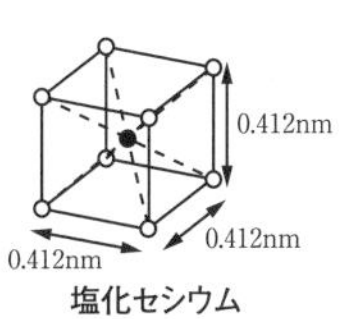

塩化セシウム

塩化ナトリウム結晶中では，最も近いナトリウムイオンと塩化物イオンの距離は(　a　)nm であり，ナトリウムイオンに最も近いところに(　b　)個の塩化物イオンがある。塩化物イオンに最も近いところには(　c　)個のナトリウムイオンがある。最も近いナトリウムイオン間および塩化物イオン間の距離は共に(　d　)nm である。

一方，**塩化セシウム**結晶中では，最も近いセシウムイオンと塩化物イオンの距離は(　e　)nm であり，セシウムイオンに最も近いところに(　f　)個の塩化物イオンがある。塩化物イオンに最も近いところには(　g　)個のセシウムイオンがある。最も近いセシウムイオン間および塩化物イオン間の距離は共に(　h　)nm である。

各々のイオンには固有の大きさがあり，その半径をイオン半径という。イオン結晶では陰イオンと陽イオンの間に引力が働いて互いに近づき，その距離が各々のイオン半径の和になる。一方，同種のイオン間には反発力が働くために，互いに近接しないようになっている。塩化物イオンのイオン半径を 0.181 nm として，図の結晶構造から 2 種の陽イオンのイオン半径を求めると，ナトリウムイオンのイオン半径は(　i　)nm となり，セシウムイオンのイオン半径は(　j　)nm となる。

塩化ナトリウムが陽イオンと陰イオンの強い引力によって，**塩化セシウム**と同種の結晶構造になるとした場合，その単位格子の大きさは(　k　)nm になる。(1)<u>ところが実際にはこのような結晶構造をとる**塩化ナトリウム**の結晶はできない</u>。

(注) $\sqrt{2}=1.41$ ，$\sqrt{3}=1.73$

問1　a〜k の空欄に適切な数値を記入せよ。

問2　下線部(1)で述べていることについて，その理由を 100 字以内で説明せよ。

〔大阪大〕

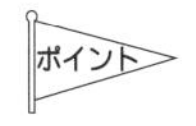

イオン結晶 ➡ イオン半径比が構造決定に関係する

23* ◀ 面心立方格子のすき間とイオン結晶 ▶

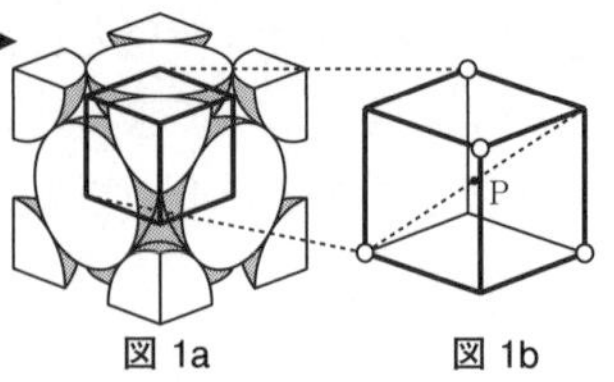

図 1a　図 1b

以下の(A)~(C)の文中の空欄に適切な語句または数値を記入し文を完成させよ。ただし,〔オ〕,〔キ〕には〔**空間**Ⅰのみ,**空間**Ⅱのみ,**空間**ⅠとⅡ〕のいずれかを記入せよ。

(A) 面心立方格子をもつ金属単体の結晶の単位格子(**図 1a**)を考える。原子が球であり,互いに接していると仮定すると,原子半径は単位格子の一辺の長さaを用いて[ア]aと表される。結晶中には,原子に囲まれた2種類の空間(**空間**Ⅰと**空間**Ⅱ)が存在する。**空間**Ⅰは単位格子の中心に代表される位置にあり,6個の原子に囲まれ,最大半径[イ]aの球が入ることができる。**図 1b**に面心立方格子の一部分を示す。一辺の長さは$\frac{a}{2}$であり,白丸は原子の位置を示す。この立方体の中心Pに4個の原子に囲まれた**空間**Ⅱがあり,最大半径[ウ]aの球が入ることができる。

(b) 面心立方格子の原子の位置をあるイオンが占め,他方のイオンが全体として電気的に中性になるように**空間**Ⅰ,**空間**Ⅱに入っているイオン結晶がある。NaClでは,陰イオンが面心立方格子を形成し,**空間**Ⅰのすべてに陽イオンが入っている。CaF_2では,[エ]イオンが面心立方格子を形成し,〔 オ 〕のすべてに他方のイオンが入っている。BiF_3では,[カ]イオンが面心立方格子を形成し,〔 キ 〕のすべてに他方のイオンが入っている。BiF_3の結晶中のある陽イオンに着目したとき,その陽イオンとの中心間距離が最短のイオンの数は[ク]個であり,2番目に近いイオンの数は[ケ]個である。

(C) 金属パラジウム(原子量106)の結晶は面心立方格子からなり,それを水素気流中で加熱したのち冷却すると,**空間**Ⅰに水素原子が取り込まれる。パラジウム原子と水素原子のモル比が2:1になるまで水素原子が取り込まれたとき,水素原子は単位格子あたり[コ]個入る。そのとき,結晶の体積が10.0 %膨張したとすると,密度は12.0 g/cm^{3}から[サ]g/cm^{3}に変化する。水素原子を取り込んだ金属パラジウムを真空中で加熱すると,吸収された水素はすべて放出される。水素原子を取り込む前の金属パラジウムの体積を53 cm^{3}とすると,標準状態で[シ]Lの水素ガスが放出される。〔京都大〕

ポイント **イオン結晶 ➡ 一方のイオンのつくる空間に他方のイオンが入る**

24* ◀ ダイヤモンドと黒鉛の構造 ▶

下図の-----で囲まれた図形はダイヤモンドと黒鉛の単位格子である。

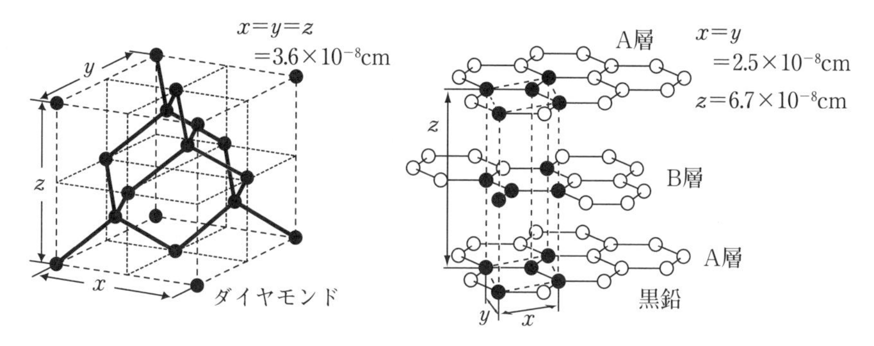

問1　ダイヤモンドの単位格子に含まれる炭素原子は何個か。

問2　ダイヤモンド，黒鉛それぞれの単位格子の体積を求めよ。有効数字2桁で答えよ。必要があれば，$\sin60°=0.87$ を用いよ。

問3　ダイヤモンドと黒鉛の密度を求めよ。有効数字2桁で答えよ。ただし，炭素の原子量は12，アボガドロ数は 6.0×10^{23} とする。　〔千葉大〕

25* ◀ 物質の構造と性質に関する記述 ▶

次の(1)～(3)の文の下線部の理由を，下記の(a)～(r)の用語のどれかを必ず2つ以上用いて簡潔に記せ。ただし，用語は重複して使用してもよい。

(1)　塩化カリウムの水溶液は電気を良く通すが，その結晶は電気を通さない。

(2)　ベンゼンと水を混ぜても，すぐ二層に分かれてしまう。

(3)　石英は非常に硬いが，ナフタレンの結晶はやわらかい。

(a) イオン結晶	(b) 分子結晶	(c) 金属結晶	(d) 共有結合結晶
(e) 結晶構造	(f) 原子配列	(g) イオン結合	(h) 共有結合
(i) 金属結合	(j) 配位結合	(k) 水素結合	(l) 分子間力
(m) 極性	(n) 無極性	(o) 電気陰性度	(p) 電子対
(q) 自由電子	(r) イオン		

〔名古屋市大〕

物理的性質 ➡ ミクロな構造の姿を使って説明

26** ◀ 元素の性質の周期性とイオン結晶の静電エネルギー ▶

次の文(a), (b)を読んで，**問1**～**問4**に答えよ。ただし，アボガドロ定数は，6.0×10^{23}/mol とする。必要があれば$\sqrt{2}=1.4$，$\sqrt{3}=1.7$，$\sqrt{5}=2.2$ の値を用いよ。

(a) 周期表の1族，2族の元素や，13族から18族までの典型元素では，化学的性質に顕著な周期性が現れる。たとえば，イオン化エネルギーや，電子親和力に周期性がみられる。水素を除く1族のアルカリ金属のイオン化エネルギーは小さく，17族のハロゲン元素の電子親和力は大きい。

一方，原子番号21から30までの元素のように周期性がはっきりしないものを遷移元素と呼ぶ。同一周期の隣り合う遷移元素の化学的性質は互いによく似ている場合が多いが，同じ元素でも酸化数は変化しやすい。これらのことは原子の電子配置によるものである。

問1 **図1**の(A)は単体の［ア］の値，**図1**の(B)は［イ］の大きさ(半径)を原子番号の関数として表したものである。［ア］，［イ］に適切な語句を答えよ。ただし，縦軸の単位は**図1**の(A)ではg，J/mol，℃，g/cm³ のいずれか，**図1**の(B)ではnm(＝10^{-9}m)である。

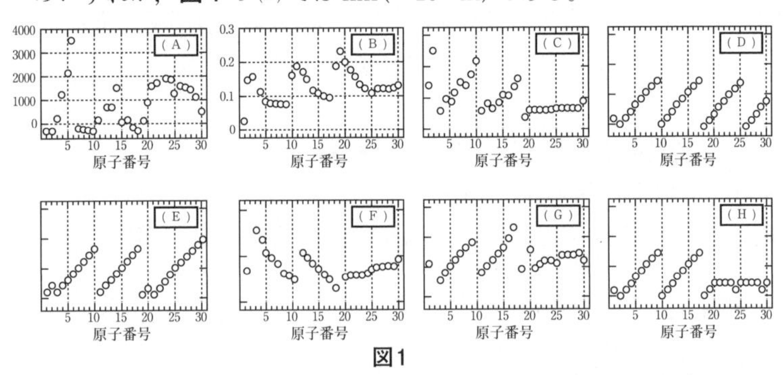

図1

問2 (1) イオン化エネルギーの変化を示すグラフXを**図1**の(C)～(H)の中から選び，記号で答えよ。

(2) 1価の陽イオンからさらに1個の電子を取り去り2価の陽イオンにするために必要なエネルギーを示すグラフを考える場合，(1)のイオン化エネルギーのグラフXと比べてどのようなことがいえるか。次の(あ)～(お)から適切な文を選び，記号で答えよ。

(あ) グラフXの各点を横軸方向に－2だけ移動したものに最も近い。

(い) グラフXの各点を横軸方向に－1だけ移動したものに最も近い。

(う)　ほとんど変わらない。
(え)　グラフXの各点を横軸方向に +1 だけ移動したものに最も近い。
(お)　グラフXの各点を横軸方向に +2 だけ移動したものに最も近い。

問3　(1)　価電子数の変化を示すグラフを**図1**の(C)〜(H)の中から選び，記号で答えよ。
(2)　Ti_nO_{2n-1}($n>2$)におけるチタンは酸化数 +3, +4 の2つのイオンが共存していると見なすことができる。$n=n_0$ のとき，Ti^{3+} と Ti^{4+} の数の比(Ti^{3+} の数)/(Ti^{4+} の数)を n_0 を用いて表せ。

(b)　ナトリウムと塩素から形成されるイオン結合(Na^+Cl^-)について，イオン間に働く静電気力によるエネルギー(静電エネルギー)を見積もってみよう。このエネルギーはイオン結合を安定化させるエネルギーとなる。いま**図2**の(A)の構造を考えて，Na^+ と Cl^- のイオン間距離を d とすると，この一対の Na^+Cl^- に働く静電エネルギーは $E_1=-8.2\times10^{-19}$ J となる。次に，イオン結合した二対の Na^+Cl^- からなる**図2**の(B)の構造を考える。この場合，Na^+Cl^- のエネルギーだけでなく，結合を不安定化する同種のイオン間のエネルギーも考える必要がある。ここで，同種のイオン間の静電エネルギーは，もしイオン間の距離が d であれば $-E_1$ ($=+8.2\times10^{-19}$ J)であるが，イオン間のエネルギーは一般に距離に反比例することを考慮する必要がある。**図2**の(B)の場合，4つのイオン間に働く静電エネルギーの総和 E_2 を計算すると $2E_1$ より負の大きな値になる($E_2<2E_1$)ので，この構造の方が安定であることがわかる。このようにして，**図2**の(A)の構造が順次集合して**図2**の(C)の食塩構造となることが説明される。

問4　(1)　**図2**の(B)の構造の Na^+ と Cl^- のイオン間距離 d が**図2**の(A)の場合と同じであると仮定すると，E_2 はいくらとなるか。有効数字2桁で求めよ。
(2)　孤立したNa原子とCl原子から**図2**の(A)の構造のイオン結合が形成されるときに放出されるエネルギーは，イオン化エネルギー，電子親和力，上記の静電エネルギーを用いて見積もることができる。Naのイオン化エネルギーは494 kJ/mol，Clの電子親和力は348 kJ/molである。Na原子とCl原子から**図2**の(A)の構造のイオン結合が形成されるときに放出されるエネルギーを有効数字2桁で求めよ。ただし，答えは**図2**の(A)の構造の1 molあたりのエネルギー(kJ/mol)として示せ。〔京都大(後)〕

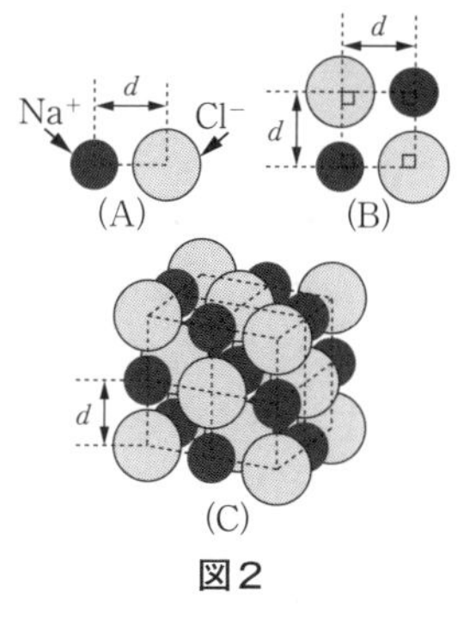

図2

第2章 物質の状態1（状態の理論）

1 気体の法則

27 ◀ 基本チェック ▶

⑴ **【歴史的な法則】** 以下の法則内容を説明せよ。

① ボイルの法則　② シャルルの法則　③ アボガドロの法則

⑵ **【理想気体と実在気体】** 理想気体と実在気体の違いを100字以内で記せ。

⑶ **【$PV=nRT$】**

① 0℃，1atmで1molの理想気体の体積が22.4Lであることから，気体定数(R)の値をatm･L/(mol・K)の単位で小数第4位まで求めよ。また1atm＝1.013×10^5PaであるのでRの値をPa･L/(mol・K)の単位で有効数字3桁で求めよ。

② 27℃，1×10^5Paで6Lの気体がある。127℃，2×10^5Paでは体積(L)はいくらになるか。有効数字1桁で答えよ。ただし，理想気体とみなせるとする。

⑷ **【分子量】**

P(Pa)，T(K)でのある理想気体の蒸気密度がd(g/L)とすると，この気体の分子量MをP，T，dで表せ。ただし気体定数をR(Pa･L/(mol・K))とする。

⑸ **【混合気体】**

27℃，1×10^5Paで10Lの空気がある。以下の量を求めよ。ただし，空気はN_2とO_2が物質量(モル)比で4：1の混合気体で，原子量はN＝14，O＝16とする。ただし，気体は理想気体と見なせるとする。

① O_2の成分体積(分体積)　(有効数字1桁)

② N_2の分圧　(有効数字1桁)

③ 空気の平均分子量　(小数第1位まで)

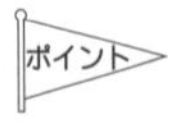

理想気体 ➡ $PV=nRT$が成立

28 ◀ 水銀柱による圧力の測定 ▶

イギリスの科学者ボイルは，17世紀の中ごろ，管内に閉じ込められた空気の体積(V)と圧力(P)との関係を調べ，ボイルの法則($PV=$ 一定)を導いた。常温で大気圧(760mmHg)のもと，断面積が一定のＪ字管を用いて右図のような実験を行ったとき，管内の空気の圧力 P は ☐ mmHg となる。

〔センター追試〕

29 ◀ 気体の法則 ▶

27℃，2.00×10^5Pa で 3.00L の気体がある。この気体に関する次の(1)～(4)の各問に答えよ。ただし，気体定数は $R=8.31\times10^3$Pa·L/(mol・K)，原子量は H＝1.0，C＝12.0，N＝14.0，O＝16.0 とする。数値は有効数字３桁で答えよ。

(1)　0℃，1.00×10^5Pa にすると，この気体の体積は何Ｌになるか。

(2)　3.00×10^5Pa で 3.00L にするには，温度を何℃にすればよいか。

(3)　質量は 3.90g であった。この気体は，ある炭化水素である。その分子量と分子式を求めよ。

(4)　この気体を 1.00mol の酸素と混合しピストンつきのシリンダー内で完全に燃焼した。

①　このときに起こった燃焼反応を化学反応式で表せ。

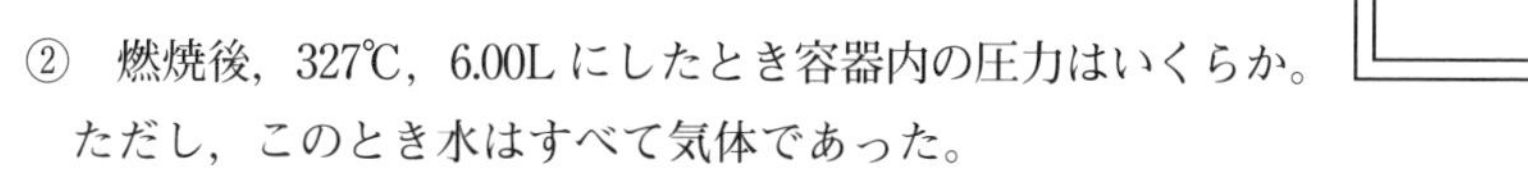

②　燃焼後，327℃，6.00L にしたとき容器内の圧力はいくらか。ただし，このとき水はすべて気体であった。

③　さらに 0℃，1.00×10^5Pa にしたとき，容器内の体積は何Ｌとなるか。ただし，このとき水はすべて液体となっているとする。

〔工学院大(改)〕

1atm＝1.013×10^5Pa ➡ 76cm の水銀柱の及ぼす圧力と同じ

B

30* ◀ 混合気体 ▶

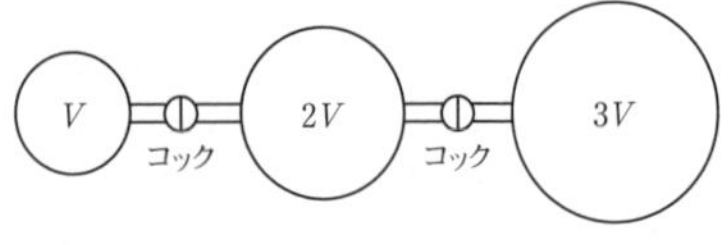

容積 V の**容器 1**，容積 $2V$ の**容器 2**，容積 $3V$ の**容器 3** が右図のように閉じたコックで連結されている。

容器 1 には圧力 $4P$ の気体 A，**容器 2** には圧力 P の気体 B，**容器 3** には圧力 $2P$ の気体 C が封入されている。気体の温度はすべて TK である。気体は理想気体，気体定数は R，コックと連結管の体積は無視して計算せよ。

問 1　**容器 1〜3** の温度を T に保ったままコックをすべて開いて，気体 A, B, C を混合気体にした。ただし，気体 A, B, C は反応しないものとする。

(1)　気体 A, B, C の分圧 P_A，P_B，P_C はそれぞれいくらか。

(2)　**容器 2** 内の圧力と混合気体の物質量(mol)はいくらか。

問 2　**問 1** の操作のとき，1 モルの A と 1 モルの B から，1 モルの C が生成する反応を考える。いま，C が新たに n モル生成して，A＋B ⇄ C の平衡ができたとする。容器内の全圧と混合気体の物質量(mol)はいくらか。

〔都立大〕

31* ◀ 蒸気密度 ▶

酢酸の蒸気に関する次の文を読んで，以下の問に答えよ。ただし，酢酸蒸気は理想気体のように振舞うとし，気体定数 R は 8.31×10^3Pa･L/(mol・K) とする。

1.01×10^5Pa，118℃における酢酸蒸気の密度は 3.2g/L であり，単量体（分子量 60）と二量体の混合物であることが知られている。

問　1.01×10^5Pa，118℃における酢酸二量体の分圧を有効数字 2 桁で求めよ。

〔大阪大〕

分圧 ➡ 物質量に比例し，分圧の和が全圧

32* ◀ 成分気体の体積 ▶

0℃，1.0×10^5Pa で，(a)メタン CH_4，水素 H_2 および窒素 N_2 の混合物 20mL に，空気 100mL を加えて 120mL とした。これに点火して CH_4 と H_2 を完全に燃焼させたのち，ふたたび 0℃，1.0×10^5Pa にしたところ気体の全体積は 95mL であった。次に，この燃焼後の気体を NaOH 水溶液に通じて CO_2 を全部吸収させたところ，(b)その体積は 0℃，1.0×10^5Pa で 90mL になった。ただし，反応によって生じた H_2O は，0℃，1.0×10^5Pa ですべて液体または固体となり，その体積は 0mL とみなしてよいものとし，また，空気中の N_2 と O_2 の体積比は 4：1 とし，解答は有効数字 2 桁で答えよ。

問1　下線部(a)の混合物中の H_2 と N_2 は，0℃，1.0×10^5Pa でそれぞれ何 mL か。

問2　下線部(b)の気体中に残っている O_2 は，0℃，1.0×10^5Pa で何 mL か。

〔岩手大〕

33* ◀ 理想気体と実在気体 ▶

PV/nRT の値は理想気体では 1 で，実在気体では 1 からずれる。図は，メタンを一定温度で高圧にしたときの *PV/nRT* の値をグラフにしたものである。このグラフを参考に，また，分子間の引力の強さと分子自身の固有の体積を考えて，次の問いに答えよ。ただし，気体定数は $R=8.3\times10^3$(Pa·L/(mol・K))とする。

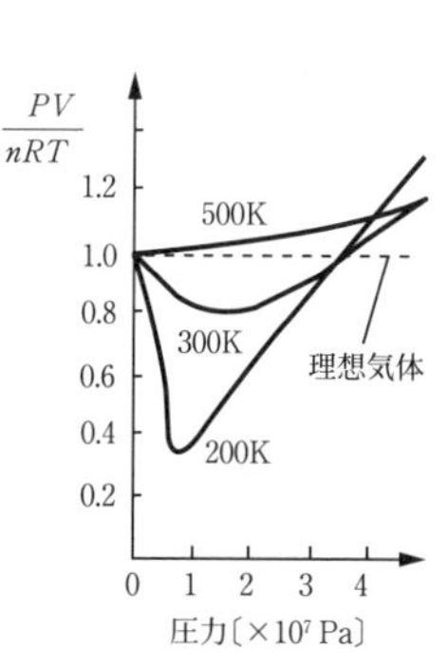

問1　300K，1×10^7Pa におけるメタン 1mol の体積はいくらか。また，メタンが理想気体なら，その体積はいくらか。有効数字 2 桁で求めよ。

問2　温度が 500K と高いとき，*PV/nRT* の値は 1 よりも大きく，高圧にするとしだいに大きくなっていく。この理由を説明せよ。

問3　温度が 200K と 300K のとき，*PV/nRT* の値は，高圧にすると，はじめしだいに小さくなり，極小値を過ぎた後しだいに増大し，1 より大きくなる。この理由を説明せよ。

〔静岡大〕

実在気体 ➡ 分子間力と分子自身の大きさがある

2 状態変化と蒸気圧

34 ◀ 基本チェック ▶

(1) 【物質の三態と状態変化】

① 右の図1は純物質の状態変化について示したものである。(a)〜(f)の変化に対応する語句を書け。

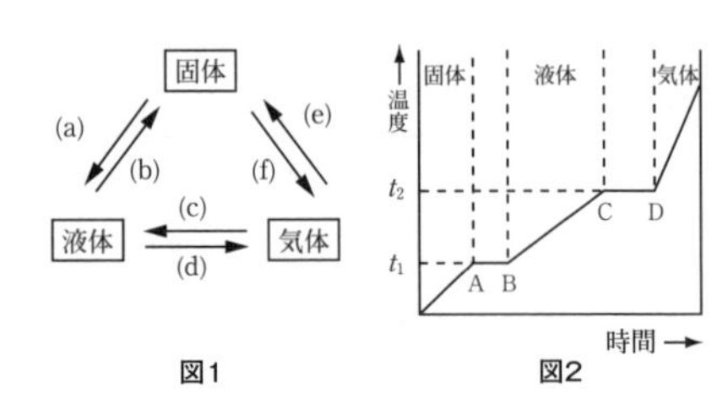

図1　図2

② 右の図2は圧力一定のもとで，ある純物質を一様に加熱したものである。AB, CD 間では加熱しても温度が上昇しないのはなぜか。

〔弘前大(改)〕

(2) 【状態図】 右は CO_2 の状態図である。

(i) (あ), (い), (う)の各領域の状態は何か。

(ii) a 点，b 点を何というか。

(iii) ▒▒の領域の状態を何というか。

(iv) a 点の圧力は 1.013×10^5 Pa より大きい，小さいのいずれか。

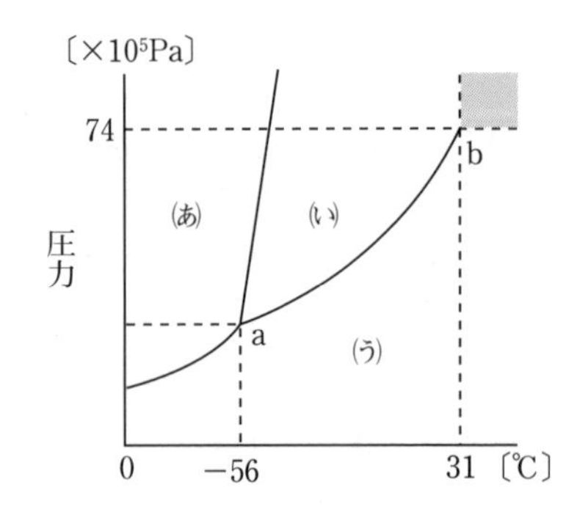

(3) 【飽和蒸気圧】 ピストンつきで体積が固定できる容器がある。いま容器内に液体物質 X のみを入れ，常温で放置すると，蒸発平衡を形成し，容器内は P_v(Pa) となった。次にピストンの固定をやめ，外圧を変化させてみた。次の問に答えよ。

① ピストンに及ぼす外圧(P)を $P>P_v$ にすると容器内はどうなるか。

② ピストンに及ぼす外圧(P)を $P<P_v$ にすると容器内はどうなるか。

微粒子の集団 ➡ 圧力を上げると密に，温度を上げるとバラバラに

35 ◀ 蒸気圧曲線 ▶

真空にした容器10.0Lの丸底フラスコに0.100molの水を入れ，温度を20℃から100℃まで変化させた。(1)，(2)の問いに答えよ。ただし，水の蒸気圧は右表の通りであり，液体の水の体積および熱膨張によるフラスコの容積の変化は無視でき，気体の水は理想気体として扱え，気体定数は8.3×10^3Pa·L/(mol・K)とする。

水の水蒸気

温度(℃)	蒸気圧(hPa)
20	23
40	74
60	199
80	473
100	1013

(1)　フラスコ内の水がすべて気体で存在すると仮定する。20℃と100℃での圧力(hPa)はいくらか。また，20～100℃での温度に対する圧力変化を右のグラフに点線で示せ。

(2)　温度20～100℃でのフラスコ内の実際の圧力変化を右のグラフに実線で示せ。〔横浜国大〕

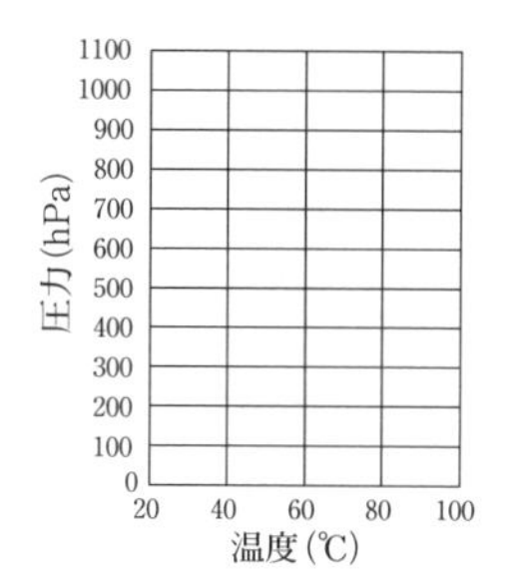

36 ◀ 水上置換 ▶

ライター用のガスの分子量を求めるため，次のような実験を行った。

操作1　ライター用のガスボンベの質量を測定すると，135.85gであった。

操作2　水槽に水を入れ，メスシリンダーに水を満たして倒立させた。ガスボンベに細いビニル管を接続し，その先端をメスシリンダー内に誘導し，図のようにガスを水上置換で捕集した。水槽とメスシリンダーの水面を一致させ，ガスの体積を読むと，480mLであった。

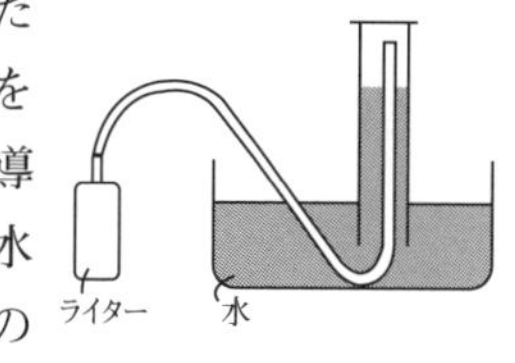

操作3　ビニル管をはずし，再びガスボンベの質量を測定すると134.76gであった。実験室内の気圧は1016hPa，温度は27℃であった。

問　水の蒸気圧を36hPaとすると，このライター用のガスの分子量はいくらか。有効数字2桁で求めよ。ただし，気体は理想気体とみなし，気体定数は8.3×10^3Pa·L/(mol・K)とする。

液体 ➡ 空間があると蒸気圧の値になるまでは蒸発できる

B

37* ◀ 状態変化とグラフ ▶

問1 実験室で一端を封じたガラス管(長さ約90cm)と水銀を用いて，25℃におけるジエチルエーテルの飽和蒸気圧を測定したら546mmHgであった。このときの実験の様子を図示せよ。

ただし，大気圧は1atm＝760mmHg＝1.01×10^5Paであるとする。

問2 理想気体および実在気体について，それらを一定圧力下で絶対温度で0度近くまで冷却したときの体積(縦軸)と絶対温度(横軸)の関係を表す図を書け。理想気体を破線で，実在気体を実線で表すこと。また，実在気体に関する線については，線の形が急激に変化するところで何が起こっているかを図中に明記すること。なお，圧力は気体・液体・固体の三態が共存できる圧力よりも高いものとする。

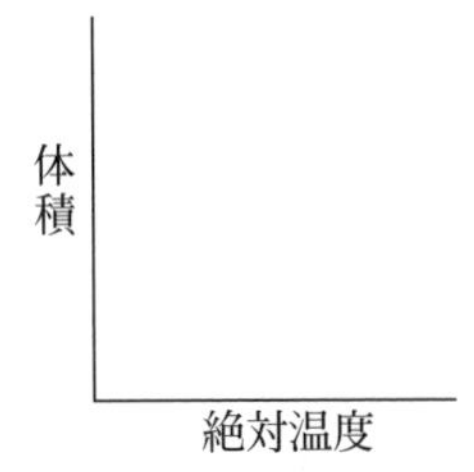

〔早稲田大〕

38* ◀ 状態変化…N_2＋水でT一定の追跡 ▶

次の文章を読んで，**問1**～**問4**に答えよ。ただし，水蒸気および窒素は理想気体とみなし，窒素の水への溶解は無視する。また，解答は有効数字2桁で記せ。必要ならば，以下の気体定数の値を用いよ。

$$R=8.3\times10^3\text{Pa}\cdot\text{L/(mol}\cdot\text{K)}$$

一定の温度に保たれたピストン付き容器がある。この容器に水および窒素を物質量(mol)比2：1の割合で入れ，平衡になるまで放置した。次に，平衡が保たれるように注意しながら，容器の容積を1.0Lから5.0Lまで変化させた。このとき，容器内部の圧力は図1のように変化した。なお，水の体積は，容器の容積に比べて十分小さいので，無視してよい。

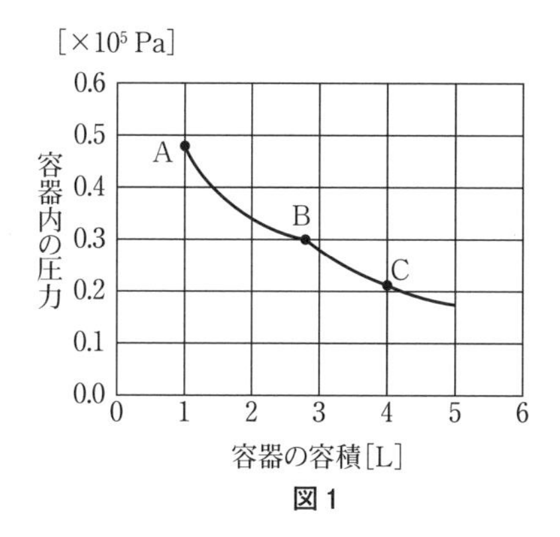

図１

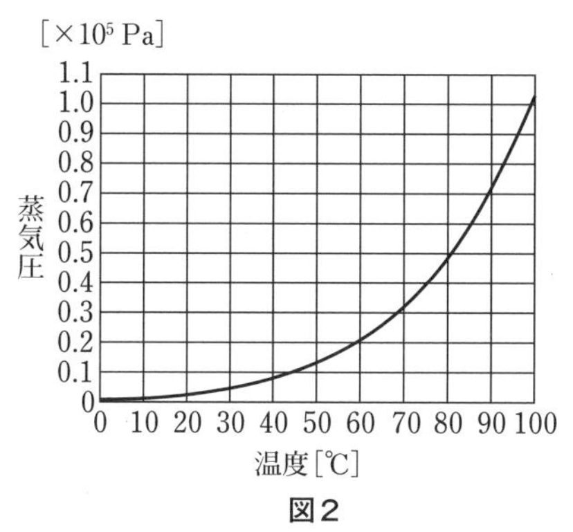

図２

問１　**図１**のＡ点，Ｂ点，Ｃ点それぞれにおける水蒸気の分圧は何 Pa か。ただし，水の蒸気圧は，温度によって**図２**のように変化する。

問２　容器の温度は何℃か。

問３　容器に入れた水は何 mol か。

問４　容器の容積を 1.0L から 5.0L まで変化させたとき，容器内の水が吸収した熱量は何 kJ か。ただし，水の蒸発エンタルピーは 41kJ/mol とし，水が吸収した熱はすべて水の蒸発に使われるものとする。

〔名古屋大(改)〕

蒸気圧 ➡ 温度とともに増加

39* ◀ 混合気体と蒸気圧 ▶

次の文章を読み，以下の問に答えよ。

以下の図のように，容積 8.96L，4.48L の二つの容器 A, B がコック C を閉じた状態で連結されている。

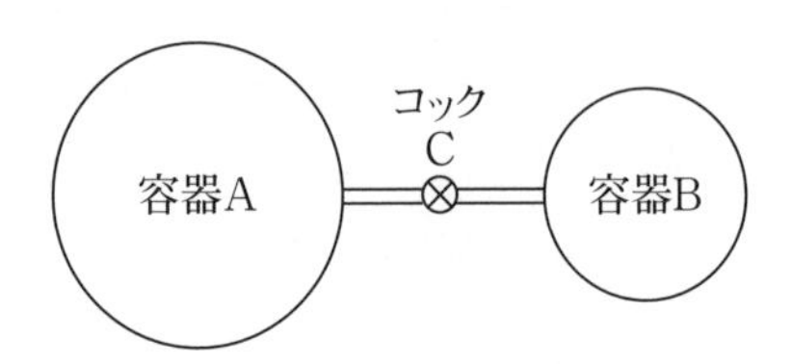

容器 A に窒素，容器 B に水蒸気が温度 150℃で，各々1.50×10^5Pa，2.00×10^5Pa の圧力で詰められている。ただし，窒素と水蒸気には理想気体の状態方程式が成立すると仮定し，液体の体積は蒸気の体積に比較して無視できるほど小さいとする。気体定数は 8.31×10^3Pa·L/(mol・K) とし，答えは有効数字 3 桁で求めよ。

問 1　容器 A および B 中に含まれる窒素および水蒸気の物質量(mol)はいくらか。

問 2　温度を 100℃にしたとき，容器 A および B 中の窒素と水蒸気の圧力はいくらになるか。なお 100℃の水の蒸気圧は 1.01×10^5Pa とする。

問 3　**問 2** と同じ状態において，容器 B 中に存在する水蒸気の物質量(mol)を求めよ。

問 4　温度を再び 150℃に戻して，コック C を開いて放置した。容器中の圧力を求めよ。

問 5　**問 4** と同じ状態において，窒素と水蒸気の分圧を求めよ。

問 6　**問 4** と同じ状態で，温度を 200℃に変化させた場合の窒素と水蒸気の分圧を求めよ。

〔宮崎大〕

40* ◀ 気体反応と蒸気圧 ▶

次の文を読んで，**問1～問3**に答えよ。ただし，気体は理想気体とし，気体定数は 8.31×10^3Pa・L/(mol・K)とする。数値は有効数字2桁で答えよ。

次の図に示すように，ピストン付きの円筒**容器**Aと**容器**Bが連結されており，間にバルブQが付いている。**容器**Bの体積は200mLである。

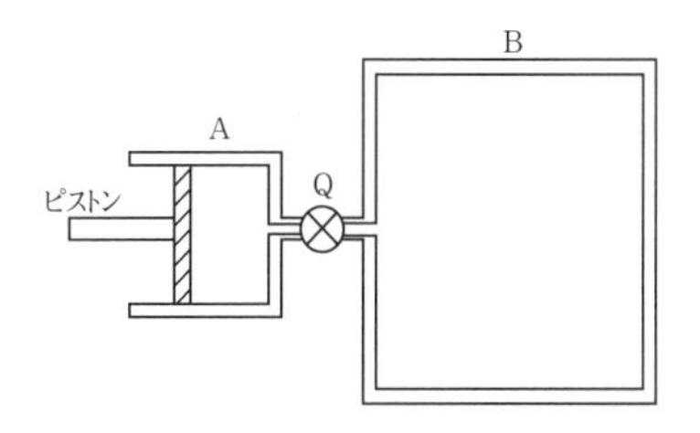

バルブQを閉じた状態で，**容器**Aにはメタンが 1.00×10^5Paで20mL，**容器**Bには体積比1：4の酸素と窒素の混合気体が圧力 2.00×10^5Paで入っている。**容器**A, Bの温度は57℃とする。

次に，バルブQを開き，**容器**Aのピストンを押し込んで，温度を57℃に保ちつつ，メタンをすべて**容器**Bに移した。

問1　このときの混合気体の全圧を求め，Pa単位で答えよ。

さらに，**容器**Bでメタンを完全に燃焼させた。温度が57℃まで下がったとき，圧力は 2.07×10^5Paであった。このとき，壁面にわずかに水滴が見られた。

問2　この温度での水の飽和蒸気圧を求め，Pa単位で答えよ。

問3　このとき生じた水蒸気の何%が凝縮しているか。

〔京都大(改)〕

混合気体での蒸気圧 ➡ 分圧で表現

41** ◀ 混合気体と蒸気圧 ▶

次の文(A), (B)を読んで，**問1～問4**に答えよ。気体は理想気体とし，気体定数は8.31×10^3L･Pa/(mol・K)を用いよ。**問2**，**問4**の答えおよび**問3**の答えに表れる数値は有効数字3桁で記せ。

(A) 一般に，プロパンガスをO_2ガスで完全に燃焼させると，次式の反応が進行する。

[I]

反応によって，H_2Oが生成するが，密閉容器内ではH_2O分子の[ア]と分子間力の大小関係にしたがってH_2Oの蒸発，凝縮が起こり，ある平衡状態に達する。このときに水蒸気が示す圧力が水の飽和蒸気圧である。飽和蒸気圧は他の気体が共存しても，ほぼ同じ値を示し，[イ]のみの関数となる。一般に，蒸気圧が[ウ]と等しくなる温度を沸点という。水の場合，分子間に[エ]結合が形成されているため，メタンなどに比べて沸点がはるかに高い。

(B) 上の(A)での現象を利用して，**図1**に示すような密閉円筒容器を用い，水の蒸気圧を測定することを試みた。容器は断面積50.0cm²で，摩擦抵抗がなく熱を非常によく通すピストンによって燃焼室(S1)と圧力測定室(S2)の2つの密閉された部屋に完全に仕切られている。容器全体は外部から温度制御ができる。

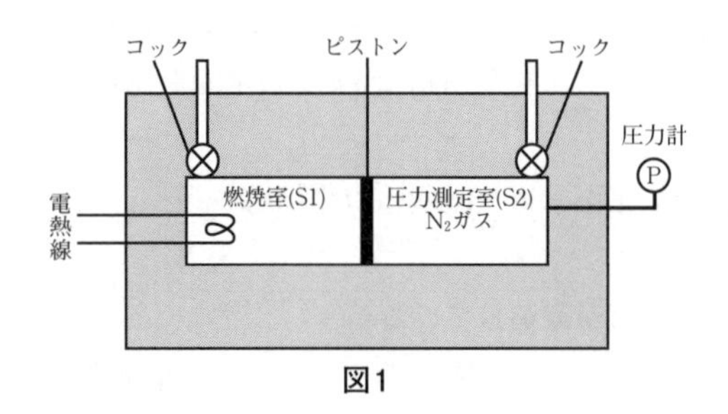

図1

まず，容器の温度を300Kに保ち，圧力測定室(S2)に0.120molのN_2ガスを，燃焼室(S1)にプロパンガスと完全燃焼に必要な理論量のO_2ガスを封入した。このとき，ピストンの位置はちょうど容器の真中で，各部屋の容積はそれぞれ2.60Lであった。

次に，燃焼室(S1)の電熱線に電流を流し，プロパンガスをゆっくりと完全燃焼させた。完全燃焼後の物質量は，CO_2 ガス，H_2O がそれぞれ 0.0600 mol, 0.0800 mol であった。長時間経過後，①容器をある温度 T_1K に保つと，ピストンは最初の位置から 12.0 cm 左へ移動して止まった。このとき，圧力計は P_1Pa を示していた(状態“1”)。

続いて，容器全体を徐々に加熱していくと，温度が［ a ］K に達したときに燃焼室(S1)の H_2O がすべて水蒸気になった。このとき，圧力計は 1.53×10^5Pa を示し，ピストンは状態“1”の位置から右へ［ b ］cm 移動していた。この状態での水の蒸気圧は［ c ］Pa となる。②最後に，さらに容器全体を 500K まで加熱した。この実験結果から，本測定装置では，圧力とピストン移動距離の測定から温度と水の蒸気圧の関係を得ることができるが，生成した H_2O の量によって蒸気圧の測定範囲が制限されることが分かった。

ここで，コック内および圧力計への導管の容積，電熱線の体積，凝縮した水の体積は無視できるものとする。また，温度によって容器の容積は変化せず，生成した CO_2 ガスは水に溶解しないものとする。

問1　文(A)中の［ I ］に適切な反応式を，［ ア ］～［ エ ］に適切な語句を入れよ。

問2　文(B)中の［ a ］～［ c ］に適切な数値を入れよ。

問3　文(B)中の**下線部①**(状態“1”)での水の蒸気圧は何 Pa になるか。P_1 を用いて答えよ。

問4　文(B)中の**下線部②**の状態での燃焼室(S1)の容積はいくらか。単位を付して答えよ。

〔京都大〕

42** ◀ 揮発性の液体物質の蒸気密度による分子量測定実験 ▶

次の文章を読み，以下の問い(**問 1〜3**)に答えよ。ただし，すべての気体は理想気体としてふるまうものとし，気体定数 $R = 8.3\times10^3$Pa・L/(mol・K) とする。

①化学反応には吸熱反応と発熱反応がある。②物理変化である状態変化でも，熱が出入りする。また，③蒸発と凝縮の状態変化を利用すると分子量を求めることもできる。これに関連して，以下の実験を行った。

〈実験〉

下図のような内容積 350mL の容器(ふた付きの丸底フラスコ)に，物質 **X**(液体)を約 3mL 入れ，容器全体を 77℃に加熱したところ，物質 **X** はすべて蒸発し 350mL 以上の気体となった。このとき，容器内にあった全ての空気と過剰分の気体は中央上部の小さい穴から出ていった。

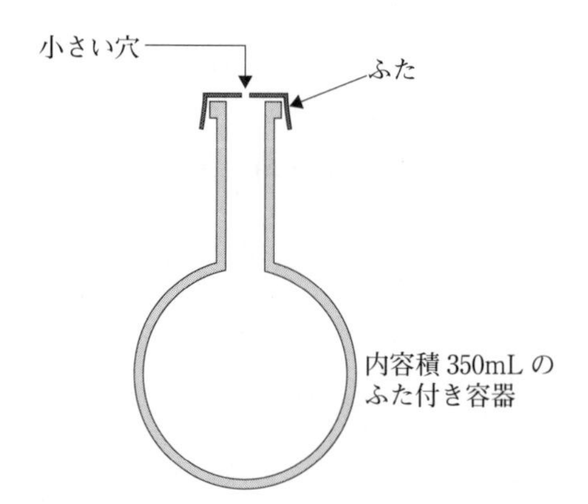

次に，25℃に冷却したところ，容器内で気体となっていた物質 **X** が凝縮するとともに，中央上部の小さい穴から空気のみが容器内へ戻った。25℃に冷却後すぐに，空気と物質 **X** が入った状態でふた付き容器の質量を測定したところ，空気だけで容器内が満たされた状態より 0.877g 増加していた。また，25℃における物質 **X** の蒸気圧を測定したところ 0.202×10^5Pa であった。

問1　下線部①について，発熱反応と吸熱反応の違いを，化学反応における反応物と生成物がもつエンタルピーの観点から40字以内で説明せよ。

問2　下線部②について，次の(1)および(2)に答えよ。ただし，25℃，1.013×10^5Pa における水素の燃焼エンタルピーを，生成物が液体のときは-286kJ/mol，気体のときは-242kJ/mol とする。

(1)　水の蒸発の変化を示す反応式をエンタルピー変化 ΔH を付して表せ。

(2)　水の融解エンタルピーは6.01kJ/mol である。水の蒸発エンタルピーと融解エンタルピーが大きく異なる理由を，水の三態それぞれにおいて分子がもつエネルギーの観点から50字以内で説明せよ。

問3　下線部③について，次の(1)および(2)に答えよ。ただし，大気圧を1.01×10^5Pa，空気の密度を25℃，1.01×10^5Pa において1.18×10^{-3}g/cm^{3}とする。また，物質**X**の沸点は77℃より低く，凝縮した液体の体積，容器の熱膨張や空気中の水蒸気は無視できるものとする。

(1)　加熱後に冷却され，25℃となった容器内に存在する物質**X**の質量は何gか。計算過程も示し，有効数字2けたで答えよ。

(2)　物質**X**の分子量はいくらか。計算過程も示し，有効数字2けたで答えよ。

〔千葉大(改)〕

第3章 物質の状態2（溶液の理論）

1 物質の溶解

43 ◀基本チェック▶

(1) **【溶解現象】** 塩化ナトリウムは水に Na^{+} と Cl^{-} に電離して溶解する。水中での Na^{+} や Cl^{-} の様子を図示せよ。

(2) **【溶解の可否】** 次の物質のうち，水によく溶けるものはどれか。

① 硝酸カリウム　② エタノール（CH_3CH_2OH）

③ ベンゼン（C_6H_6）

(3) **【濃度の算出】**

物質A（分子量 M）W(g)を N(g)の水に溶かしたら，密度が d(g/mL)の水溶液となった。以下の濃度を求めよ。

① 質量パーセント濃度　② モル濃度　③ 質量モル濃度

(4) **【固体の溶解度】**

硝酸カリウムの水に対する溶解度（水100gに溶ける溶質の最大質量〔g〕の数値）は50℃で85，40℃で65である。

50℃の硝酸カリウムの飽和溶液が200gある。これを加熱し水を蒸発させ，40℃にすると硝酸カリウムの結晶が32g析出した。蒸発した水は何gか。整数で答えよ。

(5) **【気体の溶解度】**

① 気体の溶解度は温度を上げるとどうなるか。

② ヘンリーの法則の内容を60字以内で書け。

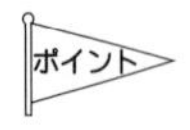

溶解 ➡ 溶媒中で溶質粒子がばらされて均一になる現象

44 ◀ 希酸の調製と濃度計算 ▶

次の各問いに答えよ。ただし，計算結果は，有効数字２桁で答えよ。H＝1.0，C＝12，O＝16，S＝32，蒸留水の密度：1.00g/mL

⑴　濃度が 18.0mol/L の濃硫酸がある。その密度は 1.84g/mL である。
　この濃硫酸の質量パーセント濃度を求めよ。

⑵　この濃硫酸を用いて，質量パーセント濃度が 5.00％の希硫酸を 500g 作りたい。濃硫酸何 mL と蒸留水何 mL を混合すればよいか。

⑶　上記 5.00％の希硫酸を調製する際の希釈方法は，次のいずれが正しいか。
　(a)　濃硫酸をビーカーにとり，よくかき混ぜながら蒸留水を少量ずつ加える。
　(b)　蒸留水をビーカーにとり，よくかき混ぜながら濃硫酸を少量ずつ加える。
　(c)　どちらでもよい。

〔山形大〕

45 ◀ 結晶水を含む結晶の析出 ▶

硫酸銅(Ⅱ)水溶液 205g を 60℃から 20℃に冷却したところ，25g の $CuSO_4$・$5H_2O$ の結晶が析出した。もとの水溶液に溶解していた $CuSO_4$(無水塩)の質量は何 g か。整数で求めよ。ただし，$CuSO_4$ は，水 100g あたり，60℃で 40g，20℃で 20g まで溶けるものとし，式量を $CuSO_4$・$5H_2O$＝250，$CuSO_4$＝160 とする。

〔京都産業大〕

46 ◀ ヘンリーの法則 ▶

気体 A は水にあまり溶けない気体であるが，0℃，1×10^5Pa において水 1mL に対して amL 溶ける。0℃，5×10^5Pa では，この気体 A は 1L の水には何 g 溶けるか。ただし，気体 A の分子量は M とする。なお 0℃，1×10^5Pa で 1mol の気体 A の体積は 22.1L であるとする。

〔自治医大〕

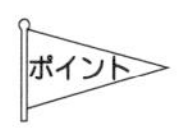

溶質の濃度 ＝ $\dfrac{\text{溶質量}}{\text{基準量}}$　← 単位に注意　← 溶液基準と溶媒基準あり

B

47* ◀ 溶液総合 ▶

溶解とは液体に他の物質を均一に混合することであり，溶解によって生じた混合物が溶液である。食塩(塩化ナトリウム)と砂糖(スクロース)はいずれも水によく溶けるが，その水溶液の性質は異なっている。イオン性の物質である塩化ナトリウムは水中で［ア］(化学式)と［イ］(化学式)に［ウ］し，それぞれが水分子を引きつけることにより［エ］している。したがって，塩化ナトリウムの水溶液は電気を導き［オ］。このような性質を持った物質を［カ］という。しかし，分子性の物質であるスクロースは，水に溶かしてもイオンを生じることがなく，電気を導き［キ］。このような物質を［ク］という。また，物質の溶けやすさは，水の温度によっても著しく異なる。例えば，100gの水に溶ける物質の質量を溶解度として示したとき，塩化ナトリウムの溶解度は20℃で36g，80℃で38gであるのに対して，硝酸カリウムでは20℃で32g，80℃で169gとなる。いま，<u>40gの塩化ナトリウムと120gの硝酸カリウムを含む混合物に80℃の水200gを加えて溶解したのち20℃に冷却した</u>とすると，混合溶液からは硝酸カリウムのみが［ケ］し，純粋な結晶が得られる。このように温度の変化による溶解度の違いを利用して，物質を精製することを［コ］という。

問1　アからコの［　］に適切な語句，化学式を入れよ。

問2　下記の物質群(aからk)の中から条件(A)あるいは条件(B)を満たす物質をすべて選び，記号で答えよ。

(A)　イオン性の物質であり，なおかつ水によく溶けるもの

(B)　分子性の物質であり，なおかつ水によく溶けるもの

a．硫酸銅　b．エタノール　c．炭酸カルシウム　d．尿素
e．塩化銀　f．硫酸アンモニウム　g．グルコース　h．ナフタレン
i．酢酸ナトリウム　j．ベンゼン　k．硫酸バリウム

問3　下線部の操作により得られる硝酸カリウムの結晶は何gか。また，できるだけ多くの純粋な硝酸カリウムの結晶を得るには，加える水の量を何gにすればよいか。整数で求めよ。〔岩手大〕

飽和溶液の濃度 ➡ 溶解度から決まる

48* ◀ 密閉系の気体の溶解平衡 ▶

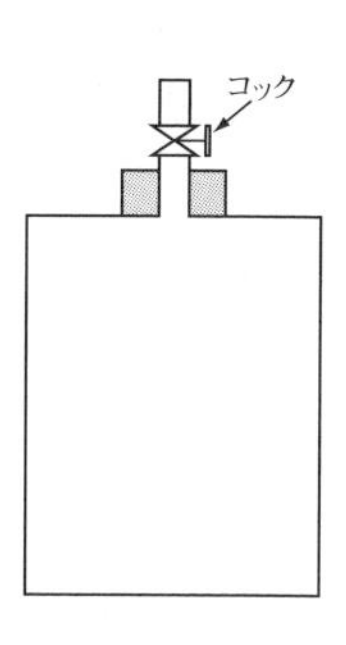

図に示すような内部体積4.0Lで，上部にコックがついた容器がある。コックを閉めれば，気体を閉じ込められる。乾燥させた容器の重さは容器内の空気の重さを含めてW_1〔g〕である。この容器を使って次の操作1〜3を行った。このときの室温は27℃であり，大気圧は1.0×10^5Paであった。なお解答は有効数字2桁で求めよ。

操作1　17.6gのドライアイスをはかりとり，表面についた霜をふきとってから，すばやく乾燥させた容器の中に入れた。次に容器のコックを開いて，室温に保った水槽の中に入れた。ドライアイスが全て昇華して見えなくなったのちに，コックを閉めた。容器を水槽から取り出して，外側の水をよくふきとってから，容器の重さW_2〔g〕をはかった。このときに，容器内には水滴は見られなかった。

操作2　17.6gのドライアイスを乾燥させた容器内に入れると同時にコックを閉めて，87℃に保った水槽の中に入れた。

操作3　8.8gのドライアイスと1.0Lの水を乾燥させた容器内に入れると同時にコックを閉めて，7℃に保った水槽の中に入れた。

問1　室温における空気(N_2とO_2が4：1の混合気体)の密度(g/L)を求めよ。(分子量；N_2＝28，O_2＝32，気体定数＝8.3×10^3Pa･L/(mol・K))

問2　**操作1**において，W_2-W_1は何gか求めよ。(分子量；CO_2＝44)

問3　**操作2**において，ドライアイスが見えなくなって充分時間がたったのちの容器内の圧力を求めよ。

問4　**操作3**において，ドライアイスが見えなくなって充分時間がたったのちの容器内のCO_2の分圧$p\times10^5$〔Pa〕と水中に溶解しているCO_2の物質量n〔mol〕の関係を表す方程式を二つ求めよ。ただし，7℃におけるCO_2の水に対する溶解度は1×10^5Paのもとで，0.057molであり，ヘンリーの法則が適用できる。

〔神戸大〕

全気体＝(気相に残っている気体)＋(液体に溶けた気体)

2 希薄溶液の性質

49 ◀ 基本チェック ▶

(1) 【蒸気圧降下と沸点上昇】

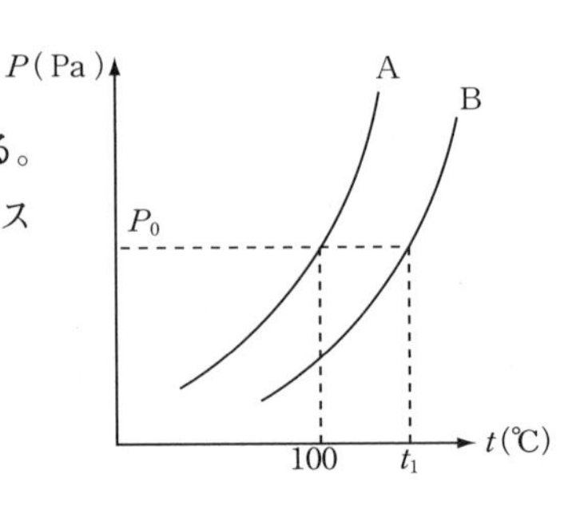

右図で P は水の蒸気圧，t は温度である。A は純水で B は 1(mol/kg) のスクロース水溶液のグラフである。

① P_0 は何 Pa か。

② スクロース水溶液の沸点は何℃か。

(2) 【凝固点降下】

次の①～④の液を凝固点の高い順に番号で並べよ。

① 純水

② 1(mol/kg) のスクロース水溶液

③ 1(mol/kg) の NaCl(aq)

④ 1(mol/kg) の $CaCl_2$(aq)

ただし，塩は水中で完全に電離しているとする。

(3) 【浸透圧】

下図のように半透膜で仕切られた管がある。

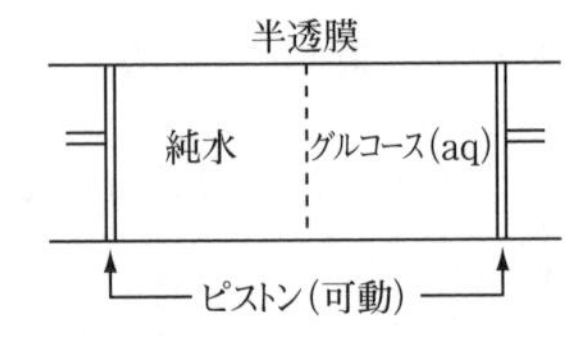

左側に純水，右側に 1(mol/L) のグルコース水溶液を入れて大気圧下で放置しておく。

① 最終的には管の中はどうなるか。

② ピストンにかかる圧力をどうすればピストンは初めの状態から動かないか。

溶液から出ていく溶媒量 ➡ 溶液中の溶質粒子のために減少する

50 ◀ 蒸気圧降下 ▶

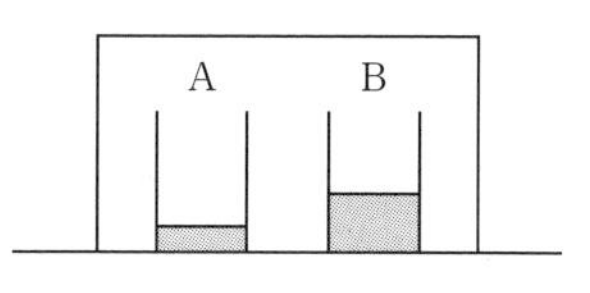

図に示すように，密閉容器中にビーカーＡおよびＢがある。ビーカーＡには水100gにグルコース($C_6H_{12}O_6$, 分子量180)3.60gを溶かした水溶液を入れ，ビーカーＢには水200gにグルコース9.00gを溶かした水溶液を入れて，密閉した状態で長時間一定温度で放置した。このとき，ビーカーＡの質量は約［　①　］g［　②　］する。文中の①に適切な数値(小数第１位)，②に語を記入せよ。ただし，水蒸気となった水の質量は無視できるほど小さいとする。　〔東京理科大(改)〕

51 ◀ 沸点上昇 ▶

次の物質のうち，1％水溶液(質量パーセント濃度)の沸点上昇度が最も大きいのはどれか。ただし，(　　　)内はそれぞれの式量または分子量である。

(a)　塩化アルミニウム(133.5)　　(b)　スクロース(342)
(c)　硫酸ナトリウム(142)　　(d)　硝酸カリウム(101.1)
(e)　グルコース(180)

ただし，電解質は完全に電離しているとする。　〔北海道工大〕

52 ◀ 浸透圧 ▶

25℃でスクロース$C_{12}H_{22}O_{11}$の0.10mol/L水溶液と同じ大きさの浸透圧を示す塩化カルシウム水溶液500mLをつくるには，塩化カルシウム六水和物［　(a)　］gを水に溶かせばよい。また，塩化カルシウム無水物を用いる場合は［　(b)　］gを水に溶かせばよい。(a)，(b)に，下記の適切な数値を記入せよ。ただし，H_2O＝18.0，Ca＝40.0，Cl＝35.5とし，塩化カルシウムは完全に電離しているとする。

21.90	10.95	7.30	5.55	3.65
1.85	0.92	0.73	0.56	0.37

〔神奈川大〕

蒸気圧降下，沸点上昇，凝固点降下の度合い，浸透圧
➡ 溶液中の全溶質の物質量(mol)を単位とする濃度に比例

B

53* ◀ 冷却曲線の読み方 ▶

図1 に示すような実験装置を用い，純ベンゼン100g をガラス容器(内管)に入れ，かくはん器でかき混ぜながら氷水で冷却した。このときの温度変化を測定したところ，**図 2** の**曲線 A** が得られた。また，化合物 X 2.00g をベンゼン 100g に溶かした溶液を用いて同様に実験すると，**図 2** の**曲線 B** が得られた。

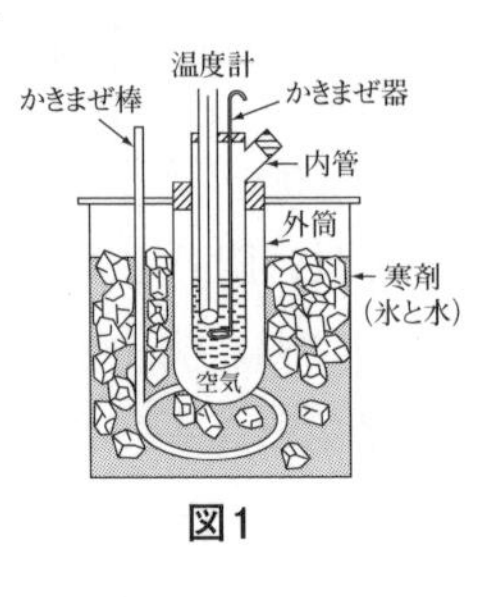

図1

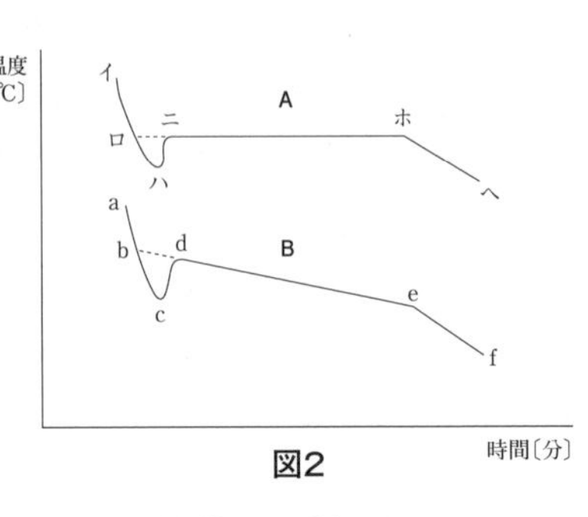

図2

(1) **曲線 A** のニホは水平である。その理由を述べよ。

(2) **曲線 A** のホへの部分における純ベンゼンの状態について説明せよ。

(3) **曲線 A** のロハニの部分における純ベンゼンの状態について説明せよ。

(4) **曲線 B** の d－e の部分は水平にならず，右下がりになる。その理由を述べよ。

(5) ベンゼン溶液(**曲線 B**)の凝固点は，どの点の温度とみなせるか。記号で答えよ。

(6) 純ベンゼンの凝固点は 5.46℃，ベンゼン溶液の凝固点は 4.67℃であった。化合物 X の分子量を求め，有効数字 3 桁で答えよ。ただし，ベンゼンを溶媒とする希薄溶液の凝固点降下度 ΔT(℃)と，溶液中の全溶質粒子の質量モル濃度 m(mol/kg)との間には次の関係式が成り立つ。

$$\Delta T = 5.07 \times m$$

〔お茶の水女子大〕

冷却曲線 ➡ 過冷却現象に注意

54* ◀ 蒸気圧降下の理論的な取り扱い ▶

250g の水にスクロース(分子量 342)6.84g を溶かした**溶液A**と，同じく 250g の水にグルコース(分子量 180)5.40g を溶かした**溶液B**を，それぞれ別のフラスコに入れ，**図1**のようにコックのついた細いガラス管で連結した。一定温度の下で，コックを閉じたまましばらく放置したのち，**図2**のようにコックを開けた。片方のフラスコの液の量は次第に減少し，その分だけ他方のフラスコの液の量が増加し，十分な時間が経過したところで平衡状態に達した。この現象は，溶液の蒸気圧と濃度の関係から，次のように説明される。

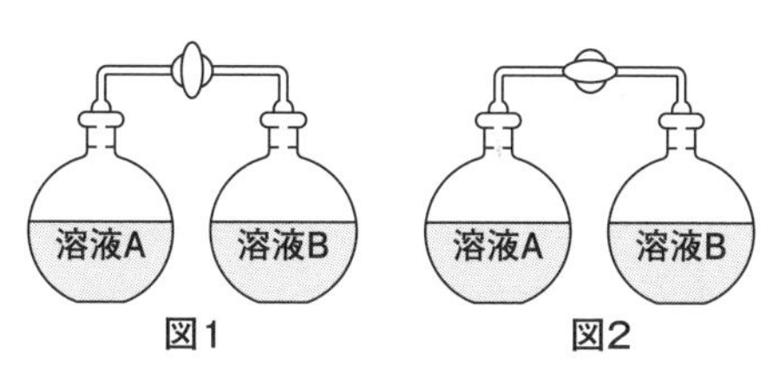

図1　図2

溶媒 n_1 mol に不揮発性の非電解質 n_2 mol が溶けた希薄溶液の場合，この溶液の蒸気圧 p は(1)式のように表されることが実験的に知られている。

$$p=p^* \cdot x_1 \qquad \cdots(1)$$

ここで p^* は純溶媒の蒸気圧，x_1 は溶液中の溶媒のモル分率，すなわち，$x_1=n_1/(n_1+n_2)$ である。

上の実験では，コックを開ける前の溶媒のモル分率 x_1 は，**溶液A**は(1－［ア］)，**溶液B**は(1－［イ］)である。したがって，蒸気圧は溶液［1］よりも溶液［2］の方が高くなる。その結果，コックを開けると溶媒の水は，溶液［3］から溶液［4］に移動し，この移動した水の質量が［ウ］g になったところで，平衡状態に達する。

問1　［ア］～［ウ］に適する数値を有効数字2桁で記せ。ただし水の分子量は 18 とする。

問2　［1］～［4］に，AまたはBのうち適する方の記号を記せ。

問3　希薄溶液($n_1 \gg n_2$)において，純溶媒と溶液の蒸気圧の差 Δp は，溶媒の分子量 M，溶質の質量モル濃度 m(mol/kg) 純溶媒の蒸気圧 p^* を使うとどのように表されるか。

〔福岡大(改)〕

溶媒の蒸発量 ➡ 溶質粒子の分だけ減少

55** ◀ 溶質の変化と浸透圧 ▶

次の文章を読み，**問1**～**問3**に答えよ。

水に溶ける高分子を用いて，次のような浸透圧の実験を行った。下図のように半透膜で仕切られた二つの**容器a**と**b**を用意した。**容器a**と**b**に各々400mLの水を入れたところ，二つの容器における水面の高さは同じであった。ここで，分子量が120,000とわかっている高分子**A**を**容器a**に2g加えて溶かし，静かに放置しておいたところ，図のように水面の高さの差(Δh)が1cmとなった。これを状態(Ⅰ)とする。ただし，この半透膜は分子量2,000以下の分子を通すことができる。また，水面の高さの差(Δh)が生じることによる各容器内の溶液の体積変化は無視する。

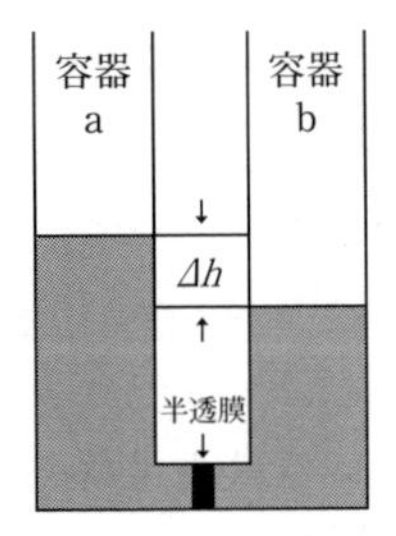

問1　状態(Ⅰ)において，分子量60,000の高分子**B**を**容器b**に加えて溶かしたところ，二つの容器の水面の高さが等しくなった。これを状態(Ⅱ)とする。

(1)　**容器b**に加えた高分子**B**の質量は，何gか。整数値で答えよ。

(2)　高分子**A**は水溶性多糖であった。状態(Ⅰ)において，この多糖を加水分解する酵素を**容器a**に加えて放置したとき，水面の高さの差(Δh)はどのように変化するか。ただし，この酵素による1回の分解反応によって，多糖の鎖は中間で二つに切断され，この反応は多糖が単糖に分解されるまで続くものとする。

(ア)　変化しない。　(イ)　増大し，一定値になる。　(ウ)　減少し続ける。
(エ)　初めは増大するが，その後減少し，一定値になる。
(オ)　初めは減少するが，その後増大し，一定値になる。

問2　状態(Ⅱ)において，分子量が未知の高分子**C**を**容器a**に2g加えて溶かしたところ，水面の高さの差(Δh)が0.5cmになった。これを状態(Ⅲ)とする。高分子**C**の分子量は，いくらか。有効数字2桁で答えよ。

問3　状態(Ⅲ)において，**容器b**に800mLの水を加えて静かに放置した。このとき，水面の高さの差(Δh)は，いくらか。有効数字2桁で答えよ。

〔九州大〕

3 コロイド溶液

A

56 ◀基本チェック▶

(1) 【コロイド粒子の大きさ】

コロイド粒子の直径は次のうちどれくらいか。

① 10^{-3}～10^{-4}cm　② 10^{-5}～10^{-7}cm　③ 10^{-7}～10^{-9}cm

(2) 【コロイドの種類】

次のコロイド粒子のうち疎水コロイドはどれか。

① 水酸化鉄(Ⅲ)　② 石けん　③ タンパク質

(3) 【凝析効果】

正に帯電した水酸化鉄(Ⅲ)のコロイドを凝析させる効果は次のうち，どれが一番大きいか。

① 塩化物イオン　② 硫酸イオン　③ リン酸イオン

(4) 【正誤判定】

次のコロイド溶液についての記述のうち誤っているのはどれか。

A チンダル現象はスクロースの溶液では観察されない。

B 金のコロイド粒子は親水性が小さい。

C 「ゾル」と「ゲル」はコロイド溶液の流動性を区別する用語である。

D ブラウン運動は溶媒分子の運動によって起こるコロイド粒子の運動である。

E 墨汁は疎水性コロイドの溶液である。

F 牛乳はコロイド溶液の一種である。

G デンプンのコロイド溶液ではコロイド粒子が強く水和している。

H 透析操作でコロイド溶液からコロイド粒子を含まない溶液を得ることができる。

I コロイド粒子の中には直流電圧をかけると移動するものがある。

〔明治大〕

コロイド粒子 ➡ 大きさや表面電荷が特徴

B

57* ◀コロイド溶液の性質▶

塩化ナトリウムやスクロース(ショ糖)を水に溶解すると均一な溶液となる。塩化ナトリウムのように水溶液中で電離する物質を(　ア　)，(a)スクロースのように電離しないで溶ける物質を(　イ　)という。塩化ナトリウムやスクロース水溶液と純水を同じ条件下で放置すると，(b)純水のほうが速く蒸発する。水1kgにスクロースあるいは塩化ナトリウムを1mol溶かした水溶液および純水をそれぞれ冷却すると，純水は0℃で凍るが，スクロース水溶液は −1.86℃，塩化ナトリウム水溶液は(　ウ　)℃で凍る。このような現象を(　エ　)という。

U字管の中央にセロハン膜を固定し，その両側にスクロース水溶液と純水を液面の高さが同じになるように入れて長時間放置すると，スクロース水溶液の液面が純水の液面よりも高くなる。この液面を同じ高さにするためには溶液側に一定の圧力を加える必要がある。この圧力を(　オ　)という。

(c)塩化鉄(Ⅲ)水溶液を多量の沸騰水に加えると赤褐色溶液になる。この赤褐色溶液，塩化ナトリウム水溶液およびスクロース水溶液にレーザー光線をあてると，(d)赤褐色溶液でのみ光の通路が輝いてみえる。これは(　カ　)現象と呼ばれ，(　キ　)に特有な現象である。この(e)赤褐色溶液をセロハン膜の袋に入れて水中に浸しておく。このような操作を(　ク　)という。また，赤褐色溶液に少量のミョウバンなどを加えると沈殿が生じる。この現象を(　ケ　)という。

問1　(ア)～(ケ)に適切な語句または数値を記入せよ。

問2　下線部(a)のスクロースが水によく溶ける理由を記せ。また，下線部(b)と(d)についてもその理由を記せ。

問3　下線部(c)の反応の化学反応式を記せ。ただし，ここでは水酸化鉄(Ⅲ)の化学式を $Fe(OH)_3$ と表せ。

問4　下線部(e)の袋の外側の溶液のpHはどう変化するか，また，この溶液に硝酸銀水溶液を数滴加えるとどうなるか，理由をつけて説明せよ。

〔香川大〕

沸騰水に $FeCl_3(aq)$ ➡ 水酸化鉄(Ⅲ)のコロイド生成

第4章 物質の変化１（反応の理論）

1 熱化学

58 ◀ 基本チェック ▶

(1) **【エンタルピー変化 ΔH を付した反応式の書き方】** メタン CH_4(気) 1mol を完全燃焼させると，1mol の CO_2(気)，2mol の H_2O(液)が生成し，890kJ の発熱があった。この反応をエンタルピー変化 ΔH を付した反応式で表せ。

(2) **【エンタルピー図の書き方】** 次の①，②の内容を，エンタルピー図で表せ。

① C(黒鉛)の燃焼エンタルピーΔH は -394kJ/mol である。

② Na(固)の昇華エンタルピーΔH は 109kJ/mol である。

(3) **【何エンタルピー？】** 次の式①，②からそれぞれ何エンタルピーがわかるか。

① H_2(気) $+ \frac{1}{2} O_2$(気) $\longrightarrow$ H_2O(液)　$\Delta H = -286$kJ

② C(黒鉛) $+ O_2$(気) $\longrightarrow$ CO_2(気)　$\Delta H = -394$kJ

(4) **【ヘスの法則】** ヘスの法則の内容を 30 字程度で記せ。

(5) **【ヘスの法則を使った計算】**

① 燃焼エンタルピー(kJ/mol)：C(黒鉛) $= -394$，CO(気) $= -283$ であることを使って，CO(気)の生成エンタルピー(kJ/mol)を求めよ。

② 結合(解離)エネルギー(kJ/mol)：N≡N $= 945$，H−H $= 436$，N−H $= 391$ を使って，NH_3 の生成エンタルピー(kJ/mol)を求めよ。

(6) **【発生した熱量の計算】** 次の計算をせよ。(有効数字 2 桁)

① 0.50mol の H_2 と 0.20mol の CO を含む混合気体を完全燃焼させたときに発生する熱(kJ)を求めよ。ただし，燃焼エンタルピー(kJ/mol)は $H_2 = -286$，CO $= -283$ である。

② 200g の水溶液(比熱 4.2J/(g・K))の温度が 20℃上昇したとき，この溶液が吸収した熱量は何 kJ か。

圧力, 温度一定での反応熱を Q〔kJ/mol〕, 反応エンタルピーを ΔH〔kJ/mol〕とすると　$\Delta H + Q = 0$　⇔　$Q = -\Delta H$

59 ◀ 生成エンタルピー ➡ 燃焼エンタルピー ▶

次表中の生成エンタルピー(kJ/mol)の値を用いて，メタン CH_4，エチレン(C_2H_4)の燃焼エンタルピー(kJ/mol)をそれぞれ求めよ。

CH_4	C_2H_4	CO_2	H_2O
−74.5	52.2	−394	−286

〔奈良教育大(改)〕

60 ◀ 燃焼エンタルピー ➡ 生成エンタルピー ▶

次の燃焼エンタルピー(kJ/mol)の値を用いて，エチレン(C_2H_4)の生成エンタルピー(kJ/mol)を求めよ。

C(黒鉛) ＝ −394　　H_2 ＝ −286　　C_2H_4 ＝ −1410

61 ◀ 結合エネルギー ➡ 反応エンタルピー ▶

いずれも気体状態にあるビニルアルコールからアセトアルデヒドが生じる反応；

```
ビニルアルコール                 アセトアルデヒド
                                      H
  H       H                           |     H
   \     /                            |    /
    C = C          ――――→        H - C - C
   /     \                            |    \\
  H       O - H                       |     O
                                      H
```

の反応エンタルピー(kJ/mol)を次の平均結合エネルギー(kJ/mol)の値を使って求めよ。

C−H	O−H	C−O	C−C	C=C	C=O
413	462	357	345	609	744

62 ◀ 結合エネルギーと燃焼エンタルピー ▶

ダイヤモンド中のC−C結合の結合エネルギー(kJ/mol)を以下の値を使って求めよ。

O_2 のO=Oの結合エネルギー　　494kJ/mol
CO_2 のC=Oの結合エネルギー　　799kJ/mol
ダイヤモンドの燃焼エンタルピー　　−396kJ/mol

63 ◀ 比熱計算 ▶

硝酸アンモニウム NH_4NO_3 の水への溶解エンタルピーは26kJ/molである。熱の出入りのない容器(断熱容器)に25℃の水 V〔mL〕を入れ，同温度の NH_4NO_3 を m〔g〕溶解して均一な水溶液とした。水の密度を d〔g/cm³〕，この水溶液の比熱を C〔J/(g・K)〕，NH_4NO_3 のモル質量を M〔g/mol〕として，溶解後の水溶液の温度〔℃〕を，V，m，d，C，M を使って表せ。　〔センター(改)〕

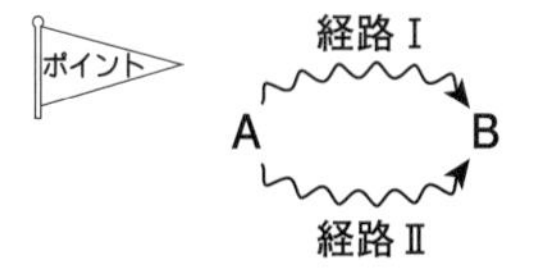

各経路でのエンタルピー変化の総和は同じ

$$\Delta H_{経路Ⅰ} = \Delta H_{経路Ⅱ}$$

B

64* ◀ 熱量測定実験 ▶

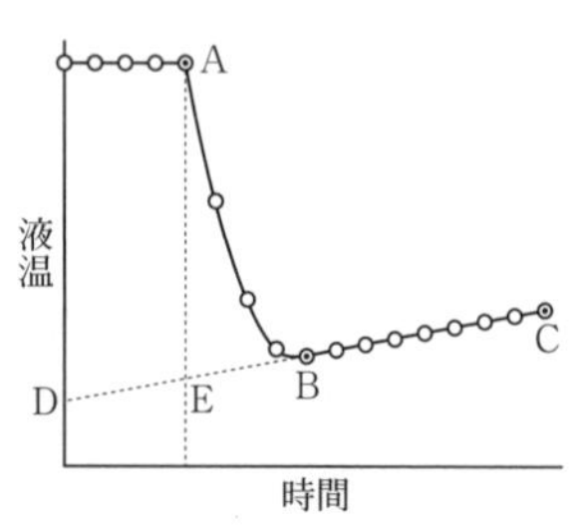

尿素の水への溶解における液温の変化

発泡ポリスチレン製の容器に水46.0gを入れ，よくかき混ぜながら尿素(分子量60) 4.0gを加えてすべて溶解させた。このとき，液温の変化を調べたところ，図のような結果が得られた。①点Aで尿素の溶解を開始し，点Bですべての尿素が溶解した。この間，液温は低下した。②点Bから点Cの間では，液温は時間に対して一定の割合で上昇した。容器周囲の温度は20.0℃，点A，B，C，D，Eの温度はそれぞれ，20.0℃，15.8℃，16.4℃，15.2℃，15.5℃であった。

問1 下線部①，②に関して，図中の点Aから点Bの間，および点Bから点Cの間でそれぞれ起こっていることとして，適切な記述を以下のア～オからすべて選び，記号で記せ。同じ記号を繰り返し選んでもよい。

ア　液の周囲への熱の放出　　イ　液の周囲からの熱の吸収
ウ　尿素の水への溶解による発熱　　エ　尿素の水への溶解による吸熱
オ　中和による発熱

問2 この実験結果から尿素の水への溶解エンタルピーを求めると何kJ/molとなるか。有効数字2桁で記せ。ただし，液の比熱を4.20J/(g・K)とする。
〔岡山大(改)〕

65* ◀ ヘスの法則の計算－1 ▶

天然ガスの主成分であるメタンを，高温高圧のもとでニッケル触媒を用いて，水蒸気と反応させると次の可逆反応(1)がおきる。

$$CH_4(気) + H_2O(気) \rightleftarrows CO(気) + 3H_2(気) \quad \cdots\cdots(1)$$

生じた一酸化炭素はさらに水蒸気と，次のように反応して二酸化炭素と水素を生じる。

$$CO(気) + H_2O(気) \longrightarrow CO_2(気) + H_2(気) \qquad \Delta H = -41\text{kJ} \quad \cdots\cdots(2)$$

この反応も可逆反応である。

問 メタン，水蒸気，および一酸化炭素の生成エンタルピーはそれぞれ

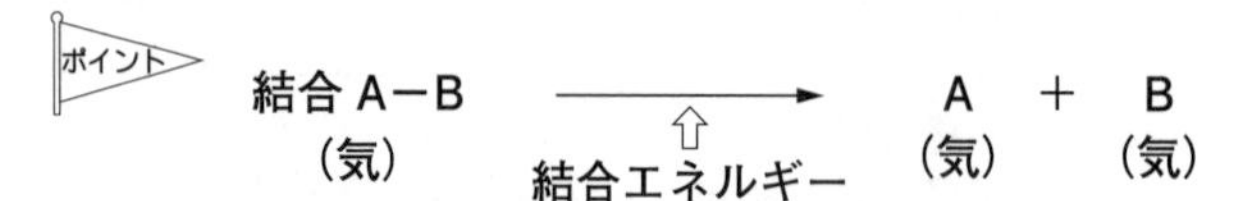

−75kJ/mol，−242kJ/mol および −111kJ/mol である。また，水素分子の結合エネルギーおよび炭素(黒鉛)1mol をばらばらの原子状態にするのに必要なエネルギーはそれぞれ 436kJ/mol および 717kJ/mol である。以上の数値および式(2)を用いて，次の(a)〜(c)に答えよ。

(a)　反応式(1)の正反応に対する反応エンタルピー〔kJ/mol〕を求めよ。

(b)　二酸化炭素の生成エンタルピー〔kJ/mol〕を求めよ。

(c)　メタン分子における1つのC−H間の結合エネルギー〔kJ/mol〕を求めよ。

〔名古屋市立大(改)〕

66* ◀ ヘスの法則の計算−2 ▶

89.6mL(標準状態)の一酸化炭素を完全燃焼させたときに発生する熱量は，水100g の温度を 2.71K 上昇させる熱量に相当する。一酸化炭素の生成エンタルピーを有効数字3桁で求めよ。ただし，水の比熱を 4.18J/(g・K)，酸素分子の O=O の結合エネルギーを 498kJ/mol，二酸化炭素分子の C=O の結合エネルギーを 803kJ/mol，C(黒鉛)の昇華エンタルピーを 714kJ/mol とする。気体は理想気体としてふるまうものとする。

〔滋賀医大(改)〕

67* ◀ ヘスの法則の計算−3 ▶

以下の熱化学データを使い，C=C の結合エネルギー(kJ/mol)を求めよ。

燃焼エンタルピー		
CH_4(気)	−890kJ/mol	C(黒鉛)の昇華エンタルピー　712kJ/mol
C_2H_4(気)	−1412kJ/mol	
C(黒鉛)	−394kJ/mol	H−H の結合エネルギー　436kJ/mol
H_2(気)	−286kJ/mol	

〔岐阜薬大(改)〕

68* ◀ ヘスの法則の計算−4；イオン結晶の格子エンタルピー ▶

1mol のイオン結晶を，気体状態のイオンにするときのエンタルピー変化を格子エンタルピーという。KCl(固)の格子エンタルピー(kJ/mol)を以下の燃化学データを使って求めよ。

KCl(固)の生成エンタルピー	−437kJ/mol
K(固)の昇華エンタルピー	89kJ/mol
K(気)のイオン化エネルギー	419kJ/mol
Cl(気)の電子親和力	349kJ/mol
Cl−Cl の結合エネルギー	243kJ/mol

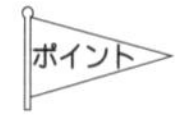

イオン結晶の構成元素のエンタルピーは必ず
結晶 < 単体 < 原子(気) < イオン(気)　の順となる。

2 反応速度

69 ◀ 基本チェック ▶

(1) 【反応経路】 次に示すエネルギーは図中のa〜fのどれになるか。

① 触媒があるときの活性化エネルギー
② 触媒がないときの活性化エネルギー
③ 触媒があるときのエンタルピー変化
④ 触媒がないときのエンタルピー変化

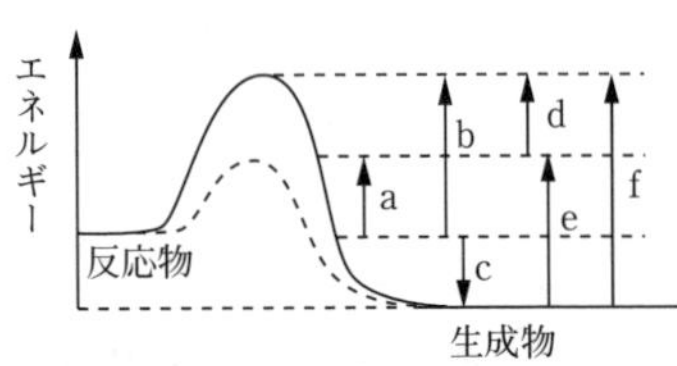

(2) 【速度の定義による式】

物質Aの分解反応についての右記のデータを用いて，0〜1分における平均の分解の速さを求めよ。

時間 t (分)	0	1
濃度[A](mol/L)	0.542	0.497

(3) 【速度の支配因子】 反応速度を上げる方法を3つ挙げよ。

(4) 【速度式】

「$A+B \longrightarrow 2C$」の反応において，反応開始直後のCの生成速度はAとBの濃度に比例し，Aの濃度1mol/L，Bの濃度3mol/Lのとき1.2×10^{-4} mol/(L·s)である。反応速度vと[A]，[B]との関係を速度定数kを用いて表せ。また，kを求めよ。

(5) 【半減期】

ある遺跡から出土した木の実の中の${}^{14}_{6}C$の存在比は，大気中の値の$\frac{1}{16}$であった。この木の実は，今からおおよそ何年前に採取されたものか。ただし，${}^{14}_{6}C$の半減期を5.7×10^3年とし，また，大気中の${}^{14}_{6}C$の量は常に一定とする。

ポイント　触媒 ➡ 活性化エネルギーを下げ，反応のエンタルピー変化ΔHは変えない

70 ◀ 初速度の速度式 ▶

反応 $2A + 3B \longrightarrow 2C + D$ において，温度一定にして A 及び B の初期濃度を変えて実験し，次の表を得た。

実験	初期濃度$[A]_0$	初期濃度$[B]_0$	Cの初期生成速度
<1>	0.10 mol/L	0.10 mol/L	2.0×10^{-3}(mol/L)/s
<2>	0.10 mol/L	0.30 mol/L	6.0×10^{-3}(mol/L)/s
<3>	0.30 mol/L	0.30 mol/L	5.4×10^{-2}(mol/L)/s

問1　初期反応速度は，$R=k[A]^x[B]^y$ で表される。実験結果から反応次数 x，y を求めよ。また，この反応の速度定数 k を単位とともに答えよ。

問2　初期濃度$[A]_0$=0.50mol/L，$[B]_0$=0.40mol/L とし，同じ温度で**問1**の反応を行わせると初期反応速度 R はいくらか。〔東京水産大〕

71 ◀ 反応条件と速度 ▶

スクロース(ショ糖)の加水分解は，希硫酸を触媒として進む。

スクロース ＋ 水 ⟶ グルコース ＋ フルクトース …①

この加水分解の反応速度 v は，スクロース濃度が低いときには，スクロース濃度[スクロース]と速度定数 k とを使って，②式で表される。

$v=k$[スクロース] …②

問　上の加水分解の反応条件において，次の(A)から(D)の操作を行ったとき，反応速度 v，速度定数 k はどのように変化するか。(ア)から(ウ)の中から選び，記号で答えよ。ただし，(B)については反応速度 v についてのみ答えよ。

(A)　スクロース(ショ糖)濃度を上げる。
(B)　触媒である希硫酸の濃度を上げる。
(C)　反応温度を上げる。
(D)　反応溶液中に少量のグルコース(ブドウ糖)を加える。

〔選択肢〕　(ア)　増加する。　(イ)　減少する。　(ウ)　変化しない。

〔名古屋大〕

反応速度 ➡ 時間に対する濃度の変化率

B

72* ◀ 酢酸メチルの加水分解 ▶

酸触媒による酢酸メチルの加水分解反応を 0.05mol/L の HCl 溶液 100mL 中で調べた。反応開始時から 30 分ごとに反応液から 2.00mL を取り出し，一定濃度の NaOH 溶液で中和滴定を行い，下の表を得た。

反応時間(分)	0	30	60	90	120	∞
測定値(mL)	24.3	26.5	28.6	30.4	31.8	47.2

問 1 反応開始時での酢酸メチルの濃度を求めよ。また，t=120 分のとき，何 % 加水分解したか。ただし，t=∞のときはすべて加水分解している。

問 2 酢酸メチルの加水分解速度は，酢酸メチルの濃度に比例することがわかっている。t=30〜60，t=60〜90 の各区間の値を利用して，速度定数 k の値を求めよ。 〔山梨医大〕

73* ◀ 半減期と速度定数 ▶

次の文を読んで [ア] 〜 [ウ] に数値を入れよ。

「A → 2B」について考える。この反応では反応速度が A の濃度に比例するので，[A] と t の関係は t=0 における A の濃度(初濃度)を $[A]_0$ として次のようになる。

$$\log_{10}[A] = -\frac{kt}{2.30} + \log_{10}[A]_0 \qquad \cdots\cdots①$$

反応開始からの経過時間 t とその時点における反応物の濃度 [A] の関係を求めたところ**表 1** に示す結果を得た。

表 1

t (秒)	30	70	100	130	170
[A] (mol/L)	0.640	0.256	0.128	0.0640	0.0256

ここで t=0 における B の濃度を 0 とする。**表 1** に示した反応の反応速度定数は有効数字 2 桁で示すと [ア] (1/秒) になる。また, この反応において t=60 秒における B の濃度は有効数字 3 桁で示すと [イ] mol/L である。さらに，この反応の反応温度を変化させたとき反応速度定数は [ア] (1/秒) の 2 倍になった。このとき t=50 秒における A の濃度は初濃度の [ウ] 倍である。ただし，$\log_{10}2$=0.30 とせよ。 〔京都大〕

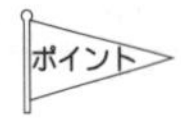

1 次反応の半減期 ➡ 初期量によらず，常に一定

74* ◀ 活性化エネルギーの算出 ▶

ある反応では，反応温度を27℃から37℃まで上昇させると，反応速度は2.0倍になることがわかった。ところで，反応の速度定数kと反応温度Tの関係から，次の式が成り立つことがわかっている。これらの式を使って，上記の反応の活性化エネルギーE(kJ/mol)を求めよ。

$$\log_{10} k = C - \frac{E}{2.30RT} \quad (C：定数)$$

ただし，気体定数R=8.3J/(K・mol)，$\log_{10}2$=0.30とせよ。　〔電通大〕

75* ◀ 多段階反応 ▶

図(a)～(f)は，次の反応の反応経路(横軸)にそったエネルギー変化(縦軸)を表したものである。

$$A \xrightarrow[k_1]{} B \xrightarrow[k_2]{} C \quad (k_1,\ k_2：速度定数)$$

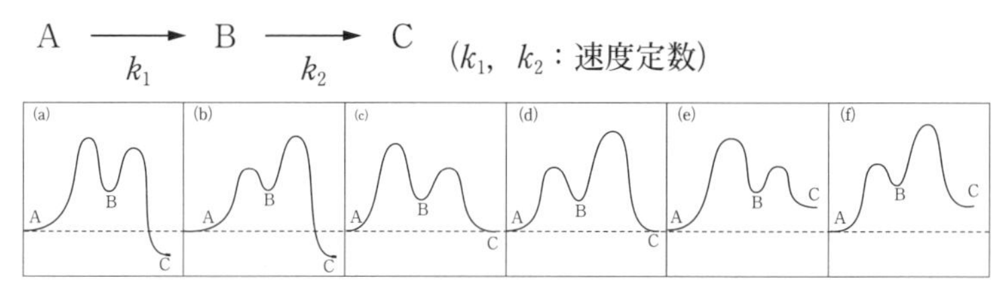

今，$k_1 > k_2$であり，AからCの生成が発熱反応である場合について，次の問に答えよ。

問1　最も適当なエネルギー変化図を図(a)～(f)から選べ。

問2　この反応で，AおよびCの濃度変化を右図のように表すと，Bの濃度変化はどのようになるか。右図の中に曲線で記せ。ただし，t=0では[B]=0，[C]=0とする。

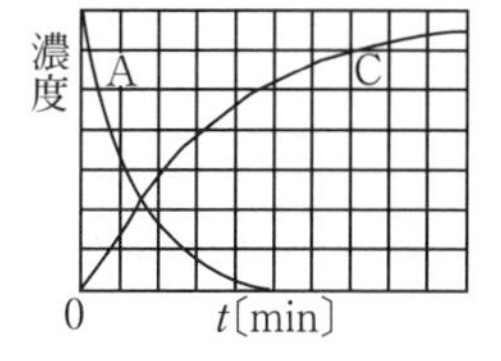

問3　この反応で，ある触媒を用いると，B→Cの反応の活性化エネルギーが低くなった。このとき，A，Bおよび，Cの濃度変化はどのように表せるか。右図の中に曲線で記せ。　〔金沢大〕

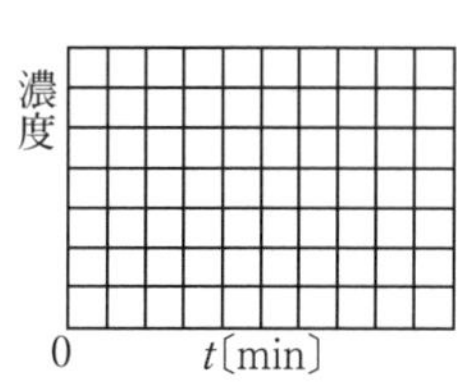

速度定数k ➡ 温度と活性化エネルギーに依存

3 化学平衡

76 ◀ 基本チェック ▶

(1) **【平衡とは】** 可逆反応「A ⇄ 2B」が平衡状態にあるとき成り立つ関係式を，次のことがらについて述べよ。

① 正反応と逆反応の反応速度　② AとBの濃度比

③ 両辺のギブズエネルギー

(2) **【平衡定数】** 20L の容器に CO_2 と H_2 を 1mol ずつ入れ，定温に保つと，CO と H_2O が 0.5mol ずつ生じて平衡状態となった。(有効数字 2 桁)

① $CO_2 + H_2 \rightleftarrows CO + H_2O$(気)の平衡定数 K を求めよ。

② 上記の平衡状態に CO_2 を 0.5mol 加えたとき，H_2 は最終的に何 mol となるか。

③ 濃度平衡定数 K と圧平衡定数 K_p との関係式を記せ。

(3) **【平衡移動】** 下に表される反応が平衡状態になっている。

$$2SO_2\,(気) + O_2\,(気) \rightleftarrows 2SO_3\,(気)\quad \Delta H = -197\,kJ$$

次に示された操作をすると，平衡はどのように動くか。

① 温度を上げる　② 圧力を上げる　③ 触媒を加える

④ N_2 を加える(体積一定)　⑤ N_2 を加える(圧力一定)

77 ◀ 平衡移動・反応速度とグラフ ▶

以下のアンモニア生成反応は可逆反応であり，エンタルピー変化 ΔH は -92kJ/mol である。

$$N_2 + 3H_2 \rightleftarrows 2NH_3\qquad \Delta H = -92\ kJ$$

問1 **図1**は，反応温度を変えて平衡に達した後のアンモニア生成率の圧力変化を示し，**図2**は，圧力を変えたときのアンモニア生成率の温度変化を示したものである。最も高い温度の生成率(**図1**)を表す曲線と最も高い圧力の生成率を表す曲線(**図2**)は，それぞれどれか。また，その根拠を述べよ。

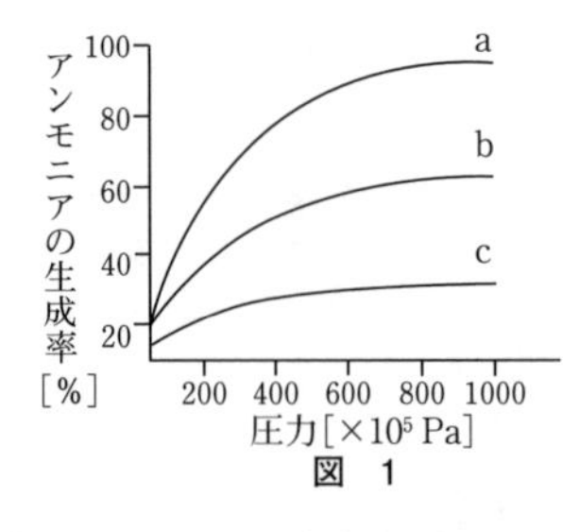

図 1

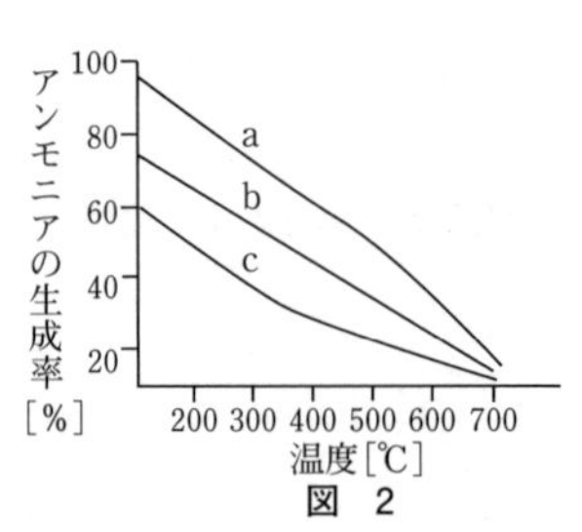

図 2

問2　図3は，触媒を用いずに，圧力一定下，300℃と700℃で反応させた場合の，アンモニア生成率の時間変化を示したものである。

（イ）500℃で反応させた場合

（ロ）300℃で，かつ触媒を用いた場合

についてアンモニアの生成率の変化の様子をそれぞれ右の図に書き入れよ。

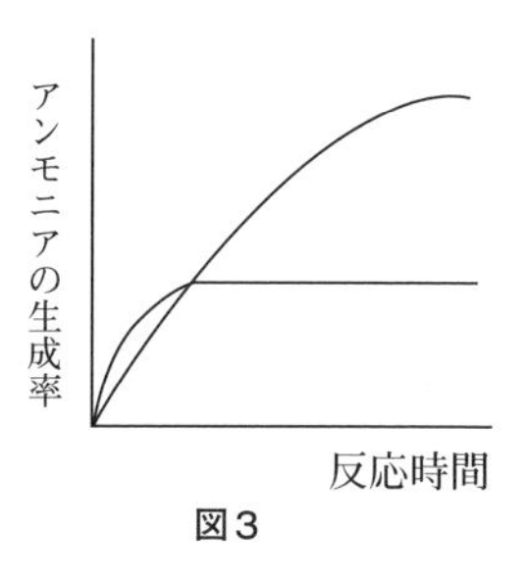

図3

78 ◀ 平衡定数とその利用 ▶

水素とヨウ素を容器に入れて放置すると，次に示す反応が起こり平衡状態に達する。

$$H_2(気) + I_2(気) \rightleftarrows 2HI(気) \qquad \Delta H = -Q\ \mathrm{kJ} \quad (Q>0)$$

いま，H_2 と I_2 を内容積2.0Lの容器にそれぞれ 2.0×10^{-2}mol ずつ封入し500℃で反応させた。平衡状態において，H_2 の物質量は 4.6×10^{-3}mol であった。

上の反応では，容器内の温度を高くした場合の平衡定数の値は，温度が低い場合と比べて(　A　)する。

問1　500℃における平衡定数 K の値を求めよ。また，文中(　A　)には最も適する語句を記せ。

問2　内容積2.0Lの容器にHIのみを 2.0×10^{-2}mol 封入し，500℃で数分間放置したとき，HIの物質量は 1.8×10^{-2}mol であった。さらに時間が経過したとき，容器内のHIの物質量は増加，減少，不変のいずれの変化をするか。

〔早稲田大(改)〕

ポイント

平衡状態 ➡ { **右向きの速度 = 左向きの速度**
$aA \rightleftarrows bB$ で $\dfrac{[B]^b}{[A]^a} = K$（一定）
ギブズエネルギー G について，$G_{左辺} = G_{右辺}$ } **が成り立つ**

平衡移動の方向 ➡ 刺激をやわらげる方向

B

79* ◀ 平衡移動 ▶

N_2O_4(無色)とNO_2(赤褐色)の間には次の化学平衡が成り立つ。

$$N_2O_4 \rightleftarrows 2NO_2 \qquad \Delta H = 57\ \mathrm{kJ} \qquad \cdots\cdots(1)$$

① ピストン付のガラス容器にNO_2を封入しT_1℃に保つと，気体の色は赤褐色であった。

② 次に，温度を変えずにピストンで気体を圧縮すると，気体の色は一瞬濃くなりやがて①の状態よりうすくなった。

③ 次に，ピストンを固定し温度をT_2℃に変えると，気体の色は①の状態に戻った。

問1 ①～③の各操作の後，反応はすべて平衡に達しているとする。
操作②の下線で示した気体の色の変化はどのような理由によるか。簡潔に説明せよ。

問2 T_1，T_2の大小関係を不等号を用いて表し，その根拠を簡潔に示せ。

問3 ①，②，③の各操作後の状態を表す式(1)の平衡定数をそれぞれK_1，K_2，K_3とする。それらの大小関係について示せ。 〔岐阜薬大(改)〕

80* ◀ 圧平衡定数 ▶

気体の五塩化リンではその分解生成物，三塩化リンと塩素(いずれも気体)との間に次の化学平衡が成り立つ。

$$PCl_5 \rightleftarrows PCl_3 + Cl_2 \qquad ①$$

問1 平衡解離度をα，全圧をPとするとき，分圧p_{PCl_5}，p_{PCl_3}，p_{Cl_2}を求めよ。そして，圧平衡定数K_pを，αについての二次の関係式として表せ。

問2 はじめPCl_5 0.200mol を 4.15L の真空の反応容器に入れ，227℃に保って平衡を達成させたところ，2.72×10^5Pa を示した。この温度での平衡解離度αと圧平衡定数K_p(Pa)を求めよ。(有効数字2桁)ただし気体定数$R=8.3\times10^3$Pa・L/(mol・K)とする。 〔広島大〕

平衡定数 ➡ 温度一定ならば，不変

81* ◀ 自発的変化を支配する因子 ▶

自然界の変化が進む方向は，エンタルピーの変化とエントロピー(乱雑さの度合い)の変化によって左右される。(ア) エンタルピーが減少し，エントロピーが増大する変化は進むが，(イ) エンタルピーが増大し，エントロピーが減少する変化は自発的には起こらない。しかし，(ウ) エンタルピーが減少し，エントロピーが減少する変化や，(エ) エンタルピーが増大し，エントロピーが増大するような変化は起こることがある。

次のΔHを付した反応式(a)〜(e)の反応が自発的に進行するとき，それは上記の(ア)〜(エ)のどの場合にあたるかを記号で答えよ。

(a)　Ag^+(水溶液) + Cl^-(水溶液) ⟶ $AgCl$(固)　　$\Delta H = -67kJ$

(b)　I_2(固) + CCl_4(液) ⟶ I_2(CCl_4溶液)　　$\Delta H = 24kJ$

(c)　$KClO_3$(固) ⟶ KCl(固) + $\frac{3}{2}O_2$(気)　　$\Delta H = -45kJ$

(d)　CH_4(気) + $2O_2$(気) ⟶ CO_2(気) + $2H_2O$(液)　　$\Delta H = -890kJ$

(e)　$Na_2SO_4 \cdot 10H_2O$(固) ⟶ Na_2SO_4(固) + $10H_2O$(液)　　$\Delta H = 79kJ$

〔群馬大(改)〕

82* ◀ エンタルピーの変化，エントロピーの変化と平衡 ▶

$$\text{A(気)} \rightleftarrows \text{2B(気)} \qquad \Delta H = Q\text{〔kJ〕} \ (Q > 0)$$

なる可逆反応によって，相互に変換できる2種類の気体A，Bの混合系がある。この系の平衡について述べた次の文の［　　］に入れるべき語句等を記せ。

自然現象は定温・定圧下ではエンタルピーの高い状態から低い状態へ移り，安定化しようとする傾向(以下傾向Ⅰと呼ぶ)を持っている。傾向Ⅰだけから考えると，上記の反応は一方的に[ア]［　　］向きに進行するはずである。しかし，自然現象は[イ]［　　］が[ウ]［　　］する方向へ変化しようとする傾向(以下傾向Ⅱと呼ぶ)も持っている。上記の反応式では，右辺の方が[イ]［　　］が[エ]［　　］いので，傾向Ⅱだけから考えると，上記の反応は，一方的に[オ]［　　］向きに進行しようとする。この相反する2つの傾向が釣り合った状態で[カ]［　　］が成立する。この2つの傾向のうち，傾向[キ]［　　］はあまり温度の影響を受けないが，傾向[ク]［　　］は温度によって大きく影響されるので，[ケ]［　　］温ほど傾向[ク]［　　］の影響力が支配的になる。したがって，上記の可逆反応では，高温ほど平衡定数が[コ]［　　］くなる

〔京都府立医科大(改)〕

83* ◀ ギブズエネルギーGの変化量による反応の進行の可否の判定 ▶

定温・定圧下において反応物から生成物への状態変化を考える時，エンタルピーの変化量ΔHに加えてエントロピーの変化量ΔS，温度Tを用いてギブズエネルギーGの変化量ΔGを表すと

$$\Delta G = \Delta H - T\Delta S \qquad (1)$$

となり，このΔGが負となる場合，すなわちギブズエネルギーが減少する場合，反応が進行する。したがって，ΔGの符号を考えればその反応が進行するかどうかを検討することができる。

例えば，室温では正反応が進行するアンモニアの合成反応，

$$1/2\ N_2(気) + 3/2\ H_2(気) \rightleftarrows NH_3(気) \qquad \Delta H = -46.1\text{kJ} \qquad (2)$$

の$\Delta H = -46.1$kJ，$\Delta S = -99.4$J/K であるので，温度を上昇させると反応を逆転させることができる。すなわち，式(1)を用いると［ A ］℃以上でアンモニアの解離が進行すると計算できる。〔関西学院大〕

84* ◀ 反応速度と平衡 ▶

塩化ニトロシル NOCl の気体二分子解離反応は，次のような平衡反応である。

$$2NOCl \rightleftarrows 2NO + Cl_2 \qquad K = \frac{[NO]^2[Cl_2]}{[NOCl]^2} \qquad (1)$$

ただし，Kは平衡定数であり，410K において$K = 5.00 \times 10^{-3}\ \text{mol}\cdot\text{L}^{-1}$である。

一方，正反応(左辺から右辺)の反応速度v_1は，次のようになることが実験的に知られている。 $v_1 = k_1[NOCl]^2$ (2)

k_1は速度定数で，410K においては$k_1 = 1.20 \times 10^{-3}\ \text{L}\cdot\text{mol}^{-1}\cdot\text{s}^{-1}$である。平衡状態での逆反応(右辺から左辺)の反応速度v_2は，下のように表せる。

$$v_2 = k_2[NOCl]^a[NO]^b[Cl_2]^c \qquad (3)$$

以下の問いに答えよ。原子量は N=14，O=16，Cl=35.5 とする。

問1 この反応の平衡定数Kは温度の上昇にともなって増加する。また，室温程度において，この反応の正反応は非常に遅いが，逆反応は速やかに進行する。これらのことはどういうことを意味するか。

問2 速度式(3)のa，b，cを求めて，v_2の具体的な式を示せ。また，410K におけるk_2を求め，単位を付けて答えよ。

速度式 $v = k[A]^a[B]^b$ ➡ a，b は実験値より決める

問3　1.31gのNOClを，あらかじめ真空にした1.00Lの容器に入れて密封し，410Kで平衡状態のとき，NOの濃度は何$mol\cdot L^{-1}$か。また，この状態における正逆反応の反応速度v_1，v_2はそれぞれ何$mol\cdot L^{-1}\cdot s^{-1}$か。

問4　**問3**の平衡状態に新たに0.1775gのCl_2を瞬時に導入した。この時，見かけの(正逆両方の反応を考慮した全体としての)NOCl生成初速度は何$mol\cdot L^{-1}\cdot s^{-1}$か。ただし，温度は変化がないとしてよい。　〔東京大〕

85** ◀ 圧平衡定数，解離度，体積変化 ▶

N_2O_4は沸点(21.3℃)以上の温度でNO_2と下のような平衡状態にある。

$$N_2O_4(\text{気体}) \rightleftarrows 2NO_2(\text{気体})$$

温度の上昇とともにNO_2の割合が増加し，140℃でほぼNO_2だけとなり，150℃以上ではNOとO_2に分解し始める。以下では，気体はすべて理想気体として振る舞うとする。1.00×10^5Pa，10℃でN_2O_4が0.184g入ったピストン付き気密シリンダーの温度を徐々に上昇させた。この間，圧力は1.00×10^5Paに保たれていた。以下の問いに答えよ。数値は有効数字2桁で答えよ。原子量はN：14.0，O：16.0，気体定数は$R=8.3\times10^3$Pa・L/(K・mol)，$\sqrt{46}=6.78$

問1　$N_2O_4 \rightleftarrows 2NO_2$からなる混合気体において，$N_2O_4$の解離度$\alpha(<1)$とすると，$NO_2$の質量%は$\alpha$を使ってどう表されるか。

問2　21.3℃で，液体がすべて気体となり，NO_2は16.0%(質量%)含まれていた。この温度における体積および圧平衡定数を求めよ。

問3　50℃においてNO_2は40.0%(質量%)含まれていた。もし，50℃のままで2.00×10^5Paにしたとすると，NO_2の質量%はいくらになるか。

問4　1.00×10^5Paのまま，加熱すると，100℃で体積は115mLとなった。この温度におけるNO_2の質量%および圧平衡定数を求めよ。

問5　シリンダーをさらに加熱し，650℃としたところ，すべてのNO_2がNOとO_2に分解した。このときの体積を求めよ。

問6　1.00×10^5Paにおいて，N_2O_4を10℃から徐々に加熱して150℃にした場合の温度と体積の関係をグラフで表せ。また，温度によらずすべてがN_2O_4(気体)であると仮定した場合，および，すべてがNO_2(気体)であると仮定した場合，それぞれの温度と体積の関係を図中に点線で表せ。ただし，液体においては温度による体積変化は無視できるものとする。10℃におけるN_2O_4の密度は1.45g/mLである。　〔東京大(後)(改)〕

物質の変化2（基本的な反応）

1 酸と塩基

86 ◀基本チェック▶

(1) **【酸・塩基の定義】** アンモニアの電離平衡をイオンを含む反応式で示し，ブレンステッド・ローリーの定義に基づき，酸または塩基をすべて示せ。

(2) **【中和反応】** 次の組み合わせの中和反応式(完全中和)を記せ。

① H_2CO_3 と KOH　② H_2SO_4 と NH_3

③ SO_2 と $Ca(OH)_2$　④ H_3PO_4 と Na_2O

(3) **【中和の量関係】** 0.1mol/L CH_3COOH 水溶液(電離度 0.01) 10mL を中和するのに要する 0.02mol/L $Ba(OH)_2$ は何 mL か。

(4) **【塩の加水分解】** 次の塩の水溶液が塩基性を示すものはどれか。

① CH_3COONa　② $(NH_4)_2SO_4$　③ $AlK(SO_4)_2$

④ $KHSO_4$　⑤ $NaHCO_3$

(5) **【[H^+]】** 次の物質の 0.1mol/L 溶液を[H^+]の大きい順に記せ。

① HCl　② NaOH　③ CH_3COOH

④ NaCl　⑤ CH_3COONa　⑥ HCl(これのみ 10^{-8}mol/L)

(6) **【pH 曲線】** 次の各図は，HCl, CH_3COOH, NaOH, NH_3, Na_2CO_3 のいずれも 0.1mol/L の水溶液 10mL を他の水溶液で滴定したときの pH 曲線である。それぞれ何に何を加えたかを記せ。

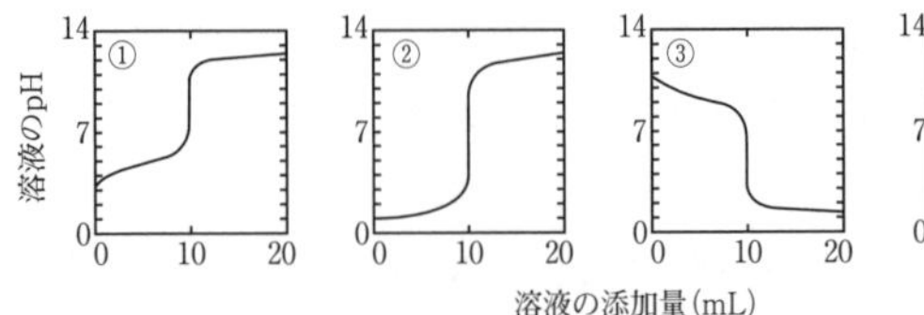

溶液の液性 ➡ 酸，塩基の過不足と強弱を考える

87 ◀ 中和滴定実験(食酢の定量) ▶

1)　$H_2C_2O_4 \cdot 2H_2O$ から 0.05mol/L のシュウ酸標準水溶液 1L を調製した。

2)　NaOH 約 1g を 200mL の水に溶解した(**溶液 A**)。次に，シュウ酸標準溶液 20mL を正確にビーカーにとり，指示薬(ア)を加えたのち，**溶液 A** をビュレットから滴下したところ，21.8mL でビーカー内の溶液が無色から淡赤色に変化した。

3)　食酢を水で正確に 10 倍に希釈した。この液 20mL を正確にビーカーにとり，指示薬(ア)を加え，**溶液 A** で滴定すると 15.6mL 必要であった。

問1　1)で必要な $H_2C_2O_4 \cdot 2H_2O$ の質量(有効数字 3 桁)を求めよ。また，下線部の操作に必要な器具の名称を記せ。原子量は H＝1.0，C＝12，O＝16。

問2　指示薬(ア)の名称を記し，それを用いた理由を説明せよ。

問3　水酸化ナトリウム溶液の濃度(mol/L)を，有効数字 3 桁で答えよ。また，食酢中の酢酸の質量パーセント濃度を，有効数字 2 桁で答えよ。食酢の密度は $1.0g/cm^3$ とし，食酢中の酸はすべて酢酸とする。〔京都府大〕

第5章

88 ◀ 酢酸の pH と α ▶

酢酸水溶液中では次の平衡が成立している。

$$CH_3COOH \rightleftarrows CH_3COO^- + H^+ \quad K_a = (\quad ① \quad)$$

ここで，K_a は酸の電離定数であり，化学種 i のモル濃度を[i]で表す。今，Cmol/L の酢酸水溶液について，電離度を α とすると，K_a＝(　②　)。ここで，電離度が非常に小さい場合には，α ＝(　③　)。

問1　文中の①～③に適当な式を単位をつけて記入せよ。

問2　25℃での酢酸の K_a を 1.8×10^{-5}mol/L として，0.1mol/L の酢酸水溶液の電離度と pH を求めよ。ただし，$\sqrt{180}=13$，$\log 1.3 = 0.1$ とする。

問3　酸 HA (Cmol/L)の電離度は一般に濃度が小さくなるにつれて大きくなる。その理由を**問1**の結果を使って 40 字以内で述べよ。

〔高知大，名古屋大〕

完全中和 ➡ 酸の出し得る H^+ のモル＝塩基の出し得る OH^- のモル

89* ◀ NH_3 の間接(逆)滴定 ▶

濃度不明の硫酸アンモニウム水溶液 10mL を，水酸化ナトリウムと混ぜ，完全に反応させた。生じたアンモニアを 0.10mol/L の塩酸 100mL にすべて吸収させた。過剰の塩酸を 0.20mol/L の水酸化ナトリウム水溶液で滴定すると，23mL を要した。硫酸アンモニウム水溶液の濃度は何 mol/L か。〔神戸薬大〕

90* ◀ Na_2CO_3＋NaOH の HCl による滴定 ▶

水酸化ナトリウムと炭酸ナトリウムの混合水溶液がある。

(1)混合水溶液 20.0mL にフェノールフタレイン(変色域：pH 8.3～10.0)を加え，0.10mol/L の希塩酸で滴定したところ，終点までに 30.0mL の希塩酸を要した。

次に，(2)この滴定後の水溶液にメチルオレンジ(変色域：pH3.1～4.4)を加え，同じ希塩酸で滴定を続けたところ，終点までにさらに 10.0mL の希塩酸を要した。

問1 下線(1)，(2)の中和滴定の過程で起こる反応の化学反応式を記せ。

問2 最初の混合水溶液の水酸化ナトリウムおよび炭酸ナトリウムのモル濃度を，それぞれ有効数字2桁で答えよ。〔東京大〕

91* ◀ 極めてうすい塩酸の$[H^+]$ ▶

0.10mol/L の塩酸を希釈して，2.0×10^{-7}mol/L としたときの水素イオン濃度を求めよ。ただし，$\sqrt{2}=1.41$，$K_w=[H^+]\cdot[OH^-]=10^{-14}(mol/L)^2$

〔北海道大〕

量関係の複雑な問題 ➡ 図式化して，モル関係を追う
弱酸 ＋ その塩の水溶液 ➡ 緩衝液

92* ◀緩衝液▶

次の文章の［①］～［⑥］に適切な数値（③および⑥は小数点以下第2位までの数値で，その他は有効数字2桁）を入れよ。$\sqrt{42}=6.5$，$\log_{10}2=0.301$，$\log_{10}3=0.477$

酢酸の解離平衡定数は 1.8×10^{-5}mol/L と小さい。0.21mol/L 酢酸水溶液中におけるイオン CH_3COO^- と H^+ の濃度は［①］mol/L で等しい。

酢酸ナトリウムのように完全に解離して CH_3COO^- を生成する塩が［①］mol/L より充分高い濃度で共存する場合，酢酸と酢酸ナトリウムとの濃度比で H^+ の濃度が決まる。たとえば，酢酸と酢酸ナトリウムの濃度がいずれも 0.21mol/L となるように調製した混合水溶液 A の中では，H^+ の濃度が［②］mol/L で，pH は［③］である。また pH を 5.00 に調節したければ，酢酸：酢酸ナトリウムの濃度比を 1：［④］にすればよい。100mL の混合水溶液 A に対して 0.30mol/L 塩酸水溶液 10mL を加えると，H^+ の濃度は［⑤］mol/L まで上昇するが，塩酸を添加したことによる pH の低下は［⑥］にすぎない。

〔慶應大〕

93* ◀CO_2 の電離平衡▶

1.01×10^5Pa の気体 CO_2 は，25℃の純粋な水 1L 中に，気体体積にして 0.76L 溶解し，炭酸となる。このとき水溶液中では以下の平衡が成立する。

$H_2CO_3 \rightleftarrows H^+ + HCO_3^-$ …(1)　　$HCO_3^- \rightleftarrows H^+ + CO_3^{2-}$ …(2)

ただし式(2)による2段目の電離はきわめてわずかであると考えてよい。式(1)の電離平衡定数 K_1 は25℃において，$K_1=[H^+][HCO_3^-]/[H_2CO_3]=4.5\times10^{-7}$ mol/L であり，気体定数 $R=8.31\times10^3$Pa・L/(mol・K)，$\sqrt{4.73}=2.17$ とする。

問1　清浄な空気中に CO_2 は，体積にして約 0.034％含まれる。ヘンリーの法則が成立するとして，25℃，1.01×10^5Pa の空気と平衡にある CO_2 の水への溶解量を，mol/L 単位で答えよ。

問2　溶解した CO_2 の総量の濃度を C，電離度を α としたとき，K_1 を C と α を含む式で表せ。

問3　このときの水溶液の水素イオン濃度(mol/L)を求めよ。　〔東京大〕

2 酸化・還元

A

94 ◀ 基本チェック ▶

(1) **【酸化数】** 次の物質中の下線部原子の酸化数を求めよ。

① $\underline{H}_2$, $H_2\underline{O}$, $H_2\underline{O}_2$, $Na\underline{H}$

② $CH_3\underline{C}H_2OH$, $CH_3\underline{C}HO$, $CH_3\underline{N}H_2$, $CH_3\underline{N}O_2$

③ $\underline{Cr}_2O_7^{2-}$, $[\underline{Fe}(CN)_6]^{4-}$

(2) **【酸化剤・還元剤】** 次の①～④で，通常は還元剤として使われる物質の集合はどれか。

① $KMnO_4$, MnO_2　　② Sn, $SnCl_2$(共に HCl 下)

③ O_3, H_2O_2　　④ HNO_3(濃，希)，$C_6H_5NO_2$

(3) **【還元剤，酸化剤の電子 e^- を含む反応式】** 以下の変化を[例]にならって電子(e^-)を使った反応式で表せ。

[例]　Cl_2：酸化剤として　$Cl_2 + 2e^- \longrightarrow 2Cl^-$

① MnO_4^-：酸化剤として(酸性下と中性下)

② SO_2：酸化剤，そして還元剤として(いずれも水中)

(4) **【酸化還元反応式】** 次の変化を化学反応式で示せ。

① 過酸化水素は，水溶液中でヨウ化カリウムと反応する。

② 二酸化硫黄は水溶液中で硫化水素と反応する。

(5) **【酸化還元滴定の終点】** 次の①，②の滴定の終点と判断できる記述をア)～カ)の中から選べ。

① H_2O_2 に $KMnO_4$ を加える　② I_2(デンプン存在下)に $Na_2S_2O_3$ を加える

ア)青紫色が強くなる　　イ)青紫色がほぼ消える

ウ)褐色が残る　　エ)褐色が消える

オ)赤紫色がやや残る　　カ)赤紫色が消える

酸化還元反応の理解 ➡ 酸化剤・還元剤の判定が第 1 歩

95 ◀ $KMnO_4$による酸化還元滴定 ▶

過酸化水素水溶液(**A液**)の濃度を求めるため，以下のような実験を行った。

(1) 純粋なシュウ酸ナトリウム$(COONa)_2$ 0.201gを三角フラスコにはかりとり，精製水に溶かした(**B液**)。
(2) **B液**に3.00mol/Lの硫酸25.00mLを加えて80℃に加熱し，ビュレットに入れておいた過マンガン酸カリウム水溶液(**C液**)を滴下した。20.40mL加えたところで，溶液がわずかに赤紫色を示し，さらに加えていくと徐々に色が濃くなった。
(3) **A液**25.00mLをホールピペットで新たな三角フラスコにとり，3.00mol/Lの硫酸25.00mLを加えた後**C液**を滴下したところ，無色透明の気体が発生し，23.64mL加えたところで溶液がわずかに赤紫色を呈した。

問1　(2)で**B液**を80℃に加熱しなくてはならない理由を簡単に記せ。

問2　(2)と(3)で進行する反応の反応式をかけ。

問3　**C液**と**A液**のモル濃度はいくらか。有効数字3桁で答えよ。原子量は C = 12，O = 16，Na = 23とする。

問4　(2)において，硫酸のかわりに塩酸や硝酸を使うと正しい結果が得られない。この理由を50字以内で説明せよ。　〔千葉大，神戸大〕

96 ◀ 空気中のSO_2の定量 ▶

二酸化硫黄を含む空気 100Lをとり，(a)過酸化水素水100mLを入れた吸収びんの中に通じ，完全に反応させた。この水溶液を(b)中和滴定したところ，0.10mol/Lの水酸化ナトリウム溶液10mLを要した。

問1　下線部(a)の二酸化硫黄と過酸化水素の反応式を記せ。

問2　下線部(b)の中和反応式を記せ。

問3　吸収びんの中の溶液100mLに吸収された二酸化硫黄は何molか。有効数字2桁で答えよ。　〔北海道大〕

滴定完了点 ➡ 酸化剤が得るe^-のモル＝還元剤が与えるe^-のモル

B

97* ◀ 大気中の O_3 の定量 ▶

オゾンをヨウ化カリウムの中性水溶液に吸収させるとオゾンと同じ物質量のヨウ素が生成する。生成したヨウ素はチオ硫酸ナトリウムと次のように反応する。

$$I_2 + 2Na_2S_2O_3 \longrightarrow 2NaI + Na_2S_4O_6$$

上記の反応を用いて大気中のオゾン濃度を求める実験を以下のように行った。ヨウ化カリウム中性溶液100mLが入っている容器に，大気を毎分5.00Lの流速で200分間通気して大気中のオゾンを完全に吸収させた。通気時の圧力は1.01×10^5 Paであった。オゾンを吸収させた100mLの溶液を0.100mol/Lのチオ硫酸ナトリウムで滴定したところ，2.00mLを要した。

問1　下線部の化学反応式を書け。

問2　溶液に吸収されたオゾンの量は標準状態で何mLか。

問3　温度を27.0℃として，通気した大気中のオゾンの体積%を求めよ。

〔東北大〕

98* ◀ 有機化学の酸化還元反応 ▶

(1)　以下の反応式中の係数 a～h の数値を書け。

酸性水溶液中，過マンガン酸イオンは以下のように酸化剤として働く。

$$MnO_4^- + 8H^+ + ae^- \longrightarrow Mn^{2+} + bH_2O \quad \cdots ①$$

ベンジルアルコールは以下のように還元剤として働く。

$$C_6H_5CH_2OH \longrightarrow C_6H_5CHO + cH^+ + de^- \quad \cdots ②$$

したがって，全体の反応は次のようなイオン反応式となる。

$$eMnO_4^- + 5C_6H_5CH_2OH + fH^+ \longrightarrow gMn^{2+} + 5C_6H_5CHO + hH_2O$$

(2)　(a)クロム酸カリウム水溶液を硫酸酸性にし，(b)2-プロパノールを加えながらかき混ぜると，液の色が変化した。下線部(a)，(b)で起こる変化をイオンを含む反応式で記せ。

(3)　ニトロベンゼンにスズと塩酸を加えて加熱した。このときスズは塩化スズ(Ⅳ)になるものとして，この変化を化学反応式で示せ。

(4)　トルエン($C_6H_5CH_3$)は，$KMnO_4$ の水溶液とともに煮沸すると酸化され，安息香酸カリウムとなる。このとき二酸化マンガンが沈殿する。この反応を化学反応式で書け。　〔九州大，大阪女大，長崎大，同志社大〕

酸化還元反応式 ➡有機物でも“電子 e^- を含む反応式づくり”が基本

99* ◀ フェノールの定量 ▶

フェノールと臭素との反応を利用して，以下の操作により，水溶液中のフェノール濃度が求められる。

(1) 濃度の不明なフェノール水溶液25.0mLに，臭素水30.0mLを加えて①フェノールを完全に反応させた。

(2) ②(1)で得られた溶液にヨウ化カリウム水溶液を加えて未反応の臭素をすべて反応させた。

(3) (2)で得られた溶液をチオ硫酸ナトリウム水溶液で滴定した。この反応は次の化学反応式で表される。

$$I_2 + 2Na_2S_2O_3 \longrightarrow 2NaI + Na_2S_4O_6$$

(4) フェノール水溶液25.0mLのかわりに蒸留水25.0mLを用いて，(1)〜(3)を繰り返した。

問1 下線部①の反応では，すべてのフェノールが臭素と反応して化合物**C**(白色沈殿)および化合物**D**を生成した。**C**の構造式および**D**の化学式を記せ。ただし，**C**は単一の化合物であり，フェノールのメタ位では臭素による置換反応は起こらない。

問2 下線部②で進行する反応の化学反応式を記せ。

問3 フェノール水溶液を用いたとき，(3)において0.100mol/Lのチオ硫酸ナトリウム水溶液10.8mLを要した。また(4)の蒸留水を用いたときには，同じ濃度のチオ硫酸ナトリウム水溶液28.8mLを要した。

(a) フェノールと反応した臭素は何molか。有効数字2桁で答えよ。

(b) フェノール水溶液の濃度(mol/L)はいくらか。有効数字2桁で答えよ。

〔京都大〕

ポイント　**複雑なモル関係 ➡ 各段階ごとのモル関係をまず把握**

3 電気化学

100 ◀ 基本チェック ▶

(1) **【電池】** 次の電池で負極が図の左側にあるものはどれか。

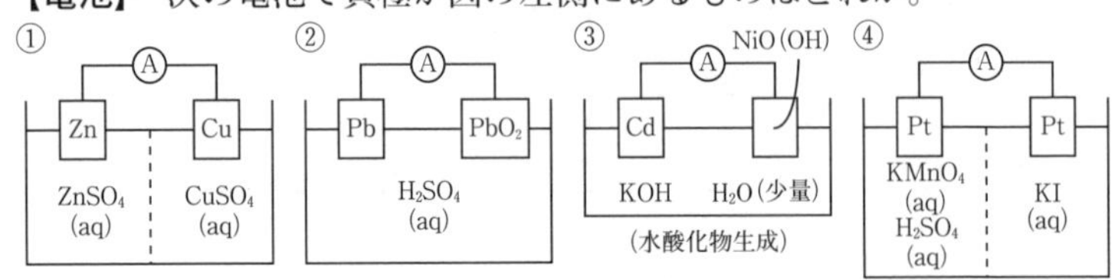

(2) **【電気分解】** 次の電気分解で気体が両極で発生するものはどれか。

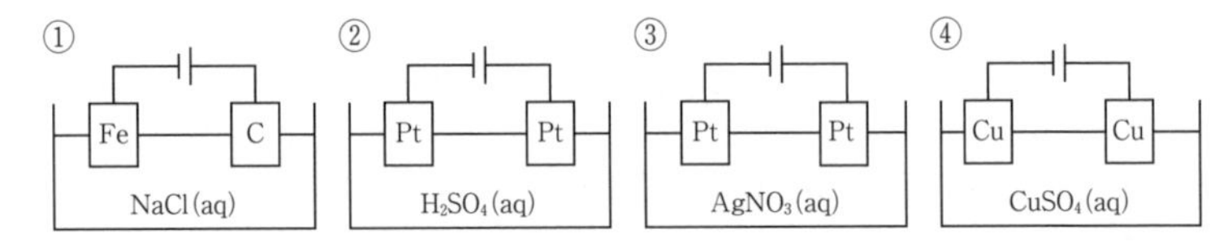

(3) **【電気化学の量計算】** 次の計算をせよ。ただし，ファラデー定数＝96500C/mol，原子量は O＝16, S＝32, Pb＝207 とする。

① 鉛蓄電池の負極が 0.48g 増加した。流れた電気量は何 C か。

② 0.500A の電流を 5 時間流すと，移動した e^- は何 mol か。

101 ◀ 電気分解 ▶

電解槽 A には水酸化ナトリウム水溶液が，また**電解槽 B** には硝酸銀水溶液が入れてある。それぞれの電解槽に白金板電極を 2 枚ずつ浸してある。これらを直列につなぎ，直流電流を流したところ，**電解槽 B** の 1 つの電極に 0.809g の銀が析出した。以下の問いに答えよ。Ag の原子量＝108，ファラデー定数＝9.65×10^4 C/mol，気体定数＝ 8.31×10^3 Pa·L(mol·K)とする。

問 1 実験装置の回路図を描け。装置各部の名称も記入すること。特に銀が析出する電極は銀析出電極と記せ。

問 2 通じた電気量は何クーロンか。

問 3 **電解槽 A** の陽極における反応を化学反応式で表し，発生した気体の体積 L（25℃，2.02×10^5Pa）を求めよ。〔慶應大〕

電気分解 ➡ 電池の出すエネルギーで吸熱反応が起こる

102 ◀ダニエル型の電池とイオン化傾向▶

イオン化傾向の異なる2種の金属を，それぞれのイオンを含む電解質水溶液に浸すと電池になる。たとえば電池(ⅰ)ではそれぞれのイオン濃度が同じなので，金属Aの電極が負極になるのは金属AがBよりもイオン化傾向が［ア］ためである。一般に，イオン化傾向の差が大きいほど起電力は大きくなる。

また，電池の起電力は金属の種類だけでなくその金属から生成したイオンの濃度によって変わる。金属AはA^{2+}の濃度が［イ］ほど溶けやすく，金属BはB^{2+}の濃度が［ウ］ほど析出しやすく，このような条件でも起電力が生じる。

同じ金属電極からなる電池(ⅳ)の場合も上の考えから，［エ］の電極がより強くイオンとなって溶け出すので［オ］極となる。両極を導線でつなぎ，途中に電圧計を入れると，電流は外部導線を［カ］から［キ］へ流れる。

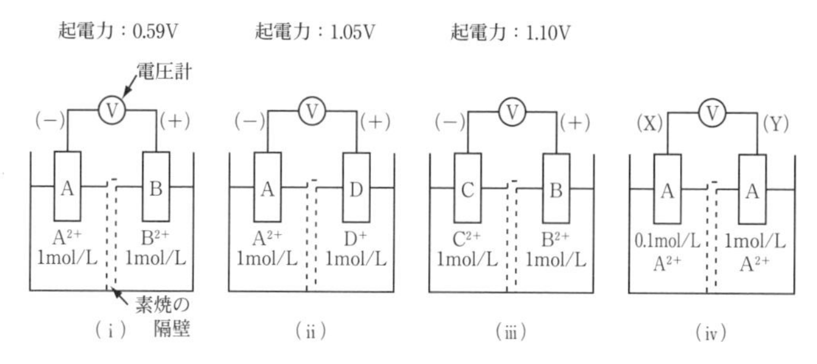

問1　空欄［ア］～［キ］に最も適合する語句または記号を語群(a)～(h)から選べ。ただし，同じものをくり返し使用してもよい。

〔語群〕

(a) 大きい　(b) 小さい　(c) 等しい　(d) 正
(e) 負　(f) X　(g) Y　(h) 反対

問2　金属A～Dをイオン化傾向の大きいものから順に示せ。

問3　金属C, Dを用いてつくった右図の電池Xの起電力は何V(ボルト)になるか。

〔福岡大〕

(−) V (+)
C D
C^{2+} 1mol/L　D^{+} 1mol/L

電池X

電池内 ➡ 還元剤と酸化剤による発熱反応が起こる

B

103* ◀ 鉛蓄電池 ▶

鉛蓄電池は充電が可能な電池で，次のように表される。

$(-)Pb \mid H_2SO_4(aq) \mid PbO_2(+)$

放電のときに起こる化学反応は

負極で [(A)]

正極で [(B)]

である。(原子量は，H＝1.0，O＝16，S＝32，Pb＝207，ファラデー定数は 9.65×10^4 C/mol とする。)

問1 上の文章中の [(A)] と [(B)] に適当な化学反応式を記せ。

問2 30.0％の希硫酸 500g を入れた鉛蓄電池を放電すると，それを充電してもとの状態にもどすのに，20A の外部電源で 16 分 5 秒要した。放電後の負極と正極の質量の増加量(g)と，そのときの硫酸の濃度(％)をそれぞれ小数点以下 1 桁まで求めよ。 〔静岡県大〕

104* ◀ 食塩水の電気分解 ▶

右図のような装置を用い，イオン交換膜の左側(**a 槽**)に 1.0mol/L の食塩水 2.0L を，右側(**b 槽**)に 0.10mol/L の水酸化ナトリウム水溶液 2.0L を入れて電気分解を行った。2.0A の電流で電気分解をある時間行ったところ，イオン交換膜(Na^+ イオン型)の両側の水槽から合わせて標準状態(0℃，1.013×10^5Pa)で表すと 4.48L の気体が発生した。以下の**問1**，**問2**に答えよ。必要であれば log2＝0.30, log3＝0.48 を用い，計算の結果は，有効数字 2 桁で答えよ。

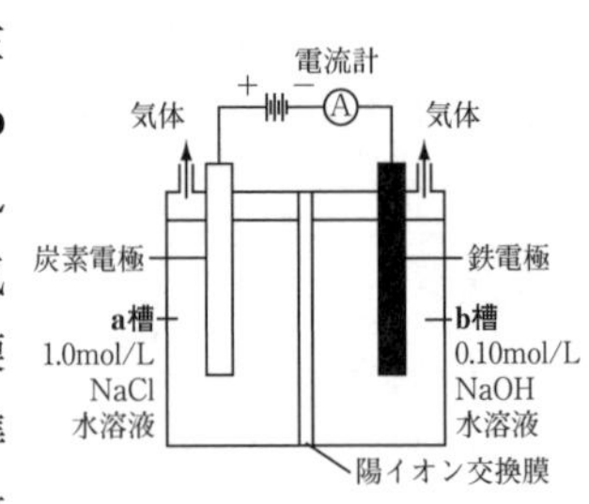

問1 左側(**a 槽**)と右側(**b 槽**)から発生した気体の分子式をそれぞれ記せ。

問2 電気分解で流れた電子の物質量(mol)と，電気分解後のイオン交換膜の右側(**b 槽**)の水酸化物イオンの濃度(mol/L)を求めよ。 〔名古屋工大〕

流れた電子 e^- のモル数 ➡ 物質の変化量のモル数を決める

105* ◀ 銅の電解精錬と陽極泥 ▶

希硫酸に硫酸銅(Ⅱ)を溶かした溶液1000mLを電解槽に入れ，粗銅を陽極に，純銅を陰極にして電気分解を行った。(Cuの原子量＝63.5)

問1　粗銅の電極には，不純物として亜鉛，金，銀，鉄，ニッケルが含まれている。陽極泥に含まれる金属を記せ。

問2　直流電流を通じて電気分解したところ，粗銅は67.14g減少し，一方，純銅は66.50g増加した。また，陽極泥の質量は0.34gで，溶液中の銅イオンの濃度は0.0400mol/Lだけ減少した。この電気分解で水溶液中に溶け出した不純物の金属の質量は何gか。　〔センター〕

106* ◀ 燃料電池 ▶

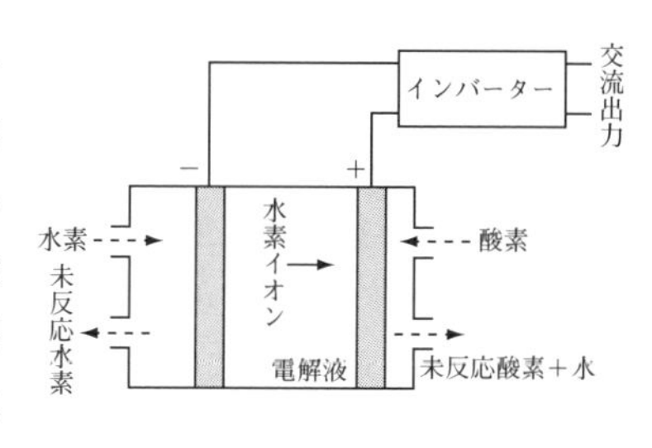

電池は化学エネルギーを電気エネルギーに変換する装置の総称であり，そのような化学電池の反応は電気分解と逆の現象である。電池のなかでエネルギー変換効率の大きなものとして注目されているものに燃料電池がある。次の問に答えよ。求める値は有効数字3桁まで求めよ。ファラデー定数は9.65×10^4C/molとする。

問1　リン酸水溶液を電解液とするこの場合，負極と正極での電極反応式を書け。

問2　電解液として水酸化カリウム水溶液を用いる水素 − 酸素燃料電池での負極と正極における電極反応式を書け。

問3　正極で2molの酸素が還元されるときに流れる電気量は何C(クーロン)か。

問4　出力280kWの装置を1時間運転し，180kgの水が生じた場合，化学エネルギーが全て電気エネルギーに変わったとすれば，得られた電気量は何C(クーロン)か。　〔電通大〕

新型電池の理解 ➡ 酸化剤，還元剤の決定とその電子e^-の出入りをする反応式を書くことから始める

4 沈殿・弱酸生成・揮発性酸生成・錯イオン生成・分解反応

107 ◀基本チェック▶

(1) **【沈殿反応】** 次の各組で生じる沈殿の化学式(色)を記せ。

① $Pb(NO_3)_2$, HCl　② $Ba(OH)_2$, K_2SO_4

③ $Ca(OH)_2$, Na_2CO_3　④ $CuSO_4$, Na_2S

⑤ $Pb(CH_3COO)_2$, K_2CrO_4　⑥ $FeCl_2$, KOH

⑦ $AgNO_3$, $NaOH$　⑧ $FeCl_2$, $K_3[Fe(CN)_6]$

(2) **【錯イオン生成反応】** 次の組み合わせによって生じる錯イオンの化学式・色・形を記せ。

① $CuSO_4$, NH_3　② $ZnCl_2$, $NaOH$

③ $AgBr$(固), $Na_2S_2O_3$　④ $FeCl_3$, $KSCN$

(3) **【弱酸・揮発性酸生成反応】** 次の反応の右辺を埋めよ。

① $CH_3COONa + HCl \rightarrow$　② $Na_2SO_3 + H_2SO_4 \rightarrow$

③ $CaCO_3 + 2HCl \rightarrow$　④ $CaCO_3 + H_2O + CO_2 \rightarrow$

⑤ $NaHCO_3 + CH_3COOH \rightarrow$　⑥ $2NH_4Cl + Ca(OH)_2 \rightarrow$

⑦ $NaCl + H_2SO_4$(濃)$\rightarrow$　⑧ $NaNO_3 + H_2SO_4$(濃)$\rightarrow$

⑨ $CaF_2 + H_2SO_4$(濃)$\rightarrow$　(⑦~⑨要加熱)

(4) **【分解反応】** 次の物質を加熱したときの生成物の化学式を記せ。

① $CuSO_4 \cdot 5H_2O$　② $Al(OH)_3$

③ $CaCO_3$　④ CaC_2O_4

⑤ $NaHCO_3$　⑥ NH_4NO_2

⑦ $KClO_3$(触媒 MnO_2)　⑧ H_2O_2(触媒 MnO_2)…加熱不要

ポイント 無機反応 ➡ 中和，酸化還元，沈殿，錯イオン生成，弱酸生成，揮発性酸生成，分解反応の７パターンが基本

108 ◀ イオンの反応と検出 ▶

次に示す８つの陽イオンのうち，いずれか１種類を含む５つの水溶液，**A**～**E**について，次の(1)～(5)の実験を行った。

Mg^{2+}，Ag^{+}，Ba^{2+}，Zn^{2+}，Fe^{2+}，Al^{3+}，Cu^{2+}，Pb^{2+}

(1)　硫酸を加えると **A** と **E** に沈殿が生じた。

(2)　アンモニア水を加えると **A**～**D** に沈殿が生じ，さらに過剰のアンモニア水を加えると **D** の沈殿が溶解した。

(3)　水酸化ナトリウム水溶液を加えると **A**～**D** に沈殿が生じ，さらに過剰の水酸化ナトリウム水溶液を加えると **A, B, D** の沈殿が溶解した。

(4)　塩酸を加えると **A** に沈殿が生じた。

(5)　炎色反応を行うと，**E** が炎色反応を示した。

問１　水溶液 **A**～**E** に含まれる陽イオンをそれぞれ示せ。

問２　実験(3)の水溶液 **B** について，沈殿の(イ)生成と(ロ)溶解の反応を，それぞれイオンを含む反応式で示せ。

問３　Pb^{2+} を含む水溶液にクロム酸カリウム水溶液を加えるときの反応をイオンを含む反応式で示せ。

問４　上記８つの陽イオンのうち，NH_3 と錯イオンを形成する３つの陽イオンを選び，対応する錯イオンの構造を記せ。

問５　上記８つの陽イオンのうち，硫化水素により(イ)酸性および塩基性で沈殿が生じる陽イオンと，(ロ)塩基性で沈殿し，酸性では沈殿しない陽イオンをすべて示せ。

〔長崎大〕

錯イオンの形 ➡ ２配位…直線型
４配位…正四面体，正方形
６配位…正八面体

B

109* ◀ 錯塩の構造 ▶

次の文の□に入れるのに最も適当な数値を入れよ。また，(　　)には立体構造を〔例〕にならって記入せよ。

塩化コバルト(Ⅲ)とアンモニアからなる錯塩は，塩化コバルト(Ⅲ)に対してアンモニアを3〜6分子含むものが知られている。これらを一般式 $CoCl_3 \cdot nNH_3$ (n=3, 4, 5, 6)で示すことにする。これらの錯イオンは，正八面体構造をとる。

いま，$CoCl_3 \cdot nNH_3$ を0.010mol含む水溶液に過剰の硝酸銀水溶液を加えたところ，n=4では1.435gの塩化銀が沈殿したが，n=3では全く沈殿しなかった。ただし，コバルトに配位結合している塩化物イオンは塩化銀として沈殿しない。このとき，錯塩を$[CoCl_{3-x}(NH_3)_y]Cl_x$と表すと，n=4の錯塩のx, yはそれぞれ (1) ， (2) である。

〔例〕：

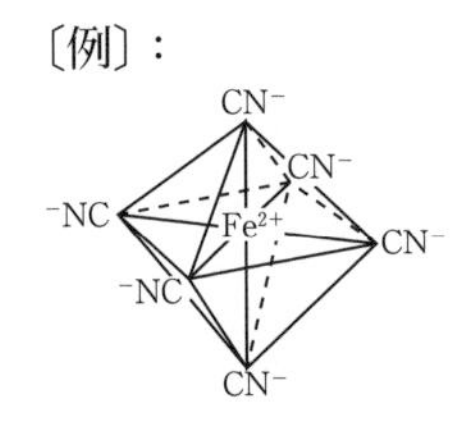

$CoCl_3 \cdot nNH_3$ において，n=4では((3))と((4))の2種の立体構造をもつ異性体が存在する。〔関西大〕

110* ◀ Fe^{2+}, Fe^{3+} の定量 ▶

濃度未知の Fe^{2+} イオンと Fe^{3+} イオンを含む0.30mol/Lの希硫酸**溶液A**がある。(ア)この**溶液A**を10.00mLとり，0.020mol/Lの過マンガン酸カリウム水溶液で滴定すると，15.0mLを要した。

別に(イ)**溶液A**を10.00mLはかりとり7.0%の過酸化水素水溶液1.0gを加えて加熱し，(ウ)この溶液がアルカリ性になるまでアンモニア水を加え，生じた沈殿をこしわけた。(エ)沈殿を強熱し，完全に酸化物としてから質量をはかると，0.32gであった。(原子量はO = 16，Fe = 56とする。)

問1 **下線部(ア)**の滴定で起こる反応をイオン反応式で示せ。

問2 **下線部(イ)**及び**(ウ)**で起こる変化をイオン反応式で，**下線部(エ)**で起こる変化を化学反応式で示せ。ただし，**(ウ)**で生じた沈殿の化学式は $Fe(OH)_3$ とせよ。

問3 **溶液A**中の Fe^{2+} イオンと Fe^{3+} イオンの濃度を有効数字2桁で示せ。〔長崎大〕

水酸化物 ➡ 加熱で酸化物と水に分解

111* ◀ 分解反応と熱質量分析 ▶

硫酸銅(Ⅱ)水和物の青い結晶100mgをはかりとり，温度を上げながら，その質量の変化を測定したところ，図のようになり，250℃では，白色粉末となった。同様に別途加熱処理して得た白色粉末を，室温にもどして水に溶かすと，発熱して青色水溶液となった。この溶液を室温放置して水を蒸発させたところ，もとと同じ青い結晶を得た。この青い結晶を再び水に溶かすと吸熱して青色水溶液となった。(原子量は，H=1.0，O=16，S=32, Cu=63.5)

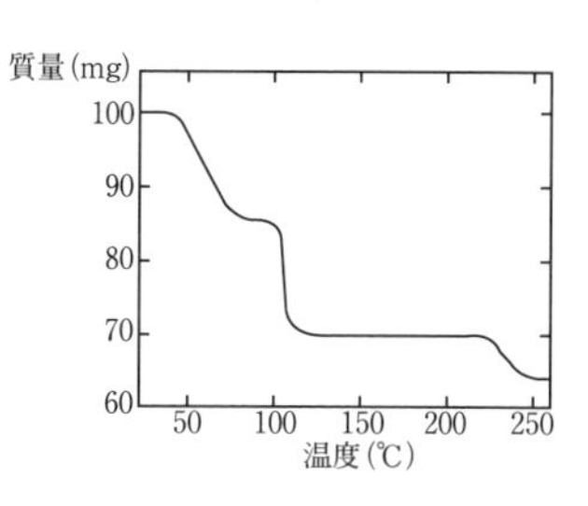

問1　硫酸銅(Ⅱ)の青い結晶と白色粉末では，どちらが安定か。また，硫酸銅(Ⅱ)の青い結晶と白色粉末を化学式で表せ。

問2　硫酸銅(Ⅱ)の青い結晶が白色粉末になる過程を，温度の上昇に伴う質量変化に対応させて記述せよ。

問3　温度を670℃まで上げると，31.9mgの黒色粉末が残った。この化合物を化学式で記せ。〔お茶水女大〕

112* ◀ 難溶性塩の溶解度 ▶

水に難溶性の固体$M(OH)_2$の溶解平衡は次式で表される。

$$M(OH)_2\,(固体) \rightleftarrows M^{2+}\,(水溶液) + 2OH^-\,(水溶液)$$

このとき，溶液中のM^{2+}，OH^-のモル濃度の間に以下の関係式が成り立つ。

$$4.0\times10^{-12} = [M^{2+}][OH^-]^2\ (mol/L)^3$$

問1　1.0×10^{-5}molの$M(OH)_2$に水を加え，全量を1.0Lにしたとき，M^{2+}イオンの濃度は何mol/Lになるか。

問2　1.0×10^{-8}mol/LのM^{2+}イオンを含む水溶液が1.0Lある。これに水酸化ナトリウム(式量40)を何g以上加えると，$M(OH)_2$の沈殿が析出するか。ただし，水酸化ナトリウムを加えることによる水溶液の体積変化はないものとし，小数点以下第2位まで求めよ。〔明治薬大〕

物質を加熱 ➡ 物質は相対的に弱い結合が順に切れながら分解する

113* ◀ 溶解度積と Cu^{2+} の反応 ▶

次の文(a)，(b)を読んで，**問1～問6**に答えよ。ただし，原子量は H＝1.0，N＝14.0，O＝16.0，Na＝23.0，S＝32.0，Cu＝63.5 とする。

(a) 硫酸バリウム粉末を水に入れてよくかき混ぜて静置したところ，未溶解の硫酸バリウムが残り，平衡状態になった。この溶液には，溶液 100mL 当たり硫酸バリウムは物質量として 1.0×10^{-6}mol しか溶けておらず，水に対する硫酸バリウムの溶解度は小さい。溶解した硫酸バリウムは完全に電離し，Ba^{2+} と SO_4^{2-} のモル濃度の積を K(硫酸バリウム)とすると，その値は［ア］$(mol/L)^2$ となる。ここで，この値は，水のイオン積の場合と同じように，他のイオンが存在していても存在していなくても，また，Ba^{2+} のモル濃度と SO_4^{2-} のモル濃度が等しくない場合でも，温度が変わらなければ，常に一定に保たれるものとする。

水中の金属イオンの濃度を低くするために，そのイオンを溶解度の小さい塩の沈殿として回収する方法がとられる。たとえば，Pb^{2+} を含む水溶液に SO_4^{2-} を含む水溶液を過剰に加えて Pb^{2+} を硫酸鉛(Ⅱ)として回収すると，溶液中の Pb^{2+} の濃度を大幅に減らすことができる。いま，0.010mol/L の硝酸鉛(Ⅱ)水溶液 100mL に，0.012mol/L の硫酸ナトリウム水溶液を少なくとも［イ］mL 加えると，混合溶液中の Pb^{2+} の濃度を 1.0×10^{-5}mol/L 以下にすることができる。ただし，溶解した硫酸鉛(Ⅱ)は完全に電離し，K(硫酸バリウム)に対応する K(硫酸鉛(Ⅱ))の値は $2.0\times10^{-8}(mol/L)^2$ とする。

問1 文中の［ア］，［イ］に適切な数値を有効数字2桁で記入せよ。

(b) ①テトラアンミン銅(Ⅱ)イオンを含む水溶液に酸を加えると，水酸化銅(Ⅱ)の沈殿が生じるが，さらに②酸を加えると，この沈殿は溶けることが知られている。そこで，銅(Ⅱ)イオンの反応を調べるために，この錯塩を用いて以下の**操作(1)〜(6)**を行い，**結果(1)〜(4)**を得た。

操作(1)　物質量2.00×10^{-3}molのテトラアンミン銅(Ⅱ)硫酸塩を，0.25mol/Lの硫酸20.0mLが入ったビーカーに入れて十分な時間かき混ぜる。

操作(2)　**操作(1)**のビーカー中の内容物をすべてメスフラスコに移し，水を加えて全体を200mLにする。

操作(3)　**操作(2)**でつくった溶液10.0mLをコニカルビーカーにとり，これに水40.0mLを加える。

操作(4)　**操作(3)**のコニカルビーカーに0.050mol/Lの水酸化ナトリウム水溶液をかき混ぜながら徐々に滴下していき，そのつどpH計を用いてコニカルビーカー中の溶液のpHを測定する。同時に，沈殿が生成してくる様子を観察する。

操作(5)　水酸化ナトリウム水溶液を4.0mLまで加えたところで滴下をやめる。コニカルビーカーを加熱して沈殿の色の変化を見る。

操作(6)　十分な時間加熱したのち，コニカルビーカーを室温までさます。ろ過して沈殿を分離し，乾燥させたのち，その質量を測定する。

結果(1)　**操作(1)**のあと，ビーカー中に沈殿はなかった。

結果(2)　**操作(4)**より，滴下した水酸化ナトリウム水溶液の体積とpHとの間に，**図1**の曲線で示される関係が得られた。すなわち，この曲線は水酸化ナトリウム水溶液の体積が2mL付近で折れ曲がり，pHはその後緩やかに変化した。また，曲線に折れ曲がりが現れると，③青白色の化合物の沈殿が生じてきた(**図1**の**A**)。

結果(3)　**操作(5)**で，沈殿の色は黒色に変化した。

結果(4)　**操作(6)**で，沈殿の質量は4.0mgであった。

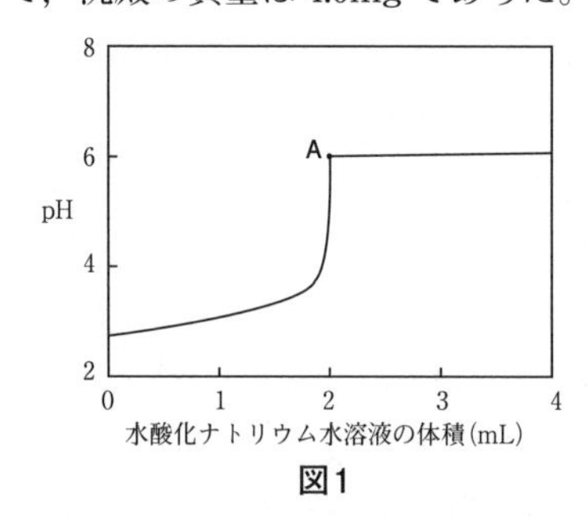

図1

問2　下線部①の反応をイオンを含む反応式で示せ。

問3　下線部②の反応をイオンを含む反応式で示せ。

問4　**操作(1)**では，テトラアンミン銅(Ⅱ)硫酸塩の物質量の2倍以上の硫酸が入っていた。物質量の2倍を超えた硫酸は，**操作(4)**で0.050mol/Lの水酸化ナトリウム水溶液を滴下していくと中和される。このとき，中和に必要な水酸化ナトリウム水溶液は何mLと計算されるか。有効数字2桁で答えよ。

問5　**操作(6)**のろ液中のCu^{2+}の濃度は何mol/Lか。有効数字2桁で答えよ。ただし，テトラアンミン銅(Ⅱ)イオンの生成量および水の蒸発量は無視できるものとする。

問6　**操作(1)**で，テトラアンミン銅(Ⅱ)硫酸塩の物質量のみを半分にして，同じような実験を**操作(4)**まで行った。滴下した水酸化ナトリウム水溶液の体積とpHとの関係は，**図1**の曲線と同じような傾向を示し，曲線に折れ曲がりが現れると，下線部③と同じ青白色の化合物の沈殿が生じてきた。このとき，**図1**の**A**に対応する点における水酸化ナトリウム水溶液の体積とpHは，**図1**の点**A**と比べてどのように変化するか。適切なものを，次の(あ)～(か)のうちから1つ選べ。ただし，下線部③の青白色の化合物は，溶液中では完全に電離するものとする。

(あ) 体積は等しく，pHはわずかに大きくなる。
(い) 体積は等しく，pHはわずかに小さくなる。
(う) 体積は大きく，pHもわずかに大きくなる。
(え) 体積は大きく，pHはわずかに小さくなる。
(お) 体積は小さく，pHはわずかに大きくなる。
(か) 体積は小さく，pHもわずかに小さくなる。

〔京都大〕

第6章 物質の性質1（無機物質）

1 単体と(X, O, H)

114 ◀基本チェック▶

(1) **【単体の分類】** 第3周期の元素の単体を次の(ⅰ)～(ⅲ)に分類し，それぞれに該当する単体を化学式で表せ。

(ⅰ)金属　　(ⅱ)半金属(半導体)　　(ⅲ)非金属

(2) **【金属の物性】** 次の①～③に該当する金属の化学式を書け。

① 電気伝導性が最も大きい金属

② 銀白色以外の金属(2つ)

③ 第4周期までの元素の金属で，水より密度が小さいもの(3つ)

(3) **【金属の反応】** 次の金属について，下記の①～⑥の各問いに答えよ。

Zn, Al, Au, Fe, Cu, Na

① イオン化傾向が大きい順に並べよ。

② 常温で水と反応する金属はどれか。

③ ②の金属を除いて，塩酸と反応する金属はどれか。

④ ②の金属を除いて，水酸化ナトリウム水溶液と反応する金属はどれか。

⑤ ②と③の金属を除いて，熱濃硫酸と反応する金属はどれか。

⑥ 塩酸には溶けるが，濃硝酸には溶けない金属はどれか。

(4) **【ハロゲンの反応】** ハロゲン単体に関する次の反応式を完成せよ。

① $Cl_2+2NaOH \longrightarrow$　② $2F_2+2H_2O \longrightarrow$　③ $Cl_2+2KBr \longrightarrow$

(5) **【酸化物の反応】** 酸化物に関する次の反応式を完成せよ。

① $SO_3+H_2O \longrightarrow$　② $SO_2+2NaOH \longrightarrow$　③ $Na_2O+H_2O \longrightarrow$

④ $Fe_2O_3+6HCl \longrightarrow$　⑤ $Al_2O_3+3H_2O+2NaOH \longrightarrow$

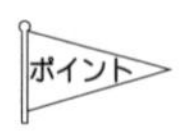

半導体 ➡ Si, Ge,　熱・電気伝導性 ➡ Ag＞Cu＞Au,
有色の金属 ➡ Au, Cu

115 ◀ 金属単体 ▶

次の①～④にあてはまる金属の元素記号を記せ。

① この金属は非常に酸化されやすく，大気中の酸素や水分と反応するので，石油の中に保存する。炎色反応は黄色を示す。

② この金属は軽量で電気伝導性が高く，その水酸化物は酸とも塩基とも反応する。また，カリウムミョウバンの原料でもある。

③ この金属は比較的酸化されにくいが，湿気と二酸化炭素を含む大気中では表面に緑色のさびを形成する。銀についで電気伝導性が高い。

④ この金属は装飾品やメッキなどに利用されている。そのハロゲン化物のコロイドは，光をあてることにより1価の陽イオンから原子に還元され，黒色となる。〔北海道大〕

116 ◀ 非金属単体 ▶

次の①～④の文章を読んで，下の問い(1)～(3)に答えよ。

① 常温で安定な黄色の固体で，いくつかの同素体がある。空気中で燃焼すると有毒な気体を発生する。

② 常温で黒紫色の液体である。水には溶けにくいが，(ア)ヨウ化カリウム水溶液にはよく溶ける。この水溶液にデンプン溶液を加えると溶液の色が変化する。

③ 常温で淡青色の特異臭のする気体である。酸化作用が強く殺菌などに用いられる。また，太陽光からの紫外線を吸収して生物を守っている。

④ 常温で黄緑色の気体である。酸化作用が強く，また，(イ)水溶液は酸性を示す。

(1) 各記述の内容に適する単体名を記せ。

(2) 単体の状態について，1か所誤った記述がある。その文章の番号と正しい状態を記せ。

(3) **下線部(ア)，(イ)**の現象を反応式で示せ。〔長崎大〕

イオン化列 ➡ K Ca Na | Mg Al Zn Fe Ni Sn | Pb (H_2) Cu Hg Ag | Pt Au

冷水に溶←　塩酸に溶←　HNO_3，濃 H_2SO_4 に溶←　王水に溶←

117 ◀ 酸化物 ▶

酸化物に関する次の文章を読み，以下の問いに答えよ。

酸素は貴(希)ガスを除くほとんどすべての元素と結合して，種々の酸化物を生じる。

[①]の大きい非金属元素の酸化物の多くは，水に溶けると酸性を示し，塩基と反応して塩を生じるので，[②]酸化物といわれる。たとえば，二酸化硫黄は水と反応して亜硫酸を生じ，弱酸性を示す。また三酸化硫黄は水と反応して[③]を生じる。同様に，(イ)十酸化四リンは水を加えて加熱すると，[④]を生じる。これらの酸化物の酸性を比較してみると，元素の[①]が大きいほど，また同じ元素の酸化物では，酸化数の大きいものほど強い酸になる傾向がある。

一方，[①]の小さい金属元素の酸化物の多くは水に溶けると塩基性を示し，酸と反応して塩をつくるので，[⑤]酸化物といわれる。たとえばアルカリ土類金属の一つであるカルシウムの酸化物は水と反応して水酸化物を生じる。また(ロ)この酸化物は塩酸と反応して塩化カルシウムを生じる。

[①]が中程度の元素で，[⑥]酸化物といわれる酸化物は，酸に対しては塩基として反応し，塩基に対しては酸として反応する。周期表上で金属元素と非金属元素の境界付近に位置する元素の酸化物がこれに属する。たとえば，(ハ)アルミニウムの酸化物は水酸化ナトリウム水溶液と反応して溶ける。またこの酸化物は塩酸とも反応して溶ける。

(1) [①]から[⑥]のそれぞれに当てはまる適当な語句を記入せよ。

(2) ③と④の酸性を比較してみると，いずれの物質の方が酸性が強いと考えられるか。酸性が強いと考えられる物質名を記入せよ。

(3) 下線部(イ)，(ロ)および(ハ)の化学反応式を示せ。

〔大阪電通大〕

非金属元素の酸化物 ➡ 酸性酸化物

金属元素の酸化物 ➡ 塩基性酸化物

両性元素(Al, Zn, Sn, Pb)の酸化物 ➡ 両性酸化物

B

118* ◀ 非金属元素の単体・化合物 ▶

次の記述を読み，後の問いに答えよ。

① リンの単体には主なものが２種類ある。このうち［あ］は反応性に富み空気中で自然発火する。これに対して［い］は，空気を断って［あ］を約250℃に加熱すると生成し，比較的安定で安全マッチの材料として使われている。リンの酸化物は白色粉末で，吸湿性が強いため乾燥剤として用いられる。(ア)この酸化物に水を加えて加熱すると，オキソ酸を生じる。

② 硫黄の単体で室温で最も安定なものは斜方硫黄であり，これは［a］という分子式をもつ環状分子である。硫黄は空気中では青い炎を上げて燃え，硫黄酸化物を生じる。硫黄は石油に含まれているため，石油を燃やしたときに発生する硫黄酸化物は大気汚染の原因の１つとなっている。なお(イ)硫黄酸化物の１つであるSO_2と硫化水素を反応させて硫黄を単体として回収する方法がある。

③ (ウ)塩素を水に吸収させて生成した水溶液は［う］性を示す。またこの水溶液は［え］力をもつので，塩素は水道の消毒に用いられている。塩素のオキソ酸の中で最も強い酸性を示すのは［b］であり，この化合物中の塩素の酸化数は［c］である。

(1) 空欄［あ］，［い］に適当な語句を，また［う］，［え］に下記の選択肢群から選んだ語句を入れよ。空欄［a］から［c］には化学式または数値を入れよ。

〔選択肢群〕 還元　　酸化　　吸着　　塩基　　酸　　中　　両

(2) 下線部(ア)，(イ)，(ウ)で起こる変化を化学反応式で示せ。

〔東北大〕

黄リン ➡ P_4，自然発火(水中に保存)

斜方硫黄 ➡ S_8，黄色の固体

$HClO_x$ ➡ x が大きいほど酸性㊅

119* ◀ 酸化物の決定 ▶

次の(a)〜(f)の記述を読み，A〜D に相当する**酸化物**を化学式で答えよ。

(a) A と C は褐色で，B と D は無色(あるいは白色)であった。

(b) A の水溶液は，強い酸性を示した。

(c) B は熱を発生して水と反応し，その水溶液は強い塩基性を示した。また，B は橙赤色の炎色反応を示した。

(d) C は水にほとんど溶けないが，アンモニア水には溶けて無色の溶液となった。

(e) D は常温・常圧では気体であり，水に溶けると弱い酸性を示した。

(f) B の水溶液に D を作用させると，難溶性の沈殿が生じた。しかし，この沈殿はさらに D を長時間作用させることにより溶けた。

〔名古屋大〕

120* ◀ 金属の決定と反応 ▶

5 種類の金属元素 A, B, C, D, E はアルミニウム, 鉄, 銅, 亜鉛, 銀のいずれかに該当する。A から E のそれぞれについて複数の金属片を用意して以下の実験操作 1〜5 を行った。実験結果をもとにして問いの(1)〜(3)に答えよ。

〔実験操作 1〕 A から E の 5 種類の金属片をそれぞれ 3mol/L 塩酸に入れたところ，A, B の金属片は常温で活発に気体を発生しながら溶解し，D の金属片は常温ではおだやかに, 加温すると活発に気体を発生しながら溶解した。C, E の金属片では気体を発生する反応はみられなかった。

〔実験操作 2〕 実験操作 1 において A, B, D の金属片との反応で得られた溶液を蒸発させ，残った固体をそれぞれ蒸留水に溶解した。これらの溶液にそれぞれ 1mol/L 水酸化ナトリウム水溶液を少量加えると沈殿が生じた。これらの沈殿にさらに水酸化ナトリウム水溶液を加えたところ，A, B の金属片から得られた沈殿は溶解したが，D の金属片から得られた沈殿は溶解しなかった。

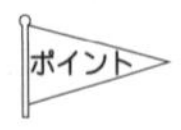

Ag_2O ➡ 褐色の沈殿，アンモニア水に溶

〔**実験操作3**〕　同じ物質量の**A**, **B**の金属片を6mol/L塩酸と反応させ，金属片がすべて溶解するまで発生した気体の体積を同じ温度・圧力条件で比較したところ，**B**の金属片から発生した気体の体積は**A**の金属片から発生した気体の体積の1.5倍であった。

〔**実験操作4**〕　**C**, **E**の金属片をそれぞれ濃硝酸に入れたところ，いずれの金属片も有色気体を発生して溶解した。

〔**実験操作5**〕　**実験操作4**において得られた溶液を蒸発させ，残った固体をそれぞれ蒸留水に溶解した。**C**の金属片から得られた溶液に**E**の金属片を入れたところ，金属片の表面が変色したが，**E**の金属片から得られた溶液では**C**の金属片を入れても変化がみられなかった。

(1)　**A**, **B**, **C**, **D**, **E**に該当する金属元素の元素記号を記せ。

(2)　次の①および②に答えよ。

①　**実験操作1**で観察された金属片**A**, **B**と塩酸との反応をそれぞれ化学反応式で示せ。

②　**実験操作2**において水酸化ナトリウム水溶液を加えて沈殿が溶解したとき，溶液中において**A**から形成されたイオンの名称と化学式を記せ。

(3)　次の①および②に答えよ。

①　**実験操作4**で発生した有色気体の色と化学式を記せ。

②　**実験操作5**で観察された**E**の金属片の表面で起こった酸化反応および還元反応を電子e^-を含む反応式で示せ。また，全体の酸化還元反応の反応式も示せ。

〔新潟大〕

$Al(2mol) \xrightarrow{HCl} H_2(3mol)$,　$Zn(1mol) \xrightarrow{HCl} H_2(1mol)$,

$M(Cu, Ag) \xrightarrow{濃HNO_3} NO_2$(褐色)

2 イオン分析と気体の製法・性質

A

121 ◀ 基本チェック ▶

(1) **【イオン・沈殿の色】** 水溶液中の次のイオン(①～⑤)，沈殿(⑥～⑩)の色を記せ。

① Cu^{2+}　② Fe^{2+}　③ Fe^{3+}　④ CrO_4^{2-}　⑤ $Cr_2O_7^{2-}$

⑥ $Cu(OH)_2$　⑦ 水酸化鉄(Ⅲ)　⑧ Ag_2O　⑨ ZnS　⑩ $PbCrO_4$

(2) **【炎色反応】** 次のイオンを含む水溶液の炎色反応の色を記せ。

① Na^+　② K^+　③ Ca^{2+}　④ Ba^{2+}　⑤ Cu^{2+}

(3) **【陽イオンの識別】** 次のイオンを含む水溶液①～⑥のうち，下の(a)～(d)にあてはまるものの番号を記せ。

① Ag^+　② Pb^{2+}　③ Cu^{2+}　④ Fe^{3+}　⑤ Zn^{2+}　⑥ Ba^{2+}

(a) 塩酸を加えると沈殿が生成し，その沈殿は熱湯に溶けた。

(b) 弱い塩基性にして，硫化水素を通じると白色沈殿が生じた。

(c) アンモニア水を加えると，初めは青白色の沈殿が生じたが，過剰では沈殿が溶けて濃青色の溶液となった。

(d) 炎色反応を示し，また，希硫酸を加えると白い沈殿が生じた。

(4) **【気体の発生】** 次の操作により発生する気体の化学式を書け。

① 銅に濃硫酸を加えて加熱する。

② 硫化鉄(Ⅱ)に希塩酸を加える。

③ 塩化アンモニウムと水酸化カルシウムを混ぜて加熱する。

④ 塩化ナトリウムに濃硫酸を加えて加熱する。

⑤ 過酸化水素水に二酸化マンガンを加える。

(5) **【気体の性質】** 次の性質を示す気体を，後の［　　］内より選べ。

① 有色である。　② 酸化性がある。　③ 還元性がある。

④ 水溶液は酸性である。　⑤ 水溶液は塩基性である。

［ Cl_2, CO_2, NO_2, SO_2, NH_3, H_2S ］

炎色反応 ➡ Na(黄)，K(紫)，Ca(橙)，Ba(緑)，Cu(青緑)

122 ◀ 陽イオンの分離 ▶

6種類の陽イオン K^+, Ag^+, Cu^{2+}, Ca^{2+}, Al^{3+}, Fe^{3+} を含む混合水溶液がある。これらのイオンを分離するために，右図の操作1～5を行った。

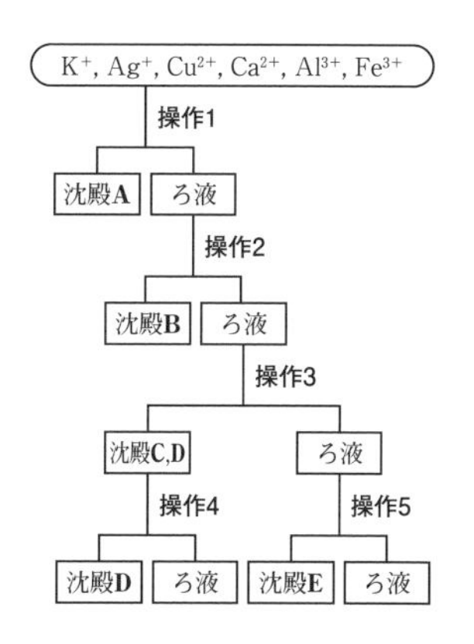

操作1　希塩酸を加える。
操作2　硫化水素を通じる。
操作3　煮沸して硫化水素を追い出し，濃硝酸を加えた後，アンモニア水を加える。
操作4　沈殿を塩酸で溶解した後，過剰の水酸化ナトリウム水溶液を加える。
操作5　炭酸アンモニウム水溶液を加える。

(1)　沈殿 **A**～**C**，**E** の化学式を記せ。

(2)　沈殿 **B** に硝酸を加えて加熱して溶かした。これに過剰のアンモニア水を加えたときのイオンを含む反応式を記せ。

(3)　**操作3** で濃硝酸を加えた理由を20字以内で記せ。　〔千葉工大〕

123 ◀ 陰イオンの分離 ▶

ほぼ同じ濃度の Br^-，SO_4^{2-}，CO_3^{2-}，CrO_4^{2-} の4種の陰イオンを含む中性の試料溶液がある。試料溶液の一部をとり，右に示す分離操作を行った。

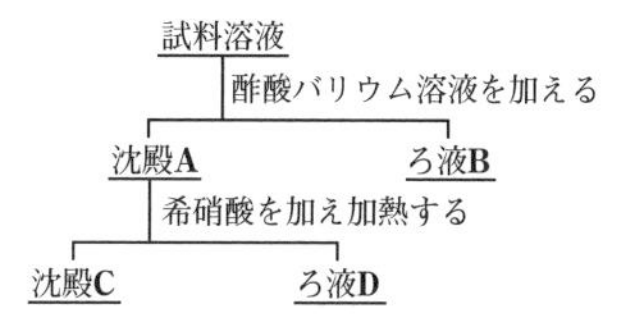

(1)　沈殿 **A** に含まれるすべての化合物の化学式を記せ。

(2)　ろ液 **B** に硝酸銀溶液を加えたときにできる沈殿の化学式を記せ。

(3)　沈殿 **A** に希硝酸を加えて加熱したとき，発生する気体の化学式を記せ。

(4)　沈殿 **C** の化学式を記せ。

(5)　ろ液 **D** を塩基性にすると何色を示すか。　〔大阪公大〕

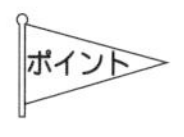

沈殿の溶解法：$PbCl_2 \xrightarrow[\text{(温度高)}]{\text{熱湯}} Pb^{2+}$，$AgCl \xrightarrow[\text{(錯イオン)}]{NH_3} [Ag(NH_3)_2]^+$，

$CuS \xrightarrow[\text{(酸化)}]{HNO_3} Cu^{2+}$，　$CaCO_3 \xrightarrow[\text{(弱酸遊離)}]{HCl} Ca^{2+}$

124 ◀ 塩の決定 ▶

五種類の金属塩水溶液(　ア　)～(　オ　)(濃度 0.1mol/L)について，①～⑥の実験結果を得た。(　ア　)～(　オ　)に溶けている金属塩はどれか。a～eの中から一つ選べ。

① 塩化バリウム水溶液を加えると，(　イ　)および(　エ　)は白色沈殿が生じ，この沈殿は塩酸を加えても溶けなかった。

② (　ア　)は黄色で，硝酸銀水溶液を加えると白色沈殿が生じた。また，(　ア　)にヘキサシアニド鉄(Ⅱ)酸カリウム水溶液を加えると，濃青色に変化した。

③ 希塩酸を加えると，(　ウ　)および(　オ　)は，白色沈殿を生じた。(　ウ　)に生じた白色沈殿は，光をあてると黒色に変化した。(　オ　)に生じた白色沈殿は，熱湯をそそぐと溶け，この溶液にクロム酸カリウム水溶液を加えると黄色沈殿が生じた。

④ (　イ　)，(　ウ　)および(　オ　)を硝酸酸性にし，硫化水素を通すと黒色沈殿が生じた。

⑤ 希アンモニア水を少量加えると(　ア　)は赤褐色沈殿，(　イ　)は青白色沈殿，(　ウ　)は褐色沈殿，(　エ　)および(　オ　)は白色沈殿がそれぞれ生じた。さらに希アンモニア水を過剰に加えると，(　イ　)の沈殿は溶けて濃青色の溶液に変化し，(　ウ　)および(　エ　)の沈殿は溶けて無色透明の溶液となった。しかし，(　ア　)および(　オ　)の沈殿は変化がなかった。

⑥ (　エ　)をアンモニア水で塩基性にし，硫化水素を通すと白色沈殿が生じた。

a：塩化鉄(Ⅲ)　b：硫酸亜鉛　c：硫酸銅　d：硝酸銀　e：硝酸鉛

〔東海大〕

確認反応：$Fe^{3+} \xrightarrow{K_4[Fe(CN)_6]} KFe(II)Fe(III)(CN)_6$ (**濃青**↓)，

$Pb^{2+} \xrightarrow{K_2CrO_4} PbCrO_4$ (**黄**↓)

125 ◀ 気体の製法 ▶

(1) NH_3, (2) Cl_2, (3) O_2, (4) NO_2, (5) H_2S の各気体の実験室製造方法について,

(A) 必要な試薬をⅠ群から選べ。

(B) この実験操作で加熱が必要な場合は○, 必要でない場合は × を記せ。

(C) また, それぞれの気体の捕集方法をⅡ群から選べ。

〔Ⅰ群：試薬〕

(a) 金属銅　(b) 硫化鉄　(c) 亜硫酸水素ナトリウム

(d) 二酸化マンガン　(e) 塩化ナトリウム　(f) 塩化アンモニウム

(g) 水酸化カルシウム　(h) 炭酸カルシウム　(i) 過酸化水素水

(j) 希塩酸　(k) 濃塩酸　(l) 希硫酸

(m) 濃硫酸　(n) 希硝酸　(o) 濃硝酸

〔Ⅱ群：捕集方法〕

(イ) 水上置換　(ロ) 上方置換　(ハ) 下方置換

〔東京学芸大〕

126 ◀ 気体の性質 ▶

問1　ア～オの気体それぞれに当てはまる現象を, (a)～(e)から一つだけ選べ。

ア　NH_3　イ　O_2　ウ　SO_2　エ　H_2S　オ　NO

(a) 草花の色を漂白する。

(b) 火のついた線香を近づけると, 線香は炎を上げて燃える。

(c) 酢酸鉛水溶液をしみこませたろ紙を黒変させる。

(d) しめった赤色リトマス紙を青変させる。

(e) 空気に触れさせると, 酸化されて着色する。

問2　以下のア～エの各気体それぞれに含まれている少量の不純物を除くには, (a)～(d)のうちどの液, または管に通す方法が最も適しているか。

ア. 塩化水素に含まれている少量の水蒸気

イ. アンモニアに含まれている少量の水蒸気

ウ. 窒素に含まれている少量の酸素

エ. 窒素に含まれている少量の二酸化炭素

(a) 水酸化ナトリウム水溶液　(b) ソーダ石灰を詰めた管

(c) 濃硫酸　(d) 加熱した銅網を詰めた管

〔上智大〕

127 ◀ 塩素の製法 ▶

右図の装置を用いてある気体を発生させ，捕集しようとした。以下の問いに答えよ。

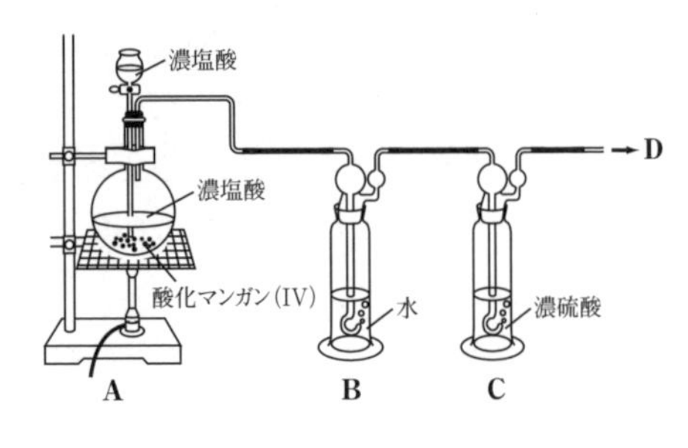

(1) **装置 A** のフラスコ内で発生し，**D** にでてくる気体と同じ気体は，次のうちのどれか。記号で記せ。

(ア) 陽極および陰極に炭素電極を用いて塩化ナトリウム水溶液を電気分解したとき，陰極で発生する気体。

(イ) 石灰石に塩酸を加えたときに発生する気体。

(ウ) さらし粉に塩酸を加えたときに発生する気体。

(エ) 塩化ナトリウム粉末に濃硫酸を加えて加熱したときに発生する気体。

(オ) 亜鉛に塩酸を加えたときに発生する気体。

(2) **装置 B** および **C** の役割について，それぞれ 20 字以内で説明せよ。

(3) **D** に出てくる気体の捕集法として，最も適切なものは右の中のどれか。記号で記せ。またその理由を 30 字以内で述べよ。

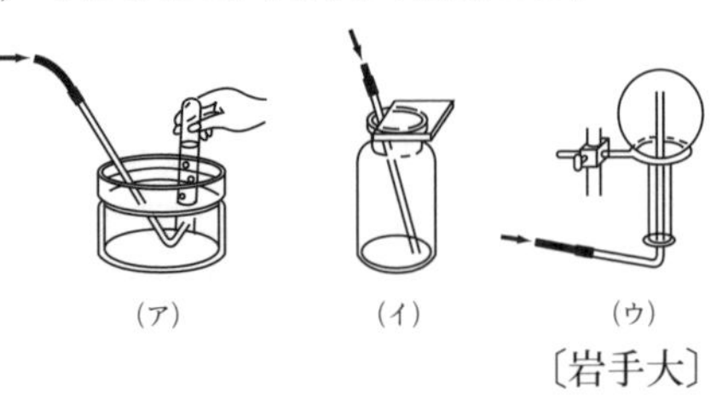

〔岩手大〕

気体発生反応 ➡

- **酸化還元：$Cu + 4HNO_3 \longrightarrow Cu(NO_3)_2 + 2H_2O + 2NO_2 \uparrow$**
- **弱酸生成：$FeS + H_2SO_4 \longrightarrow FeSO_4 + H_2S \uparrow$**
- **弱塩基生成：$2NH_4Cl + Ca(OH)_2 \xrightarrow{\text{加熱}} CaCl_2 + 2H_2O + 2NH_3 \uparrow$**
- **揮発性酸生成：$NaCl + H_2SO_4 \xrightarrow{\text{加熱}} NaHSO_4 + HCl \uparrow$**
- **分解：$2H_2O_2 \longrightarrow 2H_2O + O_2 \uparrow$ (MnO_2 を触媒)**

NH_3 の乾燥剤 ➡ ソーダ石灰 ($NaOH + CaO$)
(P_4O_{10}，濃硫酸，$CaCl_2$，シリカゲルは不適)

気体の捕集 ➡ 上方 (NH_3)，下方 (水溶性気体)，水上 (難溶性気体)

B

128* ◀化合物の決定▶

下の［　　］の中に示す，いずれも約1mol/Lの8種類の化合物(**A**～**H**)の水溶液がある。

アンモニア，塩化カルシウム，炭酸ナトリウム，硝酸鉛， 硫酸アルミニウム，水酸化ナトリウム，硝酸銀，塩化水素

それぞれの水溶液を少量ずつとり出し，実験をしたところ次の結果が得られた。

(1) (ア)**A**を**B**に加えると，かっ色の沈殿を生じたが，(イ)さらに多量を加えていくとその沈殿は溶解した。

(2) **C**を**D**に加えると，白色の沈殿を生じたが，さらに多量を加えていくとその沈殿は溶解した。

(3) **E**を他のすべての化合物の水溶液に添加すると，ただちに沈殿を生じたものは**B**と**F**の二つだけであった。この沈殿を含む液をそれぞれ加温すると，**B**に生じた沈殿には変化が認められなかった。しかし，**F**に生じた沈殿は加温すると，大部分は溶解し消失した。また，**B**に生じた沈殿は**A**を多量に加えると溶解した。なお，**G**からは気体が発生した。

(4) **H**は少量の**B**の添加で白色の沈殿を生じたが，この沈殿は**A**を多量に加えると溶解した。

(5) **G**を**H**や**F**に加えると，白色の沈殿を生じた。

(6) **D**を**F**に加えると，白色の沈殿を生じた。

問1　化合物(**A**～**H**)を推定し，それぞれの化学式で記せ。

問2　上記(1)の文中で下線を引いた部分(ア)と(イ)を化学反応式で記せ。

問3　上記(6)の文中で下線を引いた部分の白色沈殿を化学式で記せ。

〔三重大〕

NH_3過剰で沈殿が溶解 ➡ Ag^+, Cu^{2+}, Zn^{2+}, Ni^{2+}

NaOH過剰で沈殿が溶解 ➡ Al^{3+}, Zn^{2+}, Sn^{2+}, Pb^{2+}

129* ◀ 気体・イオンの総合題 ▶

次の文を読んで，各問いに答えよ。

①[A]に希塩酸を作用させると，無色無臭の**気体 1** が発生し淡緑色の水溶液が得られた。この気体を熱した黒色の酸化銅(Ⅱ)と反応させたら光沢のある[**ア**]に変化した。また，この淡緑色の水溶液に水酸化ナトリウム水溶液を加えたら沈殿が生じたが，これは空気中の酸素の働きで赤褐色の沈殿となった。

②[B]に濃塩酸を加えて加熱すると，空気より重い黄緑色の刺激臭のある**気体 2** が発生した。この気体は加熱した**ア**と激しく反応して[**イ**]を生成し，得られた固体の水溶液は青色を示した。一方，この気体と気体 1 との混合気体は日光照射により爆発的に反応して[**ウ**]を生成した。得られた**ウ**の水溶液に[**エ**]溶液を加えたら白色沈殿が生じたが，この沈殿は過剰のアンモニア水により錯イオン[**オ**]を生成して溶解した。

③[C]に希塩酸を作用させると，空気より重い無色の腐卵臭のある**気体 3** が発生した。この気体を**エ**溶液に通したところ黒色の沈殿[**カ**]が得られた。また，この気体の水溶液は弱酸性を示し④**気体 2** の水溶液と反応させたら白濁した。

⑤[D]に熱濃硫酸を作用させると，空気より重い無色の刺激臭のある**気体 4** が発生した。この気体の水溶液は弱酸性を示し，**気体 2** の水溶液と反応するときは**気体 4** の[**キ**]原子の酸化数が[**ク**]から[**ケ**]に変化するので[a]剤として働き，**気体 3** と反応するときは酸化数が**ク**から[**コ**]に変化するので[b]剤として作用する。

(1) [A]～[D]に該当する物質名を書け。

(2) [**ア**]～[**コ**]には化学式，元素記号または数値を，[a]，[b]には語句を記入せよ。

(3) 下線部①～⑤の変化を化学反応式で示せ。

〔熊本大〕

淡緑色水溶液 ➡ Fe^{2+}(aq)，赤褐色の沈殿 ➡ 水酸化鉄(Ⅲ)，
黄緑色の気体 ➡ Cl_2，腐卵臭の気体 ➡ H_2S

130* ◀ 硫化物の分別沈殿 ▶

次の文章の，［ア］から［ウ］にはもっとも適当な数値(有効数字2桁)を入れ，［エ］には該当する文章を解答群の中から選び，その数字を記せ。

H_2S は水に溶解し，次に示すように硫化物イオン S^{2-} を生じる。

$$H_2S \rightleftarrows H^+ + HS^- \qquad K = 9.1\times10^{-8}\,\mathrm{mol/L}$$

$$HS^- \rightleftarrows H^+ + S^{2-} \qquad K' = 1.1\times10^{-12}\,\mathrm{mol/L}$$

また，飽和溶液では H_2S の濃度は 1.0×10^{-1}mol/L である。

(1) 硫化水素の飽和溶液で，S^{2-} の濃度 $[S^{2-}]$ を 1.0×10^{-18}mol/L にするためには $[H^+]$ を［ア］mol/L に保てばよい。

難溶性の金属硫化物 MS では次の電離平衡が成立する。

$$MS(固体) \rightleftarrows M^{2+}(aq) + S^{2-}(aq)$$

$$K_{sp} = [M^{2+}][S^{2-}]\,(\mathrm{mol^2/L^2})$$

主要な金属硫化物の K_{sp} の値はつぎのように求められている。

ZnS：$[Zn^{2+}][S^{2-}] = 1.6\times10^{-24}(\mathrm{mol^2/L^2})$

FeS：$[Fe^{2+}][S^{2-}] = 6.3\times10^{-18}(\mathrm{mol^2/L^2})$

PbS：$[Pb^{2+}][S^{2-}] = 3.4\times10^{-28}(\mathrm{mol^2/L^2})$

(2) Zn^{2+} と Fe^{2+} の濃度がいずれも 1.0×10^{-2}mol/L である混合水溶液に H_2S を通じて $[S^{2-}]$ を 1.0×10^{-19}mol/L に保った。このとき溶液中の $[Zn^{2+}]$ は［イ］mol/L，$[Fe^{2+}]$ は［ウ］mol/L である。

(3) Zn^{2+}, Fe^{2+}, Pb^{2+} の濃度がいずれも 1.0×10^{-4}mol/L である混合水溶液に H_2S を飽和させて $[H^+]$ を 5.0×10^{-1}mol/L に保った。このとき［エ］。

〔解答群〕

① 沈殿は生成しない
② PbS が沈殿し，FeS と ZnS は沈殿しない
③ PbS と ZnS が沈殿し，FeS は沈殿しない
④ PbS と FeS と ZnS が沈殿する　〔東京理科大〕

$[M^{2+}]\cdot[S^{2-}] = K_{sp}$ ➡ 飽和溶液のとき成り立つ

3 元素別，族別各論

131 ◀基本チェック▶

(1) **【典型元素】** 次の各文中の**ア**～**ク**は周期表第3周期のそれぞれ異なる元素であり，下記の(a)～(j)のような特徴をもっている。**ア**～**ク**の元素は何か。元素記号で答えよ。

(a) **ア**の単体は常温で黄緑色の刺激臭のある気体である。

(b) **イ**は岩石や土の成分として広く地球上に分布し，地殻中で酸素に次いで多く存在している。

(c) **ウ**の単体は空気中で強熱すると，まばゆい光を出して燃える。

(d) **エ**の単体は，常温で無色無臭の気体であり，分子量と原子量は等しい。

(e) **オ**は刺激臭のある気体状の酸化物をつくり，これは酸性雨の原因となる。

(f) **カ**は動物の骨や歯の成分として含まれている。

(g) **キ**を含む化合物は黄色の炎色反応を示す。

(h) **ク**の単体，酸化物，および水酸化物は両性を示し，強酸にも強塩基にも溶ける。

(i) **ウ**，**キ**，および**ク**は金属元素であり，このうち，**キ**の単体は常温で水と激しく反応する。

(j) **オ**と**カ**の単体には，それぞれ同素体がある。 〔福井大〕

(2) **【ハロゲン】** ハロゲンに関する次の問に答えよ。

問1 表の空欄に，例にならって，項目の値が大きい順，あるいは性質の強い順に数字を入れよ。ただし，Xはハロゲン元素を表す。

項目＼X	F	Cl	Br	I
（例）Xの原子量	4	3	2	1
Xの電気陰性度				
X_2の酸化剤としての強さ				
HX水溶液の酸としての強さ				
AgXの水への溶解度				

問2 25℃，1.01×10^5Paでの各単体について，物質の状態と色を記せ。

〔大阪公大〕

ハロゲン(X) ➡ 原子番号⇔ X_2 の酸化力，HX の酸性，AgX の溶解性

㊤大 ㊥小 ㊤大 ㊥小

(HF のみ弱)　(AgF のみ易溶)

⑶　【Ca】　右図は，固体または水溶液状態のカルシウム化合物の変化を示したものである。図中の①～⑨の変化を起こさせるにはどのような操作が必要か。次の中からそれぞれ一つ選べ。

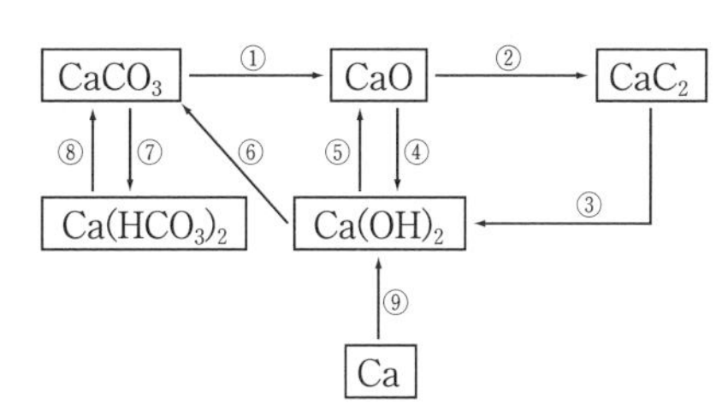

A. 水に固体を加え，二酸化炭素を通じる。　B. 水溶液を加熱する。
C. 水溶液を冷却する。　D. 固体を加熱する。　E. 固体を冷却する。
F. 固体を炭素と共に加熱する。　G. 固体に水を加える。

〔東海大〕

⑷　【Na_2CO_3】　次の文章の化合物 a ～ c の化学式と， d に入る適切な語句を書け。また下線部の化学反応式を書け。

炭酸ナトリウムは，工業的にはソルベー法によってつくられる。すなわち，塩化ナトリウムの飽和水溶液に a と b を吹き込むと，溶解度の比較的小さい c が沈殿する。<u>これを焼くことにより，炭酸ナトリウムを得る</u>。炭酸ナトリウムの濃い水溶液を室温で蒸発させると，水和水をもった結晶が得られる。この結晶を乾いた空気中に放置すると，結晶の表面が白い粉末状になる。この現象を d という。　〔千葉大〕

⑸　【遷移元素】　遷移元素の説明として適切な文を以下から**すべて**選べ。

① 金属元素と非金属元素に分類される。非金属元素の中には特に陰イオンになりやすいものがある。
② 同一元素で酸化数の異なる化合物をつくる場合が多く，その水溶液は着色しているものが多い。
③ 周期表の第３周期の元素はすべてこれに該当する。
④ 周期表の中央部に集まっており，単体はすべて金属である。また，錯イオンをつくりやすい。
⑤ 価電子の数によって著しく性質が異なり，また，原子番号の増加に従って明瞭な周期性を示す。

〔名古屋工大〕

ソルベー法の重要反応

$NaCl + CO_2 + NH_3 + H_2O \longrightarrow NaHCO_3 + NH_4Cl$
$2NaHCO_3 \longrightarrow Na_2CO_3 + CO_2 + H_2O$

132 ◀ Si ▶

炭素と同じ周期表の［①］族に属するケイ素は，地殻中に［②］に次いで多く含まれる元素である。炭素の同素体の1つに［③］があるが，ケイ素の単体も［③］と同じ構造をとり，［④］結合の結晶である。ケイ素の単体は天然には存在しないが，1酸化物をコークスで還元すると得られ，［⑤］素子や［⑥］電池の材料として工業的に有用である。

無定形のケイ素酸化物は石英ガラスとよばれ，それを繊維化した［⑦］は胃カメラや通信に用いられる。ケイ素酸化物は一般に酸とは反応しないが2［⑧］酸とは特異的に反応する。一方，3塩基とともに加熱すると［⑨］になる。これに水を加えて熱すると［⑩］になる。［⑩］に酸を加え，得られる沈殿を加熱脱水したものが［⑪］であり，乾燥剤として用いられる。

問1　文中の［　］に適切な語句，数字を記入し，また，**下線1**および**2**の反応の反応式を書け。

問2　**下線3**において，塩基として炭酸ナトリウムを用いたときの反応式を書け。

〔滋賀医大〕

133 ◀ P ▶

リンは，周期表15族に属する典型元素で，原子は5個の価電子をもっている。単体のリンには，黄リン，赤リンなどがある。(1)分子結晶の黄リンは空気中で燃えて強い吸湿性をもつ白色粉末状の酸化物となる。(2)この酸化物は容易に水と反応してリン酸となる。

問1　**下線部**(1)の黄リンの化学式を示せ。

問2　リンの単体の化学的性質に関する以下の記述(イ)～(ニ)のうち，正しいものを一つ選び，記号で答えよ。

(イ)　黄リン，赤リンはいずれも二硫化炭素(液体)に溶ける。

(ロ)　黄リンは水中で安定に存在する。

(ハ)　黄リンは空気を断てば，加熱しても赤リンなどの別の同素体に変わることはない。

(ニ)　リンの同素体はすべて有毒である。

問3　**下線部**(2)の反応の化学反応式を示せ。

〔北海道大〕

134 ◀N▶

次の文を読み，**問1～問5**に答えよ。

窒素は，[(1)]族に属し，窒素分子として空気中に体積百分率で約78％存在するが，地殻中にはあまり多く含まれていない。(a)窒素を実験室で得るには，亜硝酸アンモニウムを熱分解させる。

窒素の重要な化合物としてアンモニアや硝酸がある。実験室で(b)アンモニアを得るには，塩化アンモニウムに水酸化カルシウムを加えて加熱する。(c)アンモニアと塩化水素が空気中で触れると，白煙を生じる。この反応は，アンモニアの検出に用いられる。(d)硝酸を実験室でつくるには，硝酸ナトリウムに濃硫酸を作用させる。工業的には，アンモニアを酸化して硝酸を製造する(オストワルト法)。すなわち，(e)アンモニアを[(2)]触媒を用いて酸化して一酸化窒素に変え，これをさらに空気で酸化して二酸化窒素としたのち，水に溶かして硝酸とする。

問1　空欄[(1)]，[(2)]の中に，あてはまる数字または語句を記せ。

問2　窒素分子の電子式および構造式を書け。

問3　下線部(a)～(e)で起こる反応を化学反応で示せ。

問4　アンモニアから硝酸ができるまでのオストワルト法の反応を，1つの化学反応式にまとめて示せ。

問5　オストワルト法を用いて，60％の硝酸9.3kgを得るためには，少なくとも何kgのアンモニアが必要か。答えは有効数字2桁まで求めよ。(原子量は$H=1.0$，$N=14$，$O=16$とする。)

〔信州大〕

NH_3の製法 ➡ $N_2 \xrightarrow{H_2} NH_3$(気) $\xrightarrow{冷却}$ NH_3のみ液化して取り出す

（↑ 高圧，加熱，Fe系触媒）

HNO_3の製法 ➡ $NH_3 \xrightarrow[(Pt)]{O_2} NO \xrightarrow{O_2} NO_2 \xrightarrow{H_2O} HNO_3$

135 ◀ S ▶

(a)<u>硫化鉄(Ⅱ)FeS に，希硫酸を加えると硫化水素が発生する</u>。硫化水素は水に少し溶け，(b)<u>その水溶液(硫化水素水)は弱い酸性を示す</u>。硫化水素水に空気を通じると，硫化水素は酸化され，その水溶液は白濁する。ここで起こる反応においては，硫黄の酸化数は [(A)] から [(B)] に変化する。

硫黄には，単斜硫黄，斜方硫黄および無定形(ゴム状)硫黄などの [(C)] がある。そのうち [(D)] と [(E)] は，硫黄原子 [(F)] 個の環状分子からなる。

(c)<u>硫黄を燃焼させると，二酸化硫黄が生成する</u>。五酸化二バナジウム V_2O_5 を触媒として，二酸化硫黄を空気中の酸素と反応させると三酸化硫黄が得られる。この三酸化硫黄を濃硫酸に吸収させて発煙硫酸をつくり，それを希硫酸でうすめて適当な濃度の硫酸とする。このような接触式硫酸製造で，硫黄 16kg を全て硫酸にすると，98％の硫酸 [(G)] kg が得られる。(原子量は H = 1.0，O = 16，S = 32 とする。)

(1) 空欄(A)から(G)にあてはまる語句，数字を記せ。

(2) **下線部**(a)，(b)，(c)で起こる反応をイオンを含む反応式あるいは化学反応式で示せ。〔岩手大〕

136 ◀ H_2SO_4 ▶

(a)<u>熱濃硫酸は強い [ア] 作用を示し，銅，水銀，炭素などを [ア] することができる</u>。濃硫酸は空気中に放置すると次第に濃度が低下するのは [イ] 性が強いからである。硫酸は塩酸に比べ刺激臭が少ないのは [ウ] 性だからである。濃硫酸を水で薄め希硫酸をつくるとき，水をかき混ぜながら濃硫酸を少しずつ加えなければならない。(b)<u>濃硫酸に水を加えるのは，非常に危険なので絶対にやってはいけない</u>。

(1) [　　] 内に適当な語句または化学式を入れよ。

(2) **下線部**(a)について，炭素との反応を反応式で示せ。

(3) **下線部**(b)について，その理由を述べよ。〔横浜市大〕

ポイント **H_2SO_4 の製法** ➡ $S \xrightarrow[(燃焼)]{O_2} SO_2 \xrightarrow[(V_2O_5)]{O_2} SO_3 \xrightarrow{濃H_2SO_4}$ **発煙硫酸** $\xrightarrow{希H_2SO_4}$ **濃硫酸**

137 ◀ハロゲン▶

次の文章を読み，以下の問いに答えよ。

周期表17族に属する元素［(1)］，［(2)］，［(3)］および［(4)］は［ア］と総称され，それらの単体は2原子が結合した分子である。［(1)］の単体は，昇華性のある金属光沢を有する結晶で水にはほとんど溶けないが，そのカリウム塩の水溶液にはよく溶ける。［(2)］の単体は水と激しく反応して，弱酸性を示す腐食性の化合物［(5)］を生じる。［(5)］の分子間には水素結合が形成されるため，硫酸中で塩化ナトリウムを加熱して得られる［(6)］よりも沸点が高い。フェノールに［(3)］の単体の水溶液を加えると，すぐに白色の沈殿を生じる。(a)［(3)］とカリウムの化合物の水溶液に［(4)］の単体を作用させると，化合物［(7)］とともに［(3)］の単体が遊離する。［ア］は銀と化合物をつくり，［(2)］と銀の化合物［(8)］以外は水に難溶である。また，(b)［(3)］と銀の化合物は，写真フィルムの材料として使用されている。

問1　空欄［(1)］～［(8)］にあてはまる元素または化合物を，それぞれ元素記号または化学式で記せ。

問2　空欄［ア］にあてはまる適切な語句を記せ。

問3　下線部(a)にあてはまる化学反応式を記せ。

問4　下線部(b)について，［(3)］と銀の化合物のどのような化学的性質が利用されているか，20字以内で記せ。〔北海道大〕

138 ◀アルカリ金属▶

次の文中の［　　］に適当な語句を入れよ。

カリウムやナトリウムは［ア］金属と呼ばれ，いずれも密度は1g/cm³より［イ］く，軟らかい。これらの金属は化学的に活性であり，空気中で直ちに酸素と反応して［ウ］物となり，また，水に入れると［エ］を発生して溶け，［オ］性の溶液になる。このため，カリウムやナトリウムは［カ］中に保存される。

139 ◀ Mg と Ca ▶

(1) マグネシウムとカルシウムは，ともに 2 族元素であるが，その性質はかなり異なっている。例えば，①カルシウムは常温で水と激しく反応するが，マグネシウムはほとんど反応しない。A の硫酸塩は水によく溶けるが，B の硫酸塩は溶けにくい。C の水酸化物は水に少し溶けるが，D の水酸化物は溶けにくい。また，E の化合物は炎色反応を示すが，F の化合物は示さない。

(2) カルシウムの酸化物，塩化物，硫酸塩は，いずれも吸湿性が高く，乾燥剤としてよく用いられる。また，②酸化カルシウムの水溶液は，二酸化炭素を通じると白濁を生じるので，二酸化炭素の検出に利用される。

問 1 A～F はマグネシウムまたはカルシウムのいずれであるか，元素記号で答えよ。

問 2 下線部①について，カルシウムの反応を化学反応式で示せ。また，カルシウムがマグネシウムよりも水と反応しやすい理由を述べよ。

問 3 酸化カルシウムを用いて，2.0％(質量パーセント)の水を含むエタノール 1.0kg を完全に乾燥させるためには，少なくとも何 g の酸化カルシウムが必要か。有効数字 2 桁で答えよ。原子量は H = 1.0，O = 16，Ca = 40 とする。

問 4 下線部②で，酸化カルシウムのかわりに塩化カルシウムを用いると，二酸化炭素を通じても白濁が生じない。この理由を説明しなさい。

問 5 下線部②で，さらに二酸化炭素を通じ続けると白濁が消え，その溶液を加熱すると再び白濁が生じる。これらの現象を化学反応式を用いて説明せよ。

〔千葉大〕

140 ◀ Zn ▶

亜鉛は周期表で[(1)]族元素に属し，[(2)]価の陽イオンになりやすい。その単体は，セン亜鉛鉱(主成分 ZnS)を酸素で酸化物とした後，その酸化物を炭素で還元して作られ，乾電池や合金の原料のほか，鋼板のメッキなどに用いられている。

問1　空欄(1)，(2)に最も適切な数値を入れよ。

問2　硫化亜鉛を酸素と反応させて亜鉛の酸化物と二酸化硫黄を生成する反応(イ)と，亜鉛の酸化物を炭素で還元する反応(ロ)の化学反応式をそれぞれ記せ。

問3　金属亜鉛は，塩酸および水酸化ナトリウムのいずれとも反応する。これらの反応を反応式で示せ。　〔北海道大〕

141 ◀ Cu ▶

銅は，展性・[イ]性に富み，電気・熱伝導性の[ロ]い金属である。空気中では常温で安定であるが，二酸化炭素を含む湿った空気に長い間さらされると表面に緑色の[ハ]ができる。空気中で強熱すれば1000℃以下では[ニ]色の CuO を，1000℃以上では[ホ]色の Cu_2O を生じる。銅は熱濃硫酸，硝酸などによく溶けるが，塩酸や希硫酸には溶けない。

(1)　文中の[イ]～[ホ]にあてはまる適当な語句を書け。

(2)　下線部の反応を化学反応式で書け。ただし，硝酸については希硝酸，濃硝酸のいずれの場合でもよい。　〔早稲田大〕

ポイント

Zn：両性，$[Zn(NH_3)_4]^{2+}$ 生成，**ZnS** は白

Cu：赤色の金属，酸化力のある酸に溶，$[Cu(NH_3)_4]^{2+}$ 生成

$Cu \xrightarrow{\text{加熱}} CuO$ (黒) $\xrightarrow{\text{高温}} Cu_2O$ (赤)

142 ◀ Fe ▶

次の文章を読み，**問1〜問6**に答えよ。

元素の周期表において，第4周期以降に現れる［(ア)］族から［(イ)］族に属する元素を遷移元素という。①鉄, 銅, 銀, 金などの元素は遷移元素である。単体の鉄は天然にほとんど存在しないが，地殻中では鉄鉱石として広く存在する。単体の鉄はこの鉄鉱石を石灰石やコークスとともに溶鉱炉(高炉)に入れ，高温で還元して得られる。この反応は，高温で生成した一酸化炭素による［(ウ)］反応である。このとき得られる鉄は銑鉄とよばれ，炭素を約4% 含んでいる。高温にした銑鉄を転炉に移し，酸素を吹き込み，不純物や余分な炭素を除くと［(エ)］が得られる。

鉄を湿った空気中に放置すると，おもに化合物Ⓐを含む赤さびが生じる。このようなさびから鉄を守るため，その表面を別の金属で被覆することをめっきという。②［(オ)］は鉄板の表面を亜鉛でめっきしたものである。また，③鉄にクロムとニッケルを添加した合金はさびにくい。

鉄イオンには，鉄(Ⅱ)イオン Fe^{2+} と鉄(Ⅲ)イオン Fe^{3+} がある。Fe^{2+}を含む水溶液に，アンモニア水または水酸化ナトリウム水溶液を加えると，化合物Ⓑの沈殿が生じる。また，Fe^{2+} を含む水溶液に $K_3[Fe(CN)_6]$ 水溶液を加えると［(カ)］色の沈殿が生じる。Fe^{3+} を含む水溶液にチオシアン酸カリウム水溶液を加えると［(キ)］色の溶液になる。Fe^{2+} は容易に酸化されて Fe^{3+} になる。④酸性水溶液中における Fe^{2+} と二クロム酸カリウムとの反応は酸化還元反応を利用した定量分析の1つである。

問1 上の文章の［(ア)］〜［(キ)］に適切な用語または数値を書け。

問2 化合物ⒶとⒷの化学式を書け。

問3 下線①の金属小片をそれぞれ，希硫酸水溶液に投入したところ，1つの金属小片は気体を発生して溶解した。この反応の化学反応式を書け。

問4 下線②で，［(オ)］がさびにくい理由を50字以内で書け。

問5 下線③の合金の名称を書け。

問6　下線④の反応において，Fe^{2+} を含む水溶液 100mL を採取し，酸性にして，0.20mol/L の二クロム酸カリウムを含む水溶液で滴定したところ，すべての Fe^{2+} を Fe^{3+} に酸化するのに 20mL を要した。Fe^{2+} のモル濃度〔mol/L〕を有効数字 2 桁(けた)で求めよ。

〔岩手大〕

鉄の防食；表面をめっきしたり，合金にする

濃青↓ ←($K_3[Fe(CN)_6]$，+3)― Fe^{2+} ⇄(酸化／還元) Fe^{3+} ―($K_4[Fe(CN)_6]$，+2)→ 濃青↓

Fe^{2+} ―(OH^-)→ 緑白↓ ($Fe(OH)_2$)

Fe^{3+} ―(SCN^-)→ 血赤色

143 ◀ブリキ，トタン▶

鉄にスズをめっきしたものをブリキ，鉄に亜鉛をめっきしたものをトタンという。ブリキとトタンについて，以下の問いに答えよ。

問1　スズ，亜鉛，および鉄のイオン化傾向の大小関係を下の［例］にならって示せ。

［例］　Na＞Cu＞Ag

問2　めっきが完全なときは，ブリキとトタンのどちらが腐食されにくいか。理由を付して答えよ。

問3　めっきに傷がついて鉄の表面が現れたとき，その部分の鉄はブリキとトタンのどちらの方が腐食されやすいか。理由を付して答えよ。

〔福島大〕

金属の腐食 ➡ 局部電池の形成による

（負極：金属，正極：溶存酸素）

144 ◀ Fe, Al, Cu の精錬 ▶

① 鉄は，鉱石としては赤鉄鉱，磁鉄鉱，褐鉄鉱として存在する。(a)これらの鉱石から鉄を得るには，溶鉱炉で［ア］とともに高温で加熱して［イ］する。溶鉱炉から得られた鉄は［ウ］と呼ばれ炭素を多く含んでいる。

② アルミニウムの鉱石としては［エ］がある。この鉱石の主成分は［オ］である。(b)この鉱石を強塩基溶液と反応させると，［オ］は溶解し，不純物として存在する鉄の酸化物と分離することができる。この分離した溶液に酸を加えると，水酸化アルミニウムの沈殿が生じる。この沈殿を高温で加熱して得られた物質に氷晶石などを加えて，［カ］してアルミニウムを得る。

③ 銅の鉱石である黄銅鉱などを溶鉱炉で硫化銅(Ⅰ)Cu_2Sにしたのち，融解したまま空気を吹き込み燃焼すると粗銅が得られる。不純物を含んだ粗銅を［キ］とし，純粋な銅を［ク］として，硫酸銅の希硫酸溶液中で電気分解を行うことにより，純粋な銅を得ることができる。このとき［キ］の銅は陽イオンとなって溶液中に溶けだし，［ク］では銅が析出する。一方(c)不純物は，電極の下に沈殿するか，あるいは溶液中に溶けだしても析出せず，銅と分離することができる。この方法を［ケ］という。

(1) 上の文章中の空欄［ア］から［ケ］にあてはまる語句を下記の語群の中から選び，その記号を記せ。

(a) 電解精錬　(b) 加水分解　(c) イオン交換　(d) コークス
(e) 酸化　(f) ミョウバン　(g) 酸化アルミニウム
(h) ステンレス鋼　(i) 溶融(融解)塩電解　(j) 還元
(k) 陰極　(l) 銑鉄　(m) ボーキサイト　(n) 陽極

(2) **下線部**(a)，(b)の変化を反応式で示せ。ただし，(a)については，赤鉄鉱の変化を示せ。

(3) **下線部**(c)について，不純物として粗銅中に鉄，ニッケル，金，銀が含まれていた。［ケ］を行うと，これらの不純物はどのようになるか。下記の中から選びその記号を記せ。

(ア) 溶液中に溶けだし，溶液中に残る。
(イ) 陰極の下に，沈殿する。
(ウ) 陽極の下に，沈殿する。　〔富山大〕

145 ◀ 合金 ▶

(1) 合金に関する記述として，**誤りを含むもの**を，次の①～⑤のうちから一つ選べ。

① はんだは，亜鉛を主成分とする合金で，金属の接合に使われる。
② ステンレス鋼は，クロムやニッケルなどを鉄に加えた合金で，さびにくい。
③ チタンとニッケルからなる形状記憶合金は，変形したあとでも温度を変えて，元の形にもどすことができる。
④ しんちゅう(黄銅)は，銅に亜鉛を加えて得られる黄色の光沢をもつ合金で，楽器などに用いられる。
⑤ ジュラルミンは，アルミニウムを主成分とする合金で，軽くて丈夫なので飛行機の構造材として使われている。

〔センター〕

(2) 「**合金にすること**」により，もとの金属にはない性質がえられる例として適当なものを，次の①～⑥のうちから二つ選べ。ただし，解答の順序は問わない。

① アルミニウムの耐食性を増すために，アルマイトに加工する。
② アルミニウムを水や薬品に強くするために，うわぐすりを用いてほうろう製品をつくる。
③ 銅をさびにくくし，加工性を向上させるために，亜鉛を含有する黄銅(しんちゅう)をつくる。
④ 銅に銀白色の外観をもたせるために，銅・ニッケルからなる白銅をつくる。
⑤ 鉄をさびにくくするために，亜鉛を用いてトタン板をつくる。
⑥ 鉄に美しい外観をもたせ，さびにくくするために，スズを用いてブリキをつくる。

〔センター〕

合金 ➡ 黄銅(Cu, Zn)，青銅(Cu, Sn)，白銅(Cu, Ni)
ステンレス鋼(Fe, Cr, Ni)，ハンダ(Sn, Pb)

146 ◀ セラミックス ▶

(1) 次の表は，セラミックス(ニューセラミックスを含む)とその主な原料の組合せを示している。原料について，**誤りを含むもの**を，次の①〜⑤のうちから一つ選べ。

	セラミックス	主な原料
①	人工ルビー	アルミナ(酸化アルミニウム)，酸化クロム
②	ソーダ石灰ガラス	ケイ砂，炭酸ナトリウム，石灰石
③	セメント	石灰石，粘土，セッコウ
④	陶　器	粘　土
⑤	人工骨	セッコウ(硫酸カルシウム)

(2) 陶磁器・ガラス・セメントなどのセラミックスに関する次の記述①〜⑤のうちから，**誤りを含むもの**を一つ選べ。

① セラミックスの原料には，豊富で安価なものが多い。
② セラミックスには，熱に強く，腐食しないものが多い。
③ セラミックスの欠点は，衝撃に弱いことや展性・延性に欠けていることである。
④ セラミックスには，熱や電気を伝えにくいものが多い。
⑤ セラミックスはすべて，非金属元素だけで構成されている。

(3) 新素材の用途に関する記述として，**誤っているもの**を，次の①〜⑤のうちから一つ選べ。

① 窒化ケイ素は，自動車部品への用途がある。
② ポリアミドは，包丁やはさみなどの刃に使われている。
③ 圧電性セラミックスは，ガスコンロの点火素子として使われている。
④ フェライトは，磁気テープなどの磁性材料として使われている。
⑤ 水素吸蔵合金は，水素を貯蔵する材料としての用途がある。

〔センター〕

セラミックス ➡ 金属(単体)以外の無機物を高温で焼き固めたもの(陶磁器，ガラス，セメントなど)

B

147* ◀ 酸性雨 ▶

雨は，大気中の二酸化炭素を溶かしてpH5.6程度の弱酸性を示すが，それよりもpHの低い雨を酸性雨という。酸性雨の原因は，石油や石炭などの化石燃料の燃焼によって発生する二酸化硫黄や窒素酸化物が，大気中で［ア］されて硫酸や硝酸などとなり，雨滴に取り込まれるためである。酸性雨は，森林破壊，湖沼の酸性化による魚の死，建造物の浸食などの環境破壊をもたらすため，その対策が必要となっている。通常，湖沼には多くの粘土コロイドが含まれており，程度の差はあるが水は濁っている。しかし，<u>酸性化した土壌から溶出した金属イオンにより粘土コロイドが沈殿する</u>結果，酸性化した湖沼は通常の湖沼より澄んでいる。このようなコロイドを［イ］コロイドという。また，このように少量の電解質により沈殿する現象を［ウ］という。

石灰石(炭酸カルシウム)を加熱すると［エ］となる。また，［エ］を水と反応させると消石灰(水酸化カルシウム)が生成する。消石灰は水に少し溶け，水溶液は強いアルカリ性を示し，二酸化硫黄を良く吸収する。二酸化硫黄を消石灰の懸濁液を用いて吸収し，生成する亜硫酸カルシウムを空気で酸化するとセッコウが生成する。これらの反応は，二酸化硫黄による大気汚染を防ぐために用いられている。(原子量は H = 1.0，O = 16，S = 32 とする。)

問1　空欄［ア］から［エ］に適切な語句を入れよ。

問2　火力発電所で，二酸化硫黄を0.1体積％含んでいる燃焼ガスを毎時 $10^6 m^3$(標準状態換算)排出するとき，排出される二酸化硫黄がすべて硫酸に転化されると，生成される硫酸は毎時何kgとなるか。

問3　下線部の粘土コロイドの沈殿に対して，下に記した金属イオンのうちどれが最も有効(少量でも沈殿が生じる)であるか，記号で答えよ。

(A)　Cu^{2+}　(B)　Na^{+}　(C)　Ca^{2+}　(D)　Al^{3+}　(E)　Ag^{+}　(F)　Ba^{2+}

問4　濃度未知の二酸化硫黄を含む標準状態のガス1Lを採取し，過酸化水素水と反応させ，二酸化硫黄をすべて硫酸にした後，水を加えて1Lに希釈した。この希釈溶液50mLを採取し，0.01mol/L NaOH水溶液により滴定したところ，滴定に要したNaOH水溶液は5mLであった。ガス中に含まれていた二酸化硫黄の体積％を求めよ。〔東北大〕

148* ◀ 合金と Cr ▶

ステンレス鋼は12％以上のクロムを含んだ鉄の合金の総称であるが，表面にクロムの酸化皮膜ができて不動態となりやすいので非常にさびにくく，スプーンなどの食器類にも使われている。銅と亜鉛の合金である黄銅は，30～40％の亜鉛を含んでおり，金色をした加工性の良い合金で，装飾品などに使われている。

問1 ステンレス鋼中に含まれるクロムを，主成分である鉄と分離するために，以下のような操作を行った。(a)および(b)に答えよ。

ステンレス鋼を①硫酸に溶かすと金属クロムはクロム(Ⅲ)イオンとして溶ける。この溶液に②水酸化ナトリウム水溶液を加えていくと，水酸化クロム(Ⅲ)の沈殿が生成する。さらに③過酸化水素水を加えて加熱すると水酸化クロム(Ⅲ)の沈殿が消失し，黄色のクロム酸イオンが生成する。一方，硫酸に溶けた鉄は，過酸化水素水の添加後も茶色の水酸化物沈殿として残るので，ろ過することによって鉄とクロムを分離することができる。なお，ここで得られた黄色のろ液を加熱して過酸化水素を分解した後，④強酸性にすると，二クロム酸イオンが生成し，溶液は赤橙色に変わる。

(a) **下線部①～④**のイオンを含む反応式(または化学反応式)を書け。

(b) **下線部①～④**の反応のなかで，酸化還元反応の番号を記せ。

問2 黄銅を濃硝酸で溶かした後，得られた溶液に水酸化ナトリウム水溶液を大過剰になるまで加えていった。溶液内ではどのような変化が起こるか，銅イオンと亜鉛イオンの反応性の違いに基づいて説明せよ。

問3 黄銅製の試料0.500gを濃硝酸で溶かして得られた溶液内に，一対の白金電極を浸して電気分解を行ったところ，溶液内の銅(Ⅱ)イオンを，金属銅としてほぼ完全に析出させるのに，9.65×10^{2}C(クーロン)の電気量を必要とした。この実験中に流れた電気量はすべて銅(Ⅱ)イオンの還元反応だけに使われたと仮定して，黄銅中に含まれていた銅の質量の割合は何％か。

ただし，銅の原子量を63.5，ファラデー定数を9.65×10^{4}C/molとし，有効数字3桁で答えよ。〔福井大〕

ポイント $Cr \xrightarrow{H^+} Cr^{3+} \xrightarrow{OH^-} Cr(OH)_3 \xrightarrow{OH^-} [Cr(OH)_4]^- \xrightarrow{\text{酸化剤}} CrO_4^{2-}$(黄) $\underset{OH^-}{\overset{H^+}{\rightleftarrows}} Cr_2O_7^{2-}$(赤橙)

149* ◀ 肥料 ▶

次の文章を読み，問1～問6に答えよ。原子量は H = 1.0，N = 14，O = 16，K = 39 とする。

(1) 植物の生育に必要な肥料の三大要素は，［(ア)］，リンおよびカリウムである。これらの成分のうち，［(ア)］肥料の工業的製造は，大気の主成分を高温高圧下で触媒を用いて［(イ)］と反応させることによって［(ウ)］を得ることから始まる。この過程は，ハーバー・ボッシュ法と呼ばれている。［(ウ)］は室温・大気圧下では［(エ)］状態で，取り扱いが困難なために，たとえば，高温高圧下で二酸化炭素と反応させて［(オ)］のような固体に変換されて，肥料市場に供給される。

一方，過リン酸石灰はリン肥料の代表的な化学形態であり，工業的製造過程においては①<u>リン酸カルシウムを主成分とするリン鉱石と濃硫酸を反応させる</u>ことによって製造される。また，カリウム肥料は，②<u>塩化カリウム</u>などを主成分とする地中より採掘されるカリウム鉱石を原料として主に製造される。

問1　(ア)から(オ)に適当な用語を入れよ。

問2　下線部①の反応の化学反応式を下記に示した。(a)から(d)に適当な係数を入れ，化学反応式を完成させよ。ただし，係数が1の場合は1とせよ。

$$\boxed{\text{(a)}}\ Ca_3(PO_4)_2 + \boxed{\text{(b)}}\ H_2SO_4 \longrightarrow \boxed{\text{(c)}}\ Ca(H_2PO_4)_2 + \boxed{\text{(d)}}\ CaSO_4$$

問3　下線部①中の濃硫酸は，接触法によって二酸化硫黄から合成される。その2段階の反応式を示せ。

問4　下線部②の物質の水溶液において，カリウムの存在を確認するための簡単な検出法を記せ。〔岩手大〕

(2) 硝酸アンモニウムと硝酸カリウムを混合した肥料がある。しかしながら，混合した比率が不明である。この肥料中の硝酸アンモニウムの含有率を求めるために以下の実験を行った。実験に関する各問いに答えよ。なお，答えは整数で答えよ。

〈実験〉この肥料5gをはかりとり，これに水酸化ナトリウム溶液を加えて加熱した。発生したアンモニアガスを0.100mol/Lの硫酸100mL中に吸収させた。中和されずに残っている硫酸を，0.200mol/L水酸化ナトリウム溶液で滴定した。滴定には37.5mL要した。

問5 実験結果からこの肥料中の硝酸アンモニウムの含有率が何％か計算せよ。

問6 この肥料を用いて，1ヘクタールの畑に54kgの窒素を施用したい。肥料は何kg必要か計算せよ。〔山口大〕

肥料の三要素 ➡ 窒素，リン，カリウム

肥料の例 ➡ 石灰窒素($CaCN_2$)，硫酸アンモニウム($(NH_4)_2SO_4$)，尿素($CO(NH_2)_2$)，過リン酸石灰($Ca(H_2PO_4)_2+CaSO_4$)，硫酸カリウム(K_2SO_4)，天然肥料(油かす，骨粉，たい肥，草木灰)

150** ◀ケイ素とケイ酸塩，イオンの分離▶

次の(a)，(b)の各問いに答えよ。必要があれば下の値を用いよ。

原子量：H：1.0　C：12.0　O：16.0　Mg：24.3　Al：27.0
Si：28.1　Cl：35.5　Ca：40.1　Fe：55.8

アボガドロ定数：$6.0\times10^{23}mol^{-1}$

気体定数：$8.3Pa\cdot m^3\cdot K^{-1}\cdot mol^{-1}$

(a) 次の文章を読み，以下の**問1～6**に答えよ。

ケイ素は半導体としての性質をもち，コンピュータや太陽電池の材料として使われている。コンピュータの集積回路には，できるだけ純粋で大きなケイ素の結晶が必要であり，以下のような方法で製造されている。

SiO_2を主成分とするケイ石をコークスとともに加熱し，ケイ素に還元する。得られたケイ素は，鉄，アルミニウム，カルシウムなどの不純物を0.1％程度含む。次に，不純物を含むケイ素を塩化水素(HCl)と反応させ，トリクロロシラン($SiHCl_3$；沸点31.8℃)とした後，蒸留により精製する。①<u>精製した$SiHCl_3$を水素(H_2)で還元し，純粋なケイ素を得る</u>。この純ケイ素は微細な結晶の集まりであるため，②<u>二酸化ケイ素のるつぼのなかで融</u>

解し，この中に種となる結晶を入れて，これを徐々に引き上げながら冷却することにより大きなケイ素の結晶(単結晶と呼ぶ)を成長させる。この単結晶を薄い板状に切り出し，基板として用いる。

コンピュータ用の回路には，電気伝導性の高い半導体も必要である。そのためには，上記ケイ素の単結晶(基板)の上に，微量の他元素を添加したケイ素の薄膜を堆積させる。例えば，ケイ素の単結晶を加熱しておき，ここに③シランガス(SiH_4)とともに微量の気体Aを流すと，単結晶の表面に，気体A由来の微量元素を含んだケイ素の薄膜が付着する。この薄膜中では，結晶中のケイ素原子の一部が添加元素と置き換わっている。添加元素は，ケイ素に比べ最外殻電子数が1個多く，④余った電子は結晶中を動き回ることができる。そのため，純粋なケイ素に比べて高い電気伝導性を示す。添加元素の量を制御することにより，必要とする電気伝導性をもった半導体を作り出すことができる。

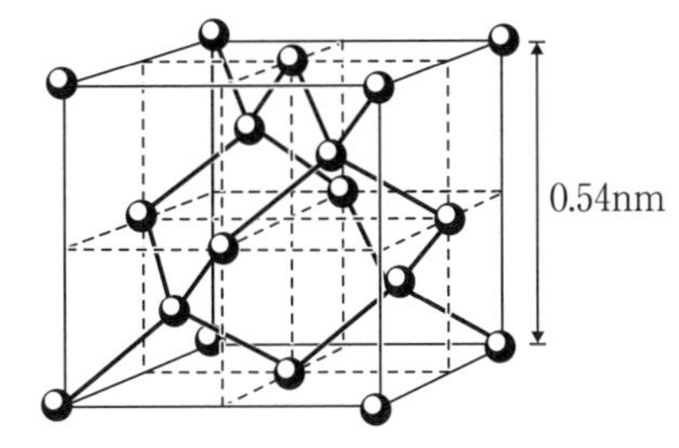

図1　ケイ素の単位格子

なお，ケイ素の結晶構造は図1のようであり，単位格子は1辺が0.54nmの立方体である。また，微量の元素を添加しても，単位格子の大きさは変わらないものとする。

問1　下線①の化学反応式を書け。

問2　下線②で，金属のるつぼを用いることはできない。この理由を1行程度で述べよ。

問3　下線③で，気体Aは第3周期の元素と水素との化合物である。気体Aの化学式を記せ。

問4　図1の単位格子の中にケイ素原子はいくつ含まれるか。

問5　下線③で，標準状態のSiH_4ガスを5.0mL流したところ，3.0cm×3.0cmの基板の上に，ケイ素の薄膜が90nm堆積した。流したSiH_4ガスのうち，何%が薄膜として堆積したか。有効数字1桁で答えよ。なお，微量の添加元素については無視してよい。

問6　下線④で，単位体積あたりの余分な電子の数は$1.0\times10^{18}cm^{-3}$であった。薄膜中に含まれる添加元素の原子数とケイ素の原子数との比は□：1である。四角の中に入る数値を有効数字1桁で答えよ。

(b)　次の文章を読み，**問7・8**に答えよ。

地殻は硬い岩石によって構成されている。岩石の成分元素を定量するために，以下のような実験を行った。なお，岩石の主成分はケイ酸塩であり，アルミニウム，鉄，マグネシウム，カルシウムが含まれているものとする。

岩石中のケイ素酸化物は通常ポリマー構造であるため，まずポリマー鎖を短く切断する必要がある。そこで，上記の各元素を含んだ岩石試料を炭酸ナトリウムと混合し，高温で融解してケイ酸塩化合物と金属イオンを含んだ酸化物に分解した。①得られた試料に希塩酸を加え加熱すると，金属イオンは溶解し，ゲル状物質が沈殿した。これをろ過して取り出し，十分に加熱乾燥することで②白色固体を得た。

次に，ろ液中の成分分離を行った。ろ液に硝酸を加え，Fe^{2+}をFe^{3+}に酸化した後，ろ液に純水を加えて500mLにした。そのろ液を2等分して，溶液(A)，(B)を用意した。溶液(A)にアンモニア水を加え，沈殿物をろ過して，固体(C)を得た。溶液(B)にもアンモニア水を加え，生成した沈殿物をろ紙でろ過した。さらに，ろ紙上に残った固体を水酸化ナトリウム水溶液で洗浄し，不溶性の固体(D)を得た。得られた固体(C)，(D)をそれぞれ，1000℃以上に加熱して，酸化物を得た。固体(C)から得られた酸化物の乾燥質量は，47.2mg，固体(D)から得られた酸化物の乾燥質量は，31.9mgであった。

問7　下線①の試料中に含まれるケイ酸塩化合物から，下線②の白色固体が得られるまでの過程を化学反応式で示せ。また，下線②の白色固体の名称を述べよ。

問8　下線⑤の酸化物に含まれる各金属イオンについて，溶液(A)中のモル濃度($mol\cdot L^{-1}$)を，それぞれ有効数字2桁で求めよ。ただし，金属イオンはすべて酸化物になったものとする。　〔東京大〕

151** ◀ アルミニウムの性質と製錬，Al_2O_3 の結晶 ▶

次の文を読んで，**問1～問4**に答えよ。解答はそれぞれ所定の解答欄に記入せよ。ただし，アボガドロ定数は 6.0×10^{23}/mol，電子の電荷は -1.6×10^{-19} クーロン，気体は標準状態では 22.4L/mol，原子量は O=16，Al=27 とする。また，必要ならば，$\sqrt{2}=1.4$，$\sqrt{3}=1.7$，$\sqrt{5}=2.2$，$\sqrt{7}=2.6$ の値を用いよ。

アルミニウム(Al)は13族に属する元素であり，地殻中では質量比で［ア］，［イ］についで3番目に多く存在する。Al は単体として産出することはないため，工業的にはボーキサイトから得られる Al_2O_3 を溶融塩電解して製造される。まず，Al_2O_3 に氷晶石を加え，これを約1000℃に加熱して融解させる。そして，溶融塩中に設置した二つの炭素電極間に電流を流すと，陰極側に Al が集積するとともに，陽極側に気体が発生する。このとき，陽極で発生した気体がすべて CO であると仮定すれば，陰極と陽極の反応はそれぞれ次のように表される。

陰極：$Al^{3+}+3e^{-} \longrightarrow Al$

陽極：［ウ］

Al は，常温では水と反応しないが，高温の水蒸気とは次のように反応する。

［エ］

また，HCl 水溶液および NaOH 水溶液には，Al はそれぞれ次式のように反応して溶解する。

［オ］

［カ］

Al は空気中では表面だけが酸化され，Al_2O_3 の緻密(ちみつ)な膜が形成される。この膜が内部を保護するため，それ以上酸化されない。このような状態を［キ］という。Al はこのような特性を持つことから，アルミニウム箔(はく)などの家庭用品や，電気材料，建築材料として，我々の身の回りで幅広く使用されている。

問1　文中の［ア］～［キ］に，それぞれ適切な語句あるいは化学反応式を記入せよ。

問2　Al_2O_3 を溶融塩電解することにより，Al を得た。400A の電流を4.0時間流したとき，陰極側で得られる Al の重量(kg)を有効数字2桁で求めよ。また，陽極で発生する気体はすべて CO であると仮定して，その標準状態における体積(L)を有効数字2桁で求めよ。

問３　純水に $AlCl_3$ を溶解させた。このときの水溶液の pH の変化について，次の(あ)～(う)のうちから正しいものを一つ選び，その記号を記せ。また，その理由を簡潔に記せ。

(あ)　変化しない　　　(い)　大きくなる　　　(う)　小さくなる

問４　Al_2O_3 の結晶構造は酸素原子がほぼ六方最密構造をとり，その一部の隙間(すきま)にアルミニウム原子が入っている。**図１**は酸素原子だけの配列を示しているが，この六角柱の格子の隙間にアルミニウム原子が存在している。ここでは，酸素原子が完全な六方最密構造をとることとして，以下の問いに答えよ。

(1)　１個の酸素原子の周囲に，何個の最近接酸素原子があるか。その数を記せ。

(2)　**図１**の六角柱の格子中に含まれるアルミニウム原子の数を記せ。

(3)　**図１**の格子の辺の長さを，それぞれ a，c としたとき，c を a を用いて記せ。

(4)　$a=2.7\times10^{-8}$cm であるとする。このときの Al_2O_3 の密度(g/cm^3)を，有効数字２桁で答えよ。

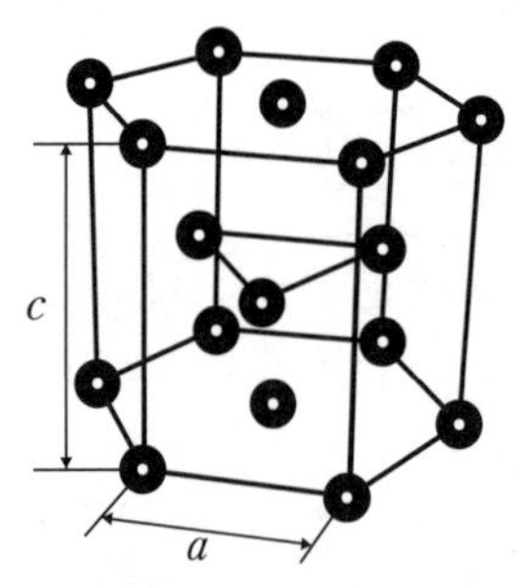

図1　Al_2O_3結晶中の酸素原子の配列

〔京都大〕

第7章　物質の性質2（有機化合物）

1 構造と異性体

152 ◀基本チェック▶

(1)【異性体の分類】

次の化合物の組合せのうち，構造異性体の関係にあるものはA，シス-トランス異性体の関係にあるものはB，鏡像異性体の関係にあるものはC，いずれでもないものにはDの記号を記せ。

(ア) 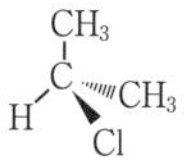 C（CH_3, H, CH_3, Cl）と C（CH_3, Cl, CH_3, H）

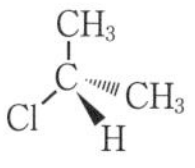

(イ) 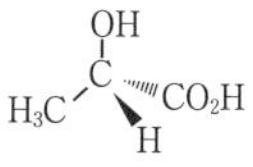 C（OH, H_3C, CO_2H, H）と C（OH, H, CO_2H, CH_3）

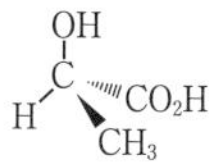

(ウ) 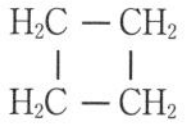 H_2C-CH_2 / H_2C-CH_2（環状）と $(CH_3)_2C=CH_2$

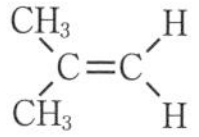

(エ) 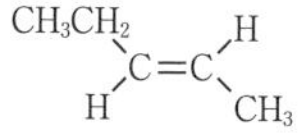 $CH_3CH_2(H)C=C(H)CH_3$ と $CH_3CH_2CH_2(H)C=CH_2$

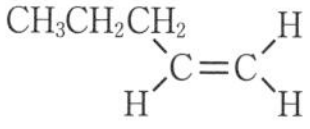

(オ) 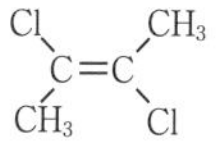 $Cl(CH_3)C=C(CH_3)Cl$ と $CH_3(Cl)C=C(CH_3)Cl$

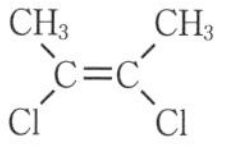

(2)【構造異性体】

次の①～③の分子式をもつ化合物には，それぞれ何種類の構造異性体が存在するか。

①　C_5H_{12}　　②　$C_3H_6Cl_2$　　③　$C_4H_{10}O$

(3)【官能基の名称】

次の構造式①～④の［　　］で示した部分の官能基の名称をそれぞれ記せ。

①　CH_3-［$C(=O)H$］

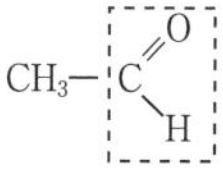

②　C_6H_5-［NH_2］

③　CH_3-［$C(=O)OH$］

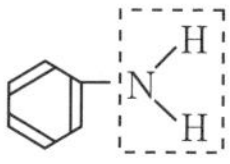

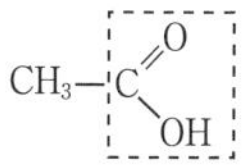

④　CH_3-CH_2-［OH］

第7章

(4) **【組成式，分子式】**

炭素，水素，酸素からなる化合物 **A** の元素分析値は C 54.5％，H 9.1％，O 36.4％で，分子量測定値は 88.0 であった。

化合物 **A** の組成式と分子式を記せ。

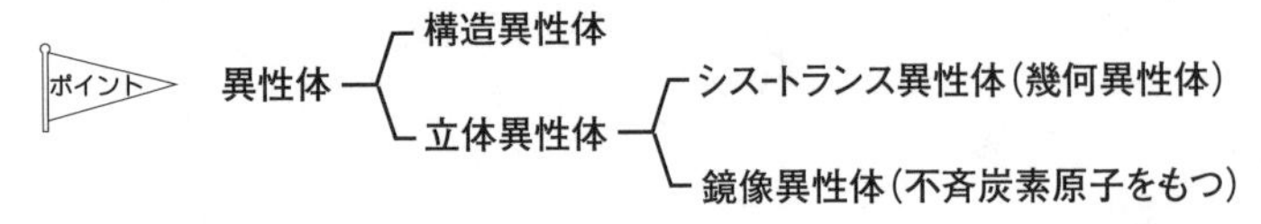

153 ◀ 原子価と分子式 ▶

有機化合物を構成する元素の原子価は，C は 4，H は 1，N は 3，O は 2 である。このことをもとにすると，以下の分子式の中で，実際にはありえないものはどれか。

① C_5H_{14}　② $C_4H_{10}O$　③ $C_4H_{12}N$　④ $C_3H_6O_2$

⑤ C_3H_8NO　⑥ $C_3H_{10}N_2$　⑦ $C_2H_4NO_2$

〔東京工大(改)〕

154 ◀ 鏡像異性体 ▶

鏡像異性体に関する次の記述のうち，誤っているものはどれか。

① 2, 3-ペンタンジオール（$CH_3-CH(OH)-CH(OH)-CH_2-CH_3$）には，2 組の鏡像異性体がある。

② 1, 2-プロパンジオール（$CH_3-CH(OH)-CH_2OH$）には，1 組の鏡像異性体がある。

③ 1, 2-プロパンジオールの 1 位の炭素原子に結合したヒドロキシ基（$-CH_2OH$）だけをアセチル化した化合物には，2 組の鏡像異性体がある。

④ 1, 2, 3-プロパントリオール（グリセリン，$HOCH_2-CH(OH)-CH_2OH$）には，鏡像異性体が存在しない。

⑤ 1, 2, 3-プロパントリオールの 1 位の炭素原子に結合したヒドロキシ基（$-CH_2OH$）だけをアセチル化した化合物には，1 組の鏡像異性体がある。

⑥ 1, 2, 3-プロパントリオールの 2 位の炭素原子に結合したヒドロキシ基（$-CH(OH)-$）だけをアセチル化した化合物には，1 組の鏡像異性体がある。

〔東京工大〕

155 ◀ 分子式の決定 ▶

炭素，水素のみを含む化合物 **A** に対し，次の問いに答えよ。原子量は H＝1.0，C＝12.0，O＝16.0，気体定数は $R=8.3\times10^3$ L・Pa/(K・mol) を用いよ。

(1) **A** の少量をとり，酸素気流下に完全燃焼させ，発生する気体を塩化カルシウム，続いてソーダ石灰に通じたところ，前者には 3.60mg の気体が，後者には 8.80mg の気体がそれぞれ吸収されていた。**A** の組成式を求めよ。

(2) **A** の 0.256g を 127℃，1.52×10^5 Pa で完全に気化させたところ，体積は 100mL を占めた。**A** の分子量（有効数字 2 桁）を求めよ。

(3) 上記(1)，(2)で求めた組成式および分子量から **A** の分子式を求めよ。

〔信州大〕

156 ◀ 構造式の決定 ▶

炭素，水素，酸素のみからなる 2 価カルボン酸 **A** がある。次の実験結果より化合物 **A** の組成式，分子量（整数値），分子式を求めよ。また，化合物 **A**～**C** の構造式を例にならって記せ。原子量は，H＝1.0，C＝12，O＝16 とする。

例：

```
        H   O
        |   ||
(C6H5)－C－C－H
        |
        CH3
```

(1) **A** 5.00mg の完全燃焼で，二酸化炭素 7.60mg と水 1.50mg が生じた。

(2) **A** 40.0mg を蒸留水で溶かして 10.0mL とした。この溶液を 0.100mol/L の水酸化ナトリウム水溶液で完全に中和したところ，6.90mL を要した。

(3) **A** のシス-トランス異性体（幾何異性体）**B** を約 160℃で加熱したところ，化合物 **C** と水が生成した。

〔明治薬大〕

ポイント　(元素分析) → 組成式 ＞ → 分子式
　　　　　　　　(分子量)

B

157* ◀ 構造式の決定 ▶

近年，高性能の機器分析法が発達し，それらを用いて有機化合物の構造の決定が行われている。ここにC，H，Oのみからなる化合物がある。この化合物の構造を決定するために各種の機器分析を行ったところ，次の(1)〜(5)の情報が得られた。(注：ここでは二重結合炭素原子とはC=CまたはC=O結合を構成する炭素原子をさす。)

(1) 分子量は96である。
(2) C=C−C=Oの部分構造が存在する。また，これ以外には二重結合(C=CおよびC=O)は存在しない。
(3) 二重結合炭素原子(注)に直接結合した水素原子が1つだけ存在する。
(4) メチル基(CH_3)が1つだけ存在し，二重結合炭素原子と結合している。
(5) 3個または4個の原子からなる環状構造は存在しない。

1． 上記の情報(1)〜(5)から $-CH_2-$ グループ(メチル基はのぞく)はいくつ存在すると言えるか。最も適当なものを，次のa〜fから1つ選べ。

a．0個である。　b．1個である。　c．2個である。
d．0個または1個であるが，どちらであるかは決定できない。
e．0個または2個であるが，どちらであるかは決定できない。
f．1個または2個であるが，どちらであるかは決定できない。

2． この化合物に含まれるC=Oは何であると言えるか。最も適当なものを次のa〜fから1つ選べ。

a．アルデヒドである。　b．ケトンである。　c．エステルである。
d．カルボン酸である。
e．アルデヒドまたはケトンであるが，どちらであるかは決定できない。
f．エステルまたはカルボン酸であるが，どちらであるかは決定できない。

3． この化合物の構造式として可能性のあるものを〔例〕にならってすべて記せ。ただし，立体異性体は区別しない。

〔例〕 $CH_3-\underset{\underset{O}{\|}}{C}-O-CH_2-CH_3$

〔立教大〕

原子価(結合手の数)と式量から可能な部分構造を決める

2 | 脂肪族化合物（C, H）

A

158 ◀基本チェック▶

(1) **【炭化水素の分類】** 次の文中の ア ～ オ に適切な語句を記せ。

最も簡単な組成をもつ有機化合物は，炭素と水素のみからなる化合物であり，炭化水素とよばれる。炭化水素は，炭素原子間の結合の様式により次のように分類される。

鎖式炭化水素 ── 脂肪族炭化水素 ─┬ 飽和炭化水素　:分類(a)
　　　　　　　　　　　　　　　　　└ 不飽和炭化水素:分類(b)

環式炭化水素 ─┬ 脂環式炭化水素 ─┬ 飽和炭化水素　:分類(c)
　　　　　　　└ 芳香族炭化水素:分類(e)　└ 不飽和炭化水素:分類(d)

ここで，分類(a)の炭化水素は ア 結合のみを含み， イ とよばれる。分類(b)の炭化水素は一つ以上の不飽和結合を含み，このうち，二重結合を一つ含むものを ウ ，三重結合を一つ含むものを エ という。これら3種のうちで オ だけがシス－トランス異性体をもつ。

(2) **【脂肪族炭化水素の構造】** 以下の A～C について，(a)，(b)の問に答えよ。

A プロパン (C_3H_8)，**B** プロペン (C_3H_6)，**C** プロピン (C_3H_4)

(a) 化合物 A，B，C の示性式を記せ。

(b) 小球と針金を使って化合物 A，B および C のおおまかな立体構造を示す分子模型を作ろうと思う。小球の大きさと針金の長さはそれぞれ同一のものを使って作れる分子模型の概略の図を記せ。

(3) **【アルケンの反応】** 分子式 C_4H_8 の化合物 X がある。この化合物を四塩化炭素に溶かし，臭素を滴下すると分子式 $C_4H_8Br_2$ の化合物 Y が生成した。(a)～(c)に答えよ。

(a) 化合物 X について考えられるすべての異性体の構造式を記せ。

(b) (a)で答えた異性体のうち任意の一つを選び，そのものから化合物 Y が生成する反応の反応式を構造式を用いて示せ。

(c) 化合物 X から化合物 Y が生成する反応の種類は何か。次の中から選び，その記号を記せ。

(ア) 付加反応　　(イ) 縮合反応　　(ウ) 脱離反応
(エ) 加水分解反応　　(オ) 置換反応

アルカン：単結合のみ，アルケン：C＝C が1つ，アルキン：C≡C が1つ

159 ◀ アルケンとシクロアルカン ▶

問1 次の文中のアとイに適切な語句か数値を，**E** から **H** に構造式を記せ。

C_4H_8 の分子式で表される炭化水素の 6 種類の異性体 **A** から **F** のうち，**A** と **B** は互いにシス－トランス異性体の関係にあり，［ア］を触媒として水素を付加させると，同一の化合物［**G**］になる。また，**A** と **B** に臭素水を作用させると，臭素が付加して不斉炭素原子を［イ］個もつ化合物がそれぞれ得られる。さらに，異性体 **C** と **D** にも臭素を付加させることができるが，**C** の反応生成物［**H**］のみが不斉炭素原子をもつ。異性体［**E**］と［**F**］は，ともに分子内に二重結合をもたないが，異性体［**E**］のみがメチル基をもつ。

問2 シクロヘキサンとシクロヘキセン各 1mol をそれぞれ四塩化炭素溶液としたのち，シクロヘキサンには光をあてながら，一方，シクロヘキセンには光をあてずに，1mol の臭素と反応させた。以下の設問(1)と(2)に答えよ。

設問(1)：シクロヘキサンとシクロヘキセン各 1 分子に，臭素 1 分子が反応したものとして，それぞれの臭素化の反応式を記せ。

設問(2)：これらの反応で臭素が消費されたことを確認する方法を述べよ。(20 字以内)

〔名古屋大〕

160 ◀ アセチレンからの反応 ▶

触媒を用いてアセチレンを水と反応させると，刺激臭をもち，銀鏡反応を示す化合物 **A** が生成する。化合物 **A** と過マンガン酸カリウムを反応させると，刺激臭をもち，水によく溶ける化合物 **B** ができる。この化合物 **B** に過剰のエタノールと少量の硫酸を加えて温めると，水と混じりにくい化合物 **C** が生成する。また，触媒を使って化合物 **B** とアセチレンを反応させると化合物 **D** が合成できる。化合物 **D** が付加重合すると，高分子化合物ができる。この高分子化合物は水に溶けないが，水酸化ナトリウムでけん化(加水分解)すると，水に溶けやすい高分子化合物 **E** となる。

問1 化合物 **A**～**E** の構造式を書け。

問2 化合物 **B** は化合物 **C** よりも分子量が小さいにもかかわらず，化合物 **C** より沸点が高い。その理由を 30 字以内で記せ。

〔大阪大〕

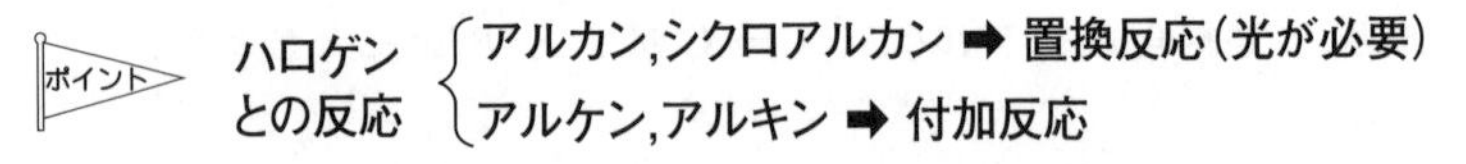

B

161* ◀ C_nH_{2n} で表される炭化水素 ▶

分子式 C_nH_{2n} をもつ炭化水素に関する次の文を読み，以下の問(1)〜(7)に答えよ。原子量は H＝1.0，C＝12，Br＝80 とする。

単体 **A** は２原子分子であり，常温常圧で比重 3.2 の液体である。炭化水素 C_nH_{2n} は，**A** と反応する**グループ１**と反応しない**グループ２**の２つに分類できる。**グループ１**の化合物 **B**(0.20g) の四塩化炭素溶液に，0.10mL の **A** を加えたところ，**A** と **B** の反応は完結し，化合物 **C** が生成した。

n＝2 の炭化水素は，**D** と呼ばれ，**E** などの合成原料として化学工業における重要な化合物のひとつとなっている。また，**D** は，オーキシン，ジベレリンなどと共に，**F** ホルモンとして知られている。

グループ１に属する n＝6 の炭化水素 **G** に水素を付加するとヘキサンが生じる。また，**グループ１**に属する n＝4 の炭化水素 **H** に塩化水素を付加すると２種の構造異性体が得られるが，主生成物には不斉炭素原子がある。

(1) (a) **A** の物質名と色を記せ。

(b) **グループ１，２**各々の構造上の特徴を記せ。

(c) **A** と **B** でどのような反応が進行するか。また，この反応が完結したことはどのようにして判定できるか。簡潔に説明せよ。

(d) **B** と **C** の分子式を記し，これを導き出した過程を簡潔に述べよ。

(2) **D** の化合物名を記せ。

(3) **E** としてどのような化合物が考えられるか。化合物名を２つ記せ。

(4) **F** に適切な用語を入れよ。

(5) **G** の可能な構造式すべてを〔例〕にならって記せ。〔例〕 $CH_3-CH_2-CH_3$

(6) **グループ２**に属する炭化水素(n＝5)の可能な構造式すべてを，(5)の〔例〕にならって記せ。ただし，ここでは立体異性体は考えないものとする。

(7) **H** の構造式を，(5)の〔例〕にならって記せ。　〔お茶の水女大(改)〕

C_nH_{2n} ➡ アルケンかシクロアルカン

162* ◀ アルケンのオゾン分解 ▶

次の文章の(**A**),(**B**),(**C**),(**G**)および(**H**)に最もふさわしい化合物の構造式を書け。ただし,鏡像異性体およびシス－トランス異性体は無視してもよい。なお,構造式は次の〔例〕に従って書くこと。

〔例〕

$$C_6H_5-\underset{\underset{O}{\|}}{C}-\underset{\underset{CH_3}{|}}{CH}-CH_3$$

分子式 C_6H_{12} で表される炭化水素の異性体(**A**),(**B**)および(**C**)がある。これらの異性体 1mol を水素と反応させたところ,いずれも 1mol の水素が付加して,(**A**)と(**B**)からは同一の生成物(**D**)が,(**C**)からは(**E**)が生成した。また(**A**),(**B**)および(**C**)をオゾンと反応させ,続いて亜鉛で処理すると,表に示す結果が得られた。

化合物	オゾンとの反応生成物
(A)	(F)とホルムアルデヒド
(B)	(G)のみが生成
(C)	(G)と(H)が生成

なお,アルケンをオゾンと反応させ,続いて亜鉛で処理すると,次の反応が起こる。

$$\begin{matrix}R^1 & & R^3\\ & C=C & \\ R^2 & & R^4\end{matrix} \xrightarrow{\text{オゾン分解}} \begin{matrix}R^1 & \\ & C=O\\ R^2 & \end{matrix} + \begin{matrix} & R^3\\ O=C & \\ & R^4\end{matrix}$$

ここに,R^1,R^2,R^3,R^4 は水素またはアルキル基である。生成した化合物(**F**),(**G**)および(**H**)に対し,アンモニア性硝酸銀溶液を反応させると,(**F**)と(**G**)の場合は銀鏡反応が観察されたが,(**H**)では観察されなかった。一方,ヨウ素と水酸化ナトリウムの水溶液を加えて加熱すると,(**H**)のときだけ黄色の結晶が析出した。〔中央大〕

ポイント
$$\begin{matrix}R^1 & & R^2\\ & C=C & \\ H & & R^3\end{matrix} \xrightarrow{\text{オゾン分解}} \begin{matrix}R^1 & \\ & C=O\\ H & \end{matrix} + \begin{matrix} & R^2\\ O=C & \\ & R^3\end{matrix}$$
(生成物:アルデヒドまたはケトン)

3 脂肪族化合物（C, H, O）

163 ◀ 基本チェック ▶

(1)【アルコール】 下表の①～④は，$C_5H_{11}OH$ の異性体の一部である。これらの中で，以下の(i)～(iv)の条件に合うものの番号をそれぞれ記せ。

(i) 第３級アルコール。

(ii) 酸化したとき，ケトンを生ずる。

(iii) 酸化したとき，アルデヒドを経てカルボン酸を生ずる。

(iv) 分子内で脱水してアルケンに変化するとき，３種の異性体を生ずる可能性がある。

①	$CH_3-CH_2-CH(OH)-CH_2-CH_3$
②	$CH_3-CH_2-CH_2-CH(OH)-CH_3$
③	$CH_3-C(CH_3)(OH)-CH_2-CH_3$
④	$CH_3-CH(CH_3)-CH_2-CH_2-OH$

(2)【官能基の検出反応】 次の化合物①～⑤のうちから，(A)銀鏡反応を示すもの，(B)ヨードホルム反応を示すもの，をそれぞれすべて選べ。

① CH_3-OH　② $CH_3-C(=O)H$　③ $CH_3-CH_2-C(=O)OH$

④ $(CH_3)_2C=O$　⑤ $CH_3-CH(OH)-CH_2-CH_3$

(3)【エステル】 分子式が $C_4H_8O_2$ で示されるエステル **A** を加水分解したところ，アルコールと酢酸が得られた。エステル **A** の構造式を示せ。

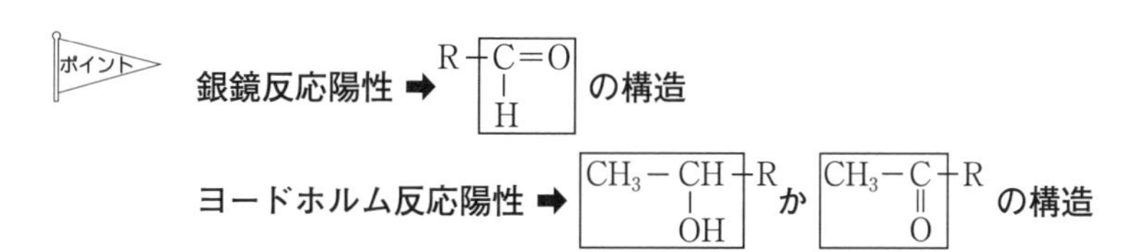

164 ◀ $C_nH_{2n+2}O$ ▶

〔実験１〕 A（分子式 $C_nH_{2n+2}O$）100mg を完全燃焼させると，二酸化炭素が標準状態で 121mL，水が 122mg 得られた。

〔実験２〕 A の気体の密度は，同温・同圧の空気の約 2.5 倍であった。

〔実験３〕 A を金属ナトリウムと反応させると気体が発生した。

〔実験４〕 A を $K_2Cr_2O_7$ の硫酸酸性溶液で酸化するとケトンが得られた。

問１ A が完全燃焼する際の化学反応式を，n を用いて書け。

問２ **実験１**および**実験２**の結果から，A の分子式を求めよ。原子量は H＝1.0，C＝12，N＝14，O＝16 とする。

問３ **問２**で求めた分子式で表される化合物の異性体は何種類考えられるか答えよ。ただし，鏡像異性体は考慮しないものとする。

問４ **実験４**の結果から A についてわかることを 20 字以内で答えよ。

問５ **実験１～４**の結果をもとに，A の構造式と名称を記せ。 〔岐阜大〕

165 ◀ エタノールの反応 ▶

エタノールは，工業的にはリン酸を触媒として，［ア］（化合物名）に水を付加して合成するほか，(a)グルコースから，酵母を用いたアルコール発酵でもつくられる。

エタノールは中性の物質であるが，エタノールに金属ナトリウムを入れると反応して水素を発生し，［イ］（化合物名）になる。エタノールを酸化すると［ウ］（化合物名）になり，さらに酸化すると［エ］（化合物名）になる。

エタノールに濃硫酸を加えて加熱すると，約 140℃では主に［オ］（化合物名）が生じ，約 170℃では主に［ア］が生じる。

(b)エタノールと酢酸の混合物に少量の濃硫酸を触媒として加えて反応させると，［カ］（化合物名）と水を生じる。このような化合物を一般に［キ］（語句）という。また，エタノールに水酸化ナトリウム水溶液とヨウ素を加えて加熱すると，特有の臭気をもった［ク］（化合物名）の黄色沈殿が生じる。

問１ 空欄［ア］～［ク］を，（　　）内の指示にしたがって記せ。

問２ 下線部(a)，(b)における反応を化学反応式で示せ。 〔宮崎大〕

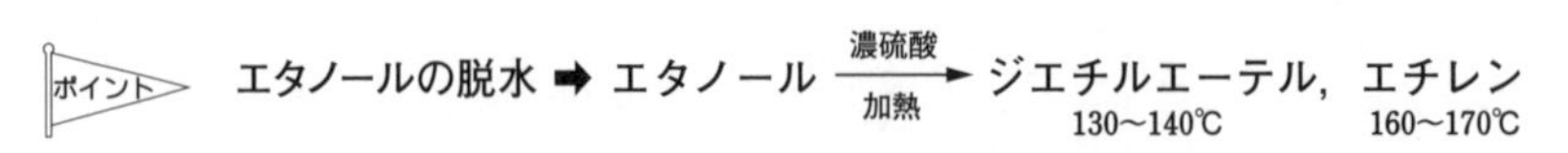

B

166* ◀ 脂肪族(C, H, O) ▶

炭素，水素，酸素だけからなる分子量102の水に溶けにくい液体物質**A**がある。この物質を用いて以下の実験を行った。

〔実験1〕 **A**を5.1mgとり完全に燃焼させたところ，二酸化炭素11.0mgと水4.5mgを得た。

〔実験2〕 **A**に水酸化ナトリウム水溶液を加え十分に反応させた後，ジエチルエーテルを加え分液漏斗を用いてジエチルエーテル層と水層を分離した。ジエチルエーテル層のジエチルエーテルを蒸発させたところ液体物質**B**が得られた。また，水層に希硫酸を加え蒸留したところ，刺激臭を有する物質**C**を含む水溶液が得られた。

〔実験3〕 **B**にヨウ素と水酸化ナトリウム水溶液を加え温めると，特有の臭気をもつ黄色結晶**D**が生じた。

〔実験4〕 **B**に平面偏光を通したとき，偏光面が回転した。

〔実験5〕 **B**に適量の濃硫酸を加え加熱したところ，アルケンが生成した。

〔実験6〕 硫酸酸性の過マンガン酸カリウム水溶液に**C**を含む水層を加えたら，赤紫色が脱色した。

〔実験7〕 蒸留して得た**C**を含む水溶液に炭酸水素ナトリウムの粉末を加えたら，気体が激しく発生した。

問1　**A**の分子式を記せ。

問2　〔実験3〕で生じた黄色結晶**D**の化学式を記せ。

問3　〔実験4〕で観察される現象は**B**のどのような構造的特徴によるものか。

問4　**B**の構造異性体でナトリウムと反応しない化合物の構造式をすべて記せ。

問5　〔実験5〕で生じる可能性のあるアルケンの名称をすべて記せ。

問6　〔実験6〕の反応は**C**のどのような性質によるものか，簡潔に記せ。

問7　**A**の構造式を記せ。　〔長崎大〕

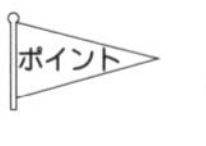

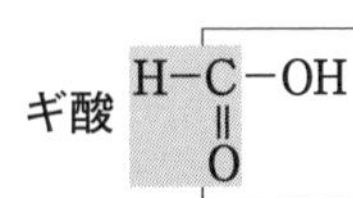

➡ **酸性と還元性を示す化合物**

167* ◀ ジカルボン酸 ▶

ジカルボン酸である化合物 **A** 3.00mg を完全燃焼させたところ，二酸化炭素 4.47mg と水 1.37mg とを生じた。このとき，他の化合物は生成しなかった。また別の測定より分子量は 118 であることがわかった。(原子量は，H＝1.0，C＝12，O＝16 とする。)

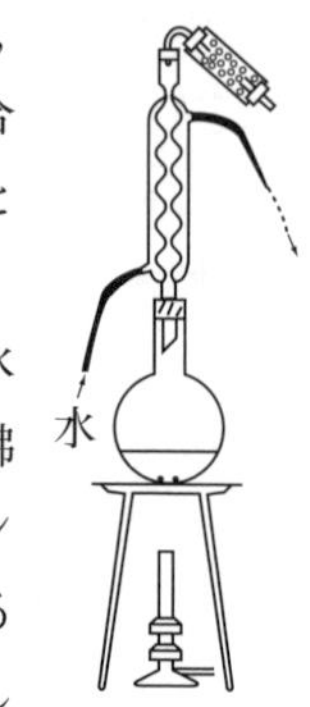

この化合物 **A** 10.0g を 100mL 丸底フラスコに入れ，15g の無水酢酸を加えた。塩化カルシウム管をつけた冷却器を取り付け，沸騰石を加え右図のように装置を組み立てた。(右図では，スタンド，クランプは省略している。) ガスバーナーに火をつけ加熱すると，沸騰が起こり，やがて化合物 **A** は溶解した。15 分間加熱したのち，ガスバーナーの火を消し放冷したところ，結晶が析出してきた。フラスコを氷水で冷却後，結晶をろ過し，さらに結晶をエチルエーテルで洗い化合物 **B** を得た。化合物 **B** の分子量は，化合物 **A** より 18 少なかった。

問1　化合物 **A** に可能な構造式をすべて示せ。

問2　図のように，冷却器の中に水を流すときは，下から入れて上へ出す。この理由を書け。

問3　沸騰石を入れる理由を書け。

問4　図のガスバーナーは実験室でよく用いられるものであるが，このガスバーナーには 2 つの調節ねじがついている。上の調節ねじは何の量を調節するものか。

問5　無水酢酸の構造式を書け。また反応した無水酢酸は何に変化したか，化合物の名称を書け。

問6　この実験において，化合物 **A** がすべて化合物 **B** になるとするならば，化合物 **B** は何 g 生成すると考えられるか。答えは小数第二位を四捨五入して記せ。

〔愛媛大〕

ポイント　**ジカルボン酸の分子内脱水** ➡ R(-C(=O)-OH)(-C(=O)-OH) $\xrightarrow{\text{熱}}$ R(-C(=O)-O-C(=O)-) + H_2O

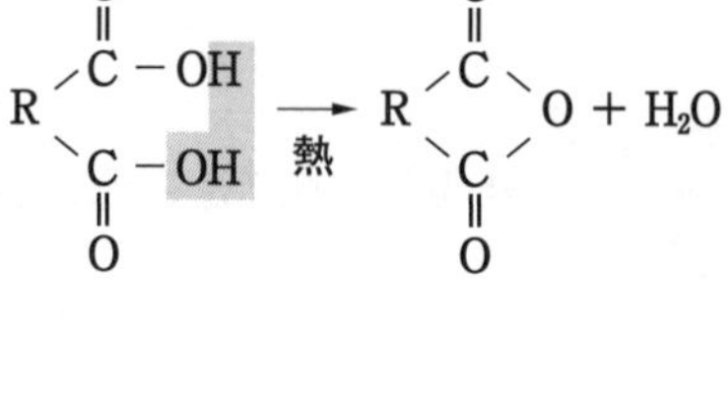

168** ◀ エノール型エステルの構造決定 ▶

次の文(a)，(b)を読んで，**問１～問５**に答えよ。解答はそれぞれ所定の解答欄に記入せよ。

(a)　炭素―炭素二重結合の炭素原子にヒドロキシ基が結合している構造をもつ化合物はエノールと総称されるが，一般に不安定で，カルボニル基をもつ安定な構造異性体（ケト形という）に変化する。ビニルアルコールは，最も単純なエノールであり，**式（１）**に示すように，硫酸水銀（Ⅱ）を触媒とするアセチレンへの水の付加で生成するほか，**式（２）**のように，酸触媒による酢酸ビニルの加水分解でも生成するが，すぐにアセトアルデヒドに異性化する。また，**式（３）**に示すように酢酸エステル**A**を加水分解すると，エノール**B**が生成するが，すぐにアセトンに異性化する。

$$\mathrm{H-C{\equiv}C-H} + \mathrm{H_2O} \xrightarrow{\text{付加}} \left[\mathrm{(H)_2C{=}C(H)(OH)}\right]_{\text{不安定}} \xrightarrow{\text{異性化}} \mathrm{CH_3-C(=O)-H} \quad \cdots(1)$$

$$\mathrm{(H)_2C{=}C(H)-O-C(=O)-CH_3} + \mathrm{H_2O} \xrightarrow[-\mathrm{CH_3COOH}]{\text{加水分解}} \left[\mathrm{(H)_2C{=}C(H)(OH)}\right]_{\text{不安定}} \xrightarrow{\text{異性化}} \mathrm{CH_3-C(=O)-H} \quad \cdots(2)$$

$$\boxed{\quad\mathrm{A}\quad} + \mathrm{H_2O} \xrightarrow[-\mathrm{CH_3COOH}]{\text{加水分解}} \left[\boxed{\quad\mathrm{B}\quad}\right]_{\text{不安定}} \xrightarrow{\text{異性化}} \mathrm{CH_3-C(=O)-CH_3} \quad \cdots(3)$$

問１　化合物**A**および**B**の構造式を，記入例にならって記せ。

記入例：

HO－(シクロヘキサン環)－C(H)＝C(H)－CH_2－C(＝O)－O－(ベンゼン環)

問２　フェノールは，**図１**の破線で囲んだ部分構造に着目すると，エノール形の化合物である。しかし，異性化してケト形になる一般的なエノール形の化合物とは異なり，フェノールには特殊な条件下でのみケト形の異性体が存在することが知られている。**図１**の破線で囲んだ部分構造に対応する，フェノー

OH

図1

ルのケト形異性体の構造式を，**問１**の記入例にならって記せ。

(b) 次の**反応経路図**に示したように，分子式 $C_9H_{14}O_2$ の六員環構造を有する酢酸エステル**C**，**D**および**E**を酸触媒存在下で加水分解すると，いずれも異性化をともなって，**C**および**D**からは化合物**F**と酢酸が，**E**からはフェーリング液を還元する化合物**G**と酢酸が得られた。また，**F**および**G**はシクロヘキサン骨格をもつアルコール**H**および**I**を酸化することでも得られた。**H**を酸性条件下で脱水させると，化合物**J**と**K**の混合物になり，同様に**I**を脱水させると化合物**L**のみが得られた。**J**，**K**および**L**はいずれも六員環構造と二重結合を有する分子式 C_7H_{12} の炭化水素であった。**D**，**F**，**H**および**J**は不斉炭素原子をもつのに対し，**C**，**E**，**G**，**I**，**K**および**L**は不斉炭素原子をもたない。

反応経路図（記号右上の*は，不斉炭素原子を有することを示す）

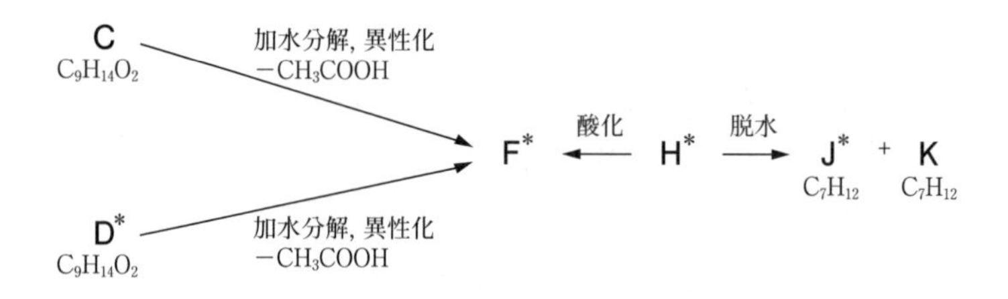

E ―加水分解, 異性化 / $-CH_3COOH$→ G ←酸化― I ―脱水→ L

$C_9H_{14}O_2$　　G：フェーリング液を還元する　　L：C_7H_{12}

以下の**問３**〜**問５**の構造式を，**問１**の記入例にならって記せ。ただし，立体異性体は示さなくてよい。

問３　六員環構造と二重結合をもつ分子式 C_7H_{12} の炭化水素には 4 種類の構造異性体が存在する。これらの構造式をすべて記せ。

問４　アルコール**H**の構造式を記せ。

問５　**C**，**D**および**E**の構造式を記せ。

〔京都大〕

4　芳香族化合物

169 ◀基本チェック▶

(1)【ベンゼンの反応】 ベンゼンについて，次のa～eの反応のうち，置換反応には①，付加反応には②を記せ。

a．光の存在のもとで塩素を作用させると，３分子の塩素が結合する。
b．鉄を触媒として塩素を作用させると，クロロベンゼンを生じる。
c．熱したNiを触媒として水素を通すと，シクロヘキサンを生じる。
d．濃硝酸と濃硫酸の混酸を加えると，ニトロベンゼンを生じる。
e．濃硫酸を加えて熱すると，ベンゼンスルホン酸を生じる。

(2)【フェノール性OHの検出】 次の**A**から**D**の化合物の中で塩化鉄(Ⅲ)水溶液で呈色し，メタノールと反応してエステルを生成するものはどれか。

A：フェノール　**B**：*o*-クレゾール　**C**：サリチル酸　**D**：フタル酸

(3)【ニトロベンゼン】 次の①から④の文章で，正しいものはどれか。

①　ニトロベンゼンは水によく溶ける。
②　ニトロベンゼンはベンゼンに濃硫酸と濃硝酸を作用させて得られる。
③　ニトロベンゼンを還元するとアニリンが得られる。
④　ニトロベンゼンをさらに強くニトロ化するとピクリン酸が得られる。

(4)【サリチル酸と医薬品】 サリチル酸について，(ⅰ)，(ⅱ)の反応を行った。下記のa～dの問に答えよ。

(ⅰ)　サリチル酸に無水酢酸を加え，加熱する。
(ⅱ)　サリチル酸にメタノールと少量の濃硫酸を加え，加熱する。

a　(ⅰ)の反応の生成物の名称・用途と構造式を示せ。
b　サリチル酸と(ⅰ)の反応生成物を区別するには，どのような実験を行えばよいか，20字以内で記せ。
c　(ⅱ)の反応の生成物の名称・用途と構造式を示せ。
d　(ⅱ)のような反応を何と呼ぶか。反応の名称を記せ。

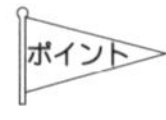

ベンゼン ➡ 付加反応より置換反応が起こりやすい

170 ◀ 薬品の化学－医薬品 ▶

次の記述①～⑤の中の［A］～［D］に当てはまる医薬品の構造式を，［ア］～［カ］に当てはまる語句を，それぞれ記せ。

① 19世紀には，ヤナギの樹皮から有効成分が抽出され，サリチルアルコールが得られたが，これが酸化された構造の［A］の方が，強い鎮痛作用を示すことがわかった。

② ［B］はアミド系医薬品として古くから用いられていたが，［ア］作用があるため現在ではフェナセチンに取って代わられた。

③ アゾ染料の研究から得られた［イ］剤は，細菌性の病気への化学療法剤として使われ，*p*-アミノベンゼンスルホンアミド(スルファニルアミド)［C］はその一つである。

④ 化学的に合成される［D］はアスピリンとよばれ，神経系に痛みを伝える物質をつくる酵素の作用を抑える。

⑤ ある種の微生物によって生産され，他の微生物の生育を阻止するものを［ウ］とよぶ。それらのうち，イギリスのフレミングにより最初に発見されたのが［エ］である。［ウ］は細菌が細胞壁をつくるのを妨げることにより，細菌を殺している。また，［オ］はペプチドの合成過程を阻害する［ウ］で，最初の結核治療薬として使われ多大な効果を示した。［ウ］を多用していると，病原菌がその医薬品に対する抵抗力をもつことがある。このような菌を［カ］という。

171 ◀ ベンゼン置換体 ▶

ベンゼン環をもち分子式が $C_8H_{10}O$ の有機化合物 **A** は，塩化鉄(Ⅲ)水溶液を加えると呈色した。

問１　**A** として考えられる全ての構造式を記せ。

問２　**A** の異性体で，ベンゼンの１置換体であるものの全ての構造式を記せ。

問３　塩化鉄(Ⅲ)水溶液による呈色反応を示さないベンゼンの２置換体で，**A** の異性体でもあるものの全ての構造式を記せ。ただし，オルト，メタ，パラ異性体については，区別する必要はなく，オルト異性体の構造式のみを記せばよい。　〔名城大(改)〕

172 ◀ ベンゼンからの反応 ▶

1．ベンゼンに鉄粉を触媒として塩素を反応させると主として化合物 [(A)] が得られる。ベンゼンに濃硫酸を加えて加熱すると，化合物 [(B)] が生成する。化合物 [(A)] を高温・高圧下で水酸化ナトリウム水溶液と反応させるか，または化合物 [(B)] を固体の水酸化ナトリウムとともに300℃前後でアルカリ [ア] すると，ナトリウムフェノキシドが得られる。

2．ベンゼンに濃硝酸と濃硫酸の混合物を加え，温度が上がり過ぎないように注意して反応させると化合物 [(C)] が得られる。化合物 [(C)] にスズまたは鉄と塩酸を作用させて還元すると化合物 [(D)] の塩酸塩が得られる。化合物 [(D)] はさらし粉の水溶液で酸化すると [イ] 色に呈色する。

3．ベンゼンに触媒の存在下でプロペンを反応させると化合物 [(E)] が生成し，これを酸化して分解すると化合物 [(F)] とアセトンが生成する。化合物 [(F)] は反応性に富む化合物で，濃硝酸と濃硫酸の混合物でニトロ化すると，化合物 [(G)] となる。化合物 [(G)] は黄色の結晶で，火薬として用いられる。

4．トルエンは過マンガン酸カリウムで化合物 [(H)] の塩に変化する。

問　化合物 [(A)] から [(H)] の構造式と名称を示し，アおよびイの [　] に適当な語句を入れよ。　〔岩手大〕

アニリン ➡ 酸化されやすい⇨さらし粉水溶液で赤紫色に呈色

173 ◀ ベンゼン誘導体の合成 ▶

中型試験管に濃硝酸と濃硫酸をそれぞれ2mL加え，水道の蛇口で十分冷やした。これにベンゼン1.56gを注意深く加えた。(ア)この際，試験管を水道の蛇口で冷やしながら，温度を約60℃に保った。温度が下がり始めたら，さらに5分間約60℃に保った。反応終了後，反応液を25mLの水の入った50mLのビーカーに移した。(イ)この溶液に炭酸ナトリウム10gを少しずつ加え，よくかき混ぜた。その後，この溶液に10mLのジエチルエーテルを加え，よくかき混ぜて静置すると，二層に分離した。生成物を含むエーテル層をスポイトで三角フラスコに取り，エーテルだけを蒸発させると，化合物**A**を含む黄色い油状物が得られた。

問1　下線部(ア)の操作はどのような目的で行ったのか，理由を述べよ。

問2　下線部(イ)の操作はどのような目的で行ったのか，理由を述べよ。

問3　化合物**A**の構造式と化合物名を書け。また，ベンゼンがすべて化合物**A**に変化したとすると，何gの化合物**A**が得られるか。なお，原子量は，水素1，炭素12，窒素14，酸素16とする。

問4　油状物の中から化合物**A**を取り出すには，どのような方法があるか。

〔学習院大〕

174 ◀ 有機化合物の分離 ▶

フェノール，安息香酸，ニトロベンゼンおよびアニリンの4種の芳香族化合物がエーテル中に溶解している。これらを分離するため，以下の操作を行った（なお，エーテル層と水層の分離操作には，分液漏斗を用いた）。これら4種混合溶液中に塩酸水溶液を加えたところ，**A**のみが塩酸と(a)のように反応して水層に溶解し，エーテル層より分離できた。次に，このエーテル層に水酸化ナトリウム水溶液を加えると，**C**および**D**が水層に移行し，エーテル層に**B**が残り，**B**が分離できた。これは**C**および**D**が水酸化ナトリウムとそれぞれ(b)，(c)のように反応して，水層に溶解したためである。この水層に二酸化炭素ガスを十分に吹き込み，さらにエーテルを加えたところ，エーテル層に**C**，水層に**D**が分離できた。これは(b)での生成物が水中で二酸化炭素と(d)のように反応し，**C**が遊離しエーテル層に溶解したためである。

問1　**A**，**B**，**C**，**D**はそれぞれ何か。構造式で記せ。

問2　(a)，(b)，(c)，(d)の化学反応式を記せ。

〔法政大〕

酸の強さの順 ➡ RCOOH ＞ H_2O+CO_2 (H_2CO_3) ＞ (フェノール: ベンゼン環–OH)

175* ◀ アゾ化合物の合成 ▶

次の文章を読み，問1～問5に答えよ。なお，化合物の構造式は右のメチルレッドの構造式にならって記せ。

COOH
−N=N−　−N$(CH_3)_2$

近代有機化学工業の歴史はアニリンの歴史でもあり，パーキンがアニリンに二クロム酸カリウムを反応させて偶然に得られた合成染料に始まるとされる。アニリンはベンゼンを①ニトロ化し，得られたニトロベンゼンを②還元することで合成される。また③アニリンを低温において希塩酸中で亜硝酸ナトリウム水溶液を加えジアゾ化することにより，塩化ベンゼンジアゾニウムが得られる。この塩化ベンゼンジアゾニウムと(　ア　)とのカップリング反応によって合成される*p*-ヒドロキシアゾベンゼン(*p*-フェニルアゾフェノールともいう)は，アゾ染料として知られている。

同様に，pH 指示薬として用いられるメチルレッドは，(　イ　)をジアゾ化し，その後(　ウ　)とカップリング反応することにより合成される。このようなアゾ基を有するアゾ化合物は，合成染料の大半をしめている。

問1　下線部①の反応に必要な無機物質をすべて記せ。

問2　下線部②の反応に必要な無機物質をすべて記せ。

問3　下線部③の反応を化学反応式で記せ。

問4　(　ア　)に当てはまる化合物の名称と構造式を記せ。

問5　メチルレッドの構造式から推定して，(　イ　)と(　ウ　)に当てはまる化合物の構造式を記せ。〔山形大〕

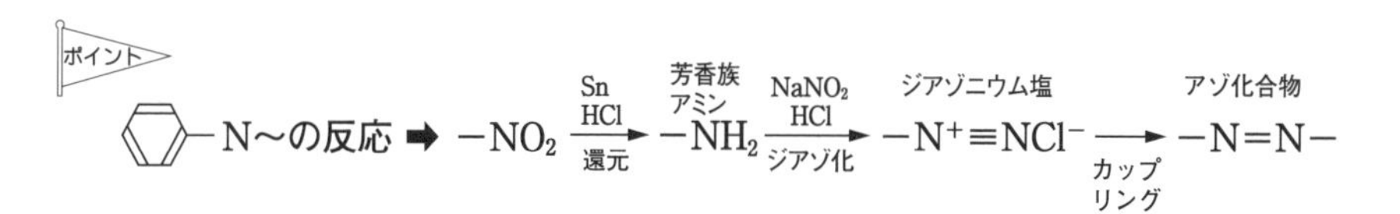

176* ◀フタル酸エステル－内分泌かく乱の疑いがある化学物質として▶

以下の文を読んで 1 ～ 3 に当てはまる答として最もふさわしいものを各解答群から選び記号で記せ。 a については化合物名， b については構造式を記せ。

ただし，水のモル凝固点降下は1.86K·kg/molとする。

内分泌かく乱化学物質(いわゆる環境ホルモン)とは，それが生体内に取り込まれた場合に，その生体内で営まれている正常なホルモン作用に影響を与える外因性物質のことである。近年このような物質が環境中に多く排出されることにより，人や野生生物の健康に影響がおよぶことが懸念されている。

フタル酸 [$C_6H_4(COOH)_2$；分子量166] 1分子に1分子または2分子のアルコールが縮合したフタル酸エステル類はプラスチックの可塑剤などとして用いられる化合物であり，なかにはその内分泌かく乱作用が疑われているものもある。

いま3種類のフタル酸エステル(ア)，(イ)，および(ウ)がある。このうち(ア)を完全に加水分解したところ，1molの(ア)からただ1種類のアルコール(エ)が2mol生成した。また，(イ)を加水分解したところ，ただ1種類のアルコール(オ)が生成した。一方，(ウ)を加水分解したところ，アルコール(カ)および1－ブタノールが同じ物質量だけ得られた。

I　アルコール(エ)30gを完全燃焼させたところ，二酸化炭素66g，水36gのみが生じた。また5.0gの(エ)を水495gに溶解し，凝固点を測定したところ，－0.31℃であった。(エ)の分子式は 1 である。この(エ)を二クロム酸カリウムでおだやかに酸化し，生成物にフェーリング液を加えて熱したところ，赤色沈殿を生じた。(エ)の化合物名は a である。

1

A $C_2H_4O_2$　**B** C_2H_6O　**C** C_2H_7O　**D** C_3H_6O　**E** C_3H_7O

F C_3H_8O　**G** C_4H_6O　**H** C_4H_7O　**I** C_4H_8O　**J** C_4H_9O

Ⅱ　フタル酸エステル(　**イ**　)を 4.44g とり，1.00mol/L の水酸化ナトリウム水溶液 50.0mL と熱して完全に反応させた後，0.500mol/L の塩酸で滴定したところ，20.0mL でちょうど中和した。また生成したアルコール(　**オ**　)は不斉炭素原子を有していた。(　**オ**　)の構造式は **b** である。

Ⅲ　アルコール(　**カ**　)は分子式 C_7H_8O の芳香族化合物であり，これにナトリウムを加えると水素が発生した。またこれに塩化鉄(Ⅲ)の水溶液を加えても呈色反応は示さなかった。(　**カ**　)の示性式は **2** である。

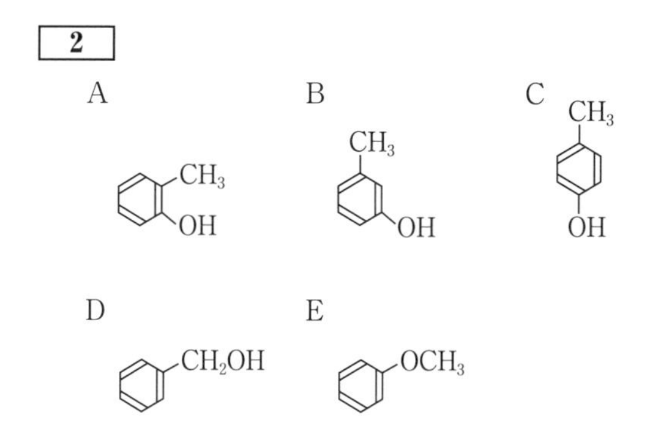

Ⅳ　フタル酸エステル(　**ア**　)，(　**イ**　)，および(　**ウ**　)の混合物のエーテル溶液を炭酸水素ナトリウム水溶液で塩基性にし，よく混合してから静置した場合，水層に回収されるのはどれか。

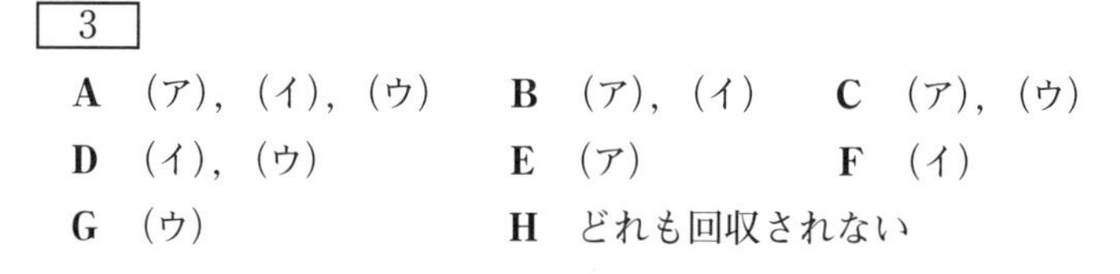
3

A　(ア)，(イ)，(ウ)　**B**　(ア)，(イ)　**C**　(ア)，(ウ)
D　(イ)，(ウ)　**E**　(ア)　**F**　(イ)
G　(ウ)　**H**　どれも回収されない

〔明治大〕

177* ◀ 医薬品－サリチル酸メチルとアセチルサリチル酸の合成 ▶

以下の文章は，医薬品であるサリチル酸メチルとアセチルサリチル酸の合成に関する実験レポート（報告書）である。これを読んで，後の**問1～9**に答えよ。

実験レポート

1　目的

この実験では，サリチル酸からサリチル酸メチル（反応式1）とアセチルサリチル酸（反応式2）を合成し，それぞれの性質を調べることを目的とする。

反応式1　$C_6H_4(OH)-\overset{O}{\overset{\|}{C}}-OH + CH_3-OH \longrightarrow C_6H_4(OH)-\overset{O}{\overset{\|}{C}}-O-CH_3 + H_2O$

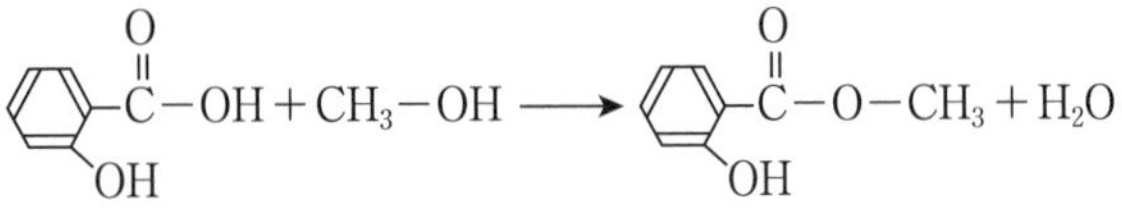

反応式2

反応式

2　実験操作と結果

実験1　サリチル酸メチルの合成

(1) (ア)乾いた試験管にサリチル酸1.0gをとり，メタノール4mLを加えて溶かした。これをよく振り混ぜながら濃硫酸を3滴加え，さらに(イ)沸騰石を3個入れた。次の図のように(ウ)40cmのガラス管をつけたコルク栓をし，この試験管をおだやかに20分間加熱した。

(2) この試験管を冷却したのち，(エ)内容物を炭酸水素ナトリウムの飽和水溶液30mLを入れたビーカーの中に少しずつ注ぐと，油状の物質が得られた。

(3) この油状の物質を少しとりエタノール溶液にしたのち，塩化鉄(Ⅲ)水溶液を1滴加えると，溶液は濃い青紫色を示した。

実験2　アセチルサリチル酸の合成

(1) (オ)乾いた試験管にサリチル酸1.0gをとり，無水酢酸2mLを加えた。よく振り混ぜながら，濃硫酸を2滴加えたのち，この試験管を60℃の温水に10分間浸した。

(2) 試験管を温水から取り出し流水で冷やしたのち，水15mLを加えガラス棒でよくかき混ぜると結晶が析出した。この結晶をろ過して集めると，0.9g得られた。

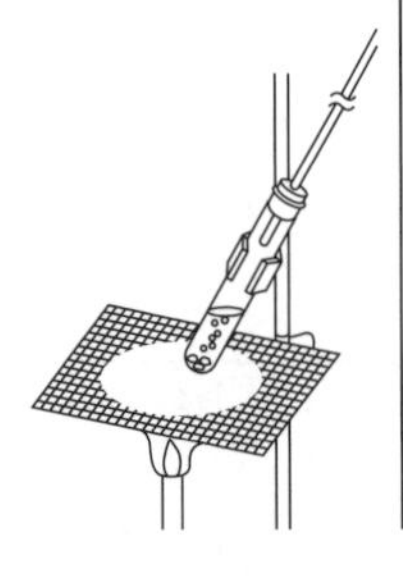

(3) この結晶を少しとりエタノール溶液にしたのち，塩化鉄(Ⅲ)水溶液を1滴加えたが，色の変化はなかった。

3 考　察

(1) サリチル酸の工業的合成法について

サリチル酸の工業的合成法を調べた。(カ)ベンゼンとプロペン(プロピレン)を触媒の存在下で反応させると(　**A**　)が得られ，(　**A**　)を酸素で酸化してから分解すると，(　**B**　)と(　**C**　)が得られる。(　**B**　)をナトリウム塩にし，100℃，1.21×10^7 Pa で二酸化炭素と反応させたあと(キ)酸性にすると，サリチル酸が得られる。

(2) エステル化の反応について

カルボン酸とアルコールとが縮合して生じる化合物をエステルといい，実験1で用いた硫酸はエステル化の触媒としてはたらく。

(3) (ク)塩化鉄(Ⅲ)との反応について

考　察

4 感　想

実際に実験を行ってみると，色の変化が手にとるようにわかり，面白かった。また，(ケ)合成で得た化合物のうち一方にのみ特有の強いにおいがあり，不思議だ。実験では，頭だけではなく，五感もはたらかす必要を感じた。

問1　下線部(**ア**)，および下線部(**オ**)で乾いた器具を使う理由をそれぞれ述べよ。

問2　下線部(**イ**)，および下線部(**ウ**)の実験操作を行う理由をそれぞれ述べよ。

問3　下線部(**エ**)の操作で観察される現象を述べよ。

問4　実験2で行ったアセチルサリチル酸合成の反応式2を，反応式1にならって記せ。

問5　(　**A**　)は分子式 C_9H_{12} で表される化合物である。下線部(**カ**)を化学反応式で示せ。

問6　(　**B**　)はヒドロキシ基をもつ化合物であり，(　**C**　)はカルボニル基をもつ化合物である。(　**B**　)と(　**C**　)の化合物名を記せ。

問7　下線部(**キ**)で，酸性にする理由を述べよ。

問8　実験1と実験2の結果をもとに，下線部(**ク**)について考察せよ。

問9　下線部(**ケ**)について，特有のにおいがする化合物の名称を記せ。

〔大阪公大・改〕

178* ◀ 芳香族の構造決定1 ▶

分子式が $C_9H_{12}O$ で，ベンゼン環および不斉炭素原子をもつアルコール類には，鏡像異性体を別の化合物として数えると，12個の異性体が存在する。これらを二クロム酸カリウムなどで酸化して得られるカルボニル基をもつ異性体の中では，(　ア　)個がヨードホルム反応を起こす。さらに，はじめの12個の異性体の中では，鏡像異性体の関係にある(　**a**　)および(　**b**　)が，硫酸等による脱水によって，3種のアルケン類(　**c**　)，(　**d**　)および(　**e**　)を生じる。(　**e**　)に臭素を付加して得られる化合物は，1個の不斉炭素原子をもつ。

問1　(　ア　)に当てはまる異性体は全部で何個あるか。その数を記せ。

問2　(　**a**　)および(　**b**　)について，立体構造式を完成させよ。ただし，中心の炭素原子を不斉炭素原子とし，これに結合する原子あるいは原子団については，実線の価標は紙面上に，太線の価標は紙面の手前に，破線の価標は紙面の奥に配置されるものとする。

問3　(　**c**　)，(　**d**　)および(　**e**　)の構造式を記せ　〔岡山大〕

179* ◀ 芳香族の構造決定2 ▶

（Ⅰ） 芳香族化合物**A**はエステルであり，希硫酸とともに加熱すると化合物**B**とエタノールが生成した。**B**は，(ア)トルエンを過マンガン酸カリウムで酸化することによっても得られた。

（Ⅱ） 化合物**C**は**A**の異性体である。希硫酸を用いて**C**を完全に加水分解したところ，化合物**D**とメタノールが生成した。**D**を過マンガン酸カリウムで酸化すると化合物**E**が得られた。

（Ⅲ） **E**は化合物**F**を過マンガン酸カリウム酸化しても得られた。**F**は分子量106の炭化水素であり，鉄粉を触媒にして**F**に臭素を作用させたところ，(イ)臭素が一つ置換した化合物が一種類だけ得られた。

問1 化合物**A**から**F**，下線部(ア)および(イ)の物質の構造式を記せ。

問2 **F**の異性体のうち，ベンゼン環を有するものの構造式を三つ記せ。

〔三重大〕

180* ◀ 芳香族の構造決定3 ▶

次の文章を読み，下記の問いに答えよ。

炭素，水素および酸素からなる分子量178の芳香族化合物**A**がある。**A**の元素分析値は，炭素74.2%，水素7.9%であった。**A**の構造式を決定するために，次のような実験を行った。

Aを還流冷却器のついたフラスコに入れ，十分な量の水酸化ナトリウム水溶液を加え，反応が完結するまで加熱した。室温まで冷却後，酸性になるまで希硫酸を加え，ジエチルエーテルで抽出した。ジエチルエーテルをのぞくと，2種の化合物**B**と**C**が得られた。**B**と**C**を分離後，無色の結晶として得られた**B**に炭酸水素ナトリウム水溶液を加えたところ，発泡をともなって溶解した。また，**B**をシクロヘキサンに溶解し，凝固点降下を測定することにより，**B**の分子量を算出したところ，約240であった。次に，化合物**C**を酸化したところ，化合物**D**が生じた。(a)**C**と**D**にそれぞれ水溶液中で水酸化ナトリウムとヨウ素を作用させたところ，いずれの場合にも黄色の同じ物質が沈殿した。また，(b)**C**に濃硫酸を加え，160～170℃で加熱したところ異性体の混合物が生じた。なお，化合物**C**は鏡像異性体の混合物であった。

問1　化合物 **A** から **D** の構造式を示せ。

問2　凝固点降下の測定により求めた化合物 **B** の分子量から，シクロヘキサン中での **B** の存在状態を構造式で示し，それについて60字以内で説明せよ。

問3　**下線部**(a)の記述で，化合物 **C** の反応を反応式で示せ。

問4　**下線部**(b)の反応で，生成する可能性のある全ての異性体を構造式を用いて示せ。　〔富山大〕

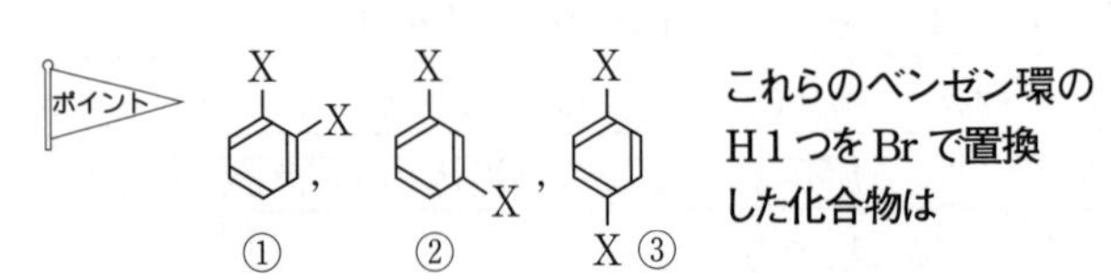

第8章　物質の性質3（天然有機物と合成高分子化合物）

1　糖　類

181　◀ 基本チェック ▶

⑴　【糖類】　次の糖①～⑥のうちから，下の各項目（イ）～（ニ）に当てはまるものを選び①～⑥の番号で記せ。ただし，解答は１つとは限らず，同じ番号を何度用いてもよい。

①　デンプン　　②　セルロース　　③　グルコース

④　スクロース　　⑤　フルクトース　　⑥　マルトース

（イ）スクロースを加水分解して得られる　　（ロ）高分子化合物

（ハ）フェーリング液を還元する　　（ニ）単糖類

⑵　【グルコースの構造】　グルコースは水溶液中では次式の環状構造 **A**，**C** と鎖状構造 **B** が共存した平衡状態になっている。

```
 A      CH2OH               B     CH2OH                C      CH2OH
         |                          |                           |
         C － O                     C －[ア]                     C － O     [ウ]
  H    / |      \    H       H    / |                    H    / |      \    /
   \  /  H       \  /         \  /  H        [イ]          \  /  H       \  /
    C     OH  H    C    ⇄      C     OH   H   /     ⇄       C    OH  H     C
   / \   |   |  /   \         / \    |   |  /              / \   |   |  /   \
 HO   \  |   | /     OH     HO   \   |   | /             HO   \  |   | /    [エ]
        C － C                    C － C                      C － C
        |    |                    |    |                      |    |
        H    OH                   H    OH                     H    OH
```

①　ア，イ，ウ，エに当てはまる式を記せ。

②　α-グルコースとよばれるのは，**A**，**B**，**C** のうちどれか。

③　還元性を示す基をもつのは，**A**，**B**，**C** のうちどれか。

④　**A** に含まれる不斉炭素原子は何個か。

⑶　【デンプンとセルロース】　次の文の（　　　）に適切な語句を記せ。

デンプンの成分の一つである（　ア　）は（　イ　）が鎖状に（　ウ　）重合したものである。その分子式は（　エ　）で表され，分子構造はらせん型である。セルロースも同じ分子式を有するが，その構成成分は（　オ　）であり，分子構造は直線的である。そのため，分子どうしが平行して並びやすく，鎖状の繊維を形成しやすい。

(4) 【加水分解反応】 162g のデンプンが加水分解反応により全部マルトースになるとすると，何 g のマルトースが得られるか。

(5) 【呼吸と ATP】 空欄に適する数値を語群から選べ。原子量は C=12, H=1, O=16 とする。

ネズミの肝細胞を培養したところ，0.12mol の O_2 が消費され，0.12mol の CO_2 が生成された。肝細胞の質量は変化しなかったとすると，培地中のグルコースが約 [1] g 酸化されたことになる。また，この反応により，理論的には正味 [2] mol の ATP が生成されたことになる。ただし，好気呼吸のもとで 1 分子のグルコースから生成される総 ATP は 38 分子である。

［語群］ ① 0.76　② 0.93　③ 1.26　④ 2.4　⑤ 3.6
⑥ 6.5　⑦ 7.3　⑧ 8.4

グルコース ➡ 水溶液中で α 型，β 型，鎖状構造の平衡混合物

182 ◀糖の性質▶

(1) 6 種類の糖類(ア)～(カ)の水溶液を用いて実験を行い，以下の結果を得た。糖類(ア)～(カ)として最も適当と思われるものを解答群の中から選び，その番号を記せ。

実験１：(ア)～(カ)の各糖類の水溶液にフェーリング液を加えて煮沸すると(ア)，(イ)，(エ)，(カ)は赤色沈殿を生じたが，(ウ)，(オ)は変化しなかった。

実験２：(ウ)，(エ)，(カ)を希塩酸水溶液中で煮沸すると，いずれも(ア)と同じ化学的性質を示す糖類へと変化した。

実験３：(オ)の水溶液にインベルターゼを加え室温で数時間放置すると(ア)と(イ)の混合物を生じた。

実験４：(ウ)，(エ)，(オ)の水溶液にそれぞれアミラーゼを加え室温で数時間放置すると，(ウ)からは(エ)と同じ糖類が生じたが，(エ)，(オ)は何ら変化しなかった。

解答群：0. グルコース　1. フルクトース　2. マルトース
3. スクロース　4. セロビオース　5. デンプン

(2)　グルコース1molにフェーリング液を十分量加えて煮沸すると1molのCu_2Oが生成する。いま，グルコースがα-1, 4グリコシド結合によってn個結合した糖類(キ)(右図参照)がある。この糖類(キ)50gを水に溶解しフェーリング液を十分量加えて煮沸すると0.1molのCu_2Oが生成した。この糖類(キ)はグルコースが［(a)］個結合したものである。(a)に当てはまる数値を記せ。

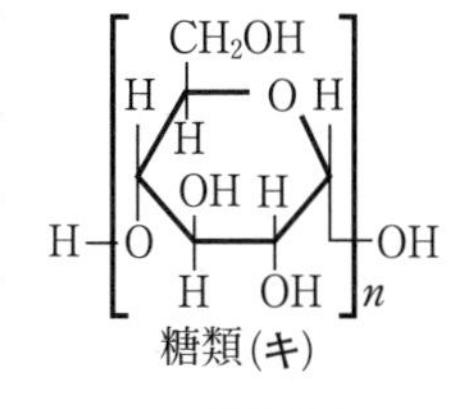

糖類(キ)

〔東京理科大〕

環状グルコース ➡ 1位のOHが縮合に使われると開環できなくなる

B

183* ◀糖の構造と性質▶

炭水化物は分子の大きさによって分類される。単糖類はそれ以上小さな糖単位に加水分解されない炭水化物である。二糖類は加水分解で二つの単糖類を生じる。単糖類は分子の炭素数によって分類され，炭素数6個の糖はヘキソースとよばれる。右に代表的なヘキソースであるフルクトース **A** と α- グルコース **B** の構造を示す。

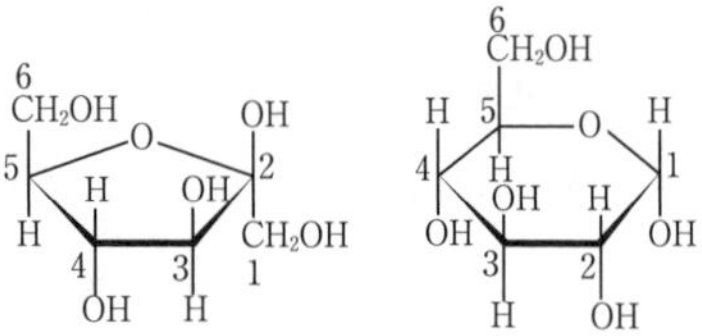

フルクトース**A**　　　α-グルコース**B**

図　1

問1　図1の α- グルコースの表記法にならって，β- グルコース，鎖状グルコースの構造を書け。

問2　以下の二糖類の構造式を図の表記法にならって書け。

スクロース **C**　　：**A** の2位と **B** の1位の OH 間で縮合

セロビオース **D**　：β- グルコースの1位と4位の OH 間で縮合

マルトース **E**　　：**B** の1位と4位の OH 間で縮合

問3　糖類の重要な化学的性質の一つに還元性がある。還元性を証明する反応名または試薬(液)名を1つあげ，そのときの反応を金属イオンに関するイオンを含む化学反応式で書け。ただし電子は e^- で表せ。

問4　上記の糖類 **A**〜**E** のうち水に溶かしたとき還元性を示さないものはどれか。理由も簡潔に説明せよ。

問5　デンプンは単糖類が多く縮合重合した化合物の一つである。デンプン100g に希塩酸を加えて完全に加水分解して得られた糖に，適当な量の酵母を加えてアルコール発酵させると，エタノールは何 g 得られるか。得られた糖が 100% アルコール発酵したとして，有効数字3桁で答えよ。原子量は H＝1.0，C＝12，O＝16 とする。

〔千葉大(改)〕

フルクトース（2位の OH）
α- グルコース（1位の OH）　$\xrightarrow{-H_2O}$　スクロース⇨還元性なし
（開環できないから）

184* ◀デンプンの加水分解▶

グルコースの水溶液中には3種類の異性体が存在している。ほとんどの分子はα-グルコースまたはβ-グルコースであり（　1　）状構造をとっている。しかしごく微量の鎖状構造の分子が存在し，［ア］で示される官能基をもつ。このためグルコースの水溶液をフェーリング液と反応させると錯イオン中の（　2　）が（　3　）され，（　4　）の赤色沈殿が生じる。この化学反応を利用して溶液のグルコース濃度を測定することができる。

デンプンの成分であるアミロースは（　5　）が直鎖状に（　6　）した構造とみなすことができ，分子式は［イ］で表される。アミロース分子は水溶液中では（　7　）状になっており，ヨウ素デンプン反応ではその立体構造の中に（　8　）分子が入り込んで青色を呈する。

いま，アミロースの水溶液にアミラーゼを適量加えて酵素反応を開始させ，経時的に溶液の一部をとり，ヨウ素デンプン反応による青色の濃さを調べる実験を行った。3種類のアミラーゼ **A**，**B**，**C** についてこの実験を行った結果を模式的に示すと右図のようになった。

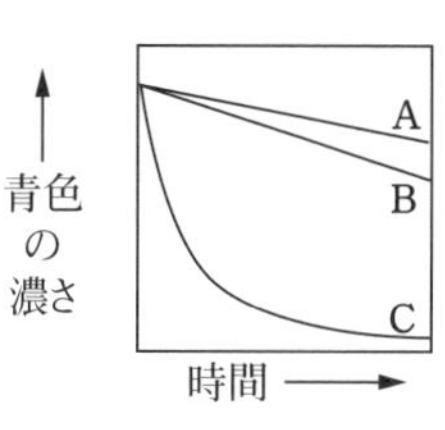

問1　文中の（　）に適切な用語，［　　］に適切な化学式を記せ。

問2　**下線部分**について，鎖状構造のグルコース分子は微量しか存在しないにもかかわらず溶液のグルコース濃度を測定できるのはなぜか，説明せよ。

問3　マルトース（$C_{12}H_{22}O_{11}$）の1.0％水溶液10mLを十分量のアンモニア性硝酸銀水溶液と反応させると銀鏡反応が見られた。析出した銀は何gか。原子量は H＝1.0，C＝12，O＝16，Ag＝108 とする。

問4　アミラーゼは種類によって作用の様式が異なり，次のようなタイプがある。アミラーゼ **A**，**B**，**C** はそれぞれ**タイプ1〜3**のいずれに属するか。

タイプ1：アミロースの末端に作用し，マルトースを生成する。
タイプ2：アミロースの末端に作用し，グルコースを生成する。
タイプ3：アミロースの末端にも内部にもランダムに作用する。

〔香川大〕

ヨウ素デンプン反応 ➡ 分子のらせん構造の中に I_2 が入り込んで呈色する

185** ◀ デンプンの性質とアミロペクチンの枝分かれの割合 ▶

下記の文章を読み，以下の設問に答えよ。

デンプンはグルコース分子の脱水縮合による繰り返し構造をもつ分子量が数万～数百万の多糖である。(1)ある性質の差を利用することにより，デンプンを直鎖状構造のアミロースと多くの分岐構造をもつアミロペクチンに分けることができる。

アミロペクチン 2.43g に対してヨウ化メチルを反応させて，その構造中に存在するすべてのヒドロキシ基を次式に示すようにメチル化した。

$$R-OH \longrightarrow R-OCH_3$$

その後，酸処理によりグルコース単位間の結合を完全に加水分解すると，(2)分子量の異なる 3 種の化合物が生成物として得られた。そのうちの 1 つを化合物 A として，その収量を求めると 142mg であった。さらに，得られた化合物 A の全量を完全燃焼させると 265mg の二酸化炭素と 108mg の水が生成した。ただし，すべての過程において反応は完全に進行したとみなす。

問1 単糖のグルコースはフェーリング試薬や銀鏡反応などに対して明瞭な還元性を示すが，デンプンは実験的に測定できるような還元性を示さない。その理由を説明せよ。

問2 下線部(1)で示した，デンプンをアミロースとアミロペクチンに分けるために利用する性質とは何か。

問3 下線部(2)で示した 3 種の化合物の分子式を記せ。

問4 問 3 の答の中から化合物 A に相当する分子式を記せ。

問5 実験に用いたアミロペクチンでは，それを構成する全グルコース単位のうち，分岐点上に存在するグルコース単位は全体の何 % といえるか。答えを有効数字 3 桁として記せ。

〔東京大〕

2　アミノ酸，ペプチド，タンパク質，酵素，核酸，医薬品

186 ◀基本チェック▶

(1)【アミノ酸】 アミノ酸に関する以下の問に答えよ。

問1 アミノ酸の特徴で誤っているものはどれか。

① 有機溶媒には溶けにくい。

② 天然のアミノ酸のほとんどは鏡像異性体の一方である。

③ 酸，塩基に溶け，水中で電離する。

④ 結晶状態では融点が低い。

⑤ アミノ基とカルボキシ基の数は必ずしも同じではない。

問2 アラニンの酸性，中性，塩基性の水溶液中での主な構造式を示せ。

問3 アラニンを1－プロパノールに溶かし，少量の濃硫酸を加えて加熱すると生成する化合物の構造式を示せ。

問4 アラニンに無水酢酸を作用させると生成する化合物の構造式を示せ。

(2)【タンパク質】 次の文中の［　　］に入る適切な語句を記せ。

天然のタンパク質を加水分解して得られるアミノ酸のうちのほとんどは［ア］，すなわち2位にアミノ基を有する［イ］である。あるアミノ酸のアミノ基と別のアミノ酸の［ウ］基とが［エ］結合してつながったものをペプチドとよび，このような［エ］結合を特に［オ］結合と呼ぶ。アミノ酸が多数［オ］結合でつながった高分子化合物をタンパク質とよぶ。

(3)【タンパク質の検出反応】 次の①，②の反応の反応名を記せ。

① タンパク質の溶液に水酸化ナトリウムの水溶液を加え，硫酸銅の水溶液を1，2滴加えると赤紫色になる。

② タンパク質に濃硝酸を加えて加熱すると黄色になる。

(4) 【DNA】 次の文中の［　　］に入る適切な語句を記し，後の問に答えよ。

アデニンなどの有機塩基とデオキシリボースなどの五炭糖とリン酸が結合したものを［ ア ］という。DNAは，互いに縮合重合でつながった［ ア ］鎖2本が，［ イ ］結合により［ ウ ］－チミン，［ エ ］－シトシンの塩基対をつくり，［ オ ］構造をとっている。

問 ［ オ ］1回転中に10塩基対があり，1回転分の長さは3.4nmである。ヒトのゲノムには30億塩基対がある。通常のヒトの細胞中のDNAを1つの［ オ ］にするとその長さは何mになるか。

アミノ酸の両性イオン ➡ 酸性中で陽イオン，アルカリ性中で陰イオン

187 ◀ジペプチドの構造▶

ある人工甘味剤**A**は，スクロースの約180倍も甘く，最近清涼飲料水などの甘味剤としてよく使用されているものである。**A**はα-アミノ酸の一種であるアスパラギン酸と，別のα-アミノ酸**B**のメチルエステルからできるジペプチドである。この甘味剤**A**に関する次の**問1～6**に答えよ。原子量はH=1.0，C=12，O=16，N=14とする。

問1 アスパラギン酸には不斉炭素原子が存在する。アスパラギン酸の両鏡像異性体を，不斉炭素原子を中心に立体的に書け。

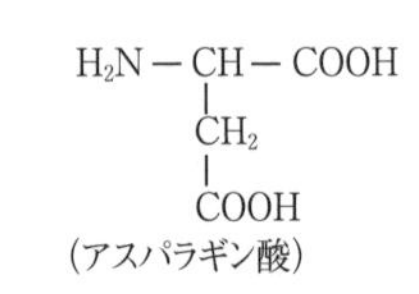

(アスパラギン酸)

問2 アスパラギン酸のpH=1の酸性水溶液中でのイオンの状態(ア)，およびpH=10の塩基性水溶液中でのイオンの状態(イ)を，それぞれ構造式を用いて書け。

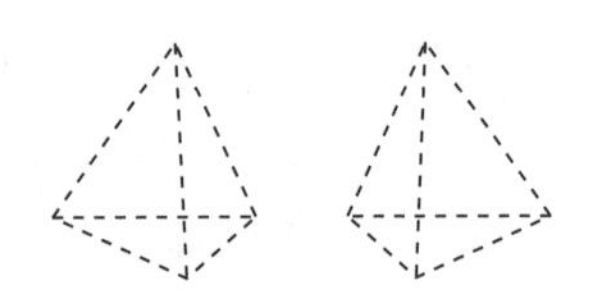

問3 α-アミノ酸**B**は，炭素，水素，酸素，窒素のみで構成される。元素分析の結果，**B** 5.00g中には，炭素3.28g，水素0.336g，窒素0.424gが含まれることがわかった。**B**の組成式を書け。

問4　α-アミノ酸**B**のみからなるジペプチドの分子量は，312である。**B**の分子式を書け。

問5　ある測定の結果，α-アミノ酸**B**の分子内にはベンゼン環が存在するが，メチル基は存在しないことがわかった。**B**の構造式を書け。鏡像異性体は考慮しなくてもよい。

問6　α-アミノ酸**B**のメチルエステルとアスパラギン酸とが脱水縮合すると，アミド結合をもつ二種類の化合物を生じる。そのうち甘味をもつジペプチド**A**は，アスパラギン酸由来の $-CH_2COOH$ 部分がそのまま残っている。**A**の構造式を書け。鏡像異性体は考慮しなくてもよい。

〔関西学院大〕

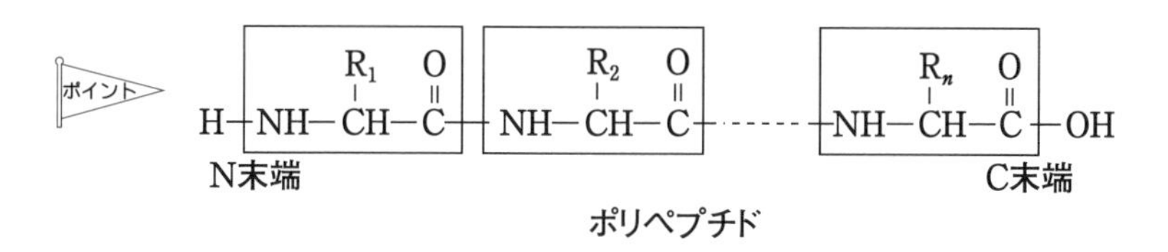

188 ◀ 核酸 ▶

次の記述を読んで，問い(**問1**～**問3**)に答えよ。

すべての生物の細胞には核酸とよばれる高分子化合物が存在し，その生物のもつ遺伝情報を次世代に伝える重要な役割を果たしている。

核酸にはデオキシリボ核酸(DNA)とリボ核酸(RNA)がある。核酸の構成単位は［　ア　］といい，［　ア　］は窒素を含む環状構造の塩基と糖とリン酸各1分子が結合した化合物である。DNAとRNAの構造上の大きな違いの1つは，それらの構成単位の糖であり，DNAには［　イ　］，RNAには［　ウ　］という異なる糖が含まれている。DNAとRNAを構成する塩基は，それぞれ4種類ずつあり，そのうち略号Aで表される［　エ　］，略号Gで表される［　オ　］，略号Cで表される［　カ　］の3種類は共通である。残り1つの塩

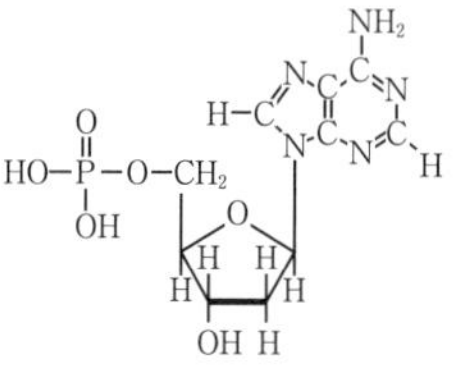

［ア］の例

基は，DNA では略号 T で表される［　キ　］であるが，RNA では略号 U で表される［　ク　］である。2 本の鎖状の DNA 分子は二重らせん構造をとっており，(i)この 2 本鎖は一方の鎖中の塩基と，他方の鎖中の塩基との間で水素結合している。DNA の 4 種類の塩基のうち，［　エ　］と［　キ　］は 2 本の水素結合で，［　オ　］と［　カ　］は 3 本の水素結合で，それぞれ塩基対をつくっている。

問 1　文中の［　ア　］～［　ク　］に適切な語句を記入せよ。

問 2　DNA の二重らせん構造の中で，［　エ　］と［　キ　］は，水素結合を形成している。［　キ　］を下の図の(1)～(3)から選び，番号を記せ。さらに，［　キ　］の構造を□に適切に配置して，［　エ　］と［　キ　］の間に形成される水素結合を破線------で表せ。ただし，水素結合を表す際は，四角の枠は無視せよ。

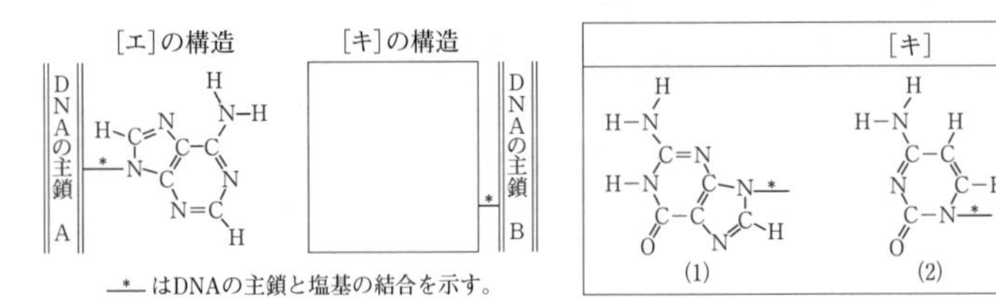

—*— はDNAの主鎖と塩基の結合を示す。

問 3　下線部(i)において，ある 2 本鎖 DNA の塩基の組成(モル分率)を調べたところ，［　オ　］が 26％であった。このとき，［　エ　］は何％か。有効数字 2 桁で答えよ。〔神戸薬大〕

189 ◀ 天然繊維とその特徴 ▶

天然繊維に関する次の文章を読んで，下の**問 1**～**6** に答えよ。

天然繊維は大きく［ア］繊維と［イ］繊維とに分けられ，前者には木綿や麻，後者には羊毛や絹などがある。木綿は植物のワタから得られる繊維で，［ウ］を主成分とする。木綿は，［エ］性にすぐれ，また摩擦や熱に比較的強い。羊毛は羊の体毛から得られる繊維で，［オ］とよばれるタンパク質を主成分とする。羊毛は，［カ］性にすぐれ，またシワになりにくい。絹はカイコガのまゆから得られる繊維である。まゆから取り出される生糸はタンパク質の［キ］とそれを包むセリシンからできている。化学的な処理により，生糸からセリシンを除くと絹糸が得られる。絹はしなやかで［ク］があるが，日光などで変色しやすい。

問1　文中の空欄の［ア］～［ク］に当てはまる語句を記せ。

問2　木綿，羊毛，絹の形状は，それぞれ次の図A～Cのいずれに相当するか，記号で記せ。

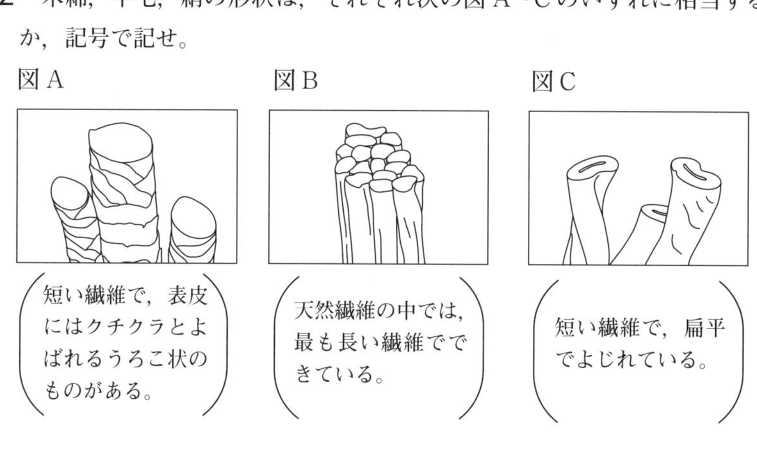

問3　［ウ］の構造を，構造式で記せ。

問4　［オ］は他のタンパク質よりも，硫黄を多く含む。この原因となる構成アミノ酸の名称を記せ。

問5　［キ］の70～80%は，2種類のアミノ酸で構成されている。これらのアミノ酸の構造式を記せ。

問6　木綿と羊毛を点火したときの燃え方やにおいの違いについて，簡単に述べよ。

B

190* ◀ グリシンの等電点 ▶

インシュリンは，約 50 個の α- アミノ酸からできているタンパク質で，あるタンパク質分解酵素で分解すると，多くのペプチド断片が得られる。そのなかにはグリシンとアラニンからできているジペプチドがある。グリシンは，水溶液中では，$H_3N^+-CH_2-COOH$，$H_3N^+-CH_2-COO^-$ および $H_2N-CH_2-COO^-$ の混合物として存在し，式(1)と式(2)の電離平衡が同時に成り立っている。

$$H_3N^+-CH_2-COOH \underset{}{\overset{K_1}{\rightleftarrows}} H_3N^+-CH_2-COO^- + H^+ \quad (1)$$

$$H_3N^+-CH_2-COO^- \underset{}{\overset{K_2}{\rightleftarrows}} H_2N-CH_2-COO^- + H^+ \quad (2)$$

ここで K_1 および K_2 は，それぞれ式(1)および式(2)の電離定数である。

インシュリン水溶液に，希水酸化ナトリウム水溶液を加え塩基性にしたのち，［ a ］水溶液を加えると，2 個のペプチド結合の部分と結びつき赤紫色になる。インシュリン水溶液に水酸化ナトリウム水溶液を加えて加熱し，さらに酢酸鉛水溶液を加えると，黒色の沈殿［ b ］が生じる。インシュリン水溶液に濃硝酸を加え加熱すると，インシュリンに含まれるベンゼン環が［ c ］され，溶液は黄色になる。

問1 グリシンとアラニンからできているジペプチドの構造式を二つ示せ。

問2 グリシンの等電点における水素イオン濃度 $[H^+]$ を，K_1 と K_2 を用いた式で表せ。ただし，等電点では，$H_3N^+-CH_2-COOH$ と $H_2N-CH_2-COO^-$ の濃度は等しい。

問3 問2の式を使って，グリシンの等電点における溶液の pH を求めよ。ただし，$\log K_1 = -2.4$，$\log K_2 = -9.6$ とする。

問4 空欄［ a ］と［ b ］に適当な化学式，および，空欄［ c ］に適当な語句を入れよ。

問5 酵素によるインシュリンの分解速度は，ある温度より高くなると著しく低下する。その理由を 20 字以内で述べよ。 〔筑波大〕

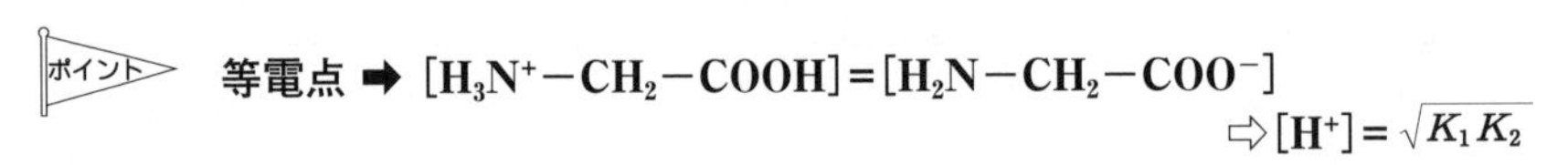

等電点 ➡ $[H_3N^+-CH_2-COOH] = [H_2N-CH_2-COO^-]$

⇨ $[H^+] = \sqrt{K_1 K_2}$

191* ◀ ペプチドのアミノ酸配列 ▶

表に示す6種類のα-アミノ酸9個から構成されるペプチドがある。このペプチドのアミノ酸配列(アミノ酸の結合順序)を決定するために，下記に示す**実験1～3**を行い，種々の結果を得た。

α-アミノ酸	側鎖(R-)	アミノ酸の略号
アラニン	CH_3-	A
アスパラギン酸	HOOC-CH_2-	D
グリシン	H-	G
リシン	H_2N-$(CH_2)_4$-	K
セリン	HO-CH_2-	S
チロシン	HO-C_6H_4-CH_2−	Y

実験1．いま，このペプチドを，次図に示すように，塩基性を示すアミノ酸〔塩基ア〕のカルボキシ基側のペプチド結合を加水分解する酵素によって，2種類のペプチド断片(**イ**)と(**ロ**)に切断した。

切断部位

H_2N ……………〔塩基ア〕↓ …………………… COOH

←― ペプチド断片 ―→ ←― ペプチド断片 ―→

実験2．ペプチド断片(**イ**)のカルボキシ末端のアミノ酸は酸性を示すアミノ酸であった。さらに，このペプチド断片1molにアミノ末端より1個ずつ順次アミノ酸を切り離す酵素を作用させたところ，上図のようにアミノ酸A，D，G，Sが生じた。ただし，反応は完全に行われたものとする。

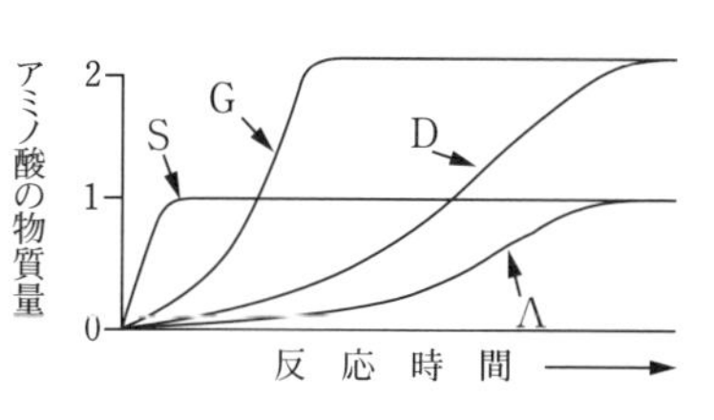

実験3．ペプチド断片(**ロ**)はキサントプロテイン反応に対し陽性を示し，アミノ末端のアミノ酸は鏡像異性体のないアミノ酸であった。

問1　ペプチド断片(**イ**)は何個のアミノ酸で構成されているか答えよ。

問2　このペプチドの全アミノ酸配列を例に従って示せ。

〔例〕アミノ末端から順にアラニン，リシン，セリン，グリシンからなるペプチドのアミノ酸配列は〔A−K−S−G〕とする。　〔千葉大〕

中性アミノ酸($\overset{a}{-\mathrm{COOH}}$数 $=$ $\overset{b}{-\mathrm{NH_2}}$数)，酸性アミノ酸($a > b$)，塩基性アミノ酸($a < b$)

192* ◀ 染料と染色 ▶

染料と染色に関する次の文章を読んで，下の**問1〜3**に答えよ。

ある繊維が染料で染色されるためには，染料の分子が繊維の間に入り込み，繊維と強く結びついて離れなくなることが必要である。染料には，染色方法の違いにより，［ア］染料，［イ］染料，酸性・塩基性染料などがある。次の図①，②，③は，これらの染料による染色の様子を模式的に示したものである。

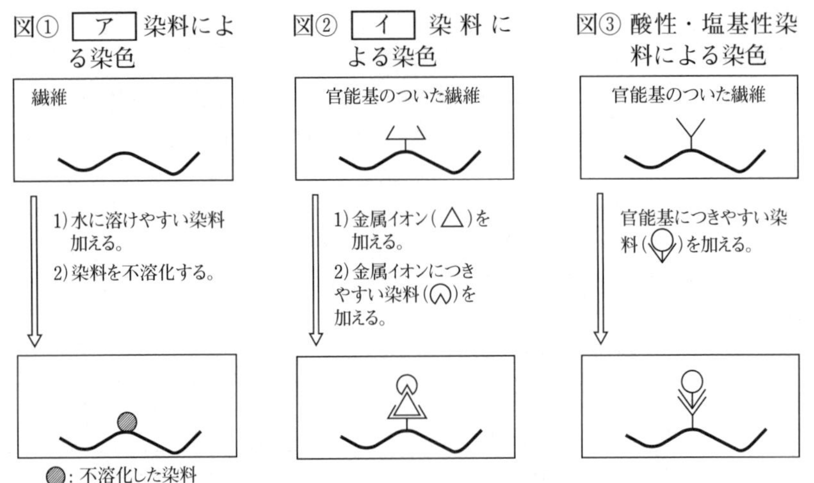

〔図：センター試験 IA より〕

［ア］染料による染色では，酸化還元反応が利用される。この例としては，インジゴによる木綿の藍(あい)染めが有名である。また，［イ］染料による染色では，［イ］剤とよばれる水溶性の金属塩が用いられる。

問1 文中の空欄の［ア］，［イ］に当てはまる語句を記せ。

問2 文中の下線部分について，インジゴによる木綿の藍染めを例にとり，図①を参考にして簡潔に説明せよ。

問3 酸性・塩基性染料による染色を実験で行うために，ピクリン酸水溶液（黄色）を用意した。この水溶液に絹，羊毛，および木綿を浸したところ，絹と羊毛は黄色に染色され，その色が水で洗ってもとれなかったが，木綿は染色されなかった。図③を参考にして，この理由を簡潔に説明せよ。

193* ◀ 酵素の触媒反応と反応速度 ▶

酵素に関する次の問いⅠ，Ⅱに答えよ。

Ⅰ　次の文章を読んで，下の**問1〜4**に答えよ。

酵素は，100〜500個のアミノ酸でできた［ａ］を主体とした高分子化合物である。生体内では種々の化学反応が行われているが，これらの反応のほとんどすべてが酵素の触媒作用によって進行している。酵素が働く物質を基質といい，酵素には基質と結合する［ｂ］とよばれる部分がある。酵素が触媒として働くとき，1種類の酵素は，ある特定の基質にしか働かない。このような性質を［ｃ］という。

酵素の反応速度は図1のように温度により大きく変化する。さらに，酵素には最適pHがある。図2のように胃液中で働くペプシンと，すい液中で働くトリプシンの最適pHは異なる。

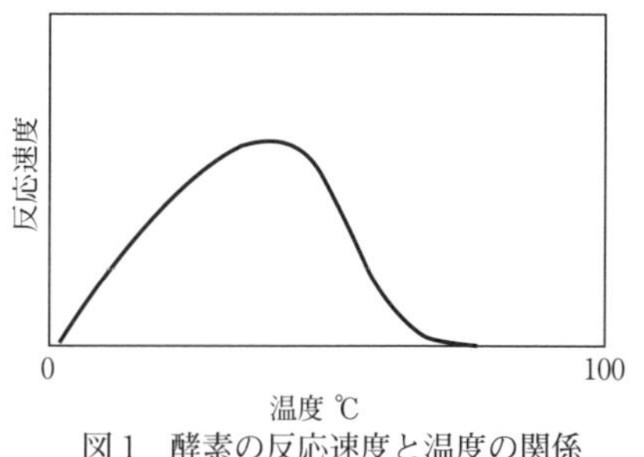

図1　酵素の反応速度と温度の関係

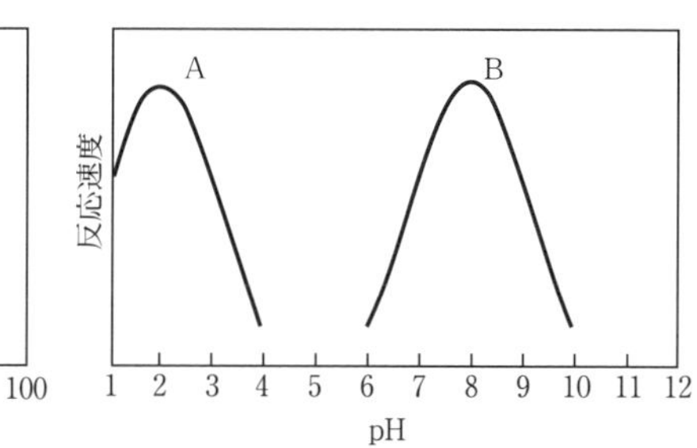

図2　酵素の反応速度とpHの関係

問1　文中の空欄の［ａ］〜［ｃ］に当てはまる語句を記せ。

問2　図1の酵素の反応速度と温度の関係について，簡潔に説明せよ。

問3　pHにより酵素の反応速度に変化が生じる要因として誤っているものを，次の(ア)〜(オ)のうちから一つ選べ。

(ア)　基質と酵素の結合が変化する。

(イ)　酸性や塩基性の条件下で，酵素タンパク質はアミノ酸に分解される。

(ウ)　酵素タンパク質の立体構造が変化する。

(エ)　酵素活性に関与するアミノ酸のイオン化状態が変化する。

(オ)　基質のイオン化状態が変化する。

問4　図2の曲線A，Bは，それぞれペプシンまたはトリプシンのどちらであるか答えよ。

〔聖マリアンナ医大・改〕

Ⅱ　次の文章を読んで，下の**問1～4**に答えよ。

一般に酵素の触媒反応において，反応速度(生成物の生成速度 v)は，図3のように基質濃度[S]を大きくすると増加していくが，やがて最大値 v_{max} に達し，一定となる。このような v と[S]の関係を説明するために，ドイツのミカエリスとカナダのメンテンは，以下のような二段階の反応に基づく反応機構を提案した。

酵素Eは，まず基質Sと酵素 − 基質複合体E・Sを形成する。

その後，基質Sは生成物Pに変化し，酵素Eは再び触媒として元にもどる。

$$\mathrm{E+S} \underset{k_1'}{\overset{k_1}{\rightleftarrows}} \mathrm{E \cdot S} \xrightarrow{k_2} \mathrm{E+P}$$

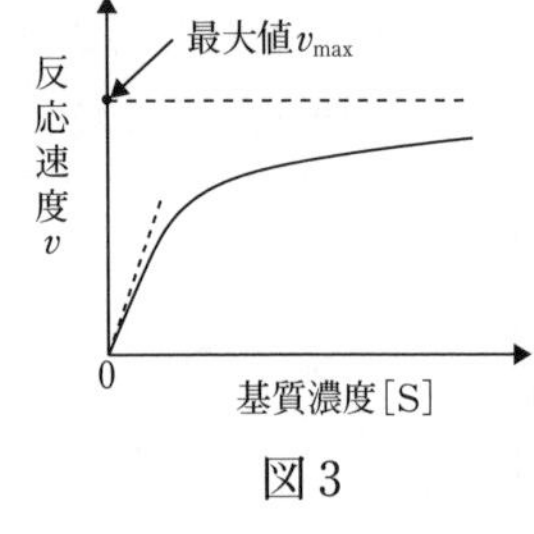

図3

ここで，k_1，k_1'，k_2 は反応速度定数であり，$k_1 \gg k_2$，$k_1' \gg k_2$ が成り立ち，EとSはE・Sとつねに平衡状態にあると仮定する。このとき，Pの生成速度 v は，次式(1)で与えられる。

$$v = k_2\,[\mathrm{E \cdot S}] \qquad \cdots\cdots(1)$$

また，E・Sの解離反応($\mathrm{E \cdot S} \underset{k_1}{\overset{k_1'}{\rightleftarrows}} \mathrm{E+S}$)の平衡定数を K とすると，

$$K = \frac{[\mathrm{E}]\,[\mathrm{S}]}{[\mathrm{E \cdot S}]} = \boxed{\text{ア}} \qquad \cdots\cdots(2)$$

酵素の全濃度を$[\mathrm{E}]_0$とすると，

$$[\mathrm{E}]_0 = [\mathrm{E}] + [\mathrm{E \cdot S}] \qquad \cdots\cdots(3)$$

(2)，(3)式より，

$$[\mathrm{E \cdot S}] = \frac{\boxed{\text{イ}}}{K + \boxed{\text{ウ}}} \qquad \cdots\cdots(4)$$

(4)式を(1)式に代入すると，

$$v = \frac{k_2\,\boxed{\text{イ}}}{K + \boxed{\text{ウ}}} \qquad \cdots\cdots(5)$$

このようにして導出された(5)式は，図3のグラフをうまく説明できることがわかる。

問1　(2)式中の［ア］に当てはまる式をk_1，k_1'を用いて表せ。また，(4)，(5)式中の［イ］，［ウ］に当てはまる式を，$[E]_0$，[S]を用いて表せ。

問2　[S]が十分に小さいとき($[S] \ll K$)，図3のグラフはほぼ直線となり，vは[S]に対して1次反応となる。このときの直線の傾きを式で表せ。

問3　[S]が十分に大きいとき($[S] \gg K$)，図3のグラフは一定値v_{max}となる。v_{max}を式で表せ。また，[S]が十分に大きいとき，vが一定となる理由を定性的に説明せよ。

問4　$v=\frac{1}{2}v_{max}$となるときの[S]は，Kと一致することを示せ。

194** ◀核酸▶

次の問1～問5に答えよ。

化学物質による遺伝子の突然変異誘発について考えよう。

1953年，ワトソンとクリックはDNAの二重らせん構造モデルを示した。本モデルでは，図1に示すプリン塩基とピリミジン塩基が，水素結合を介して塩基対を形成している。プリン塩基の［ア］位とピリミジン塩基の［イ］位で直接形成される水素結合と，プリン塩基の［ウ］位とピリミジン塩基の［エ］位の置換基間で形成される水素結合は，2組の塩基対のどちらにも存在する。

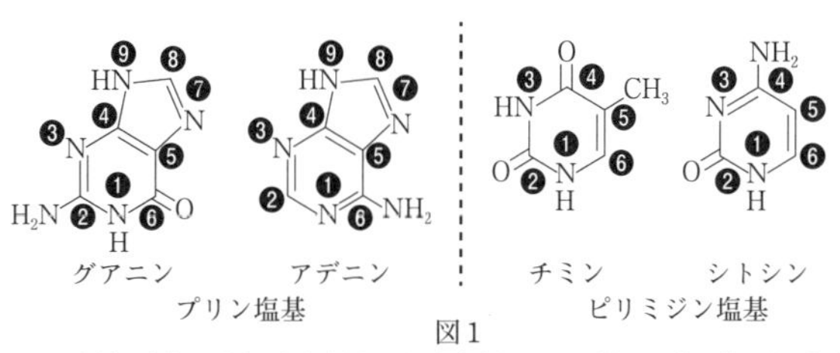

図1
(図中の白抜きの数字は炭素原子もしくは窒素原子につけた番号で，1位，2位などと呼ぶ)

問1　［ア］～［エ］に適切な数字を記せ。

亜硝酸ナトリウム($NaNO_2$)は，肉の発色や細菌繁殖の防止のための食品添加物として用いられている。しかしながら，これを大量に摂取すると核酸塩基の脱アミノ化反応などが引き起こされ，毒性や発がん性を示すことが知られている。例えば式(1)の化合物**A**は，塩酸中で亜硝酸ナトリウムと反応し，化合物**B**となる。この化合物を加水分解すると，最終的にアミド結合を有する化合物**C**となる。

NH_2 　N　 $\xrightarrow{NaNO_2,\ HCl}$ 　X Cl^- 　N　 $\xrightarrow[H_2O]{}$ 　OH 　N　 ⇄ 化合物C　　(1)

化合物A　　化合物B

この脱アミノ化反応がDNA中のシトシンで起こった場合，生成物の塩基部位は速やかに生体内のある修復酵素により除去される。一方，シトシンの5位にメチル基$(-CH_3)$が導入された5−メチルシトシンで同様の脱アミノ化反応が起こった場合，この修復酵素では除去の対象とならず，異なる遺伝情報をもたらす塩基配列となる。これは，突然変異誘発の原因となり得る。

問2　式(1)の X に入る原子または原子団を化学式で答えよ。

問3　化合物Cの構造式を記せ。

問4　下線部の反応で生成した化合物の名称を記せ。

タバコの煙に含まれるベンゾ[*a*]ピレンは，生体内で酵素反応により酸化物となり，DNA中のグアニンと結合する。このような化学物質の核酸塩基への結合はDNAの化学修飾と呼ばれ，突然変異誘発の原因となり得る。

問5　以下の(ｉ)，(ii)に答えよ。

(ｉ)　ある細胞のDNAでは，全塩基数に対するアデニンの数の比率が10％であった。このDNAのヌクレオチド単位の式量の平均値を有効数字3けたで答えよ。

なお，DNA中には4種類の核酸塩基のみ存在し，各核酸塩基を含むヌクレオチド単位の式量は，アデニン：310，グアニン：330，シトシン：290，チミン：300とする。

(ii)　あるタバコ1本を燃焼させたときの煙に含まれるベンゾ[*a*]ピレン(分子量252)の総量は1.134×10^{-7}gであった。ベンゾ[*a*]ピレンの酸化物が(ｉ)の細胞のDNA中に存在する全てのグアニンと結合すると仮定したとき，このタバコ1本で細胞何個分のDNAを化学修飾できるか，有効数字3けたで答えよ。

なお，1molのベンゾ[*a*]ピレンは1molの酸化物となり，グアニン1molと結合するものとし，また，(ｉ)の細胞1個に含まれるDNAの質量は3.40×10^{-12}gとする。　〔京都大〕

195** ◀医薬品▶

次の医薬品に関する文章(1)～(4)を読んで，**問1～問7**に答えよ。

(1) 頭痛薬として用いられてきたメントールはハッカから得られる有機化合物であるが，安定な供給のため化学合成法によって生産されている。メントールの炭素原子の質量百分率は76.9%，分子量は156である。また，少なくとも水素が一つ結合している炭素が6員環を形成し，ヒドロキシ基と2つの異なるアルキル基が存在する。このことから，分子式は［ア］と導かれるが，［イ］種類の構造異性体が考えられる。ここで，ヒドロキシ基が結合している炭素に1という番号をつけ，その隣の炭素を2，その隣を3と順次，環を形成する6個の炭素すべてに番号をつける。

そのときに番号2の炭素に枝分かれのあるアルキル基，5の炭素にもう一方のアルキル基を結合させたものがメントールの構造式**A**である。また，この化合物には［ウ］種類の立体異性体が存在するが，(1)そのうちの1つの立体異性体がメントールであり，清涼感のある化合物である。

(2) 化合物**B**は，細菌感染の化学療法剤として使われる医薬品の基本構造であり，分子式は$C_6H_8N_2O_2S$である。細菌は，核酸やアミノ酸を合成して増殖し，このとき*p*-アミノ安息香酸を必要とするが，化合物**B**を間違えて取り込んでしまう。そのため，細菌の増殖に必要な物質の合成が阻害され，やがて細菌は死滅する。化合物**B**の構造的特徴を確認するため，まず化合物**B**をジアゾ化した。次に，得られたジアゾニウム塩をアニリンの窒素がジメチル化されたジメチルアニリンにジアゾカップリングしたところ，ジアゾニウム塩を含む淡黄色の反応液はこげ茶色に変化し，化合物**C**が生成した。また，(2)このときの反応に関与した化合物**B**の官能基を検出する別の確認実験を行った。

(3) 医薬品**D**は，フレミングによってアオカビから発見された［エ］と総称される抗生物質の1つである。多用すると抵抗性のある［オ］菌が出現してしまう。細菌が細胞壁をつくる際に必要とする酵素であるトランスペプチダーゼが**D**に誤って作用してしまうために，**D**は効力を示す。医薬品**D**の4員環からなる環状構造をβ-ラクタムとよぶが，この小さな環状構造は5員環や6員環構造に比べ立体的に不安定で無水酢酸がもつような反応性をわずかにもっている。そのため，**D**がトランスペプチダーゼに作用するときは，この酵素の触媒作用の中心的役割を果たす酵素中のセリン残基*と反応し，共有結合を形成し(これを化学修飾という)，高分子化合物Eとなる。これにより，トランスペプチダーゼの触媒活性は失われる。

*ポリペプチドを構成する個々のアミノ酸を残基という。

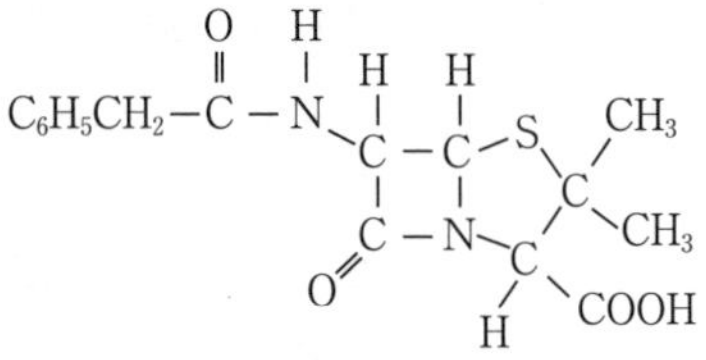

```
             O   H
             ‖   |   H    H
C6H5CH2 - C - N   |    |
                 \ C - C - S   CH3
                   |   |    \ /
                   |   |     C
                   C - N    / \ CH3
                 //     \ C
                O        / \
                        H   COOH
```

医薬品D

```
              OH
              |
              CH2
        H     |
● - N - CH - C - ▲
                ‖
                O
```

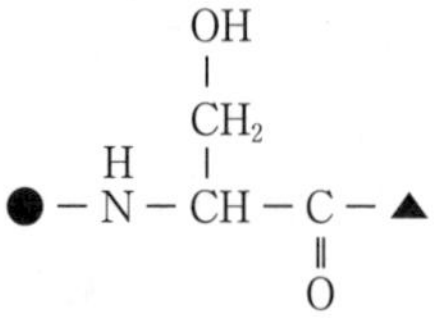

酵素中のセリン残基

●▲はタンパク質のその他の部分を示す

問1　［ア］～［オ］に，適切な分子式，数字あるいは語句を入れなさい。

問2　メントールの構造式Aを書きなさい。ただし，立体異性体は区別しなくてもよい。

問3　下線部(1)で，なぜ特定の立体異性体のみが強い清涼感を与えると考えられるか，説明しなさい。

問4　化合物Bの構造式を書きなさい。

問5　アゾ化合物Cは，メチルオレンジと同様に，pHの変化により，その構造が変わると考えられる。塩酸酸性水溶液中での予想される化合物Cの構造式を書きなさい。

問6　下線部(2)に適した確認実験を１つ書きなさい。

問7　高分子化合物Eの構造式を書きなさい。

〔京都府医大〕

3 脂　質

A

196 ◀基本チェック▶

(1) **【油脂の構造と性質】**

次の文中の空欄(　①　)〜(　⑨　)に当てはまる語句を記せ。

動植物に含まれる油脂は，脂肪酸とグリセリンの(　①　)が主成分となっている。常温では，パルミチン酸やステアリン酸のような(　②　)脂肪酸を多く含む油脂は(　③　)であるが，リノール酸やオレイン酸のような(　④　)脂肪酸を多く含むものは(　⑤　)である。常温で(　⑥　)の油脂にニッケルを触媒として(　⑦　)を付加させると，油脂の融点が(　⑧　)くなって(　⑨　)となる。このことを油脂の硬化という。

(2) **【油脂のけん化】**

オレイン酸 $C_{17}H_{33}COOH$ 3分子とグリセリン1分子から構成される油脂がある。原子量は H＝1.0，C＝12，O＝16 とする。

① この油脂を水酸化ナトリウム水溶液でけん化したときの化学反応式を記せ。

② この油脂の分子量はいくらか。

③ この油脂 221g を完全にけん化するのに必要な水酸化ナトリウムは何 mol か。また，このとき得られるセッケンは何 mol か。

④ この油脂 221g に付加する水素は何 mol か。

(3) **【セッケンの性質】**

次の記述①〜⑤のうちから，正しいものをすべて選べ。

① セッケン水は，水の表面張力を大きくする。

② セッケンの洗浄作用は，その水溶液が油やあかを乳化するからである。

③ セッケンは硬水中で Ca^{2+} や Mg^{2+} と結合して不溶物となる。

④ セッケンの分子には，親油基があるが親水基はない。

⑤ セッケン水にフェノールフタレインを加えても変化はない。

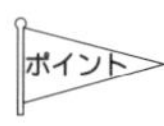

油脂 ➡ 高級脂肪酸とグリセリンのエステルである

197 ◀ 油脂の反応 ▶

次の文中の空欄 [1], [2] に当てはまる最も適当な答えを解答群から選べ。原子量はH＝1.0, C＝12, O＝16, I＝127とする。

油脂100gに水酸化ナトリウム水溶液を加えて加熱し，完全にけん化させたところ10.4gのグリセリン($C_3H_8O_3$)が得られた。油脂の分子量は [1] である。また，この油脂100gに付加できるヨウ素の量は86.0gであった。この油脂が一種類の脂肪酸からできているとすると，けん化により生成したセッケンの分子式は [2] である。

[1] ① 596　② 646　③ 730　④ 760　⑤ 884　⑥ 1308

[2] ① $C_{18}H_{35}COONa$　② $C_{18}H_{33}COONa$　③ $C_{17}H_{33}COONa$
④ $C_{17}H_{31}COONa$　⑤ $C_{16}H_{31}COONa$　⑥ $C_{16}H_{29}COONa$

198 ◀ けん化価とヨウ素価 ▶

次の文中の空欄 [ア] ～ [オ] に最も適切な数字を記入せよ。ただし，原子量は，H＝1.0, O＝16.0, K＝39.1, I＝127とする。

(I) 油脂5.00gを0.500mol/L水酸化カリウム溶液50.0mLに加え十分に加熱しけん化したのち，残りの水酸化カリウムを中和するのに0.250mol/L硫酸溶液15.8mLを必要とした。この結果から，けん化価は [ア]，また油脂1molを完全にけん化するのに水酸化カリウムは [イ] mol必要であるから，油脂の平均分子量は [ウ] となる。ただし，けん化価は油脂1gを完全にけん化するのに必要な水酸化カリウムのミリグラム数である。

(II) (I)の油脂100gにニッケルを触媒として，水素を付加させたところ重さが0.684g増加した。これより油脂1分子中の炭素・炭素二重結合の数は平均で，[エ] 個であることがわかる。したがって，ヨウ素価は [オ] となる。ただし，ヨウ素価は油脂100gに付加し得るヨウ素のグラム数である。

〔東洋大〕

油脂1mol ➡ けん化するのに必要なKOHは3mol

199 ◀リン脂質，セッケン，合成洗剤▶

セッケンは高級脂肪酸のナトリウム塩で，分子の一部が親水性，一部が疎水性である(図A)。セッケンの分子は，水に溶かすと集合し，表面で膜をつくるか(図B)，水中でミセルを形成する。このような作用を示す物質を［　a　］という。

細胞膜の主成分であるリン脂質は高級脂肪酸と［　b　］のエステルである。リン脂質では，［　b　］のもつ3個のヒドロキシ基のうち2個は脂肪酸と結合しているが，1個はリン酸と結合している。リン酸はさらに極性のある様々な小さな分子と結合している。

リン脂質もセッケンと同様の構造をもつ。その違いは，疎水性の長い炭化水素基がセッケンでは一本，リン脂質では二本付いている点である。そのため，リン脂質は水中で図Cのような閉じた袋状の二重層を形成する。これが細胞膜の原型である。このような構造から分かるように，［　c　］の分子は細胞膜の炭化水素の層に入り込めるが，［　d　］の分子はこの層に入れない。細胞にとって有害な物質の多くが［　e　］であるのはこのような理由にもよる。

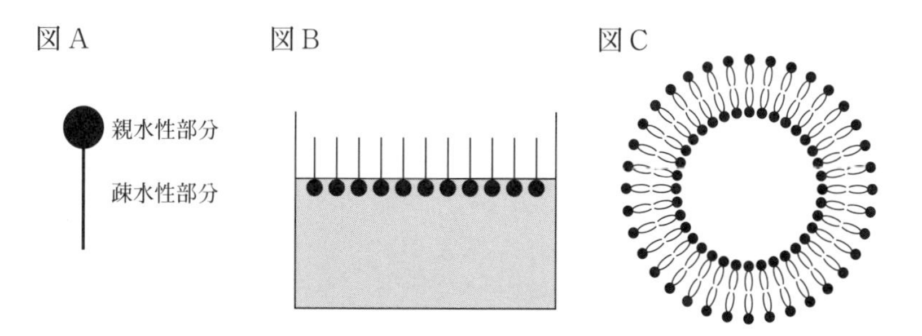

問1　文中の［　a　］～［　e　］に当てはまる語句を記せ。ただし，［　c　］，［　d　］，［　e　］については，「疎水性」または「親水性」のどちらかの語を選べ。

問2　セッケンの水溶液は弱い塩基性を示す。一方，硫酸水素アルキルやアルキルベンゼンスルホン酸のナトリウム塩である合成洗剤の場合，その水溶液は中性である。なぜこのような違いが出るのか，以下の理由のうち正しいものを選べ。

① セッケンより合成洗剤の分子量の方が大きいから。

② セッケンが弱酸と強塩基との塩であるのに対し，合成洗剤は強酸と強塩基との塩だから。

③　セッケンが強酸と強塩基との塩であるのに対し，合成洗剤は弱酸と強塩基との塩だから。

④　セッケン分子は一部に二重結合を含むのに対し，合成洗剤は含まないから。

⑤　セッケンより合成洗剤の方が水によく溶けるから。

問3　セッケンの分子が水中でミセルをつくる様子を，図Ｂにならって図示せよ。

〔青山学院大〕

B

200* ◀ 油脂の構造決定 ▶

油脂 **A** の構造式を右に示す。この油脂 **A** は，2種類の脂肪酸から構成されており，含まれる不飽和結合は二重結合のみである。この油脂 **A** について**実験1**，**実験2**，**実験3**の3種の実験を行った。必要ならば，原子量は，H＝1.0，C＝12.0，O＝16.0，K＝39.0 を用いよ。なお，構造式中の①，②，③は3つのエステル結合を区別するために付した。

CH_2OCOR' ①
|
$CHOCOR''$ ②
|
CH_2OCOR' ③

実験1　油脂 **A** 884mg を過不足なく加水分解するのに，168mg の水酸化カリウムを要した。また，その反応生成物として，グリセリンと脂肪酸カリウム塩が生じた。さらに，反応溶液を酸性にすると，グリセリンと2種類の脂肪酸が得られた。

実験2　ニッケル触媒の存在下で 884mg の油脂 **A** を水素と反応させると，67.2cm^3(標準状態に換算)の水素を吸収した。さらに，水素を吸収した油脂を水酸化ナトリウムで加水分解すると，グリセリンと1種類の脂肪酸ナトリウム塩が得られた。

実験3　油脂中の①，③位のエステル結合を特異的に加水分解するリパーゼがある。油脂 **A** をこのリパーゼ水溶液中で充分に分解したところ，1分子の油脂 **A** から2分子の脂肪酸が生成した。反応はそれ以上進行しなかった。この脂肪酸をニッケル触媒の存在下で水素と反応させたが，水素は付加されなかった。

問1　**実験1**の反応にある水酸化カリウムのような塩基によるエステルの加水分解を別名，何と呼ぶか。

問2　油脂 **A** の構造に関する次の(ア)～(オ)に答えよ。

(ア)　油脂 **A** の分子量を求めよ。計算過程も示せ。

(イ)　1mol の油脂 **A** に対して何 mol の水素が付加したことになるか。

(ウ)　油脂 **A** の構造式中の R′ および R″ に含まれる二重結合の数はそれぞれいくつか。

(エ)　構造式中の R′ および R″ の炭素数はそれぞれいくつか。

(オ)　構造式中の R′ および R″ の水素数はそれぞれいくつか。

問3　R′ を含む脂肪酸のみからできた油脂を **B** とし，R″ を含む脂肪酸のみからできた油脂を **C** とする。**B** と **C** で融点が高いのはどちらか。

〔宮崎大〕

油脂 ➡ 構成する脂肪酸の不飽和度が大きいほど，その油脂の融点は低い

*201** ◀ セッケンの性質 ▶

次の文章を読み，以下の**問ア～エ**に答えよ。

セッケン(主成分：高級脂肪酸ナトリウム塩)1g を水 500mL に溶かしてつくったセッケン液を用いて，以下の操作を行った。

セッケン液の一部をとり，それと同体積のジエチルエーテルを加えて振り混ぜたのち静置したところ，(1)乳濁状態が続き，水層とジエチルエーテル層の分離に長時間を要した。最終的に水層とジエチルエーテル層の間に乳濁状の層が残った。そのうちの水層とジエチルエーテル層について調べたところ，(2)水層には高級脂肪酸ナトリウム塩が存在し，(3)ジエチルエーテル層にはある程度の量の高級脂肪酸が溶けていた。一方，元のセッケン液に塩酸を加えて酸性としたのちジエチルエーテルを加えて振り混ぜて静置すると，(4)速やかにジエチルエーテル層と水層は分離し，高級脂肪酸はほぼ完全にジエチルエーテル層の方に溶けていた。

問　ア　下線(1)と(4)の違いはセッケンのどのような性質により生じるか。60 字以内で答えよ。

イ　下線(3)のような現象は高級脂肪酸のどのような性質により起きるか。60 字以内で説明せよ。

ウ　下線(2)の水層の pH は元のセッケン液の pH に比べどのように変化するか。理由とともに 60 字以内で答えよ。

エ　脂肪酸をメチルエステルにすると沸点は元の脂肪酸に比べどのように変化するか。理由とともに 60 字以内で答えよ。

〔東京大〕

セッケン ➡ 強酸を加えると，水に溶けにくい高級脂肪酸が遊離

4 高分子化合物

202 ◀基本チェック▶

(1) **【高分子の重合形式】** 次の文の□内に適当な語句を記し，また下線部(a)，(b)をそれぞれ化学反応式で示せ。

ポリスチレンやナイロンのような合成高分子化合物は，重合反応により合成される。(a)ポリスチレンは，スチレン($C_6H_5-CH=CH_2$)の［ア］重合によって得られ，(b)ナイロン66は，ヘキサメチレンジアミン($H_2N-(CH_2)_6-NH_2$)とアジピン酸($HOOC-(CH_2)_4-COOH$)との［イ］重合によって得られる。

(2) **【合成樹脂】** 樹脂に関する以下の問に答えよ。

① 加熱によって軟らかくなり，冷却すると硬くなる性質をもつ樹脂を何というか。

② 熱を加えるとさらに重合が進み硬くなる性質をもつ樹脂を何というか。

③ 次の **a**～**e** の合成樹脂について，①に当てはまるものは **A** を，②に当てはまるものは **B** を記せ。

a　ポリ塩化ビニル　**b**　ポリメタクリル酸メチル　**c**　フェノール樹脂
d　尿素樹脂　**e**　ポリ酢酸ビニル

(3) **【重合度】** 以下の高分子化合物の分子量を求めよ。原子量は，H＝1.0，C＝12，N＝14，Cl＝35.5 とする。

① 重合度 200 のポリ塩化ビニル

② 重合度 400 のポリアクリロニトリル

(4) **【天然ゴム】** 天然ゴムの主成分はイソプレンの付加重合体である。

① イソプレンの構造式を書け。

② この付加重合体の分子間に橋かけをし，弾性や強度を高める反応を何というか。

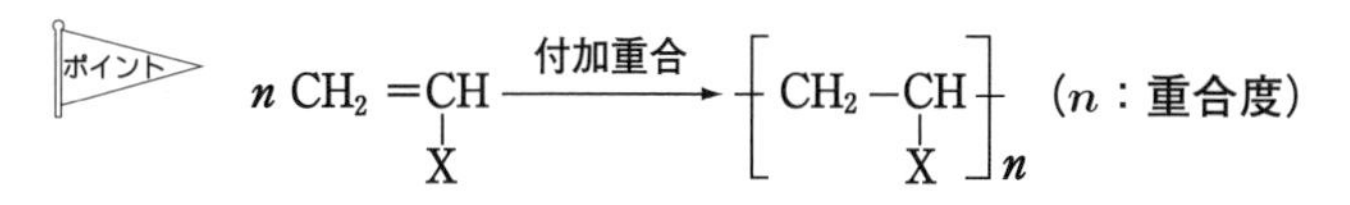

203 ◀ 単量体(モノマー) ▶

Ⅰ群に示す高分子化合物の単量体を，Ⅱ群の a～n から選べ。

Ⅰ群
ア $\left[\mathrm{-CO-C_6H_4-CO-NH-C_6H_4-NH-}\right]_n$　イ $\left[\mathrm{-CH_2-CH(CH_3)-}\right]_n$　ウ $\left[\mathrm{-O-CH_2-CH_2-O-CO-C_6H_4-CO-}\right]_n$

エ $\left[\mathrm{-CH_2-CH(CN)-}\right]_n$　オ $\left[\mathrm{-CH_2-C(CH_3){=}CH-CH_2-}\right]_n$　カ $\left[\mathrm{-CO-(CH_2)_5-NH-}\right]_n$　キ $\left[\mathrm{-CH_2-CH(Cl)-}\right]_n$

Ⅱ群
a イソプレン　b エチレン　c ブタジエン　d プロピレン
e クロロプレン　f 塩化ビニル　g エチレングリコール
h アジピン酸　i テレフタル酸　j イソフタル酸
k アクリロニトリル　l p‒ フェニレンジアミン
m ヘキサメチレンジアミン　n ε‒ カプロラクタム

〔上智大〕

204 ◀ 高分子の構造と性質 ▶

問1 右の式はポリ塩化ビニルの構造を示したものである。この例にならって次の重合体の構造を記せ。　$\left[\mathrm{-CH_2-CH(Cl)-}\right]_n$

(a) ポリエチレン　(b) ナイロン 66　(c) ポリスチレン
(d) ポリ酢酸ビニル　(e) ポリエチレンテレフタラート　(f) ポリイソプレン

問2 上記の重合体(a)～(f)に関する以下の問いに数字または記号で答えよ。

(1) 付加重合体はいくつあるか。
(2) エステル結合をもつ重合体はいくつあるか。
(3) 空気中で最も酸化されやすい重合体はどれか。
(4) 絹に似た性質をもつ重合体はどれか。
(5) 接着剤として最もよく用いられる重合体はどれか。
(6) 袋用として最もよく用いられる重合体はどれか。
(7) イオン交換樹脂の合成に最もよく用いられる重合体はどれか。
(8) ビニロンの合成に用いられる重合体はどれか。
(9) エボナイトの合成に用いられる重合体はどれか。　〔九州大〕

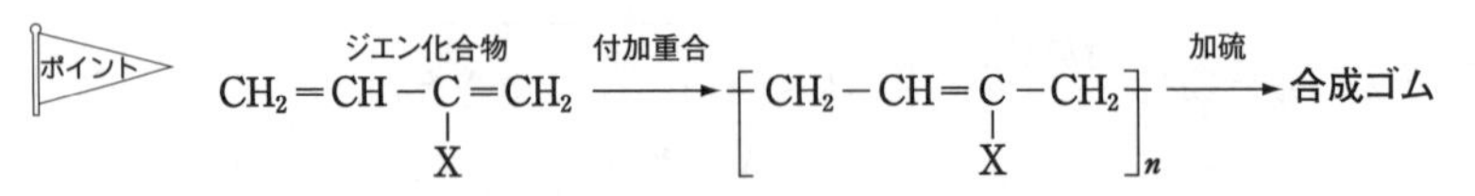

205 ◀ 繊維 ▶

合成繊維は，分子量の小さい単量体を次々に結合させた合成高分子からつくられる。合成高分子の結合様式は縮合重合と付加重合に大別される。縮合重合に基づく繊維には，ポリアミド繊維とポリエステル繊維がある。付加重合に基づく繊維にはアクリル繊維，ビニロンなどがある。付加重合の原料となるのは［ a ］を有する単量体であるが，アクリル繊維は主成分［ b ］とアクリル酸メチル，酢酸ビニルなどの混合物の共重合により生成する。動物繊維である羊毛はケラチンを主成分とし，絹は［ c ］を主成分としている。ケラチンや［ c ］のように，ポリアミド繊維と同じ重合様式を有している天然高分子は［ d ］と呼ばれる。

問1　［ a ］～［ d ］に入る最適な語句を記せ。

問2　ポリアミド繊維の一つであるナイロン6は，原料のε－カプロラクタムの重合により生成する。この重合様式は特に何と呼ばれるか，その名称を記せ。また，ε－カプロラクタムの構造式を書け。

問3　主成分［ b ］と，アクリル酸メチルおよび酢酸ビニルを原料とするアクリル繊維がある。この繊維の平均重合度は500で，平均分子量は29800である。原料中の主成分と他の成分との物質量の比を整数値で表せ。原子量は，H=1，C=12，N=14，O=16とする。　〔名古屋市大〕

206 ◀ ビニロンの合成 ▶

ビニロンは，次の方法でアセチレンから合成できる。

①：アセチレンに酢酸を付加させる。

②：①で得られた物質を付加重合させる。

③：②で得られたポリマーを過剰の水酸化ナトリウム水溶液と反応させる。

④：③で得られたポリマーとホルムアルデヒド水溶液とを反応させる。

問1　①，②，③の反応を化学反応式で示せ。

問2　反応④で，ポリマーのヒドロキシ基の2/3がホルムアルデヒドと反応せずに残った。反応④での質量増加は，もとのポリマーの何％か有効数字2桁で求めよ。

〔千葉大〕

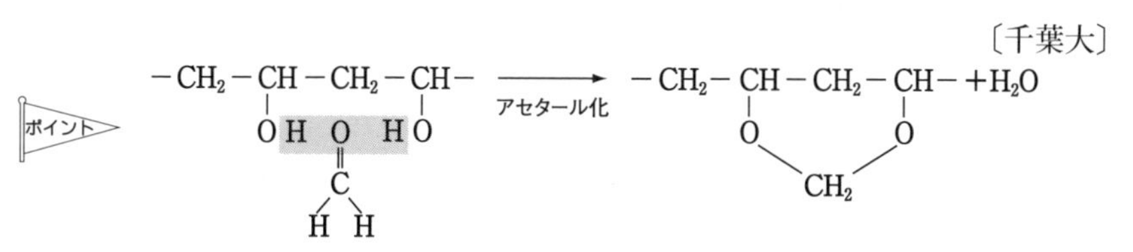

B

207* ◀ナイロン 66 の合成▶

ナイロン 66 を合成する目的で，1)～5)の手順で実験を行った。

1) ビーカーに有機溶媒 **A** を約 30mL 入れ，1.83g のアジピン酸ジクロリド ($ClOC(CH_2)_4COCl$) を加えて溶かした。

2) 別のビーカーに約 50mL の水をとり，水酸化ナトリウム 0.8g と化合物 **B** 1.16g を溶かした。

3) 1)の溶液に，2)の溶液をガラス棒を伝わらせながらゆっくり加えると，2 つの溶液の境界面にナイロン 66 の膜ができた。

4) この膜をピンセットではさんでゆっくり引き上げ糸状にして，ガラス棒に巻き付けた。

5) この糸状のナイロン 66 をアセトンでよく洗浄して乾燥させた。

以下の問いに答えよ。原子量は H = 1.0，C = 12，N = 14，O = 16，Cl = 35.5 とする。

問1 ナイロン 66 の数字の 66 は何を意味するか。

問2 有機溶媒 **A** として適当な化合物のうち 1 つを名称で記せ。

問3 アジピン酸ジクロリドは空気中の水分で加水分解しやすいので，できるだけ新しいものを使う必要がある。この加水分解の反応式を書け。

問4 化合物 **B** の名称を記せ。化合物 **B** を水に溶かすと塩基性を示す。その理由を記せ。

問5 アジピン酸ジクロリドと化合物 **B** からナイロン 66 を合成するときの反応式を記せ。ただし，ナイロン 66 の末端の構造は考えない。

問6 アジピン酸ジクロリドの 70% が反応してナイロン 66 になったとすると，ナイロン 66 は何 g できるか。

問7 得られたナイロン 66 の平均分子量を測定したところ，1.13×10^4 であった。このナイロン 66 は平均して 1 分子中に約何個のアミド結合を含むか。

〔京都府大〕

ナイロン 66 $\left[\begin{array}{c} N \\ | \\ H \end{array} \!\!-\!(CH_2)_6\!-\! \begin{array}{c} N \\ | \\ H \end{array} \!-\! \begin{array}{c} C \\ \| \\ O \end{array} \!-\!(CH_2)_4\!-\! \begin{array}{c} C \\ \| \\ O \end{array} \right]_n$ ➡ **アミド結合は $2n$ 個**

（正確には $2n-1$）

208* ◀ イオン交換樹脂 ▶

スチレン C_8H_8 と p- ジビニルベンゼン $C_{10}H_{10}$ とを，物質量の比で 8.0：1.0 の割合で混合して共重合させたところ，平均分子量 8.0×10^4 の高分子化合物 **A** が得られた。**A** を濃硫酸と反応させたところ，**A** の構造に含まれるベンゼン環1個につき平均して 0.20 個のスルホ基が導入された陽イオン交換機能をもつ高分子化合物 **B** が得られた。次の問い(1)および(2)に答えよ。

(1) 高分子化合物 **A** の1分子中には，平均して何個のベンゼン環が存在するか。有効数字2桁で答えよ。

(2) 高分子化合物 **B** を用いることによって，塩化ナトリウム水溶液からナトリウムイオンを除去することができる。3.0g の **A** から合成された **B** の全量を用いて，0.10mol/L の塩化ナトリウム水溶液からナトリウムイオンを除去する場合，理論的には最大限何 mL まで処理できるか，有効数字2桁で答えよ。

〔横浜国大〕

209* ◀ 共重合物の組成比 ▶

分子量 50000 のスチレン・ブタジエン共重合体に臭素を完全に付加させて得られた反応生成物の元素分析を行ったところ，臭素の質量パーセントは 48% であった。このスチレン・ブタジエン共重合体中のブタジエン成分の質量パーセントはいくらか。小数点以下第1位を四捨五入して解答せよ。ただし，各元素の原子量は，H＝1，C＝12，Br＝80 とする。　〔東工大〕

210* ◀ 高分子の結晶領域と非結晶領域 ▶

超高分子量のポリエチレン繊維の密度を測定したところ 0.97g/cm³ であった。ポリエチレンの結晶領域の密度を 1.0g/cm³，非晶領域の密度を 0.85g/cm³ として，繊維が結晶領域と非晶領域のみから構成されているとした場合，結晶領域の質量分率を求めよ。　〔神戸大〕

陽イオン交換樹脂 ➡ $R{+}SO_3H)_n + nNa^+ \longrightarrow R{+}SO_3Na)_n + nH^+$

211* ◀ フェノール樹脂 ▶

熱硬化性のフェノール樹脂は，フェノールとホルムアルデヒドの重合反応で合成される。この重合反応は，①フェノールのホルムアルデヒドへの付加と，それに続く縮合との2つの反応の繰り返しで進行する。②塩基を触媒とし，ホルムアルデヒドを過剰にして反応させた場合，フェノール樹脂の合成中間体である分子量300以下の化合物からなる混合物**X**が得られた。一方，酸を触媒とし，フェノールを過剰にして反応させた場合，分子量500～1000の重合体**Y**が得られた。**X**はそのまま加熱することにより硬化しフェノール樹脂となったが，③**Y**は硬化剤と一緒に加熱することによってはじめてフェノール樹脂を生成した。

問1　下線部①の2つの反応は下記のように表される。［ A ］，［ B ］に当てはまる構造式を記せ。ただし，いずれもフェノールのベンゼン環の水素原子が1つ置換されたオルト体のみを記せ。

付加反応：フェノール＋ホルムアルデヒド ⟶ ［ A ］

縮合反応：［ A ］＋フェノール ⟶ ［ B ］＋ H_2O

問2　下線部②の混合物**X**には，付加反応のみから生成する化合物が含まれる。この付加反応生成物は［ A ］を含めて何種類存在するか。その個数を答えよ。ただし，フェノールのメタ位では，この付加反応は起こらない。

問3　下線部③で述べたように，**Y**は硬化剤なしでは樹脂を生成しない。その理由を**Y**および熱硬化性樹脂の構造上の特徴を考慮して30字程度で記せ。

〔京都大〕

212* ◀天然ゴムと合成ゴム▶

天然ゴムの主成分は，イソプレンが(　ア　)重合した鎖状構造をもつ一般式$(C_5H_8)_n$で表される高分子化合物である。この構成単位に含まれる二重結合は(　イ　)型の構造をとるため，分子全体が丸まった形となる。また，天然ゴムは，炭素・炭素間の単結合がそれを軸として自由に回転できるために，ゴムを引っ張ると分子が伸びる一方，伸びたポリイソプレンの分子は熱運動のために分子鎖が丸まって縮まろうとする。このように，(a)<u>ポリイソプレンの炭素・炭素間に存在する単結合と二重結合は，ゴムがその性質を示すうえで重要である</u>。

天然ゴムに数%の硫黄を加えて加熱する(　ウ　)とよばれる操作を加えると，鎖状の分子が硫黄原子によって(　エ　)構造を形成するため，より弾性の大きなゴムとなる。さらに，天然ゴムに大量の硫黄を加えて長時間加熱すると，(　オ　)とよばれる黒色の硬い物質が得られ，電球のソケットなどの材料として使われていた。

一方，イソプレンやそれに似た構造をもつ単量体の(　ア　)重合によって合成ゴムが得られる。(b)<u>ブタジエンゴムは，1,3-ブタジエンを(　ア　)重合させることで得られる</u>。また，(c)<u>アクリロニトリル-ブタジエンゴム(NBR)はアクリロニトリルC_3H_3Nと1,3-ブタジエンを共重合させることで得られる</u>。これらは耐老化性，耐寒性などが天然ゴムより優れていることから，現在一般的に広く使用されている。

問1　(ア)～(オ)に入る最も適当な語句を記せ。

問2　下線部(a)について，空気中の微量のオゾンがゴムを劣化させる大きな原因の1つとなる。この劣化の原因をゴムの化学構造をふまえて，簡潔に記せ。

問3　下線部(b)について，1,3-ブタジエンが重合するとき，構造単位は3種類考えられる。1,3-ブタジエンの2つの二重結合のうちの1つのみが反応したときには構造単位Ⓐが，またその2つの二重結合がともに反応したときには構造単位ⒷあるいはⒸが形成される。Ⓐ，Ⓑ，Ⓒの構造式を例にならって記せ。ただし，例1はある重合体の構造式であり，例2はその構造単位の構造式である。

例1(重合体):……O $\diagdown$ $C=C$ $\diagup$ CH_2-CH_2-O $\diagdown$ $C=C$ $\diagup$ CH_2-CH_2-O $\diagdown$ $C=C$ $\diagup$ CH_2-CH_2……(各 $C=C$ の左下に H，右下に H)

例2(構造単位): $\left[O \diagdown C=C \diagup CH_2-CH_2 \right]$ (左下に H，右下に H)

問4　下線部(c)について，アクリロニトリルと1,3-ブタジエンを2：3の物質量比で用いてNBRを合成した。このNBR 0.536g中の窒素原子をすべて窒素ガスに変えたとすると，標準状態で何mLの窒素ガスが発生するか。ただし，標準状態における気体1.00molの体積を22.4L，各元素の原子量をH＝1.0，C＝12.0，N＝14.0，O＝16.0とし，有効数字3桁で記せ。また，この高分子化合物の末端の官能基を考慮する必要はない。

〔京都薬大〕

*213** ◀ 高吸水性，生分解性高分子 ▶

5種類の高分子化合物A，B，C，D，Eがある。A，Bの繰り返し単位はともに$C_4H_6O_2$の化学式をもち，C，Dの繰り返し単位はともに$C_3H_4O_2$の化学式をもつ。いずれの高分子化合物も単一の単量体を重合して合成される。

このうちA，B，Cは，それぞれビニル基をもつ単量体の(　**a**　)重合により合成される。(ア)<u>Aに水酸化ナトリウム水溶液を加えて完全に反応させると，高分子化合物Fと酢酸ナトリウムが生成した</u>。Bに水酸化ナトリウム水溶液を加えて完全に反応させたところ，ポリアクリル酸ナトリウムとGを生じた。Cは，繰り返し単位にカルボキシ基をもち，水酸化ナトリウム水溶液を加えて反応させるとポリアクリル酸ナトリウムが得られた。ポリアクリル酸ナトリウムは，アクリル酸ナトリウム($CH_2=CH-COONa$)の(　**a**　)重合によってつくることもできる。この重合の際に架橋剤を存在させると，架橋された立体網目構造をもつポリアクリル酸ナトリウムができる。(イ)<u>架橋されたポリアクリル酸ナトリウム樹脂</u>は，乾燥しているときは密に固まっているが，水の中に入れると，網目状の分子が広がって多量の水を吸い込むことができる。このような機能を生かして，砂漠を緑化するための保水剤として利用されている。

Dはポリエステルの一種で，微生物により分解(生分解)される生分解性高分子である。Dに水酸化ナトリウム水溶液を加えて完全に反応させると，分子量

112の不斉炭素原子をもつ化合物Hに変化した。Eはポリアミドの一種で，ε−カプロラクタムを(　b　)重合することにより合成することができる。Eの生分解される速度は遅いが，最近ではEよりも親水性を大きくしたポリアミドが工夫され，生分解されやすくなっている。

問1　化合物B，D，E，Hの構造式を記せ。

問2　化合物A，F，Gの名称を記せ。

問3　文中の空欄(　**a**　)および(　**b**　)に最も適する語句を記入せよ。

問4　平均分子量が51600の高分子化合物Aについて，文中の**下線部(ア)**の反応を行ったところ，実際にはこの反応が不完全であったため，生成した高分子化合物の平均分子量は32700であった。この反応で生じた高分子化合物には，Aの繰り返し単位とFの繰り返し単位の両方が含まれている。この高分子化合物に含まれるAの繰り返し単位とFの繰り返し単位の数の比を最も簡単な整数で表せ。原子量は，H＝1.0，C＝12，O＝16とする。

問5　次の高分子化合物(ア)～(オ)のうち，立体網目構造をとるのはどれか。該当するものをすべて選び，記号(ア)～(オ)で答えよ。

(ア)ポリエチレン　(イ)ポリエチレンテレフタレート　(ウ)エボナイト
(エ)セルロース　(オ)フェノール樹脂

問6　文中の**下線部(イ)**の樹脂が，大気中の水分をどのくらい吸収するかを調べたところ，乾燥した樹脂1.0gあたり4.5gの水を吸収した。吸収した水分子の数は樹脂の繰り返し単位 $-CH_2CH(COONa)-$ 1個あたりいくらになるか。有効数字2桁で答えよ。ただし，架橋部分は計算をするうえで無視できるものとする。原子量は，Na＝23とする。

〔同志社大〕

214** ◀ 合成高分子の重合度の調整 ▶

次の文章を読み，**問 1〜問 4** に答えよ。

プラスチック，ゴム，繊維などの原料である合成高分子は，分子量により特性が大きく異なる。ここでは，両末端に官能基をもつアジピン酸とヘキサメチレンジアミンから縮合重合で合成されるナイロン 66 を例に，分子量を制御する方法を考えよう。

重合開始前のアジピン酸分子の数を n_{A} 個，ヘキサメチレンジアミン分子の数を n_{B} 個とし，$n_{\mathrm{A}} \geqq n_{\mathrm{B}}$ のときを考える。この場合，反応度 p は，

$$p = \frac{\text{重合(アミド結合)に使われたアミノ基の数}}{\text{重合開始前の全アミノ基の数}} \quad \cdots ①$$

で定義される。縮合重合では，数平均重合度 $\overline{\mathrm{DP}}$ は，

$$\overline{\mathrm{DP}} = \frac{\text{重合開始前の反応し得る官能基の総数}}{\text{重合後に残る反応し得る官能基の総数}} = \frac{2n_{\mathrm{A}} + 2n_{\mathrm{B}}}{\boxed{\text{あ}} + \boxed{\text{い}}} \quad \cdots ②$$

で表される。このことから重合開始前のアジピン酸とヘキサメチレンジアミンの数の割合および反応度 p を調整することにより，ナイロン 66 の分子量を制御できることがわかる。

次図を例に具体的に調べてみよう。

重合開始前		重合後		
アジピン酸 5分子	■-Ⓐ-■ ■-Ⓐ-■ ■-Ⓐ-■ ■-Ⓐ-■ ■-Ⓐ-■	ナイロン66 2分子	■-Ⓐ-Ⓑ-Ⓐ-■	重合度3
			■-Ⓐ-Ⓑ-Ⓐ-Ⓑ-Ⓐ-■	重合度5
ヘキサメチレンジアミン 3分子	●-Ⓑ-● ●-Ⓑ-● ●-Ⓑ-●	水分子 6分子	■● ■● ■● ■● ■● ■●	

5 分子のアジピン酸と，3 分子のヘキサメチレンジアミンを縮合重合させ，重合度が 3 と 5 のナイロン 66 分子が合成されたとする。この場合，重合開始前のカルボキシ基の数は［ ア ］，アミノ基の数は［ イ ］であり，重合後に残った反応し得る官能基はカルボキシ基のみで，反応度 p は［ ウ ］となる。したがって，数平均重合度 $\overline{\mathrm{DP}}$ は［ エ ］となる。

問 1　合成高分子について，次の記述のうち，正しいものに○，正しくないものに × を記せ。

(1)　ポリエチレン，ポリエチレンテレフタラート，アクリル樹脂はいずれも加熱により軟化し，冷却すると固まる。

(2)　ポリビニルアルコールは，ビニルアルコールの付加重合で合成される。

(3)　天然ゴムは，イソプレン単位ごとにトランス形の二重結合があり，ゴム弾性を示す。

問2　文章中の［ア］，［イ］に当てはまる整数を，［ウ］，［エ］に当てはまる有効数字2桁の数値を，それぞれ記せ。

問3　式②について，次の(i)と(ii)の問いに答えよ。

(i)　重合で生成したアミド結合の数を，n_B と p で表せ。

(ii)　［あ］には，重合後に残るカルボキシ基の数，［い］には，重合後に残るアミノ基の数が入る。
それぞれに適切な数式を，n_A，n_B および p を用いて表せ。

問4　反応度 $p=0.990$ で116.0kgのヘキサメチレンジアミンを反応させ，数平均重合度 $\overline{\mathrm{DP}}=100$ のナイロン66を合成する。重合開始前のアジピン酸の質量(kg)を，有効数字2桁で求めよ。ただし，アジピン酸の分子量は146.0，ヘキサメチレンジアミンの分子量は116.0であるとする。

〔広島大〕

◎ 元素の周期表

典型元素
遷移元素
族
周期
1 2 3 4 5 6 7 8 9
原子番号
元素記号
元素名
原子量(12C=12)
(　)内の数字は最も安定な同位体の質量数
単体の状態
常温で固体
常温で液体
常温で気体
1 H 水素 1.008
3 Li リチウム 6.941
4 Be ベリリウム 9.012
11 Na ナトリウム 22.99
12 Mg マグネシウム 24.31
19 K カリウム 39.10
20 Ca カルシウム 40.08
21 Sc スカンジウム 44.96
22 Ti チタン 47.87
23 V バナジウム 50.94
24 Cr クロム 52.00
25 Mn マンガン 54.94
26 Fe 鉄 55.85
27 Co コバルト 58.93
37 Rb ルビジウム 85.47
38 Sr ストロンチウム 87.62
39 Y イットリウム 88.91
40 Zr ジルコニウム 91.22
41 Nb ニオブ 92.91
42 Mo モリブデン 95.95
43 Tc テクネチウム (99)
44 Ru ルテニウム 101.1
45 Rh ロジウム 102.9
55 Cs セシウム 132.9
56 Ba バリウム 137.3
ランタノイド 57～71
72 Hf ハフニウム 178.5
73 Ta タンタル 180.9
74 W タングステン 183.8
75 Re レニウム 186.2
76 Os オスミウム 190.2
77 Ir イリジウム 192.2
87 Fr フランシウム (223)
88 Ra ラジウム (226)
アクチノイド 89～103
104 Rf ラザホージウム (267)
105 Db ドブニウム (268)
106 Sg シーボーギウム (271)
107 Bh ボーリウム (272)
108 Hs ハッシウム (277)
109 Mt マイトネリウム (276)
アルカリ金属元素(H以外)
アルカリ土類金属元素
ランタノイド
57 La ランタン 138.9
58 Ce セリウム 140.1
59 Pr プラセオジム 140.9
60 Nd ネオジム 144.2
61 Pm プロメチウム (145)
62 Sm サマリウム 150.4
アクチノイド
89 Ac アクチニウム (227)
90 Th トリウム 232.0
91 Pa プロトアクチニウム 231.0
92 U ウラン 238.0
93 Np ネプツニウム (237)
94 Pu プルトニウム (239)

典型元素

非金属元素

金属元素

10	11	12	13	14	15	16	17	18	族 / 周期
								2 He ヘリウム 4.003	1
			5 B ホウ素 10.81	6 C 炭素 12.01	7 N 窒素 14.01	8 O 酸素 16.00	9 F フッ素 19.00	10 Ne ネオン 20.18	2
			13 Al アルミニウム 26.98	14 Si ケイ素 28.09	15 P リン 30.97	16 S 硫黄 32.07	17 Cl 塩素 35.45	18 Ar アルゴン 39.95	3
28 Ni ニッケル 58.69	29 Cu 銅 63.55	30 Zn 亜鉛 65.38	31 Ga ガリウム 69.72	32 Ge ゲルマニウム 72.63	33 As ヒ素 74.92	34 Se セレン 78.97	35 Br 臭素 79.90	36 Kr クリプトン 83.80	4
46 Pd パラジウム 106.4	47 Ag 銀 107.9	48 Cd カドミウム 112.4	49 In インジウム 114.8	50 Sn スズ 118.7	51 Sb アンチモン 121.8	52 Te テルル 127.6	53 I ヨウ素 126.9	54 Xe キセノン 131.3	5
78 Pt 白金 195.1	79 Au 金 197.0	80 Hg 水銀 200.6	81 Tl タリウム 204.4	82 Pb 鉛 207.2	83 Bi ビスマス 209.0	84 Po ポロニウム (210)	85 At アスタチン (210)	86 Rn ラドン (222)	6
110 Ds ダームスタチウム (281)	111 Rg レントゲニウム (280)	112 Cn コペルニシウム (285)	113 Nh ニホニウム (278)	114 Fl フレロビウム (289)	115 Mc モスコビウム (289)	116 Lv リバモリウム (293)	117 Ts テネシン (293)	118 Og オガネソン (294)	7
							ハロゲン元素	貴ガス元素	

63 Eu ユウロピウム 152.0	64 Gd ガドリニウム 157.3	65 Tb テルビウム 158.9	66 Dy ジスプロシウム 162.5	67 Ho ホルミウム 164.9	68 Er エルビウム 167.3	69 Tm ツリウム 168.9	70 Yb イッテルビウム 173.0	71 Lu ルテチウム 175.0
95 Am アメリシウム (243)	96 Cm キュリウム (247)	97 Bk バークリウム (247)	98 Cf カリホルニウム (252)	99 Es アインスタイニウム (252)	100 Fm フェルミウム (257)	101 Md メンデレビウム (258)	102 No ノーベリウム (259)	103 Lr ローレンシウム (262)

理系標準問題集　化学　〈五訂版〉

著　者　石川正明
　　　　片山雅之
　　　　鎌田真彰
　　　　仲森敏夫
　　　　三門恒雄
発行者　山﨑良子
印刷・製本　日経印刷株式会社

発行所　駿台文庫株式会社
〒101-0062　東京都千代田区神田駿河台
1－7－4　小畑ビル内
TEL. 編集 03(5259)3302
販売 03(5259)3301
《五訂①－360pp.》

ISBN978-4-7961-1664-0　Printed in Japan

駿台文庫Webサイト
https://www.sundaibunko.jp

駿台受験シリーズ

理系標準問題集 化学

五訂版

解答・解説集

駿台文庫

解答・解説　目次

第1章　物質の構成（構造の理論）

1　原子，物質量

2　原子の性質と化学結合

3　結合，構造と物質の性質

第2章　物質の状態1（状態の理論）

1　気体の法則

2　状態変化と蒸気圧

第3章　物質の状態2（溶液の理論）

1　物質の溶解

2　希薄溶液の性質

3　コロイド溶液

第4章　物質の変化1（反応の理論）

1　熱化学

2　反応速度

3　化学平衡

第5章　物質の変化2（基本的な反応）

1　酸と塩基

1 物質の構成（構造の理論）

1 〈解　答〉　1. 原子，物質量の基本チェック

(1) ③→②→①

(2) $^{35}_{17}Cl$　陽子…17　中性子…18　電子…17　$_{20}Ca^{2+}$…18

(3) 陽子数が等しくて，中性子数が異なる原子を互いに同位体という。

(4) F　$=$K(2) L(7)

F^-　$=$K(2) L(8)

K　$=$K(2) L(8) M(8) N(1)

K^+　$=$K(2) L(8) M(8)

(5) 107.9

(6) 1個の質量を ^{12}C は X(g)，H_2O は Y(g)とする。

原子量，分子量の定義より

$$\frac{X}{Y}=\frac{12}{18}\quad\cdots\cdots①$$

一方，^{12}C の 12g は1個 X(g) の ^{12}C 原子が x 個集まったものであるから，

$$12=X\times x\text{(g)}\quad\cdots\cdots②$$

同様にして，H_2O 分子についても，

$$18=Y\times y\text{(g)}\quad\cdots\cdots③$$

①に②，③を代入すると $x=y$ となる。

(7) 分子量 180.0　1mol は 180g

36.0g は 0.200mol

(8) 物質量いずれも 1.20mol，質量は $O_2=38.4$g，$CO_2=52.8$g，$H_2O=21.6$g。

解説

(1) **【 原子，分子の発見 】**

今では，**原子や分子が存在する**ということは子供でも知ってることになっているが，本当は原子，分子など誰にも直接見えるわけはなく，それが**存在する証拠を見つけた**ことこそすごい発見であった。それは，空気という得体の知れないものの中にいろいろな気体が含まれていることが発見される中で，遂に，空気まで含めて変化を考えれば，反応が起こっても質量は保存することを見つけたことに始まる。

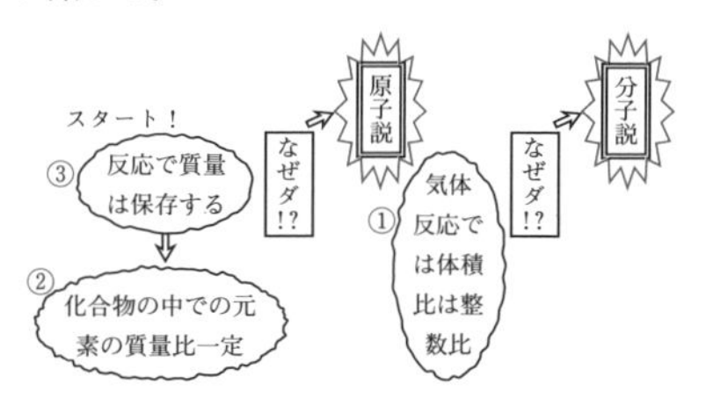

(2) **【 原子，イオンを構成する粒子 】**

1900年代の前半のころ，電子，陽子，中性子という**原子よりも小さな粒子が発見され**，原子はこれらによって構成されていることがわかった。

$^{35}_{17}Cl$　陽子数＝原子番号＝<u>17</u>，

電子数＝陽子数＝<u>17</u>，

中性子数＝質量数－陽子数

＝35－17＝<u>18</u>

$_{20}Ca^{2+}$　$_{20}Ca$ に比べて電子が2個少ない。

20－2＝<u>18</u>

(3) **【 同位体 】**

たとえば，陽子数が1で，中性子数が0，1，2の各原子は，いずれもO原子と結合して水分子をつくる。そこで，水の素つまり水素という元素名が与えられる。そして，周期表上の位置は同じなので互いに同位体という。

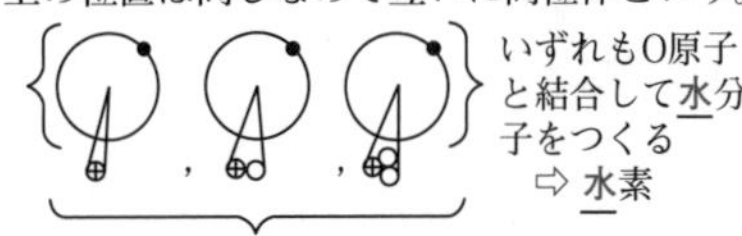

(4) **【 原子，イオンの電子配置 】**

原子の電子配置を基にして周期表が作られているので，元素の周期表上の位置と電子配置の関係を利用すれば，原子やイオンの電子配置を容易に知ることができる。

2元素	10元素	6元素
K殻		K殻
L殻		L殻 (F)
M殻		M殻
N殻 (K)	M殻	N殻
O殻	N殻	O殻
P殻	O殻	P殻

たとえば，FはL殻の2+5=7番目の元素であるから，F=K(2)L(7)であり，F^-は，さらに電子が1個多いのでF^-=K(2)L(8)である。K，K^+も同様にして求める。

(5) **【 元素の原子量 】**

たとえば，10000個のAg原子の集団では，^{107}Agが5135個，^{109}Agが4865個であるから，平均1個あたりの原子量は

$$\frac{106.9\times5135+108.9\times4865}{10000}=\underline{107.9}$$

となる。あるいは，Ag原子を1個取り出したときの原子量の期待値を出すと考えれば，

$106.9\times0.5135+108.9\times0.4865\fallingdotseq\underline{107.9}$

なお，計算にあたっては，仮平均として108を考え

$\fallingdotseq108-1.1\times0.51+0.9\times0.49$

$=108-0.12\fallingdotseq\underline{107.9}$

とすると計算が少しは楽になる。

(6) **【 原子量，分子量にグラムをつけた量 】**

原子量は^{12}C=12としたときの原子の相対質量であり，原子量から，H_2Oなどの分子，SO_4^{2-}などのイオンなどのミクロな粒子の相対質量がすぐに求まる。そして，これら相対質量にグラムをつけた質量の中には，H_2O，SO_4^{2-}などの粒子が同数(アボガドロ数)存在するので，この粒子数の集団を1molと定義し，このmolを単位として物質の量を表したものを物質量と呼んでいる。

したがって，物質量とは化学式(H_2O，H_2SO_4，SO_4^{2-}…等)で表されるツブの粒子数を表すものであり，この値は直接的には質量と原子量より容易に求めることができる。

(7) **【 物質量(単位mol)の算出 】**

原子量　H=1.00，C=12.0，O=16.0

⇨分子量 $C_6H_{12}O_6=12.0\times6+1.00\times12+16.0\times6$

$=\underline{180.0}$

⇨ 1molは$\underline{180.0}$g ⇔ 180.0g/mol

よって，

$$36.0g=\frac{36.0\,(g)}{180.0\,(g/mol)}$$

$=\underline{0.200}$mol

(8) **【 物質の変化量計算 】**

$$C_6H_{12}O_6+6O_2 \rightarrow 6CO_2+6H_2O$$

この反応式の係数より，変化する物質のモル関係(ツブツブ関係)は1：6：6：6である。

よって，グルコース36.0g=0.200molより，O_2，CO_2，H_2Oは0.200×6=$\underline{1.20}$mol変化し，また分子量はO_2=32，CO_2=44，H_2O = 18なので，

O_2　=32.0×1.20=$\underline{38.4}$g減，

CO_2 =44.0×1.20=$\underline{52.8}$g増，

H_2O =$\underline{18.0}$×$\underline{1.20}$=$\underline{21.6}$g増。

$$\frac{g}{mol}\times mol=g$$

2 〈解　答〉

問1	(あ)	g	(い)	d	(う)	c	(え)	c	(お)	e	(か)	a
問2	(き)	i	(く)	h	(け)	n	(こ)	l	(さ)	k	(し)	m

解説

◀化学の基本法則▶

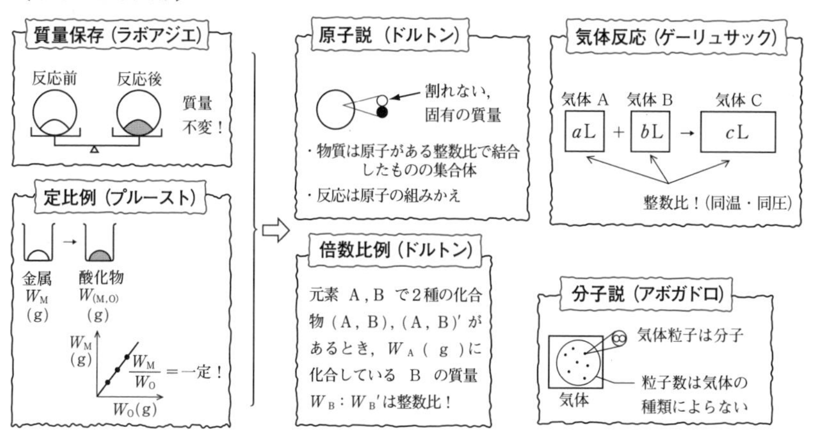

3 〈解　答〉

74%

解説

◀同位体比率と原子量▶

$$\underset{1.429\text{g}}{Cu_2O} \xrightarrow{H_2} \underset{1.269\text{g}}{2Cu} + H_2O$$

Cu_2O：Cu＝1：2 のモル比。Cu の原子量を M とすると次式が成り立つ。

$$\underbrace{\frac{1.429}{2M+16}}_{\text{mol }(Cu_2O)} \times 2 = \underbrace{\frac{1.269}{M}}_{\text{mol (Cu)}}$$

あるいは，Cu_2O 中で Cu：O＝2：1 のモル比より

$$\underbrace{\frac{1.269}{M}}_{\text{mol (Cu)}} = \underbrace{\frac{1.429-1.269}{16.0}}_{\text{mol (O)}} \times 2$$

が成り立つ。これらより，$M=63.45$。

ここで，^{63}Cu のモル分率を x とすると，

$$63.45 = \underbrace{62.93 \times x}_{^{63}\text{Cu の原子量}} + \underbrace{64.93}_{^{65}\text{Cu の原子量}} \times (1-x)$$

$$= 64.93 - 2x$$

$x=0.74$　⇨　<u>74%</u>

4* 〈解　答〉

(1) ア　質量保存　　イ　定比例　　ウ　倍数比例　　エ　原子　　オ　気体反応

(2) a. 化学反応が起こっても，物質の総質量は変化しない。
b. 物質は元素に固有な質量をもち不可分の粒子＝原子からなり，化学反応とは，原子の組みかえである。
c. 気体の反応では，反応する気体，生成する気体の同温，同圧下での体積は，簡単な整数比をなす。

(3) ドルトンは，単体の気体は，単原子からなると考えていたので，窒素，酸素の各1体積から2体積の一酸化窒素が生じる事実を説明するためには，不可分のはずの窒素や酸素原子を分割しなくてはならなくなると思ったから。

(4) e. 同温，同圧下，同体積中に含まれる気体粒子数は気体の種類によらない。
f. 単体の気体の粒子は，原子が数個結合した分子からなる。

解説

◀原子，分子の概念の成立▶

たとえば，水素ガスと塩素ガスを混合して塩化水素ガスを生成させる反応において，1L の水素ガスには 1L の塩素ガスが必要であり，そして生成する塩化水素ガスは 2L であるように，気体反応では，反応，生成する気体の体積は簡単な整数比をなしている。(気体反応の法則)

この法則を説明するためには，物質が気体状態にあるとき，

①ある体積中に気体粒子が何個あるのか，
②その気体粒子は何個の原子からなるのか

がわかっていなくてはならない。

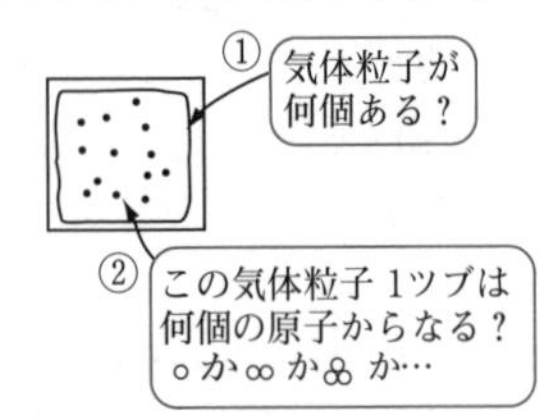

①については，ボイルの法則やシャルルの法則などとの比較から，気体の種類によらないということがたぶん正しいであろうと思われていた。しかし，②については，意見がわれた。ドルトンは，単体の気体はすべて原子にちがいないと考えていた。そうすると

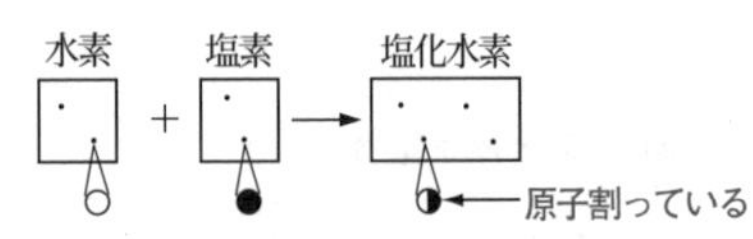

のように，不可分のはずの原子を割らなくてはならないので，そもそも気体反応の法則自体成り立たないと考えた。(事実，実在気体では厳密には成り立たない。)

一方，アボガドロは，単体の気体は，原子が数個集まった分子からなると考えれば，原子を割らずに説明ができると唱えた。

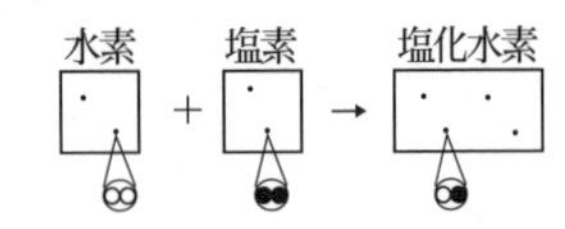

5* 〈解答〉

(1) 79%　(2) 30%

解説

◀同位体比率計算▶

(1) ^{24}Mg のモル分率を x とすると，^{25}Mg と ^{26}Mg のモル分率の合計は $(1-x)$ である。そして，^{26}Mg の分率は ^{25}Mg の1.1倍だから，$^{25}Mg : ^{26}Mg = 10 : 11$ のモル比。よって，仮平均を24として，

$$24.32 = 24 + 1 \times (1-x) \times (10/21) + 2 \times (1-x) \times (11/21)$$

∴ $1-x=0.21$ ⇨ $x=0.79$　<u>79%</u>

(2) まず，^{35}Cl のモル分率を y とすると，

$$35.50 = 35y + 37(1-y) \Rightarrow y = \frac{3}{4}$$

さて，$^{24}Mg^{35}Cl^{37}Cl$ の存在比は，1回め Mg原子，2回め Cl原子，3回め Cl原子を取り出す操作を考えたときの，

1回め ^{24}Mg　2回め ^{35}Cl　3回め ^{37}Cl か，1回め ^{24}Mg　2回め ^{37}Cl　3回め ^{35}Cl

が出る確率と考えることができる。

$$\overset{^{24}Mg}{0.79} \times \overset{^{35}Cl}{\frac{3}{4}} \times \overset{^{37}Cl}{\frac{1}{4}} + \overset{^{24}Mg}{0.79} \times \overset{^{37}Cl}{\frac{1}{4}} \times \overset{^{35}Cl}{\frac{3}{4}}$$

$=0.296$ ⇨ <u>30%</u>

6* 〈解答〉

48.8%

解説

◀物質の変化量計算▶

$$MgCO_3 \longrightarrow MgO + CO_2$$

$$CaCO_3 \longrightarrow CaO + CO_2$$

加熱分解で上記の反応が起こり，質量が48%減少したことより，かりにドロマイト100gを分解したら，48gの CO_2 が発生することがわかる。そこで，100g中の $MgCO_3$ が xg，$CaCO_3$ が yg とすると，全質量より

$$x + y = 100 \quad \cdots ①$$

また，$MgCO_3$，$CaCO_3$ 各1molより1molの CO_2 が発生するので，CO_2 の物質量より

$$\frac{x}{84.3} + \frac{y}{100} = \frac{48}{44} = \frac{12}{11} \quad \cdots ②$$

①，②より，$x=48.8$ (g) そして，これはドロマイト100gについてであるから <u>48.8%</u>

7* 〈解答〉

1.52g

解説

◀物質の変化量計算▶

$FeSO_4$, $Fe_2(SO_4)_3$ $\xrightarrow{BaCl_2}$ $\xrightarrow{NaOH}$ $Fe(OH)_2$, $Fe(OH)_3$ $\xrightarrow{熱\ O_2}$ Fe_2O_3 1.60g

（$BaCl_2$ の段階で ⇓ $BaSO_4$ 5.84g，熱 O_2 の段階で ⇓ H_2O）

$FeSO_4 = x$mol，$Fe_2(SO_4)_3 = y$mol とする。SO_4^{2-} は $x+3y$mol あるが，これは5.84gの $BaSO_4$ となって沈殿した。よって，

SO_4^{2-} のモル ⇨ $x + 3y = \frac{5.84}{233} = 0.025$

一方，Fe は $x+2y$mol あるが，これは最終的には1.60gの Fe_2O_3 に含まれる。よって，

Fe のモル ⇨ $x + 2y = \frac{1.60}{160} \times 2 = 0.020$

これらより，$y=0.005$，$x=0.010$。よって，

$FeSO_4$ は　$\underset{(g/mol)}{152} \times \underset{(mol)}{0.010} = $ <u>1.52</u> (g)

8 〈解　答〉　2. 原子の性質と化学結合の基本チェック

(1) ① 価電子　最大…Cl，最小…Ar　② イオン化E　最大…Ar，最小…Na
③ 電子親和力　最大…Cl　最小…Ar，Mg
④ 電気陰性度　最大…Cl　最小…Na
(2) ① K＞Na＞Li　② K^+＞Na^+＞Li^+　③ O^{2-}＞F^-＞Na^+＞Mg^{2+}
(3) ① 共有結合　② 共有結合　③ イオン結合　④ 金属結合

解　説

(1) **【原子の基本的性質】**

原子と原子は，電子を媒介にして互いに結びつき合って物質を構成するのであるから，原子の化学的性質は，各原子の電子殻に電子がどのように配置されているかでほぼ決まることになる。

Na ＝K(2)L(8)M(1)
Mg ＝K(2)L(8)M(2)
Al ＝K(2)L(8)M(3)
Si ＝K(2)L(8)M(4)
P ＝K(2)L(8)M(5)
S ＝K(2)L(8)M(6)
Cl ＝K(2)L(8)M(7)
Ar ＝K(2)L(8)M(8)

① 各原子の電子の中で，原子間が結合するときに使われ，その点で価値の高い電子＝価電子は主に最外殻の電子である。(遷移元素の場合，内殻の一部の電子が使われることがある。)

ただし，最外殻に8個の電子が配置された電子配置は安定であるため，最外殻にあっても価電子として使われることは通常はない。よって，**Ar**＝K(2)L(8)M(8)の価電子は8でなく，**0**である。以上より，

最大…7個のCl　最小…0個のAr

② 原子(気体)の最外殻の電子を取り去って，1価の陽イオン(気体)にするのに必要なエネルギーを第1**イオン化エネルギー**という。**電子の出にくさの指標となる。**

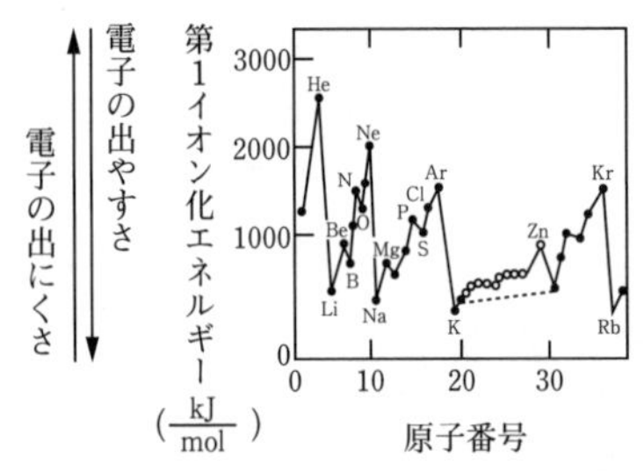

図より，第1イオン化エネルギーは原子番号とともに周期的に変化し，同一周期では，1族が最小，18族が最大であることがわかる。

最小…Na　最大…Ar

なお，原子番号が大きくなると，同一族では減少し，遷移元素は，ほとんど変化しない。

③ 原子(気体)に電子1個を与えて，1価の陰イオン(気体)にするときに放出されるエネルギーを**電子親和力**という。電子の入りやすさの指標となる。

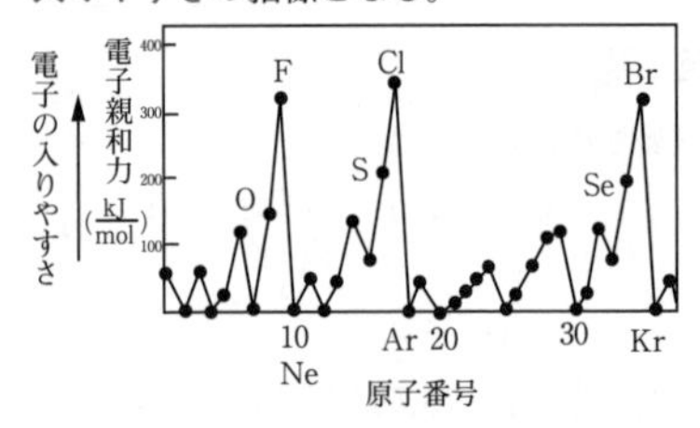

図より，(第1)電子親和力もまた，原子番号とともに周期的に変化し，各周期で17族が最大で，18族，2族はゼロであることがわかる。

最小…Mg，Ar　　最大…Cl

④　原子が電子を1つずつ出し合って2つの電子(電子対)を共有したときに，その電子対を自らの方に引き寄せてマイナスに帯電しようとする勢いを**電気陰性度**という。これは，イオン化エネルギーと電子親和力の大きい元素で大きくなる。18族は通常結合しないので，この値は考えない。

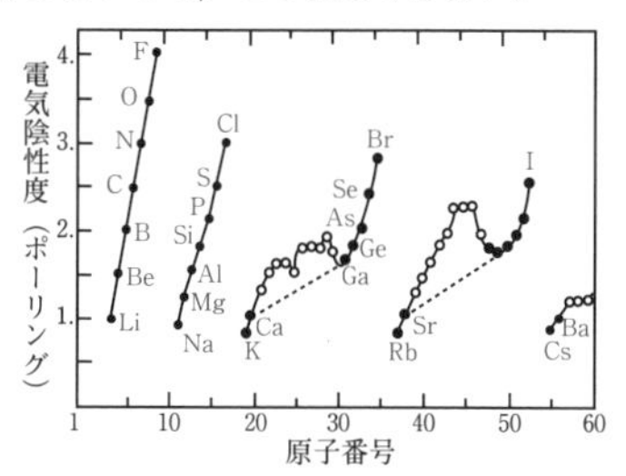

図より，原子番号とともに，電気陰性度もまた周期的に変化し，同一周期では1族が最小で，17族が最大であることがわかる。

最小…Na　　最大…Cl

(2)　**【原子，イオンの大きさ】**

①，②　同族の原子，および同じ価数のイオンは原子番号が大きいほど半径が大きい。

$Li < Na < K$　　$Li^+ < Na^+ < K^+$

これは，最外殻が外へ広がっていくからである。

③　O^{2-}，F^-，Na^+，Mg^{2+}はいずれもNeと同じ電子配置をもつが，陽子の数は順に8，9，11，12と大きくなる。陽子数が大きいほど電子を引きつける力が強いので半径の小さいイオンになる。よって，その半径は次の通りとなる。

$O^{2-} > F^- > Na^+ > Mg^{2+}$

(3)　**【結合の種類の判定】**

一般に金属元素(M，M′)間の結合は金属結合，非金属元素(X，X′)間の結合は共有結合，金属元素(M)と非金属元素(X)間の結合はイオン結合である。

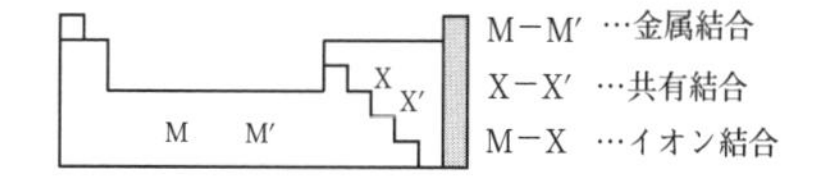

9 〈解答〉

(1)　a　価電子　b　1　c　7　d　イオン
(2)　e　自由電子
(3)　f　3　g　共有　h　電気
(4)　i　$[Cu(NH_3)_4]^{2+}$(テトラアンミン銅(Ⅱ)イオン)　j　非共有　k　配位

解説

◀結合の種類▶

(3)　黒鉛は，正六角形の網目格子状の巨大分子が層状に積み重なってできている。

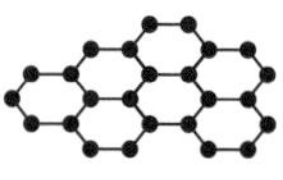

三本の共有結合手に使われなかったフリーの電子1つが面上に広がって電気を運ぶ

(4)

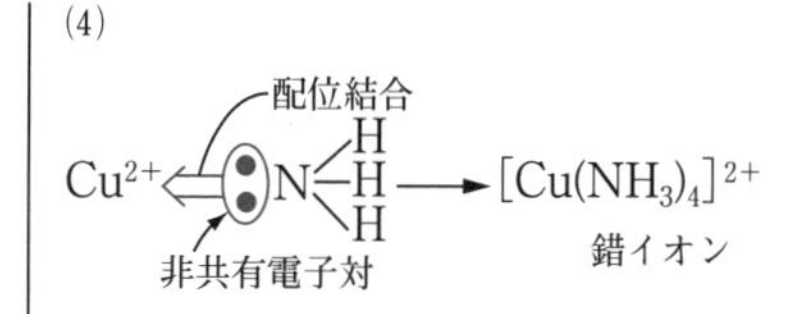

10* 〈解　答〉

a　共有結合　　b　イオン結合　　c　静電気力(クーロン力)　　d　電気陰性度
e　極性　　f　イオン化エネルギー　　g　電子親和力　　h　大き
i　減少　　j　減少　　k　HF>HCl>HBr>HI

解　説

◀結合の分極▶

原子の電子殻に配置された電子は，対をなすもの(**電子対**)となさないもの(**不対電子**)のいずれかである。そして，原子間に結合が生じるのは，各原子が不対電子を出し合って電子対を共有し，この電子対を自らの方に引き寄せるからである。

A⦿+⊙B ⟶ A⇦⑧⇨B

ただ，共有した電子対を自らの方に引き寄せる勢い $_{d}$(電気陰性度)が，互いに大きいときは共有結合のままであるが，互いに小さいときは金属結合，そして，大きいものと小さいものとではイオン結合となる。

共有結合　金属結合　イオン結合
A⑧B ⇨ ⊕⊕⊕ 自由電子
電気陰性度 ⇨ 大と大　小と小　大と小

電気陰性度は，自分の電子は出したくないという“思い” $_{f}$(イオン化エネルギー)と相手の電子は欲しいという“思い” $_{g}$(電子親和力)の和に比例する量として評価される。ただ，ハロゲン元素の例(上表)にみられるように，電子親和力の違いはイオン化エネルギーの違いに比べて小さい。そこで，イオン化エネルギーが F>Cl>Br>I であるという関係が電気陰性度にも表れて，電気陰性度もまた，

	イオン化E (kJ/mol)	電子親和力 (kJ/mol)
F	1681	328
Cl	1251	349
Br	1140	325
I	1008	295

F>Cl>Br>I(>H)

となる。よって，ハロゲン化水素の結合の極性もまた，

$_{k}$HF>HCl>HBr>HI

の順となる。

11* 〈解　答〉

(1)　A, F　　閉殻構造の安定な電子配置である。(16字)
(2)　B, G　　最外殻に1個しか電子がなく，しかもそれは出ていきやすい。(28字)

解　説

◀電子配置と化学結合▶

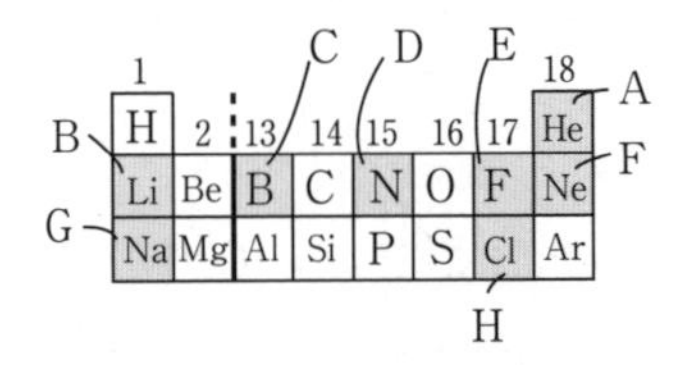

(1)　18族は A(He)と F(Ne)。安定な閉殻構造をなす。

(2)　金属元素は B(Li)と G(Na)のみ。最外殻には電子が1つしかなく，しかも出ていきやすい。

12** 〈解答〉

問１　(1)　Mg　　(2)　K　　(3)　Al

問２　F＞Ne

問３　(1)　$Mg+2H_2O \longrightarrow Mg(OH)_2+H_2$

(2)　$Zn+2HCl \longrightarrow ZnCl_2+H_2$

(3)　$Cu+2AgNO_3 \longrightarrow Cu(NO_3)_2+2Ag$

(4)　$Fe+CuSO_4 \longrightarrow FeSO_4+Cu$

問４　A　水和

(C)

問５　(解答例)

いずれも $M \longrightarrow M^{n+}+ne^-$ で表されるが，イオン化傾向は，単体の金属が水中で水和された M^{n+} になっていくときの起こりやすさの順序を示す。よって，イオン化傾向は，金属単体が原子になる過程，M^{n+} が水和される過程の起こりやすさも関係しているので，水和エンタルピー ＋ 昇華エンタルピー ＋ イオン化エネルギーの総和　によって決まる。

問６　(解答例)

ΔH＝水和エンタルピー＋昇華エンタルピー＋イオン化エネルギーの総和を表の値より求めると

Mg＝340，Fe＝733，Cu＝868，Zn＝651(kJ/mol)

となる。一般に吸熱の度合いが少ないほど，その過程は起こりやすいと考えられるので，イオン化傾向は

Mg＞Zn＞Fe＞Cu

解説

◀イオン化エネルギーとイオン化傾向▶

問１　一般に第 n イオン化エネルギーの値は，閉殻構造から e^- を取り去るとき，急激に増加する。K，Mg，Al のイオン化ではその急激に増加する段階は以下の通りである。

$K^+(K^2L^8M^8) \longrightarrow K^{2+}(K^2L^8M^7)$

…第二イオン化エネルギー

$Mg^{2+}(K^2L^8) \longrightarrow Mg^{3+}(K^2L^7)$

…第三イオン化エネルギー

$Al^{3+}(K^2L^8) \longrightarrow Al^{4+}(K^2L^7)$

…第四イオン化エネルギー

一方，グラフによると，急激に増加する段階は，

(1)は第三イオン化

(2)は第二イオン化

(3)は第四以上のイオン化

となるので，(1) Mg　(2) K　(3) Al と決まる。

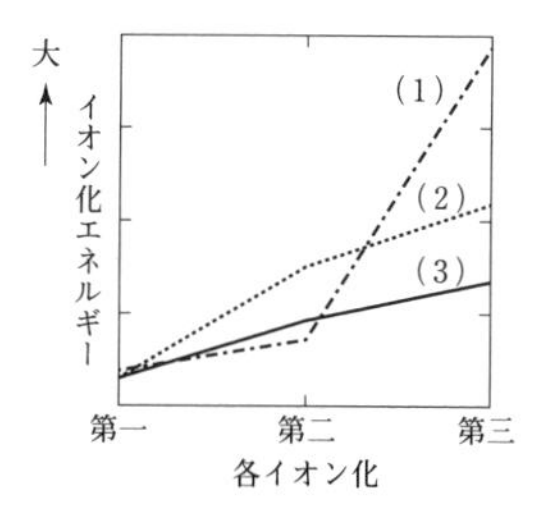

問3　イオン化傾向が M>N なら，単体と陽イオンの立場が入れかわる反応が起こる。ここで登場する元素をイオン化傾向の順に並べてみると，

$Mg > Zn > Fe > H_2 > Cu > Ag$

(1)　$2H^+ + Mg \longrightarrow H_2 + Mg^{2+}$

ただし H^+ は H_2O の電離によって生じる H^+ であるので，Mg は $Mg(OH)_2$ となる。また，$Mg(OH)_2$ は水にあまり溶けないのでこの反応は冷水では事実上起こらない。熱水で起こることに注意。

(2)　$2H^+ + Zn \longrightarrow H_2 + Zn^{2+}$

(3)　$2Ag^+ + Cu \longrightarrow 2Ag + Cu^{2+}$

(4)　$Cu^{2+} + Fe \longrightarrow Cu + Fe^{2+}$

ただし，このとき Fe は Fe^{3+} でなく Fe^{2+} であることに注意。

問4　M^{n+} が $\overset{\delta-}{O}\overset{\delta+}{H_2}$ と引き合って，水和されるとき，物体が地球に引き寄せられて落下するときと同じように，エネルギーが放出される。すなわち，(C) 発熱過程である。

問5，6　金属の単体が水中で $M^{n+}(aq)$ となっていく変化，すなわち

$M(固) + aq \xrightarrow{\Delta H} M^{n+}(aq) + ne^-$

の変化は，金属元素の変化に注目すると，

$M(固) \longrightarrow M(気) \longrightarrow M^{n+}(気) \longrightarrow M^{n+}(aq)$

の3つの過程に分けて考えることができる。これをエンタルピー図で表すと，

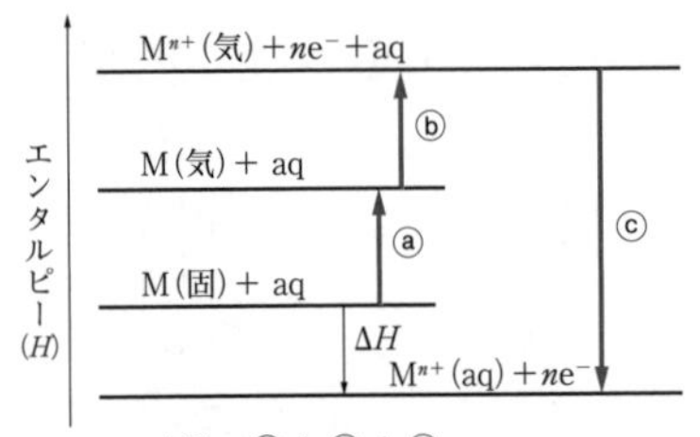

$\Delta H =$ ⓐ + ⓑ + ⓒ

ⓐ昇華エンタルピー
ⓑイオン化エネルギーの総和
ⓒ水和エンタルピー

したがって，エンタルピー変化 ΔH は，イオン化エネルギーの総和の値（ⓑ）だけでなく昇華エンタルピーの値（ⓐ），水和エンタルピーの値（ⓒ）にも関係して決定される。ΔH の値を具体的に求めてみると，

	ⓒ 水和 H		ⓐ 昇華 H		ⓑ 第1+第2イオン化 E	
Mg =	−1996	+	147	+	(738+1451)	= 340
Fe =	−2006	+	414	+	(763+1562)	= 733
Cu =	−2172	+	337	+	(745+1958)	= 868
Zn =	−2118	+	130	+	(906+1733)	= 651

ΔH の値は，いずれも正の値で吸熱反応であるが，起こりやすさは吸熱の度合いが小さいほど大きいと考えられるから，イオン化傾向は

Mg (340) > Zn (651) > Fe (733) > Cu (868)

と推定される。

なお，これらをエンタルピー変化を付した反応式で表すと，

① $Mg(固) + aq \rightarrow Mg^{2+}(aq) + 2e^-$　$\Delta H = 340kJ$
② $Fe(固) + aq \rightarrow Fe^{2+}(aq) + 2e^-$　$\Delta H = 733kJ$
③ $Cu(固) + aq \rightarrow Cu^{2+}(aq) + 2e^-$　$\Delta H = 868kJ$
④ $Zn(固) + aq \rightarrow Zn^{2+}(aq) + 2e^-$　$\Delta H = 651kJ$

であり，たとえば④−③で e^- を消去すると

$Cu^{2+}(aq) + Zn(固) \longrightarrow Cu(固) + Zn^{2+}(aq)$　$\Delta H = -217kJ$

のようにエンタルピーが減少する反応，すなわち発熱反応となり，$CuSO_4(aq)$ に Zn 板を入れると上記の反応が起こることがわかる。

なお，問題文中の表には電子親和力の値が与えられているが，金属は陽イオンになるのであるから，この値はイオン化傾向と関係しない。

13〈解　答〉　3. 結合，構造と物質の性質の基本チェック

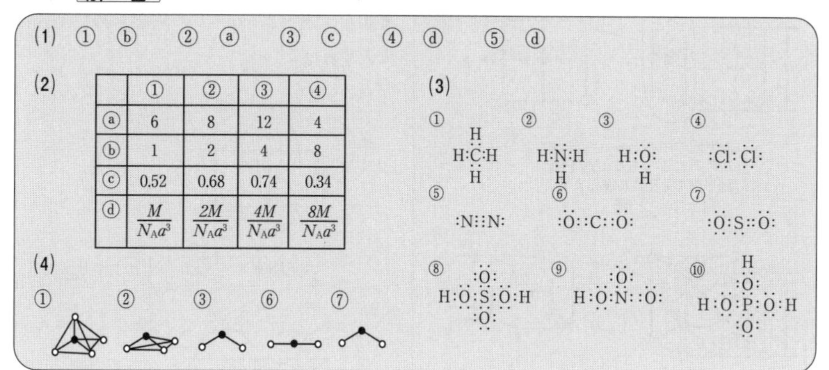

(1)　① ⓑ　② ⓐ　③ ⓒ　④ ⓓ　⑤ ⓓ

(2)

	①	②	③	④
ⓐ	6	8	12	4
ⓑ	1	2	4	8
ⓒ	0.52	0.68	0.74	0.34
ⓓ	$\frac{M}{N_A a^3}$	$\frac{2M}{N_A a^3}$	$\frac{4M}{N_A a^3}$	$\frac{8M}{N_A a^3}$

(3)

(4)

解　説

(1)【結合，構成粒子による結晶の分類】

結晶は，それを構成する結合や粒子の違いによって，次の4つに分類される。

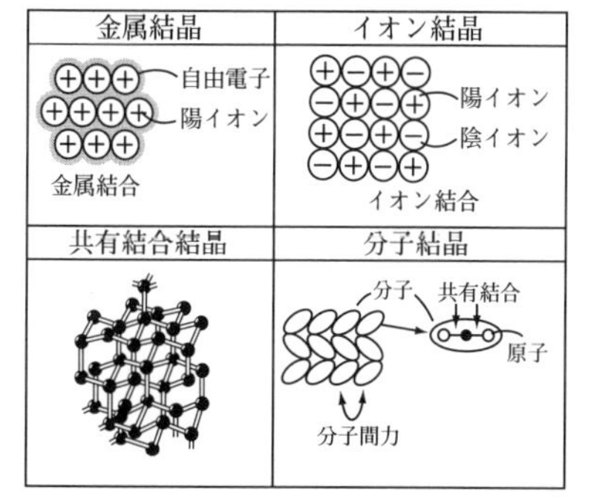

分子結晶は，原子が共有結合で結ばれてできた分子が，分子間力や水素結合で引き合ってできた結晶である。

① 食塩＝NaCl ⇨ Na^+ と Cl^- によるイオン結晶

② 金＝Au　もちろん金属結晶。

③ ダイヤモンド＝C 原子間の共有結合のみからなる結晶。

④ 氷＝H_2O 分子が水素結合で集まった結晶。

⑤ 氷砂糖＝$C_{12}H_{22}O_{11}$ 分子が主に水素結合で集まった結晶。

(2)【単位格子に関する計算算】

ⓐ **配位数**…1つの粒子のまわりの最近接の粒子数を配位数という。1から12まである。

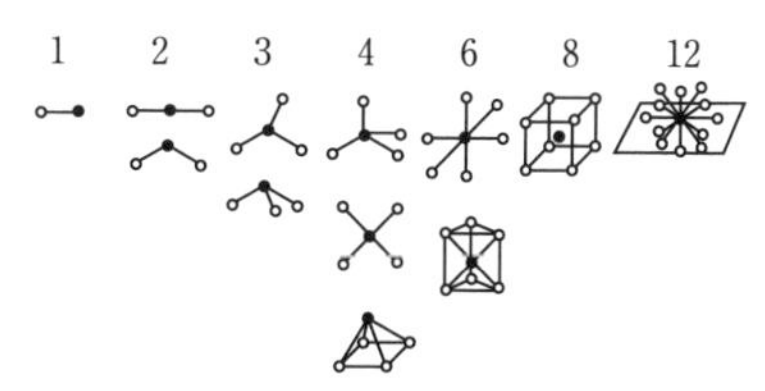

1つの粒子が単位格子内に完全に含まれているときは，そのまわりの最近接にある粒子数を直接数えればよいが，単位格子の頂点や面上にあるときは，単位格子を延長して数えなくてはならない。

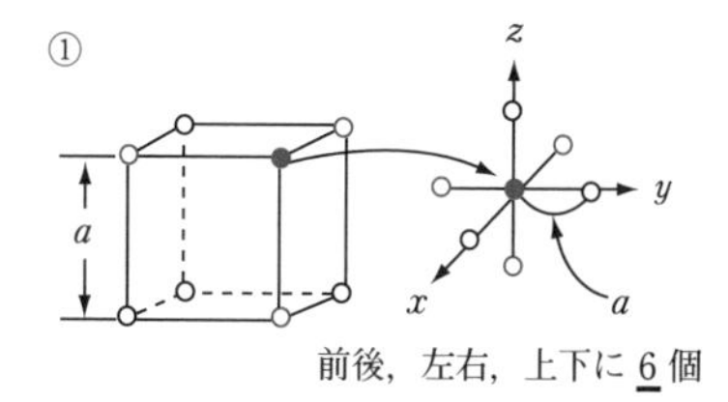

前後，左右，上下に6個

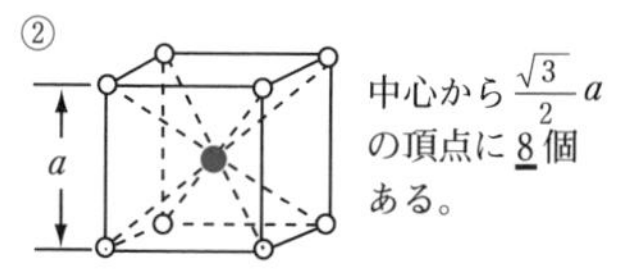

中心から $\frac{\sqrt{3}}{2}a$ の頂点に8個ある。

③

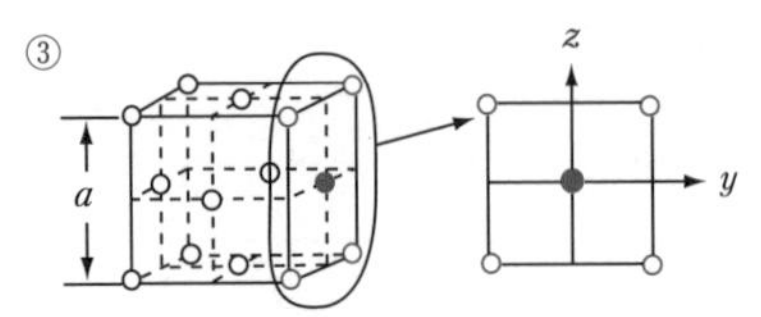

yz平面の中心から $a/\sqrt{2}$ のところに4つある。xy平面，xz平面でもそうであるから

$4\times3=\underline{12}$ 個

④

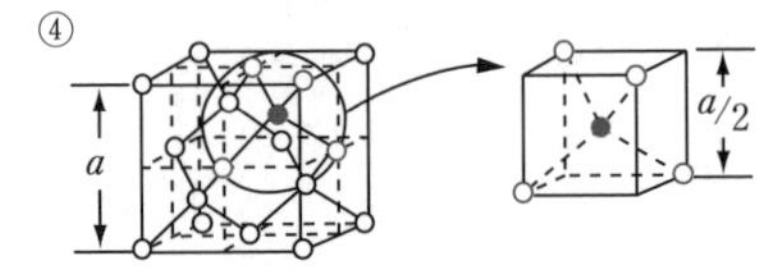

1/8の小立方体の中心から $(\sqrt{3}/4)a$ の頂点に $\underline{4}$ 個ある。

ⓑ **単位格子内原子数**…単位格子の内にある原子は1個分がそこに含まれているが，頂点では1/8，辺上では1/4，面上では1/2が単位格子内に含まれることになる。

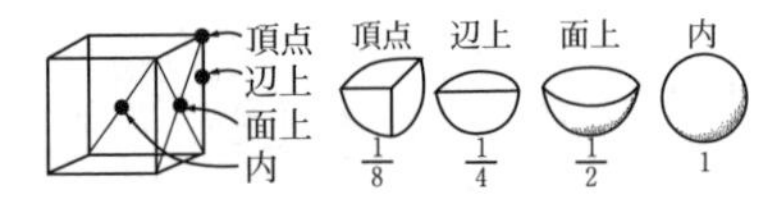

① $(1/8)\times8=1$

② $(1/8)\times8+1=2$

③ $(1/8)\times8+(1/2)\times6=4$

④ $(1/8)\times8+(1/2)\times6+1\times4=8$

ⓒ **充填率**（てん）…原子を半径 r の球とみなし，それらが互いに接触して結晶ができ上がっているとみなしたとき，結晶を原子が占めている体積の比率を充填率という。これは，一般に

$$\text{充填率}=\frac{\text{原子の体積}\times\text{単位格子内原子数}}{\text{単位格子の体積}}$$

$$=\frac{\frac{4}{3}\pi r^3\times b}{a^3}$$

$$=\frac{4}{3}\pi\left(\frac{r}{a}\right)^3\times b$$

で与えられる。ここで，b はすでに求めてあるから，あとは $r/a=k$ の値を求めて上式に代入すればよい。

①

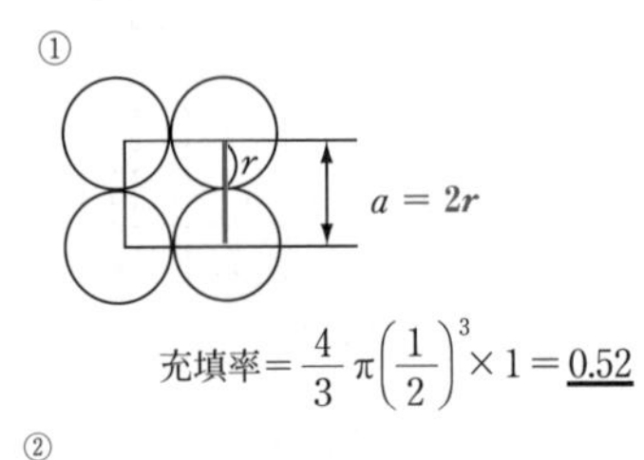

$$\text{充填率}=\frac{4}{3}\pi\left(\frac{1}{2}\right)^3\times1=\underline{0.52}$$

②

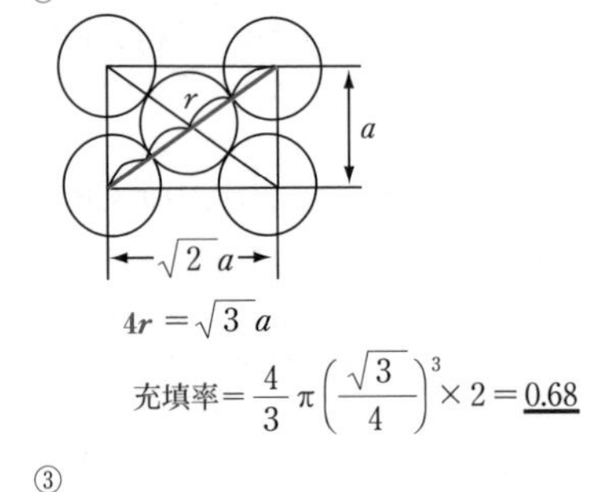

$4r=\sqrt{3}\,a$

$$\text{充填率}=\frac{4}{3}\pi\left(\frac{\sqrt{3}}{4}\right)^3\times2=\underline{0.68}$$

③

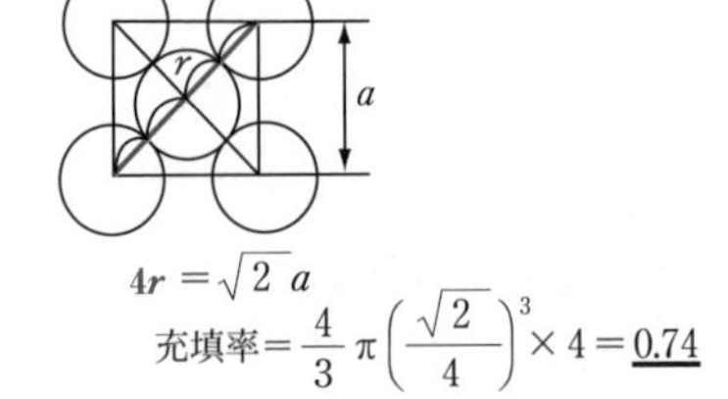

$4r=\sqrt{2}\,a$

$$\text{充填率}=\frac{4}{3}\pi\left(\frac{\sqrt{2}}{4}\right)^3\times4=\underline{0.74}$$

④ 1/8の小立方体に注目

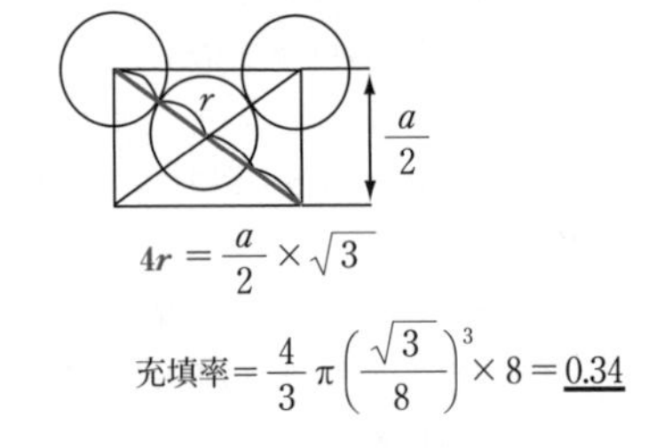

$4r=\frac{a}{2}\times\sqrt{3}$

$$\text{充填率}=\frac{4}{3}\pi\left(\frac{\sqrt{3}}{8}\right)^3\times8=\underline{0.34}$$

ⓑ　**密度**…単位体積あたりの質量である。よって，一般に

$$密度=\frac{原子の質量\times単位格子内原子数}{単位格子の体積}$$

$$=\frac{(M/N_A)\times b}{a^3}\quad\left(\frac{\mathrm{g}}{\mathrm{cm^3}}\right)$$

で与えられる。

(3)　【分子の電子式】

共有結合は原子が不対電子を1つずつ出し合って，電子対を共有することで形成される。そして，各原子のまわりに，4組の電子対(計8個の電子)が配置されたとき安定になり，安定な分子を形成する。

①　$\cdot\ddot{\mathrm{C}}\cdot$ ＋4H· ⟶ H:C:H（上下にH）

②　N ＋3H· ⟶ H:N:H（下にH）

③　O ＋2H· ⟶ H:O:（下にH）

④　Cl ＋Cl ⟶ Cl:Cl

⑤　N ＋N ⟶ N⋮⋮N

⑥　C ＋2 O ⟶ O::C::O

⑦　S と O では S::O という分子ができうる。しかし，実際はさらに酸素原子が結合してSO_2になる。これは，酸素原子の2つの不対電子が電子対となり，空いたところに，Sの電子対が提供されてそれを共有することで結合(配位結合)したからである。

O ⟶ O⟸:S::O: ⟶ :O:S::O:

このような配位結合はH_2SO_4，HNO_3，H_3PO_4などの重要な酸の分子中に含まれている。

⑧　H:O:S:O:H ＋2:O: ⟶ H:O:S:O:H（Sの上下に:O:）

⑨　H:O:N::O: ＋:O: ⟶ H:O:N::O:（Nの上に:O:）

⑩　H:O:P:O:H（Pの下に:O:H） ＋:O: ⟶ H:O:P:O:H（Pの上に:O:，下に:O:H）

(4)　◀分子の形の推定▶

問題文の内容を図式化すると次の様になる。

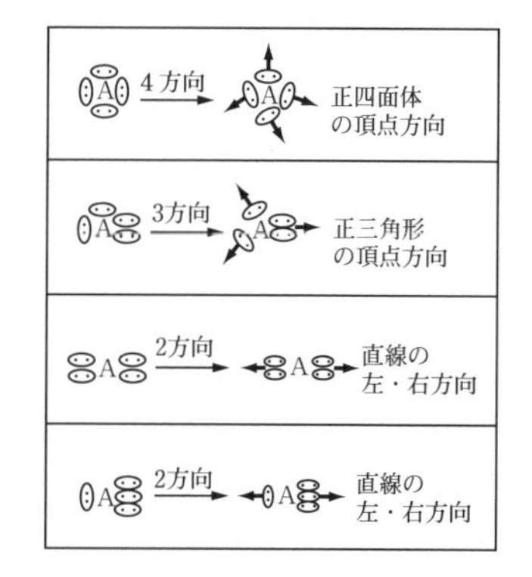

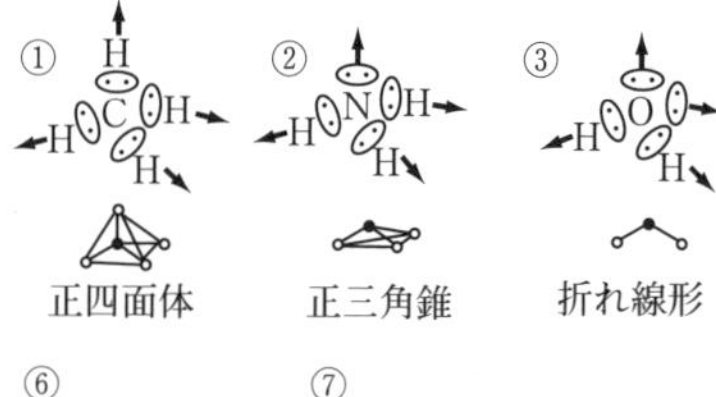

⑥　O::C::O
直線形

⑦　O S O
折れ線形

14 〈解　答〉

〔1〕 1. 亜鉛　2. 遷移　3. 典型　4. 最外殻
〔2〕 5. 体心　6. 面心　7. 2　8. 4　9. 12
〔3〕 10. 8.89　11. 鉄　12. 2　13. 体心

解説

◀金属結晶▶

〔1〕 第4周期の原子番号21～30の元素の電子配置は

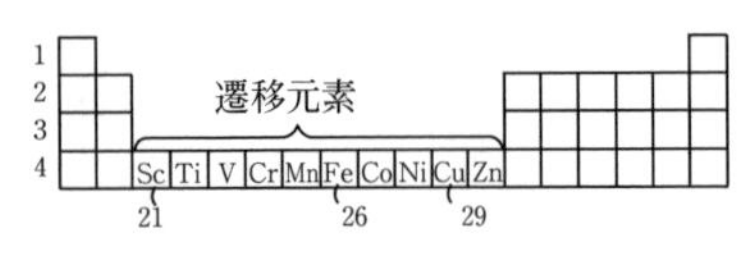

$_{21}$Sc＝K(2) L(8) M(9) N(2)

$_{22}$Ti＝K(2) L(8) M(10) N(2)

⋮

$_{29}$Cu＝K(2) L(8) M(18) N(1)

のように，原子番号とともに内殻の電子が増加している。

〔2〕 金属結晶は，原子が密に集合した構造をとることが多い。その方が，電子殻が無数に連続して自由電子の活動がうまくいくからである。最密な構造は12配位のときであり，立方と六方の2種がある。立方最密構造は別角度からみると面心立方格子をなしている。次に密なのは8配位の体心立方格子であり，この構造と最密な構造2種の計3種が金属結晶の主な構造である。

〔3〕 $_{29}$Cuは面心立方格子であるから，単位格子内に(1/8)×8＋(1/2)×6＝4個の原子が含まれている。よって，

$$d\left(\frac{\text{g}}{\text{cm}^3}\right)=\frac{\dfrac{63.5}{6.02\times10^{23}}\times4}{(3.62\times10^{-8})^3}$$

(63.5/6.02×10²³：g/個，×4：個，分子全体：g(単位格子)，分母：cm³(単位格子))

$$=\underline{8.89}\ \text{g/cm}^3$$

$_{26}$Feの単位格子内にb個の原子が含まれているとすると，

$$7.9\left(\frac{\text{g}}{\text{cm}^3}\right)=\frac{\dfrac{56}{6.02\times10^{23}}\times b}{(2.87\times10^{-8})^3}$$

これより，b=2.0。単位格子(立方体)内に原子が2個入っていることより，Feの結晶は<u>体心</u>立方格子であることがわかる。

15 〈解　答〉

0.973

解説

◀金属結晶▶

Fe原子の原子量をM，アボガドロ数をN_Aとする。

$$d(25\ ℃,\ \text{体心立方})=\frac{(M/N_A)\times2}{(2.867\times10^{-8})^3}\ \cdots\cdots①$$

$$d(916\ ℃,\ \text{面心立方})=\frac{(M/N_A)\times4}{(3.647\times10^{-8})^3}\ \cdots\cdots②$$

②÷①より

$$\frac{d(916\ ℃)}{d(25\ ℃)}=\frac{4\times(2.867)^3}{2\times(3.647)^3}=2\times\frac{23.6}{48.5}=\underline{0.973}$$

(注)体心立方から面心立方に移ると充填率が0.68→0.74に変化するので，密度は0.74/0.68＝1.09倍になるはずである。実際は0.973倍である。これは，25℃と916℃とでは温度が高い分原子の運動が激しくなって原子間が離れることと，構造変化で配位数が大きくなったために原子間が離れることが関係している。実際，原子間の最短距離を，25℃でl，916℃でl'とすると

$$\left.\begin{array}{l}2l=2.867\times\sqrt{3}\\2l'=3.647\times\sqrt{2}\end{array}\right\}\Rightarrow\frac{l'}{l}=1.04\text{倍}$$

と，原子間の距離が1.04倍長くなっていることがわかる。

16〈解　答〉

(1)　0.562nm　(2)　第一…Cl^-，6個　第二…Na^+，12個　第三…Cl^-，8個
(3)　Na^+4個，Cl^-4個　(4)　2.19(g/cm^3)

解説

◀イオン結晶▶

(1)　単位格子(立方体)の1つの面を，各イオンの半径を考慮して表すと右図のようになる。これより，

立方体の一辺の長さ
$=(0.095+0.186)\times 2=\underline{0.562}\text{nm}$

(2)　中心の●に注目し，その周囲のイオンをみると，面心点(距離 l で $\underline{6}$ 個)に○，辺心点(距離 $\sqrt{2}l$ で $\underline{12}$ 個)に●，頂点(距離 $\sqrt{3}l$ で $\underline{8}$ 個)に○があることがわかる。これらが順に●の第一，第二，第三近接の粒子である。

(3)　Na^+(●)　$(1/4)\times 12+1=\underline{4}$ 個
(辺心)　(中心)

Cl^-(○)　$(1/8)\times 8+(1/2)\times 6=\underline{4}$ 個
(頂点)　(面心)

(4)　(3)より単位格子中にNa^+Cl^-が4組含まれていることがわかった。そして，この1組は$(23.0+35.5)/6.02\times 10^{23}$g である。また，1nm$=10^{-9}m=10^{-7}$cm である。よって，

$$\text{NaCl結晶の密度}=\frac{\dfrac{23.0+35.5}{6.02\times 10^{23}}\times 4\,(\text{g})}{(5.62\times 10^{-8})^3\,(\text{cm}^3)}$$

$$=\underline{2.19}\ \text{g/cm}^3$$

17〈解　答〉

(1)　(ア)　③　，(イ)　⑧　(2)　(i)　$\sqrt{2}\,a/2$　(ii)　$\sqrt{3}\,a/4$
(3)　(i)　①　(ii)　⑤

解説

◀イオン結晶▶

(1)　**図ア**では単位格子内でAは4個，Bも4個であるから，その組成式はABとなる。一方，**図イ**ではAは8個，Bは4個なので，A_2Bの組成式となる。今，$B=O^{2-}$のとき，その酸化物の組成式は**図ア**ではAO，**図イ**ではA_2Oとなる。与えられた①～⑧の中で，組成式がこのようになるのは，$\underline{③}$の CaO，$\underline{⑧}$の Li_2O である。

(2)　(i)

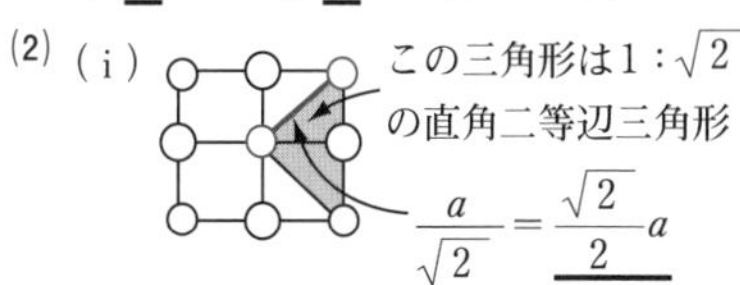

$$\frac{a}{\sqrt{2}}=\underline{\frac{\sqrt{2}}{2}a}$$

(ii)

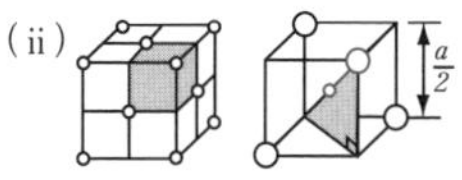

AB間の距離は単位格子の1/8の小立方体の対角線の1/2である。◢の三角形は1：$\sqrt{2}$：$\sqrt{3}$ の直角三角形

$$l_{A-B}=\frac{a}{2}\times\sqrt{3}\times\frac{1}{2}=\underline{\frac{\sqrt{3}}{4}a}$$

(3)　(i)Aイオンの最近接には，前後，左右，上下の等距離に6個のBイオンがある。Bイオンの中心をつなぐと$\underline{①}$正八面体。

(ii)Aイオンは1/8小立方体の中心にある。よって，Aイオンだけに注目すると，$\underline{⑤}$立方体。

18 〈解答〉

ア	原子核	イ	偏り	ウ	極性	エ	静電気(クーロン)	オ	イオン
カ	直線	キ	無極性	ク	負	ケ	正四面体	コ	弱い
サ	低い	シ	昇華						

解説

◀分子の極性，分子結晶▶

分子は，分子全体でみれば電気的に中性であるが，電気陰性度の大きい方の原子が負に，小さい方の原子が正に帯電している。また，電子がたえず運動していることにより，分子表面の各部は＋－－＋－＋－…とたえず変化している。このように生じた分子表面の電荷の偏りによって分子間は，ゆるくであるが引き合っている。

Ⅰ 電気陰性度の差による永久的な極性による引力

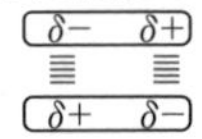

Ⅱ 分子表面の瞬間的な電荷の偏りによる引力

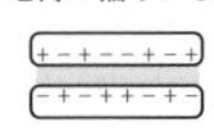

ただし，Ⅰの型の引力は，分子全体を見たとき極性がないと見なせる分子の場合には消える。

$\overset{\delta-}{O}=\overset{\delta+}{C}=\overset{\delta-}{O}$

分子全体では電荷の偏りが消える

CCl_4（C δ＋，各Cl δ－）

分子全体では電荷の偏りが消える

Ⅱの型の引力は，瞬間的な電荷の偏りをつくるのは電子であるから，電子数が大きいほど大きい。そして，

電子数㊅⇔陽子数㊅⇔分子量㊅

なので，通常，分子量とともに大きくなる。

19 〈解答〉

A	H_2O	**B**	HF	**C**	NH_3	**D**	CH_4		
①	高い	②	電気陰性度	③	ない	④	ファンデルワールス力		
⑤	大きく	⑥	ある	⑦	水素原子	⑧	大きい	⑨	水素結合

解説

◀分子間に働く力と沸点▶

A～**D**は分子量から考えて，第2周期の水素化合物である。また，族番号がわかっているので順に，$\underline{H_2O}$，$\underline{HF}$，$\underline{NH_3}$，$\underline{CH_4}$と決まる。

分子性物質の沸点 高 ⇔
- 水素結合 有
- 分子量 大
- 極性 大
- 分子間の接近 良
- 分子間の接触面積 大

・沸点が $H_2<F_2<Cl_2<Br_2<I_2$ であるのは，これらがいずれも無極性分子であり，この順に分子量が増加することから理解される。

・14族で沸点が $CH_4<SiH_4<GeH_4<SnH_4$ となるのは，これらはすべて正四面体形の無極性分子であるので，やはり分子量の効果によると考えられる。

・15～17族では，分子量の効果の予想から大きくはずれているもの(NH_3, H_2O, HF)がある。これらの分子間には，水素結合が生じているためである。

＞N⋯H－N＜　－O⋯H－O－　－F⋯H－F

20* 〈解　答〉

問1　A　8個　　B　7個　　**問2**　0.7

解説

◀結晶の切断面の幾何▶

問1　与えられた図では原子間の距離関係がわかりにくいので，左図のように表してみよう。A面の真ん中の●に注目すると，A面で$\sqrt{2}\,l$のところの4個の○(a～d)と接触している。また，A面の下のa′～d′のところの4個の○も$\sqrt{2}\,l$の位置にあり●と接触している。よって，計$\underline{8}$個と接触している。

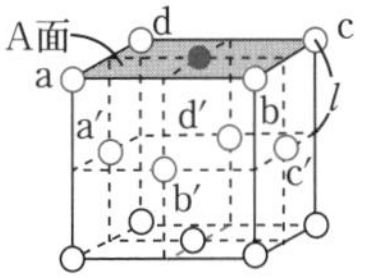

f－c間の●の原子に注目すると，$\sqrt{2}\,l$のところにまずf，b，cの3つの○があることがわかる。さらに，p，qの2つの○も$\sqrt{2}\,l$にある。そして，面cbfについて対称な位置にあるp′，q′の○も$\sqrt{2}\,l$にある。よって，3+2+2=$\underline{7}$個が接触している。

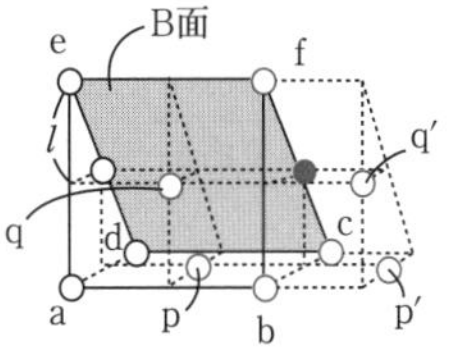

問2

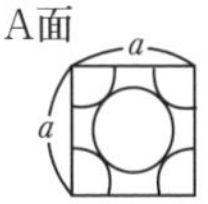

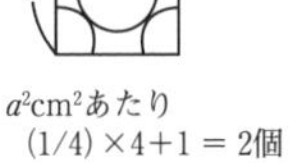

a^2cm²あたり
(1/4)×4+1＝2個

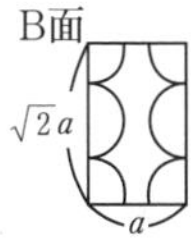

$\sqrt{2}\,a^2$cm²あたり
(1/4)×4+(1/2)×2＝2個

よって，単位面積あたりの原子数(個/cm²)のA面とB面とでの比は

$$\frac{2}{a^2}:\frac{2}{\sqrt{2}\,a^2}=1:\frac{\sqrt{2}}{2}$$
$$=1:\underline{0.70}\ \cdots$$

21* 〈解　答〉

(1)　ABX_3　　(2)　$(m_A+m_B+3m_X)/(N\cdot L^3)$
(3)　Sr^{2+}　1.4Å　　Ti^{4+}　0.6Å

解説

◀三元素からなる化合物の結晶構造▶

(1)　A　(1/8)×8＝1個，B　1個
　X　(1/2)×6＝3個
よって，組成式は$\underline{ABX_3}$

(2)　単位格子中にABX_3が1個分含まれる。

$$d\left(\frac{\text{g}}{\text{cm}^3}\right)=\frac{(m_A+m_B+3m_X)/N(\text{g})}{(L)^3\qquad(\text{cm}^3)}$$

(3)　Ti^{4+}とO^{2-}，Sr^{2+}とO^{2-}が接触している2つの切断面(A，B)を考える。

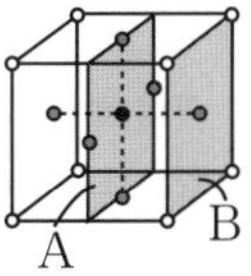

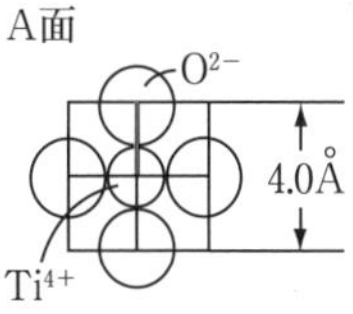

図より，半径について

$Ti^{4+}+O^{2-}$
$$=\frac{4.0}{2}=2.0$$

また　O^{2-}＝1.4
と与えられている。
よって，Ti^{4+}＝$\underline{0.6}$Å

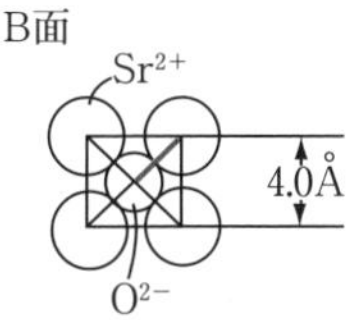

図より，半径について

$Sr^{2+}+O^{2-}$
$$=\frac{4.0}{\sqrt{2}}=2\sqrt{2}$$
$$≒2.82$$

また　　O^{2-}＝1.4
よって，Sr^{2+}＝$\underline{1.42}$Å

22* 〈解　答〉

問 1　a　0.282　　b　6　　c　6　　d　0.398　　e　0.356　　f　8
　　　g　8　　h　0.412　　i　0.101　　j　0.175　　k　0.326

問 2　解答例　塩化物イオンとナトリウムイオンが接触を保ちつつ塩化セシウム型の構造をとれば，単位格子 1 辺の長さは塩化物イオンの半径の和より小さくなって，塩化物イオンが重なり合うことになるから。(88 字)

解　説

◀イオン半径と結晶構造の関係▶

問 1

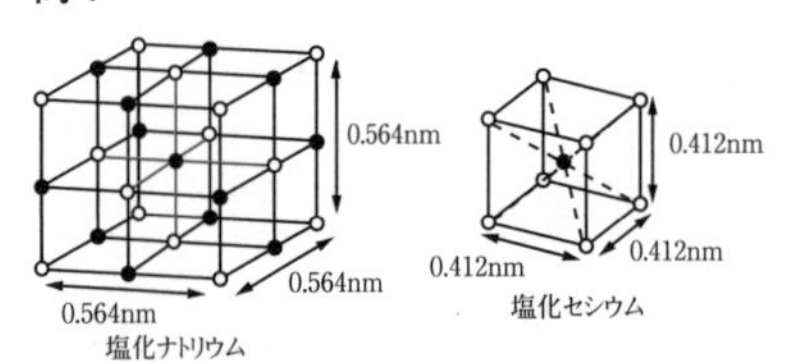

NaCl 結晶では，単位格子(立方体)の中心の●(Na^+)のまわりの前後，左右，上下の，距離 0.564/2＝ a0.282nm の所 b6 か所に○(Cl^-) が存在する。○のまわりの●の数は，図を拡張して考えると(⇨下図の⬭)，やはり c6 であることがわかる。(ただし，Na^+と Cl^-の個数は 1：1 なので，Na^+のまわりの Cl^-の配置と Cl^-のまわりの Na^+の配置は同じはずである。すなわち，図で○と●の交換は可である。このことより，○のまわりの●の数も c6 と判断することができる)。

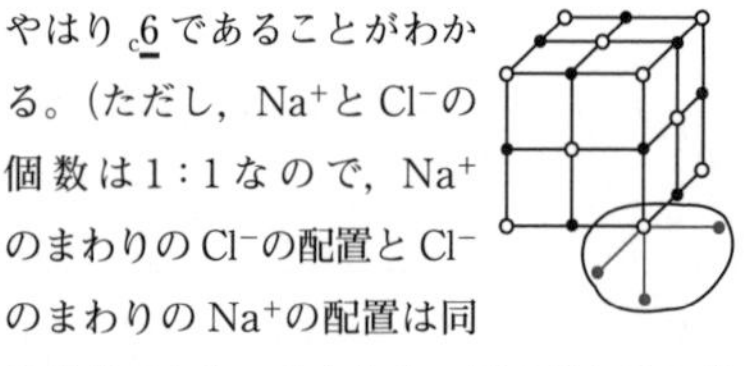

●と●(○と○)の最近距離は，

$0.282 \times \sqrt{2} =$ d0.398 である。

CsCl 結晶では，●と○の最近距離は，単位格子の体対角線の 1/2 である。

$0.412 \times \sqrt{3} \times (1/2) =$ e0.356nm

図より，●のまわりには立方体の頂点の f8 個の場所に○があり，○のまわりの●も同様に g8 個である。また，最も近い○と○(●と●) は単位格子の一辺の長さ h0.412nm である。

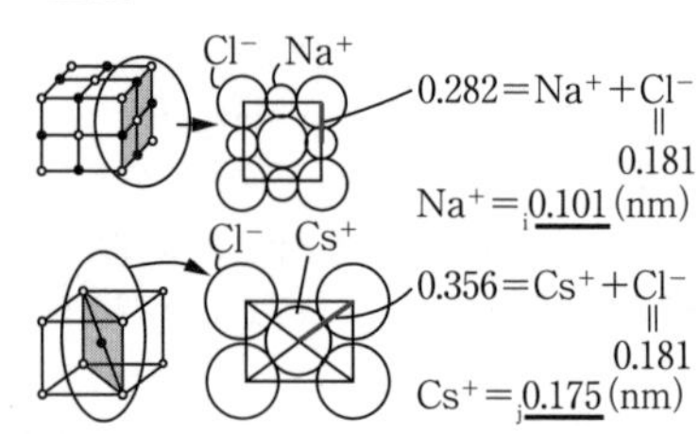

Na^+と Cl^-が接触を保ちながら CsCl 型の構造をとったとすると単位格子一辺の長さは

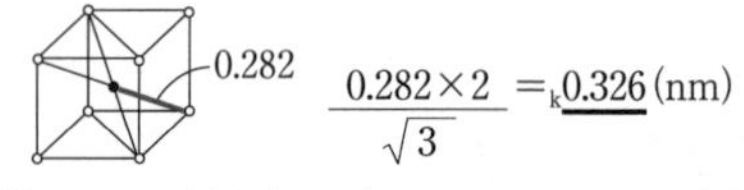

$$\frac{0.282 \times 2}{\sqrt{3}} = {}_{k}0.326\,(\text{nm})$$

問 2　この長さ(0.326)は，Cl^-イオンの半径の和(0.362)より小さい。すなわち，このとき右図のように Cl^-イオンが重なり合ってしまうことになる。このようなことは起こり得ないので，Na^+ と Cl^- で CsCl 型の結晶構造はとりえないと判断できる。

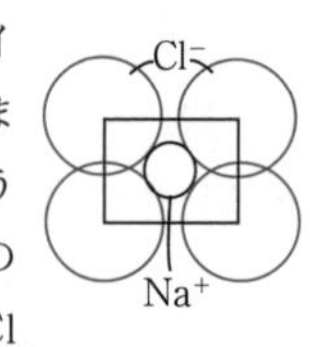

なお，Cl^-と Cl^-が重ならず接触した状態で CsCl 型の構造をつくれば，Na^+と Cl^-が接触できず離れてしまうのでこのような構造はとらないと考えることもできる。なぜなら，イオン結晶は陽イオンと陰イオンが接触するところまで接近したときに最も安定になるからである。

23* 〈解　答〉

(A)　ア　$\sqrt{2}/4$　　イ　$(2-\sqrt{2})/4$　　ウ　$(\sqrt{3}-\sqrt{2})/4$
(B)　エ　カルシウム　　オ　空間Ⅱのみ　　カ　ビスマス　　キ　空間ⅠとⅡ
　　ク　8　　ケ　6
(C)　コ　2　　サ　11.0　　シ　34

解説

◀面心立方格子の空間とイオン結晶▶

(A)　問題文中にあるように，面心立方格子には

空間Ⅰ：6つの原子で囲まれている
　　　単位格子の中心と辺心

空間Ⅱ：4つの原子で囲まれている
　　　1/8の小立方体の中心

の2種のすき間がある。その半径は下図より，

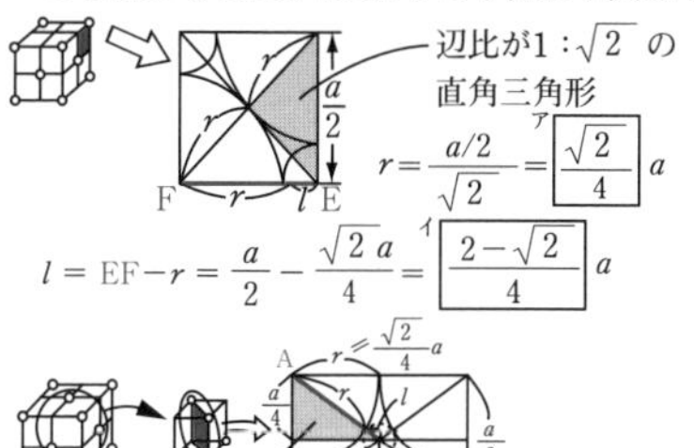

$$r=\frac{a/2}{\sqrt{2}}=\boxed{\frac{\sqrt{2}}{4}}^{ア}a$$

$$l=\mathrm{EF}-r=\frac{a}{2}-\frac{\sqrt{2}\,a}{4}=\boxed{\frac{2-\sqrt{2}}{4}}^{イ}a$$

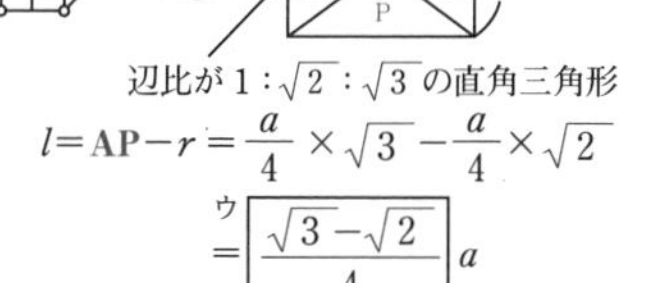

辺比が1：$\sqrt{2}$：$\sqrt{3}$の直角三角形

$$l=\mathrm{AP}-r=\frac{a}{4}\times\sqrt{3}-\frac{a}{4}\times\sqrt{2}$$

$$=\boxed{\frac{\sqrt{3}-\sqrt{2}}{4}}^{ウ}a$$

(B)　単位格子内の粒子数を求めてみる。

面心立方格子　$(1/8)\times8+(1/2)\times6=4$ 個
空間Ⅰ　$(1/4)\times12+1\times1=4$ 個
空間Ⅱ　$1\times8=8$ 個

CaF_2 の結晶では $Ca^{2+}:F^-=1:2$ の個数比であるから，エ[カルシウム]イオンが面心立方格子をなし，F^- がオ[空間Ⅱのみ]に入っていると考えられる。

一方，BiF_3 では，$Bi^{3+}:F^-=1:3$ の個数比であるから，カ[ビスマス]イオンが面心立方格子をなし，F^- がキ[空間ⅠとⅡ]のすべてに入っていると考えられる。

Bi^{3+}(●)のまわりの $\frac{1}{8}$ の小立方体を表示すると下図のようである。

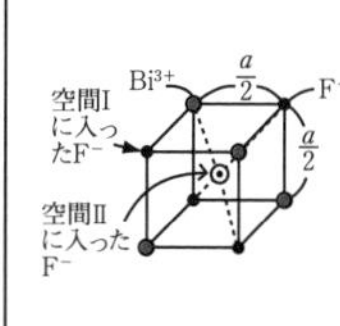

●と⊙空間Ⅱの距離は
$$\frac{a}{2}\times\sqrt{3}\times\frac{1}{2}=\frac{\sqrt{3}}{4}a$$
●と•空間Ⅰの距離は $\frac{a}{2}$
●と●の距離は
$$\frac{a}{2}\times\sqrt{2}=\frac{\sqrt{2}}{2}a$$

よって，距離の小さい順に並べると，●(Bi^{3+})のまわりには，

●と◉……距離 $(\sqrt{3}/4)a$ でク[8]個

●と●……距離 $(1/2)a$ でケ[6]個

●と●……距離 $(\sqrt{2}/2)a$ で12個

のようにイオンがとり囲んでいる。

(C)　単位格子中にPdは4個。よって，Hはコ[2]個入る。このとき，質量は

$$\frac{PdH_{1/2}}{Pd}=\frac{106.5}{106}\text{倍}$$

増加するが，体積は1.10倍になるので，密度(g/cm^3)は

$$\frac{106.5}{106}\times\frac{1}{1.10}\text{倍}$$

となる。よって，密度は次の通り。

$$12.0\times\frac{106.5}{106}\times\frac{1}{1.10}=\boxed{11.0}^{サ}\,g/cm^3$$

Pd 1molに，1/2molのHが吸収されていて，これが1/4molのH_2となって放出される。

$$\underset{\frac{g}{cm^3}}{12.0}\;\Big|\;\underset{g\,(Pd)}{\times53}\;\Big|\;\underset{mol\,(Pd)}{\times\frac{1}{106}}\;\Big|\;\underset{mol\,(H_2)}{\times\frac{1}{4}}\;\Big|\;\underset{L\,(H_2)}{\times22.4}\;\Big|=\boxed{34}^{シ}\,L$$

24* 〈解 答〉

問1 8　　問2 ダイヤモンド　4.7×10^{-23}cm^3　　黒鉛　3.6×10^{-23}cm^3

問3 ダイヤモンド　3.4g/cm^3　黒鉛　2.2g/cm^3

解説

◀ダイヤモンドと黒鉛の構造▶

問1 単位格子内には，頂点(8か所)，面心(6か所)，1/8小立方体の4か所に原子が存在する。

$(1/8)\times8+(1/2)\times6+1\times4=\underline{8}$ 個

問2 ダイヤモンド

$(3.6\times10^{-8})^3=\underline{4.7\times10^{-23}}$ (cm^3)

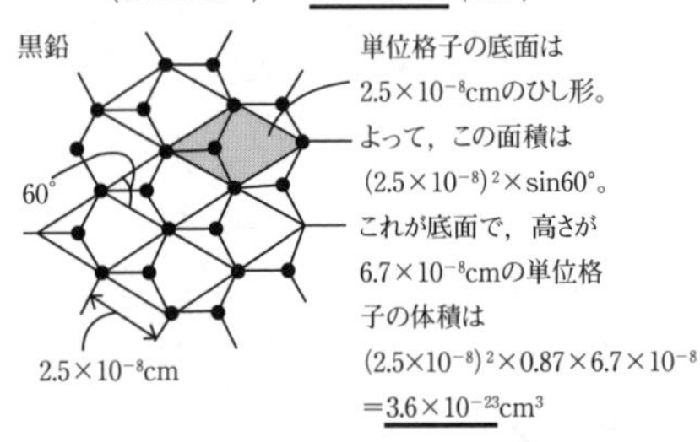

問3 ダイヤモンド

$$d\left(\frac{\text{g}}{\text{cm}^3}\right)=\frac{(12/(6.0\times10^{23}))\times8}{4.7\times10^{-23}}=\underline{3.4}\left(\frac{\text{g}}{\text{cm}^3}\right)$$

黒鉛

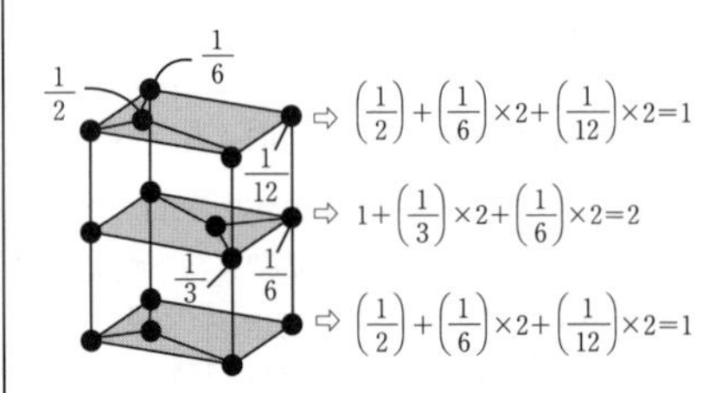

以上より，単位格子内に計4個のC原子が含まれていることがわかる。よって，

$$d\left(\frac{\text{g}}{\text{cm}^3}\right)=\frac{(12/(6.0\times10^{23}))\times4}{3.6\times10^{-23}}=\underline{2.2}\left(\frac{\text{g}}{\text{cm}^3}\right)$$

25* 〈解 答〉

(1) KClの結晶はイオン結晶であるが，結晶中ではイオンは自由に移動できないから。

(2) 無極性分子のベンゼンと極性分子の水が混合するとエネルギー的に不安定になるから。

(3) 石英は共有結合結晶でナフタレンは分子結晶である。結晶を壊すとき，前者では共有結合を切らなくてはならないが，後者では弱い分子間力による引力を切ればよいから。

解説

◀物質の構造と性質に関する記述▶

これらは，いずれも，ミクロな構造がどのようになっているかということから説明する。そのために，ミクロな世界をまず描いてそれを見ながら説明文を考えるとよい。

(1) イオン結晶でイオンがある。でも，移動できない。

(2) 極性分子　無極性分子　引力の性格が違うので混ざると不安定になる。

(3) 共有結合が連続する。結合を切るのが大変　分子間力で集合する。分子間を離すのは容易

26** 〈解　答〉

問1　(ア)　融点　　(イ)　原子
問2　(1)　(C)　　(2)　(え)
問3　(1)　(H)　　(2)　$\dfrac{2}{n_0-2}$
問4　(1)　-2.1×10^{-18}J　　(2)　3.5×10^2kJ/mol

解説

◀元素の性質の周期性とイオン結晶の静電エネルギー▶

問1　ア　14族の$_6$Cと$_{14}$Siが極大値(約3500，約1500)をとり，遷移元素の$_{21}$Sc～$_{29}$Cuが1000～2000となることから，グラフ(A)は単体の融点と考えられる。
イ　縦軸の値が0.1～0.2nm($1\sim2\times10^{-8}$cm)ぐらいなので，グラフ(B)は原子の大きさ(半径)であろう。

問2　(1)　(第1)イオン化エネルギー(E_1)は，典型元素では，

同周期：原子番号㊅増 ⇨ E_1増
同　族：原子番号増 ⇨ E_1減

であり，遷移元素ではあまり変化しない。
よって，グラフXは(C)となる。

(2)　原子番号nの元素Aの(第1)イオン化エネルギー$E^{第1}$の傾向はその電子配置に依存する。そして，陽イオンA^+の電子配置は原子番号$(n-1)$の元素と同じ電子配置となる。従って，その第2イオン化エネルギー$E^{第2}$の傾向は，$E^{第1}$のグラフを1目盛りだけ右に移したものに近いと推定される。すなわち，(え)であろう。

問3　(1)　価電子の数は典型元素の場合は

1，2，13～17族：最外殻電子の数
18族：0

となるので，(D)または(H)のどちらか。ただ，(D)では$_{26}$Feの値がゼロとなるのはありえないので，(H)と判断できる。

(2)　Ti^{3+}，Ti^{4+}の数をそれぞれx個，y個とおくと，Ti原子数，および電気的中性の条件より，次式が成り立つ。

$$\begin{cases} x+y=n_0 \\ 3x+4y=2(2n_0-1) \end{cases}$$

よって，

$$\begin{cases} x=2 \\ y=n_0-2 \end{cases} ⇨ \frac{x}{y}=\frac{2}{n_0-2}$$

問4　(1)　静電エネルギーは，異種イオン間は4つで

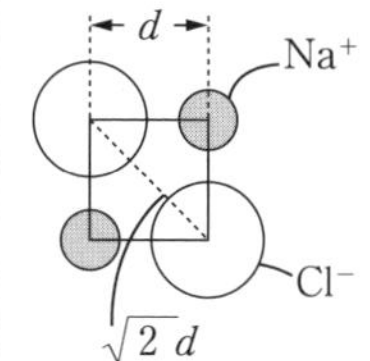

$E_1\times4$

同種イオン間は2つで，その距離は$\sqrt{2}$倍なので値はE_1の$\dfrac{1}{\sqrt{2}}$倍で，また反対符号だから

$$-E_1\times\frac{1}{\sqrt{2}}\times2=-\sqrt{2}E_1$$

となる。そこで，合計するとE_2は，

$$E_2=4E_1-\sqrt{2}E_1=(4-1.4)\times(-8.2\times10^{-19})$$
$$=-2.1\times10^{-18}\text{J}$$

(2)　③でのエネルギー変化量をxとする。エネルギーの変化量について③=①+②の関係がある。

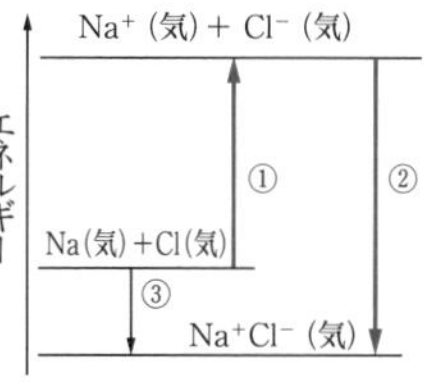

① 494 − 348 (kJ)
② $-8.2\times10^{-19}\times6.0\times10^{23}\times10^{-3}$
　$=-492$(kJ)

③=①+②より $x=494-348-492=-346$

よって，放出されるエネルギーは，

346kJ/mol ⇒ 3.5×10^2 kJ/mol

2 物質の状態１（状態の理論）

27 〈解　答〉　　1．気体の法則の基本チェック

(1) ① 物質量，温度一定の下で気体の体積は圧力に反比例する。
② 物質量，圧力一定の下で気体の体積は絶対温度に比例する。
③ 同温，同圧の下で同体積中に含まれる気体粒子数は種類によらず一定。

(2) 理想気体は気体粒子自身の体積，分子間力を無視した仮想的な気体であり，厳密に状態方程式 $PV=nRT$ が成立する。実在気体ではこれらが無視できず高温，低圧下以外では $PV=nRT$ はほとんど成立しない。(96字)

(3) ① 0.0821 (atm・L/(mol・K))，8.31×10^3 (Pa・L/(mol・K))　② 4L

(4) $M=d\times\dfrac{RT}{P}$

(5) ① 2L　② 8×10^4 (Pa)　③ 28.8

解 説

(1) 【 歴史的法則 】

気体の体積(V)と圧力(P)，温度(T)，物質量(n)の関係が①②③の順で歴史に登場した。

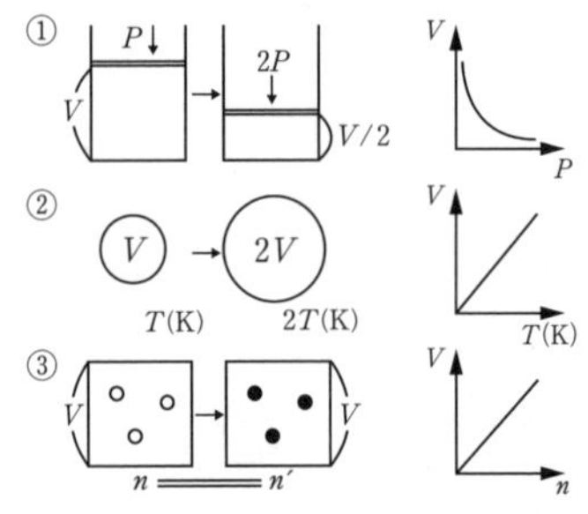

① ボイルの法則(n, T 一定)
$V=k\times\dfrac{1}{P}$

② シャルルの法則(n, P 一定)
$V=k'\times T$

③ アボガドロの法則(P, T 一定)
$V=k''\times n$

①，②，③より

$$V=R\times\frac{1}{P}\times T\times n$$

が導かれ，$PV=nRT$ となる。

(R：気体定数という)

(2) 【 理想気体と実在気体 】

	理想気体	実在気体
分子自体の体積	なし	わずかだがあり
分子間力	なし	弱いながらもあり
$PV=nRT$	いつも成立	高温・低圧なら成立

以上を100字以内でまとめる。

(3) ◀ $PV=nRT$ ▶

① 理想気体 1mol は，0(℃)＝273(K)，1(atm) で 22.4(L) だから

$$R=\frac{PV}{nT}=\frac{1\,(\text{atm})\times22.4\,(\text{L})}{1\,(\text{mol})\times273\,(\text{K})}=\frac{22.4}{273}=0.08205\cdots\fallingdotseq\underline{0.0821}\,(\text{atm}\cdot\text{L}/(\text{mol}\cdot\text{K}))$$

また

$$R=\frac{PV}{nT}=\frac{1.013\times10^5\,(\text{Pa})\times22.4\,(\text{L})}{1\,(\text{mol})\times273\,(\text{K})}\fallingdotseq8.31\times10^3\,(\text{Pa}\cdot\text{L}/(\text{mol}\cdot\text{K}))$$

② $PV=nRT$ を変形し，n，R が一定であることを考慮すると，

$$\frac{PV}{T}=nR=\text{一定なので}$$

$$\frac{PV}{T}=\text{一定}$$

である。よって，

$$\frac{1\times10^5(\text{Pa})\times6(\text{L})}{27+273(\text{K})}=\frac{2\times10^5(\text{Pa})\times V(\text{L})}{127+273(\text{K})}$$

$$\therefore\quad V=\underline{4}(\text{L})$$

(4) **◀分子量▶**

$$\begin{cases}\text{物質量 } n=\dfrac{W}{M} & \left(W:\text{質量(g)},\ M:\text{モル質量(g/mol)}\right)\\ \text{気体の密度 } d=\dfrac{W}{V}\end{cases}$$

と表せることと，$PV=nRT$ より次のようになる。

$$PV=\frac{W}{M}\cdot RT$$

$$\Leftrightarrow M=\left(\frac{W}{V}\right)\times\frac{RT}{P}$$

$$\Leftrightarrow \underline{M=d\times\frac{RT}{P}}$$

(5) **◀混合気体▶**

① 成分気体の体積(分体積)とは同温同圧の条件で気体を分けたときの体積であり，これは気体粒子の物質量に比例する。

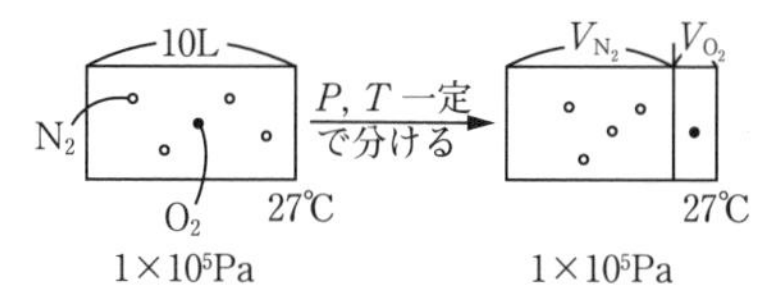

$$\therefore\quad V_{O_2}=10(\text{L})\times\frac{1}{4+1}=\underline{2}(\text{L})$$

② 分圧とは体積，温度一定の条件で気体を分けたときに単独で示す圧力で，気体粒子の物質量に比例する。

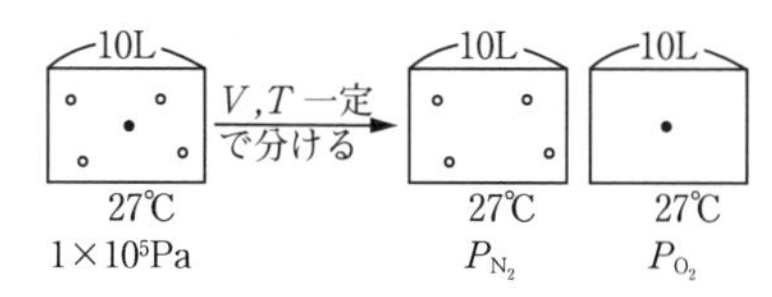

$$\therefore\quad P_{N_2}=1\times10^5(\text{Pa})\times\frac{4}{4+1}=\underline{8\times10^4}(\text{Pa})$$

③ 空気を1(mol)の O_2(分子量32)，4(mol)の N_2(分子量28)の混合状態で考えると，

空気の平均分子量

$$=\frac{1\times32+4\times28 \Leftarrow \text{g}}{1+4 \quad \Leftarrow\text{mol}}$$

$$=\underline{28.8}$$

28 〈解　答〉

760＋c

解説

◀水銀柱による圧力の測定▶

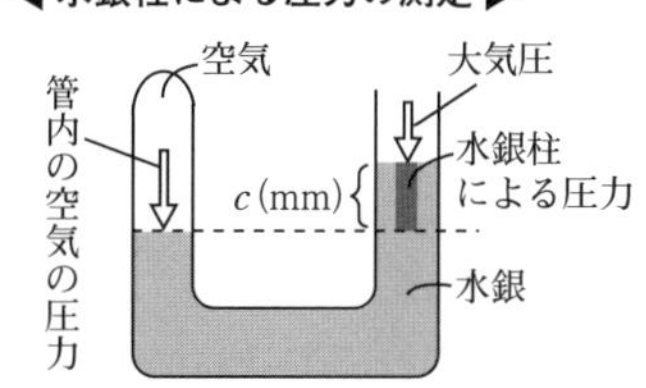

------- の線のところで力学的なつり合いを考える。

$$P_{\text{空気(管内)}}(\text{mmHg})=\underbrace{760(\text{mmHg})}_{\text{大気圧}}+\underbrace{c(\text{mmHg})}_{\text{水銀柱の及ぼす圧力}}$$

$$=\underline{760+c}(\text{mmHg})$$

29 〈解答〉

(1) 5.46(L)　(2) 177(℃)　(3) 16.2 または 16.0, CH_4

(4) ① $CH_4+2O_2 \rightarrow CO_2+2H_2O$　② 1.03×10^6(Pa),　③ 17.2(L)

解説

◀ 気体の法則 ▶

(1)

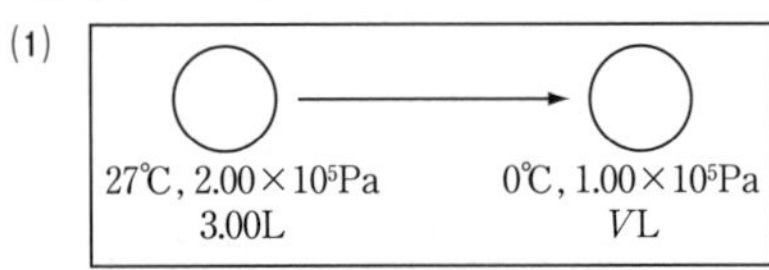

n 一定だから $\dfrac{PV}{T}=nR$＝一定となる。

$$\frac{2\times10^5(\mathrm{Pa})\times3(\mathrm{L})}{300(\mathrm{K})}=\frac{1\times10^5(\mathrm{Pa})\times V(\mathrm{L})}{273(\mathrm{K})}$$

∴ $V=\underline{5.46}$(L)

(2)

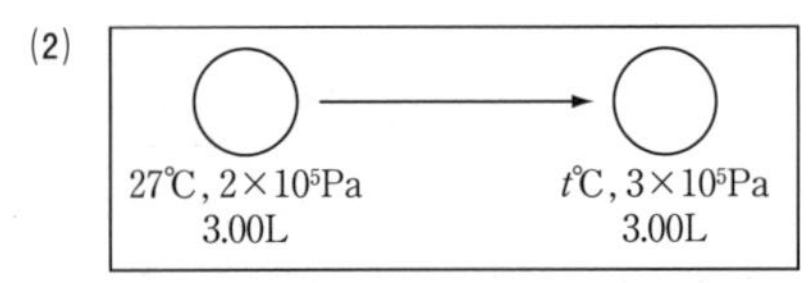

n, V 一定だから $\dfrac{P}{T}=\dfrac{nR}{V}$＝一定となる。

$$\frac{2\times10^5(\mathrm{Pa})}{300(\mathrm{K})}=\frac{3\times10^5(\mathrm{Pa})}{t+273(\mathrm{K})}$$

∴ $t=\underline{177}$(℃)

(3)

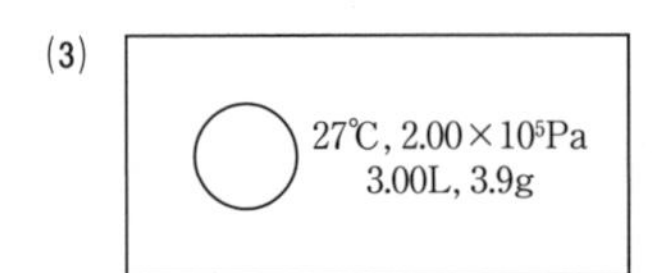

分子量 M とすると，$PV=nRT$ より

$$2\times10^5\times3=\frac{3.9}{M}\times8.31\times10^3\times300$$

∴ $M\fallingdotseq\underline{16.2}$

よって，この炭化水素は $\underline{CH_4}$(メタン)とわかる。

(4)

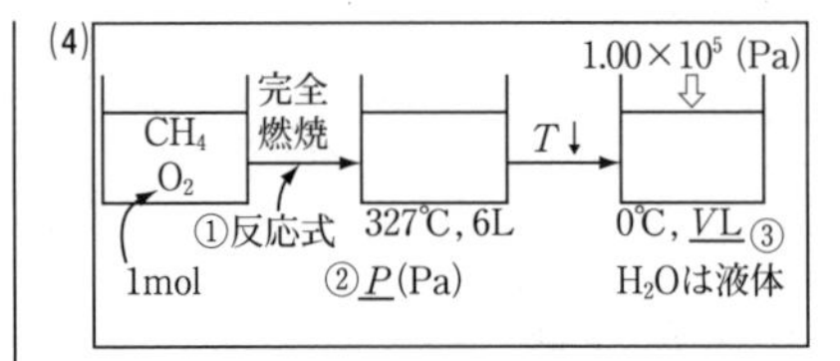

① $CH_4+2O_2 \longrightarrow CO_2+2H_2O$

② 327℃，6L で反応が起こるものとする。このときの物質量の変化は圧力に比例して表れる。よって，まず燃焼前の CH_4, O_2 の分圧を求める。CH_4 の分圧 P_{CH_4} は(1)と同様に次のようにして求まる。

$$\frac{2\times10^5(\mathrm{Pa})\times3(\mathrm{L})}{300(\mathrm{K})}=\frac{P_{CH_4}(\mathrm{Pa})\times6(\mathrm{L})}{600(\mathrm{K})}$$

∴ $P_{CH_4}=2\times10^5$(Pa)

また燃焼前の O_2 の分圧 P_{O_2} は

$$P_{O_2}\times6=1\times8.31\times10^3\times600$$

∴ $P_{O_2}=8.31\times10^5$(Pa)

よって，反応による圧力変化は次のようになる。

	CH_4	+ $2O_2$	→ CO_2	+ $2H_2O$ (気)	
燃焼前	2	8.31	0	0	(×10⁵Pa)
変化量	−2	−4	+2	+4	(×10⁵Pa)
燃焼後	0	<u>4.31</u>	<u>2</u>	<u>4</u>	(×10⁵Pa)

全圧＝4.31＋2＋4＝10.31（$\times10^5$Pa）

⇨ $\underline{1.03\times10^6}$(Pa)

③ H_2O はすべて液体と考えてよい(←問題文)ので，O_2 と CO_2 の合計の圧力について，600K→273K, (4.31＋2)→1（$\times10^5$Pa）での変化を考える。

$$\frac{(4.31+2)\times6}{600}=\frac{1\times V}{273}$$

$V=\underline{17.2}$L

30* 〈解　答〉

問1　(1)　$P_A=\frac{2}{3}P$，$P_B=\frac{1}{3}P$，$P_C=P$　　(2)　圧力：$2P$，物質量：$\frac{4PV}{RT}$

問2　圧力：$2P-\frac{nRT}{6V}$　　物質量：$\frac{12PV}{RT}-n$

解説

◀混合気体▶

問1　(1)　分圧とは，混合気体を，V，T一定のもとで，各気体に分けたときの圧力である。

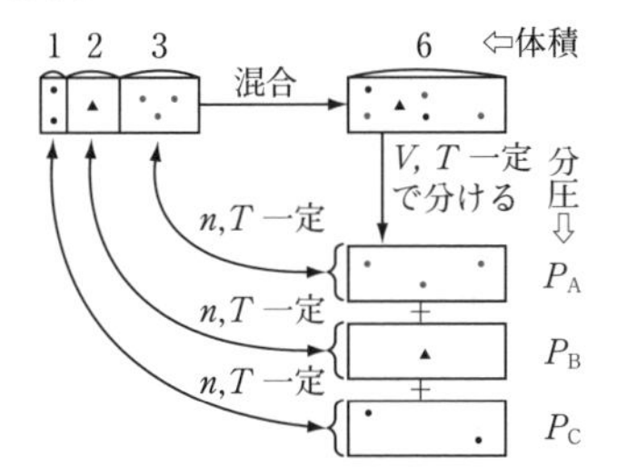

よって，それぞれの気体に注目するとn，T一定なのでPV=一定（ボイルの法則）より，各気体の分圧は次のようにして求まる。

$P_A\times(6V)=(4P)\times V$　　$\therefore\ P_A=\underline{\frac{2}{3}P}$

$P_B\times(6V)=P\times(2V)$　　$\therefore\ P_B=\underline{\frac{1}{3}P}$

$P_C\times(6V)=(2P)\times3V$　　$\therefore\ P_C=\underline{P}$

(2)　分圧の和は全圧だから，

$$P_{全圧}=P_A+P_B+P_C$$
$$=\frac{2}{3}P+\frac{1}{3}P+P=2P$$

そして，コックが開いているから容器内の圧力はすべて等しいので，容器2内の圧力もこの値である。

$$\therefore\ P(容器2)=P_{全圧}=\underline{2P}$$

容器2内の物質量は　$PV=nRT$より

$$n(容器2)=\frac{PV}{RT}$$
$$=\frac{2P\times2V}{RT}=\underline{\frac{4PV}{RT}}$$

問2　今，体積$(6V)$，温度(T)一定で反応が起こり，Aがx(Pa)変化して平衡状態に至ったとすると，各物質の分圧は以下のように表される。

	A	+	B	⇄	C
反応前	$\frac{2}{3}P$		$\frac{1}{3}P$		P
変化量	$-x$		$-x$		$+x$
反応後	$\frac{2}{3}P-x$		$\frac{1}{3}P-x$		$P+x$

そして，本問によると，Cがn(mol)生じたとあるから，$PV=nRT$より，次式が成り立つ。

$$x\times6V=n\times R\times T$$

これより，

$$x=\frac{nRT}{6V}$$

となる。よって，全圧は，

$$\frac{2}{3}P-x+\frac{1}{3}P-x+P+x$$
$$=2P-x$$
$$=\underline{2P-\frac{nRT}{6V}}$$

混合気体の物質量は$PV=nRT$に，体積$6V$，温度T，圧力$2P-nRT/6V$を代入すれば求まる。

$$n_{全}=\frac{PV}{RT}$$
$$=\frac{\left(2P-\frac{nRT}{6V}\right)\times6V}{RT}$$
$$=\frac{12PV-nRT}{RT}$$
$$=\underline{\frac{12PV}{RT}-n}\ (\text{mol})$$

31* 〈解　答〉

7.2×10^4 (Pa)

解　説

◀蒸気密度▶

酢酸分子は次のように分子間水素結合によって二分子が結合した二量体を形成する。

$$CH_3-C\begin{matrix}\nearrow O \cdots H-O \searrow \\ \searrow O-H \cdots O \nearrow\end{matrix}C-CH_3$$

（┄水素結合）

今，酢酸分子をHA（分子量60），二量体を$(HA)_2$（分子量120）とする。

混合気体中での$(HA)_2$のモル分率をxとすると，HAのモル分率は$1-x$となる。そこで$(HA)_2$の分圧$P_{(HA)_2}$は次のように表せる。

$$P_{(HA)_2}=\underbrace{1.01\times10^5\ (Pa)}_{全圧}\times\underbrace{x}_{モル分率}\quad\cdots\cdots①$$

次にこの混合気体の平均分子量を$\overline{M}$とする。

まず，理想気体の状態方程式より，$\overline{M}$は

$$\overline{M}=d\cdot\frac{RT}{P}$$

$$=3.2\times\frac{8.31\times10^3\times(118+273)}{1.01\times10^5}$$

$$\fallingdotseq 102.9$$

と求められる。またモル分率を使って表すと，$\overline{M}$は

$$\overline{M}=120\times x+60(1-x)$$

$$=60+60x$$

となる。そこで

$$60+60x=102.9 \Rightarrow x=0.715$$

これを，①に代入すると

$$P_{(HA)_2}=1.01\times10^5\times0.715$$

$$=7.22\cdots\times10^4 \Rightarrow \underline{7.2\times10^4}\text{Pa}$$

32* 〈解　答〉

問１　H_2：10(mL)，N_2：5.0(mL)

問２　5.0(mL)

解　説

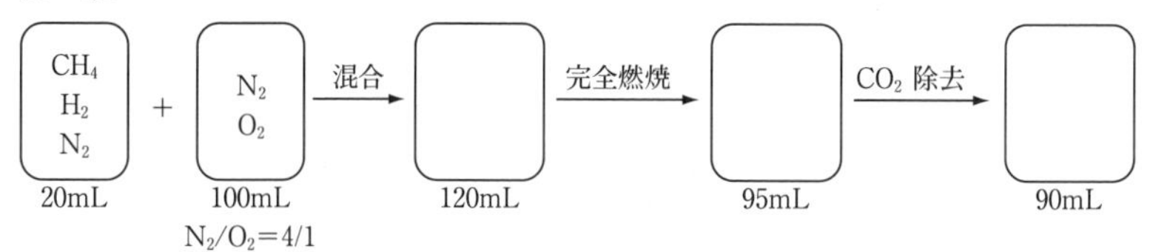

◀成分気体の体積▶

問１　すべて0℃，1×10^5Paでの成分気体の体積で考える。CH_4，H_2，N_2の成分気体の体積をそれぞれx(mL)，y(mL)，z(mL)とする。下線部(a)より，

$x+y+z=20$(mL)　……①

となる。また，CH_4，H_2の燃焼反応式と各反応での各物質の変化した体積(mL)は次のようになる。

$$CH_4 + 2O_2 \rightarrow CO_2 + 2H_2O(液)$$

CH_4：x（消費），O_2：$2x$（消費），CO_2：x，H_2O：$(2x)$ → 凝縮して0 mLに

$$H_2 + \frac{1}{2}O_2 \rightarrow H_2O(液)$$

H_2：y（消費），O_2：$\frac{y}{2}$（消費），H_2O：(y) → 凝縮して0 mLに

(ここで，P，Tは一定なので，物質量に比例して体積が変化している。)

そこで，燃焼後の0℃，1×10^5Paでの成分気体の体積(mL)はそれぞれ次のようになる。

CH_4：0

O_2：$100\times\frac{1}{5}-2x-\frac{y}{2}$
（$100\times\frac{1}{5}$：はじめ，$2x$：CH_4と反応，$\frac{y}{2}$：H_2と反応）

H_2：0

CO_2：x

H_2O：0

N_2：$100\times\frac{4}{5}+z$
（$100\times\frac{4}{5}$：はじめの空気中）

よって，完全燃焼後の混合気体は，O_2，CO_2，N_2の３種の気体からなり，その全体積は

$20-2x-\frac{y}{2}+x+80+z=95$　……②

さらに，NaOH(aq)によってCO_2を吸収させるとO_2とN_2のみになる。

$20-2x-\frac{y}{2}+80+z=90$　……③

①，②，③より

$x=5$(mL)　$y=\underline{10}$(mL)　$z=\underline{5}$(mL)

問２　O_2の体積$=20-2x-\frac{y}{2}=\underline{5}$(mL)

33* 〈解答〉

問1　0.21(L)　　理想気体なら 0.25(L)

問2　温度が高いので，分子間力によって体積が減少する効果が相対的に小さく，$PV/nRT>1$ となる。また，高圧では，分子の体積の効果が相対的に大きくなるので，PV/nRT は増加していく。

問3　気体を圧縮していくと，分子間が接近するため，分子間の引力が増加し，分子間力によって体積が減少する効果が大きくなって PV/nRT は減少する。さらに圧縮すると，分子の体積の効果が相対的に大きくなって PV/nRT は増加していく。

解説

◀理想気体と実在気体▶

問1　CH_4 を理想気体とすると $PV=nRT$ より，$P=1\times10^7$Pa，$T=300$K では，

$$V_{理想}=\frac{nRT}{P}=\frac{1\times8.3\times10^3\times300}{1\times10^7}$$

$=0.249 \Rightarrow \underline{0.25}$(L)

グラフより，CH_4 は 300K，1×10^7Pa のとき，$\dfrac{PV}{nRT}$ の値が 0.85 である。

$$V_{実在}=\frac{0.85nRT}{P}=0.85\times V_{理想}$$

$=0.85\times0.249$

$=0.211 \Rightarrow \underline{0.21}$(L)

さて，理想気体と違って，実在気体では，分子間の引力，分子自身の体積が圧力と体積に影響する。ただ，圧力が同じ条件で比べてみると，それらの効果はすべて体積の増減となって現れる。

まず，分子間に引力があることによって，分子間は引き合って集まろうとするので，理想気体に比べ体積は小さくなる。この小さくなった体積を $\Delta V_{分子間力}$ と表す。

一方，理想気体なら $P\to\infty$ で $V\to0$ となるが，実在気体では分子自体の体積があるため，V は 0 にはなりえない。このことに見られるように，分子自体の体積の効果で理想気体に比べて実在気体の体積は大きくなる。この大きくなった効果を $\Delta V_{分子体積}$ と表す。以上より，

$$V_{実在}=V_{理想}-\Delta V_{分子間力}+\Delta V_{分子体積}$$

と表すことができる。したがって，300K，1×10^7Pa 下でのメタン 1mol の体積が

$$V_{理想}=0.25>V_{実在}=0.21$$

であったのは，この条件下では

$$\Delta V_{分子間力}>\Delta V_{分子体積}$$

つまり，分子間の引力による体積減の効果が，分子自身の体積による体積増の効果を上回っていることを示している。

問2　500K という高温では，分子の運動が激しいので，分子間力によって，分子間が集まって体積を減らす効果は小さい。そこで，$\Delta V_{分子間力}\fallingdotseq0$ とおくと，

$$Z=\frac{P\times V_{実在}}{nRT}=\frac{P(V_{理想}+\Delta V_{分子体積})}{nRT}$$

$$=\frac{PV_{理想}}{nRT}+\frac{\Delta V_{分子体積}}{nRT}\times P$$

$$=1+k\times P$$

となることが予想される。$\Delta V_{分子体積}$ は圧力によらないのでほぼ一定であり，Z は P に比例して増加していくと予想される。グラフは，ほぼそのように変化している。

問3　200K ～ 300K では分子間力の効果は無視できない。圧縮を進めていくと分子間が接近し，まず，分子間力による体積減の効果が大きくなっていく。しかし，ある程度以上の圧縮を進めると，分子自身の体積による体積増の効果が強く出てくるので，Z が増加していくことになる。

34〈解　答〉　2. 状態変化と蒸気圧の基本チェック

(1) ①　(a) 融解　(b) 凝固　(c) 凝縮　(d) 蒸発　(e) 凝華
(f) 昇華　②　加えた熱が状態変化に使われるから。
(2) (i) (あ) 固体　(い) 液体　(う) 気体
(ii) a　三重点　b　臨界点　(iii) 超臨界状態　(iv) 大きい
(3) ①　すべて液体になる。　②　すべて気体になる。

解説

(1) **【 三態と状態変化 】**

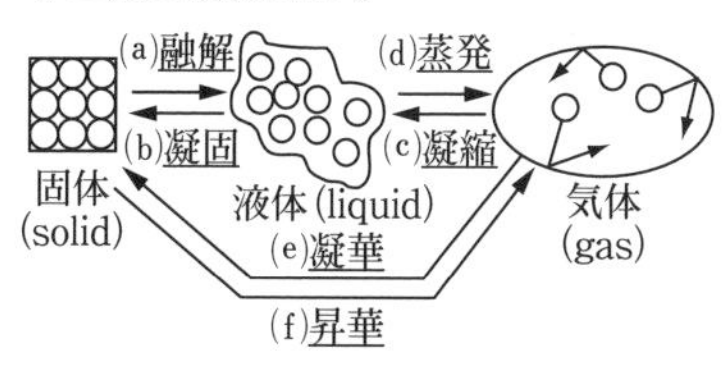

②　圧力一定で純物質の加熱を続けると，状態変化が始まれば，加えた熱はすべて状態変化に使われ，その間温度は変化しない。

(2) **【 状態図 】**

(ii)　a点は，固，液，気の３つの状態が共存するので，a三重点という。

体積一定の容器内で，CO_2 が曲線ab間の状態にあるとき，容器内に液，気が共存し，液⇄気平衡の状態にある。この平衡状態での気体の圧力は(飽和)蒸気圧という。そこで，曲線abは蒸気圧曲線ともよばれる。さて，曲線abに沿って温度を上げていくと，液体は膨張するので密度が下がっていき，一方気体は蒸気圧が増加するので密度が上がっていく。そして遂には，液体と気体の密度が同じとなり，ここで液体と気体の区別が消失する。このb点(CO_2 の場合31℃，73atm)をb臨界点という。そして，この点を超える圧力，温度の状態を(iii)超臨界状態，またその状態にある物質を超臨界流体という。

(iv)　CO_2 の固体はドライアイスと呼ばれ，冷却材として広く使われている。ドライアイスは，大気圧下で液体を経ることなく昇華してやがてすべて気体となって消失する。これは CO_2 の三重点が1.013 × 10^5Pa(1atm)より大きいからである。

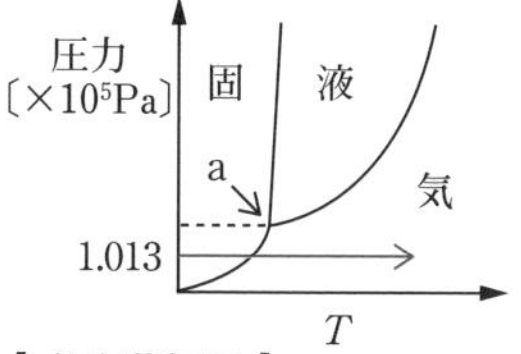

(3) **【 飽和蒸気圧 】**

はじめ物質Xは飽和蒸気圧 P_V の値まで蒸発していて気液共存となっている。

①　**外圧(P)＞飽和蒸気圧(P_V)**　のとき

飽和蒸気圧は，この温度で気体として存在しうる最大の圧力である。よって，

外圧(P)が P_V より大きいとピストンがささえられず押しつぶされてすべて液体となる。

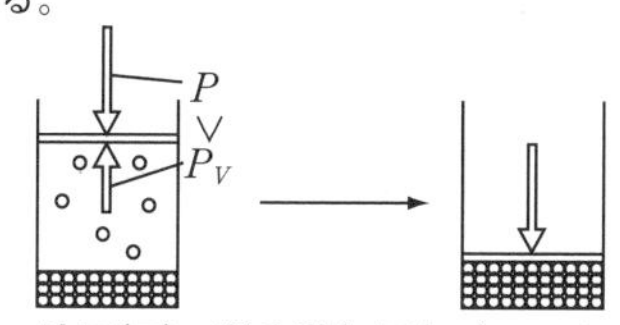

②　**外圧(P)＜飽和蒸気圧(P_V)**　のとき

逆に P が P_V より小さいと，ピストンが押し上げられ，どんどん蒸発しやがて気体のみになり，外圧と内圧がつり合った所でピストンは止まる。

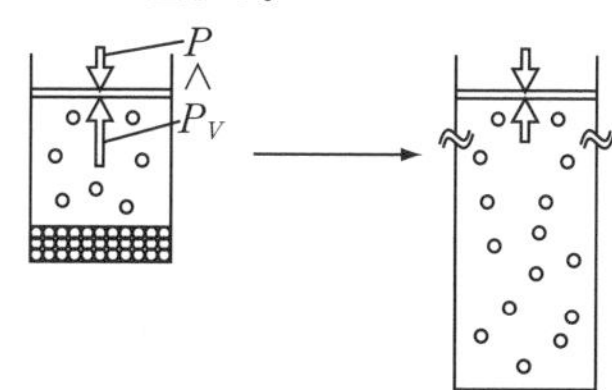

35 〈解　答〉

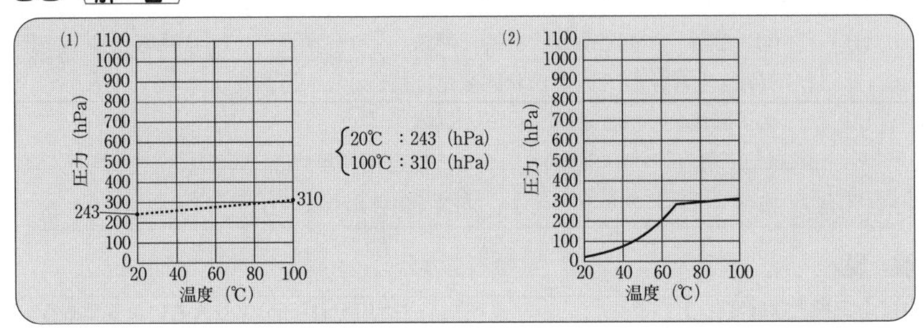

解説

◀蒸気圧曲線▶

(1)　フラスコ内のH_2Oがすべて気体として存在するときの圧力を$\widetilde{P_{H_2O}}$とする。

$$\widetilde{P_{H_2O}}\times V=n_{H_2O}\times R\times(273+t)$$

より，$\widetilde{P_{H_2O}}$は温度t(℃)の一次関数であり，グラフは直線となる。よって，適当な2点を求めて，2点を…でまっすぐに結べばグラフが得られる。まず，$t=20$℃で，

$$\widetilde{P_{H_2O}}\times 10.0=0.100\times 8.3\times 10^3\times(20+273)$$

$$\widetilde{P_{H_2O}}=2.43\times 10^4\text{Pa}=243\text{hPa}$$

同様にして，$t=100$で$\widetilde{P_{H_2O}}=310$hPa

(2)　V一定の容器内では，$\widetilde{P_{H_2O}}$は飽和蒸気圧の値を超えると，飽和蒸気圧の値と一致するまで凝縮し，超えないとそのままH_2Oは気体として存在する。

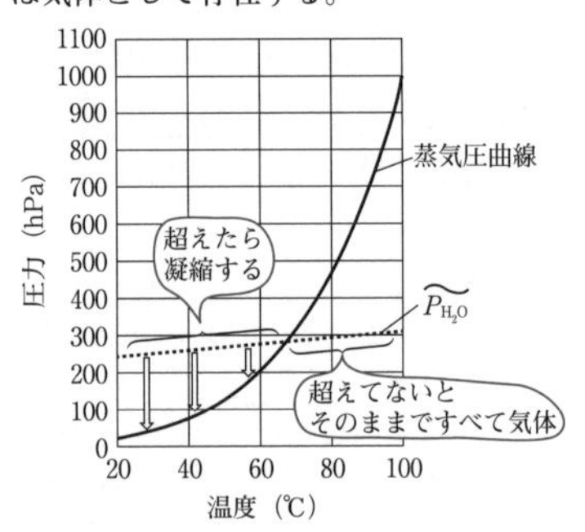

36 〈解　答〉

58

解説

◀水上置換▶

液面の高さが同じなので，シリンダー内の圧力は大気圧と同じである。そして，シリンダー内は，ライターから出たガスと水蒸気でできている。このガスを，V, T一定で各気体に分けてみる。

480mL　ガス　H_2O　27℃　→（V, T一定で分ける）→　480mL　27℃　＋　480mL　27℃

1016(hPa)　＝　36(hPa)　＋　P(hPa)

ライターガスの分圧Pは

$$P=1016-36=980\text{(hPa)}$$

よって，分子量をMとして，ライターのみでできている気体（□で囲った気体）について，状態方程式を適用すると

$$M=\frac{WRT}{PV}$$

$$=\frac{(135.85-134.76)\times 8.3\times 10^3\times(27+273)}{9.80\times 10^4\times\frac{480}{1000}}$$

$=57.7$ …⇨ 58

37* 〈解　答〉

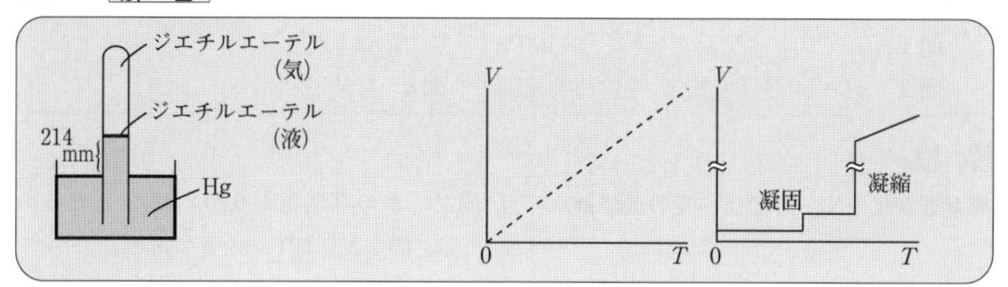

解説

◀状態変化とグラフ▶

問1　この実験の操作は次の通りである。

90cm 程度のガラス管に Hg を満たしビーカー内で逆立てると約 14cm の真空の柱ができる。このときの Hg の高さは大気圧に対応する。スポイトで，下からジエチルエーテルを少し入れる。浮き上がってきたジエチルエーテルは真空中に入り蒸発する。ほんの少しのジエチルエーテルが残っている状態で放置し，Hg の高さを測定する。大気圧の高さとの差がジエチルエーテルの蒸気圧である。

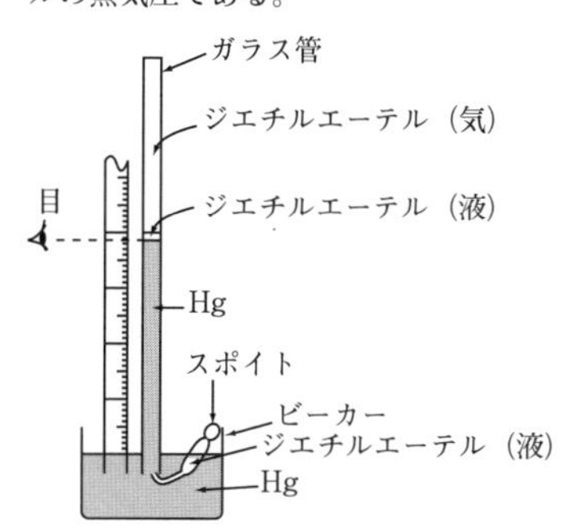

本問の実験ではジエチルエーテルの蒸気圧は 546 なので気液平衡時の水銀柱の高さ h は

$$\underset{\text{大気圧 (mmHg)}}{760} = \underset{\text{水銀柱 (mmHg)}}{h} + \underset{\text{ジエチルエーテル蒸気圧 (mmHg)}}{546}$$

$$\therefore\ h \fallingdotseq 214\,(\text{mmHg})$$

問2　理想気体の場合，n, P 一定ならば状態方程式より

$$V = \underbrace{\frac{nR}{P}}_{\text{一定}} \times T$$

$$= k \times T\ (k\text{ は定数})$$

となり，原点を通る直線である。

実在気体の場合，状態図が次のように与えられるとすれば，V は T とともに下図のように変化する。

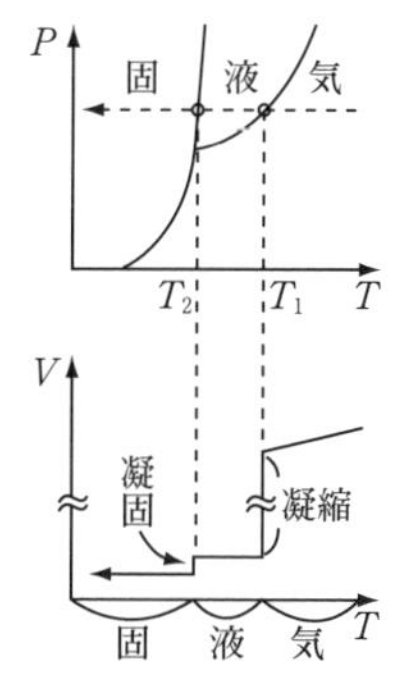

すなわち，$T > T_1$ までは，ほぼ気体の法則に従って，V は T に比例して減少していくが，$T = T_1$ で凝縮が始まり，V は大幅に減少する。$T = T_1$ ですべて凝縮したあとは，液体のままで温度が下がりつづけ，$T = T_2$ で凝固が始まる。たいていの物質はこのとき体積が少し減少する。

$T = T_2$ ですべて固体になったあとは，固体状態で温度が下がっていく。

38* 〈解　答〉

問1　A　2.0×10^4Pa　　B　2.0×10^4Pa　　C　1.4×10^4Pa
問2　6.0×10℃　　問3　2.0×10^{-2}mol　　問4　0.53kJ

解説

◀状態変化…N_2＋水でT一定の追跡▶

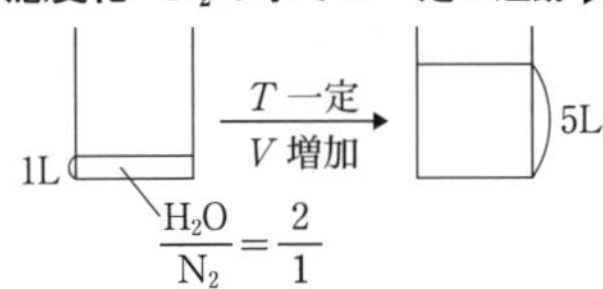

問1　図1でB点で違う曲がり方のグラフになっている。これより，水の状態について

A～Bでは　H_2O(液) ⇄ H_2O(気)
B～Cでは　H_2Oはすべて気

と判断できる。また，B点は，H_2Oがすべて気体となっていて，かつ飽和状態であるから，このときの水の分圧は，この温度での水の蒸気圧でもある。

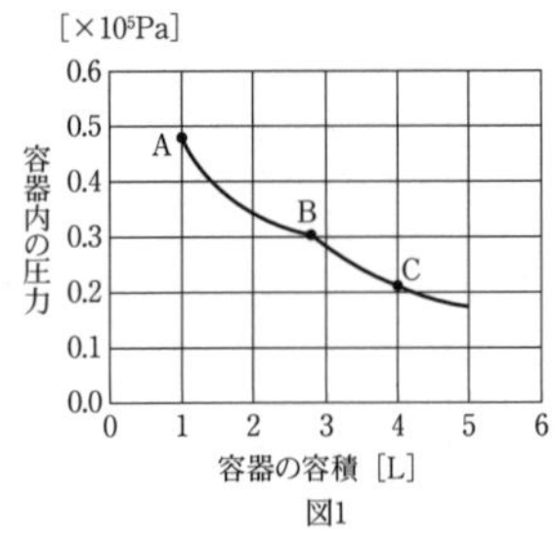

図1

☆B点で

$$P_{H_2O}=0.30\times10^5\times\frac{2}{3}$$
$$=\underline{2.0\times10^4\text{Pa}}$$ ←この温度での水の蒸気圧

☆A点では，水は気液平衡状態にあるから，水の分圧は蒸気圧であり，

$P_{H_2O}=\underline{2.0\times10^4\text{Pa}}$

☆C点では，水はすべて気体である。このとき，H_2Oのモル分率は2/3。よって，

$$P_{H_2O}=0.21\times10^5\times\frac{2}{3}$$
$$=\underline{1.4\times10^4\text{Pa}}$$

問2　水の蒸気圧が0.20×10^5Paとなるのは，図2より<u>60℃</u>のときである。

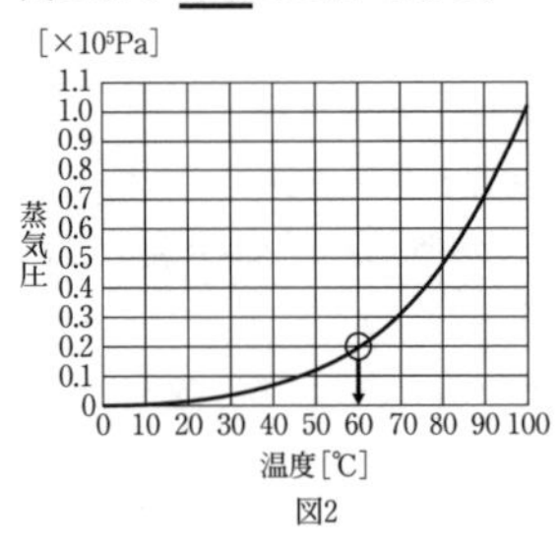

図2

問3　たとえば，B点では水はすべて気体で，

$P_{H_2O}=0.20\times10^5$
$V=2.8$L
$T=273+60=333$K

なので，これを$PV=nRT$に代入すると，水の物質量が求まる。

$$n_{H_2O}=\frac{PV}{RT}=\frac{0.20\times10^5\times2.8}{8.3\times10^3\times333}$$
$$=0.0202\cdots ⇨ \underline{2.0\times10^{-2}\text{mol}}$$

問4　A→Bで水の蒸発が起こった。この間，水の分圧は0.20×10^5Paで一定である。そこで，水のみに注目すると，全体2.8L中の1L分がA点で気体であったことになる。

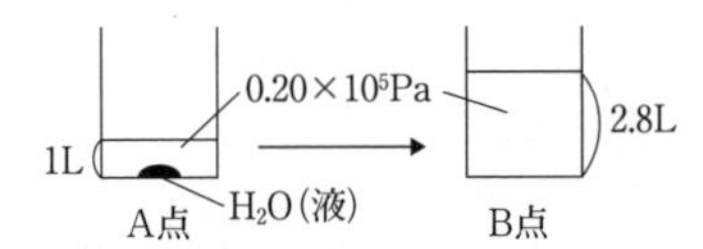

よって，A→Bで気化したのは全体0.020molの$\frac{2.8-1}{2.8}=\frac{1.8}{2.8}$である。

$$41\times\left(0.020\times\frac{1.8}{2.8}\right)=0.527 ⇨ \underline{0.53}\text{ kJ}$$

(kJ/mol)　　mol

39* 〈解　答〉

問1　N_2：3.82×10^{-1}mol，H_2O：2.55×10^{-1}mol
問2　N_2：1.32×10^5Pa，　H_2O：1.01×10^5Pa
問3　1.46×10^{-1}mol
問4　1.67×10^5Pa
問5　N_2：1.00×10^5Pa，H_2O：6.67×10^4Pa
問6　N_2：1.12×10^5Pa，H_2O：7.45×10^4Pa

解説

◀混合気体と蒸気圧▶

問1　状態方程式より$n = \dfrac{PV}{RT}$だから

$$n_{N_2} = \frac{1.50 \times 10^5 \times 8.96}{8.31 \times 10^3 \times 423} = \underline{0.382}\,(\mathrm{mol})$$

$$n_{H_2O} = \frac{2.00 \times 10^5 \times 4.48}{8.31 \times 10^3 \times 423} = \underline{0.255}\,(\mathrm{mol})$$

問2　それぞれの分圧を考える。n，V一定だから$\dfrac{P}{T}$一定

$$\therefore \quad \frac{1.5 \times 10^5\,(\mathrm{Pa})}{423\,(\mathrm{K})} = \frac{P_{N_2}\,(\mathrm{Pa})}{373\,(\mathrm{K})}$$

$$\Rightarrow P_{N_2} = \underline{1.32 \times 10^5}\,(\mathrm{Pa})$$

H_2Oが仮にすべて気体として存在すると考えたときのH_2Oの圧力を$\widetilde{P_{H_2O}}$と表すとすると，同様にして，

$$\frac{2 \times 10^5\,(\mathrm{Pa})}{423\,(\mathrm{K})} = \frac{\widetilde{P_{H_2O}}\,(\mathrm{Pa})}{373\,(\mathrm{K})}$$

$$\Rightarrow \widetilde{P_{H_2O}} = 1.76 \times 10^5\,\mathrm{Pa}$$

ところが，100℃の水蒸気圧は1.01×10^5Paなので，これを超えた水蒸気は凝縮する。

$$\therefore \quad P_{H_2O} = \underline{1.01 \times 10^5}\,\mathrm{Pa}$$

問3　状態方程式より

$$n_{H_2O(気,\ 残)} = \frac{1.01 \times 10^5 \times 4.48}{8.31 \times 10^3 \times 373} = \underline{0.146}\,(\mathrm{mol})$$

問4，問5　それぞれの気体についてみると，n，T一定であるのでボイルの法則（$PV = P'V'$）が成り立つ。よって

$$P_{N_2} \times (8.96 + 4.48) = 1.50 \times 10^5 \times 8.96$$
$$P_{N_2} = \underline{1.00 \times 10^5}\,\mathrm{Pa}$$
$$P_{H_2O} \times (8.96 + 4.48) = 2.00 \times 10^5 \times 4.48$$
$$P_{H_2O} = \underline{0.667 \times 10^5}\,\mathrm{Pa}$$

よって，

$$P_{全} = P_{N_2} + P_{H_2O} = \underline{1.67 \times 10^5}\,\mathrm{Pa}$$

問6　問4の状態と比べてn，Vが一定なので$\dfrac{P}{T} = \dfrac{P'}{T'}$が成り立つ。よって

$$\frac{1.00 \times 10^5}{423} = \frac{P'_{N_2}}{473}$$

$$P'_{N_2} = 1.118 \cdots \times 10^5 \Rightarrow \underline{1.12 \times 10^5}\,\mathrm{Pa}$$

$$\frac{\frac{2}{3} \times 10^5}{423} = \frac{P'_{H_2O}}{473}$$

$$P'_{H_2O} = \frac{2}{3} \times \frac{473}{423} \times 10^5$$
$$= 0.7454 \cdots \times 10^5 \Rightarrow \underline{7.45 \times 10^4}\,\mathrm{Pa}$$

40* 〈解 答〉

問1 2.1×10^5(Pa)　**問2** 1.7×10^4(Pa)　**問3** 15%

解 説

◀気体反応と蒸気圧▶

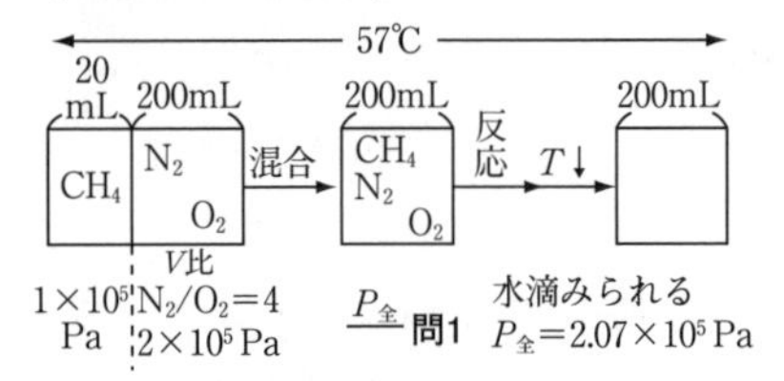

問1　混合気体は，CH_4，N_2，O_2よりなるので，これらの気体の分圧を求めて，合計すれば全圧が求まる。混合前の容器B内のO_2の分圧は，

成分気体の体積比＝モル比＝分圧比の関係式を使うと，

O_2 分圧：$P_{O_2}=\underset{全圧}{2\times10^5}\times\underset{モル分率}{\dfrac{1}{4+1}}=\underset{(Pa)}{4\times10^4}$

と求まる。そこで，

N_2 分圧：$(\underset{全圧}{2.0}-\underset{O_2分圧}{0.4})\times10^5=1.6\times10^5$(Pa)

ところで，CH_4を混ぜたとき，容器BはV,T一定なので，O_2とN_2の分圧は変化しない。

CH_4 分圧：P_{CH_4}はCH_4のみに注目すると混合の前後でn,T一定なのでボイルの法則$PV=$一定より求まる。

$$\underset{(Pa)}{1\times10^5}\times\underset{(mL)}{20}=\underset{(Pa)}{P_{CH_4}}\times\underset{(mL)}{200}$$

$$\therefore\quad P_{CH_4}=1\times10^4\ (Pa)$$

よって，

$$全圧=\underset{CH_4分圧}{1\times10^4}+\underset{O_2分圧}{4\times10^4}+\underset{N_2分圧}{1.6\times10^5}$$

$$=\underline{2.1\times10^5}\ (Pa)$$

[別解]

混合の前後でTのみ一定である。よって，$PV=k\times n$が成り立ち，PVについて和がとれる。

$$\overbrace{\underbrace{1\times10^5}_{P}\times\underbrace{20}_{V}}^{CH_4}+\overbrace{2\times10^5\times200}^{N_2とO_2}=\overbrace{P_{全}\times200}^{CH_4とN_2とO_2}$$

$$\therefore\quad P_{全}=\underline{2.1\times10^5}\ (Pa)$$

問2　本問では容積一定で，かつ温度が57℃で一定で考えている。そこで，容器内でCH_4を燃焼させたとき，次の反応式に従って物質量が変化するとそれに比例して分圧が変化する。ただし，N_2は反応に関与しないので変化しない。

	CH_4	$+2O_2$ →	CO_2	$+2H_2O$	N_2
燃焼前	0.1	0.4	0	0	1.6 (×10⁵Pa)
変化量	−0.1	−0.2	+0.1	+0.2	0
燃焼後	0	0.2	0.1	0.2	1.6 (×10⁵Pa)

ここで，H_2Oに関しては問題文に「液滴が見られた」と書いてあることから，分圧は0.2(×10⁵Pa)ではなく，57℃の水蒸気圧(P_{H_2O},v(57℃)とする)になるまで凝縮したことがわかる。よって，

$$\underbrace{2.07}_{全圧}=\underbrace{0.2}_{O_2分圧}+\underbrace{0.1}_{CO_2分圧}+\underbrace{P_{H_2O},v(57℃)}_{H_2O分圧}+\underbrace{1.6}_{N_2分圧}$$

(単位は10⁵Pa)

が成立し，

$$P_{H_2O},v(57℃)=0.17\ (\times10^5Pa)$$
$$=\underline{1.7\times10^4}Pa$$

問3　生じたH_2Oが57℃で仮にすべて気体なら$\widetilde{P_{H_2O}}=0.2$(×10⁵Pa)，つまり2×10^4Paであった。実際は，1.7×10^4Paになるまで，すなわち0.3×10^4Pa分の水蒸気が凝縮したことになる。この際，V,T一定で考えてよいので圧力は物質量(mol)に比例している。よって，凝縮したH_2Oの分率は

$$\frac{0.3\times10^4}{2\times10^4}\times100=\underline{15}\ \%$$

41** 〈解　答〉

問１　Ⅰ　$C_3H_8+5O_2 \longrightarrow 3CO_2+4H_2O$

ア　運動エネルギー　　イ　温度　　ウ　大気圧　　エ　水素

問２　a　368　　b　16.0　　c　8.74×10^4

問３　$0.200P_1$ (Pa)

問４　2.80L

解説

◀混合気体と蒸気圧▶

(B)の状況を下に示す。

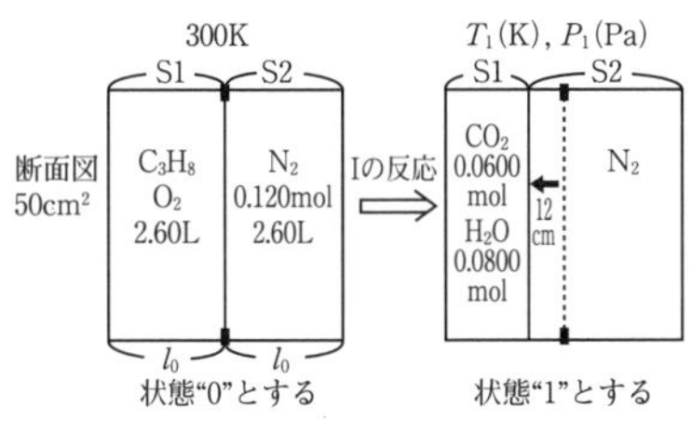

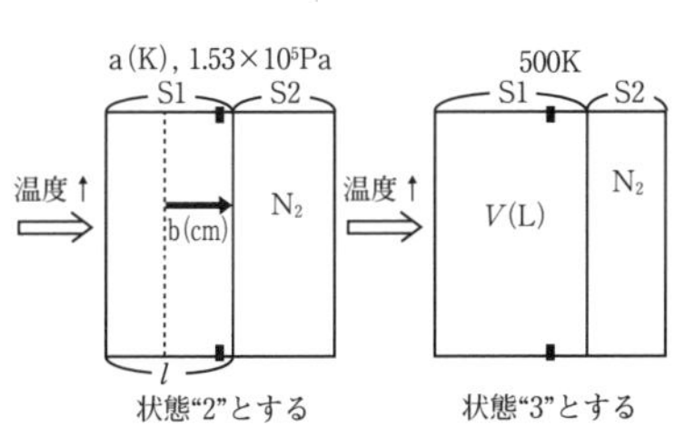

問２　状態"0"のS1(S2)の長さをl_0とおくと，

$$l_0=\frac{2.60\times10^3}{50}=52\text{cm}$$ となる。

状態"1"ではS1とS2の長さは52−12=40cmと52+12=64cmである。

状態"2"ではH_2Oはすべて気体で，しかもS1とS2は同温，同圧だから，「体積比＝モル比」である。S1の長さをl cmとおくとS2の長さは$(52\times2-l)$ cmだから，次式が成り立つ。

$$\frac{(52\times2-l)\times50}{l\times50}=\frac{0.120}{0.0600+0.0800}$$

$$\Rightarrow l=56\text{cm}$$

b　状態"1"から"2"では56−40=16.0cm移動する。

a　S1の混合気体のデータを$PV=nRT$に代入する。

$$1.53\times10^5\times56\times50\times10^{-3}=0.140\times8.31\times10^3\text{a}$$

$$\text{a}\fallingdotseq368\text{K}$$

c　$P_{H_2O}=$ 全圧×モル分率

$$=1.53\times10^5\times\frac{0.0800}{0.140}$$

$$=8.74\times10^4\ \text{Pa}$$

問３　状態"1"でも，S1とS2は同温，同圧なので，「体積比＝モル比」が成り立つから，S1内の気体の物質量は

$$0.120\times\frac{40\times50}{64\times50}=0.0750\ \text{mol}$$

であり，この中でCO_2は0.0600molあるので，気体のH_2Oは

$$0.075-0.0600=0.0150\text{mol}$$

である。よって，水蒸気の分圧P_{H_2O}は

$$P_{H_2O}=P_1\times\frac{0.0150}{0.0750}=0.200\times P_1\text{Pa}$$

ところで，S1の中では水は気液共存の状態にあるから，このときの水蒸気の分圧は，水の蒸気圧でもある。よって，

水の蒸気圧$=0.200\times P_1$Pa

問４　状態"2"から"3"の変化が起こってもS1とS2の温度，圧力，物質量が同じだから，その容積は変化しない。よってS1室の容積は，

$$V=56\times50\times10^{-3}=2.80\text{L}$$

42** 〈解　答〉

問１　物質の持つエンタルピーについて，反応物>生成物のとき発熱し，逆のとき吸熱する。　(38字)

問２　(1)　H_2O(液体) ⟶ H_2O(気体)　$\Delta H=44\text{kJ}$

(2)　状態変化で切る必要のある水素結合の数は 融解≪蒸発，水分子の持つエネルギーは 固<液≪気 となるから。(48字)

問３　(1)　$0.877+1.18\times10^{-3}\times350\times\dfrac{0.202\times10^5}{1.01\times10^5}=0.959$ ⇨ <u>0.96g</u>

(2)　$1.01\times10^5\times0.350=\dfrac{0.96}{M}\times8.3\times10^3\times3.5\times10^2$

$M=78.9$ ⇨ <u>79</u>

解　説

◀ 揮発性の液体物質の蒸気密度による分子量測定実験 ▶

問２　(2)　一般には，融解エンタルピー<蒸発エンタルピーとなることが多い。それは，融解は分子間を少し離せば可能だが，蒸発は分子間を完全に離す必要があるからである。ただ，本問では水について，また，三態の分子の持つエネルギーの観点から述べよとされているので，

状態変化において

切るべき水素結合の数が 融解≪蒸発 ⇒ 各状態のエネルギーが 固<液≪気

の流れを文にする必要があるだろう。

問３

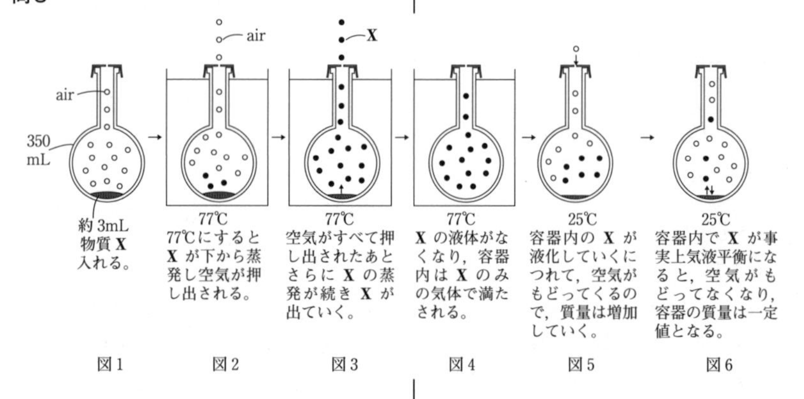

図１　図２　図３　図４　図５　図６

この実験は，$PV=nRT$ を使って液体物質 **X** の分子量を決める実験である。$PV=nRT$ を適用するのは，上図の図４の状態である。すなわち，

$P=$ 内圧 $=$ 大気圧 $=1.01\times10^5\text{Pa}$

$V=0.350\text{L}$

$T=77+273=350\text{K}$

を使う。問題は，図４で容器内を満たしている **X** の気体の質量(W_X とする)がわからなくなっていることである。これはこの容器を77℃の恒温槽から取り出して容器の質量を測定するしかない。ただ，温度が下

がっていくと，**X**が再び液体にもどり始め，それにともない空気が容器にもどってきて，容器の質量は増加する。遂に室温の25℃になると，**X**は事実上気液平衡になっていて，容器の質量は変化しなくなる。そして，**X**の分圧は蒸気圧0.202×10^5Paとなっているので，もどってきた空気は$(1.01\times10^5-0.202\times10^5)$Pa分である。すなわち，容器の質量は

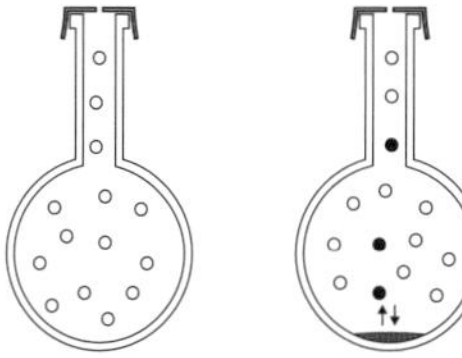

25℃
空気だけで満たされているとき

25℃
Xが0.202×10^5Paで，残りの分圧が空気のとき

図7 $\xrightarrow{+0.877\text{g}}$ 図6

図7　容器$+1.01\times10^5$Paの空気

図6 $\begin{cases}\text{容器}+(1.01-0.202)\times10^5\text{Pa の空気}\\ \quad +W_x\end{cases}$

よって，図6と図7の質量の測定値の差0.877gは

$$0.877=-0.202\times10^5\text{Pa の空気}+W_x$$

となる。これより，

$$W_x=0.877+0.202\times10^5\text{Pa の空気}$$

さて，25℃，1.01×10^5Paにおいて，空気の密度を1.18×10^{-3}g/mLとするのであるから，350mLの空気は，

$$1.18\times10^{-3}\times350\text{ g}$$

である。そこで，0.202×10^5Pa分の空気の質量は

$$1.18\times10^{-3}\times350\times\frac{0.202\times\cancel{10^5}}{1.01\times\cancel{10^5}}=0.0826\text{g}$$

$$\therefore W_x=0.877+0.0826$$
$$=0.9596 \quad ⇨ \quad \text{(1)}\ \underline{0.96\text{g}}$$

また，**X**の分子量をMとすると，

$$P\times V=\frac{W_x}{M}\times R\times T$$

に図4での各数値を代入して，

$$1.01\times10^5\times3.50\times10^{-1}$$
$$=\frac{0.96}{M}\times8.3\times10^3\times3.50\times10^2$$

$$M=78.89\cdots \quad ⇨ \quad \text{(2)}\ \underline{79}$$

3 物質の状態2（溶液の理論）

43 〈解　答〉　1. 物質の溶解の基本チェック

(1)

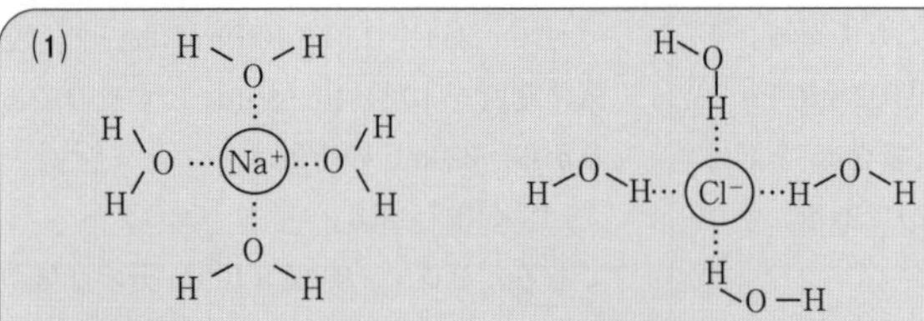

(2) ①と②

(3) ① $\dfrac{W}{W+N}\times 100$〔%〕　② $\dfrac{1000Wd}{M(W+N)}$〔$\dfrac{\text{mol}}{\text{L}}$〕　③ $\dfrac{1000W}{MN}$〔$\dfrac{\text{mol}}{\text{kg}}$〕

(4) 16(g)

(5) ① 気体の溶解度は高温になると小さくなる。

② 温度一定で溶解度の小さい気体が一定量の溶媒に溶けるとき，溶解度はその気体の圧力(混合気体のときは分圧)に比例する。

解説

(1) 【 溶解現象 】

水分子は次のように分極している。

$$\overset{\delta^+}{\text{H}}\diagup\overset{\delta^-}{\text{O}}\diagdown\overset{\delta^+}{\text{H}}$$

この極性を利用して，静電気的な引力が働くように水分子はイオンや分子を取り囲む。

(2) 【 溶解の可否 】

極性溶媒である水によく溶けるものは，イオン結合性結晶(例 KNO_3)や極性の大きな分子(例 CH_3CH_2OH)などが多い。無極性分子(例 ベンゼン)は，ほとんど水に溶けない。

(3) 【 濃度の算出 】

物質A W(g) ＋ 水 N(g) → 水溶液 d(g/mL)

① 質量パーセント濃度$=\dfrac{\text{溶質の質量(g)}}{\text{溶液の質量(g)}}\times 100$

$$=\frac{W}{W+N}\times 100\ \text{〔\%〕}$$

② モル濃度$=\dfrac{\text{溶質の物質量(mol)}}{\text{溶液の体積(L)}}$

$$=\frac{\dfrac{W}{M}\ \text{(mol)}}{\underbrace{(W+N)}_{\text{溶液の質量(g)}}\div d\ (\text{mL})\times 10^{-3}\ (\text{L})}=\frac{1000Wd}{M(W+N)}\ \text{〔}\frac{\text{mol}}{\text{L}}\text{〕}$$

③ 質量モル濃度$=\dfrac{\text{溶質の物質量(mol)}}{\text{溶媒の質量(kg)}}$

$$=\frac{\dfrac{W}{M}\ \text{(mol)}}{\dfrac{N}{1000}\ \text{(kg)}}=\frac{1000W}{MN}\ \text{〔}\frac{\text{mol}}{\text{kg}}\text{〕}$$

(4) 【 固体の溶解度 】

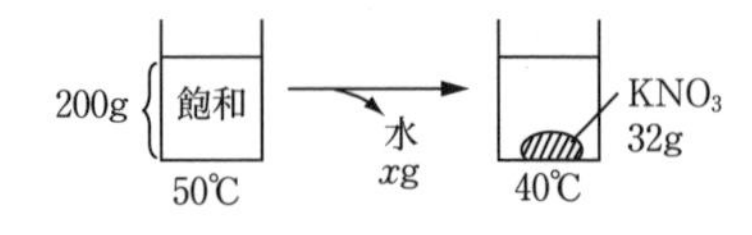

蒸発させた水の質量をx(g)として，40℃のときの上澄み液が40℃の飽和溶液であることに注目して立式すると

$$\frac{200\times\frac{85}{185}-32}{200-x-32}=\frac{65}{165}$$

（分子：含まれるKNO_3の質量(g)，分母：溶液の質量(g)）

$\therefore\ x=15.97 \Rightarrow$ **16g**

(5) 【気体の溶解度】

① 知らない人はコーラやサイダーを加熱してみたらどうなるか考えてみよう。

②

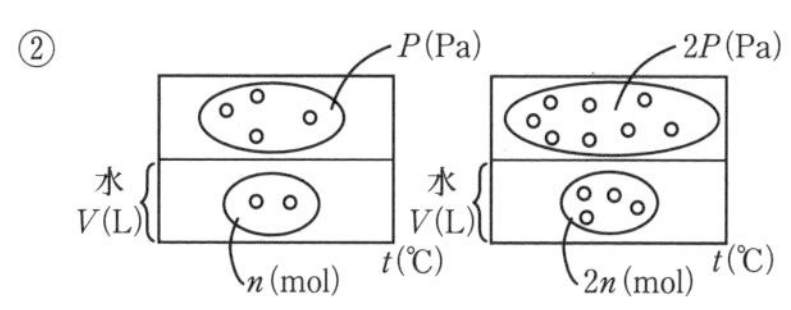

44〈解　答〉

(1) 96%

(2) 濃硫酸 14mL，蒸留水 4.7×10^2(mL)

(3) (b)

解説

◀希酸の調製と濃度計算▶

(1) $\frac{g(H_2SO_4)}{g(液)}\times100$

$$=\frac{18\times98}{1\times10^3\times1.84}\times100=95.8\cdots$$

（18：mol(H_2SO_4)，$\times98$：g(H_2SO_4)，1：L(液)，$\times10^3$：mL(液)，$\times1.84$：g(液)）

$\Rightarrow$ **96%**

(2) 濃硫酸V_1(mL)，蒸留水V_2(mL)を混合したとする。うすめられても含有するH_2SO_4の量は不変だから

$$18\times\frac{V_1}{1000}\times98=\frac{5}{100}\times500 \quad \cdots\cdots①$$

（$18\times\frac{V_1}{1000}$：mol(H_2SO_4)，$\times98$：g(H_2SO_4)，500：g(液)，右辺：g(H_2SO_4)）

また，混ぜても全質量は不変だから，

$$V_1\times1.84+V_2\times1.00=500 \quad \cdots\cdots②$$

（V_1：mL，1.84：g/mL → g(濃硫酸)；V_2：mL，1.00：g/mL → g(水)；500：g(液)）

①，②より，

$\therefore\ V_1=14.17\cdots \Rightarrow$ **14**(mL)，

$V_2=473.9\cdots \Rightarrow$ **4.7×10^2**(mL)

(3) 比重の大きな濃硫酸に比重の小さな水を加えると，上に浮いた水が溶解熱で沸騰し飛び散って危ない。

必ず水に少しずつ濃硫酸を加えること。

45〈解　答〉

46(g)

解説

◀結晶水を含む結晶の析出▶

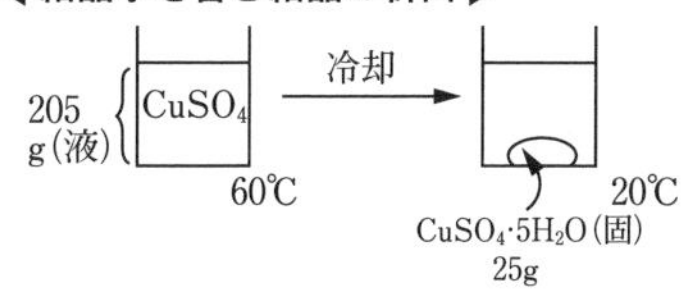

はじめの液の中に$CuSO_4$がx(g)あったとする。20℃での沈殿の上澄みが飽和溶液だから，ここで立式する。

$$\frac{x-25\times\frac{160}{250}}{205-25}=\frac{20}{100+20}$$

（分子：g($CuSO_4$)，$25\times\frac{160}{250}$：沈殿中の$CuSO_4$の質量；分母：g(液)，205：はじめの質量，25：沈殿の質量）

$\therefore\ x=$ **46**(g)

46 〈解 答〉

$\frac{5aM}{22.1}$ (g)

解 説

◀ヘンリーの法則▶

0℃, 1×10^5Pa において水 1mL に A は

$$\frac{a}{22100} \text{ (mol)}$$

溶ける。よって，5×10^5Pa ではヘンリーの法則よりこの 5 倍溶け，さらに，水 1L(＝1000mL) にはその 1000 倍溶ける。よって，溶解した気体の質量は

$$\frac{a}{22100}\times5\times1000\Big|_{\text{mol}}\times M\Big|_{\text{g}}$$

$$=\underline{\frac{5aM}{22.1}} \text{ (g)}$$

である。

47* 〈解 答〉

問1 (ア) Na^+ (イ) Cl^- (ウ) 電離 (エ) 水和 (オ) やすい
(カ) 電解質 (キ) にくい (ク) 非電解質 (ケ) 析出 (コ) 再結晶

問2 (A) …a, f, i (B) b, d, g

問3 結晶：56g，加える水：112g

解 説

◀溶液総合▶

問2 ☆水によく溶けるイオン結合性結晶

(a) $CuSO_4$ (f) $(NH_4)_2SO_4$

(i) CH_3COONa

☆水に溶けにくいイオン結合性結晶

(c) $CaCO_3$ (e) $AgCl$

(k) $BaSO_4$

☆大きな極性があり水によく溶ける分子性物質

(b) CH_3CH_2OH (d) $H_2N-CO-NH_2$（H−N(H)−C(=O)−N(H)−H）

(g) グルコース

☆ほとんど極性がなく水に溶けにくい分子性物質

(h) $C_{10}H_8$ (j) C_6H_6

問3 水 200g には 20℃ では NaCl が 72g KNO_3 が 64g 溶ける。

したがって，80℃で 40g の NaCl は 20℃にしても析出しない。ところが，KNO_3 は

$$120-64=\underline{56} \text{ (g)}$$

が析出する。

多くの KNO_3 を析出させるには NaCl の析出が起こらない程度に水を少なめにするといい。

20℃で 40g の NaCl を飽和させるのに必要な水の量は，

$$100\times\frac{40}{36}=111.1\cdots \text{ (g)}$$

となる。111.1g 以上の水が必要であるので，整数値で答えるとすると <u>112</u>g である。

48* 〈解　答〉

問１　1.2(g/L)　　問２　2.4(g)　　問３　4.2×10^5(Pa)

問４　$p\times10^2\times3.0=(0.2-n)\times8.3\times280$,　$n=0.057p$

解説

◀密閉系の気体の溶解平衡▶

問１　$PV=nRT$ と $n=W/M$ より

$$d(\text{g/L})=\frac{W(\text{g})}{V(L)}=\frac{PM}{RT}$$

である。空気の平均分子量は次の通り。

$$\overline{M_{\text{air}}}=\frac{1\times32+4\times28}{1+4}=28.8$$

この値と，$P=1.0\times10^5$，$T=300$，$R=8.3\times10^3$ を代入する。

$$d_{\text{air}}=\frac{1.0\times10^5\times28.8}{8.3\times10^3\times300}=1.15$$

⇨ 1.2(g/ L)

問２　CO_2(分子量 44)は空気より重く，ドライアイスの昇華につれて，容器の下から充満し，中の空気を外に排気する。(下方置換！)

さらに，次の計算でわかるように物質量は CO_2 のほうが空気より多い。

$$n_{CO_2}=\frac{17.6}{44.0}=0.400$$

$$n_{\text{air}}=\frac{1.0\times10^5\times4.0}{8.3\times10^3\times300}=0.160\cdots ⇨ 0.16$$

そこで，容器内の空気はすべて排気され CO_2 のみで満される。

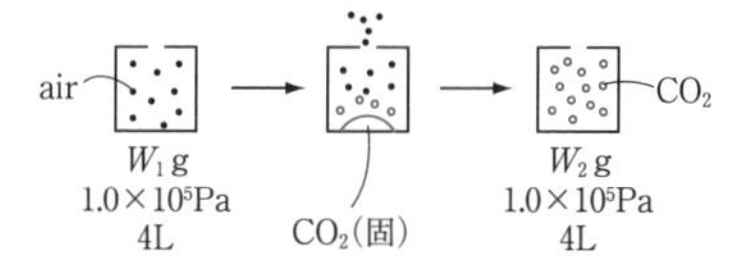

こうして，容器内は，27℃，1.0×10^5Pa，4.0L(=0.16mol)の空気が，27℃，1.0×10^5Pa，4.0L(=0.16mol)の CO_2 に入れ換わったのだから，W_2-W_1 はその質量の差になる。よって，

$$W_2-W_1=44\times0.16-28.8\times0.16$$
$$=2.43 ⇨ 2.4\text{g}$$

問３　容器内は密封されているので，容器内の気体は最終的に，CO_2 の 0.40mol と空気の 0.16mol の合計 0.56mol である。これが 87℃，4.0L で示す圧力を $PV=nRT$ から求めればよい。

$$P=\frac{(n_{CO_2}+n_{\text{air}})RT}{V}$$
$$=\frac{0.56\times8.3\times10^3\times360}{4.0}=4.18\times10^5(\text{Pa})$$

⇨ 4.2×10^5(Pa)

問４

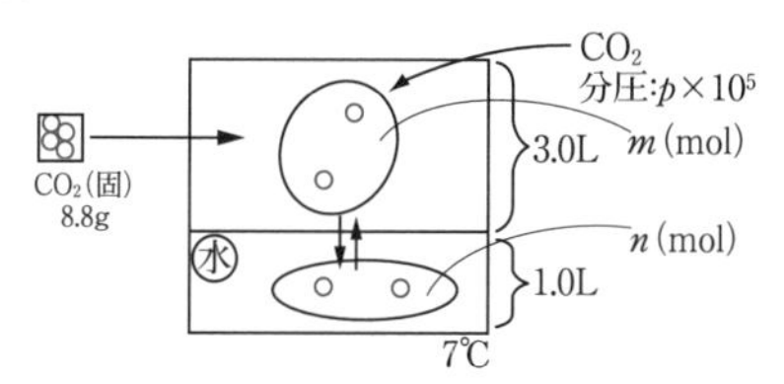

はじめに用意した CO_2 は$\frac{8.8}{44}=0.2$(mol)。

溶解平衡時には CO_2 が気相に m(mol)，液相に n(mol)あるとする。

まず，気相に状態方程式を適用して，

$$p\times10^5\times3$$
$$=m\times8.3\times10^3\times(7+273)\quad\cdots\cdots①$$

液相の溶解量にヘンリーの法則を適用して，

$$n=0.057p\quad\cdots\cdots②$$

また，CO_2 は気相か液相に存在するから，

$$m+n=0.2\quad\cdots\cdots③$$

この①〜③の式より，p，m，n は求まる。ただし，本問は m を消去した式のみを書かせている。

49 〈解　答〉　2. 希薄溶液の性質の基本チェック

(1) ①　1.01×10^5Pa　②　t_1(℃)　(2)　①>②>③>④
(3) ①　純水がすべてグルコース水溶液側に移動してしまう。
②　グルコース水溶液側に浸透圧分の圧力をかける。

解　説

(1) 【 蒸気圧降下と沸点上昇 】

溶媒に溶質を加えて溶液にすると，液相から出ていく溶媒分子数は減少する。

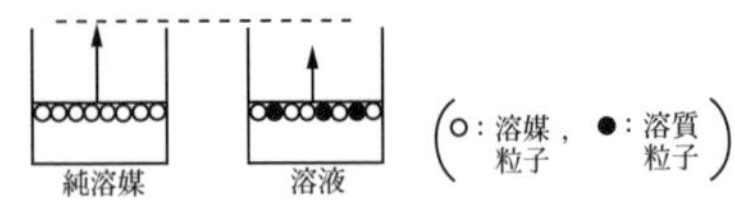

その結果，蒸発平衡時の溶媒の蒸気の圧力は，溶液になると純溶媒のときより低くなる。(⇒蒸気圧降下)

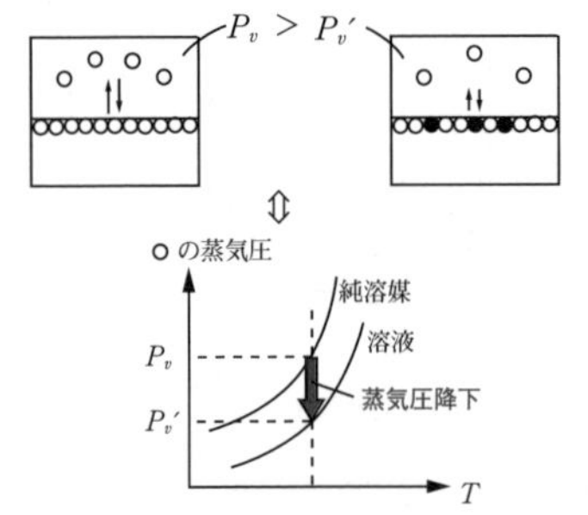

さらに，沸点は蒸気圧が外圧とつり合うときの温度であり(ふつう外圧=大気圧は1.01×10^5Pa)，溶液になると沸点は高くなる。(⇒沸点上昇)

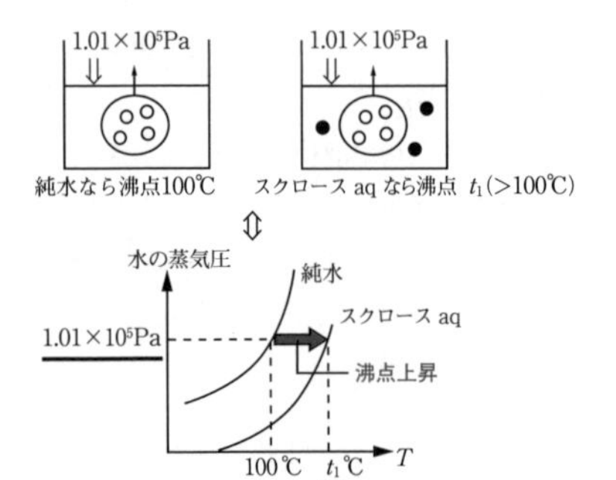

(2) 【 凝固点降下 】

溶液から出ていく溶媒分子数が減少するため，溶液は純溶媒より凝固点が低くなる。(⇒凝固点降下)

凝固点降下度は溶質の種類に関係なく全溶質の質量モル濃度(mol/kg(媒))に比例して大きくなる。ただし，ここでいう溶質の物質量とは液中で単独に運動している溶質粒子についての量である。たとえば，1mol の NaCl は水中では 1mol の Na^+ と 1mol の Cl^- に分かれて運動しているので 2mol の溶質と考える。

① 純水　0mol/kg
② $C_{12}H_{22}O_{11}$　1mol/kg
③ ~~NaCl~~ ⟶ $Na^+ + Cl^-$　2mol/kg
④ ~~$CaCl_2$~~ ⟶ $Ca^{2+} + 2Cl^-$　3mol/kg

全溶質の質量モル濃度が大きい方が凝固点は低いから，①>②>③>④の順で低くなる。

(3) 【 浸透圧 】

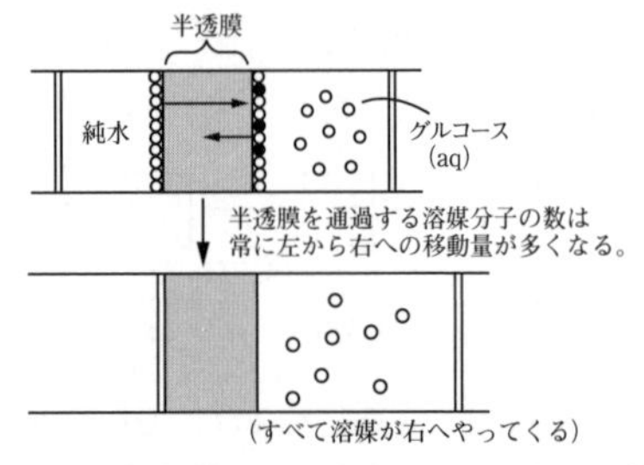

(すべて溶媒が右へやってくる)

はじめの状態のまま止めるには，右から左への移動量が少ないので溶液側を押すことによって移動量をつり合わすしかない。この浸透をくいとめる圧力を浸透圧という。

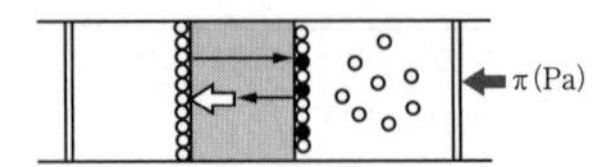

50〈解　答〉

① 14.3　② 減少

解説

◀蒸気圧降下▶

希薄な溶液では，蒸気圧の降下度，沸点の上昇度，凝固点の降下度は，溶媒の質量が同じなら，溶質の物質量(mol)に比例することが知られている。今，ビーカーA，ビーカーB内での溶媒1gあたりのグルコースの物質量(mol)を求めると，次の通りとなる。

$$\text{A}:\ \frac{\text{mol}\Rightarrow \frac{3.60}{180}}{\text{g(水)}\Rightarrow 100}=2\times10^{-4}\qquad \text{B}:\ \frac{\frac{9.00}{180}}{200}=2.5\times10^{-4}$$

これより，Aに比べBの蒸気圧の降下度が大きく，Aの方が蒸気圧が大きいことがわかる。

この2つのビーカーを図のように密閉容器の中に入れて放置すると，各液面からは水の蒸発と凝縮がくり返されるが，蒸気圧の高い方のAでは蒸発量が凝縮量を上回り水が減り，低い方のBでは逆に水が増える。両者の濃度が同じになると，変化は止まって見える。

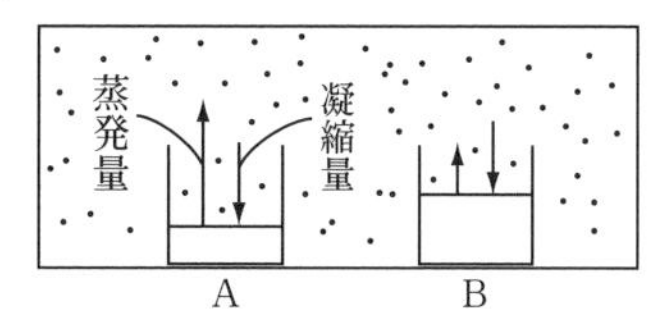

そこで，AからBへx(g)水が移動して平衡状態になったとすると次式が成立する。

$$\frac{\text{mol（グルコース）}\Rightarrow \frac{3.60}{180}}{\text{g(水)}\Rightarrow 100-x}=\frac{\frac{9.00}{180}}{200+x}$$

∴　$x=14.28$ ⇨ 14.3 g

51〈解　答〉

(a)

解説

◀沸点上昇▶

各溶液とも溶媒99gあたり，同じく1gの溶質が含まれている。ただ，沸点の上昇度は，水中の全溶質の物質量(mol)が大きいほうが大きくなるので，それを計算する。その際，

(a) $AlCl_3 \longrightarrow Al^{3+}+3Cl^-$
(b) $C_{12}H_{22}O_{11}$
(c) $Na_2SO_4 \longrightarrow 2Na^++SO_4^{2-}$
(d) $KNO_3 \longrightarrow K^++NO_3^-$
(e) $C_6H_{12}O_6$

のように(a)(c)(d)では電離を考慮すると，(a)では4倍，(c)では3倍，(d)では2倍しなくてはならない。溶媒99g当たりの全溶質の物質量(mol)は次のようになる。

(a) $\frac{1}{133.5}\times4 \fallingdotseq \frac{1}{33}$

(b) $\frac{1}{342}$

(c) $\frac{1}{142}\times3 \fallingdotseq \frac{1}{47}$

(d) $\frac{1}{101.1}\times2 \fallingdotseq \frac{1}{50}$

(e) $\frac{1}{180}$

よって，沸点上昇度はもっとも濃度の高い(a)が最大である。

52 〈解 答〉

(a) 3.65 (b) 1.85

解説

◀浸透圧▶

浸透圧は全溶質のモル濃度(mol/L)に比例することが知られている。したがって，同じ浸透圧にするには，同じモル濃度の液をつくればよい。x(g)の$CaCl_2 \cdot 6H_2O$(固)が必要だとし，

$$CaCl_2 \longrightarrow Ca^{2+} + 2Cl^-$$

を考慮すると次の式が成立する。

$$\underbrace{\frac{x}{219}}_{\text{mol }(CaCl_2 \cdot 6H_2O) = \text{mol }(CaCl_2)} \times 3 \,\Big|_{\text{mol(全溶質)}} \times \frac{1}{0.5} \,\Big|_{\frac{\text{mol}}{\text{L}}} = 0.1 \left(\frac{\text{mol}}{\text{L}}\right)$$

$\therefore\ x = \underline{3.65}$(g)

y(g)の$CaCl_2$が必要だとすると，同様にして，次式が成り立つ。

$$\underbrace{\frac{y}{111}}_{\text{mol }(CaCl_2)} \times 3 \,\Big|_{\text{mol(全溶質)}} \times \frac{1}{0.5} \,\Big|_{\frac{\text{mol}}{\text{L}}} = 0.1 \left(\frac{\text{mol}}{\text{L}}\right)$$

$\therefore\ y = \underline{1.85}$(g)

53* 〈解 答〉

(1) 純ベンゼンが固液共存になる温度(凝固点)は一定だから。
(2) すべて固体
(3) ロ～ハ：すべて液体，ハ～ニ：固液共存
(4) 溶液からベンゼンが凝固していくと，X の濃度は高くなる。よってさらに凝固点は降下する。
(5) b (6) 128

解説

◀冷却曲線の読み方▶

(3) 本来ロの時点で凝固が始まるはずである。しかし，現実には結晶は析出せず，液温は凝固点以下まで下がる。(過冷却現象という)。これは結晶が析出するには，その中心となる結晶の核が必要であるが，ロの時点ではまだそれが生じていないからである。それが生じたのはハの時点である。この時点をすぎると急に凝固する。このときの急な凝固熱の発生で本来の凝固点にもどり，ニに達する。その後は，奪われた熱に比例して結晶が析出していく。

(4) 凝固の進行とともに液中の溶媒が少なくなるので，溶媒あたりの X の物質量(mol)の値が大きくなり，凝固点降下度が大きくなる。

(5) 溶液の凝固点は過冷却がないものとして，グラフを外挿して読みとる。

(6) 分子量Mとする。

$$\Delta T_f = K_f \times m$$

$$5.46 - 4.67 = 5.07 \times \left(\frac{\frac{2}{M}\text{(mol)}}{0.1\text{(kg(媒))}}\right)$$

$\therefore\ M = 128.3 \ \Rightarrow\ \underline{128}$

54* 〈解　答〉

問１　ア．1.4×10^{-3}　イ．2.2×10^{-3}　ウ．50g

問２　１．B　２．A　３．A　４．B

問３　$\Delta p=p^*\times\dfrac{mM}{1000}$

解説

◀蒸気圧降下の理論的な取り扱い▶

問１，２　ア，イ

$$x_1=\frac{n_1}{n_1+n_2}=\frac{n_1+n_2-n_2}{n_1+n_2}=1-\frac{n_2}{n_1+n_2}$$

と表せるので，［ア］，［イ］には，$n_2/(n_1+n_2)$すなわち，溶質のモル分率$(=x_2)$の値が入る。

溶液Ａ　$n_1=\dfrac{250}{18}$ mol

$n_2=\dfrac{6.84}{342}=0.02$mol

ア　$\boxed{x_2}=\dfrac{0.02}{\dfrac{250}{18}+0.02}$

ここで，$\dfrac{250}{18}\gg0.02$　なので

$\fallingdotseq\dfrac{0.02}{\dfrac{250}{18}}=1.44\times10^{-3}$ ⇨ $\underline{1.4\times10^{-3}}$

溶液Ｂ　$n_1=\dfrac{250}{18}$ mol

$n_2=\dfrac{5.40}{180}=0.03$mol

イ　$\boxed{x_2}=\dfrac{0.03}{\dfrac{250}{18}+0.03}$

$\fallingdotseq\dfrac{0.03}{\dfrac{250}{18}}=2.16\times10^{-3}$

⇨ $\underline{2.2\times10^{-3}}$

以上より，溶質のモル分率(x_2)はA<Bであるので，溶媒のモル分率$(x_1=1-x_2)$はA>Bである。よって，$p=p^*\cdot x_1$より，蒸気圧の値はA>Bとなり，Aから水が蒸発し，Bへ水が凝縮し（⇨３＝$\underline{A}$，４＝$\underline{B}$），同じモル分率になるまでこの変化は続く。

ウ．AからBへx(g)の水が移動して同じモル分率になったとする。

$$x_1=\frac{\dfrac{250-x}{18}}{\dfrac{250-x}{18}+0.02}=\frac{\dfrac{250+x}{18}}{\dfrac{250+x}{18}+0.03}$$

または

$$x_2=\frac{0.02}{\dfrac{250-x}{18}+0.02}=\frac{0.03}{\dfrac{250+x}{18}+0.03}$$

これらより，$x=\underline{50}$g

問３　蒸気圧降下 $\Delta p=p^*-p$

$=p^*(1-x_1)$

$=p^*\cdot x_2$　……①

また，溶液の質量モル濃度mは，次のようになる。

$$m=\frac{n_2\ (\text{mol})}{\dfrac{n_1M}{1000}\ (\text{kg})}=\frac{1000n_2}{n_1M}\quad\cdots\cdots②$$

さらに，希薄溶液では$n_1\gg n_2$だから，

$$x_2=\frac{n_2}{n_1+n_2}\fallingdotseq\frac{n_2}{n_1}\quad\cdots\cdots③$$

と近似できる。①，②，③より，

$$\Delta p=p^*\times\frac{mM}{1000}$$

55** 〈解答〉

問1 (1) 1(g)　(2) (エ)
問2 2.4×10^5
問3 0.25(cm)

解説

問1 (1)

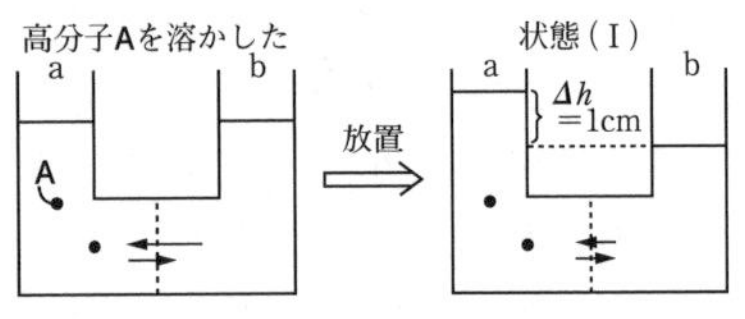

浸透圧 π はモル濃度 C に比例し，π は本問のようなU字管の場合，液面差 Δh に比例する。そして，本問の場合は各溶液の体積(400mL)は変わらないとしているので，Δh は溶質の物質量(mol)に比例する。よって，状態(Ⅰ)より

A: $\dfrac{2}{120{,}000}\Big|_{\text{mol}}$ ⇔ Δh=1cm分の浸透圧に相当

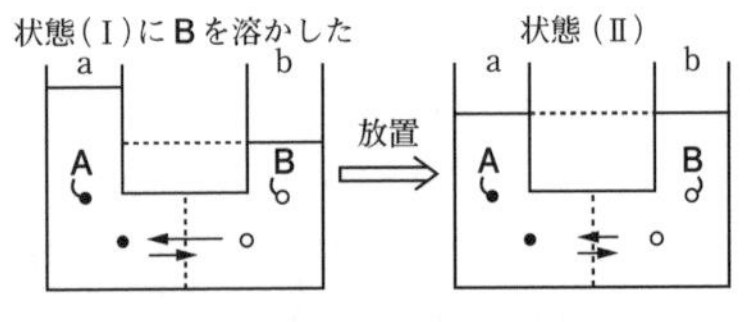

状態(Ⅱ)に着目すると，液面差 $\Delta h=0$ だから，左右の両液の浸透圧が等しく，その中の溶質の物質量が等しい。

$$\frac{2}{120{,}000}\Big|_{\substack{\text{mol}\\(\text{A})}} = \frac{w}{60{,}000}\Big|_{\substack{\text{mol}\\(\text{B})}} \Rightarrow w=\underline{1}\text{ g}$$

(2) 酵素による多糖Aの加水分解によって，初めは分子量2000より大きな溶質粒子の数が増加し，液面差 Δh が増加する。やがて，分子量2000以下の溶質ができ始めるとそれは半透膜を通過できるので左，右の溶液全体に広がっていく。そして，分子量2000より大きな粒子のみがa側に残るために Δh は減少し，やがて，酵素の分だけの Δh(一定値)となる。⇨<u>(エ)</u>

問2

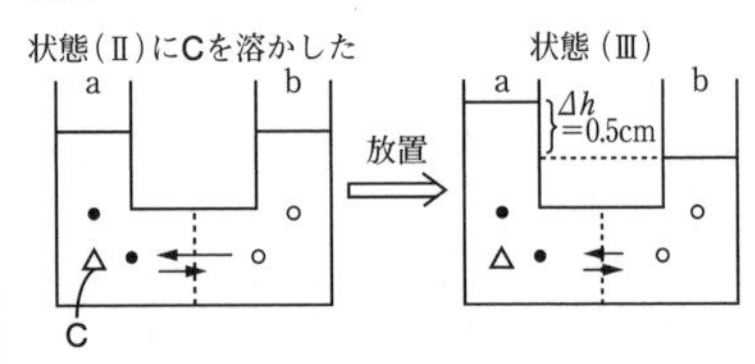

Δh=0.5cmだから，加えたCの物質量は，Aの半分となる。よって，

$$\frac{2}{M_C}\Big|_{\substack{\text{mol}\\(\text{C})}} = \frac{2}{120{,}000}\Big|_{\substack{\text{mol}\\(\text{A})}} \times \frac{1}{2} \Rightarrow M_C = \underline{240{,}000}$$

問3 最終状態(平衡状態)の Δh を求めるとき，出発点となる状態は任意に選ぶことが可能なので，b側に入れた800mLの水を問2の初めの状態のa，bの両側にそれぞれ加えたとして考えていくことにする。

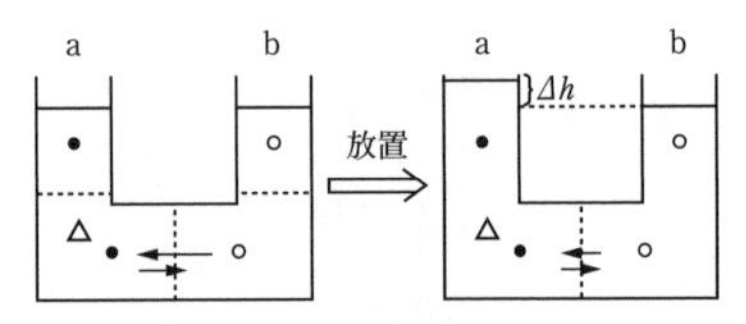

問2と問3の初めの状態を比べると，前者に比べて後者のモル濃度 C が半分だから，浸透圧と液面差も半分となる。

$$\therefore\ \Delta h = \frac{0.5}{2} = \underline{0.25}\text{ cm}$$

56 〈解　答〉　3. コロイド溶液の基本チェック

(1) ②　(2) ①　(3) ③　(4) E

解説

(1) 【コロイド粒子の大きさ】

コロイド粒子は粒子径が 10^{-5}～10^{-7}cm の粒子である。原子が 10^{-8}cm 程度の大きさなので，コロイド粒子中には原子が 10^{3}～10^{9} 程度含まれている。この大きさは，光学顕微鏡では見ることができない。

(2) 【コロイドの種類】

疎水コロイド…水和水の少ないコロイド
親水コロイド……水和水の多いコロイド

一般に疎水コロイドは水酸化鉄(Ⅲ)，硫黄，金など，本来は水にほとんど不溶な物質が，小さな微粒子の状態のときに表面電荷をもってしまった結果分散したものである。一方，親水コロイドは粒子表面に多数の電離性や親水性の官能基をもっているため分散しているものであり，石けんやタンパク質などの有機物が多い。

(3) 【凝析効果】

疎水コロイドは表面の電荷間で反発することによって分散している。よって電解質を加えて表面電荷間の反発を少なくするとすぐ沈殿する。これは凝析といわれる。

凝析効果は反対電荷の大きいイオンほど高い。

$\therefore\ PO_4^{3-} > SO_4^{2-} > Cl^-$

一方，親水コロイドは多量に電解質を加えて水和水をうばっていくとやっと沈殿するがこちらは塩析という。

(4) 【正誤問題】

A.

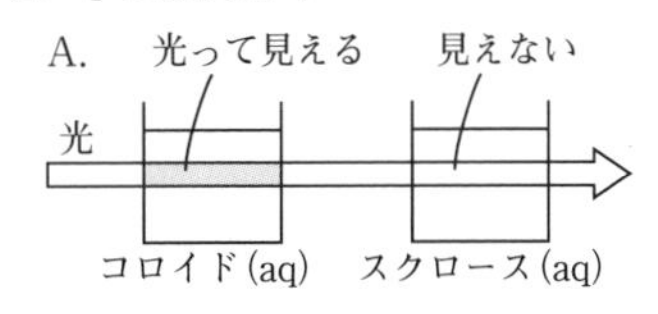

コロイド粒子による光の散乱によって光の通り道が見えるのがチンダル現象。

スクロースはコロイド粒子ではないのでこれは見えない。

B. 金のコロイドは疎水コロイド。

C. 「ゾル」は流動性のある状態，「ゲル」は流動性を失ったゼリーのような状態。

D. コロイド粒子ぐらいの大きさでは，コロイド粒子に衝突する溶媒分子の数はそう多くない。そこで，溶媒分子の衝突する力の総和と方向が時々刻々と不規則に変化するので，コロイド粒子もまた，不規則に運動する。このような微粒子の不規則な運動を一般にブラウン運動という。

コロイド　溶媒

ブラウン運動は溶媒分子の衝突による。

E. 墨汁は疎水コロイドである炭素のコロイド溶液にニカワのような保護コロイドを加えて安定化してある。

F. 親水コロイドである。

G. 親水コロイドである。

H.

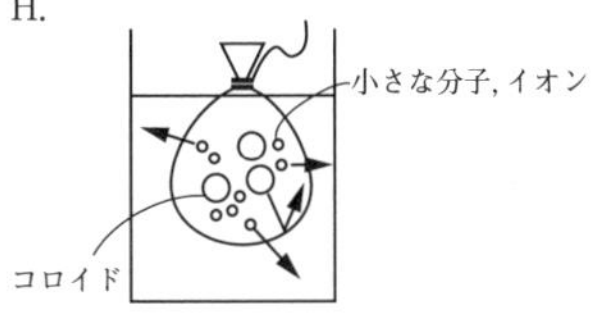

透析とはコロイド粒子がセロハン膜を通れないことを利用して精製すること。

I. 電気泳動という。

57* 〈解　答〉

問1　(ア)　電解質　(イ)　非電解質　(ウ)　−3.72　(エ)　凝固点降下

(オ)　浸透圧　(カ)　チンダル　(キ)　コロイド溶液　(ク)　透析

(ケ)　凝析

問2　(a)　スクロース分子は極性の大きなヒドロキシ基(−OH)を多数もっていて水分子に水和されやすいから。

(b)　不揮発性物質を溶かした溶液の蒸気圧は純溶媒のときより低くなるから。

(d)　水酸化鉄(Ⅲ)のコロイドに光が当たって散乱するから。

問3　$FeCl_3+3H_2O \longrightarrow Fe(OH)_3+3HCl$

問4　H^+が半透膜を通って外に出てくるのでpHは小さくなる。

Cl^-も同様に外に出てくるのでAg^+を加えるとAgClの白色沈殿が生じる。

解　説

◀コロイド溶液の性質▶

問1　(ウ)　$NaCl \longrightarrow Na^++Cl^-$となるので同濃度のスクロース(aq)の凝固点降下度の2倍になる。

∴　0(℃)−1.86×2(℃)＝<u>−3.72</u>(℃)

問2

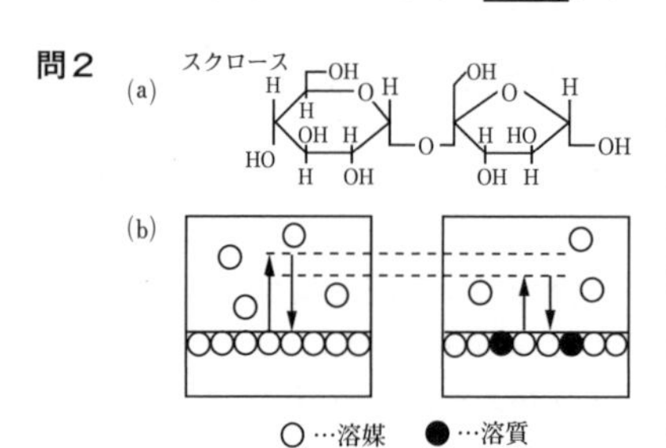

問3　$FeCl_3$(aq)は酸性を示す。これは

<u>$FeCl_3+3H_2O \longrightarrow Fe(OH)_3+3HCl$</u>

で表される塩の加水分解反応が起こっているからである。この反応は徐々に進み，$Fe(OH)_3$の沈殿が少しずつ生じていく(実際はOH^-間で脱水縮合も進行するので，Fe^{3+}の相手の陰イオンはO^{2-}にも変わっていく。そこで，沈殿物を水酸化鉄(Ⅲ)と表記するけれど化学式を単純に$Fe(OH)_3$と表すことはできなくなる)。ところが，$FeCl_3$(aq)を沸騰水の中に入れると，上記の反応が急速に進み，まずは多数の$Fe(OH)_3$の粒子が生じる。その際，表面では

$$Fe(OH)_3+H^+ \longrightarrow Fe(OH)_2^{\ +}+H_2O$$

の中和反応をいくらか起こすため，表面は正に帯電し，粒子間の合体ができずにコロイド状態で分散することになる。

問4

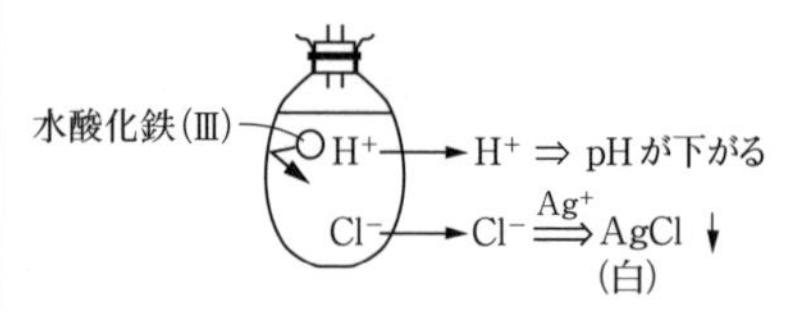

4　物質の変化１（反応の理論）

58〈解　答〉　　１．熱化学の基本チェック

(1)　CH_4(気)＋$2O_2$(気) ⟶ CO_2(気)＋$2H_2O$(液)　ΔH ＝ −890kJ

(2)

①　エンタルピー　C(黒鉛)＋O_2(気)　ΔH＝−394kJ　CO_2(気)

②　エンタルピー　Na(気)　ΔH＝109kJ　Na(固)

(3)　①　{ H_2(気)の燃焼エンタルピー　−286kJ/mol
　　　　{ H_2O(液)の生成エンタルピー　−286kJ/mol

　　②　{ C(黒鉛)の燃焼エンタルピー　−394kJ/mol
　　　　{ CO_2(気)の生成エンタルピー　−394kJ/mol

(4)　反応熱(エンタルピー変化)の総和は，反応経路によらない。

(5)　①　−111kJ/mol　　②　−47kJ/mol

(6)　①　2.0×10^2kJ　　②　17kJ

解説

(1)　**【エンタルピー変化 ΔH を付した反応式】**

反応式に ΔH を付すときは，化学式の係数は物質量(mol)を意味する。また，エンタルピーは物質の状態によって違うので，物質の状態も記す。したがって，反応式は

CH_4(気)＋$2O_2$(気)
　　⟶ CO_2(気)＋$2H_2O$(液)

と表す。ただし，係数の１は通常省略する。

次に，反応の際に生じる熱を Q〔kJ〕(発熱するときは$Q>0$，吸熱するときは$Q<0$)とすると，エンタルピー変化 ΔH は

$$\Delta H = -Q$$

である。つまり，ΔH と Q は符号が逆である。よって，Q＝890kJ なので ΔH＝−890kJ となり，これを付して表す。

<u>CH_4(気)＋$2O_2$(気)</u>
　　<u>⟶ CO_2(気)＋$2H_2O$(液)</u>
　　　　<u>ΔH＝−890kJ</u>

(2)　**【エンタルピー図の書き方】**

①　ΔH＝−394kJ/mol＜0 であるので，左辺から右辺に向かうとエンタルピーは下がる。

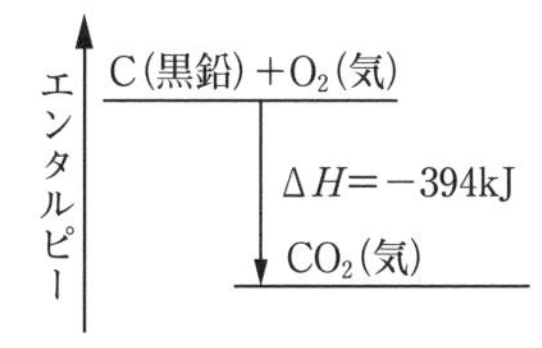

②　ΔH＝109kJ/mol＞0 であるので，左辺から右辺に向かうとエンタルピーが上がる。

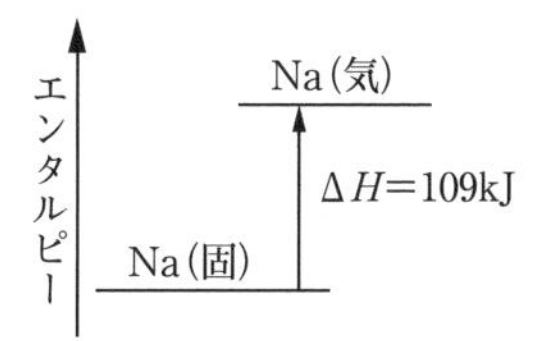

(3)　**【何エンタルピー？】**

中和反応，燃焼反応，溶解，融解などの変化でのエンタルピー変化 ΔH(＝$H_{後}-H_{前}$)を

各変化に応じて，中和エンタルピー，燃焼エンタルピー，溶解エンタルピー，融解エンタルピーなどという。

① H_2(気) $+ \frac{1}{2}O_2$(気) $\longrightarrow$ H_2O(液)

$\Delta H = -286$ kJ/mol

この ΔH は，1mol の H_2(気)が燃焼したときのエンタルピー変化であるので，

H_2(気)の燃焼エンタルピー

＝－286kJ/mol

がわかる。また，1mol の H_2O(液)が，構成元素の単体から生じるときのエンタルピー変化であるとも読めるので

H_2O(液)の生成エンタルピー

＝－286kJ/mol

② C(黒鉛) $+ O_2$(気) $\longrightarrow$ CO_2(気)

$\Delta H = -394$kJ

①と同様にして

C(黒鉛)の燃焼エンタルピー

＝－394kJ/mol

CO_2(気)の生成エンタルピー

＝－394kJ/mol

(4) **【ヘスの法則】**

1840年に，ヘスが

反応熱の総和は反応経路によらない

という総熱量保存の法則を唱えた。これがヘスの法則とよばれるものである。

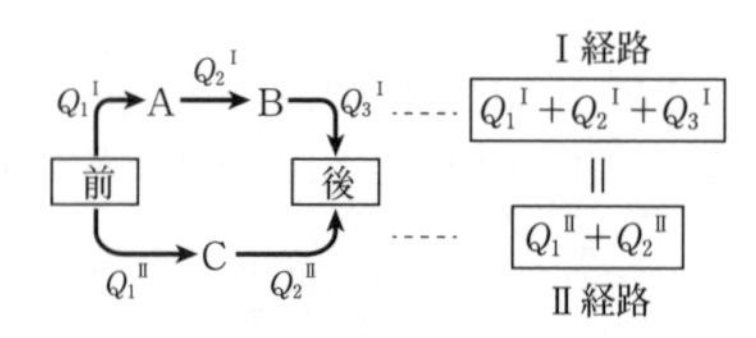

ただ，現代では温度，圧力一定での反応熱を Q とするとこれは，エンタルピーの変化 ΔH と $Q = -\Delta H$ の関係があるので，

エンタルピー変化の総和は反応経路によらない

と表現することもできる。

(5) **【ヘスの法則を使った計算】**

① C(黒鉛) $+ \frac{1}{2}O_2$(気) $\xrightarrow{\Delta H}$ CO(気)

の ΔH を求める。C(黒鉛)，CO(気)の燃焼エンタルピーの値があるので，次の様な図が描ける。

C(黒鉛) $+O_2$(気) —ΔH ②→ CO(気) $+\frac{1}{2}O_2$(気)

①↓ CO_2(気) ↓③

①の経路と②+③の経路の ΔH について

$$(-394) = \Delta H + (-283)$$

$$\Delta H = -111 \Rightarrow -111\text{kJ/mol}$$

のようにして，CO(気)の生成エンタルピー ΔH が求まる。

これを，エンタルピーの高低図を使って求めるとどうなるであろう。一般に，反応物側と生成物側のエンタルピーの高低関係は ΔH の正負が不明なのでエンタルピー図が描けない。そこで仮の図として，上がる場合と下がる場合で描いたとき，計算結果がどうなるか調べてみる。

〈下がる場合〉

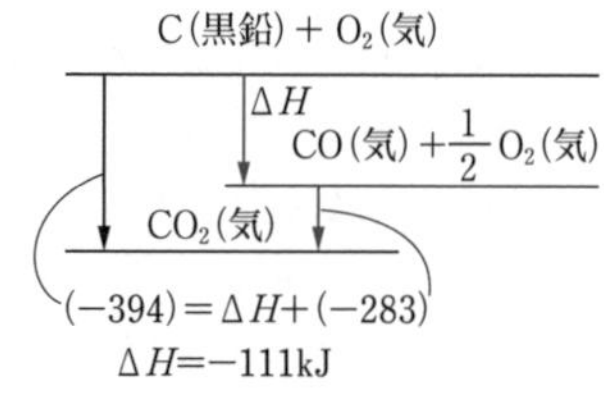

〈上がる場合〉

CO(気) + $\frac{1}{2}O_2$(気)

C(黒鉛) + O_2(気)　↑ΔH

$$(-394) = \Delta H + (-283)$$

$$\Delta H = -111\text{kJ}$$

$\Delta H = -111$kJ < 0 であるので，<下がる場合>の図が正しかったことになるが，いずれで描いても，変化の矢印 ⟶ を正しく書いて2つの経路での ΔH の総和を

とれば，同じ関係式が得られ，正しいΔHの値が求まるのである。そこで，ΔHをヘスの法則とエンタルピー図を使って求めるとき，エンタルピーの高低は仮に設定して始めてよいことがわかる。大切なのは，反応の矢印 ⟶ の方向を正しく書いて2つの経路の総和をとって等しいとする作業である。最終的なエンタルピーの高低関係を必要とするときは，ΔHの値が決定してからこの正負をもとに書き直せばよい。

② $\frac{1}{2}N_2$(気)$+\frac{3}{2}H_2$(気)$\xrightarrow{\Delta H}NH_3$(気)

のΔHを求める。N≡N，H−H，N−Hの結合(解離)エネルギー(結合を切るのに必要なエネルギー)の値があるので結合を切った状態(原子(気))がある以下のエンタルピー図が得られ，それからΔHが求まる。

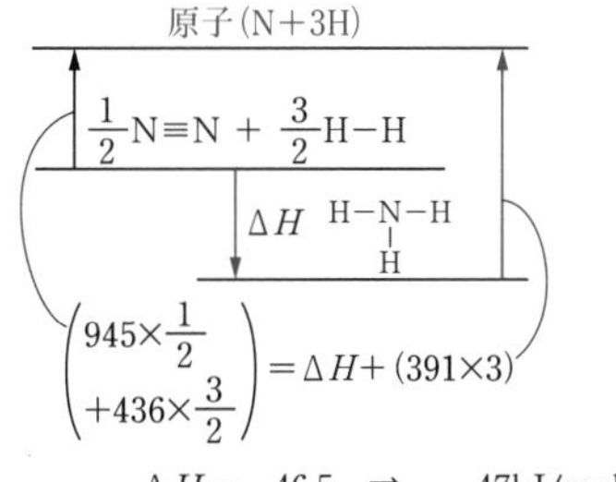

$\Delta H=-46.5$ ⇒ **−47kJ/mol**

(6) **【発生した熱量の計算】**

① 反応熱$Q=-\Delta H$であるので，燃焼で生じる熱は

H_2…286kJ/mol，　CO…283kJ/mol

よって，H_2 0.50molとCO 0.20molが燃焼したときに発生する熱量は

$$\underset{(kJ/mol)}{286}\times\underset{(mol)}{0.50}+\underset{(kJ/mol)}{283}\times\underset{(mol)}{0.20}=199.6$$

⇒ **2.0×10^2kJ**

② 比熱はJ/(g・K)の単位の量であるから，質量(g)と上昇温度(K)をかけると溶液が吸収した熱量(J)が求まる。

$$\underset{\left(\frac{J}{g\cdot K}\right)}{4.2}\times\underset{(g)}{200}\times\underset{(K)}{20}=16.8\times10^3J$$

⇒ **17kJ**

59 〈解　答〉

CH_4　−892kJ/mol　　C_2H_4　−1412kJ/mol

解　説

◀生成エンタルピー➡燃焼エンタルピー▶

求めるのは次の2つの反応のΔH

CH_4(気)$+2O_2$(気)$\xrightarrow{\Delta H}CO_2$(気)$+2H_2O$(液)

C_2H_4(気)$+3O_2$(気)$\xrightarrow{\Delta H}2CO_2$(気)$+2H_2O$(液)

与えられているのは，これらの式に含まれる物質の生成エンタルピーである(なお，O_2(気)など，通常見かける単体の生成エンタルピーの値は0kJ/molである。

O_2(気)$\longrightarrow O_2$(気)　$\Delta H=0$kJ)。

そこで，左辺，右辺以外に単体のラインのあるエンタルピー図を描く。ただし，一般に，左辺，右辺，単体のエンタルピーの高低関係は不明であるので，ここでは仮の高低ラインとして単体>左辺>右辺で表してみる。

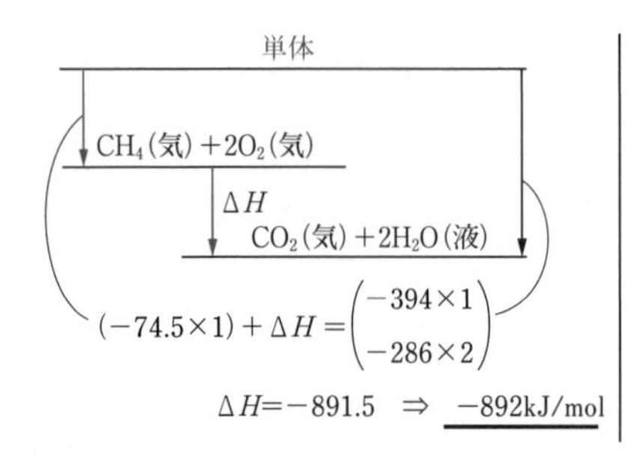

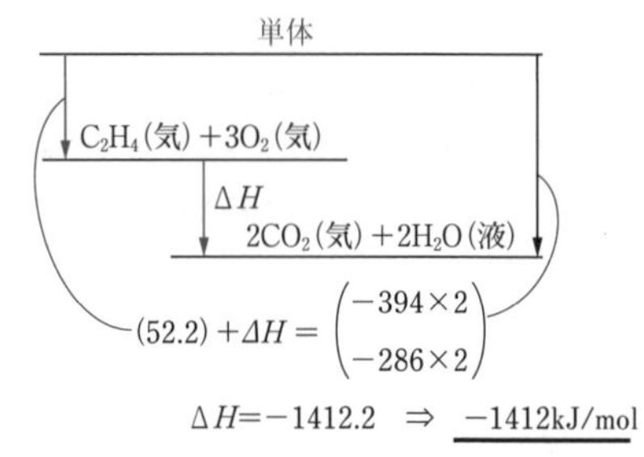

60 〈解 答〉

50kJ/mol

解説

◀燃焼エンタルピー➡生成エンタルピー▶

求めるのは，以下の反応のΔH

$$2\mathrm{C}(黒鉛)+2\mathrm{H_2}(気) \xrightarrow{\Delta H} \mathrm{CH_2{=}CH_2}(気)$$

与えられているのは，この反応式に含まれる物質の燃焼エンタルピーである。そこで，これらを完全燃焼させるイメージのエンタルピー図を描くので，左辺，右辺以外に完全燃焼物のラインが加わる。ただし，左辺と右辺のエンタルピーの高低は今の段階では不明なので，仮のエンタルピー図として，左辺＞右辺とした図を使って計算してみる。

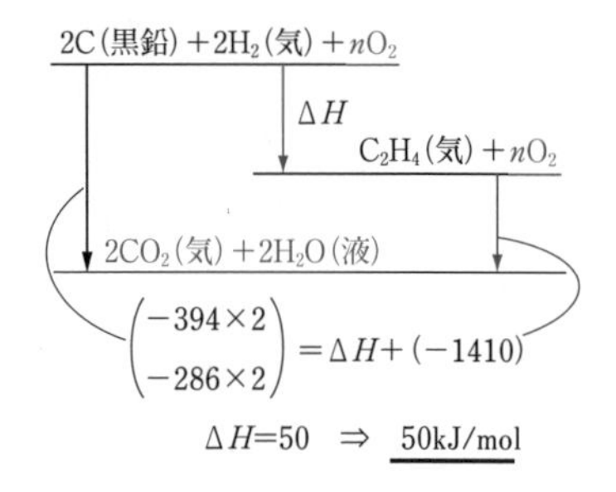

$\Delta H=50>0$であったので，実際は，反応でエンタルピーが増大する，すなわち，右辺側の方が高いことがわかる。

61 〈解 答〉

−74kJ/mol

解説

◀結合エネルギー➡反応エンタルピー▶

求めるのは以下の反応のエンタルピー変化ΔH

$$\mathrm{CH_2{=}CH{-}OH} \xrightarrow{\Delta H} \mathrm{CH_3{-}CHO}$$

実は，この反応は大きく右に傾いた平衡反応であることが知られている。したがって，左辺側のビニルアルコールは単離されることはなく，その生成エンタルピー，燃焼エンタルピーなどを実験的に求めることはできない。

さて，結合エネルギー(エンタルピー)は共有結合 A:B を

$$\mathrm{A{:}B} \rightarrow \mathrm{A\cdot} + \mathrm{\cdot B}$$

の様に均等に切るのに必要なエネルギーである。その値は，同じ C−H 結合でも CH_4 と CH_3CH_3 で厳密には同じではない。ただ，平均的にはいくらと評価されており，本問で与

えられた値はその様な平均結合エネルギーの値である。分子中の結合をすべて切ると原子(気)となる。仮のエンタルピー図を原子>左辺>右辺で表すと以下の図が描ける。

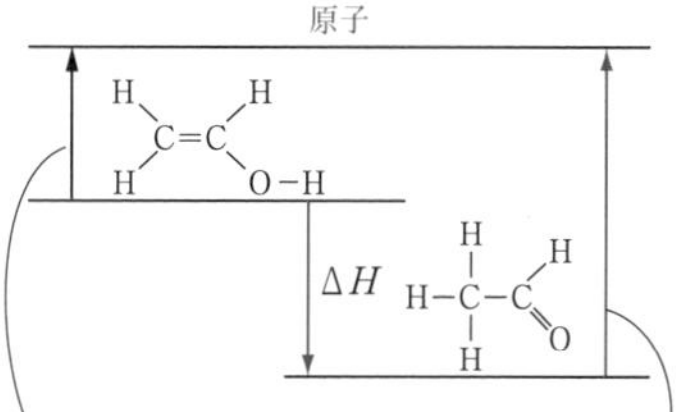

原子

$$\begin{pmatrix}(C-H)\times3\\(C=C)\times1\\(C-O)\times1\\(O-H)\times1\end{pmatrix}=\Delta H+\begin{pmatrix}(C-H)\times4\\(C-C)\times1\\(C=O)\times1\end{pmatrix}$$

$$\Delta H=\begin{pmatrix}609\\+357\\+462\end{pmatrix}-\begin{pmatrix}413\\+345\\+744\end{pmatrix}=-74$$

$\Rightarrow$ -74kJ/mol

$\Delta H=-74$kJ/mol(<0)であり，確かにこの反応はエンタルピーが下がる反応と考えられるが，平均結合エネルギーの値を使って求められた-74kJ/molという値自体は正確な値ではないことにも注意しておこう。

62〈解　答〉

354kJ/mol

解説

◀結合エネルギーと燃焼エンタルピー▶

求めるのはダイヤモンド中のC−C結合のエネルギーである。ダイヤモンドについては，燃焼エンタルピーの値が与えられている。

$$C(ダイヤモンド)+O_2(気) \longrightarrow CO_2(気)\quad \Delta H=-396kJ$$

この反応式中のO_2，CO_2の結合エネルギーが与えられている。よって，原子>左辺>右辺のエンタルピー図を書く。

さて，C(ダイヤモンド)1mol中には1molのC原子があり，C原子は1個あたり価電子を4個もっている。そして，C−C結合1本では2個の価電子を使う。よって，1molのC(ダイヤモンド)中のC−C結合は

$$1\,\frac{}{\text{mol(C)}}\times 4\,\frac{}{\text{mol(価電子)}}\times \frac{1}{2}\,\frac{}{\text{mol(C−C)}}=2\text{ mol}$$

原子(気)

C(ダイヤモンド)+ O=O

O=C=O

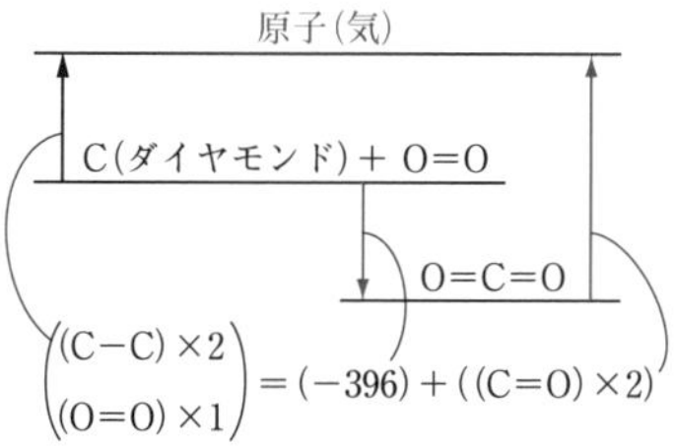

$$\begin{pmatrix}(C-C)\times2\\(O=O)\times1\end{pmatrix}=(-396)+((C=O)\times2)$$

$$(C-C)\times2=-494-396+799\times2$$

$(C-C)=354$ $\Rightarrow$ 354kJ/mol

63 〈解 答〉

$25-\dfrac{2.6\times10^4 m}{MC(dV+m)}$〔℃〕

解説

◀比熱計算▶

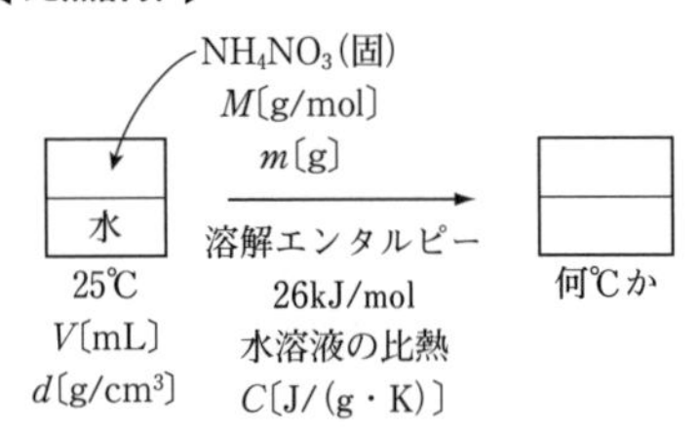

NH_4NO_3(固)の溶解エンタルピーは26kJ/molで正であるので吸熱変化であり，水溶液の温度は下がる。Δt℃下がったとする。吸収された熱は

$$\underset{\text{kJ/mol}}{26}\times\underset{\text{mol}}{\left(\frac{m}{M}\right)}\times10^3\ \text{〔J〕}$$

であり，一方，比熱を使うと

$$\underset{\frac{\text{J}}{\text{g・K}}}{C}\times(\underbrace{\overset{\text{水}}{dV}+\overset{NH_4NO_3}{m}}_{\text{g}})\times\underset{\text{K}}{\Delta t}\ \text{〔J〕}$$

よって

$$\Delta t=\frac{2.6\times10^4 m}{MC(dV+m)}\ \text{〔K〕}$$

よって，液温は

$$25-\Delta t=25-\frac{2.6\times10^4 m}{MC(dV+m)}\ \text{〔℃〕}$$

64* 〈解 答〉

問1 A−B間 イ，エ　B−C間 イ　**問2** 14kJ/mol

解説

◀熱量測定実験▶

A点で尿素を溶かし始めると液温が下がり始めるので，尿素の水への溶解は吸熱を伴うことがわかる。液温が周辺の温度20.0℃より低いときは，常に周辺から液に熱が流入する。そこで，A−B間は，

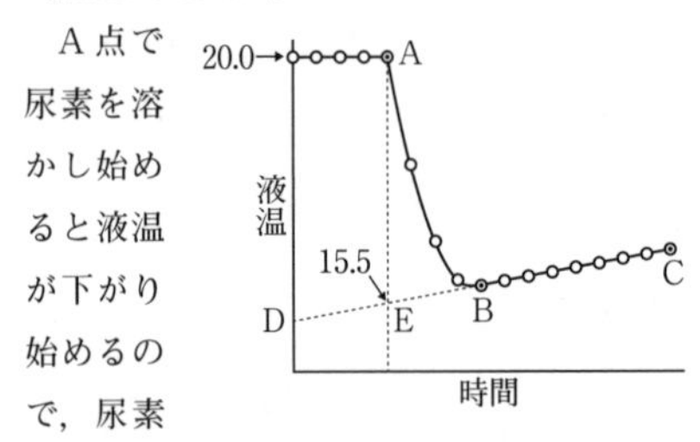

尿素の水への溶解による吸熱…エ

液の周囲からの熱の吸収…イ

が起こり，一方，B−C間では温度が上がり続けているので，B点で尿素の溶解は完了し，B−C間では

液の周囲からの熱の吸収…イ

のみが起こっていると考えられる。

問2 B−C間では，周辺からの熱の吸収のみが起こり温度が上がっているが，その温度の上がり方は時間とともにほぼ直線的に変化している。そこで，仮に，A点での尿素の水への溶解が一瞬で起こったとすると，周辺からの熱の吸収量はゼロであるから，直線B−Cを外挿したE点の温度15.5℃となるはずであると推定できる。すなわち，尿素が水に一瞬で溶解したとするなら，液温は20.0−15.5=4.5〔K〕下がると考えてよい。以上より，尿素の溶解エンタルピー(kJ/mol)は

$$\underset{\frac{\text{J}}{\text{g・K}}}{4.20}\times(\underbrace{\overset{\text{水}}{46.0}+\overset{\text{尿素}}{4.0}}_{\text{g}})\times\underset{\text{K}}{4.5}\Big|_{\text{J}}\times10^{-3}\Big|_{\text{kJ}}\times\frac{1}{\frac{4.0}{60}}\Big|_{\text{kJ/mol}}$$

=14.175

⇒ 14kJ/mol

エンタルピー

尿素(水)

ΔH

尿素＋水

ΔH=14kJ

65* 〈解 答〉

(a)　206 kJ/mol　　(b)　−394 kJ/mol　　(c)　416 kJ/mol

解 説

◀ヘスの法則の計算－1▶

与えられている反応エンタルピーは式(2)の値，そして，CH_4，H_2O(気)，CO の生成エンタルピーの値，さらに，H_2 の結合エネルギー，黒鉛を原子にバラすのに必要なエネルギーの値である。

(a)　求めるのは，以下の反応の反応エンタルピー

$$CH_4 + H_2O(気) \xrightarrow{\Delta H} CO + 3H_2 \quad (1)$$

この式中の CH_4，H_2O(気)，CO の生成エンタルピーの値があるので，単体ラインの入った以下のエンタルピー図が描ける。ただし，式(1)の左辺と右辺のエンタルピーの高低は不明であるから，これは仮のエンタルピー図である。

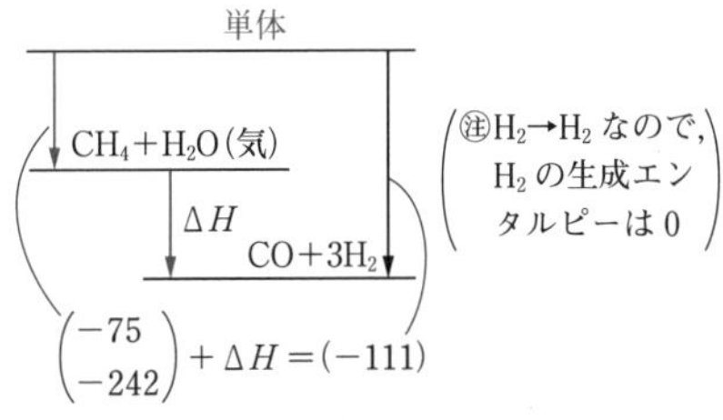

ΔH=206 kJ/mol

$\Delta H > 0$ なので，実際のエンタルピーは，右辺の方が高い。

(b)　求めるのは，以下の反応の反応エンタルピー

$$C(黒鉛) + O_2 \xrightarrow{\Delta H} CO_2$$

CO_2 が関係するものとしては式(2)のみ ΔH がある。

$$CO(気) + H_2O(気) \longrightarrow CO_2(気) + H_2(気)$$
$$\Delta H = -41\,kJ \quad (2)$$

この式中の CO，H_2O(気)の生成エンタルピーは与えられているので，求める CO_2 の生成エンタルピーは，単体ラインを含む以下のエンタルピー図より得られる。

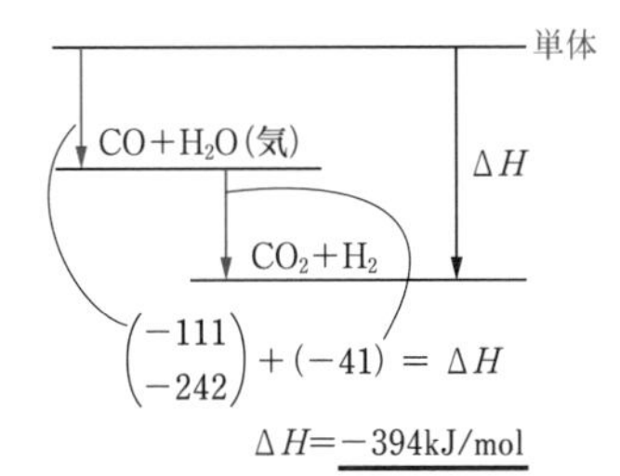

ΔH=−394 kJ/mol

(c)　$CH_4 \xrightarrow{\Delta H \times 4} C + 4H$ の ΔH を求めるのであるが，CH_4 については，単体からやってくるときの ΔH の値，そして，単体を原子にするときの ΔH の値があるので以下のエンタルピー図が描ける。

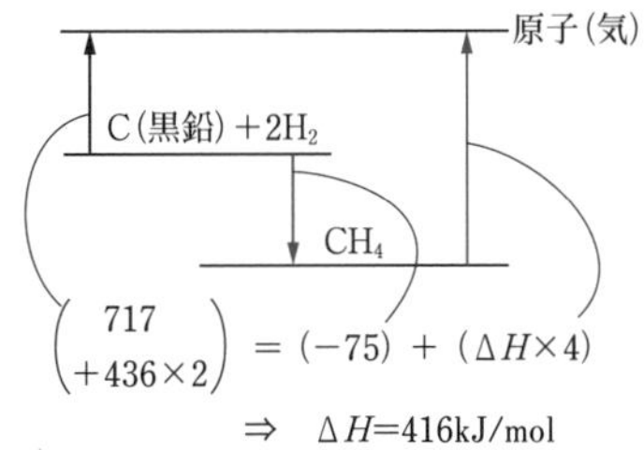

⇒　ΔH=416 kJ/mol

66* 〈解　答〉

−111kJ/mol

解説

◀ヘスの法則の計算−2▶

COの完全燃焼で発生する熱がQkJ/molとすると，COを89.6mL/22400mL＝4×10^{-3}mol燃焼させるとき発生する熱は，

$$Q\times4\times10^{-3}\underset{\text{kJ}}{\Big|}\times10^{3}\underset{\text{J}}{\Big|}=Q\times4\ \text{〔J〕}\qquad -①$$

一方，100gの水を2.71K上げるのに必要な熱は

$$4.18\times100\times2.71\ \text{〔J〕}\qquad -②$$

ここで，①＝②であるのでQ＝283kJ/mol。さてエンタルピー変化ΔH＝$-Q$であるので，COの燃焼エンタルピーは−283kJ/molである。

この値以外に，CO_2，C=O，黒鉛のそれぞれを原子にバラすのに必要なエネルギーの値があるので，原子ラインのある以下のエンタルピー図が描ける。

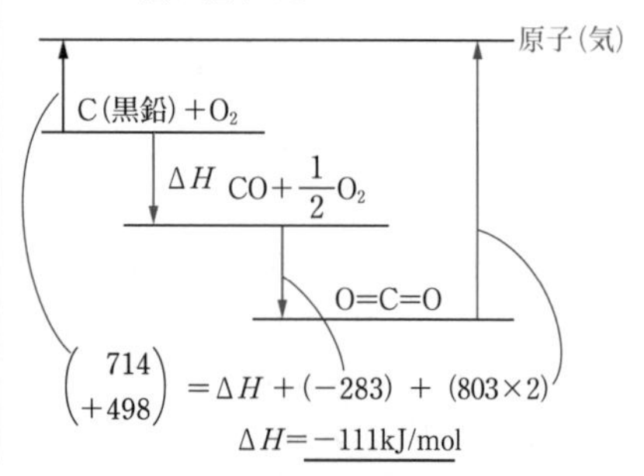

67* 〈解　答〉

584kJ/mol

解説

◀ヘスの法則の計算−3▶

H₂C=CH₂分子中のC=C結合のエネルギーを求めるのだから，この分子の結合をすべて切った原子状態のラインが必要だろう。ただC−H結合のエネルギーは与えられていない。そして，C−H結合を同数もつCH_4の燃焼エンタルピーの値がある。そこで，CH_4も含む次の様なエンタルピー図をまずは書いてみよう。

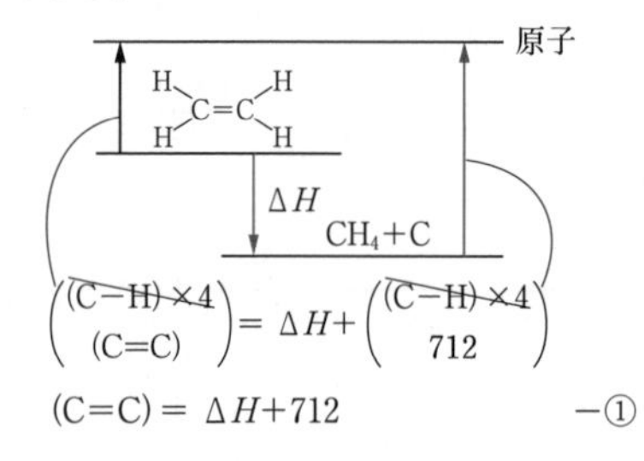

$$(C{=}C)=\Delta H+712\qquad -①$$

ここで，ΔHの値は$CH_2{=}CH_2$，CH_4，Cの燃焼エンタルピーの値があるから求められそうである。

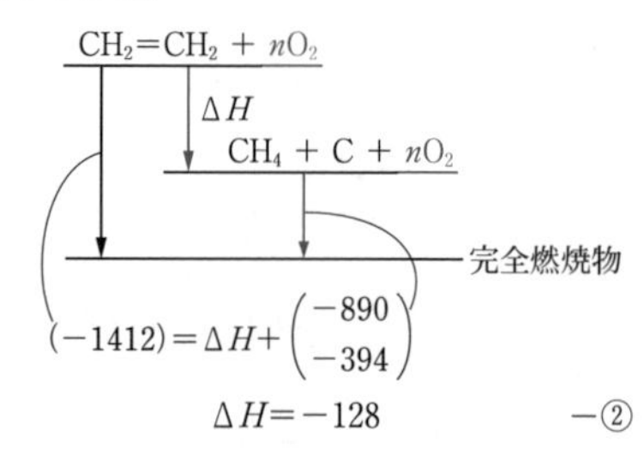

$$\Delta H=-128\qquad -②$$

①に②を代入して

$$(C{=}C)=-128+712=\underline{584\text{kJ/mol}}$$

68* 〈解　答〉

718kJ/mol

解　説

◀ヘスの法則の計算－４；
イオン結晶の格子エンタルピー▶

KCl(固)の構成元素が

イオン(気)，原子(気)，単体，化合物

であるときをエンタルピー図で表すと，以下の様になる。

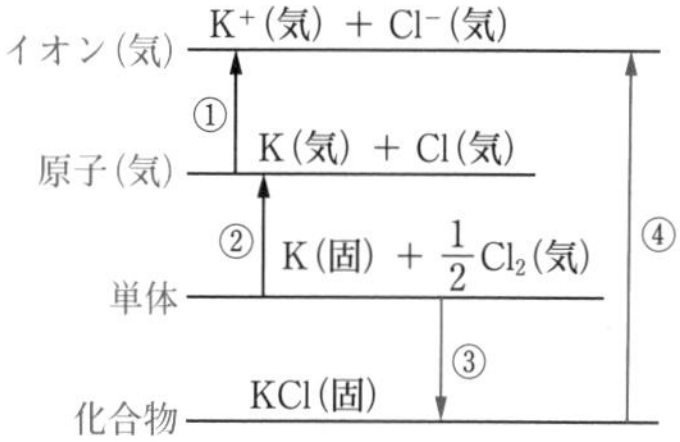

イオン(気)　K^+(気) ＋ Cl^-(気)
①
原子(気)　K(気) ＋ Cl(気)
②　K(固) ＋ $\frac{1}{2}Cl_2$(気)　④
単体
③
化合物　KCl(固)

$$\overset{①}{\begin{pmatrix} 419 \\ -349 \end{pmatrix}} + \overset{②}{\begin{pmatrix} 89 \\ +243\times\frac{1}{2} \end{pmatrix}} = \overset{③}{(-437)} + \overset{④}{\Delta H}$$

格子エンタルピー(ΔH)＝717.5　⇒　<u>718kJ/mol</u>

①では

	ΔH
K(気) ⟶ K^+(気)＋e^-(気)	＋419kJ
Cl(気)＋e^-(気) ⟶ Cl^-(気)	－349kJ

Cl(気)＋e^-(気) ⟶ Cl^-(気)の変化で放出されるエネルギーは電子親和力と呼ばれ，349kJ/molである。この変化をエンタルピー変化で表すと－349kJとなる点に注意

②では

	ΔH
K(固) ⟶ K(気)	＋89kJ
$\frac{1}{2}Cl_2$(気) ⟶ Cl(気)	＋243×$\frac{1}{2}$kJ

③では

	ΔH
K(固)＋$\frac{1}{2}Cl_2$(気) ⟶ KCl(固)	－437kJ

④では

KCl(固) ⟶ K^+(気)＋Cl^-(気)	ΔH

このエンタルピー変化ΔHが格子エンタルピーである。これは，①＋②の経路と③＋④の経路についてヘスの法則を適用すると求まる。

69 〈解　答〉　2. 反応速度の基本チェック

(1) ① a　② b　③ c　④ c
(2) 0.045(mol/L・分)
(3) ・濃度を大きくする　・温度を上げる　・触媒を用いる
(4) $v=k[\mathrm{A}]\cdot[\mathrm{B}]$，$k=4.0\times10^{-5}$(L/(mol・s))
(5) 2.3×10^4 年前

解説

(1) 【反応経路】

化学反応が起こるとき，反応の途中で不安定な遷移状態を越えなければならない。このとき必要なエネルギーを活性化エネルギーと呼ぶ。また，触媒は活性化エネルギーを下げるが，反応エンタルピーΔHを変化させない。

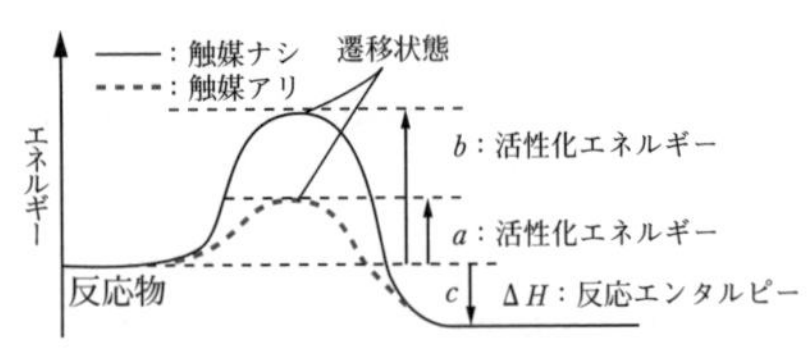

(2) 【速度の定義による式】

反応速度は次のように定義される。

$$\text{反応速度}=\frac{\text{反応物の減少量（生成物の増加量）}}{\text{反応時間}}$$

ここでは，A ⟶ 2B の反応を例にして考える。

物質 A の濃度が，時刻 t_1 のとき $[\mathrm{A}]_1$，時刻 t_2 のとき $[\mathrm{A}]_2$ とする。この間の平均の反応速度$\bar{v}$は次のように表される。

$$\bar{v}=-\frac{[\mathrm{A}]_2-[\mathrm{A}]_1}{t_2-t_1}=-\frac{\Delta[\mathrm{A}]}{\Delta t}\quad\cdots\cdots①$$

B についても同様の式が導かれる。

$$\bar{v}'=\frac{[\mathrm{B}]_2-[\mathrm{B}]_1}{t_2-t_1}=\frac{\Delta[\mathrm{B}]}{\Delta t}\quad\cdots\cdots②$$

（①式において，$\Delta[\mathrm{A}]<0$ のため，$\bar{v}$を正の値にするためにマイナス(−)の符号をつけている。）

$$\left.\begin{array}{l}(-\Delta[\mathrm{A}]):\Delta[\mathrm{B}]\\ =\ 1\ :\ 2\end{array}\right)\Rightarrow\boxed{\bar{v}=\bar{v}'\times\frac{1}{2}}$$

さて，本問において，0～1分の間の平均の分解の速さを$\bar{v}$とおくと，①式より

$$\bar{v}=-\frac{0.497-0.542\ \mathrm{mol/L}}{1-0\ \text{分}}=\underline{0.045}\left(\frac{\mathrm{mol}}{\mathrm{L}\cdot\text{分}}\right)$$

(3) 【速度の支配因子】

反応速度を上げる方法は次の3つを押さえておくこと。

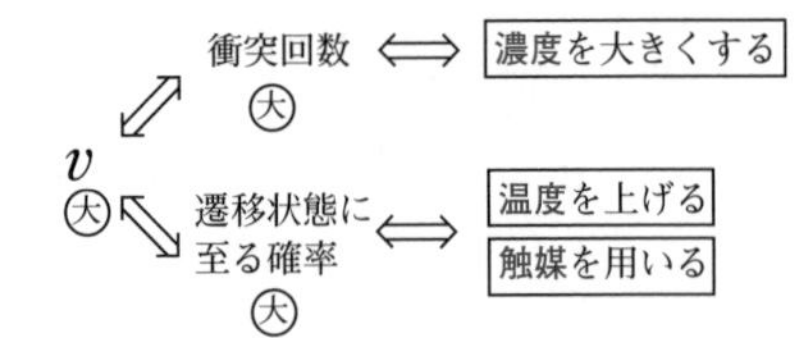

ただし，気体反応のとき，圧力を上げれば濃度も上昇するので，反応速度が上がる。
また，固体が反応に関係するとき，粒子を細かくするとか，多孔質にするとかして表面積を大きくすると，衝突回数が増加するので，速度が上がる。

(4) 【速度式】

「A＋B → 2C」の反応において，反応速度は一般に次のように表すことができ，これを反応速度式という。

$$\boxed{v=k[\mathrm{A}]^x\cdot[\mathrm{B}]^y}$$

{ k：速度定数，$x+y$：反応の反応次数
{ x：A の反応次数，y：B の反応次数

さて，本問では，この生成速度がAとBの濃度に比例することから，vと[A]，[B]との関係をkを用いると，

$$\boxed{v=k\times[\mathrm{A}]\cdot[\mathrm{B}]}$$

となる。ここで，$[\mathrm{A}]=1\mathrm{mol/L}$，$[\mathrm{B}]=3\mathrm{mol/L}$のとき，$v=1.2\times10^{-4}\mathrm{mol/(L\cdot s)}$だから，

$$k=\frac{v}{[\mathrm{A}]\cdot[\mathrm{B}]}=\frac{1.2\times10^{-4}\,\mathrm{mol/(L\cdot s)}}{1\mathrm{mol/L}\times3\mathrm{mol/L}}$$
$$=\underline{4.0\times10^{-5}}\ (\mathrm{L/mol\cdot s})$$

(5)　【半減期】

「A → B」の反応において，[A]が初濃度（$[\mathrm{A}]_0$）の半分，すなわち$\frac{[\mathrm{A}]_0}{2}$になるまでに要する時間を“半減期”という。反応の反応次数が1次のとき，つまり1次反応のときは半減期は初濃度 $[\mathrm{A}]_0$ と関係なく一定である。

さて，大気中から光合成で木の実に取り込まれた $^{14}_{6}\mathrm{C}$ は $t_{1/2}=5.7\times10^3$ 年ごとに1/2ずつ減少していく。一方，大気中の $^{14}_{6}\mathrm{C}$ は宇宙線の作用でNから絶えず一定の割合で生じているので，今も昔も，その存在比は一定である。よって，木の実の $^{14}_{6}\mathrm{C}$ の比率が現在の大気中に比べて1/16になっているのは

$$1\xrightarrow{t_{1/2}}\frac{1}{2}\xrightarrow{t_{1/2}}\frac{1}{4}\xrightarrow{t_{1/2}}\frac{1}{8}\xrightarrow{t_{1/2}}\frac{1}{16}$$

のように，$t_{1/2}\times4$ 倍の時が流れたからである。

$$t=(5.7\times10^3)\times4$$
$$=2.28\times10^4 ⇨ \underline{2.3\times10^4}\text{年前}$$

70〈解　答〉

問1　$x=2$　$y=1$　$k=2.0$　$(\mathrm{L^2/(mol^2\cdot s)})$
問2　$0.20\,(\mathrm{mol/(L\cdot s)})$

解説

◀初速度の速度式▶

問1

	[A]	[B]	R
〈1〉	0.10	0.10	2.0×10^{-3}
〈2〉	0.10	0.30	6.0×10^{-3}
〈3〉	0.30	0.30	5.4×10^{-2}

（〈1〉→〈2〉：[B] ×3，R ×3　〈2〉→〈3〉：[A] ×3，R ×9）

〈1〉，〈2〉より，Rは$[\mathrm{B}]^1$に比例 ⇨ $y=1$
〈2〉，〈3〉より，Rは$[\mathrm{A}]^2$に比例 ⇨ $x=2$

よって，速度式は $R=k[\mathrm{A}]^2\cdot[\mathrm{B}]$
さらに，〈1〉の場合の値を代入すると

$2.0\times10^{-3}=k\times(0.10)^2\times0.1$
$(\mathrm{mol/L\cdot s})$　$(\mathrm{mol/L})^2$　$(\mathrm{mol/L})$

$\therefore\ k=\underline{2.0}\,(\mathrm{L^2/(mol^2\cdot s)})$

問2　$R=2.0\times[\mathrm{A}]^2\times[\mathrm{B}]$
$=2.0\times(0.5)^2\times0.4$
$=\underline{0.20}\,(\mathrm{mol/(L\cdot s)})$

71〈解　答〉

(A)　v：(ア)，k：(ウ)　(B)　v：(ア)　(C)　v，k：(ア)　(D)　v，k：(ウ)

解説

◀反応条件と速度▶

(A)　$[\mathrm{C_{12}H_{22}O_{11}}]$ を上げると②式より，vは大きくなる(ア)。kは変化なし(ウ)。

(B)　一般に，触媒の濃度を増やすと反応速度は大きくなる。よって，vは上昇(ア)。

なお，②式は次のように書くことができる。

$$v=k_{\mathrm{H^+}}\cdot[\mathrm{H^+}][\mathrm{C_{12}H_{22}O_{11}}]$$
$$\rightarrow k=k_{\mathrm{H^+}}\cdot[\mathrm{H^+}]$$

(C)　温度を上げると速度定数kが大きくなり，反応速度が上がる。(ア)

(D)　可逆反応ではないので，生成物の濃度は反応速度に影響しない。(ウ)

72* 〈解　答〉

問1　酢酸メチル濃度：4.71×10^{-2}(mol/L)　　加水分解率：32.8(%)
問2　3.48×10^{-3}(/ 分)

解説

◀酢酸メチルの加水分解▶

問1　$CH_3COOCH_3+H_2O \xrightarrow[\text{触媒}]{HCl} CH_3COOH+CH_3OH$

の反応が起こる。途中で反応液の一部をNaOH(aq)で滴定したときの量的関係は次図のようである。

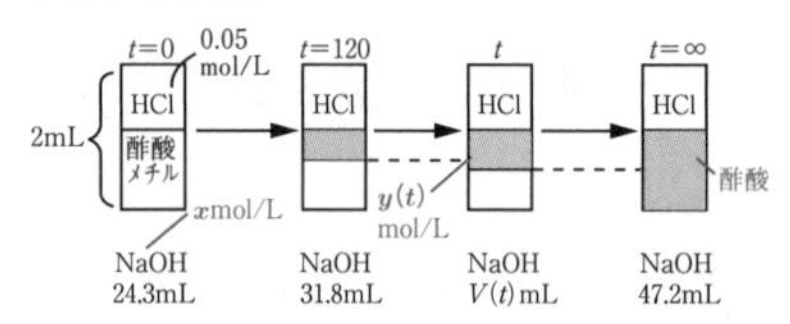

$t=0$ のとき，HCl だけが中和され，その後は HCl と生じた酢酸が中和される。また，HCl は触媒なのでその濃度は変化しない。よって，次式①，②が成り立つ。

$$0.05\times2=x\times24.3 \quad \cdots\cdots①$$

$$y(t)\times2=x\times(V(t)-24.3) \quad \cdots\cdots②$$

①，②より

$$y(t)=(1/486)\times(V(t)-24.3) \quad \cdots\cdots③$$

$$y(\infty)=(47.2-24.3)\times\frac{1}{486}$$

$$\fallingdotseq \underline{4.71\times10^{-2}}\text{mol/L}$$

($t=\infty$のとき，[酢酸]＝[初めのエステル])

$$\text{分解率}=\frac{\text{酢酸用NaOH}(120)}{\text{酢酸用NaOH}(\infty)}=\frac{31.8-24.3}{47.2-24.3}$$

$$=0.3275 \Rightarrow 32.8\%$$

問2　分解速度$\bar{v}$は酢酸の生成速度$\bar{v}'$と同じだから，$\bar{v}'$を計算すれば$\bar{v}$の値となる。③式などを利用して，$\bar{v}$や酢酸メチルの平均濃度 $\overline{C}$ を求めた表を下に示す。

t（分）	30～60	60～90
$\bar{v}$ mol/(L･分)	0.07×486^{-1}	0.06×486^{-1}
$\overline{C}$ mol/L	19.65×486^{-1}	17.7×486^{-1}

そして，$\bar{v}=k\times\overline{C}$より，$k=\bar{v}/\overline{C}$だから

$t=30\sim60$ のとき，$k=3.562\cdots\times10^{-3}$

$t=60\sim90$ のとき，$k=3.389\cdots\times10^{-3}$

$$\therefore\ k=\frac{3.562+3.389}{2}\times10^{-3}=\underline{3.48\times10^{-3}}$$

73* 〈解　答〉

ア　2.3×10^{-2}　　イ　1.92　　ウ　$\frac{1}{10}$

解説

◀半減期と速度定数▶

ア　①式より $\log_{10}\frac{[A]}{[A]_0}=-\frac{kt}{2.30}$ ……②

$t=70\sim100$ の間に A の濃度が半分となるから，②式より

$$\log_{10}\frac{1}{2}=-\frac{k\times(100-70)}{2.30}$$

$$\therefore\ k=\underline{2.3\times10^{-2}}$$

イ　半減期が 30 秒だから，$t=0$，60 のときの［A］は 1.28，0.32mol/L となる。反応の係数比より，B の増加量は A の減少量の 2 倍だから

$$[B]=(1.28-0.32)\times2=\underline{1.92}$$

ウ　$t=0\sim50$ の間に A の濃度が n 倍となるとすると，$k=(2.3\times10^{-2})\times2$ だから②式より

$$\log_{10}n=-\frac{2.3\times10^{-2}\times2\times50}{2.3}=-1.0$$

$$\therefore\ n=\underline{\frac{1}{10}}$$

74* 〈解　答〉

53(kJ/mol)

解説

◀活性化エネルギーの算出▶

27℃, 37℃における速度定数をそれぞれk_1, k_2とおく。27℃から37℃まで温度を上げると反応速度が２倍になることから速度定数が２倍となったと考えられる。すなわち,

$$k_2 = k_1 \times 2 \quad \cdots\cdots ①$$

一方，速度定数kと活性エネルギーEとの関係式(アレニウスの式という)より

$$\begin{cases} \log_{10}k_1 = C - \dfrac{E}{2.30 \cdot R \cdot (273+27)} & \cdots ② \\ \log_{10}k_2 = C - \dfrac{E}{2.30 \cdot R \cdot (273+37)} & \cdots ③ \end{cases}$$

③−②より,

$$\log_{10}\frac{k_2}{k_1} = \frac{E}{2.3R} \times \left(\frac{1}{300} - \frac{1}{310}\right)$$

上式に①式およびR=8.3J/(mol·K)を代入すると,

E=53261J/mol ⇨ 53kJ/mol

なお，アレニウスの式より速度定数が大きいときには活性化エネルギーが小さくなることがわかるであろう。

$$\log_{10}\boldsymbol{k} = C - \frac{\boldsymbol{E}}{2.30RT}$$

75* 〈解　答〉

問１　(b)　　**問２, ３**　解説の図を参照

解説

◀多段階反応▶

$$\mathrm{A} \xrightarrow[k_1]{\langle 1 \rangle} \mathrm{B} \xrightarrow[k_2]{\langle 2 \rangle} \mathrm{C} \quad \left(\begin{array}{c} k_1 > k_2 \\ \text{全体は発熱反応} \end{array}\right)$$

問１　〈1〉, 〈2〉の活性化エネルギーをそれぞれE_1, E_2, そしてA, Cの位置エネルギーをE_A, E_Cとおく。

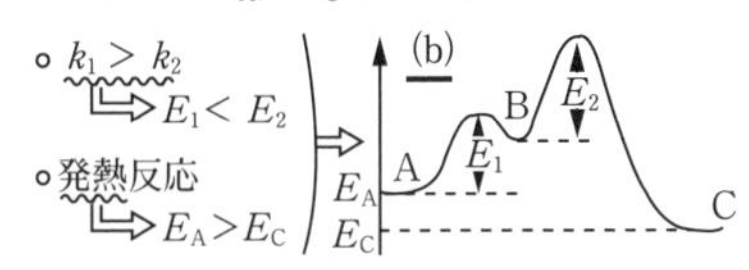

問２, ３　Aの消滅速度，Bの生成速度およびCの生成速度をそれぞれv_A, v_B, v_Cとおくと,

$$\left.\begin{array}{l} v_A = k_1[\mathrm{A}] \\ v_B = k_1[\mathrm{A}] - k_2[\mathrm{B}] \\ v_C = k_2[\mathrm{B}] \end{array}\right\} \quad \cdots ①$$

さらに，Aの初濃度を$[\mathrm{A}]_0$とおくと,

$$[\mathrm{A}]_0 = [\mathrm{A}] + [\mathrm{B}] + [\mathrm{C}] \quad \cdots ②$$

問２では，②式を満たすように[B]を描く。

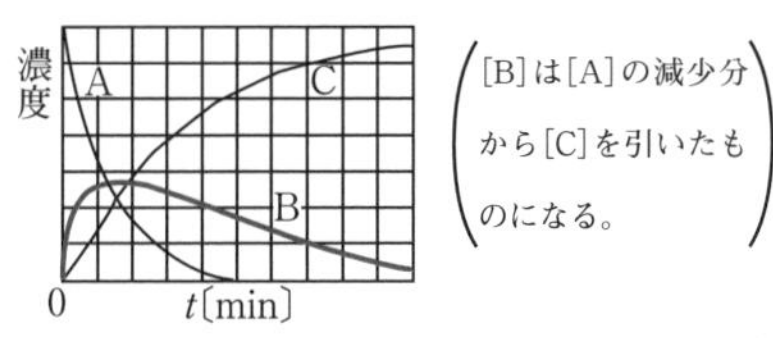

問３では，E_1一定より，k_1, v_Aも一定だから[A]は**問２**と同じ。一方，E_2が減少することよりk_2, v_Cが増加し，すべてがCに変化してしまう時間が早くなる。また，[B]は②式を満たすように描く。

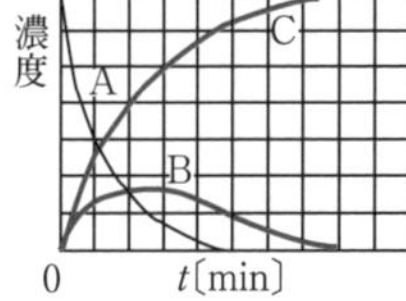

76 〈解 答〉 3．化学平衡の基本チェック

(1) ① 正反応と逆反応の速度が等しく，みかけ上の速度がゼロである。
② 左辺の濃度の積と右辺の濃度の積の比（$[B]^2/[A]$）が一定となる。
③ ギブズエネルギーについて，$G_{左辺}=G_{右辺}$ となる

(2) ① 1.0 ② 0.40(mol) ③ $K=K_p$

(3) ① 左へ移動 ② 右へ移動 ③ 不変 ④ 不変 ⑤ 左へ移動

解説

(1) 【平衡とは】

① 可逆反応「A ⇄ 2B」においては，十分な時間を経過してもAとBが残ったまま，みかけ上反応が停止したようになる。この状態を“化学平衡の状態”という。

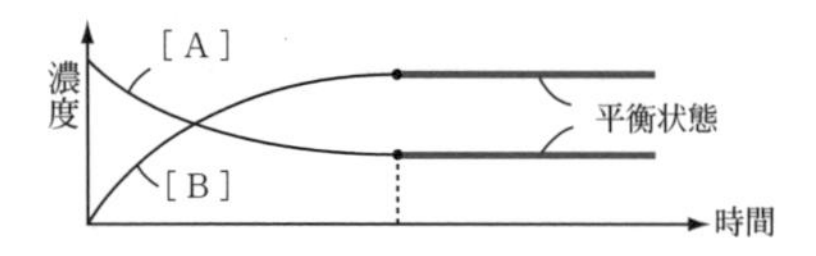

このとき，正反応の速度 v_1 と逆反応の速度 v_{-1} は互いに等しい（ゼロではない）。

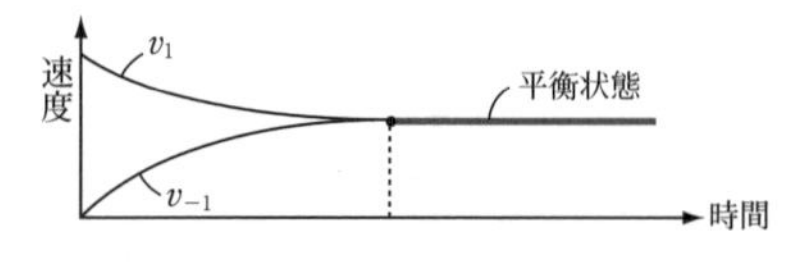

② 「A ⇄ 2B」が平衡状態にあるとき，一般に次の式が成り立つ。

$$\frac{[B]^2}{[A]}=K(一定)$$

これを化学平衡の法則（質量作用の法則）と呼び，この定数 K を平衡定数という。

③ 物質は，原子，分子，イオンなどの微粒子がぼう大な数で集合したものである。各微粒子は，ランダムな方向に運動しようとしており，すなわち熱運動しており，より散らばった状態に向かう勢いをもっている。微粒子の散らばりの度合いをエントロピーS（単位J/K）という。温度が上がれば上がるほど熱運動は激しくなるので，微粒子の集団が散らばった状態に向かう勢いはエントロピーS〔J/K〕に絶対温度T〔K〕をかけ合わせたエネルギー量

$S \times T$〔J〕

で評価される。

一方，原子の組みかえによってエンタルピーH〔J〕が減少する変化が起こると，熱が発生し，周囲より温度が高くなるが，高温のものはすぐに冷めていくことに見られるように，一度発生した熱は周辺に散らばっていくので，それを回収することは難しい。すなわちエンタルピーHが減少する変化は起こりやすい。その起こりやすさの勢いは発熱量〔J〕が大きいほど，すなわちHが小さくなるほど大きい。

まとめると，微粒子の集団は

(1) Hの下がる方へ向かう勢い〔J〕

(2) STの増大する方へ向かう勢い〔J〕

を持っている。勢いの方向は(1)はH減，(2)は(ST)増である。(2)は($-ST$)減とすると(1)の方向と一致する。ギブズは(1)と(2)をまとめて

$G = H-ST$

というエネルギーを考えれば，微粒子の集団は，G減の方向に向かって変化すると判断できるとした。すなわち

$\Delta G < 0$ 右へ

$\Delta G = 0$ 平衡

$\Delta G > 0$ 左へ

すなわち，平衡とは，左辺と右辺について

$\Delta G = G_{右} - G_{左} = 0 \Leftrightarrow \underline{G_{左} = G_{右}}$

のときと言うことができる。

(2) 【平衡定数】

① 平衡定数は次のようにして求められる。

（i） まず平衡量を求める。

	CO_2 ＋	H_2 ⇄	CO ＋	H_2O(気)	
初期量	1	1	—	—	(mol)
変化量	$-x$	$-x$	$+x$	$+x$	
平衡量	$1-x$	$1-x$	x	x	(mol)
	↓	↓ ←……	‖	‖	
	0.5mol	0.5mol	0.5mol	0.5mol	

（ii） 平衡定数式を立て，これに（i）の値などを代入。

$$K=\frac{[CO]\cdot[H_2O]}{[CO_2]\cdot[H_2]}=\frac{\frac{0.5}{20}\times\frac{0.5}{20}}{\frac{0.5}{20}\times\frac{0.5}{20}}$$

$=\underline{1.0}$(単位ナシ)

② 平衡定数を用いて平衡量が求められる。

	CO_2	$+H_2$ ⇄	CO	$+H_2O$(気)	
㊞初	0.5＋**0.5**	0.5	0.5	0.5	(mol)
変	$-y$	$-y$	$+y$	$+y$	
平	$1-y$	$0.5-y$	$0.5+y$	$0.5+y$	(mol)

温度一定のため，平衡定数 K は 1.0 のままだから，

$$K=\frac{\left(\frac{0.5+y}{20}\right)^2}{\left(\frac{1-y}{20}\right)\left(\frac{0.5-y}{20}\right)}=1.0$$

∴　$y=0.1$ ⇨ H_2：$0.5-0.1=\underline{0.40}$ mol

③ 圧平衡定数 K_p とは，分圧によって平衡定数を表したものである。

$$K_P=\frac{P_{CO}\cdot P_{H_2O}}{P_{CO_2}\cdot P_{H_2}}$$

上式は，気体の状態方程式より

$$K_P=\frac{(n_{CO}/V)\cdot RT\times(n_{H_2O}/V)\cdot RT}{(n_{CO_2}/V)\cdot RT\times(n_{H_2}/V)\cdot RT}$$

$$=\frac{[CO]\cdot[H_2O]}{[CO_2]\cdot[H_2]}$$ ⇨ $\underline{K_p=K}$

(3) 【平衡移動】

平衡状態にあるとき，外からシゲキを加えると平衡は破れ，シゲキを和らげるように変化して新たな平衡状態に達する。これを平衡移動の原理という。

さて，本問の平衡反応をエネルギー図に表すと次のようになる。

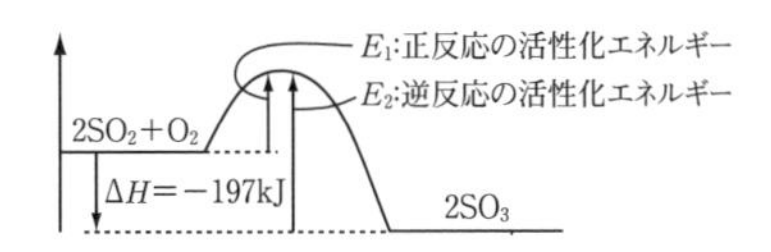

① 温度を上げると，吸熱変化の方向へ平衡は移動する。この反応では左向きである。

② 圧力を上げると，気体粒子数が減る方向へ平衡は移動する。この反応では右向き。これは圧力変化により体積が変わり，気体粒子の濃度が変化するのが原因である。

③ 触媒を加えると，正反応と逆反応の速度が共に同じ比率だけ増加するため，平衡は移動せず不変。

④ 体積一定のまま，反応に無関係な N_2 を加えたとき，温度が不変なので K は不変で，平衡に関係した粒子濃度が不変のため平衡は不変。

$+N_2$ (•)

⑤ N_2 を加えるとき，圧力一定にするには，全体の体積を増加させなくてはならない。その結果，平衡に関係する気体の粒子濃度が全体的に減少する。そこで，気体粒子数が増加する方向へ平衡は移動する。この反応では左向き。

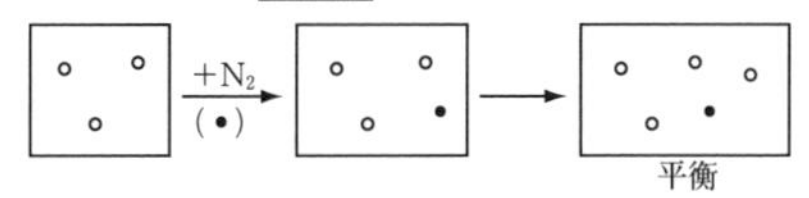

77 〈解　答〉

問1　図1　c　一般に，温度が高いと平衡は吸熱方向へ移動する。一方，NH_3の生成反応は発熱反応だから，温度を上げると平衡はNH_3が分解する方向へ移動するので，最も高温の場合は生成率が最小のcとなる。

図2　a　一般に，圧力が高いと平衡は気体粒子数が少ない方向へ移動する。一方，NH_3の生成反応は気体粒子数が減少する反応だから，圧力を上げると平衡はNH_3が生成する方向へ移動するので，最も高圧の場合は生成率が最大のaとなる。

問2　解説参照

解説

◀平衡移動・反応速度とグラフ▶

問1　理由をきかれたときはまず「理論」を思い出してそれを記し，後でその具体例を述べるとよい。

問2

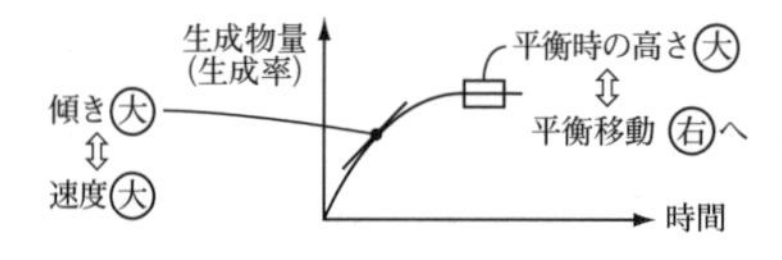

（イ）500℃は300℃と700℃の間だから，傾きと平衡時の高さも両グラフの間となる。

（ロ）触媒により，同温度より傾き㊀大，平衡移動しないので「高さ」は同温度と同じ。

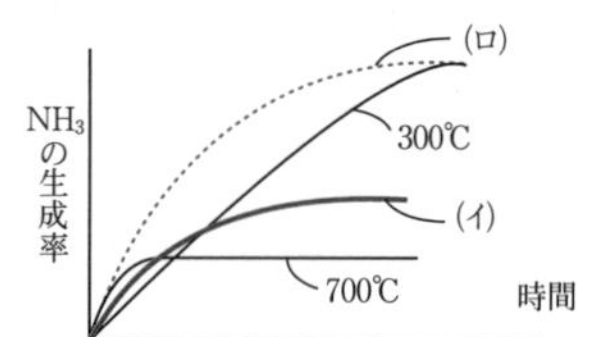

78 〈解　答〉

問1　$K=45$　　A　減少

問2　減少する

解説

◀平衡定数とその利用▶

問1

	H_2	+	I_2	⇄	2HI
㊀初	2.0×10^{-2}		2.0×10^{-2}		0
㊀平	4.6×10^{-3}		4.6×10^{-3}		$(2-0.46)\times10^{-2}\times2$ $=3.08\times10^{-2}$mol

$$K=\frac{[HI]^2}{[H_2]\cdot[I_2]}=\frac{(3.08\times10^{-2}/V)^2}{(4.6\times10^{-3}/V)^2}$$

$=44.8\cdots$ ⇨ $\underline{45}$

温度上昇により吸熱方向のH_2，I_2生成が進むから，分母の濃度が増えてKは<u>減少</u>。

問2　HIが$(2-1.8)\times10^{-2}$mol分解したときH_2，I_2は共に1×10^{-3}mol生じるから

$$\widetilde{K}=\frac{[HI]^2}{[H_2]\cdot[I_2]}=\frac{(1.8\times10^{-2}/V)^2}{(1\times10^{-3}/V)^2}$$

$=324>K$

Kの値に比べて，分子が大きく分母が小さいから，平衡状態へ向かうためにHIは<u>減少</u>。

79* 〈解　答〉

問1　圧縮により，まず体積が小さくなって全気体の濃度が上昇して一瞬濃くなり，次に(1)の平衡が移動して赤褐色の NO_2 が減少して無色の N_2O_4 が増えて①の状態よりうすくなった。

問2　$T_1<T_2$　　T_1 から T_2 に変えて NO_2 が増える吸熱方向へ平衡移動させたから。

問3　$K_1=K_2<K_3$

解説

◀平衡移動▶

N_2O_4(無) ⇄ $2NO_2$(赤褐)　$\Delta H=57\text{kJ}$

① K_1　　② K_2　　③ K_3

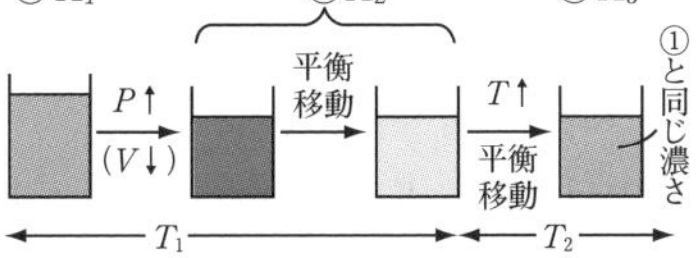

P↑ (V↓) → 平衡移動 → T↑ 平衡移動 → ①と同じ濃さ

←T_1→←T_2→

問3　温度は①と②で同じだから

$K_1=K_2$

②から③へ温度を上げるから右辺濃度が増加し，左辺濃度が減少。平衡定数の分子に当たる右辺が増加するから

$K_2<K_3$　　よって，$\underline{K_1=K_2<K_3}$

80* 〈解　答〉

問1　$p_{PCl_5}=\dfrac{1-\alpha}{1+\alpha}\times P$　　$p_{PCl_3}, p_{Cl_2}=\dfrac{\alpha}{1+\alpha}\times P$　　$K_P=\dfrac{\alpha^2}{1-\alpha^2}\times P$

問2　$\alpha=0.36$　　$K_p=4.1\times10^4\text{Pa}$

解説

◀圧平衡定数▶

問1　平衡状態では次のようになる。

	PCl_5 ⇄	PCl_3 +	Cl_2	計	
初	n	0	0	n	(mol)
変	$-n\alpha$	$+n\alpha$	$+n\alpha$	$+n\alpha$	(mol)
平	$n(1-\alpha)$	$n\alpha$	$n\alpha$	$n(1+\alpha)$	(mol)

分圧＝全圧×モル分率より

$$p_{PCl_5}=\underline{P\times\frac{1-\alpha}{1+\alpha}}$$

$$p_{PCl_3}=p_{Cl_2}=\underline{P\times\frac{\alpha}{1+\alpha}}$$

よって，K_p の式にこれを代入すると

$$K_P=\frac{p_{PCl_3}\cdot p_{Cl_2}}{p_{PCl_5}}=\underline{\frac{\alpha^2}{1-\alpha^2}\times P}\quad\cdots\cdots①$$

問2

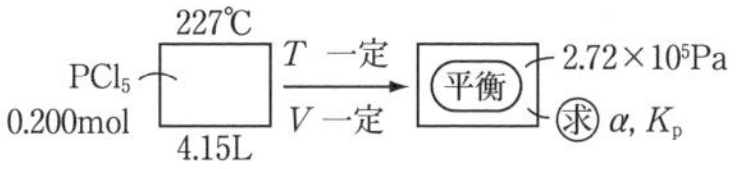

PCl_5 0.200mol → [227℃, 4.15L] → T 一定, V 一定 → (平衡) 2.72×10⁵Pa, (求) α, K_p

問1より $n$mol の PCl_5 が解離度 α で分解したとき全気体の物質量は $n(1+\alpha)$mol となる。よって，気体の状態方程式より，

$$2.72\times10^5\times4.15$$
$$=0.200(1+\alpha)\times8.3\times10^3\times500$$
$$\therefore\ \alpha=\underline{0.36}$$

この値を①式に代入すると，

$$K_P=\frac{\alpha^2}{1-\alpha^2}\times P=\frac{0.36^2}{1-0.36^2}\times2.72\times10^5$$
$$=0.405\times10^5 \Rightarrow \underline{4.1\times10^4}\text{Pa}$$

81* 〈解 答〉

(a) (ウ)　(b) (エ)　(c) (ア)　(d) (ウ)　(e) (エ)

解 説

◀ 自発的変化を支配する因子 ▶

物質は，アボガドロ数個ぐらいのぼう大な数の原子，分子，イオンなどの微粒子が，引力で集まったものである。

しかし，1つ1つの微粒子は，バラバラな方向に広がっていこうとする運動，すなわち熱運動している。したがって，これらの微粒子の集団はバラけた状態の方ができやすい。ツブの集団のバラけた度合いをエントロピー S(単位 J/K)と呼ぶ。ツブの集団がバラけた状態に向かう勢いは，温度が上がるほど大きくなり，これはエントロピー S〔J/K〕に絶対温度〔K〕をかけ合わせた量〔J〕

$S \times T$〔J〕

で評価される。

ところで，ツブの集団内で原子の組みかえが起こり，エンタルピーが減少すると熱が発生して温度が上がる。しかし，周辺より熱いものは，自然に冷めていくことに見られるように，その熱はどんどん遠くに運ばれていき，その熱の回収はほぼ困難である。このことから，エンタルピーが減少し，発熱する変化は起こりやすいといえる。もちろん，発熱量($-\Delta H$)が大きいほどその勢いは大きい。

以上より，ツブ集団(物質)の変化について

エンタルピー(H)が減少するとき
…go サイン
乱雑さ(ST)が増加するとき
…go サイン

が出ており，これらの逆の変化についてはstop サインが出ているといえる。

			自発的変化
(ア)	H↓…go	ST↑…go	○
(イ)	H↑…stop	ST↓…stop	×
(ウ)	H↓…go	ST↓…stop	?
(エ)	H↑…stop	ST↑…go	?

(ア)は文句なしに go であり，(ウ), (エ)では

go サインの勢い＞stop サインの勢い

のときは go となる。

(a)は H↓…go, ST↓…stop であるが，go の勢いが勝って右へ進行する。⇒ (ウ)

(b)は H↑…stop, ST↑…go であるが go の勢いが勝って右へ進行する。⇒ (エ)

(c)は H↓…go, ST↑…go なので (ア)

(d)は H↓…go, ST↓…stop であるが go の勢いが勝って右へ進行する。⇒ (ウ)

(e)は H↑…stop, ST↑…go であるが go の勢いが勝って右へ進行する。⇒ (エ)

82* 〈解 答〉

ア 左　イ エントロピー(乱雑さの度合い)　ウ 増加　エ 大き
オ 右　カ 平衡　キ Ⅰ　ク Ⅱ　ケ 高　コ 大き

解 説

◀ エンタルピーの変化，エントロピーの変化と平衡 ▶

ここでいう自然現象は，物質の変化と解釈すればよい。本問によると，物質の変化には次の傾向がある。

エンタルピー(H)が減少する方向　…傾向Ⅰ
$_{イ}$エントロピー(乱雑さの度合い)が$_{ウ}$増加する方向　…傾向Ⅱ

よって，本問の反応；A ⇄ 2B　$\Delta H>0$ では傾向Ⅰからは$_{オ}$左向きの反応が起こりやすい。

一方，1分子が2分子になる反応なので，右辺の方がエントロピーは$_{エ}$大きいので，傾向Ⅱからは$_{オ}$右向きの反応が起こりやすい。そこで，相反する傾向が釣り合って，どこかで$_{カ}$平衡になる。ただ，傾向$_{キ}$Ⅰは，温度の影響はほとんど受けないが，傾向$_{ク}$Ⅱすなわち乱雑さの勢いは$(S\times T)$で表され，温度とともに大きくなる。そこで，$_{ケ}$高温になるほど傾向Ⅱの影響力が支配的になり，平衡が右へ移動し，平衡定数は$_{コ}$大きくなる。

83* 〈解　答〉

A　1.91×10^2

解 説

◀ ギブズエネルギー G の変化量による反応の進行の可否の判断 ▶

微粒子が多数集まる集団(物質)がどのような状況になるか，すなわち実現性は

　エンタルピー(H)が小さいほど

　乱雑さの勢い$(S\times T)$が大きいほど

大きい。ギブズはこの2つのエネルギーをまとめて，

$$G = H-S\times T$$

というエネルギーG(ギブズエネルギー)が，定圧，定温の条件下では小さい状態ほど実現性が大きいとした。すなわち，Gの変化量ΔGが負となる変化が自発的に起こるとした。もちろん，ある温度における，ΔGは

$$\Delta G=\Delta H-T\times\Delta S$$

と表される。

本問では

$$\frac{1}{2}N_2(気)+\frac{3}{2}H_2(気) \rightleftarrows NH_3(気)$$

の左辺から右辺への変化は

$$\Delta H=-46.1\text{kJ}$$

$$\Delta S=-99.4\text{J/K}$$

と与えられているので，ある温度で

$$\Delta G=-46.1-(-99.4\times10^{-3})\times T\ [\text{kJ}]$$

である。そこで

　$\Delta G<0$ の T では右向きの反応が起こり

　$\Delta G>0$ の T では左向きの反応が起こる

ことになる。NH_3 の解離は左向きの反応であるので

$$\Delta G=-46.1-(-99.4\times10^{-3})\times T>0$$

$$T>464\ [\text{K}]$$

　⇒ $_{A}$191℃ 以上

で NH_3 の分解が進行する。

㊟　実際には物質の濃度もGの関数なので，濃度を変えることでどの温度でも，右へ進行させたり，左へ進行させたり，そして平衡状態に至ることが可能である。

84* 〈解　答〉

問1　高温にすると平衡が移動してKが大きくなることから，正反応が吸熱変化である。また，正反応が非常に遅く，逆反応が速いことから，正反応の活性化エネルギーが非常に大きく，逆反応のそれは非常に小さい。このことから正反応の吸熱量がかなり大きい。

問2　$v_2=k_2[NO]^2\cdot[Cl_2]$，$k_2=2.40\times10^{-1}L^2/(mol^2\cdot s)$

問3　[NO]：$1.00\times10^{-2}mol/L$

$v_1=1.20\times10^{-7}mol/(L\cdot s)$　　$v_2=1.20\times10^{-7}mol/(L\cdot s)$

問4　$6.0\times10^{-8}mol/(L\cdot s)$

解説

◀反応速度と平衡▶

問1　$2NOCl \rightleftarrows 2NO+Cl_2$　$\Delta H=Q$kJ

温度を上げるとKが大きくなるから，右辺量が増えている。⇨右向きは吸熱方向。

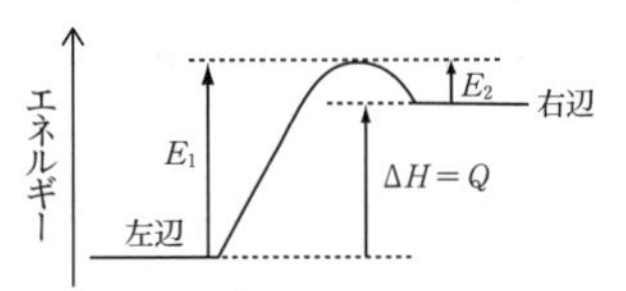

問2

$$K=\frac{[NO]^2\cdot[Cl_2]}{[NOCl]^2} \quad \cdots\cdots(1)$$

$$v_1=k_1[NOCl]^2 \quad \cdots\cdots(2)$$

$$v_2=k_2[NOCl]^a\cdot[NO]^b\cdot[Cl_2]^c \quad \cdots\cdots(3)$$

平衡状態では，$v_1=v_2$だから(2)，(3)より

$$\frac{k_1}{k_2}=\frac{[NO]^b\cdot[Cl_2]^c}{[NOCl]^{2-a}} \quad \cdots\cdots(4)$$

$K=\dfrac{k_1}{k_2}$だから，(1)，(4)を比較すると，

$a=0,\ b=2,\ c=1$

したがって，$\underline{v_2=k_2[NO]^2\cdot[Cl_2]}$　……(5)

そして，$k_2=\dfrac{k_1}{K}=\dfrac{1.20\times10^{-3}\quad L/(mol\cdot s)}{5.00\times10^{-3}\quad mol/L}$

$=\underline{2.40\times10^{-1}}L^2/(mol^2\cdot s)$

問3　初めのNOClは$\dfrac{1.31}{65.5}=0.02\,mol/L$

$2NOCl \rightleftarrows 2NO+Cl_2$

	$2NOCl$	$2NO$	Cl_2	
㊔	0.02	0	0	(mol/L)
㊫	$-2x$	$+2x$	$+x$	
㊥	$0.02-2x$	$2x$	x	(mol/L)

上記の値を(1)式に代入すると，

$$5\times10^{-3}=\frac{(2x)^2\cdot x}{\{2(0.01-x)\}^2}$$

整理すると，

$(x^2+10^{-4})(x-5\times10^{-3})=0$

$\therefore\ x=5\times10^{-3}(>0)$

よって，$[NO]=2x=\underline{1.00\times10^{-2}}mol/L$

そして，(2)式より

$v_1(=v_2)=1.20\times10^{-3}\times(0.02-0.01)^2$

$=\underline{1.20\times10^{-7}}mol/(L\cdot s)$

問4　Cl_2　0.1775g ⇨ 2.5×10^{-3}mol

$v_{みかけ}=v_2-\underline{v_1}$　不変

$=2.4\times10^{-1}\times(10^{-2})^2\times(5\times10^{-3}+2.5\times10^{-3})-1.2\times10^{-7}$

$=\underline{6.0\times10^{-8}}mol/(L\cdot s)$

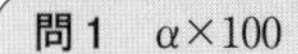

問１　$\alpha \times 100$

問２　体積　57mL　$K_P = 1.1 \times 10^4$ Pa

問３　29％

問４　86％　$K_P = 1.1 \times 10^6$ Pa

問５　4.6×10^2mL

問６

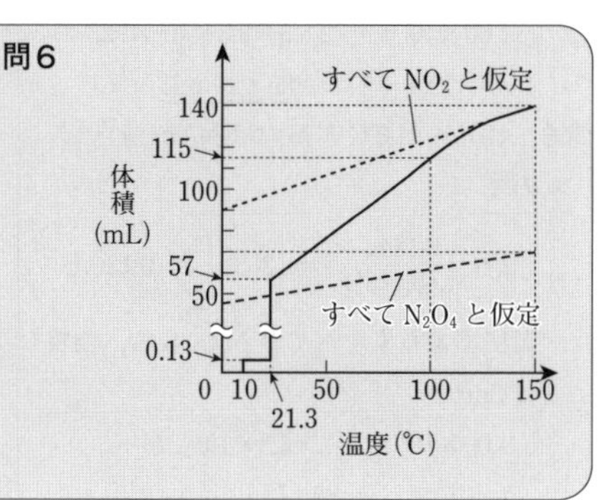

解説

◀圧平衡定数，解離度，体積変化▶

問１　n_0〔mol〕の N_2O_4 の解離度を $\alpha(<1)$ とすると，

$$
\begin{array}{cccc}
N_2O_4 & \rightleftarrows & 2NO_2 & \text{全} \\
n_0(1-\alpha) & & 2n_0\alpha & n_0(1+\alpha)\ \text{〔mol〕}
\end{array}
$$

と表される。分子量は $M_{N_2O_4}=46\times2$, $M_{NO_2}=46$ であるので，混合気体中の NO_2 の質量比は

$$\frac{NO_2}{\text{全}} = \frac{2n_0\alpha \times 46}{n_0 \times 46 \times 2} = \alpha$$

すなわち，解離度 α と等しい。よって，NO_2 の質量％は，$\underline{\alpha \times 100}$ で表される。

問２　さて，容器に入れた N_2O_4 は

$$n_0 = \frac{184\text{mg}}{92\text{g/mol}} = 2\text{mmol}$$

であるが，沸点 21.3℃ ですべて気体となり，N_2O_4 と NO_2 の混合気体になる。NO_2 の質量％が 16.0％ であることより，$\alpha = 0.160$ である。よって，体積 v〔mL〕は

$$1.00 \times 10^5 \times v$$
$$= 2 \times (1 + 0.160) \times 8.3 \times 10^3 \times 294.3$$
$$v = 56.6\cdots \quad \Rightarrow \quad \underline{57\text{mL}}$$

また，N_2O_4，NO_2 の分圧は

$$P_{N_2O_4} = P_{\text{全}} \times \frac{1-\alpha}{1+\alpha}$$

$$P_{NO_2} = P_{\text{全}} \times \frac{2\alpha}{1+\alpha}$$

と表されるので，K_P は

$$K_P = \frac{\left(P_{\text{全}} \times \dfrac{2\alpha}{1+\alpha}\right)^2}{P_{\text{全}} \times \dfrac{1-\alpha}{1+\alpha}} = P_{\text{全}} \times \frac{4\alpha^2}{1-\alpha^2} \quad -①$$

ここに，$P_{\text{全}} = 1.00 \times 10^5$, $\alpha = 0.160$ を代入して

$$K_P = 1.00 \times 10^5 \times \frac{4 \times (0.16)^2}{1 - 0.16^2}$$
$$= 1.05\cdots \times 10^4 \quad \Rightarrow \quad \underline{1.1 \times 10^4\text{Pa}}$$

問３　50℃，10^5 Pa で $\alpha = 0.400$ であるので，2×10^5 Pa のときの解離度 α は式①に代入して

$$K_P = 10^5 \times \frac{4 \times 0.4^2}{1 - 0.4^2} = 2 \times 10^5 \times \frac{4\alpha^2}{1-\alpha^2}$$

$$\alpha^2 = \frac{2}{23} = \frac{4}{46}$$

$$\alpha = \frac{2}{\sqrt{46}} = \frac{2}{6.78} = 0.294\cdots \quad \Rightarrow \quad \underline{29\%}$$

問４　$1.00 \times 10^5 \times 115$

$$= 2 \times (1 + \alpha) \times 8.3 \times 10^3 \times 373$$

$$\alpha = 0.857\cdots \quad \Rightarrow \quad \underline{86\%}$$

$$K_P = 1.00 \times 10^5 \times \frac{4 \times (0.857)^2}{1 - (0.857)^2}$$
$$= 11.0\cdots \times 10^5 \quad \Rightarrow \quad \underline{1.1 \times 10^6\text{Pa}}$$

問５　結局，$N_2O_4 \longrightarrow 2NO + O_2$ の分解が起こったことになるので，生じた気体は

$2\times3=6$mmol。

$1.00\times10^5\times v=2\times3\times8.3\times10^3\times923$

$v=459.6\cdots$ ⇒ <u>4.6×10^2mL</u>

問6　10℃～21.3℃容器内は N_2O_4(液)のみなので

$$v=\frac{0.184\text{g}}{1.45\text{g/mL}}=0.1268\cdots \Rightarrow 0.13\text{mL}$$

温度によらずすべてが N_2O_4 なら，物質量は 2mmol

$1.00\times10^5\times v=2\times8.3\times10^3(273+t)$

$t=0$℃で　$v=45$mL

$t=150$℃で $v=70$mL

温度によらず，すべてが NO_2 なら気体の物質量は $2\times2=4$mmol なので，上記の体積の2倍となる。

$t=0$℃で $v=90$mL

$t=150$℃で $v=140$mL

これらの値をグラフ上にとると，解答のグラフとなる。

5 物質の変化2（基本的な反応）

86 〈解答〉 1. 酸と塩基の基本チェック

(1) $NH_3+H_2O \rightleftarrows NH_4^++OH^-$　酸：H_2O, NH_4^+　塩基：NH_3, OH^-

(2) ① $H_2CO_3 + 2KOH \longrightarrow K_2CO_3 + 2H_2O$

② $H_2SO_4 + 2NH_3 \longrightarrow (NH_4)_2SO_4$

③ $SO_2 + Ca(OH)_2 \longrightarrow CaSO_3 + H_2O$

④ $2H_3PO_4 + 3Na_2O \longrightarrow 2Na_3PO_4 + 3H_2O$

(3) 25 mL

(4) ①, ⑤

(5) ①, ③, ⑥, ④, ⑤, ②

(6) ① CH_3COOH(aq)に NaOH(aq)を滴下　② HCl(aq)に NaOH(aq)を滴下

③ NH_3(aq)に HCl(aq)を滴下　④ Na_2CO_3(aq)に HCl(aq)を滴下

解説

(1) 【 酸, 塩基の定義 】

酸・塩基の定義を以下に示す。

定義	酸	塩基
アレニウス	H^+を出す	OH^-を出す
ブレンステッド・ローリー	H^+を与える	H^+を受け取る

$NH_3+H_2O \rightleftarrows NH_4^++OH^-$の反応をブレンステッド・ローリーの定義にあてはめると, H^+を与える酸が右向きでは, H_2Oであり, 左向きではNH_4^+である。

以下に, 主な酸・塩基(アレニウスの定義)を強弱, 価数で分類したものを示す。

	強酸	弱酸	強塩基	弱塩基
1価	HCl HNO_3 $HClO_4$	CH_3COOH	NaOH KOH	NH_3
2価	H_2SO_4	H_2CO_3 H_2S H_2SO_3	$Ca(OH)_2$ $Ba(OH)_2$	$Mg(OH)_2$
3価		H_3PO_4		$Al(OH)_3$

(2) 【 中和反応 】

酸と塩基が反応して塩と水が生じる反応を中和反応という。完全中和点では,

酸の出すH^+の数 ＝ 塩基の出すOH^-の数

①, ② 2価酸－1価塩基だから, 塩基の係数を2倍する。生じる塩は①の方は,「CO_3^{2-}とK^+」, ②の方は「SO_4^{2-}とNH_4^+」を組み合わせ, 最後に水の係数を決める。

③, ④ 酸化物は次のように分類される。

金属酸化物	塩基性酸化物(水と反応して塩基) $CaO + H_2O \longrightarrow Ca(OH)_2$ 例外：Al_2O_3, ZnOは両性酸化物
非金属酸化物	酸性酸化物(水と反応して酸) $CO_2 + H_2O \longrightarrow H_2CO_3$ 例外：CO, NOは中性酸化物

SO_2(＝H_2SO_3－H_2O)とNa_2O(＝2NaOH－H_2O)はそれぞれH_2SO_3, 2×NaOHとみなし, 対応する塩を決定すればよい。

(3) 【 中和の量関係 】

中和点では，次の式が成り立ち，酸・塩基の強弱とは無関係

モル(出し得るH^+) ＝ モル(出し得るOH^-)

$$0.1 \times \frac{10}{1000} = 0.02 \times \frac{x}{1000} \times 2$$

$\left(\frac{mol}{L}\right)$ (L) mol　$\left(\frac{mol}{L}\right)$ (L) mol　mol

(CH_3COOH) ＝ (H^+)　($Ba(OH)_2$) (OH^-)

∴　x ＝ 25mL

(4) 【 塩の加水分解 】

①～③　CH_3COONa は次のように，水中で電解した後に弱酸由来のイオンが水と反応して塩基性となる。これを塩の加水分解という。

$$\begin{cases} CH_3COONa \longrightarrow CH_3COO^- + Na \\ CH_3COO^- + H_2O \rightleftarrows CH_3COOH + OH^- \end{cases}$$

一般に塩の水溶液の液性は，次のように判断される。

正塩
- 強酸 ＋ 強塩基 … 中性　NaCl
- 強酸 ＋ 弱塩基 … 弱酸性　$(NH_4)_2SO_4$
- 弱酸 ＋ 強塩基 … 弱塩基性　Na_2CO_3

なお，$AlK(SO_4)_2$ ミョウバンは，K_2SO_4 と $Al_2(SO_4)_3$ が１：１からなる塩⇔複塩である。K_2SO_4 は強酸－強塩基型の塩であるが，$Al_2(SO_4)_3$ は強酸－弱塩基型の塩であるので全体としてはミョウバンの水溶液は酸性を示す。

④，⑤　正塩(完全中和点の塩)に対して水素塩の水溶液の液性は個別に暗記する必要がある。次の２つを覚えておこう。

- ④　硫酸水素塩 $KHSO_4$　酸性
- ⑤　炭酸水素塩 $NaHCO_3$　塩基性

(5) 【 pH 】

$[H^+]$の計算のしかたには次の４パターンがある。ただし，C は酸の濃度，α は電離度。

Ⅰ	強酸	$[H^+] = C$($>10^{-6}$のとき)
Ⅱ	弱酸	$[H^+] = C\alpha = \sqrt{CK_a}$
	弱酸由来の塩	$[OH^-] = \sqrt{CK_b}$ ($K_b = K_w/K_a$)
Ⅲ	強酸 ＋ 塩	$[H^+]$ ＝残った酸の濃度
Ⅳ	弱酸 ＋ 塩	$K_a = \frac{[A^-]}{[HA]} \times [H^+]$　($[A^-]$←塩の濃度，$[HA]$←残った酸の濃度)

①　HCl は強酸 ⇨ $[H^+] = C = 10^{-1}$

②　強塩基 ⇨ $[OH^-] = C = 10^{-1}$，$K_w = [H^+] \times [OH^-]$ より $[H^+] = 10^{-13}$

③　弱酸 ⇨ $[H^+] = C\alpha \fallingdotseq 10^{-3}$($\alpha = 0.01$ ぐらいと考えて)

④　強酸＋強塩基の塩 ⇨ 中性 $[H^+] = 10^{-7}$

⑤　弱酸＋強塩基の塩 ⇨ $10^{-7} > [H^+] > 10^{-13}$

⑥　強酸，$C < 10^{-6}$ と極めてうすい酸性溶液である
⇨ $[H^+]$ ＞中性(10^{-7})

(6) 【 pH 曲線 】

pH 曲線の pH は次の３つをみる。

(ⅰ)起点…初めの溶液中の pH の値
(ⅱ)中和点(pH 飛躍の中心)
…塩の液性に依存
(ⅲ)最終点…滴下する溶液の pH に近づく。

また，使用する試薬の pH は次のようになる。

HCl … 1 ，NaOH … 13
CH_3COOH … 3($\alpha \fallingdotseq 0.01$と推定)，
NH_3 … 11($\alpha \fallingdotseq 0.01$と推定)，
Na_2CO_3 … 12($\alpha \fallingdotseq 0.1$と推定)

	(ⅰ)	(ⅱ)	(ⅲ)
①	3 →	8～9 →	13へ
②	1 →	7 →	13へ
③	11 →	5 →	1へ
④	12 →	8 → 4 →	1へ

2回中和点⇨Na_2CO_3

87 〈解　答〉

問１　6.30g，ホールピペット

問２　フェノールフタレイン（理由）弱酸と強塩基の中和点が塩基性になるため，変色域が塩基性の指示薬を選ぶべきだから。

問３　NaOHaq：9.17×10^{-2}(mol/L)　食酢：4.3%

解 説

◀ 中和滴定実験（食酢の定量）▶

NaOH は潮解性があり，また空気中の CO_2 を吸収するため，正確な質量を採り，正確な濃度の水溶液を調製することができない。そこで，$H_2C_2O_4$ 標準溶液で濃度を確定してから食酢の定量を行っている。

問１　必要な $H_2C_2O_4\cdot2H_2O$ を wg とおく。

$$\underset{\text{g}}{w} = \underbrace{\underset{(\text{mol/L})}{0.05}\times\underset{(\text{L})}{1}}_{\text{mol}(H_2C_2O_4) = \text{mol}(H_2C_2O_4\cdot2H_2O)}\times\underset{\text{g}}{126} = \underline{6.30\ \text{g}}$$

問３　2）では $H_2C_2O_4$ と NaOH は 1：2 のモル比で反応する。よって，NaOH の濃度を $x$mol/L とすると，

$$\underbrace{\underset{(\text{mol/L})}{0.05}\times\underset{(\text{mL})}{20}}_{\text{mmol}(H_2C_2O_4)}\times2 = \underbrace{\underset{(\text{mol/L})}{x}\times\underset{(\text{mL})}{21.8}}_{\text{mmol}(\text{NaOH})}$$

（mmol：ミリ）

これより，　$x=\underline{9.17\times10^{-2}}$mol/L

次に，3）では CH_3COOH と NaOH は 1：1 のモル比で反応する。よって，うすめられた酢酸の濃度を $y$mol/L とすると，

$$y\times20 = 9.17\times10^{-2}\times15.6$$

これより，$y=7.15\times10^{-2}$(mol/L)。もとの濃度は10倍濃いから，7.15×10^{-1}(mol/L)。これを質量パーセント濃度になおす。密度が 1.0g/mL なので 1L は 1000g。その中に 0.715mol の酢酸がある。よって，酢酸の質量パーセント濃度は，

$$\frac{7.15\times10^{-1}\times60}{1000}\times100 = 4.29 \Rightarrow \underline{4.3\%}$$

88 〈解　答〉

問１　① $\dfrac{[CH_3COO^-]\cdot[H^+]}{[CH_3COOH]}\left(\dfrac{\text{mol}}{\text{L}}\right)$　② $\dfrac{C\alpha^2}{1-\alpha}\left(\dfrac{\text{mol}}{\text{L}}\right)$　③ $\sqrt{\dfrac{K_a}{C}}$

問２　α：1.3×10^{-2}　　pH：2.9

問３　③式において，K_a は一定である。そこで C が小さくなると $\sqrt{K_a/C}$ の値が大きくなるから。

解 説

◀ 酢酸の pH と α ▶

問１　平衡の前後の濃度を下に示す。

$$CH_3COOH \rightleftarrows CH_3COO^- + H^+$$

	CH_3COOH	CH_3COO^-	H^+	
㊞初	C	0	0	(mol/L)
変	$-C\alpha$	$+C\alpha$	$+C\alpha$	(mol/L)
平	$C(1-\alpha)$	$C\alpha$	$C\alpha$	(mol/L)

よって，

$$K_a = \underline{\frac{[CH_3COO^-]\cdot[H^+]}{[CH_3COOH]}} = \frac{C\alpha\cdot C\alpha}{C(1-\alpha)} = \underline{\frac{C\alpha^2}{1-\alpha}}$$

$1\gg\alpha$ より $K_a = \dfrac{C\alpha^2}{1}$　∴　$\alpha = \underline{\sqrt{\dfrac{K_a}{C}}}$

問２

$$\alpha = \sqrt{\frac{K_a}{C}} = \sqrt{\frac{1.8\times10^{-5}}{10^{-1}}} = \sqrt{180}\times10^{-3} = \underline{1.3\times10^{-2}}$$

$[H^+]=C\alpha=1.3\times10^{-3} \Rightarrow \text{pH} = \underline{2.9}$

問３　C ㊯ ⇨ $\alpha\left(=\sqrt{K_a/C}\right)$ ㊰

89* 〈解 答〉

0.27 (mol/L)

解 説

◀ 間接(逆)滴定 ▶

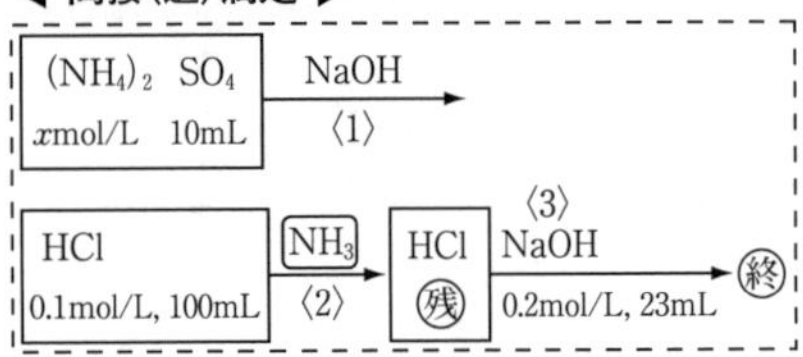

上図の〈1〉～〈3〉では次の反応が起こる。

〈1〉 $(NH_4)_2SO_4 + 2NaOH \longrightarrow Na_2SO_4 + 2NH_3 + 2H_2O$

〈2〉 $HCl + NH_3 \longrightarrow NH_4Cl$

〈3〉 $HCl + NaOH \longrightarrow NaCl + H_2O$

(〈1〉の場合，弱塩基由来の塩＋強塩基のため弱塩基生成反応が起きる。)

〈1〉～〈3〉の反応の係数比よりモル関係を図示

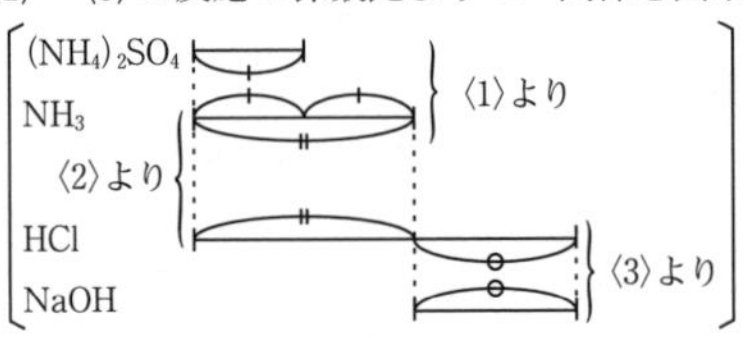

この図より，物質量について，

$(NH_4)_2SO_4 \times 2 + NaOH =$ 全 HCl

の関係があることがわかる。よって，

$$\underbrace{x \times 10 \times 2}_{\text{mmol } (NH_4)_2SO_4} + \underbrace{0.2 \times 23}_{\text{mmol (NaOH)}} = \underbrace{0.1 \times 100}_{\text{mmol (全HCl)}}$$

∴ $x =$ 0.27mol/L

90* 〈解 答〉

問1 (1) $\begin{cases} NaOH + HCl \longrightarrow NaCl + H_2O \\ Na_2CO_3 + HCl \longrightarrow NaCl + NaHCO_3 \end{cases}$

(2) $NaHCO_3 + HCl \longrightarrow NaCl + H_2O + CO_2$

問2 NaOH : 0.10 (mol/L)　Na_2CO_3 : 0.05 (mol/L)

解 説

◀ Na_2CO_3 + NaOH の HCl による滴定 ▶

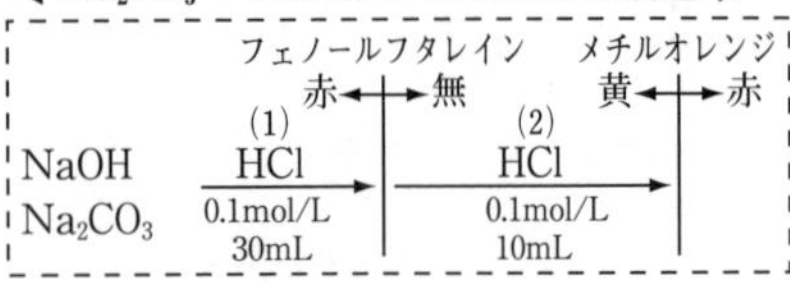

フェノールフタレインが変色したとき，もちろん

$NaOH + HCl \rightarrow NaCl + H_2O$ ……(1)

の反応は終了している。また，

$Na_2CO_3 + HCl \rightarrow NaHCO_3 + NaCl$ ……(1)′

の反応が終了したことが知られている。よって，このときまでに加えられた HCl の物質量について，

$NaOH + Na_2CO_3 =$ (1)の HCl

の関係がある。ここで，混合溶液中の NaOH，Na_2CO_3 の濃度をそれぞれ $x$mol/L，$y$mol/L とすると，次式が得られる。

$$\underbrace{x \times 20}_{\text{mmol (NaOH)}} + \underbrace{y \times 20}_{\text{mmol } (Na_2CO_3)} = \underbrace{0.1 \times 30}_{\text{mmol ((1)の HCl)}}$$

∴ $x + y = 0.15$ ……①

次に，メチルオレンジが変色するまでに新たに起こった反応は

$NaHCO_3 + HCl \rightarrow NaCl + H_2O + CO_2$ ……(2)

である。(1)の滴定が終わったとき，$NaHCO_3$ は $y \times 20$mmol 生じていたので

$$\underbrace{y \times 20}_{\text{mmol } (NaHCO_3)} = \underbrace{0.1 \times 10}_{\text{mmol ((2)のHCl)}}$$

∴ $y =$ 0.05 $\xrightarrow{\text{①より}}$ $x =$ 0.10 (mol/L)

91* 〈解　答〉

2.4×10^{-7}(mol/L)

解説

◀ 極めてうすい塩酸 ▶

HCl が完全電離して，2×10^{-7}mol/L の H^+ を放出している。ただし，この値は，中性付近の値なので，水の電離による寄与を考えて計算しなくてはならない。

水由来の水素イオン濃度を $x$mol/L とおく。

$$\begin{array}{ccccc} HCl & \longrightarrow & H^+ & + & Cl^- \\ 2\times\cancel{10^{-7}} & & 2\times10^{-7} & & 2\times10^{-7}\ (mol/L) \end{array}$$

$$\begin{array}{ccccc} H_2O & \rightleftarrows & H^+ & + & OH^-\ (mol/L) \\ & & x & & x \end{array}$$

$$\begin{cases} [H^+]_{全} = [H^+]_{HCl} + [H^+]_{H_2O} \\ \quad = 2\times10^{-7}+x \\ [OH^-]_{全} = [H^+]_{H_2O} = x \end{cases}$$

一方，$K_w=[H^+]_{全}\cdot[OH^-]_{全}$より

$$10^{-14}=(2\times10^{-7}+x)\times x$$

$$x^2+2\times10^{-7}x-10^{-14}=0$$

$$x=\left(\sqrt{2}-1\right)\times10^{-7}=0.41\times10^{-7}$$

$$[H^+]_{全}=2\times10^{-7}+0.41\times10^{-7}$$

$$\fallingdotseq \underline{2.4\times10^{-7}}\text{mol/L}$$

92* 〈解　答〉

① 2.0×10^{-3}　② 1.8×10^{-5}　③ 4.75　④ 1.8
⑤ 2.4×10^{-5}　⑥ 0.13

解説

◀ 緩衝溶液 ▶

① 0.21mol/L　CH_3COOHaq の$[H^+]$

$$\begin{array}{ccccc} CH_3COOH & \rightleftarrows & CH_3COO^- & + & H^+ \\ 0.21-x & & x & & x \end{array}$$

$$1.8\times10^{-5}=\frac{x^2}{0.21-x}$$

弱酸なので電離量は小さいと予想されるので **$0.21-x\fallingdotseq0.21$** とする。

$$\therefore [H^+]=\sqrt{x}=\sqrt{0.21\times(1.8\times10^{-5})}$$

$$=\sqrt{378\times10^{-8}}=3\times\sqrt{42}\times10^{-4}$$

指定より $\sqrt{42}\fallingdotseq6.5$ として

$$\therefore [H^+]=1.95\times10^{-3}\Rightarrow \underline{2.0\times10^{-3}}\text{mol/L}$$

② $\begin{cases} 0.21\text{ mol/L}\ \ CH_3COOH \\ 0.21\text{ mol/L}\ \ CH_3COONa \end{cases}$ ⇨ 弱酸＋その塩の水溶液の$[H^+]$

一般に，$C_a$mol/L の酢酸と $C_s$mol/L の酢酸ナトリウムの混合溶液の平衡状態は次のように表される。

$$\begin{array}{ccccc} CH_3COOH & \rightleftarrows & CH_3COO^- & + & H^+ \\ C_a-x & & C_s+x & & x \end{array}$$

$$K_a=\frac{(C_s+x)\times x}{C_a-x}$$

ただし，CH_3COOH の電離量 $x$mol/L は酢酸ナトリウムの完全電離で生じた $C_s$mol/L の CH_3COO^-によって押さえられる。(あるいは，平衡が左へ移動させられる。)そこで，

$$C_a-x\fallingdotseq C_a$$

が成り立つ。また，C_a，C_s は同程度の大きさなので

$$C_s+x\fallingdotseq C_s$$

と近似される。よって，

$$K_a=\frac{(C_s+x)x}{C_a-x}\fallingdotseq\frac{C_s}{C_a}\times x \quad \cdots\cdots ⓐ$$

となり，この溶液の$[H^+]=x$は，酢酸と酢酸ナトリウムの濃度比あるいはモル比によって決まる。

本問では，$C_s=C_a=0.21$ なので，

$$1.8\times10^{-5}=\frac{0.21}{0.21}\times[H^+]$$

$$\therefore\quad [H^+]=\underline{1.8\times10^{-5}}\text{mol/L}$$

③ $1.8\times10^{-5}=3^2\times2\times10^{-6}$

$$\therefore\quad pH=-\log(3^2\times2\times10^{-6})=\underline{4.75}$$

④ pH=5 より，$[H^+]=10^{-5}$。よって，ⓐ式より

$$1.8\times10^{-5}\fallingdotseq\frac{C_s}{C_a}\times10^{-5}$$

$$C_a : C_s = 1 : \underline{1.8}$$

⑤

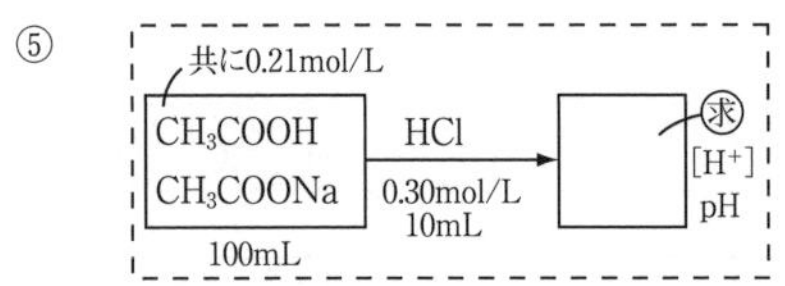

共に0.21×100＝21mmol含む酢酸と CH_3COONa の共存溶液に0.3×10＝3mmolの HCl を滴下すると，まず，次の**弱酸遊離反応が起こる。**

CH_3COONa	+ HCl ⟶	CH_3COOH	+ NaCl
21	3	21	0
−3	−3	+3	+3
18	0	24	3

その結果，24mmol の酢酸，18mmol の酢酸ナトリウム，3mmol の食塩の混合溶液となる。ここで，食塩は[H$^+$]に関係しないので，結局，この液は C_s/C_a **＝18/24** の濃度比の溶液と考えることができる。

よって，ⓐ式より

$$1.8\times10^{-5} \fallingdotseq \frac{18}{24}\times[\mathrm{H^+}]$$

∴ [H$^+$]＝$\underline{2.4\times10^{-5}}$mol/L

⑥ pH＝log(2.4×10^{-5})＝log(2^3×3×10^{-6})
＝4.62

よって，pH の変化量は

4.75−4.62＝$\underline{0.13}$

93* 〈解 答〉

問1 1.1×10^{-5} mol/L　**問2** $K_1=\dfrac{C\alpha^2}{1-\alpha}$

問3 $[\mathrm{H^+}]=1.9\times10^{-6}$ mol/L

解 説

問1 水1Lに，25℃，1.01×10^5 Pa で0.76L溶解している。物質量になおすと，$PV=nRT$ に代入して，

$$n=\frac{1.01\times10^5\times0.76}{8.31\times10^3\times298}=3.10\times10^{-2}\mathrm{mol}$$

ところで，大気中には，体積比(＝モル比＝分圧比)で 3.4×10^{-4} の CO_2 が含まれているのだから，CO_2 の分圧は $1.01\times10^5\times3.4\times10^{-4}$Pa。

よって，ヘンリーの法則より，CO_2 の溶解度は

$3.10\times10^{-2}\times3.4\times10^{-4}$
$=1.05\times10^{-5}$ ⇨ $\underline{1.1\times10^{-5}}$mol/L

問2 第二電離は無視してよいと与えてあるので，以下の第一電離のみを考えればよい。

$$\mathrm{H_2CO_3} \rightleftarrows \mathrm{H^+}+\mathrm{HCO_3^-}$$
$C(1-\alpha)$　　$C\alpha$　　$C\alpha$

$$K_1=\frac{C\alpha\cdot C\alpha}{C(1-\alpha)}=\underline{\frac{C\alpha^2}{1-\alpha}}$$

問3

$$\mathrm{H_2CO_3} \rightleftarrows \mathrm{H^+}+\mathrm{HCO_3^-}$$
$1.05\times10^{-5}-x$　　x　　x

$$4.5\times10^{-7}=\frac{x^2}{1.05\times10^{-5}-x}$$

ここで，$1.05\times10^{-5}-x \fallingdotseq 1.05\times10^{-5}$ と近似すれば

$$x=\sqrt{4.5\times10^{-7}\times1.05\times10^{-5}}=\sqrt{4.73}\times10^{-6}$$
$=2.17\times10^{-6}$(mol/L)

一方，近似なしに計算すると，

$$x^2+4.5\times10^{-7}x-4.73\times10^{-12}=0$$

$$x\fallingdotseq\frac{-4.5\times10^{-7}+\sqrt{4\times4.73\times10^{-12}}}{2}$$

$$\fallingdotseq\frac{-4.5\times10^{-7}+2\times2.17\times10^{-6}}{2}$$

$x=1.945\times10^{-6}$ ⇨ $\underline{1.9\times10^{-6}}$(mol/L)

となり，近似解よりかなりちがう。

この値を正解とする方が適切であろう。

94 〈解　答〉　　2. 酸化・還元の基本チェック

(1) ① 0, −2, −1, −1　② −1, +1, −3, +3　③ +6, +2

(2) ②

(3) ① 酸化剤として
- (酸性下) $MnO_4^- + 8H^+ + 5e^- \longrightarrow Mn^{2+} + 4H_2O$
- (中性下) $MnO_4^- + 2H_2O + 3e^- \longrightarrow MnO_2\downarrow + 4OH^-$

②
- 還元剤として $SO_2 + 2H_2O \longrightarrow SO_4^{2-} + 4H^+ + 2e^-$
- 酸化剤として $SO_2 + 4H^+ + 4e^- \longrightarrow S + 2H_2O$

(4) ① $2KI + H_2O_2 \longrightarrow 2KOH + I_2$

② $SO_2 + 2H_2S \longrightarrow 3S + 2H_2O$

(5) ① オ)　② イ)

解説

(1) 【 酸化数 】

①, ②　分子性物質の共有電子対も電気陰性度の大きい元素側にすべて渡されているとみなしたときの各元素の“イオン電荷”を**酸化数**という。

2.2 H : 2.2 H　→ H: 0

2.2 H : 3.4 O : 2.2 H　→ H: +1, O: −2

H : O : O : H　→ O: −1, −1

0.9 Na : 2.2 H　→ Na: +1, H: −1

H_3C (2.6) − C (2.6)(H, H) − OH (3.4)　→ C: −1

H_3C − C(H) = O　→ C: +1

一般則
- 化合物中の各元素の酸化数の和は0
- イオン中の各元素の酸化数の和はイオン価数
- 単体はゼロ
- 化合物中では, O は −2, Hは +1
  (例外　H_2O_2, NaH など)
  1族, 2族はそれぞれ +1, +2

これらの一般則を使うと以下のように代数的に酸化数が求まる。

③ $\underline{Cr_2}\ \underline{O_7}^{2-}$ (x, −2)　　$[\underline{Fe}(CN)_6]^{4-}$ (x)

$x\times2+(-2)\times7=-2$　　$x+(-1)\times6=-4$

$x=\underline{+6}$　　$x=\underline{+2}$

(2) 【 酸化剤, 還元剤 】

どの物質が酸化剤Ⓞ(or 還元剤Ⓡ)として働くかを判定することが酸化還元反応を知る第1歩である。更に何に変化するかも大切。

①
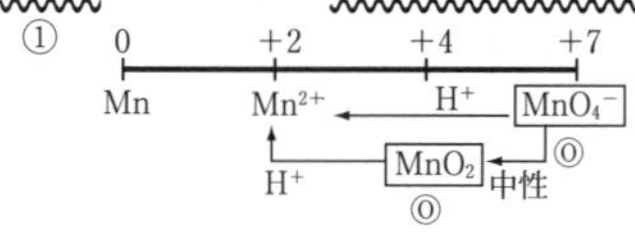

②
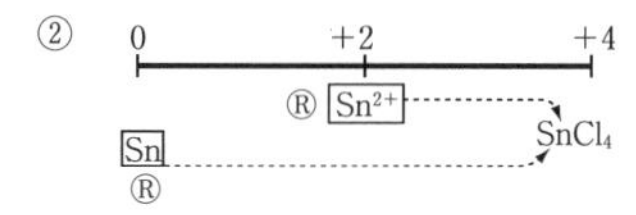

③
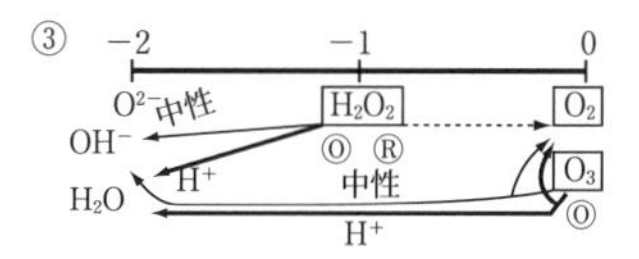

④
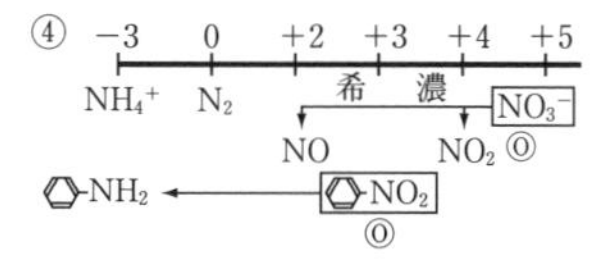

(3) 【 酸化剤，還元剤の電子 e^- を含む反応式 】

酸化還元反応において，e^-の流れを明示した反応式(半反応式)は次のようにしてつくることができる。

① $KMnO_4$ ⇨ 酸化剤(Ⓞ)のみ

〈酸性下〉 $MnO_4^- \longrightarrow \mathbf{Mn^{2+}}$

(i) 取れる $\underset{(-2)}{O}$ は，$\underset{(+1)}{H^+}$ と反応して $\underset{(+1)(-2)}{\mathbf{H_2O}}$ へ

$MnO_4^- + \mathbf{8H^+} \longrightarrow Mn^{2+} + \mathbf{4H_2O}$

(ii) Mn の酸化数+7 ⟶ +2 ⇨ $\mathbf{e^- \times 5}$

$MnO_4^- + 8H^+ + \mathbf{5e^-} \longrightarrow Mn^{2+} + 4H_2O$

〈中性下〉 $MnO_4^- \longrightarrow MnO_2$

酸性下と同様につくると，

$MnO_4^- + 4H^+ + 3e^- \longrightarrow MnO_2 + 2H_2O$

中性下では $4H^+$ は水の電離によって補われるので，上式に $4H_2O \longrightarrow 4H^+ + 4OH^-$ を加えると求める式が導かれる。

$MnO_4^- + \overset{2}{\cancel{4}}H_2O + 3e^-$
$\longrightarrow MnO_2 + 4OH^- + \cancel{2H_2O}$

② SO_2 ⇨還元剤Ⓡ，酸化剤Ⓞ

Ⓡ $SO_2 \longrightarrow \mathbf{SO_4^{2-}}$

(i) H_2O から O を O^{2-}の形で受け取り，H を H^+で放出

$SO_2 + \mathbf{2H_2O} \longrightarrow SO_4^{2-} + \mathbf{4H^+}$

(ii) S の酸化数+4 ⟶ +6 ⇨ $\mathbf{e^- \times 2}$

$SO_2 + 2H_2O \longrightarrow SO_4^{2-} + 4H^+ + \mathbf{2e^-}$

Ⓞ $SO_2 \longrightarrow S$

①の $KMnO_4$ と同様に行うと

$SO_2 + 4H^+ + 4e^- \longrightarrow S + 2H_2O$

(4) 【 酸化還元反応式のつくり方 】

酸化還元反応のつくり方

(i) 還元剤Ⓡ，酸化剤Ⓞ，液性の判断
(ii) Ⓡ，Ⓞの電子e^-を含む反応式づくり
(iii) e^-の消去→イオンを含む反応式に
(iv) 対イオンの補充→化学反応式に

① KI ⇨Ⓡだ！，H_2O_2 ⇨Ⓞだ！，中性

Ⓡ：$2I^- \longrightarrow I_2 + 2e^-$

Ⓞ：$H_2O_2 + 2H^+ + 2e^- \longrightarrow 2H_2O$(酸性)

⇩($2H_2O \longrightarrow 2H^+ + 2OH^-$ をたす)

Ⓞ′：$H_2O_2 + 2e^- \longrightarrow 2OH^-$(中性)

Ⓡ+Ⓞ′ より

$2I^- + H_2O_2 \longrightarrow I_2 + 2OH^-$

両辺に $2K^+$ を加えて整理すると，

$\underline{2KI + H_2O_2 \longrightarrow I_2 + 2KOH}$

② H_2S ⇨Ⓡなので，SO_2 ⇨Ⓞ

Ⓡ：$H_2S \longrightarrow S + 2H^+ + 2e^-$

Ⓞ：$SO_2 + 4H^+ + 4e^- \longrightarrow S + 2H_2O$

Ⓡ ×2+Ⓞより

$\underline{2H_2S + SO_2 + \cancel{4H^+} \longrightarrow 3S + \cancel{4H^+} + 2H_2O}$

(5) 【 酸化還元滴定の終点 】

① H_2O_2 に $KMnO_4$ を加えた場合。

終点前では $MnO_4^- \longrightarrow Mn^{2+}$となり，$MnO_4^-$の赤紫色が消えるが，終点をわずかにすぎると未反応の $\mathbf{MnO_4^-}$の赤紫色がわずかに残る。よって，ここを終点と判断する。

② I_2(デンプン存在下)に $Na_2S_2O_3$ を加えた場合。

未反応の I_2 があるときは，デンプンの存在により青紫に発色するが，終点の寸前では $\mathbf{I_2}$ がほとんどないために青紫の発色がほとんど消える。よって，ここを終点と判断する。

酸化還元滴定の終点では，還元剤Ⓡが出した e^-の数と酸化剤Ⓞが受け取った数が等しいから，次の量関係が成り立つ。

Ⓡ モル（出るe^-） ＝ モル（入るe^-）Ⓞ

95 〈解　答〉

問１　反応速度を高めるため

問２　(2)　$2KMnO_4+5(COONa)_2+8H_2SO_4$

$\longrightarrow K_2SO_4+2MnSO_4+5Na_2SO_4+10CO_2+8H_2O$

(3)　$2KMnO_4+5H_2O_2+3H_2SO_4$

$\longrightarrow K_2SO_4+2MnSO_4+5O_2+8H_2O$

問３　C液：2.94×10^{-2}(mol/L)　　A液：6.95×10^{-2}(mol/L)

問４　塩酸は過マンガン酸カリウムで酸化され，硝酸はシュウ酸を酸化するために，滴定値が不正確となるから。(48字)

解説

◀ $KMnO_4$ による酸化還元滴定 ▶

問２　$C_2O_4^{2-}$　⇨Ⓡ

H_2O_2　⇨Ⓞか Ⓡ

$KMnO_4$(H_2SO_4下)⇨Ⓞ

このとき H_2O_2⇨Ⓡ

Ⓡ：$C_2O_4^{2-}\longrightarrow 2CO_2+2e^-$

Ⓡ′：$H_2O_2\longrightarrow O_2+2H^++2e^-$

Ⓞ：$MnO_4^-+8H^++5e^-$

$\longrightarrow Mn^{2+}+4H_2O$

(2)のとき「Ⓡ×5＋Ⓞ×2」＋対イオン

(3)のとき「Ⓡ′×5＋Ⓞ×2」＋対イオン

のようにして，反応式を完成させる。

問３　C液，A液の濃度を x，y(mol/L)とおくと，「モル(出る e^-)＝モル(入る e^-)」より次の式が成り立つ。

$$x\times\frac{20.40}{1000}\ \Big|\times5\ \Big| = 0.201\ \Big|\times\frac{1}{134}\ \Big|\times2\ \Big|$$

mol ($KMnO_4$)　mol (e^-)　g ($(COONa)_2$)　mol　mol (e^-)

$$x\times\frac{23.64}{1000}\ \Big|\times5\ \Big| = y\times\frac{25}{1000}\ \Big|\times2\ \Big|$$

mol ($KMnO_4$)　mol (e^-)　mol (H_2O_2)　mol (e^-)

∴　$x=\underline{2.94\times10^{-2}}$(mol/L)，

$y=\underline{6.95\times10^{-2}}$(mol/L)

96 〈解　答〉

問１　$SO_2+H_2O_2\longrightarrow H_2SO_4$　　**問２**　$H_2SO_4+2NaOH\longrightarrow Na_2SO_4+2H_2O$

問３　5.0×10^{-4}(mol)

解説

◀ SO_2 の定量 ▶

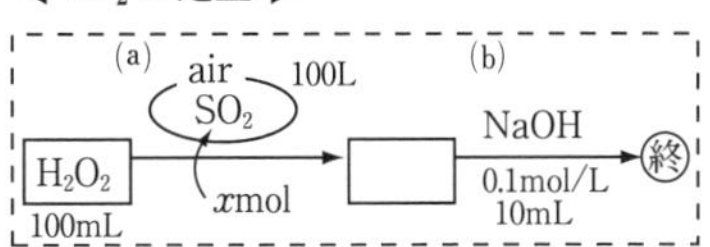

問１　(a)では，SO_2 ⇨Ⓡだ！，H_2O_2 ⇨Ⓞだ！

Ⓡ：$SO_2+2H_2O\longrightarrow SO_4^{2-}+4H^++2e^-$

Ⓞ：$H_2O_2+2H^++2e^-\longrightarrow 2H_2O$

Ⓡ＋Ⓞより，$\underline{SO_2+H_2O_2\longrightarrow H_2SO_4}$

問３　(a)，(b)の反応式の物質量の関係より

SO_2　　H_2SO_4…　H_2SO_4　　NaOH

1mol ←→ 1 mol　　1mol ←→ 2mol

「SO_2 のモル＝NaOH のモル × $\frac{1}{2}$」だから

$$x\ \Big| = 0.1\times\frac{10}{1000}\ \Big|\times\frac{1}{2}\ \Big|$$

mol (SO_2)　mol (NaOH)　mol (SO_2)

$=\underline{5.0\times10^{-4}}$(mol)

97* 〈解 答〉

問1 $O_3 + 2KI + H_2O \longrightarrow O_2 + 2KOH + I_2$
問2 2.24(mL)
問3 2.46×10^{-4}(%)

解説

◀ 大気中の O_3 の定量 ▶

問1　下線部において，KI ⇨還元剤Ⓡ，O_3 ⇨酸化剤Ⓞ。ただし，中性下。

Ⓡ：$2I^- \longrightarrow I_2+2e^-$

Ⓞ：$O_3+2H^++2e^- \longrightarrow O_2+H_2O$（酸性）

⇩（「$2H_2O \longrightarrow 2H^++2OH^-$」を加える）

Ⓞ′：$O_3+H_2O+2e^- \longrightarrow O_2+2OH^-$（中性）

Ⓡ＋Ⓞ′ より

$2I^-+O_3+H_2O \longrightarrow I_2+O_2+2OH^-$

両辺に $2K^+$ を加えると，

$2KI+O_3+H_2O \longrightarrow I_2+O_2+2KOH$

問2　本問の状況を下に図示する。

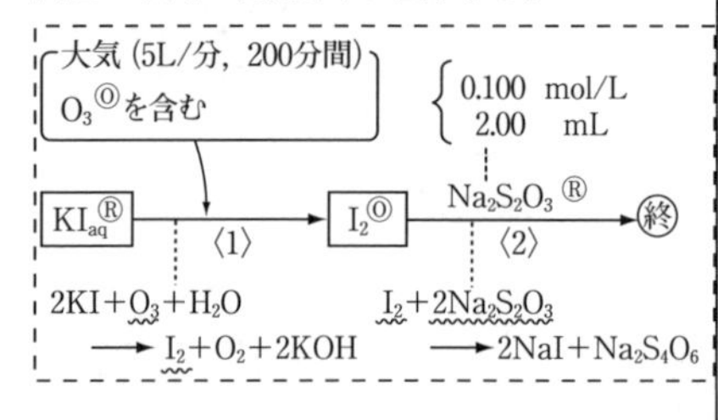

左下図の〈1〉では O_3 と同じ物質量の I_2 が生じ，〈2〉では I_2 の2倍量だけ $Na_2S_2O_3$ が使用されたから，

「O_3 のモル＝$Na_2S_2O_3$ のモル × $\frac{1}{2}$」

よって，求める量を xmL（0℃，1.01×10^5Pa）とおくと，

$$x \ (\text{mL}(O_3)) = 0.100 \times \frac{2}{1000} \ (\text{mol}(Na_2S_2O_3)) \times \frac{1}{2} \ (\text{mol}(O_3)) \times 22400 = \underline{2.24} \ (\text{mL})$$

問3　27℃，1.01×10^5Pa 下で使用した大気の体積は，5(L/分)×200(分)＝1000(L)である。一方，含有する O_3 の体積は27℃，1.01×10^5Pa では，シャルルの法則より問2の値 2.24mL の $\frac{300}{273}$ 倍である。

よって，求める体積％を y% とおくと

$$y = \frac{(O_3)\text{L}}{(\text{大気})\text{L}} \times 100 = \frac{2.24\times10^{-3}\times\frac{300}{273}}{1000} \times 100$$

$= \underline{2.46\times10^{-4}}$ (%)

98* 〈解 答〉

(1) *a* 5　*b* 4　*c* 2　*d* 2　*e* 2　*f* 6　*g* 2　*h* 8
(2) (a) $2CrO_4^{2-}+2H^+ \longrightarrow Cr_2O_7^{2-}+H_2O$
　(b) $3CH_3CH(OH)CH_3+Cr_2O_7^{2-}+8H^+ \longrightarrow 3CH_3COCH_3+2Cr^{3+}+7H_2O$
(3) $2C_6H_5NO_2+3Sn+14HCl \longrightarrow 2C_6H_5NH_3Cl+3SnCl_4+4H_2O$
(4) $C_6H_5CH_3+2KMnO_4 \longrightarrow C_6H_5COOK+2MnO_2+KOH+H_2O$

解説

◀ 有機化学の酸化還元反応 ▶

(1)　①式では $KMnO_4$ は通常の変化であり，右記のようになる。

Ⓞ：$MnO_4^-+8H^++{}_a\underline{5}\ e^-$
$\longrightarrow Mn^{2+}+{}_b\underline{4}\ H_2O$ ……①

一方，②式では，左辺と右辺のＨ原子数は等しく，左辺が電気的に中性であるから右辺も電気的に中性である。よって，

Ⓡ：$C_6H_5CH_2OH$

$\longrightarrow C_6H_5CHO + {}_{c}\underline{2}\,H^+ + {}_{d}\underline{2}\,e^-$……②

①×2＋②×5より

$${}_{e}\underline{2}\,MnO_4^- + 5C_6H_5CH_2OH + {}_{f}\underline{6}\,H^+ \longrightarrow {}_{g}\underline{2}\,Mn^{2+} + 5C_6H_5CHO + {}_{h}\underline{8}H_2O$$

(2)　(a)　クロム酸カリウムから生じる黄色のクロム酸イオン CrO_4^{2-} は，塩基性で安定なイオンで，酸性下では次のようにして橙色の二クロム酸イオンに変化する。

$$\underline{2CrO_4^{2-} + 2H^+ \longrightarrow Cr_2O_7^{2-} + H_2O}$$

(b)　$Cr_2O_7^{2-}$ は酸性条件下では強力な酸化剤Ⓞとして作用し，次のように緑色の Cr^{3+} に変化する。

Ⓞ：$Cr_2O_7^{2-} + 14H^+ + 6e^-$

$\longrightarrow 2Cr^{3+} + 7H_2O$

一方，2−プロパノールは還元剤Ⓡとして働き，アセトンに変化するため，その半反応式は次のように表される。

Ⓡ：$CH_3CH(OH)CH_3$

$\longrightarrow CH_3COCH_3 + 2H^+ + 2e^-$

（(1)のⓇの式を参考に，原子数の保存や電荷の保存から H^+ や e^- の数を決める。）

Ⓡ×3＋Ⓞより

$3CH_3CH(OH)CH_3 + Cr_2O_7^{2-} +$ ~~14~~ 8 H^+

$\longrightarrow 3CH_3COCH_3 + 2Cr^{3+} + 7H_2O +$ ~~$6H^+$~~

(3)　スズは塩酸酸性の下では還元剤Ⓡとして働き，次のように変化する。

Ⓡ：$Sn + 4Cl^- \longrightarrow SnCl_4 + 4e^-$

一方，ニトロベンゼンは塩酸酸性の下で酸化剤Ⓞとして働き，アニリンに変化する。

Ⓞ：$C_6H_5{-}NO_2 + 6H^+ + 6e^-$

$\longrightarrow C_6H_5{-}NH_2 + 2H_2O$

（(1)，(2)の酸化剤Ⓞの半反応式を参考に，原子数や電荷の保存より係数を決める。）

Ⓡ×3＋Ⓞ×2より

$3Sn + 2C_6H_5{-}NO_2 + \boxed{12H^+ + 12Cl^-}$ ＝12HCl

$\longrightarrow 3SnCl_4 + 2C_6H_5{-}NH_2 + 4H_2O$

更に，アニリンは塩酸に中和されるから

$\underline{3Sn + 2C_6H_5{-}NO_2 + 14HCl}$

$\underline{\longrightarrow 3SnCl_4 + 2C_6H_5{-}NH_3Cl + 4H_2O}$

(4)　$KMnO_4$ は中性下では酸化剤Ⓞとして働き，難溶性の MnO_2 に変化する。

Ⓞ：$MnO_4^- + 2H_2O + 3e^-$

$\longrightarrow MnO_2 + 4OH^-$

一方，トルエンは還元剤Ⓡとして働き，次のように安息香酸に変化する。

Ⓡ：$C_6H_5CH_3 + 2H_2O$

$\longrightarrow C_6H_5COOH + 6H^+ + 6e^-$

（SO_2 がⓇとして働くときの電子 e^- を含む反応式のつくり方を参考にして，係数などを決める。）

Ⓡ＋Ⓞ×2

$C_6H_5CH_3 + 2MnO_4^- + 6H_2O$

$\longrightarrow \boxed{C_6H_5COOH + 6H^+ + 8OH^-} + 2MnO_2$

$C_6H_5COO^- + OH^- + 7H_2O$

両辺に $2K^+$ を加えると，

$\underline{C_6H_5CH_3 + 2KMnO_4 +}$ ~~$6H_2O$~~

$\underline{\longrightarrow C_6H_5COOK + KOH + 2MnO_2 +}$ ~~7~~$\underline{H_2O}$

99* 〈解 答〉

問1 C：2,4,6-トリブロモフェノール（OH，Br，Br，Br）　　D：HBr

問2 $2KI+Br_2 \longrightarrow 2KBr+I_2$

問3 (a) 9.0×10^{-4}(mol)　　(b) 1.2×10^{-2}(mol/L)

解 説

◀ フェノールの定量 ▶

問1 フェノールはベンゼンに比べて反応性が高く，触媒なしで臭素と次のような置換反応をする。

$$C_6H_5OH + 3Br_2 \longrightarrow C_6H_2Br_3OH\ (C) + 3HBr\ (D)$$

C：2,4,6－トリブロモフェノール　　D：臭化水素

問2 ヨウ化カリウムは還元剤Ⓡ，臭素は酸化剤Ⓞとして働く，

Ⓡ：$2I^- \longrightarrow I_2+2e^-$

Ⓞ：$Br_2+2e^- \longrightarrow 2Br^-$

Ⓡ+Ⓞより

$$2I^-+Br_2 \longrightarrow I_2+2Br^-$$

両辺に $2K^+$ を加えると

$$2KI+Br_2 \longrightarrow I_2+2KBr$$

問3 本問の状況を次のように図示する。

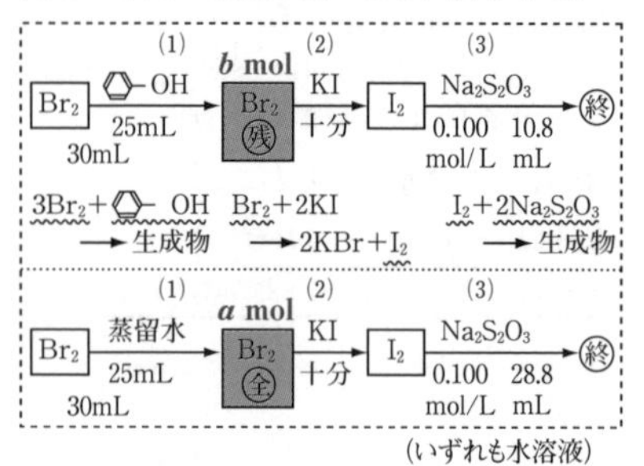

(いずれも水溶液)

(a) **操作(2)**では，Br_2 と I_2 のモル比は 1：1 であり，**操作(3)**では I_2 と $Na_2S_2O_3$ とのモル比は 1：2 である。したがって，

$$(Br_2\text{残のモル}) = (I_2\text{のモル}) = (Na_2S_2O_3\text{のモル}) \times \frac{1}{2}$$

となる。蒸留水の場合の Br_2全の物質量を $a$mol，フェノール水溶液の場合の Br_2残の物質量を $b$mol とおくと，次の式が成り立つ。

$$a=\left(0.100\times\frac{28.8}{1000}\right)\times\frac{1}{2} \quad \cdots\cdots①$$

$$b=\left(0.100\times\frac{10.8}{1000}\right)\times\frac{1}{2} \quad \cdots\cdots②$$

フェノールと反応した Br_2 は $a-b$(mol) だから，①－②より

$$a-b=0.1\times\frac{28.8-10.8}{1000}\times\frac{1}{2}$$

$$=\underline{9.0\times10^{-4}}\,(\text{mol})$$

(b) **操作(1)**では，フェノールと Br_2 とが反応するときモル比は 1：**3**。フェノールの濃度を $x$mol/L とおくと，

$$\underbrace{x\times\frac{25}{1000}}_{\text{mol (フェノール)}}\times 3 = \underbrace{9.0\times10^{-4}}_{\text{mol (反応}Br_2)}$$

∴ $x=\underline{1.2\times10^{-2}}$(mol/L)

100〈解　答〉　3. 電気化学の基本チェック

(1) ①, ②, ③

(2) ①, ②

(3) ①　965(C)　　②　9.33×10^{-2} mol

解説

(1) 【各種電池】

還元剤Ⓡと酸化剤Ⓞが自発的に反応したときに発生するエネルギーを電気エネルギーとして取り出す装置を**電池**という。このような電池は次のようにしてつくることができる。

> (i) 還元剤Ⓡと酸化剤Ⓞを空間的に分離
> (ii) Ⓡ側とⓄ側を電子導体とイオン導体で接続（Ⓡ側＝負極，Ⓞ側＝正極）

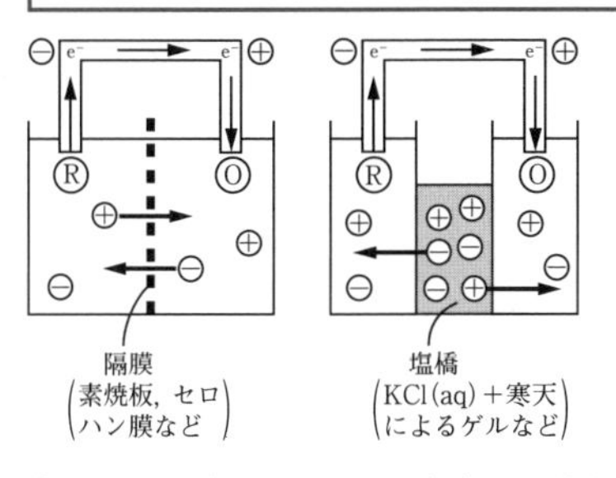

① これはダニエル電池と呼ばれ，両極にある金属のうち，イオン化傾向が大きいZnが還元剤Ⓡとして働く。⇨ 負極は左側

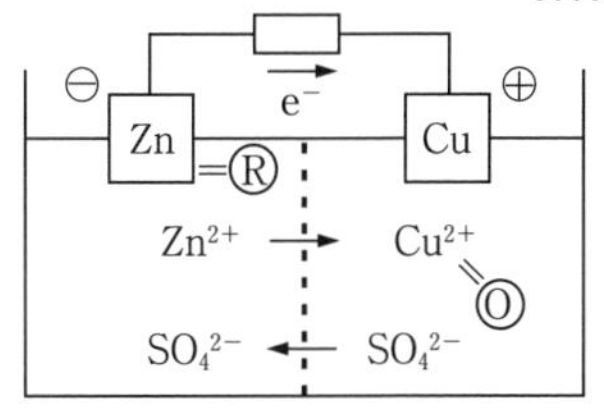

各極の電子 e^- を含む反応式を下に示す。

負極：$Zn \longrightarrow Zn^{2+}+2e^-$
正極：$Cu^{2+}+2e^- \longrightarrow Cu$

② これは鉛蓄電池と呼ばれ，金属単体のPbが還元剤Ⓡとして働き，PbO_2 が酸化剤Ⓞとして働く。⇨ 負極は左側

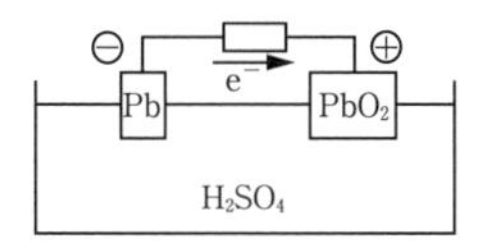

Pbと PbO_2 がそれぞれⓇ，Ⓞとして働くときの半反応式は，以下の通りである。

Ⓡ：$Pb \longrightarrow Pb^{2+}+2e^-$
Ⓞ：$PbO_2+4H^+ +2e^- \longrightarrow Pb^{2+}+2H_2O$

ただ，生じた Pb^{2+} は SO_4^{2-} と反応して難溶性の $PbSO_4$ となって電極に付着するため，各極の反応式は，以下の通り。

負極：$Pb+SO_4^{2-} \longrightarrow PbSO_4+2e^-$
正極：$PbO_2+4H^+ +SO_4^{2-}+2e^-$
$\longrightarrow PbSO_4+2H_2O$

なお，この電池は逆向きに電流を流すと電池を再生できるので“蓄電池”である。

③ これはニッケル・カドミニウム蓄電池と呼ばれ，金属単体のCdが還元剤Ⓡとして，NiO(OH)が酸化剤Ⓞとしてそれぞれ働く。⇨ 負極は左側

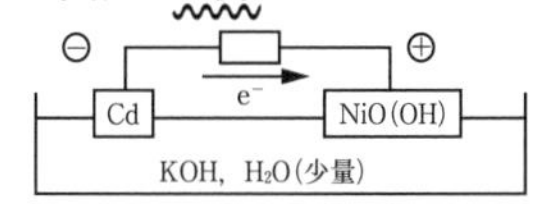

CdとNiO(OH)がそれぞれⓇ，Ⓞとして働くとき，溶液が塩基性のために生じたイオン Cd^{2+}，Ni^{2+} は共に難溶性の水酸化物として電極に付着する。このため，鉛蓄電池と同様に再生可能な“蓄電池”となっている。

ニッケル・カドミニウム電池の各極の電子 e^- を含む反応式を下に示す。

負極：$Cd + 2OH^- \longrightarrow Cd(OH)_2 + 2e^-$
正極：$NiO(OH) + H_2O + e^-$
$\longrightarrow Ni(OH)_2 + OH^-$

④　電極は共にイオン化傾向の小さいPtのため，還元剤としては働き難い。そこで，電解液に含まれる成分に着目すると，KIが還元剤Ⓡとして，$KMnO_4$がⓄとしてそれぞれが働くと考えられる。⇨負極は右側

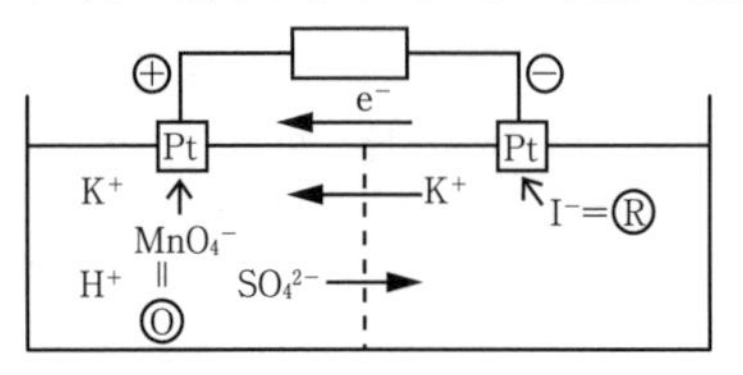

負極：$2I^- \longrightarrow I_2 + 2e^-$
正極：$MnO_4^- + 8H^+ + 5e^-$
$\longrightarrow Mn^{2+} + 4H_2O$

(2)　**【電気分解】**

電池から取り出した電気エネルギーを用いて，吸熱的な酸化還元反応を起こす操作を**電気分解**という。

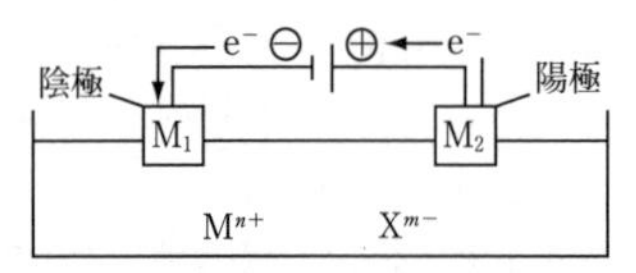

水溶液の電気分解での各極の反応は，次のような順序で起こる。

陰極：

$M^{n+} + ne^- \rightarrow M$(単体析出)

析出のし易さ

$Ag^+ > Cu^{2+} > H^+ > \cdots > Zn^{2+} \gg Al^{3+} \cdots$

（$H^+ > \cdots > Zn^{2+}$：水中では競合　$Al^{3+}\cdots$：析出せず）

陽極：

①　陽極板 M_2 が e^-を出す(Pt, C以外)

$M_2 \longrightarrow M_2^{l+} + le^-$

②　X^{m-} が e^- を出す(Pt, Cのとき)

$2Cl^- \longrightarrow Cl_2 + 2e^-$

$4OH^- \longrightarrow O_2 + 4e^- + 2H_2O$

析出のし易さ　$Cl^- > OH^-$

(SO_4^{2-}, NO_3^- は e^- を出さない)

①　陰極では，析出のし易さが $H^+ \gg Na^+$ なので H^+ が Na^+ のかわりに e^- を受け取って H_2 が発生する。

e^-を受け取る H^+は，水の電離「$2H_2O \longrightarrow 2H^+ + 2OH^-$」により生ずると考えられるので，陰極の反応は次のようになる。

陰極：$2H_2O + 2e^- \longrightarrow H_2\uparrow + 2OH^-$

一方，陽極板は炭素であるから，極板は変化せず，陽極では液中のCl^-が e^-を出す。

陽極：$2Cl^- \longrightarrow Cl_2\uparrow + 2e^-$

同様にして

② 陰極：$2H^+ + 2e^- \longrightarrow H_2\uparrow$
　陽極：$2H_2O \longrightarrow O_2\uparrow + 4H^+ + 4e^-$

③ 陰極：$Ag^+ + e^- \longrightarrow Ag$
　陽極：$2H_2O \longrightarrow O_2\uparrow + 4H^+ + 4e^-$

④ 陰極：$Cu^{2+} + 2e^- \longrightarrow Cu$
　陽極：$Cu \longrightarrow Cu^{2+} + 2e^-$

以上より，両極で気体が発生するのは①と②である。

(3)　**【電気化学の量計算】**

①負極の $\overset{0}{Pb}$ が $\overset{+2}{Pb}SO_4$ になるとき，2molの e^-が流れると1molの SO_4(式量96)の質量が増える。そして，1molの e^-がもつ電気量は96500Cだから，求める量をxCとすると，

$$x\,(C) = \frac{0.48}{96}\,\text{mol}(SO_4) \times 2\,\text{mol}(\text{流れた}e^-) \times 96500\,C$$

$= \underline{965}$ (C)

②　0.500(A)=0.500(C/秒)であり，5時間=5×3600秒だから，求める量を$y$molとおくと，

$$y\,\text{mol}(e^-) = 0.500\,\frac{C}{\text{秒}} \times 5 \times 3600 \times \frac{1}{96500}\,\frac{\text{mol}(e^-)}{C}$$

$= \underline{9.33 \times 10^{-2}}$ (mol)

101 〈解　答〉

問１　解説の図参照
問２　723C
問３　$4OH^- \longrightarrow 2H_2O+O_2+4e^-$，$2.30\times10^{-2}$ L

解　説

◀ 電気分解 ▶

問１　実験装置の回路図を下に示す。

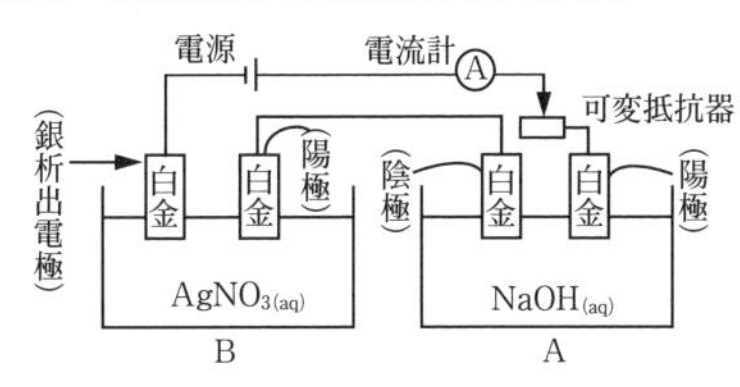

問２　銀析出電極では，「$Ag^++e^- \longrightarrow Ag$」の反応が起こり，Ag が 0.809g 析出するから，電気量を x C とおくと

$$x \,\Big|_{\text{C}} = \frac{0.809}{108}\,\Big|_{\text{mol (Ag)=(e}^-)} \times 96500\,\Big|_{\text{C}} = 722.8 \Rightarrow \underline{723}\ \text{C}$$

問３　B 槽と A 槽で流れた電気量は同じであり，また発生する O_2 の物質量は移動した e^- の 1/4 である。よって，求める O_2 の体積 VL（25℃，2.02×10^5Pa）は，

$$V\,\Big|_{\text{L (O}_2)} = \frac{0.809}{108}\,\Big|_{\text{mol (e}^-)} \times \frac{1}{4}\,\Big|_{\text{mol (O}_2)} \times \frac{8.31\times10^3\times298}{2.02\times10^5}\,\Big|_{\text{L (O}_2)\,(25℃,\ 2.02\times10^5\text{Pa})}$$

$$\fallingdotseq \underline{2.30\times10^{-2}\text{L}}$$

102 〈解　答〉

問１　(ア)　a　(イ)　b　(ウ)　a　(エ)　f　(オ)　e　(カ)　g　(キ)　f
問２　C，A，B，D
問３　1.56

解　説

◀ ダニエル型の電池とイオン化傾向 ▶

問１　電池(iv)において，A^{2+}の濃度が低いほど A は溶け易く，A^{2+}の濃度が高いほど A が析出し易い。よって(X)の側の A が還元剤Ⓡとして働き，負極となる。一方，(Y)側の A^{2+}が酸化剤Ⓞとして働き，正極側となる。なお，このような濃度差だけで起電力を生じる電池を**濃淡電池**という。

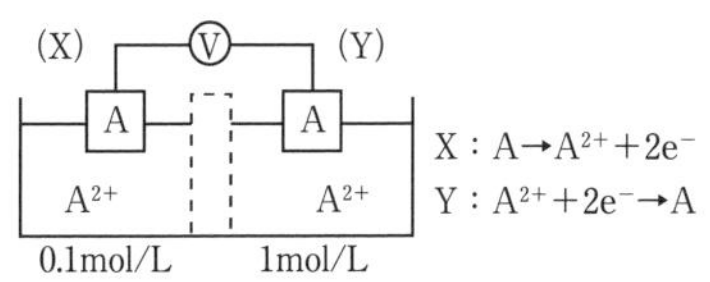

問２　負極になる金属ほどイオン化傾向が大きく，両極のイオン化傾向の差が大きいほど起電力が大きいので，電池(ｉ)～(iii)より各電極の電位差は次のように表される。

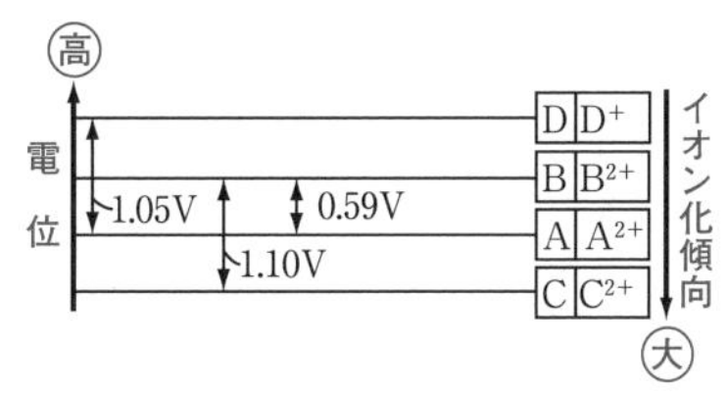

上図より，<u>C, A, B, D</u> の順となる。

問３　**問２**の図より，B と D の間の電位差が 1.05−0.59＝0.46V だから，C と D の電位差は 1.10＋0.46＝<u>1.56</u>V となり，これが電池 X の起電力である。

103* 〈解答〉

問1 (A) $Pb + SO_4^{2-} \longrightarrow PbSO_4 + 2e^-$

(B) $PbO_2 + 4H^+ + SO_4^{2-} + 2e^- \longrightarrow PbSO_4 + 2H_2O$

問2 ㊀極：9.6g　㊉極：6.4g　濃度：26.9%

解説

◀ 鉛蓄電池 ▶

問2 流れた e^- の物質量(mol)は

$$20 \times (16 \times 60 + 5) \times \left| \frac{1}{96500} \right| = 0.2\,(\text{mol})$$

C　　mol

電子 e^- を含む反応式の係数比より，負極，正極共に $PbSO_4$ が 0.1mol 生成したことになるがここで Pb=207，PbO_2=239 であり，$PbSO_4$=303 だから，各極での質量の増加量は次のように求められる。

$$\begin{cases} \text{負極}：(303-207)\times 0.1 = \underline{9.6}\,(\text{g}) \\ \text{正極}：(303-239)\times 0.1 = \underline{6.4}\,(\text{g}) \end{cases}$$

2つの電子 e^- を含む反応式をまとめると

$$Pb + PbO_2 + 2H_2SO_4 \longrightarrow 2PbSO_4 + 2H_2O$$

（Pb → PbO_2：$2e^-$）

上式より，流れた e^- と同じ 0.2mol の H_2O（分子量 18）が生じ，0.2mol の H_2SO_4（分子量 98）が消費される。よって，放電後の硫酸濃度 x％は，

$$x\% = \frac{H_2SO_4\,(\text{g})}{\text{溶液}\,(\text{g})} \times 100$$

$$= \frac{(500 \times 0.3) - 0.2 \times 98}{500 - \underbrace{0.2 \times 98}_{H_2SO_4} + \underbrace{0.2 \times 18}_{H_2O}} \times 100$$

$$= 26.94\cdots \Rightarrow \underline{26.9}\,(\%)$$

104* 〈解答〉

問1 左側：Cl_2　右側：H_2

問2 e^-：0.20mol　$[OH^-]$：0.20mol/L

解説

◀ 食塩水の電気分解 ▶

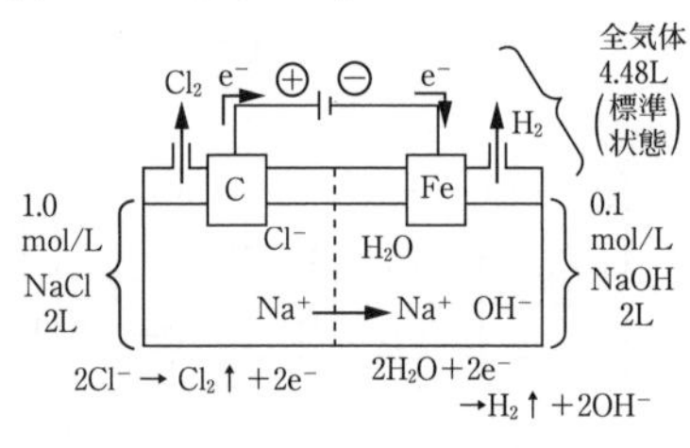

問2 2mol の e^- で 1mol の Cl_2 と 1mol の H_2 が発生するから，e^- と全気体の物質量は等しい。よって，e^- の物質量(mol)は，

$$\frac{4.48}{22.4} = \underline{0.20}\,(\text{mol})$$

一方，陰極側の電子 e^- を含む反応式より 1mol の e^- により 1mol の OH^- が生じるので，電解により 0.2mol の OH^- が生じている。また，電解前より OH^- が 0.1mol/L あったことを考慮すると，

$$[OH^-] = 0.10\left(\frac{\text{mol}}{\text{L}}\right) + \frac{0.20\,(\text{mol})}{2\,(\text{L})}$$

$$= \underline{0.20}\,(\text{mol/L})$$

105* 〈解　答〉

問1　金，銀

問2　2.84g

解説

◀ 銅の電解精錬と陽極泥 ▶

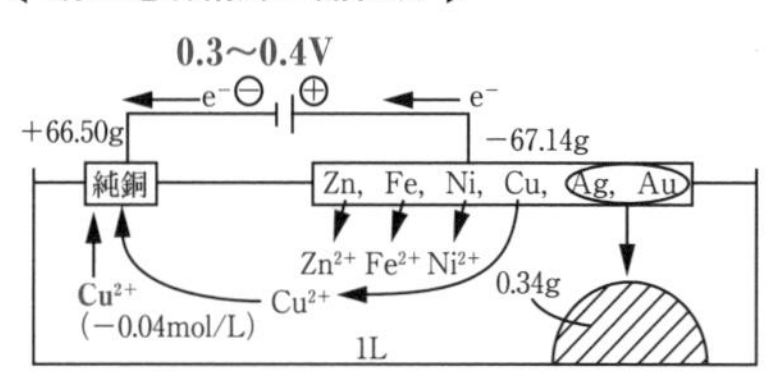

問1　電解精錬のときの電圧が低いので，Cuよりイオン化傾向の大きいものがCuと共に溶け出し，それよりイオン化傾向の小さいAgとAuは陽極の下に沈む。

問2　Zn, Fe, Niはe^-を放出してZn^{2+}, Fe^{2+}, Ni^{2+}となって溶けるが，析出しない。そのかわりそのe^-を得てCu^{2+}がCuとなって析出する。よって，粗銅中のZn, Fe, Niの質量をx(g)，Cuの質量をy(g)とおくと，各極について次の式が成り立つ。

粗銅…$x+y+0.34=67.14$　……①

純銅…$y+(0.04\times1\times63.5)=66.50$　……②

①−②より

$x=$2.84g

106* 〈解　答〉

問1　負極：$H_2 \rightarrow 2H^+ + 2e^-$　　正極：$O_2 + 4H^+ + 4e^- \rightarrow 2H_2O$

問2　負極：$H_2 + 2OH^- \rightarrow 2H_2O + 2e^-$　　正極：$O_2 + 2H_2O + 4e^- \rightarrow 4OH^-$

問3　7.72×10^5C

問4　1.93×10^9C

解説

◀ 燃料電池 ▶

問1

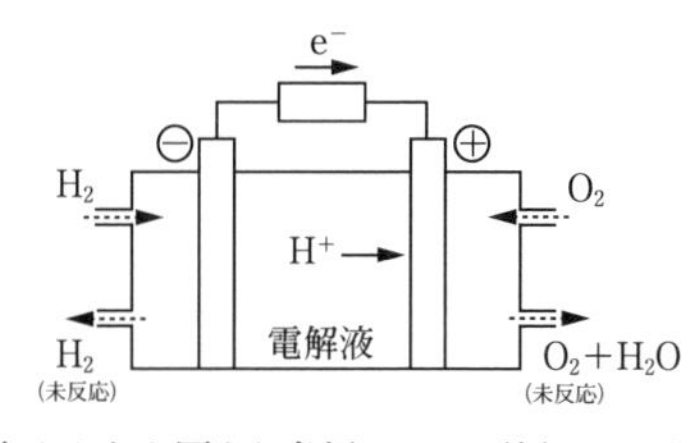

与えられた図より負極にH_2，正極にO_2があるから，H_2が還元剤，O_2が酸化剤となる。

負極　$H_2 \longrightarrow 2H^+ + 2e^-$

正極　$O_2 + 4e^- \longrightarrow 2O^{2-}$

ただし，⊕側でH^+がO^{2-}と反応し，H_2Oが生じることを考慮して電子e^-を含む反応式を書く。

問2　電解液が塩基性なので，問1の電子e^-を含む反応式のH^+がOH^-と反応することを考慮して，この場合の電子e^-を含む反応式を書けばよい。

問3　2molのO_2が還元されるとき，e^-は8mol流れるから，

$8\times96500=$$7.72\times10^5$C

問4　1molの水が生じるときにe^-は2mol流れるから

$$\underset{\text{kg}}{180}\ \Big|\ \underset{\text{g}}{\times10^3}\ \Big|\ \underset{\text{mol (H}_2\text{O)}}{\times\frac{1}{18}}\ \Big|\ \underset{\text{mol (e}^-)}{\times2}\ \Big|\ \underset{\text{C}}{\times96500}\ \Big|$$

$=$$1.93\times10^9$C

107 〈解　答〉　4. 沈殿等反応の基本チェック

(1) ① $PbCl_2$(白)　② $BaSO_4$(白)　③ $CaCO_3$(白)　④ CuS(黒)
⑤ $PbCrO_4$(黄)　⑥ $Fe(OH)_2$(淡緑)　⑦ Ag_2O(暗褐)
⑧ $KFe[Fe(CN)_6]$(濃青)

(2) ① $[Cu(NH_3)_4]^{2+}$，深青，正方形　② $[Zn(OH)_4]^{2-}$，無色，正四面体
③ $[Ag(S_2O_3)_2]^{3-}$，無色，直線
④ $[Fe(SCN)_6]^{3-}$など，赤色，正八面体

(3) ① $NaCl+CH_3COOH$　② $Na_2SO_4+H_2O+SO_2$
③ $CaCl_2+H_2O+CO_2$　④ $Ca(HCO_3)_2$
⑤ $CH_3COONa+H_2O+CO_2$　⑥ $CaCl_2+2NH_3+2H_2O$
⑦ $NaHSO_4+HCl$　⑧ $NaHSO_4+HNO_3$　⑨ $CaSO_4+2HF$

(4) ① $CuSO_4$，H_2O　② Al_2O_3，H_2O　③ CaO，CO_2
④ CaO，CO_2，CO　⑤ Na_2CO_3，H_2O，CO_2　⑥ N_2，H_2O
⑦ KCl，O_2　⑧ H_2O，O_2

解説

(1) 【沈殿反応】

沈殿の有無の判定は，次のパターンを覚えておこう。

(i) **すべて溶ける**：Na^+，K^+，NH_4^+，NO_3^-，CH_3COO^-，HCO_3^-など
(ii) **Cl^-で沈殿**：Ag^+，Hg_2^{2+}，Pb^{2+}
(iii) **SO_4^{2-}で沈殿**：Ca^{2+}，Sr^{2+}，Ba^{2+}，Pb^{2+}
(iv) **CO_3^{2-}で沈殿**：(i)の陽イオン以外（$C_2O_4^{2-}$，CrO_4^{2-}も同様）
(v) **OH^-，O^{2-}で沈殿**：アルカリ金属とCa^{2+}，Sr^{2+}，Ba^{2+}のイオン以外
(vi) **S^{2-}で沈殿**：イオン化列でまとめる。

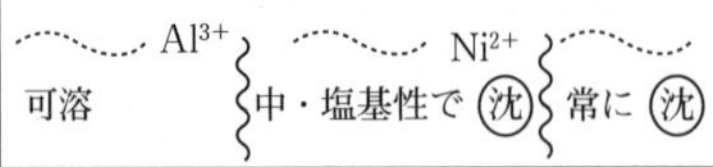

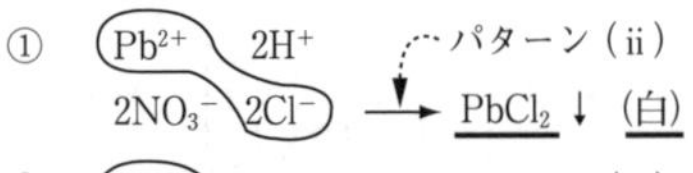

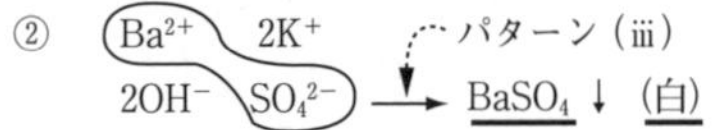

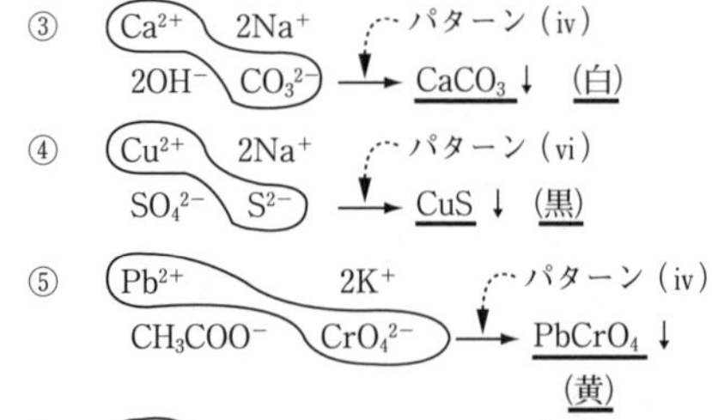

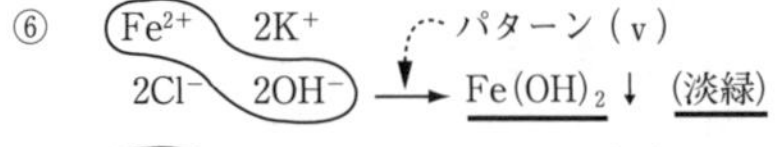

⑦ Ag^+　Na^+ ／ NO_3^-　OH^- ⋯パターン(v) → $AgOH$（不安定）→ Ag_2O↓（暗褐）

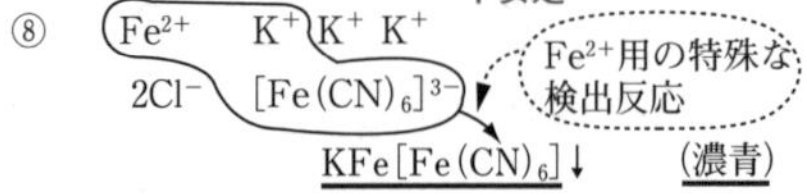

(2) 【錯イオン生成反応】

遷移金属などの金属イオンに，非共有電子対を有した分子やイオン（配位子と呼ばれる）が配位結合して形成されるイオンを錯イオンという。錯イオン形成での中心金属イオンと配位子の組み合わせパターンを次頁に示す。

配位子	ペアのイオン(　)の数は配位数
(ⅰ) OH^-	Zn^{2+}(4), Al^{3+}(4), Sn^{2+}(4) Pb^{2+}(4), Cr^{3+}(4)
(ⅱ) NH_3	Zn^{2+}(4), Ag^+(2), Cu^{2+}(4) Ni^{2+}(6), Co^{2+}(6)
(ⅲ) CN^-	3族～12族の金属イオン
(ⅳ) $S_2O_3^{2-}$	Ag^+(2)
(ⅴ) SCN^-	Fe^{3+}(6)

(6 配位 →正八面体，2 配位 →直線
4 配位 →正四面体(例外 Cu^{2+} 正方形))

① $CuSO_4(Cu^{2+})$(aq)に NH_3(aq)を加えると，次のような二段階のイオン反応を経て深青色の正方形の錯イオンを形成する(←表(ⅱ))

・$Cu^{2+}+2NH_3+2H_2O \longrightarrow Cu(OH)_2\downarrow$(青白)$+2NH_4^+$

・$Cu(OH)_2+4NH_3 \longrightarrow [Cu(NH_3)_4]^{2+}$(深青)$+2OH^-$

② $ZnCl_2$(aq)の中の Zn^{2+} に OH^- を作用させると，次のような二段階のイオン反応を経て無色 正四面体の錯イオンをつくる。(←表(ⅰ))

・$Zn^{2+}+2OH^- \longrightarrow Zn(OH)_2\downarrow$(白)

・$Zn(OH)_2+2OH^- \longrightarrow [Zn(OH)_4]^{2-}$

③ 難溶性の AgBr に $Na_2S_2O_3$aq を加えると，次のイオン反応を経て無色 直線形の錯イオンをつくる(←表(ⅳ))

・$AgBr+2S_2O_3^{2-} \longrightarrow [Ag(S_2O_3)_2]^{3-}+Br^-$

④ $FeCl_3$aq 中の Fe^{3+} に SCN^- を十分に作用させると，正八面体の錯イオンをつくり，血赤色の溶液となる。(←表(ⅴ))

・$Fe^{3+}+6SCN^- \longrightarrow [Fe(SCN)_6]^{3-}$(赤)

(3) 【弱酸，揮発性酸生成反応】

酸と塩基により生じた塩は，次のような場合に別の酸や塩基と反応して，もとの酸や塩基にもどる。

(ⅰ) より弱い酸(or 塩基)由来の塩 ＋ より強い酸(or 塩基) ⟶ 塩 ＋ より弱い酸(or 塩基)

(ⅱ) 揮発性の酸由来の塩 ＋ 不揮発性酸(H_2SO_4) $\xrightarrow{熱}$ 塩 ＋ 揮発性酸

酸・塩基の強さを比較すると

・$HCl > CH_3COOH > H_2CO_3$
・$H_2SO_4 > H_2SO_3$
・$H_2CO_3 > HCO_3^-$
(第１電離力 ＞ 第２電離力)
・$Ca(OH)_2 > NH_3$

だから，①～⑥の反応は(ⅰ)のパターンとして書くことができる。

① $CH_3COONa+HCl \longrightarrow NaCl+CH_3COOH$

(Na^+　$H^+ \longrightarrow CH_3COOH$
CH_3COO^-　Cl^-　(弱酸ほど戻り易い))

② $Na_2SO_3+H_2SO_4 \longrightarrow Na_2SO_4+H_2O+SO_2$

(亜硫酸 $H_2SO_3 \longrightarrow H_2O+SO_2$)

③ $CaCO_3+2HCl \longrightarrow CaCl_2+H_2O+CO_2$

(炭酸 $H_2CO_3 \longrightarrow H_2O+CO_2$)

④ $CaCO_3+H_2O+CO_2 \longrightarrow Ca(HCO_3)_2$

↓↑ H_2CO_3

(Ca^{2+}　$H^+ \longrightarrow HCO_3^-$
CO_3^{2-}　HCO_3^-)

⑤ $NaHCO_3+CH_3COOH \longrightarrow CH_3COONa+H_2O+CO_2$

⑥ $2NH_4Cl+Ca(OH)_2 \longrightarrow CaCl_2+2NH_3+2H_2O$

($2NH_4^+$　Ca^{2+}
$2Cl^-$　$2OH^- \longrightarrow 2NH_3+2H_2O$)

酸のほとんどは揮発性であり，例外的に硫酸などがある。このため，⑦～⑨の反応は(ⅱ)のパターンとして書くことができる。なお，このとき，加熱が必要である。

⑦ $NaCl+H_2SO_4 \longrightarrow NaHSO_4+HCl\uparrow$

⑧ $NaNO_3+H_2SO_4 \longrightarrow NaHSO_4+HNO_3\uparrow$

⑨ $CaF_2+H_2SO_4 \longrightarrow CaSO_4+2HF\uparrow$

(4) 【分解反応】

物質を加熱したり，触媒に接触させると，物質内の相対的に弱い結合が切れていくつかの物質に分解する。主に，H_2O, CO_2, O_2, N_2 などの気体が発生することが多いが，以下の例は重要なので特によく覚えていこう。

① 水和物 $\xrightarrow[\text{熱}]{}$ 無水物＋水

$CuSO_4 \cdot 5H_2O$(青) ⟶ $\underline{CuSO_4}$(白)＋5$\underline{H_2O}$

更に加熱すると，CuO(黒)となる。

② 水酸化物 $\xrightarrow[\text{熱}]{}$ 酸化物＋水

$2Al(OH)_3 \longrightarrow \underline{Al_2O_3} + 3\underline{H_2O}$

(例外)強塩基は変化しない。

③ 炭酸塩 $\xrightarrow[\text{熱}]{}$ 酸化物＋CO_2

$CaCO_3 \longrightarrow \underline{CaO} + \underline{CO_2}$

(例外)1族の炭酸塩は分解しない。

④ シュウ酸塩 $\xrightarrow[\text{熱}]{}$ 酸化物＋CO_2＋CO

$CaC_2O_4 \longrightarrow \underline{CaO} + \underline{CO_2} + \underline{CO}$

⑤ 炭酸水素塩 $\xrightarrow[\text{熱}]{}$ 炭酸塩＋水＋CO_2

$2NaHCO_3 \longrightarrow \underline{Na_2CO_3} + \underline{H_2O} + \underline{CO_2}$

⑥ $\underset{(-3)}{N}H_4\underset{(+3)}{N}O_2 \longrightarrow \underset{(0)}{\underline{N_2}}\uparrow + 2\underline{H_2O}$

⑦ $KClO_3$(固体)は MnO_2(固体)の触媒作用により，次のように分解する。このとき，固体どうしの反応のため，加熱が要る。

$2KClO_3 \longrightarrow \underline{2KCl} + 3\underline{O_2}$

⑧ H_2O_2(液体)は MnO_2(固体)の触媒作用により，次のように分解する。

$2H_2O_2 \longrightarrow 2\underline{H_2O} + \underline{O_2}\uparrow$

108 〈解 答〉

問1　A：Pb^{2+}　B：Al^{3+}　C：Fe^{2+}　D：Zn^{2+}　E：Ba^{2+}

問2　(イ) $Al^{3+} + 3OH^- \longrightarrow Al(OH)_3$　(ロ) $Al(OH)_3 + OH^- \longrightarrow [Al(OH)_4]^-$

問3　$Pb^{2+} + CrO_4^{2-} \longrightarrow PbCrO_4$

問4　Ag^+：直線　Zn^{2+}：正四面体　Cu^{2+}：正方形

問5　(イ) Ag^+，Cu^{2+}，Pb^{2+}　(ロ) Zn^{2+}，Fe^{2+}

解説

◀ イオンの反応と検出 ▶

問1　8種 (Mg^{2+}, Ag^+, Ba^{2+}, Zn^{2+}, Fe^{2+}, Al^{3+}, Cu^{2+}, Pb^{2+})

(1) **A**，**E**：SO_4^{2-}で㊊

$BaSO_4$，**Pb**SO_4

(2) **A**～**D**：㊛NH_3(aq)で㊊

$Mg(OH)_2$，Ag_2O，$Zn(OH)_2$，$Fe(OH)_2$，$Al(OH)_3$，$Cu(OH)_2$，**Pb**$(OH)_2$

(1)，(2)で共通するのは Pb^{2+} のみ。

よって，**A** は Pb^{2+} で **E** は Ba^{2+}。

⇨ **A**：$\underline{Pb^{2+}}$，**E**：$\underline{Ba^{2+}}$

D：㊖NH_3(aq)で溶解

Ag_2O，**Zn**$(OH)_2$，$Cu(OH)_2$

(3) **A**～**D**：㊛NaOH(aq)で㊊は㊛NH_3(aq)で㊊と同じ。

A，**B**，**D** の㊊：㊖ NaOH(aq)で溶解

$Pb(OH)_2$，$Al(OH)_3$，**Zn**$(OH)_2$

⇨ **D**：$\underline{Zn^{2+}}$ $\xrightarrow{A=Pb^{2+}}$ **B**：$\underline{Al^{3+}}$

よって，**C** は OH^- と NH_3 と錯イオンをつくらない Mg^{2+} or Fe^{2+} となり，水酸化物の溶解度の相対的に大きい Mg^{2+} を除外し，**C**＝$\underline{Fe^{2+}}$ とした。

109* 〈解　答〉

(1)　1　　(2)　4　　(3)，(4)　解説参照

解説

◀ 錯塩の構造 ▶

$CoCl_3 \cdot nNH_3$において，正八面体型のCo^{3+}の錯イオンは配位子を6個とる。よって，$n=3$では，化学式$[CoCl_3(NH_3)_3]$となるために，Cl^-を電離しないから，Ag^+を加えても$AgCl$の沈殿は生成しない。

次に，$n=4$のとき，0.010molの錯塩から，$AgCl$が1.435g（=0.01mol）生じるので，錯塩は$[CoCl_2(NH_3)_4]Cl$と表すことができる。一方，本問では錯塩の化学式を$[CoCl_{3-x}(NH_3)_y]Cl_x$と表すから，$x=\underline{1}$，$y=\underline{4}$となる。

$n=4$のとき$[CoCl_2(NH_3)_4]^+$であるから，下記の2つの異性体がある。

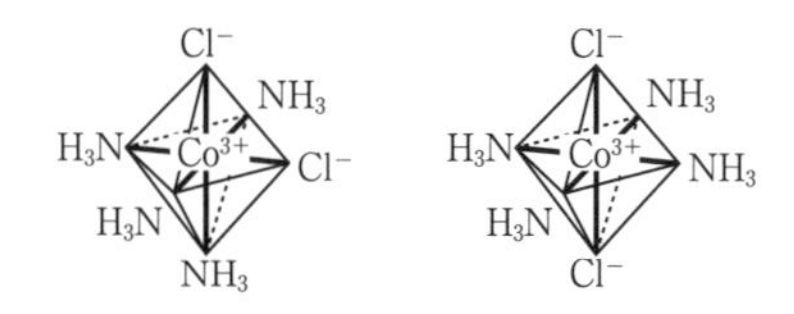

110* 〈解　答〉

問1　$MnO_4^- + 5Fe^{2+} + 8H^+ \longrightarrow Mn^{2+} + 5Fe^{3+} + 4H_2O$

問2　（イ）　$H_2O_2 + 2H^+ + 2Fe^{2+} \longrightarrow 2H_2O + 2Fe^{3+}$

（ウ）　$Fe^{3+} + 3NH_3 + 3H_2O \longrightarrow Fe(OH)_3 + 3NH_4^+$

（エ）　$2Fe(OH)_3 \longrightarrow Fe_2O_3 + 3H_2O$

問3　Fe^{2+}：0.15（mol/L）　　Fe^{3+}：0.25（mol/L）

解説

◀ Fe^{2+}，Fe^{3+}の定量 ▶

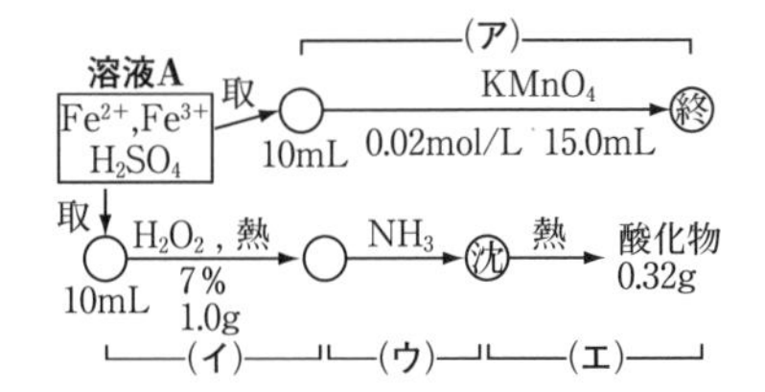

問1　（ア）では，硫酸酸性下，$KMnO_4$が酸化剤として，Fe^{2+}が還元剤として働く。

Ⓡ：$Fe^{2+} \longrightarrow Fe^{3+} + e^-$

Ⓞ：$MnO_4^- + 8H^+ + 5e^- \longrightarrow Mn^{2+} + 4H_2O$

Ⓡ ×5+Ⓞより　イオンを含む反応式が導かれる。

問2　（イ）では，硫酸酸性下，H_2O_2が酸化剤として，Fe^{2+}が還元剤として働き，Fe^{3+}に変化する。

（ウ）では，初めからあるFe^{3+}に加えて，Fe^{2+}からFe^{3+}に変化した分も含めた全Fe^{3+}がNH_3(aq)のために$Fe(OH)_3$に変化し，さらに（エ）でFe_2O_3に変化する。（㊟生じた沈殿は実際はOH^-間の脱水縮合が進みFe^{3+}とOH^-，O^{2-}の混ざったものである。）

問3　溶液A中のFe^{2+}，Fe^{3+}の濃度をx mol/L，y mol/Lとすると，下式が成り立つ。

（ア）より，

$$\underbrace{x \times 10}_{Fe^{2+}\text{のm mol}} = \underbrace{0.02 \times 15}_{MnO_4^-\text{のm mol}} \times 5$$

（イ）～（エ）より，

$$\underbrace{(x+y) \times 10}_{\text{全Feのm mol}} = \underbrace{\frac{320}{160}}_{Fe_2O_3\text{のm mol}} \times 2$$

∴　$x=\underline{0.15}$（mol/L），$y=\underline{0.25}$（mol/L）

111* 〈解 答〉

問1 青色結晶の方が安定，青色：$CuSO_4 \cdot 5H_2O$　白色：$CuSO_4$

問2 $CuSO_4 \cdot 5H_2O \longrightarrow CuSO_4 \cdot 3H_2O \longrightarrow CuSO_4 \cdot H_2O \longrightarrow CuSO_4$

問3 CuO

解説

◀ 分解反応と熱重量分析 ▶

問1

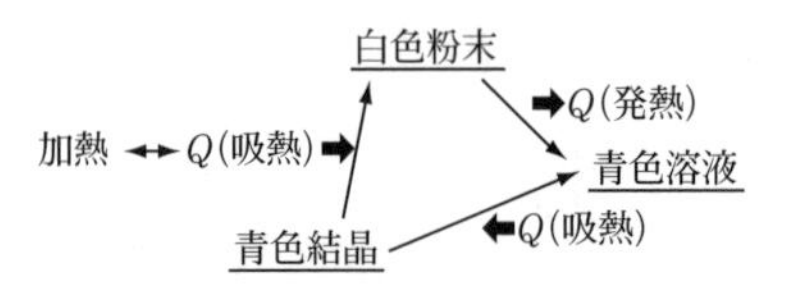

本文より上図の関係が得られるので，青色結晶が安定である。

問2 五水和物の熱分解の場合，最大5個の水和水が取れるはずである。グラフより3段階の重量変化をみると，ほぼ「**2**：**2**：**1**」となっているので，まず水が**2**個取れて三水和物になり，更に**2**個取れて一水和物になり，最後に無水物になったと推定できる。

問3 $CuSO_4 \cdot 5H_2O$ (100mg) ⟶ **X**(黒) (31.9mg)

黒色物質 **X** の式量を M とすると

$100/250 = 31.9/M \Rightarrow M = 80$

この式量を持ち，かつ黒色の物質だから **X** は CuO(式量 80)と考えられる。

112* 〈解 答〉

問1 1.0×10^{-5} mol/L　**問2** 0.80g 以上

解説

◀ 難溶性塩の溶解度 ▶

溶解平衡時に

$[M^{2+}][OH^-]^2 = 4.0 \times 10^{-12}$

が成り立つのだから，仮に M^{2+}，OH^- のイオンの濃度が $\widetilde{[M^{2+}]}$，$\widetilde{[OH^-]}$ であったとき

$\widetilde{[M^{2+}]} \times \widetilde{[OH^-]}^2 > 4.0 \times 10^{-12}$

なら，過飽和なので $M(OH)_2$ の沈殿が生じ，逆に

$\widetilde{[M^{2+}]} \times \widetilde{[OH^-]}^2 < 4.0 \times 10^{-12}$

なら，不飽和なので，沈殿が生じないと判断できる。

問1 1.0×10^{-5} mol の $M(OH)_2$ がすべて溶けて 1L となったら，

$\widetilde{[M^{2+}]} = 1.0 \times 10^{-5}$ (mol/L)

$\widetilde{[OH^-]} = 2.0 \times 10^{-5}$ (mol/L)

よって，

$\widetilde{[M^{2+}]} \times \widetilde{[OH^-]}^2 = 4.0 \times 10^{-15}$

なので，不飽和であり沈殿が生じない。

そこで，

$[M^{2+}] = \widetilde{[M^{2+}]} = \underline{1.0 \times 10^{-5}}$ mol/L

問2 $1.0 \times 10^{-8} \times \widetilde{[OH^-]}^2 \geqq 4.0 \times 10^{-12}$

$\Rightarrow \widetilde{[OH^-]} \geqq 2.0 \times 10^{-2}$ mol/L

のとき，$M(OH)_2$ の沈殿が生じる。よって，下記の値以上の NaOH を加える必要がある。

$\underset{(mol/L)}{2.0 \times 10^{-2}} \times \underset{(L)}{1} \times \underset{(g/mol)}{40} = \underline{0.80}$ g

113* 〈解　答〉

問1　ア　1.0×10^{-10}　　イ　1.2×10^{2}
問2　$[Cu(NH_3)_4]^{2+}+2H_2O+2H^+ \longrightarrow Cu(OH)_2\downarrow+4NH_4^+$
問3　$Cu(OH)_2+2H^+ \longrightarrow Cu^{2+}+2H_2O$
問4　2.0mL　　問5　9.2×10^{-4} mol/L　　問6　(う)

解　説

◀ 溶解度積と Cu^{2+} の反応 ▶

問1　ア　$BaSO_4$ が 100mL 当たり 1.0×10^{-6} mol 溶けたから

$$[Ba^{2+}]=[SO_4^{2-}]=\frac{1.0\times10^{-6}\ \text{mol}}{0.10\ \text{L}}=1.0\times10^{-5}\ \text{mol/L}$$

そして，これは飽和しているので

$$K=[Ba^{2+}]\cdot[SO_4^{2-}]=(1.0\times10^{-5})\times(1.0\times10^{-5})$$
$$=\underline{1.0\times10^{-10}}\ (\text{mol/L})^2$$

イ
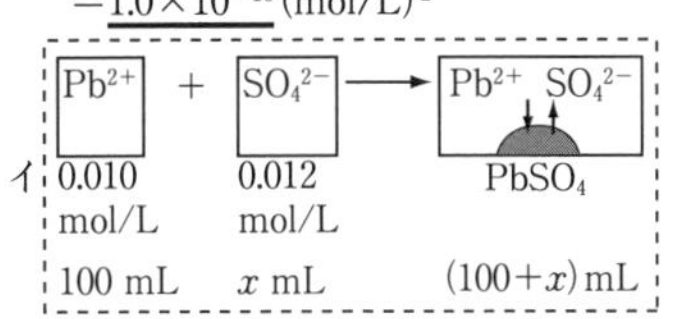

$[Pb^{2+}]=1.0\times10^{-5}$mol/L であるとき，$PbSO_4$ が飽和しているので

$$[SO_4^{2-}]=\frac{K}{[Pb^{2+}]}=\frac{2.0\times10^{-8}}{1.0\times10^{-5}}=2.0\times10^{-3}\ \text{mol/L}$$

となる。そして，$PbSO_4$ の沈殿中の Pb^{2+} と SO_4^{2-} の物質量は，求める体積を xmL とおくと

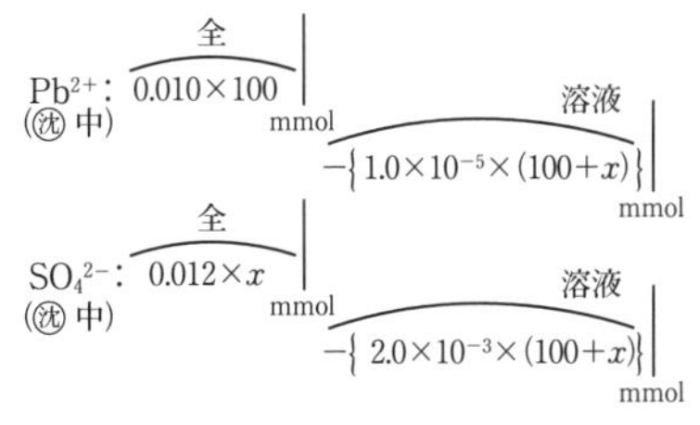

両者は1対1で沈殿中にあるので，次式が成り立つ。

$$(0.010\times100)-\{1.0\times10^{-5}\times(100+x)\}\ \text{mmol}$$
$$=(0.012\times x)-\{2.0\times10^{-3}\times(100+x)\}\ \text{mmol}$$

$x=\underline{1.2\times10^{2}}$mL

問2，3　$[Cu(NH_3)_4]^{2+}$ を含む溶液に酸を加えていくとまず次のように $Cu(OH)_2$ の沈殿が生じる。

$$\underline{[Cu(NH_3)_4]^{2+}+2H_2O+2H^+ \longrightarrow Cu(OH)_2+4NH_4^+}\quad\cdots①$$

なお，この変化は次のように考えてつくることができる。

〈1〉錯イオンの中心金属イオンと配位子への解離
　$[Cu(NH_3)_4]^{2+} \longrightarrow Cu^{2+}+4NH_3$

〈2〉Cu^{2+} と水との反応
　$Cu^{2+}+2H_2O \longrightarrow Cu(OH)_2+2H^+$

〈3〉NH_3 と水素イオンとの反応
　$4NH_3+4H^+ \longrightarrow 4NH_4^+$

〈1〉+〈2〉+〈3〉より①式ができる。

さらに酸を加えると $Cu(OH)_2$ の沈殿は溶ける。

$$\underline{Cu(OH)_2+2H^+ \longrightarrow Cu^{2+}+2H_2O}\quad\cdots②$$

(b)の状況を下に示す。

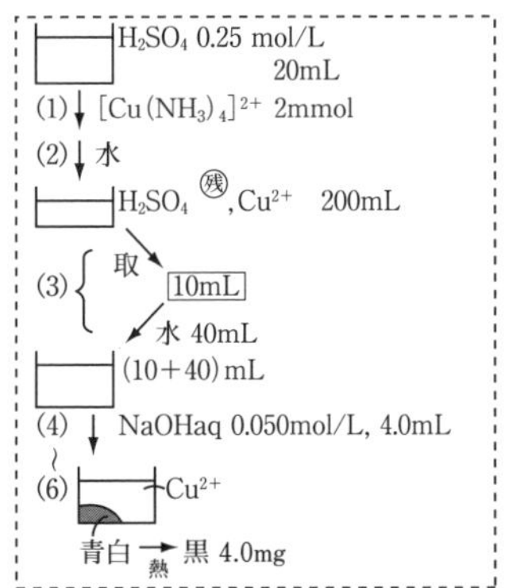

問4　錯イオンをH^+で完全に分解する反応を下に示す。

$[Cu(NH_3)_4]^{2+}+4H^+ \longrightarrow Cu^{2+}+4NH_4^+$…③

上式より，硫酸より生じたH^+のうちで操作(1)で反応するH^+は$[Cu(NH_3)_4]^{2+}$の4倍で，残りのH^+は操作(2)でつくった200mL中に分散する。さらに，この10mL分のH^+が操作(4)で中和反応に用いたNaOHと同じ物質量である。よって，NaOHの滴下量をvmLとすると，次式が成り立つ。

$$0.25 \times 20 \underset{\substack{\text{mmol}\\(H_2SO_4)}}{\Big|} \times 2 \underset{\substack{\text{mmol}\\(H^+)}}{\Big|}$$

$$=2.00 \underset{\substack{\text{mmol}\\([Cu(NH_3)_4]^{2+})}}{\Big|} \times 4 + 0.050 \times v \underset{\substack{\text{mmol}\\(\text{NaOH 10mL 用})}}{\Big|} \times \frac{200}{10} \underset{\substack{\text{mmol}\\(\text{NaOH 200mL 用})}}{\Big|}$$

∴　$v=$<u>2.0</u>mL（⇨図1のA点）

問5　操作(6)のろ液の体積は

$10\text{mL}+\underset{\text{水}}{40\text{mL}}+\underset{\text{NaOHaq}}{4\text{mL}}=54\text{mL}$

であり，操作(6)のろ液中のCu^{2+}の物質量は

$$2.00 \underset{\substack{\text{mmol}\\([Cu(NH_3)_4]^{2+})\\ \| \\ (Cu^{2+}\text{全量})}}{\Big|} \times \frac{10}{200} \underset{\substack{\text{mmol}\\(Cu^{2+}\ \text{10mL 中})}}{\Big|} - \frac{4.0}{79.5} \underset{\substack{\text{mmol}\\(CuO)\\ \| \\ (Cu^{2+}\text{反応})}}{\Big|} = 0.0497\ \text{mmol}$$

となるので

$$[Cu^{2+}] = \frac{0.0497}{54} \Big| = \underline{9.2\times10^{-4}}\ \text{mol/L}$$

（単位：~~m~~mol / ~~m~~L）

問6　与えられたグラフをまず説明しよう。

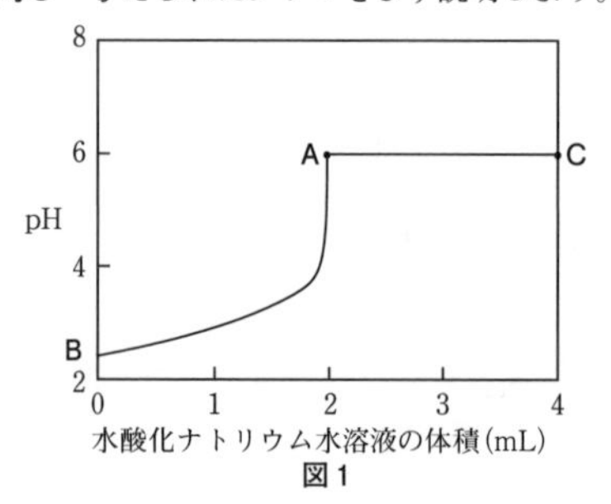

図1

・B点での主な酸(OH^-と反応し得る化学種)

操作(1)では**問4**で示した③式が起こるので，操作(2)，(3)を経て得られた(10+40)mLの液(B点)の中には，『H_2SO_4(残)，Cu^{2+}，NH_4^+』が存在する。

・「B点～A点」のグラフ

前述の3つの中で，最も強い酸はH_2SO_4だから，操作(4)でNaOHを滴下すると“強酸を強塩基で滴定”と同様のグラフが得られる。

・「A点～C点」のグラフ

A点では$Cu(OH)_2$の青白色沈殿ができたとあるから，$Cu^{2+}+2OH^- \longrightarrow Cu(OH)_2$が出てきたと考えられる。この反応によって，加えた$OH^-$のほとんどが消費されるためにpH値はほとんど上昇しないグラフが得られる。

さて，本問を見てみよう。操作(1)で使用する$[Cu(NH_3)_4]^{2+}$の量が少ないので，B点に相当する地点でのH_2SO_4(残)が多く，Cu^{2+}は少ない。よって，A点に相当する地点までに滴下するNaOHの量は多くなり，その体積値も大きくなる。

また，この地点では，$Cu(OH)_2$が飽和しているので，溶解度積をK_{sp}として$K_{sp}=[Cu^{2+}]\cdot[OH^-]^2$が成り立つから，

$$[OH^-]=\sqrt{\frac{K_{sp}}{[Cu^{2+}]}}\text{と表される。}$$

本問では，Cu^{2+}が少なくなるので，上式より$[OH^-]$は大きくなる。すなわちpHも大きくなる。⇨<u>(う)</u>

6 物質の性質1（無機化合物）

114 〈解　答〉　1. 単体と（X,O,H）の基本チェック

(1)　(i)　Na, Mg, Al　(ii)　Si　(iii)　P_4(またはP)，S_8(またはS)，Cl_2，Ar

(2)　①　Ag　②　Au，Cu　③　Li，Na，K

(3)　①　Na　Al　Zn　Fe　Cu　Au　②　Na　③　Al, Zn, Fe
　④　Al，Zn　⑤　Cu　⑥　Al，Fe

(4)　①　$NaCl+NaClO+H_2O$　②　O_2+4HF　③　$2KCl+Br_2$

(5)　①　H_2SO_4　②　$Na_2SO_3+H_2O$　③　2NaOH　④　$2FeCl_3+3H_2O$
　⑤　$2Na[Al(OH)_4]$

解説

(1)　【 単体の分類 】

単体は電気伝導性から，「金属」，「非金属」，さらに導電性がこの中間にある「半金属(半導体)」に分類され，周期表上で次のように区分される。

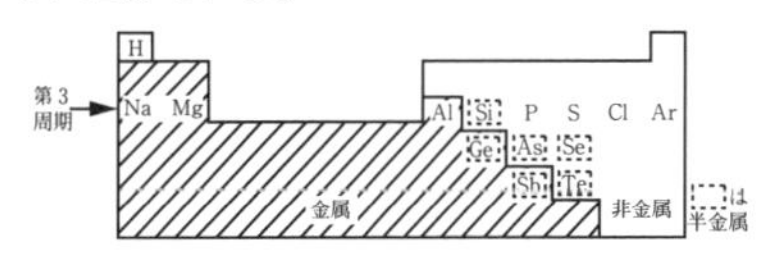

なお，PとSには次のような同素体が知られているので，解答はそのうちの一つを答えるか，同素体を意識しないならば，それぞれ単に，P，Sとしてもよいだろう。

P：黄リン(P_4)，赤リン(P_x)，
　黒リン(P_x)など

S：斜方硫黄(S_8)，単斜硫黄(S_8)，
　ゴム状硫黄(S_x)

(2)　【 金属の物性 】

①　**電気伝導性**：Ag>Cu>Au>Al……
金属の電気伝導性と同様，熱の伝導性も主として金属内の自由電子の運動によるので，熱の伝導性の順番も上記と同じである。

②　**色**：ほとんど金属光沢をもつ銀白色であるが，Auは黄色，Cuは赤色である。

③　**密度**：軽金属(密度が4g/cm³以下)は，1族，2族の金属とAl。中でも，Li，Na，Kは水より密度が小さく，水に浮きながら反応する。

(3)　【 金属の反応 】

金属の単体(M)は，反応すると正の酸化数の陽イオンか化合物になるので還元剤である。その還元力の序列がイオン化列であり，イオン化傾向の大きなものほど反応性も高い。

K ～ Na：冷水と反応
～ Sn：酸と反応(**Pb**は表面に不溶性の塩ができるので塩酸や硫酸には不溶。)
～ Ag：HNO_3，熱濃H_2SO_4と反応(Cr，Fe，Al，Ni，Coは濃硝酸には不動態を形成するため反応しない。)
～ Au：王水(濃硝酸と濃塩酸の混酸)と反応

なお，Al，Znなどの両性金属はNaOHaqに反応して溶ける。

第6章

(4) 【 ハロゲンの反応 】

① $Cl_2+H_2O \rightleftarrows HCl+HClO$ (ア)

$HCl+NaOH \longrightarrow NaCl+H_2O$ (イ)

$HClO+NaOH \longrightarrow NaClO+H_2O$ (ウ)

(ア)+(イ)+(ウ)より

$Cl_2+2NaOH \longrightarrow \underline{NaCl+NaClO+H_2O}$

② $F_2+2e^- \longrightarrow 2F^-$ は

$O_2+4e^- \longrightarrow 2O^{2-}$

よりも起こりやすいので,

$\underset{0}{\underline{F_2}}$ は $H_2\underset{-2}{\underline{O}}$ を分解して, $\underset{0}{\underline{O_2}}$ と $H\underset{-1}{\underline{F}}$ に。

$2F_2+2H_2O \longrightarrow \underline{4HF+O_2}$

(①の(ア)と比べよう。)

③ ハロゲンの単体の酸化力は,

$F_2>\underline{Cl_2>Br_2}>I_2$

よって,

$\underline{Cl_2}+2Br^- \longrightarrow 2Cl^-+\underline{Br_2}$

の反応は進行するが, 逆反応はいかない。

(5) 【 酸化物の反応 】

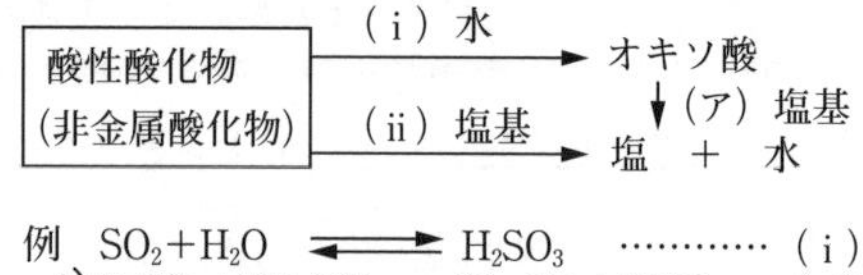

例 $SO_2+H_2O \rightleftarrows H_2SO_3$ ………… (i)

+) $H_2SO_3+2NaOH \longrightarrow Na_2SO_3+2H_2O$ … (ア)

$\boxed{SO_2+2NaOH \longrightarrow Na_2SO_3+H_2O}$ … (ii)

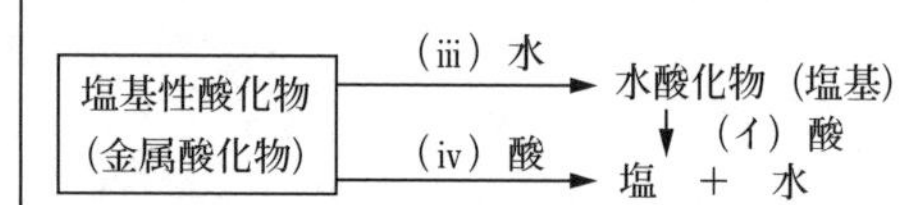

例 $Fe_2O_3+3H_2O \rightleftarrows 2Fe(OH)_3$ …… (iii)

+) $2Fe(OH)_3+6HCl \longrightarrow 2FeCl_3+6H_2O$ … (イ)

$\boxed{Fe_2O_3+6HCl \longrightarrow 2FeCl_3+3H_2O}$ … (iv)

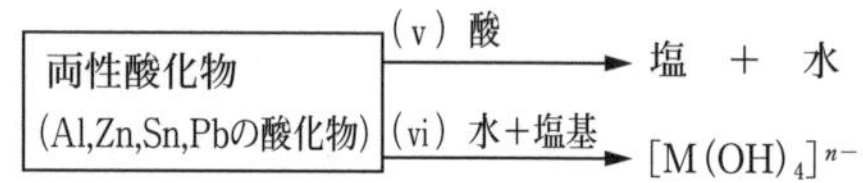

例 $Al_2O_3+3H_2O \rightleftarrows 2Al(OH)_3$

+) $2Al(OH)_3+2NaOH \longrightarrow 2Na[Al(OH)_4]$

$\boxed{Al_2O_3+3H_2O+2NaOH \longrightarrow 2Na[Al(OH)_4]}$ … (vi)

115 〈解 答〉

① Na　② Al　③ Cu　④ Ag

解説

◀ 金属単体 ▶

① • O_2 や H_2O と反応(→石油中に保存)

⇨アルカリ金属か Ca, Sr, Ba

• 炎色反応(本冊 p.88 ポイント参照)が黄

以上から, 金属 M=Na

② • 軽量 ⇨ 1 族, 2 族の金属, **Al**

• 両性 ⇨ **Al**, Zn, Sn, Pb

• カリウムミョウバン($AlK(SO_4)_2$)の原料

以上から, M=Al

③ • 緑色のさび(緑青(ろくしょう); $CuCO_3 \cdot Cu(OH)_2$ などの式で表される)

• 銀につぐ電気伝導性(Ag>**Cu**>Au)

以上から, M=Cu

④ • 装飾品やメッキ ⇨ 貴金属(化学的に安定で光沢を失いにくい金属)の Au, **Ag**, Pt, Pd(パラジウム)など

• 感光性のあるハロゲン化物 ⇨ **Ag**X

以上から, M=Ag

116 〈解　答〉

(1) ①(斜方)硫黄　② ヨウ素　③ オゾン　④ 塩素
(2) ② 固体
(3) (ア) $I_2+KI \rightleftarrows KI_3$ ($I_2+I^- \rightleftarrows I_3^-$)　(イ) $Cl_2+H_2O \rightleftarrows HCl+HClO$

解説

◀非金属単体▶

(1) ① 同素体のある主な元素は，S，C，O，P。このうち黄色の固体は硫黄(S_8)(斜方硫黄と単斜硫黄が考えられるが，常温で安定なのは斜方硫黄)。

$S+O_2 \longrightarrow SO_2$ (亜硫酸ガス，有毒)

② デンプン水溶液で青色に呈色するのはヨウ素(I_2)(常温では黒紫色の‘固体’)

③ 淡青色の気体，殺菌作用，紫外線の吸収は，いずれもオゾン(O_3)の特徴。

④ 黄緑色の気体と言えば塩素(Cl_2)。塩素水は酸性を示す。

(2) 常温，常圧の単体の状態は

気体…H_2，N_2，O_2，O_3，F_2，Cl_2，18族(He，Ne，Ar，…)

液体…**Hg**(金属)，**Br**$_2$(のみ！)　固体…その他

(3) (ア) I_2は水には溶けにくいが，KI(aq)には$I_2+I^- \rightleftarrows I_3^-$の平衡を形成して溶け褐色の溶液となる。

(イ) 水に溶解したCl_2は，一部が水と反応して，強酸の塩酸(HCl)と弱酸の次亜塩素酸(HClO)になる。なお，HClOは強い酸化剤でもあり漂白作用を有す。

117 〈解　答〉

(1) ① 電気陰性度　② 酸性　③ 硫酸　④ (オルト)リン酸
⑤ 塩基性　⑥ 両性　(2) 硫酸
(3) (イ) $P_4O_{10}+6H_2O \longrightarrow 4H_3PO_4$　(ロ) $CaO+2HCl \longrightarrow CaCl_2+H_2O$
(ハ) $Al_2O_3+3H_2O+2NaOH \longrightarrow 2Na[Al(OH)_4]$

解説

◀酸化物▶

(i) 非金属の酸化物XO_n(②酸性酸化物)は，水に溶けてオキソ酸になるが(このときNO_2以外(＊)，Xの酸化数は変化しない)，Xの①電気陰性度(χ)が大きいほど(下の(a)−(b))，Xの酸化数が大きいほど(下の((b)−(c))，一般にオキソ酸の酸性は強い。

(a) $\underset{+5}{P_4}O_{10}+6H_2O \rightarrow 4\,\boxed{H_3\underset{+5}{P}O_4}$ ④
(b) $\underset{+6}{S}O_3+H_2O \rightarrow \boxed{H_2\underset{+6}{S}O_4}$ ③
(c) $\underset{+4}{S}O_2+H_2O \rightarrow H_2\underset{+4}{S}O_3$

(a)(b) → $H_3PO_4<H_2SO_4$ ($\chi_P<\chi_S$)
(b)(c) → $H_2SO_3<H_2SO_4$ ($+4<+6$)

＊$2\underset{+4}{N}O_2+H_2O$(冷水) $\longrightarrow H\underset{+5}{N}O_3+H\underset{+3}{N}O_2$

$3\underset{+4}{N}O_2+H_2O$(温水) $\longrightarrow 2H\underset{+5}{N}O_3+\underset{+2}{N}O$

(ii) 金属の酸化物(⑤塩基性酸化物)は，水に溶けてその金属の水酸化物(塩基)になる(ただし，アルカリ金属・アルカリ土類金属の酸化物以外は一般に水に難溶である)。

酸性酸化物は塩基と，塩基性酸化物は酸とそれぞれ直接反応して，塩と水を生成する(→(ロ)の反応)

(iii) 両性元素の酸化物(⑥両性酸化物)は，金属の酸化物だから酸と反応して塩と水を生成するが，強塩基とも反応してOH^-を配位子とする錯イオンを生成する。
(→(ハ)の反応式)

118* 〈解 答〉

(1) あ．黄リン　い．赤リン　う．酸　え．酸化

a. S_8　b. $HClO_4$　c. $+7$

(2) (ア) $P_4O_{10}+6H_2O \longrightarrow 4H_3PO_4$　(イ) $SO_2+2H_2S \longrightarrow 3S+2H_2O$

(ウ) $Cl_2+H_2O \rightleftarrows HCl+HClO$

解 説

◀非金属元素の単体・化合物▶

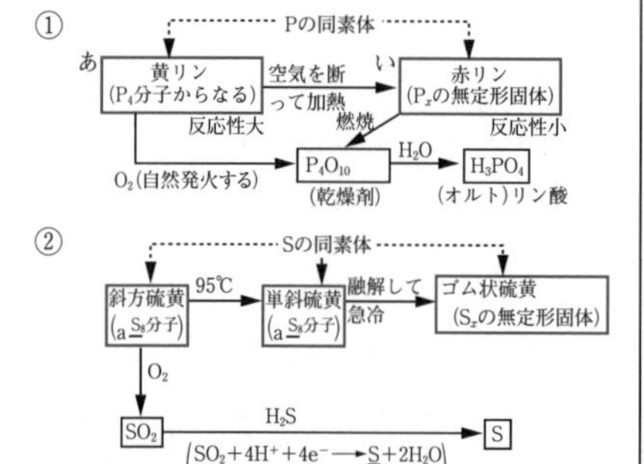

③　$Cl_2+H_2O \rightleftarrows$ $\underline{HCl+HClO}$ ⇨ う酸性

⇩

え酸化性

塩素のオキソ酸

(小)――― 酸　性 ―――→(大)

$HClO$	$HClO_2$	$HClO_3$	b $HClO_4$
$+1$	$+3$	$+5$	c $+7$
次亜塩素酸	亜塩素酸	塩素酸	過塩素酸

オキソ酸の酸性の強さについては，問題117を参照。

119* 〈解 答〉

A…NO_2　**B**…CaO　**C**…Ag_2O　**D**…CO_2

解 説

◀酸化物の決定▶

Aは褐色で，水溶液は強い酸性を示す。水溶液が強い酸性を示す酸化物は，非金属元素の酸化物のうち，

SO_3 ($SO_3+H_2O \longrightarrow H_2SO_4$)

NO_2 ($3NO_2+H_2O$(温) $\longrightarrow 2HNO_3+NO$

または

$2NO_2+H_2O$(冷) $\longrightarrow HNO_3+HNO_2$)

Cl_2O_7 ($Cl_2O_7+H_2O \longrightarrow 2HClO_4$)

である。この中で褐色のものは気体のNO_2のみである。⇨ **A**=$\underline{NO_2}$

Bのキーワードは炎色反応である。橙赤色の炎色反応より，この酸化物はカルシウムを含むことがわかる。⇨ **B**=$\underline{CaO}$。CaOは水に溶けて$Ca(OH)_2$となるので，その水溶液は強い塩基性を示す。

Cは水に難溶だが，アンモニア水に溶けるから，NH_3と錯イオンをつくるCu，Ag，Znなどの酸化物のうちの1つと考えられる。この中で褐色の酸化物はAg_2Oである。⇨ **C**=$\underline{Ag_2O}$。なお，Ag_2Oがアンモニア水に溶けるときの反応式は次の通り。

$$Ag_2O+H_2O+4NH_3 \longrightarrow 2[Ag(NH_3)_2]^+ +2OH^-$$

Dは酸性の気体(酸化物では，CO_2，NO_2，SO_2)で，**B**の水溶液($Ca(OH)_2$(aq)；石灰水)に通すと，沈殿生成，さらにその溶解の反応を起こすことからCO_2と考えられる。

⇨ **D**=$\underline{CO_2}$

$Ca(OH)_2+CO_2 \longrightarrow CaCO_3\downarrow +H_2O$

……沈殿の生成

$CaCO_3+CO_2+H_2O \longrightarrow Ca(HCO_3)_2$

……沈殿の溶解

(注) SO_2もCO_2と同様に，石灰水で沈殿($CaSO_3$)の生成，その溶解($Ca(HSO_3)_2$に変化)反応を起こすが，高校の学習範囲で考えるなら**D**はCO_2とするのが適当だろう。

120〈解　答〉

(1) A…Zn　B…Al　C…Ag　D…Fe　E…Cu

(2) ①　$Zn + 2HCl \longrightarrow ZnCl_2 + H_2$，$2Al + 6HCl \longrightarrow 2AlCl_3 + 3H_2$

②　テトラヒドロキシド亜鉛(Ⅱ)酸イオン，$[Zn(OH)_4]^{2-}$

(3) ①　赤褐色，NO_2

②　酸化反応：$Cu \longrightarrow Cu^{2+} + 2e^-$，還元反応：$Ag^+ + e^- \longrightarrow Ag$

全体の反応：$2AgNO_3 + Cu \longrightarrow Cu(NO_3)_2 + 2Ag$

解説

◀金属の決定と反応▶

(1)〔操作1，2〕

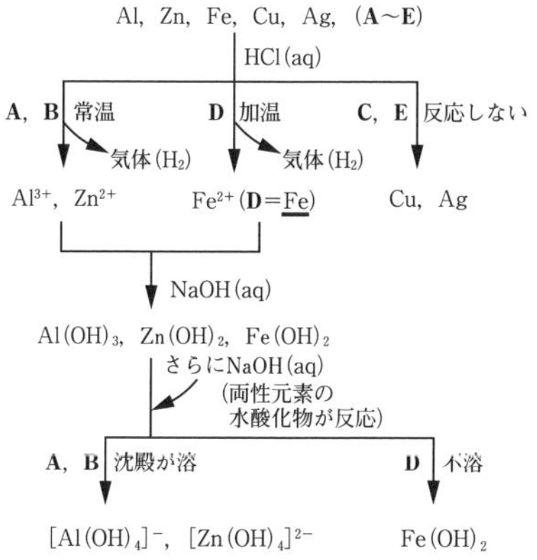

Al，Zn，Fe，Cu，Ag，(A～E)
→ HCl(aq)
- A，B　常温 → 気体(H_2)　→ Al^{3+}，Zn^{2+}
- D　加温 → 気体(H_2)　→ Fe^{2+} (D=Fe)
- C，E　反応しない → Cu，Ag

Al^{3+}，Zn^{2+}，Fe^{2+} → NaOH(aq) → $Al(OH)_3$，$Zn(OH)_2$，$Fe(OH)_2$

さらにNaOH(aq)（両性元素の水酸化物が反応）
- A，B　沈殿が溶 → $[Al(OH)_4]^-$，$[Zn(OH)_4]^{2-}$
- D　不溶 → $Fe(OH)_2$

〔操作3〕A，B(Al，Zn)に HCl(aq)，

$2Al + 6HCl \longrightarrow 2AlCl_3 + 3H_2$

1mol から　　1.5mol 生成

$Zn + 2HCl \longrightarrow ZnCl_2 + H_2$

1mol から　　1mol 生成

よって，同じ物質量を反応させたとき，Al から発生する気体(H_2)は，Zn から発生する気体の 1.5 倍だから

A=Zn，B=Al

〔操作4，5〕

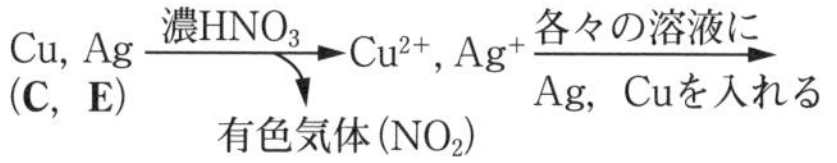

Cu，Ag (C，E) —濃HNO_3→ Cu^{2+}，Ag^+ —各々の溶液に Ag，Cu を入れる→
（有色気体(NO_2)発生）

$Cu + 2Ag^+ \longrightarrow Cu^{2+} + 2Ag$(析出)(∵イオン化傾向 Cu>Ag)

$Cu^{2+} + 2Ag$ ✕→ (変化なし)

∴ C=Ag，E=Cu

(2) ②　$Zn(OH)_2 + 2OH^- \longrightarrow [Zn(OH)_4]^{2-}$

錯イオンが陰イオンのときは，～酸イオンと呼ばれることに注意。

(3) ①　Cu と濃 HNO_3 の場合の反応式は，

$Cu + 4HNO_3 \longrightarrow Cu(NO_3)_2 + 2NO_2$(赤褐色)$+ 2H_2O$

$\left(\begin{array}{l} HNO_3 + H^+ + e^- \longrightarrow NO_2 + H_2O \\ Cu \longrightarrow Cu^{2+} + 2e^- \end{array}\right)$

②　還元力 Cu>Ag，酸化力 $Ag^+ > Cu^{2+}$ だから，

(ア)　$Cu \longrightarrow Cu^{2+} + 2e^-$

(イ)　$Ag^+ + e^- \longrightarrow Ag$

の酸化，還元反応が起こり，全体としては，

(ア)+(イ)×2

$Cu + 2Ag^+ \longrightarrow Cu^{2+} + 2Ag$

両辺に $2NO_3^-$ を加えて整理すると，

$Cu + 2AgNO_3 \longrightarrow Cu(NO_3)_2 + 2Ag$

の反応が起こったことになる。

121 〈解答〉 2. イオン分析と気体の製法・性質の基本チェック

(1) ① 青色 ② 淡緑色 ③ 淡黄色 ④ 黄色 ⑤ 赤橙色
⑥ 青白色 ⑦ 赤褐色 ⑧ 暗褐色 ⑨ 白色 ⑩ 黄色

(2) ① 黄色 ② 紫色 ③ 橙色 ④ 黄緑色 ⑤ 青緑色

(3) (a) ② (b) ⑤ (c) ③ (d) ⑥

(4) ① SO_2 ② H_2S ③ NH_3 ④ HCl ⑤ O_2

(5) ① Cl_2, NO_2 ② Cl_2, (NO_2) ③ SO_2, H_2S
④ Cl_2, CO_2, NO_2, SO_2, H_2S ⑤ NH_3

解説

(1) **【イオン・沈殿の色】**

水溶液中で多くのイオンは無色，また沈殿は白色(ただし硫化物は黒)なので，これら以外の有色のものを覚える。

(i) イオン…Fe^{2+}(淡緑)，Fe^{3+}(淡黄)，Cu^{2+}(青)，Ni^{2+}(緑)，Cr^{3+}(緑)，MnO_4^-(赤紫)，CrO_4^{2-}(黄)，$Cr_2O_7^{2-}$(赤橙)

(ii) 沈殿…$Cu(OH)_2$(青白)，$Fe(OH)_2$(淡緑)，水酸化鉄(Ⅲ)(赤褐)，Ag_2O(暗褐)，AgI(黄)，Ag_2CrO_4(赤褐)，$PbCrO_4$
(黄)，$BaCrO_4$(黄)，ZnS(白)，CdS(黄)，MnS(淡紅)

(2) **【炎色反応】**

金属イオンを含む水溶液を白金線につけ，炎の中に入れると金属固有の色を示す。この炎色反応は，アルカリ金属，アルカリ土類金属，銅で見られる。

Li^+(赤)，Na^+(黄)，K^+(紫)，Ca^{2+}(橙)，Sr^{2+}(紅)，Ba^{2+}(黄緑)，Cu^{2+}(青緑)

(3) **【陽イオンの識別】**

金属イオンを含む水溶液に，ある試薬を加えたときの変化(沈殿の生成，その色)や生じた沈殿の性質から金属イオンが識別できる。

(a) **+HCl(aq)** → AgCl(↓) —光→ Ag 遊離
　　　　　　　　AgCl(↓) —NH_3(aq)→ $[Ag(NH_3)_2]^+$
　　→ **$PbCl_2$**(↓) —熱湯→ 溶 ⇨ ②

(b) **+H_2S** —酸性→ Ag_2S(黒↓)，PbS(黒↓)，CuS(黒↓)
　　—塩基性→ **ZnS**(白↓)，FeS(黒↓) ⇨ ⑤
(Fe³⁺は沈殿しない)

(c) **+NH_3(aq)** → **$Cu(OH)_2$**(青白↓) —過剰→ **$[Cu(NH_3)_4]^{2+}$**(濃青) ⇨ ③
　　$Zn(OH)_2$(白↓) —〃→ $[Zn(NH_3)_4]^{2+}$
　　$Al(OH)_3$(白↓) —〃→ 不溶
　　水酸化鉄(Ⅲ)(赤褐↓) —〃→ 不溶

(d) **+H_2SO_4(aq)** → **$BaSO_4$**(白↓)，$PbSO_4$(白↓) ⇨ ⑥
　　$BaSO_4$ —炎色→ 黄緑
　　$PbSO_4$ —炎色→ ×

(4) **【気体の発生】**

気体の発生反応は，(i)**酸化還元反応**(H_2, Cl_2, NO, NO_2, SO_2)，(ii)**弱酸の塩＋強酸の反応**(CO_2, SO_2, H_2S)，(iii)**弱塩基の塩＋強塩基の反応**(NH_3)，(iv)**揮発性酸の塩＋熱濃 H_2SO_4 の反応**(HCl, HF)，(v)**分解反応**(N_2, O_2, CO_2)に分類される。よって，どの反応パターンで生成するかを考えれば，反応式も容易につくれるであろう。

①⇨(i)；$Cu+2H_2SO_4 \xrightarrow{\Delta *} CuSO_4+SO_2(\uparrow)+2H_2O$

②⇨(ii)；$FeS+2HCl \longrightarrow FeCl_2+H_2S(\uparrow)$

③⇨(iii)；$2NH_4Cl+Ca(OH)_2 \xrightarrow{\Delta} CaCl_2+2NH_3(\uparrow)+2H_2O$

④⇨(iv)；$NaCl+H_2SO_4 \xrightarrow{\Delta} NaHSO_4+HCl(\uparrow)$

⑤⇨(v)；$2H_2O_2 \xrightarrow{MnO_2} 2H_2O+O_2(\uparrow)$

＊Δは加熱を意味する。(加熱が必要な反応は，固体どうしの反応(③)，濃 H_2SO_4 を用いる反応(①，④)，MnO_2 と塩酸から Cl_2 をつくる反応である。)

(5) **【 気体の性質 】**

① **有色**… Cl_2(黄緑)，NO_2(褐)，O_3(淡青)

② **酸化性**… Cl_2，O_3，O_2，(NO_2 は水に溶けて HNO_3 となるから，水溶液が酸化性を示す)

③ **還元性**… SO_2，H_2S，(CO や H_2 は高温で)

④ **酸性**… Cl_2，XO_2(CO_2，NO_2，SO_2)，HX (HCl，HF)，H_2S

⑤ **塩基性**… NH_3

＊酸性，塩基性の気体は水溶性だから，捕集は上方置換(NH_3 のみ)，または下方置換(その他の水溶性気体)で行う。これら以外の気体は難溶性だから水上置換で捕集する。

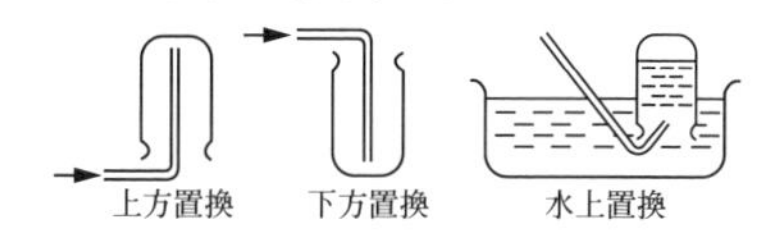

122 〈解　答〉

(1) **A**…AgCl　**B**…CuS　**C**…$Al(OH)_3$　**E**…$CaCO_3$

(2) $Cu^{2+}+4NH_3 \longrightarrow [Cu(NH_3)_4]^{2+}$

(3) Fe^{2+}を酸化して Fe^{3+}にするため

解　説

◀陽イオンの分離▶

陽イオンの混合溶液から，一部の陽イオンだけを沈殿させてろ過し，陽イオンを**沈殿**と**ろ液**の形で分離できる。

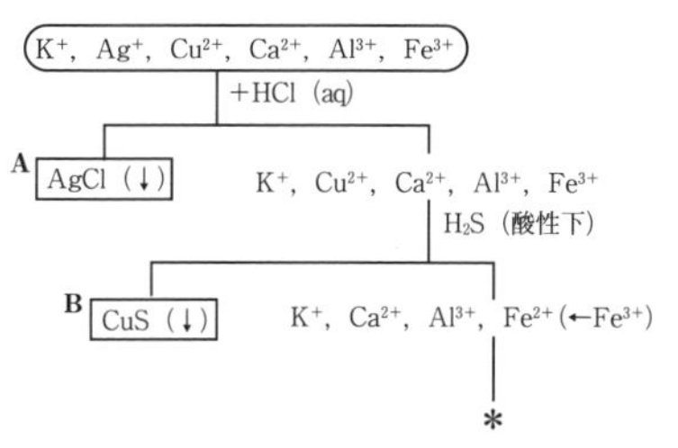

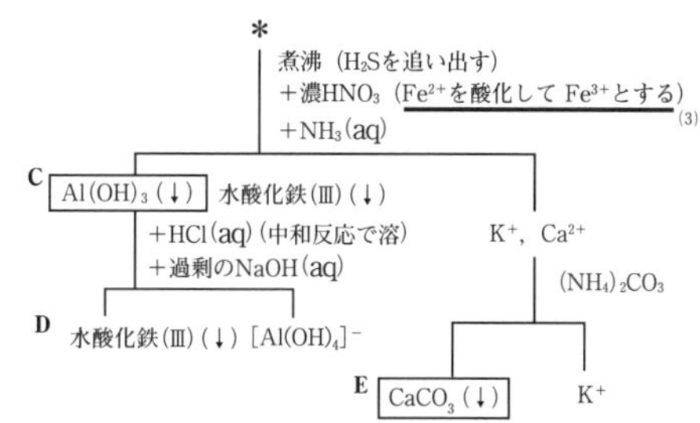

(2) 沈殿 **B**(CuS)に希硝酸を加えて加熱すると，CuS の S^{2-}が酸化されて S となり，その結果沈殿が溶ける。

$$3CuS+2NO_3^-+8H^+ \longrightarrow 3Cu^{2+}+3S+2NO+4H_2O$$

この溶液に NH_3(aq)を加えると，$Cu(OH)_2$ の沈殿が生じるが，さらに過剰に加えると $[Cu(NH_3)_4]^{2+}$の錯イオンを形成して溶けるので，これらの反応をまとめると解答のようになる。

123 〈解答〉

(1) $BaSO_4$, $BaCO_3$, $BaCrO_4$　(2) $AgBr$　(3) CO_2
(4) $BaSO_4$　(5) 黄色

解説

◀陰イオンの分離▶

(1) Ba^{2+}は, SO_4^{2-}, CO_3^{2-}, CrO_4^{2-}のいずれとも難溶性塩を形成する。

(2) ろ液**B**に含まれるのはBr^-である。ハロゲン化銀はAgFを除いていずれも難溶性だから, $AgNO_3(aq)$を加えると<u>$AgBr$</u>が沈殿する。

(3), (4)

・$BaCO_3 \xrightarrow[\text{(弱酸遊離)}]{HNO_3} H_2CO_3 \xrightarrow{\text{熱}} \underline{CO_2}(\uparrow)+H_2O$

・$BaCrO_4 \xrightarrow[\text{(弱酸遊離)}]{HNO_3} H_2CrO_4 \xrightarrow{HNO_3} Cr_2O_7^{2-}$
（酸性下不安定）　ろ液**D**

・<u>$BaSO_4$</u>　沈殿**C**

(5) $Cr_2O_7^{2-}$(赤橙)は酸性下で安定に存在するイオン。一方, CrO_4^{2-}(黄)は塩基性下で安定に存在するイオン。よって, ろ液**D**($Cr_2O_7^{2-}$を含む)を塩基性にすると, 次の反応により水溶液は赤橙色から<u>黄色</u>に変化。

$$Cr_2O_7^{2-}+2OH^- \longrightarrow 2CrO_4^{2-}+H_2O$$

124 〈解答〉

(ア) a　(イ) c　(ウ) d　(エ) b　(オ) e

解説

◀塩の決定▶

[a. $FeCl_3$　b. $ZnSO_4$　c. $CuSO_4$
d. $AgNO_3$　e. $Pb(NO_3)_2$]

① $BaCl_2$ではa以外のすべてで沈殿が生じる。情報が乏しいので後まわし。

② アは黄色。⇨ア＝$FeCl_3(aq)$(<u>a</u>)
・$FeCl_3 \xrightarrow{AgNO_3} AgCl$(白↓)
　$\xrightarrow{K_4[Fe(CN)_6]} KFeFe(CN)_6$(濃青↓)

③ ウ, オ $\xrightarrow{HCl}$ 白↓＝[$AgCl$, $PbCl_2$]
・$AgCl \xrightarrow{\text{光}}$ 黒(Agの微粒子)
　⇨ウ＝$AgNO_3(aq)$(<u>d</u>)
・$PbCl_2 \xrightarrow{\text{熱湯}} Pb^{2+} \xrightarrow{K_2CrO_4} PbCrO_4$(黄↓)
　⇨オ＝$Pb(NO_3)_2(aq)$(<u>e</u>)

④ イ, $AgNO_3$(ウ), $Pb(NO_3)_2$(オ)
$\xrightarrow{H_2S\ \text{(酸性下)}}$ 黒↓

この条件で沈殿するイオンは, Cu^{2+}, Ag^+, Pb^{2+}
⇨イ＝$CuSO_4(aq)$(<u>c</u>)

よって, 残る1つのエは$ZnSO_4(aq)$(<u>b</u>)と決まる。

これですべて決まったので, 残りの情報はすべて確認の情報となる。

⑤・$FeCl_3$(ア) $\xrightarrow{NH_3}$ 水酸化鉄(Ⅲ)(赤褐↓)
　$\xrightarrow{NH_3}$ ✕
・$CuSO_4$(イ) $\xrightarrow{NH_3}$ $Cu(OH)_2$(青白↓)
　$\xrightarrow{NH_3}$ $[Cu(NH_3)_4]^{2+}$(濃青)
・$AgNO_3$(ウ) $\xrightarrow{NH_3}$ Ag_2O(褐↓)
　$\xrightarrow{NH_3}$ $[Ag(NH_3)_2]^+$
・$ZnSO_4$(エ) $\xrightarrow{NH_3}$ $Zn(OH)_2$(白↓)
　$\xrightarrow{NH_3}$ $[Zn(NH_3)_4]^{2+}$(無)
・$Pb(NO_3)_2$(オ) $\longrightarrow$ $Pb(OH)_2$(白↓)
　$\xrightarrow{NH_3}$ ✕

⑥ $ZnSO_4$(エ) $\xrightarrow[\text{(塩基性下)}]{H_2S}$ ZnS(白↓)

①・$CuSO_4$(イ) $\xrightarrow{BaCl_2}$ $BaSO_4$(白↓)
　$\xrightarrow{HCl}$ ✕
・$ZnSO_4$(エ) $\xrightarrow{BaCl_2}$ $BaSO_4$(白↓)
　$\xrightarrow{HCl}$ ✕

125〈解　答〉

(A)―(B)―(C)の順に解答

(1) f, g―○―ロ　(2) d, k(またはd, e, m)―○―ハ　(3) d, i―×―イ

(4) a, o―×―ハ　(5) b, l(またはb, j)―×―ハ

解説

◀気体の製法▶

(1) $\mathbf{NH_3}$；弱塩基遊離反応から (f, g)

$2NH_4Cl$(固)$+Ca(OH)_2$(固) $\xrightarrow{熱}$ $2\mathbf{NH_3}+CaCl_2+2H_2O$

水溶性かつ分子量$<28.8=\overline{M}_{air}$

⇨上方置換(ロ)

(2) $\mathbf{Cl_2}$；濃HCl(aq)を酸化して, (k, d)

$4HCl+MnO_2 \xrightarrow{熱} \mathbf{Cl_2}+MnCl_2+2H_2O$

または, (d, e, m)

$2NaCl+3H_2SO_4$(濃)$+MnO_2$

（$2NaCl+3H_2SO_4$ → HCl発生）

$\xrightarrow{熱}$ $2NaHSO_4+MnSO_4+\mathbf{Cl_2}+2H_2O$

水溶性かつ分子量>28.8

⇨下方置換(ハ)

(3) $\mathbf{O_2}$；H_2O_2の分解から(d, i)

$2H_2O_2 \xrightarrow{MnO_2(触媒)} \mathbf{O_2}+2H_2O$

水に難溶⇨水上置換 (イ)

(4) $\mathbf{NO_2}$；濃HNO_3とCuとの反応から(a, o)

$Cu+4HNO_3$

$\longrightarrow 2\mathbf{NO_2}+Cu(NO_3)_2+2H_2O$

水溶性かつ 分子量>28.8 ⇨下方置換(ハ)

(5) $\mathbf{H_2S}$；弱酸遊離反応から, (b, l)

$FeS+H_2SO_4$(希)$\longrightarrow \mathbf{H_2S}+FeSO_4$

または, (b, j)

$FeS+2HCl$(希) $\longrightarrow \mathbf{H_2S}+FeCl_2$

水溶性かつ分子量>28.8 ⇨下方置換(ハ)

(注) H_2Sは還元性があるので, ここで用いる酸は強酸でかつ酸化性のないもの。

126〈解　答〉

問1　ア. d　イ. b　ウ. a　エ. c　オ. e

問2　ア. c　イ. b　ウ. d　エ. b

解説

◀気体の性質▶

問1　問い方とは逆に各現象に当てはまる気体をみつけていこう。

(a) 草花の色(有機色素)を漂白

⇨ 漂白性；SO_2(ウ), Cl_2, O_3

(b) 線香を激しく燃やす ⇨ 助燃性；O_2(イ)

(c) $Pb(CH_3COO)_2$(aq)で黒変

⇨ PbS生成；H_2S(エ)

(d) リトマス紙の赤→青⇨塩基性；NH_3(ア)

(e) 空気で着色 ⇨ 有色気体：Cl_2, NO_2, O_3 この中で空気中で生じるのはNO(オ)から生じるNO_2

$2NO$(無)$+O_2 \longrightarrow 2NO_2$(褐)

問2　気体は反応しないで, 不純物のみ反応, 吸収される操作を選ぶ。

ア, イ　いわゆる気体の乾燥操作である。HClの場合には酸性の乾燥剤(P_4O_{10}, 濃H_2SO_4(c))または中性の乾燥剤($CaCl_2$)を, また, NH_3の場合には塩基性の乾燥剤(ソーダ石灰($CaO+NaOH$)(b), CaO)を用いる。なお, $CaCl_2$はNH_3と反応して$CaCl_2\cdot 8NH_3$を形成するので不適。

ウ. 加熱したCu(還元剤)(d)はO_2(酸化剤)と反応して黒色のCuOとなり, 結果的にO_2を吸収することになる。

エ. CO_2はNaOH(aq), ソーダ石灰(b)いずれにも塩となって吸収されるが前者では水蒸気がまざる。

127 〈解 答〉

(1) (ウ)　(2) B…濃塩酸から出てくる塩化水素を吸収する。(19字)
C…B内から蒸発してくる水蒸気を吸収する。(19字)
(3) (イ) 塩素は水に溶けやすく，また，空気より重いので。(23字)

解説

◀塩素の製法▶

(1) $MnO_2 + 4HCl \xrightarrow{熱} MnCl_2 + \mathbf{Cl_2}\uparrow + 2H_2O$

(ア) $\begin{cases} 陽極\quad 2Cl^- \longrightarrow Cl_2\uparrow + 2e^- \\ 陰極\quad 2H_2O + 2e^- \longrightarrow \mathbf{H_2}\uparrow + 2OH^- \end{cases}$

(イ) $CaCO_3$(石灰石) $+ 2HCl$
$\longrightarrow CaCl_2 + \mathbf{CO_2}\uparrow + H_2O$

(ウ) $CaCl(ClO)$ (さらし粉) $+ 2HCl$
$\longrightarrow CaCl_2 + \mathbf{Cl_2}\uparrow + H_2O$

$CaCl(ClO) \longrightarrow Ca^{2+} + Cl^- + ClO^-$　①
$ClO^- + H^+ \longrightarrow HClO$　②
$HClO + HCl \longrightarrow Cl_2 + H_2O$　③
①+②+③をしてその両辺にCl^-をたす ⟶ 上式

(エ) $NaCl + H_2SO_4 \xrightarrow{熱} NaHSO_4 + \mathbf{HCl}\uparrow$

(オ) $Zn + 2HCl \longrightarrow ZnCl_2 + \mathbf{H_2}\uparrow$

(2) 塩素は，通常NaCl，HClのような化合物中で酸化数−1の状態で存在している。したがって，これら化合物に，適当な酸化剤を作用させて酸化するとCl_2ガスを発生させることができる。たとえば，強い酸化剤である$KMnO_4$とHClを反応させると

$2KMnO_4 + 16HCl$
$\longrightarrow 2KCl + 2MnCl_2 + 5\mathbf{Cl_2} + 8H_2O$

の反応が起こり，Cl_2が発生する。しかし，$KMnO_4$(aq)とHCl(aq)はいずれも水溶液であり一度混合したら，その反応を止めることはできない。これは，Cl_2ガスが有毒であることから，高校化学の実験としては危険が多すぎる。そこで，固体の酸化剤MnO_2と濃塩酸からCl_2を発生させるという混合だけでは起こらず，加熱して始めて起こる反応がよく使われる。この反応なら，加熱をやめれば止めることもできるし，また，固体と液体なので，いざとなったら分離して反応を止めることもできるからである。ただ，その結果，Cl_2ガス以外に，HClガスも出てくるから，これを除く工夫をしなくてはならない。

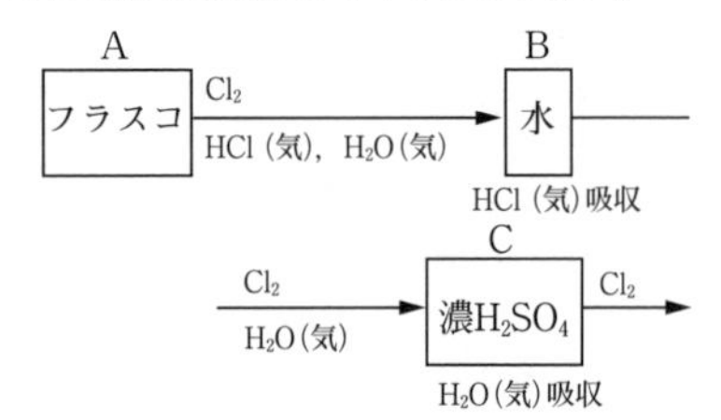

HClもCl_2も水溶性であるが，HCl(気)は極めて水に溶けやすいので，Bでほぼ吸収される。一方，Cl_2は飽和量以上は溶けず出ていく。出てきた気体には水蒸気が含まれているが，Cl_2は酸性気体($\because Cl_2 + H_2O \rightleftarrows HCl + HClO$)だから，Cでは酸性もしくは中性の乾燥剤を用いて$H_2O$(気)を吸収し，最後に乾いた$Cl_2$を得ることができる。

(3) Cl_2は<u>水に溶けやすく</u>水上置換は不適。また，分子量(=71)が空気の平均分子量(=28.8)より大きいので，<u>空気より重い</u>。よって，Cl_2は下方置換(<u>イ</u>)で捕集する。

128* 〈解 答〉

問1　A…NH_3　B…$AgNO_3$　C…NaOH　D…$Al_2(SO_4)_3$　E…HCl
F…$Pb(NO_3)_2$　G…Na_2CO_3　H…$CaCl_2$

問2　(ア)　$2AgNO_3+2NH_3+H_2O \longrightarrow Ag_2O+2NH_4NO_3$
(イ)　$Ag_2O+H_2O+4NH_3 \longrightarrow 2[Ag(NH_3)_2]OH$

問3　$PbSO_4$

解説

◀化合物の決定▶

A～H [NH_3, $CaCl_2$, Na_2CO_3, $Pb(NO_3)_2$, $Al_2(SO_4)_3$, NaOH, $AgNO_3$, HCl]

(1)

B $\xrightarrow[(ア)]{A}$ かっ色↓ $\xrightarrow[(イ)]{さらに A}$ 沈殿が溶解

⇩ ここでは Ag_2O しか考えられない ----► ⇩ $[Ag(NH_3)_2]^+$となったためだろう

よって，B＝$AgNO_3$，A＝NH_3

また，(ア)，(イ)の反応式は，

(ア) $2Ag^++2NH_3+2H_2O$ ($\rightleftarrows 2NH_4^++2OH^-$)
$\longrightarrow Ag_2O+H_2O+2NH_4^+$ ($\leftarrow 2AgOH$)

⇩ 対イオンとして，$2NO_3^-$をたす

$2AgNO_3+2NH_3+H_2O \longrightarrow Ag_2O+2NH_4NO_3$

(イ) $Ag_2O+H_2O+4NH_3$ ($\rightleftarrows 2AgOH$)
$\longrightarrow 2[Ag(NH_3)_2]^++2OH^-$

⇩ 右辺を1つにして

$Ag_2O+H_2O+4NH_3 \longrightarrow 2[Ag(NH_3)_2]OH$

(2)　D $\xrightarrow{C}$ 白↓ $\xrightarrow{さらに C}$ 溶解

$M^{n+} \xrightarrow{X}$ 沈殿 $\xrightarrow{X}$ 溶解　のXとしてはNH_3(aq)，NaOH(aq)が考えられる。そして，(1)でA＝NH_3と決定したから，C＝NaOH と決まる。よって，Dは両性元素(Al, Zn, Sn, Pb)を含む，$Pb(NO_3)_2$か$Al_2(SO_4)_3$。

(3)

$AgNO_3$(B) $\xrightarrow{E}$ ↓ $\xrightarrow{NH_3(A)}$ 溶解 (i)

F $\xrightarrow{E}$ ↓ $\xrightarrow{加温}$ 溶解 (ii)

(ii)において，Fから生じた沈殿が加温で溶解したことより，この沈殿は$PbCl_2$と考えられ，(i)，(ii)に共通のEはCl^-を含むHClもしくは$CaCl_2$と推定される。いずれにせよ，FはPb^{2+}を含むから，

F＝$Pb(NO_3)_2$であり，これより(2)の波線から

D＝$Al_2(SO_4)_3$と決まる。

ところで，Eを加えたとき，BとFの水溶液のみから沈殿(AgCl，$PbCl_2$)が生成したから，E＝HClである(∵もし，Eが$CaCl_2$なら，例えば，D($Al_2(SO_4)_3$)とは$CaSO_4$の沈殿が生成し，問題文の記述に反する)。

G $\xrightarrow{HCl(E)}$ ↑

これより，G＝Na_2CO_3

($Na_2CO_3+2HCl \rightarrow 2NaCl+CO_2\uparrow+H_2O$)

残ったのはHと$CaCl_2$だけだから，

H＝$CaCl_2$。

すべて決まったので，以下は確認する情報となる

(4)　$CaCl_2$(H) $\xrightarrow{AgNO_3(B)}$ AgCl (白↓) $\xrightarrow{NH_3(A)}$ $[Ag(NH_3)_2]^+$

(5)　$CaCl_2$(H) $\xrightarrow{Na_2CO_3(G)}$ $CaCO_3$(白↓)
$Pb(NO_3)_2$(F) $\xrightarrow{Na_2CO_3(G)}$ $PbCO_3$(白↓)

(6)　$Pb(NO_3)_2$(F) $\xrightarrow{Al_2(SO_4)_3(D)}$ $PbSO_4$(白↓)

129* 〈解答〉

(1) A. 鉄　B. 酸化マンガン(Ⅳ)　C. 硫化鉄(Ⅱ)(硫化亜鉛)　D. 銅(銀)

(2) ア Cu　イ $CuCl_2$　ウ HCl　エ $AgNO_3$　オ $[Ag(NH_3)_2]^+$
カ Ag_2S　キ S　ク $+4$　ケ $+6$　コ 0　a. 還元　b. 酸化

(3) ① $Fe+2HCl \longrightarrow FeCl_2+H_2$　② $MnO_2+4HCl \longrightarrow MnCl_2+Cl_2+2H_2O$
③ $FeS+2HCl \longrightarrow FeCl_2+H_2S$　④ $Cl_2+H_2S \longrightarrow S+2HCl$
⑤ $Cu+2H_2SO_4 \longrightarrow CuSO_4+SO_2+2H_2O$

解説

◀気体・イオンの総合題▶

〈A・**気体 1**〉 希塩酸との反応後，淡緑色(Fe^{2+}(aq)の色)の水溶液が生成したので，Aは鉄の単体か化合物。このとき発生した**気体 1** は無色無臭(⟶ Cl_2, SO_2, H_2S などではない)で，加熱した CuO と反応(CuO を還元)するから，**気体 1**＝H_2，A＝鉄(Fe)と考えられる。各変化は次の通り。

・$Fe+2HCl \longrightarrow FeCl_2$(淡緑)$+H_2$(↑) ①

・$CuO+H_2 \xrightarrow{熱} {}_{ア}Cu+H_2O$

・$FeCl_2+2NaOH \longrightarrow Fe(OH)_2$(淡緑↓)$+2NaCl$

・$4Fe(OH)_2+O_2+2H_2O \longrightarrow 4Fe(OH)_3$
生じた$Fe(OH)_3$はさらに脱水していく。

〈B・**気体 2**〉 発生した**気体 2** は黄緑色だから，**気体 2**＝Cl_2，B に濃塩酸を加え，加熱して Cl_2 を発生させているので，B＝酸化マンガン(Ⅳ))(MnO_2)と考えられる。各変化は次の通り。

• $MnO_2+4HCl \xrightarrow{熱} MnCl_2+Cl_2$↑$+2H_2O$ ③

• ${}_{ア}Cu$(加熱)$+Cl_2 \longrightarrow {}_{イ}CuCl_2 \xrightarrow{水}$ 青色

• H_2(**気体 1**)$+Cl_2 \xrightarrow{光} 2\,{}_{ウ}HCl$

• HCl＋エ ⟶ 白↓ $\xrightarrow{NH_3}$ 錯イオン(オ)
　(AgCl, $PbCl_2$)

Pb^{2+}は NH_3 と錯イオンを形成しないから，白↓＝AgCl，錯イオン＝${}_{オ}[Ag(NH_3)_2]^+$ とわかり，水溶性の銀化合物としてエは ${}_{エ}AgNO_3$ が適当である。

〈C・**気体 3**〉 発生した気体は腐卵臭があるから，**気体 3**＝H_2S。よって，C＝硫化鉄(Ⅱ)(FeS)や硫化亜鉛(ZnS)が考えられる。CuS や Ag_2S は塩酸に溶けず不適(これらが酸性下でも沈殿する硫化物であることを考えよ)。各変化は次の通り。

• FeS(または ZnS)$+2HCl \longrightarrow FeCl_2$(または$ZnCl_2$)$+H_2S$↑ ④

• $H_2S+2AgNO_3$ (エ) $\longrightarrow Ag_2S$(黒↓) $+2HNO_3$

• Cl_2 (**気体2**) $+H_2S \longrightarrow S$ (不溶→白濁) $+2HCl$ ⑤

〈D・**気体 4**〉 **気体 4** は熱濃 H_2SO_4 と D の反応で生成し，その溶液が弱酸性を示した(弱酸性を示す気体は，CO_2, SO_2, H_2S, HF)ことから，**気体 4**＝SO_2，D＝銅(Cu)や銀(Ag)。D の金属として，Fe や Zn などを用いるのは適切でない(∵これらの金属と熱濃 H_2SO_4 との反応では，SO_2 以外にも種々の気体を生成する)。各変化は次の通り。

• $Cu+2H_2SO_4 \xrightarrow{熱} CuSO_4+SO_2$↑$+2H_2O$ ⑥

• Cl_2(**気体2**)$+\underset{ク\,+4}{S}O_2$(${}_{a}$還元剤)$+2H_2O \longrightarrow 2HCl+H_2\underset{ケ\,+6}{S}O_4$

• $2H_2S$(**気体3**)$+\underset{+4}{S}O_2$(${}_{b}$酸化剤) $\longrightarrow 3\underset{コ\,0}{S}+2H_2O$

130* 〈解　答〉

（ア）1.0×10^{-1}　（イ）1.6×10^{-5}　（ウ）1.0×10^{-2}　（エ）③

解説

◀ 硫化物の分別沈殿 ▶

(1)
$$\begin{cases} H_2S \rightleftarrows H^+ + HS^- \cdots\cdots① \\ HS^- \rightleftarrows H^+ + S^{2-} \cdots\cdots② \end{cases}$$
の電離定数式は

$$K=\frac{[H^+][HS^-]}{[H_2S]}=9.1\times10^{-8}$$

$$K'=\frac{[H^+][S^{2-}]}{[HS^-]}=1.1\times10^{-12}$$

上式を辺々掛け合わすと

$$K\times K'=\frac{[H^+]^2[S^{2-}]}{[H_2S]}\fallingdotseq1.0\times10^{-19}\cdots③$$

ここで，飽和溶液だから$[H_2S]=1.0\times10^{-1}$ mol/L，また$[S^{2-}]=1.0\times10^{-18}$mol/L より

$$\frac{[H^+]^2\times(1.0\times10^{-18})}{1.0\times10^{-1}}=1.0\times10^{-19}$$

$$\therefore\ [H^+]={}_{ア}\underline{1.0\times10^{-1}}\text{mol/L}$$

(2)　2価の金属イオンをM^{2+}とおくと，硫化物の沈殿の有無は次のように判定できる。

$$\begin{cases}[M^{2+}][S^{2-}]>K_{sp}\cdots\cdots\text{沈殿生成}\\ [M^{2+}][S^{2-}]\leqq K_{sp}\cdots\cdots\text{沈殿生成なし}\end{cases}$$

そこで，$[Zn^{2+}]$，$[Fe^{2+}]$が1.0×10^{-2}mol/L の場合の沈殿の有無を調べてみると

（i）Zn^{2+}のとき，

$$[Zn^{2+}]\cdot[S^{2-}]=10^{-2}\times10^{-19}$$
$$=10^{-21}>1.6\times10^{-24}$$

→ 沈殿生成

よって，飽和溶液となっているため

$$[Zn^{2+}]=\frac{K_{sp}}{[S^{2-}]}$$
$$=\frac{1.6\times10^{-24}}{10^{-19}}={}_{イ}\underline{1.6\times10^{-5}}\ \text{mol/L}$$

（ii）Fe^{2+}のとき

$$[Fe^{2+}][S^{2-}]=10^{-21}<6.3\times10^{-18}$$

→ 沈殿生成なし

よって，$[Fe^{2+}]={}_{ウ}\underline{1.0\times10^{-2}}$mol/L

(3)　③式より$[S^{2-}]$を求めると

$$[S^{2-}]=\frac{[H_2S]}{[H^+]^2}\times1.0\times10^{-19}$$
$$=\frac{1.0\times10^{-1}}{(5.0\times10^{-1})^2}\times1.0\times10^{-19}$$
$$=4.0\times10^{-20}\text{mol/L}$$

ここで，(2)の場合と同様に，Zn^{2+}，Fe^{2+}，Pb^{2+}の硫化物の沈殿の有無を調べると

$$\begin{cases}[Zn^{2+}][S^{2-}]=10^{-4}\times4.0\times10^{-20}>K_{sp}\\ [Fe^{2+}][S^{2-}]=10^{-4}\times4.0\times10^{-20}<K_{sp}\\ [Pb^{2+}][S^{2-}]=10^{-4}\times4.0\times10^{-20}>K_{sp}\end{cases}$$

となるため，

PbS と ZnS が沈殿し，FeS は沈殿しない ⇨ ${}_{エ}$③

131 〈解 答〉　3. 元素別，族別各論の基本チェック

(1) (ア) Cl　(イ) Si　(ウ) Mg　(エ) Ar　(オ) S
(カ) P　(キ) Na　(ク) Al

(2) 問1

項目＼X	F	Cl	Br	I
Xの電気陰性度	1	2	3	4
X_2の酸化剤としての強さ	1	2	3	4
HXの酸としての強さ	4	3	2	1
AgXの水への溶解度	1	2	3	4

問2 F_2 … 気体，淡黄色
Cl_2 … 気体，黄緑色
Br_2 … 液体，赤褐色
I_2 … 固体，黒紫色

(3) ① D　② F　③ G　④ G　⑤ D　⑥ A　⑦ A
⑧ B　⑨ G

(4) a，b…NH_3，CO_2　c…$NaHCO_3$　d…風解
$2NaHCO_3 \longrightarrow Na_2CO_3+CO_2+H_2O$

(5) ②，④

解説

(1) 【典型元素】

第3周期　Na　Mg　Al ¦Si¦ P　S　Cl　Ar
金　属 ¦半導体¦ 非金属
⇑　⇑
(i),(j)より→ウ, キ, ク　オ, カ

(a) 黄緑色の気体＝Cl_2 ⇨ ア＝Cl
(b) 地殻中の元素：O>Si>Al>Fe⇨イ＝Si
(c) 燃える金属＝Mg
(フラッシュや導火線に利用)⇨ウ＝Mg
(d) 分子量＝原子量 ⟶ 単原子分子
(＝18族元素)⇨エ＝Ar
(e) 酸性雨の原因となる酸化物＝SO_x，NO_x
⇨オ＝S
(f) 骨や歯の成分元素＝Ca，P ⇨カ＝P
(g) 黄色の炎色反応, 水と激しく反応((i))
⇨キ＝Na
(h) 両性元素＝Al, Zn, Sn, Pb ⇨ク＝Al

(2) 【ハロゲン】

ハロゲンの元素(X)，単体(X_2)，水素化物(HX)，銀化合物(AgX)の諸性質は原子番号とともに解答のように規則的に変化する。この傾向に沿いながらもFは他のハロゲンとは異なる性質をもつことに注意。

たとえば，HFは分子間に水素結合が生じるため分子量から考えると異常に高い沸点をもち，また，その水溶液は弱酸性である。

…H－F…H－F…

また，AgFのみが水溶性で，他のAgXは水に難溶である。(逆にカルシウム化合物では，CaF_2のみが水に難溶で，他は水溶性である。) なお，AgClはNH_3水に$[Ag(NH_3)_2]^+$となって溶けるが，AgIはNH_3水にも不溶である。

(3) 【Ca】

カルシウム化合物は，炭酸塩(石灰石)，酸化物(生石灰)，水酸化物(消石灰)を中心にまとめておこう。以下，①～⑨までの反応式を示しておく(Δは加熱)

① $CaCO_3$(固) $\xrightarrow{\Delta}$ $CaO+CO_2$…D
② CaO(固)＋3C
$\xrightarrow{\Delta}$ CaC_2(カーバイド)＋CO…F
③ CaC_2(固)＋$2H_2O$
⟶C_2H_2(アセチレン)＋$Ca(OH)_2$…G
④ CaO(固)＋H_2O ⟶ $Ca(OH)_2$…G
⑤ $Ca(OH)_2$(固) $\xrightarrow{\Delta}$ $CaO+H_2O$…D

⑥ $Ca(OH)_2(aq)+CO_2 \longrightarrow CaCO_3+H_2O$…A

⑦ $CaCO_3$(固)$+H_2O+CO_2 \longrightarrow Ca(HCO_3)_2$…A

⑧ $Ca(HCO_3)_2(aq) \xrightarrow{\Delta} CaCO_3+H_2O+CO_2$…B

⑨ Ca(固)$+2H_2O \longrightarrow Ca(OH)_2+H_2$…G

(4) 【 Na_2CO_3 】

・Na_2CO_3は，ガラス，セッケン，医薬品の製造などに用いられる。その工業的製法がソルベー法である。

$NaCl+NH_3+CO_2+H_2O$（a,b）

$\longrightarrow NaHCO_3+NH_4Cl$ ①（c）
（他より溶解度小で沈殿）

$2NaHCO_3$(固)$\xrightarrow{\Delta} Na_2CO_3+CO_2+H_2O$ ②

CO_2は石灰石($CaCO_3$)の分解で得るが，②の反応で生成したCO_2も回収，利用される。NH_3も①で生成したNH_4Clを回収し，石灰水($Ca(OH)_2$)でNH_3にもどし再利用する。

・d風解と潮解

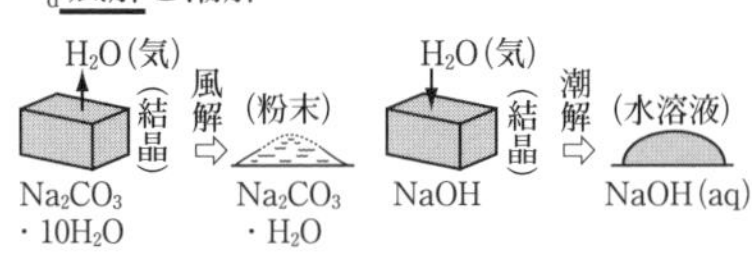

(5) 【 遷移元素 】

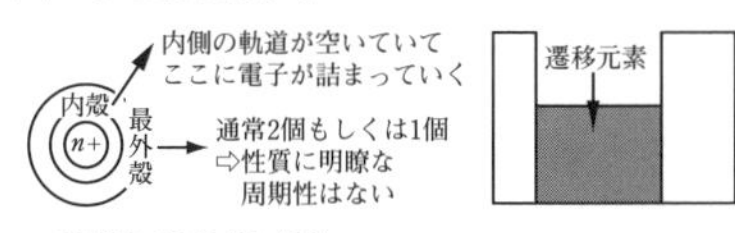

・多様な酸化数(②)
・単体はすべて金属(④)
・錯イオンをつくりやすい(④)
・有色のイオン，化合物が多い(②)

132 〈解　答〉

問1　下線1…$SiO_2+2C \longrightarrow Si+2CO$　下線2…$SiO_2+6HF \longrightarrow H_2SiF_6+2H_2O$

① 14　② 酸素　③ ダイヤモンド　④ 共有　⑤ 半導体　⑥ 太陽
⑦ 光ファイバー　⑧ フッ化水素　⑨ ケイ酸ナトリウム
⑩ 水ガラス　⑪ シリカゲル

問2　$SiO_2+Na_2CO_3 \longrightarrow Na_2SiO_3+CO_2$

解説

◀Si▶　第3周期 ①14族

・単体：SiO_2(石英やケイ砂)をコークス(C)で高温下還元して得る。金属光沢を有する④共有結合の結晶(③ダイヤモンド型)で，電気伝導度が金属と非金属の中間(⑤半導体)である。

・$SiO_2 \longrightarrow$ 水ガラス $\longrightarrow$ シリカゲル：いずれも巨大分子であり，各物質の化学式は組成式を用いる。

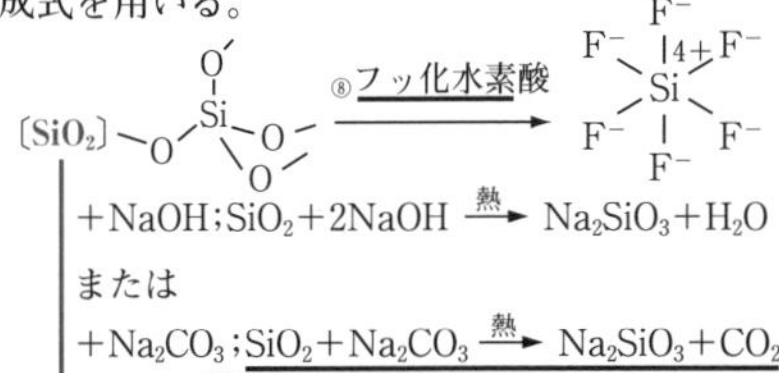

$+NaOH$；$SiO_2+2NaOH \xrightarrow{熱} Na_2SiO_3+H_2O$
または
$+Na_2CO_3$；$SiO_2+Na_2CO_3 \xrightarrow{熱} Na_2SiO_3+CO_2$（問2）

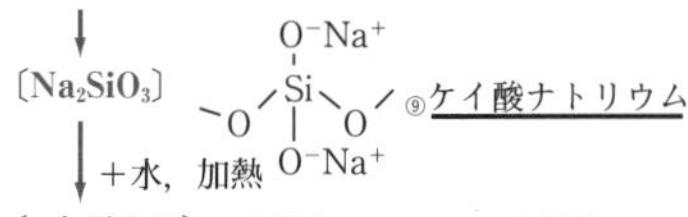

↓ ＋水，加熱

〔⑩水ガラス〕ケイ酸ナトリウムの水溶液で粘性の大きい液体

↓ ＋塩酸；$Na_2SiO_3+2HCl \longrightarrow H_2SiO_3+2NaCl$

〔H_2SiO_3〕（ゲル状沈殿）
OH / Si / OH
ケイ酸

（－OH間で縮合が起これば，$H_2Si_2O_5$などの組成のものも生成する。一般式としては，$mSiO_2 \cdot nH_2O$で表される。）

↓ 乾燥；脱水と縮合が進んで，三次元網目状の多孔質に

〔⑪シリカゲル〕多孔質のため表面積が大きく，吸着剤や乾燥剤として用いられる。

133 〈解 答〉

問1 P_4　問2 (ロ)　問3 $P_4O_{10}+6H_2O \longrightarrow 4H_3PO_4$

解説

◀P▶ 第3周期15族

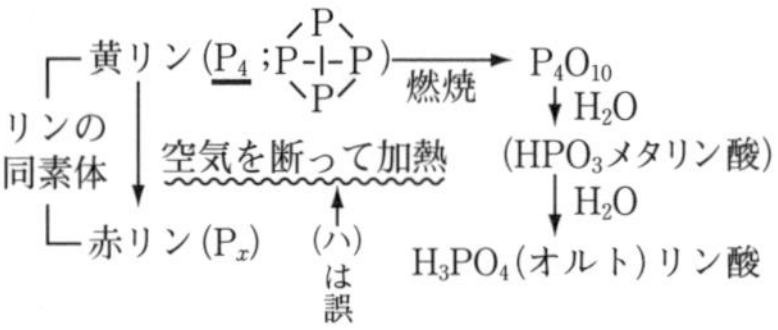

リンの同素体
- 黄リン（P_4；P四面体構造）→（燃焼）→ P_4O_{10} →（H_2O）→ （HPO_3 メタリン酸）→（H_2O）→ H_3PO_4（オルト）リン酸
- 黄リン →（空気を断って加熱）→ 赤リン（P_x）　（ハ）は誤

黄リンと赤リンの比較

	構造(状態)	安定性	毒性	溶解性
黄リン	P_4分子(ロウ状)	自然発火(水中保存)	有毒	水に不溶, CS_2に溶
赤リン	無定型固体(粉末)	安定	無毒	水, CS_2に不溶

（ロ）は正　（ニ）は誤　（イ）は誤

134 〈解 答〉

問1 (1) 15　(2) 白金　問2 :N⋮⋮N:, N≡N

問3 (a) $NH_4NO_2 \longrightarrow N_2+2H_2O$

(b) $2NH_4Cl+Ca(OH)_2 \longrightarrow 2NH_3+CaCl_2+2H_2O$

(c) $NH_3+HCl \longrightarrow NH_4Cl$　(d) $NaNO_3+H_2SO_4 \longrightarrow HNO_3+NaHSO_4$

(e) $4NH_3+5O_2 \longrightarrow 4NO+6H_2O$

問4 $NH_3+2O_2 \longrightarrow HNO_3+H_2O$　問5 1.5kg

解説

◀N▶ 第2周期の(1)15族

問2

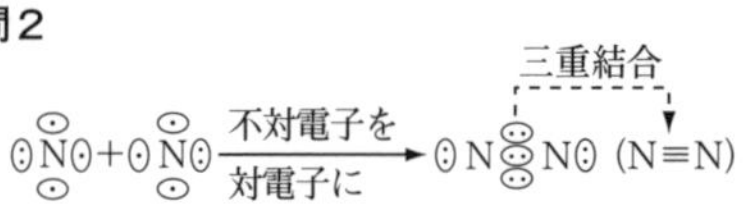

・N・ + ・N・ →（不対電子を対電子に）→ :N⋮⋮N:（N≡N）　三重結合

問3, 4

(a) N_2は工業的には液体空気の分留から得られるが，実験室的には次のような反応でつくられる。

$2NaN_3$（アジ化ナトリウム）$\xrightarrow{熱}$ $2Na+3N_2$

NH_4NO_2（濃い水溶液）$\xrightarrow{熱}$ N_2+2H_2O

(c) 生成したNH_4Clは微粉末状の固体であり，白煙として観察される。

(d) $NaNO_3$(固)と濃H_2SO_4を混合して加熱すると，揮発性の酸であるHNO_3が蒸気として生成してくるので，これを冷却してHNO_3(液)を得る。

(e) オストワルト法

$4NH_3+5O_2 \xrightarrow{(2)Pt, 熱} 4NO+6H_2O$　①

$2NO+O_2 \longrightarrow 2NO_2(\rightleftarrows N_2O_4)$　②

$3NO_2+H_2O \longrightarrow 2HNO_3+NO$　③

②×3+③×2 +①
（NO_2消える）（NO消える）

⇨ $NH_3+2O_2 \longrightarrow HNO_3+H_2O$　④

問5 60%のHNO_3(=63)水溶液9.3kgを得るのに必要なNH_3(=17)を$x$kgとすると，④式より，

$$\frac{x\times10^3}{17}=9.3\times10^3\times\frac{60}{100}\times\frac{1}{63}$$

mol(NH_3) ＝ mol(HNO_3)　g　mol(HNO_3)

⇨ $x ≒ 1.5$ kg

135 〈解　答〉

(1) (A) −2　(B) 0　(C) 同素体　(D), (E) 斜方硫黄，単斜硫黄　(F) 8
(G) 50

(2) (a) $FeS + H_2SO_4 \longrightarrow FeSO_4 + H_2S$
(b) $H_2S \rightleftarrows H^+ + HS^-$ ($\rightleftarrows 2H^+ + S^{2-}$)
(c) $S + O_2 \longrightarrow SO_2$

解説

◀S▶　第3周期16族

Sの酸化数：(A)−2(最小)　(B)0　＋4　＋6(最大)

$H_2S \xrightarrow{O_2} S \xrightarrow{燃焼} SO_2 \xrightarrow[(V_2O_5)]{O_2} SO_3 \xrightarrow{H_2O^*} H_2SO_4$

Sの(C)同素体
- (F)S_8 { 斜方硫黄(常温)／単斜硫黄(>96℃) }
- S_x ゴム状硫黄(無定形硫黄)

＊工業的には濃 H_2SO_4 に SO_3 を吸収させて発煙硫酸(SO_3 の蒸気と空気中の水分が反応して白煙となるのでこの名がある)とし，これを希硫酸または水でうすめて濃 H_2SO_4 を得る。

(1) (G)　S(=32)と同物質量の H_2SO_4(=98)が生成するから，得られる98%硫酸を $x$kgとすると次式が成立する。

$$\underbrace{\frac{16\times10^3}{32}}_{mol\,(S)} = \underbrace{x\times10^3\times\frac{98}{100}}_{g}\times\frac{1}{98}\ \ \underbrace{}_{mol\,(H_2SO_4)}$$

これより，x=50kg

(2) (b)　H_2S は2価の弱酸だが，第2電離は極めて小さく，酸性の程度は第1電離で決まる。

136 〈解　答〉

(1) ア．酸化　イ．吸湿　ウ．不揮発

(2) $C + 2H_2SO_4 \longrightarrow CO_2 + 2SO_2 + 2H_2O$

(3) 濃硫酸と水が混合すると多量の熱が発生するが，濃硫酸の密度は水より大きいため，濃硫酸に水を加えると，濃硫酸の表面で混合が起こり，その発生した熱のため水が激しく沸騰し，硫酸を含んだ水が飛散して危険である。

解説

◀H_2SO_4▶

〈濃 H_2SO_4 の作用・性質〉

〈ア酸化作用〉　熱濃硫酸は銅などの金属だけでなく，炭素，リン，硫黄なども酸化する。

$C \longrightarrow CO_2$，$P \longrightarrow H_3PO_4$，$S \longrightarrow SO_2$

〈脱水作用，吸湿作用〉　水分を吸収しやすく(イ吸湿性)，乾燥剤に使われる。また，スクロースなどの糖から，HとOを水分子の割合で奪いこれらを炭化する(脱水性)。

〈ウ不揮発性〉　粘りのある液体で沸点が高く(338℃)，不揮発性である。このため，揮発性の酸の塩に濃硫酸を加えて加熱すると，揮発性の酸が発生する。

例：$NaCl + H_2SO_4 \xrightarrow{熱} HCl\uparrow + NaHSO_4$

137 〈解 答〉

問1 (1) I (2) F (3) Br (4) Cl (5) HF (6) HCl (7) KCl (8) AgF

問2 ハロゲン 問3 $2KBr+Cl_2 \longrightarrow Br_2+2KCl$

問4 光によって分解し，銀が遊離する。(16字)

解説

◀ハロゲン▶ 17族：F, Cl, Br, I

(1)は単体が昇華性のある結晶で，そのカリウム塩に溶けるから I。

(2)は単体が水と激しく反応するから F。

$2F_2+2H_2O \longrightarrow 4HF_{(5)}+O_2$

$NaCl+H_2SO_4 \xrightarrow{熱} HCl_{(6)}+NaHSO_4$

沸点：HF>HCl(∵ HF は水素結合あり)

(3)は単体とフェノールの反応で白色沈殿を生じるから Br。

$C_6H_5OH + 3Br_2 \longrightarrow C_6H_2Br_3OH$ (2,4,6-トリブロモフェノール)(白↓)$+3HBr$

(4)は残りのハロゲンということから Cl と決まるが，Cl_2 は KBr((3)と K の化合物)と反応する

問3 ($2KBr+Cl_2 \rightarrow Br_2+2KCl_{(7)}$) ことからも確認される。

ハロゲン化銀は $AgF_{(8)}$ を除き水に難溶で，また，感光性($2AgX \xrightarrow{光} 2Ag+X_2$)を有する。実際に AgBr は写真フィルムに利用されている。

138 〈解 答〉

(ア) アルカリ (イ) 小さ (ウ) 酸化 (エ) 水素

(オ) 塩基(アルカリ) (カ) 石油

解説

◀アルカリ金属▶ 1族(Hを除く)：Li, Na, K, Rb, Cs

〈アルカリ金属の特徴・性質〉

- 銀白色で軟らかく，融点は低い(28.5℃(Cs)～180.5℃(Li))。
- 結晶は体心立方格子で，密度は$_{イ}$小さく，Li, Na, K は水に浮く。
- 各イオンに固有な炎色反応を示す。
- 反応性が高く(原子番号が大きいほど活性)，空気中では直ちに$_{ウ}$酸化物になり，水には$_{エ}$$H_2$ を発生しながら溶解して溶液は$_{オ}$塩基性になる。

例. $2Na+2H_2O \longrightarrow 2NaOH+H_2$

このため，アルカリ金属は$_{カ}$石油中に保存する。

139〈解答〉

問1　**A**…Mg　**B**…Ca　**C**…Ca　**D**…Mg　**E**…Ca　**F**…Mg

問2　反応式：$Ca+2H_2O \longrightarrow Ca(OH)_2+H_2$

理由：イオン化傾向がマグネシウムより大きく，また，反応で生成する水酸化物がマグネシウムの水酸化物より水溶性が大きいため。

問3　62g

問4　塩化カルシウムの水溶液はほぼ中性であり，二酸化炭素の電離はごくわずかである。このため，$[CO_3^{2-}]$が小さすぎて$CaCO_3$の沈殿が生じない。

問5　$CaCO_3$はCO_2水溶液中で次式のような可逆反応をする。

$$CaCO_3+CO_2+H_2O \rightleftarrows Ca(HCO_3)_2$$

このため，CO_2を通じ続けると，右方向に反応が進行して$CaCO_3$(沈殿)は減少していき，水溶性の$Ca(HCO_3)_2$が生成するので白濁は消える。一方，この水溶液を加熱すると，CO_2の溶解度が小さくなってCO_2は外部へ出ていくため，左方向に反応が進行して$CaCO_3$が増加していくので，再び水溶液は白濁する。

解説

◀Mg と Ca▶

問1　2族のうち，Ca，Sr，Ba，(Ra)は類似した性質をもつ。ところが，Be，Mgは同じ2族ながら，下表のようにかなり異なった性質をもつ。(M＝Mg or Ca)

	MSO_4	$M(OH)_2$	炎色反応
Mg	易溶	難溶(→弱塩基)	示さない
Ca	難溶	溶(→強塩基)	示す(橙色)

問2　水との反応性は，CaとMgのイオン化傾向の他に，Mgでは水との反応で生成する$Mg(OH)_2$が難溶性のため，これが表面を保護して反応性を小さくしていることが考えられる。

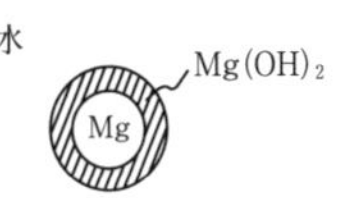

問3　CaOの吸湿性が，$CaO(=56)+H_2O \longrightarrow Ca(OH)_2$の反応によると考えて，

$$1000\times\frac{2.0}{100}\times\frac{1}{18}\times 56 = 62.2\cdots \fallingdotseq \underline{62g}$$

g(水)　mol(水)＝mol(CaO)　g(CaO)

問4　CaOの水溶液とは，$Ca(OH)_2$の水溶液であり($CaO+H_2O \longrightarrow Ca(OH)_2$)，その溶液は(強い)塩基性のため，酸性酸化物の$CO_2$と中和反応する($CO_2+2OH^- \longrightarrow CO_3^{2-}+H_2O$)。その結果$CO_3^{2-}$濃度が上がり$Ca^{2+}$と$CaCO_3$の沈殿をつくる($[Ca^{2+}][CO_3^{2-}]$が溶解度積を超えないと沈殿は生じない)。一方，$CaCl_2aq$は中性であり，このような中和反応が起こらず，$CO_3^{2-}$の濃度は極めて小さい($CO_2+H_2O \rightleftarrows H_2CO_3 \rightleftarrows H^++HCO_3^- \rightleftarrows 2H^++CO_3^{2-}$のそれぞれの平衡はいずれも左に片寄っている)。このため，$CaCl_2aq$にCO_2を通じても$CaCO_3$は沈殿しない。

問5

$$CaCO_3\ (\xleftarrow{CO_2} Ca(OH)_2 \xleftarrow{H_2O} CaO)$$

③ ↓↑

$$Ca^{2+} + CO_3^{2-} + H_2CO_3 \rightleftarrows 2HCO_3^-$$ ②

① ↑↓

$$CO_2 + H_2O$$

$+CO_2$ ⇒ ①，②，③の平衡が，実線の矢印方向に移動して，$CaCO_3$ が溶解していく。

↓

加熱 ⇒ CO_2 が外部へ出ていくので，①，②，③の平衡が点線の矢印方向に移動して，$CaCO_3$(沈殿)が生成する。

140 〈解答〉

問1 (1) 12 (2) 2

問2 (イ) $2ZnS+3O_2 \longrightarrow 2ZnO+2SO_2$，(ロ) $ZnO+C \longrightarrow Zn+CO$

問3 $Zn+2HCl \longrightarrow ZnCl_2+H_2$，$Zn+2H_2O+2NaOH \longrightarrow Na_2[Zn(OH)_4]+H_2$

解説

◀**Zn**▶ 第4周期の(1)12族

Zn，Cd，Hg の12族は遷移元素に分類されるが，典型元素に接する位置にあるので，低融点であるなど典型金属的な性質も示す。

金属亜鉛は問題文にあるように ZnS(閃(せん)亜鉛鉱)を酸化し，その酸化物(ZnO)をコークスで加熱還元して得る(**問2**の反応式)。

亜鉛は反応性が高く，(2)2価の陽イオンになりやすい。また，両性元素の一つで，強酸にも強塩基にも反応して溶ける(**問3**の反応式)。Zn と NaOH(aq)との反応式は次の要領でつくるとよい。

$$Zn+2H_2O \rightleftarrows Zn(OH)_2+H_2 \quad ①$$

$$Zn(OH)_2+2NaOH \longrightarrow Na_2[Zn(OH)_4] \quad ②$$

①+②；解答の式

141 〈解答〉

(1) イ．延　ロ．大き　ハ．緑青(ろくしょう)　ニ．黒　ホ．赤

(2) $Cu+2H_2SO_4 \longrightarrow CuSO_4+SO_2+2H_2O$

$3Cu+8HNO_3 \longrightarrow 3Cu(NO_3)_2+2NO+4H_2O$　希硝酸の場合

($Cu+4HNO_3 \longrightarrow Cu(NO_3)_2+2NO_2+2H_2O$　濃硝酸の場合)

解説

◀**Cu**▶ 第4周期の11族

11族元素の Cu，Ag，Au(オリンピックのメダル！)の単体は次のような共通の性質がある。

- 密度が大きく，比較的軟らかい。展性・イ延性に富む。
- 電気・熱の伝導性がロ大きい。
  (Ag>Cu>Au>Al)
- Ag は銀白色であるが，Au(黄)，Cu(赤)は有色。
- イオン化傾向が小さく，反応性は低いが，酸化力のある酸には溶ける(→(2)の反応)。

ハ．銅は空気中で水分と二酸化炭素の存在下，いわゆる銅のさびである緑色の「緑青」を生じる。組成は複雑であるが，

$CuCO_3 \cdot Cu(OH)_2$

などと表される。

ニ，ホ

$$Cu \xrightarrow[<1000℃]{加熱} CuO(\underset{ニ}{\underline{黒}}) \xrightarrow[>1000℃]{加熱} Cu_2O(\underset{ホ}{\underline{赤}})$$

142〈解答〉

問1　ア．3　イ．12　ウ．還元　エ．鋼
オ．トタン　カ．濃青　キ．血赤

問2　Ⓐ　Fe_2O_3（または$FeO(OH)$）　Ⓑ　$Fe(OH)_2$

問3　$Fe + H_2SO_4 \longrightarrow FeSO_4 + H_2$

問4　表面に形成された酸化亜鉛が内部を保護し，また，表面が傷ついて鉄が露出しても亜鉛が先に酸化されるから。

問5　ステンレス鋼

問6　0.24mol/L

解説

◀Fe▶　第4周期8族

鉄は単体の融点が1535℃の代表的な遷移元素（ア3族～イ12族）で，地殻中では酸化物や硫化物として，金属元素ではAlに次いで多く存在する。

〈製錬〉

溶鉱炉内で，鉄鉱石（赤鉄鉱Fe_2O_3など）をコークス(C)でウ還元する。ここで得られた鉄は炭素を4%ほど含む硬くてもろい「銑鉄」である。溶鉱炉内で溶融している銑鉄を「転炉」に送り込み，酸素を吹き込んで炭素含有量を2～0.02%とすると，硬くて強いエ鋼（こう）が得られる。製錬については問題144も参照。

〈単体の反応〉

鉄はイオン化傾向が中程度であり，H_2SO_4aqやHClaqにH_2を発生して溶解して2価の鉄イオンとなる。（イオン化傾向の小さいCu，Ag，Auは希酸に不溶。）

$$Fe + 2H^+ \longrightarrow Fe^{2+} + H_2$$

（この両辺にSO_4^{2-}を加えると**問3**の解答に。）

なお，鉄は濃硝酸には不動態となるため溶解しない。

鉄は空気中で水分の存在下，酸化されてⒶFe_2O_3（または$FeO(OH)$）で表される赤さびを生じる（鉄の腐食については問題143参照）。

〈イオンの反応〉

鉄はFe^{2+}，Fe^{3+}のイオンとなるがFe^{3+}の反応はすでに種々の問題で登場しているのでFe^{2+}についてまとめておく。

Fe^{2+}（水溶液は淡緑色）

$$\xrightarrow[(O_2などで)]{酸化} Fe^{3+}（水溶液は黄色）$$

$$\xrightarrow{OH^-} Ⓑ\ Fe(OH)_2（緑白↓）$$

$$\xrightarrow{K_3[Fe(CN)_6]} カ\ 濃青↓$$

（Fe^{3+}と$K_4[Fe(CN)_6]$からも同じ組成の濃青↓）

なお，Fe^{3+}aqにKSCN（チオシアン酸カリウム）aqを加えるとキ血赤色の溶液となるが，Fe^{2+}aqにKSCNaqを加えても変化はない。

〈鉄の防食（さびを防ぐ）〉

・鉄の表面を別の金属でおおう（めっき）

ォトタン…鉄板を亜鉛でめっき

ブリキ…鉄板をスズでめっき

(トタンの防食については**問 4** の解答および問題 143 参照)

・合金にする

③ステンレス鋼…Fe－Cr－Ni

問 6 $Fe^{2+}aq$ の濃度を x mol/L とする。

$$\begin{cases} Fe^{2+}\,(還元剤) \rightarrow Fe^{3+} + e^- \\ Cr_2O_7^{2-}\,(酸化剤) + 14H^+ + 6e^- \longrightarrow 2Cr^{3+} + 7H_2O \end{cases}$$

より，

$$\underbrace{x \times 100}_{\substack{\text{mmol} \\ (Fe^{2+})}} \times \underbrace{1}_{\substack{\text{mmol} \\ (出したe^-)}} = \underbrace{0.20 \times 20}_{\substack{\text{mmol} \\ (Cr_2O_7^{2-})}} \times \underbrace{6}_{\substack{\text{mmol} \\ (受け取ったe^-)}}$$

$x = \underline{0.24 \text{mol/L}}$

143 〈解 答〉

問 1 Zn＞Fe＞Sn

問 2 スズの方が亜鉛よりもイオン化傾向が小さく，反応性が小さいので，スズでめっきされたブリキの方が腐食されにくい。

問 3 ブリキでは，スズよりも鉄の方がイオン化傾向が大きいので先に鉄が腐食していくが，トタンでは鉄よりも亜鉛の方がイオン化傾向が大きいので亜鉛の方が先に腐食していく。よって，この場合，ブリキの鉄の方が腐食されやすい。

解 説

◀ブリキ，トタン▶

金属の腐食は，その表面に付着した水とその水に溶解した酸素による局部電池の形成で引き起こされる。下に鉄の腐食の模式図を示す。

水滴の周辺部では空気中からの O_2 の補給がすぐにできるので，ここで O_2 が e^- を得て O^{2-} となり，それがさらに H_2O と反応して OH^- となる。

① $O_2 + 4e^- + 2H_2O \longrightarrow 4OH^-$

一方，鉄は水滴の中央部付近で Fe^{2+} となって溶解していく。

② $Fe \longrightarrow Fe^{2+} + 2e^-$

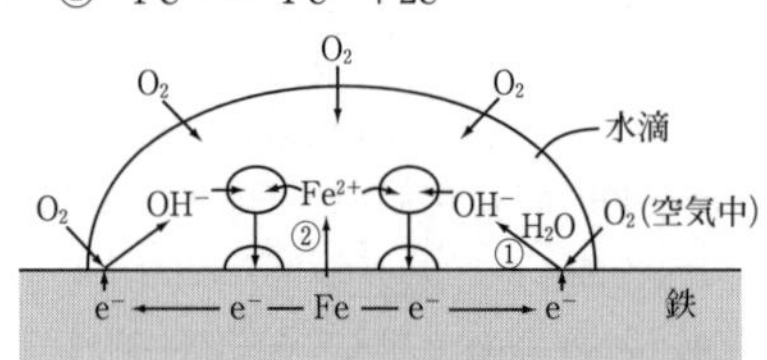

①で生成した OH^- と②で生成した Fe^{2+} が拡散して出会い $Fe(OH)_2$ の沈殿が生成し，さらにこれが溶存 O_2 で酸化されて $Fe(OH)_3 \rightarrow FeO(OH) \rightarrow Fe_2O_3$ と変化し，一般にこれは赤さびとよばれる。

よって，鉄の腐食を防ぐには，(i) 反応性の小さい(イオン化傾向の小さい)金属でめっきして鉄が水や酸素と触れないようにするか(→ブリキ(**問 2**))，(ii) 逆に鉄よりもイオン化傾向の大きい金属を鉄と接触させ，鉄に代わってその金属が反応するようにすればよい(→トタン(**問 3**))。(i) は金属表面に傷がつきにくいところ(缶詰の内側など)で使用するときに有効で，(ii) は逆に表面に傷がつきやすいところ(屋根など)で使用するときに有効である。

144〈解　答〉

(1)　(ア)　d　(イ)　j　(ウ)　l　(エ)　m　(オ)　g　(カ)　i
(キ)　n　(ク)　k　(ケ)　a

(2)　(a)　$Fe_2O_3+3CO \longrightarrow 2Fe+3CO_2$　(または $2Fe_2O_3+3C \longrightarrow 4Fe+3CO_2$)
(b)　$Al_2O_3+3H_2O+2OH^- \longrightarrow 2[Al(OH)_4]^-$

(3)　鉄…(ア)　ニッケル…(ア)　金…(ウ)　銀…(ウ)

解説

◀**Fe, Al, Cu の精錬**▶

① Fe の精錬

鉄鉱石(Fe_2O_3,Fe_3O_4)，コークス(C)，
石灰石($CaCO_3$)

溶鉱炉
$_{ア}$コークスによる酸化鉄の$_{イ}$還元
…解答の反応式
不純物(SiO_2)の除去
…$CaCO_3 \longrightarrow CaO+CO_2$
$CaO+SiO_2 \longrightarrow CaSiO_3$ (スラグ)

O_2
スラグ

$_{ウ}$銑鉄　(炭素含有量約 4％)
転炉 ↓ O_2
鋼　(炭素含有量 2％以下)

② Al の精錬

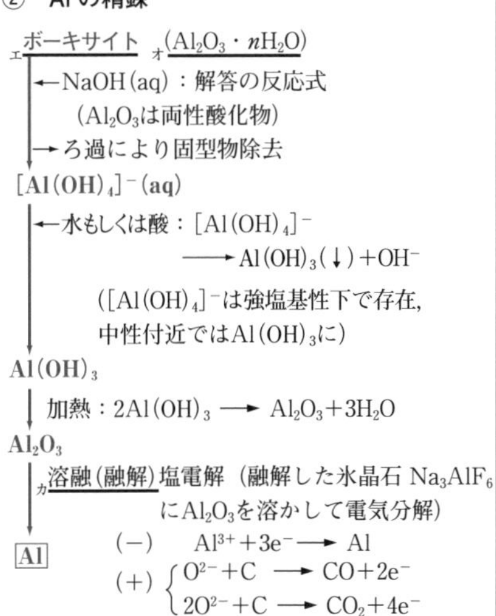

③ Cu の精錬

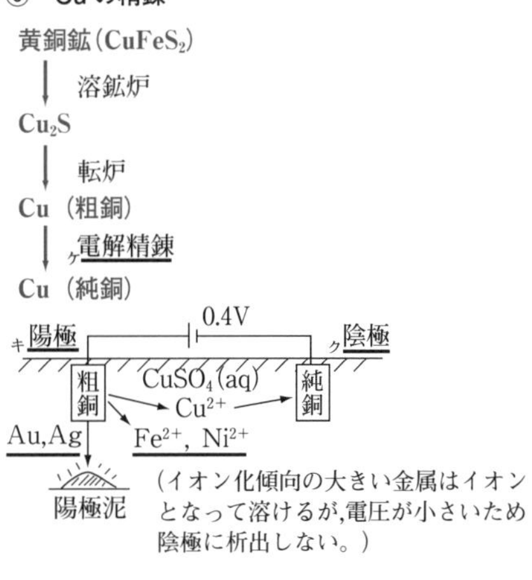

(問題105の解説参照)

145 〈解 答〉

(1) ①　(2) ③, ④

解 説

◀合金▶

(1) 合金は，2種以上の金属を混合・融解，凝固させたもので，もとの金属とは異なる性質をもつ。以下に代表的な合金を示す。

合 金	成 分	特 徴
ハンダ	Sn−Cu−Ag	融点が低い
ステンレス鋼	Fe−Cr−Ni−C	さびにくい
黄銅（しんちゅう）	Cu−Zn	加工しやすい
青銅（ブロンズ）	Cu−Sn	鋳物にしやすく，固い
白銅	Cu−Ni	さびにくい
ジュラルミン	Al−Cu−Mg−Mn	軽くて強い
ニクロム	Ni−Cr	電気抵抗が大きい
形状記憶合金	Ni−Tiなど	加熱により元の形にもどる
水素吸蔵合金	La−Niなど	水素を吸収，放出する

表にあるように①のハンダは亜鉛でなく錫(すず)や銅，銀との合金である。

(注) かつてはSn−PbのようなPbを含むハンダが用いられていたが，Pbの毒性のため，現在はPbを含まない無鉛ハンダが使われている。

(2) ③の黄銅，④の白銅が「合金」である。

① 「アルマイト」は，アルミニウムを陽極にして電気分解してその表面に酸化アルミニウムの被膜をつくって，アルミニウムをさびにくくしたものである。

② 「ほうろう」は，金属の表面にうわぐすりをかけて焼き，ガラス質の被膜を形成したものである。

⑤ トタンは，鉄よりも酸化されやすい(イオン化傾向の大きい)亜鉛を鉄にめっきしたもので，傷がついたときに鉄に代わって亜鉛がとけ，鉄の腐食を防ぐ。

⑥ ブリキは，鉄よりも酸化されにくい(イオン化傾向の小さい)スズで鉄をめっきすることにより鉄の腐食を防ぐ。

146〈解　答〉

(1)　⑤　　(2)　⑤　　(3)　②

解説

◀セラミックス▶

陶磁器，ガラス，セメントは酸化物などの無機物質を高温で焼き固めたもので「セラミックス」と呼ばれる。近年，これら従来のセラミックスに対し，精製した原料や新しい組成の原料を用い，より高い性能をもった新しい窯業製品(ニューセラミックス)が開発され，「ファインセラミックス」と呼ばれている。ファインセラミックスは，人工骨，ガスセンサー，高温超伝導体(ある温度範囲で電気抵抗がなくなる物質)など，「新素材」として大きな期待がかけられている。

(1)

①　$Al_2O_3+Cr_2O_3 \xrightarrow{2000℃}$ 人工ルビー(赤)

$Al_2O_3+TiO_2 \xrightarrow{2000℃}$ 人工サファイア(青)

②

ガラスの種類	主な原料	特長，用途
ソーダ石灰ガラス	ケイ砂，炭酸ナトリウム，石灰石	安価，窓ガラス
鉛ガラス	ケイ砂，炭酸ナトリウム，酸化鉛(Ⅱ)	光の屈折率大，クリスタルガラス
石英ガラス	二酸化ケイ素	紫外線透過大，光ファイバー

③　石灰石＋粘土 $\xrightarrow{1400℃}$ ＋セッコウ

$\xrightarrow{粉砕}$ (ポルトランド)セメント

④　粘土 $\xrightarrow{800℃}$ 土器

粘土＋石英や長石 $\xrightarrow{1000℃}$ うわぐすり $\xrightarrow{焼く}$ 陶器

　　　　　　　　　 $\xrightarrow{1400℃}$ うわぐすり $\xrightarrow{焼く}$ 磁器

⑤　人工骨・人工関節には，生体組織と接着性のよいヒドロキシアパタイト($Ca_{10}(PO_4)_6(OH)_2$)やじょうぶで耐久性に優れたAl_2O_3などが使われている。

(2)　陶磁器などの従来のセラミックスの特徴は，

・長所…腐食しない，硬い，熱に強い，原料(粘土，ケイ砂，石灰石など)が安価(→①，②は正)

・短所…もろい，加工しにくい(→③は正)の他，熱や電気を伝えにくい(→④は正)などが挙げられる。

原料の粘土(ケイ酸塩鉱物)や石灰石にはAl，Fe，Caなどの金属元素が含まれる(⑤が誤)。

(3)①　窒化ケイ素(Si_3N_4)や炭化ケイ素(Si−C)などのファインセラミックスは熱に強く，じょうぶであるため，セラミックタービンやセラミックスエンジンへの利用が進められている。

②　ポリアミドはアミド結合(−CONH−)を有する高分子で，ナイロンが代表的である。ナイロンは合成繊維や合成樹脂に利用されるが，包丁などの刃には不向きである(ファインセラミックス製の包丁やハサミは実用化されている)。

③　チタン酸ジルコン酸鉛は，圧力を加えると電圧を生じる圧電性ファインセラミックスで，着火装置などに使われている。

④　フェライトは酸化鉄を主成分とするファインセラミックスで，磁気テープやフロッピーディスクに利用されている。

⑤　水素吸蔵合金は，Ti−FeやNi−Laなどの合金で，水素ボンベに代わる水素貯蔵法として，燃料電池などへの応用が進められている。

147* 〈解 答〉

問1　ア．酸化　イ．疎水　ウ．凝析　エ．生石灰(酸化カルシウム)
問2　4.38×10^3kg　問3　(D)　問4　1.12%

解 説

◀酸性雨▶

<酸性雨の影響>

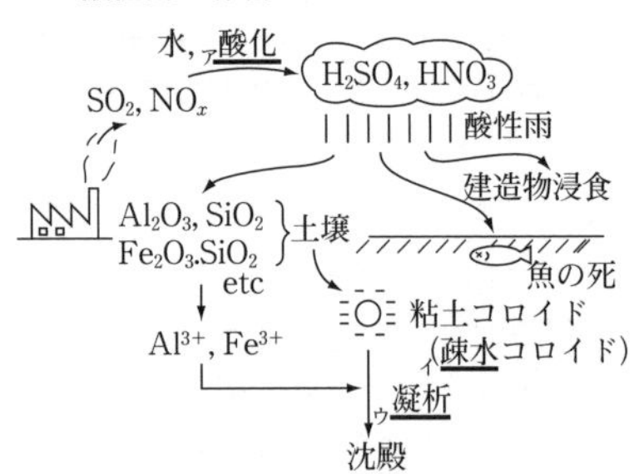

<SO_2の除去>

$CaCO_3$ (石灰石) $\xrightarrow{\Delta}$ CaO 生石灰エ(酸化カルシウム) + CO_2

$CaO \xrightarrow{H_2O}$ $Ca(OH)_2$ (消石灰)

$Ca(OH)_2 \xrightarrow{SO_2}$ $CaSO_3$　($Ca(OH)_2$(塩基) + SO_2(酸性酸化物) ⟶ $CaSO_3+H_2O$)

$CaSO_3 \xrightarrow{酸化}$ $CaSO_4\cdot2H_2O$ (セッコウ)

問2　SO_2 ⟶ H_2SO_4(=98) だから，1mol の SO_2 から 1mol の H_2SO_4 が生じる。

$$10^6\times10^3 \times\frac{0.1}{100}\times\frac{1}{22.4}\times98$$

燃焼ガス(L)(標準状態)　SO_2(L)　SO_2(mol) ‖ H_2SO_4(mol)　H_2SO_4(g)

$=4.375\times10^6$g ⇨ 4.38×10^3 kg

問3　金属イオン(M^{n+})で粘土コロイドが沈殿したから，粘土コロイドは負に帯電していると考えられる。よって，凝析に有効なのは正の電荷の大きなイオンである($\rightarrow Al^{3+}$(D))。

問4

1L(標準状態)のガス

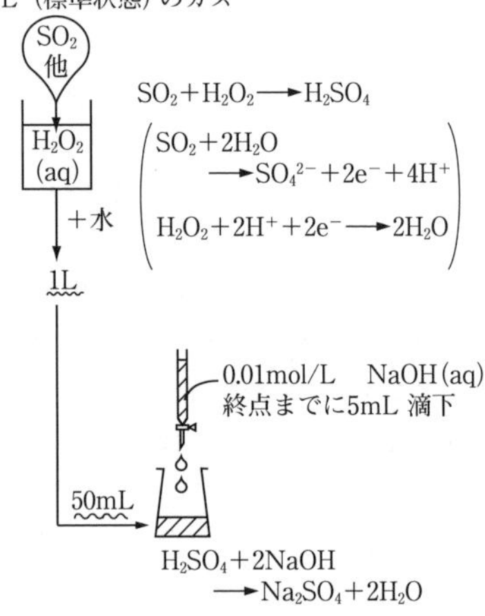

最初のガス中の SO_2 を xL(標準状態)とすると，

$$\frac{x}{22.4}\times\frac{50}{1000}\times2=0.01\times\frac{5}{1000}$$

SO_2(mol) ‖ 生成した H_2SO_4(mol)　滴定された H_2SO_4(mol)　反応する NaOH(mol)　滴下した NaOH(mol)

$x=0.0112$ L

∴ 最初のガス(1L)中の SO_2 の体積%は，

$$\frac{0.0112}{1}\times100=1.12\ \%$$

148* 〈解 答〉

問1 (a) ① $2Cr+6H^+ \longrightarrow 2Cr^{3+}+3H_2$　② $Cr^{3+}+3OH^- \longrightarrow Cr(OH)_3$

③ $2Cr(OH)_3+3H_2O_2+4OH^- \longrightarrow 2CrO_4^{2-}+8H_2O$

④ $2CrO_4^{2-}+2H^+ \longrightarrow Cr_2O_7^{2-}+H_2O$

(b) ①, ③

問2　水酸化ナトリウム水溶液を加えていくと，いずれのイオンも最初は水酸化物，$Cu(OH)_2$ および $Zn(OH)_2$ の沈殿を生じるが，水酸化ナトリウム水溶液をさらに過剰に加えると，$Cu(OH)_2$ の沈殿は変化しないが，$Zn(OH)_2$ の沈殿は $[Zn(OH)_4]^{2-}$ となって溶解する。

問3　63.5%

解説

◀合金▶

問1　本問でのクロムの変化を酸化数で整理すると次のようになる。

0　+3　+6

Cr(単体) —①H^+→ Cr^{3+} —②OH^-→ $Cr(OH)_3$ —③H_2O_2→ CrO_4^{2-}(黄) —④H^+→ $Cr_2O_7^{2-}$(赤橙)

(クロムの酸化数が変化する b ①,③が酸化還元反応である。)

① 金属が酸に溶解する反応で H_2 が発生する。

② $Cr(OH)_3$ は難溶性で，淡青色(灰緑色)の沈殿として生成してくる。

③ 酸化還元反応であるが，塩基性下であることに注意する。

$$\begin{cases} H_2O_2+2e^- \rightarrow 2OH^- \text{(ア)} \\ Cr(OH)_3+5OH^- \rightarrow CrO_4^{2-}+3e^-+4H_2O \text{(イ)} \end{cases}$$

(ア)×3+(イ)×2より

$$2Cr(OH)_3+3H_2O_2+4OH^- \longrightarrow 2CrO_4^{2-}+8H_2O$$

④ 6価のクロムは酸素と結合し，塩基性中で黄色の CrO_4^{2-} として，酸性中では赤橙色の $Cr_2O_7^{2-}$ として存在する。よって，これらのイオンは pH を変えると相互に変換する。

$$2CrO_4^{2-}+2H^+ \longrightarrow Cr_2O_7^{2-}+H_2O$$

$$Cr_2O_7^{2-}+2OH^- \longrightarrow 2CrO_4^{2-}+H_2O$$

問2　亜鉛は両性元素だから，単体，酸化物，水酸化物はいずれも強酸および強塩基と反応する。

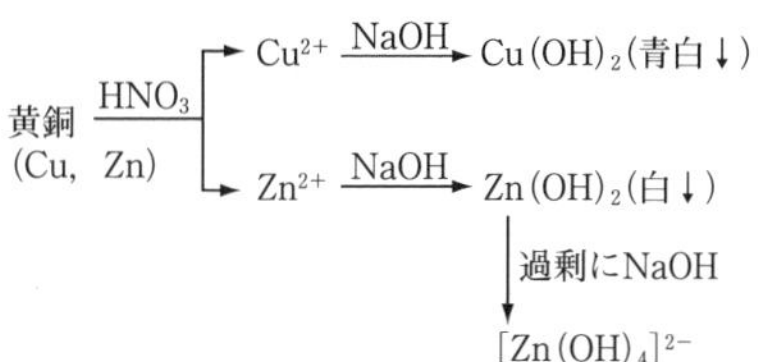

問3

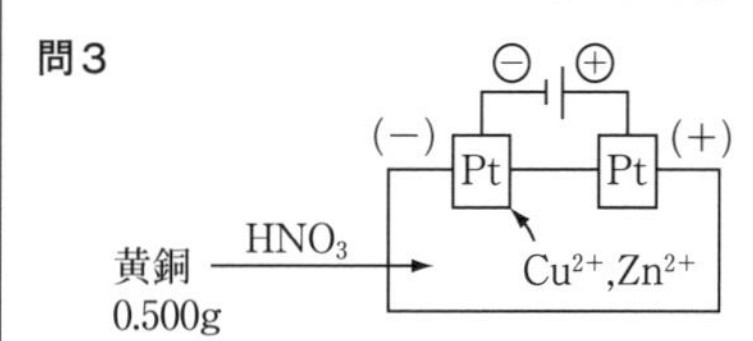

陰極では，$Cu^{2+}+2e^- \longrightarrow Cu$ のみの反応が起こり(亜鉛はイオン化傾向が大きいので，低い電圧で電気分解すれば Zn の析出は起こらない)，この反応に要した電気量が 9.65×10^2C であったから，黄銅中に含まれていた Cu(=63.5)は，

$$\frac{9.65\times10^2}{9.65\times10^4} \times \frac{1}{2} \times 63.5 = 0.3175\text{g}$$

mol(e^-)　mol(Cu)　g(Cu)

∴　黄銅中の銅の質量の割合(%)は

$$\frac{0.3175}{0.500}\times100 = \underline{63.5\ \%}$$

149 〈解 答〉

問1 (ア)窒素　(イ)水素　(ウ)アンモニア　(エ)気体　(オ)尿素

問2 (a) 1　(b) 2　(c) 1　(d) 2

問3 $2SO_2+O_2 \longrightarrow 2SO_3$, $SO_3+H_2O \longrightarrow H_2SO_4$

問4 試料水溶液を白金線につけてガスバーナーの外炎に入れると，紫色の炎が見られる。

問5 20%

問6 3.0×10^2kg

解説

◀肥料▶

問1

(ア)植物の生育に必須で不足しがちな元素，N，P，K が肥料の三要素である。

(オ)NH_3 と CO_2 を高温高圧下で反応させると尿素($H_2N-CO-NH_2$)が生成する。

$$2NH_3+CO_2 \longrightarrow CO(NH_2)_2+H_2O$$

尿素は徐々に加水分解して NH_3 を生じるので重要な窒素肥料の１つである。

問2 $Ca_3(PO_4)_2$ は水に難溶なので植物に吸収されにくい。そこで，H_2SO_4 と反応させて水溶性の $Ca(H_2PO_4)_2$ に変化させ肥料としている。

$${}_a\underline{1}Ca_3(PO_4)_2+{}_b\underline{2}H_2SO_4 \longrightarrow {}_c\underline{1}Ca(H_2PO_4)_2+{}_d\underline{2}CaSO_4$$

過リン酸石灰は，$Ca(H_2PO_4)_2$ と $CaSO_4$ の混合物である。

問3 硫酸の製法は問題 135 を参照

問4 カリウムはほとんど沈殿をつくらないので，その定性的な分析には炎色反応が利用される。

問5 混合肥料 5g 中の NH_4NO_3 を $x$mol とすると，発生した NH_3 も同じ物質量の $x$mol だから($NH_4NO_3+NaOH \rightarrow NH_3\uparrow+H_2O+NaNO_3$)，以下の関係式が成り立つ。

$$\underbrace{0.1\times\frac{100}{1000}}_{\text{全}H_2SO_4\text{の物質量}}=\underbrace{x\times\frac{1}{2}}_{NH_3\text{と反応した}H_2SO_4}+\underbrace{0.2\times\frac{37.5}{1000}\times\frac{1}{2}}_{NaOH\text{と反応した}H_2SO_4}$$

$$\therefore x=0.0125\text{mol}$$

よって，混合肥料中の NH_4NO_3(式量 80)の質量％は，

$$\frac{0.0125\times80}{5}\times100=\underline{20\%}$$

問6 混合肥料 5g 中，

NH_4NO_3(式量 80)……$0.0125\times80=1$g

KNO_3(式量 101)……$5-1=4$(g)

⇨ N の質量$=1\times\dfrac{14\times2}{80}+4\times\dfrac{14}{101}\fallingdotseq0.904$g

よって，54kg の N を施用するのに必要な混合肥料を Wkg とすると，

$$\frac{0.904}{5}=\frac{54}{W} ⇨ W=298 ⇨ \underline{3.0\times10^2\text{kg}}$$

150** 〈解　答〉

問1　$SiHCl_3 + H_2 \longrightarrow Si + 3HCl$

問2　融点がケイ素より低いものが多く，またその成分金属が結晶に混ざるから。

問3　PH_3

問4　8個

問5　3%

問6　2×10^{-5}

問7　反応式：$Na_2SiO_3 + 2HCl \longrightarrow H_2SiO_3 + 2NaCl$　　名称　二酸化ケイ素

$H_2SiO_3 \longrightarrow SiO_2 + H_2O$

問8　Fe^{3+}　1.6×10^{-3} (mol/L)　　Al^{3+}　1.2×10^{-3} (mol/L)

解説

◀ケイ素とケイ酸塩，イオンの分離▶

問1　下線部①より，H_2 は還元剤Ⓡで，$SiHCl_3$ は酸化剤Ⓞである。

Ⓡ：$H_2 \longrightarrow 2H^+ + 2e^-$

Ⓞ：$SiHCl_3 + 2e^- \longrightarrow Si + H^+ + 3Cl^-$

Ⓡ＋Ⓞより

$$\underline{H_2 + SiHCl_3 \longrightarrow Si + \underbrace{3H^+ + 3Cl^-}_{3HCl}}$$

問3　Si より最外殻電子が1つ多いのは15族N，P，As，…である。その中で，第3周期の元素はリンPで，その水素化合物Aの化学式は NH_3 と同様で $\underline{PH_3}$ である。

問4　原子は頂点，面心そして内部にあるので，

$$\left(\frac{1}{8}\right) \times 8 + \left(\frac{1}{2}\right) \times 6 + (1) \times 4 = \underline{8}\text{ 個}$$

問5　SiH_4 中の Si 原子は

$$\frac{5.0 \times 10^{-3}}{22.4} \times 6.0 \times 10^{23} \fallingdotseq 1.3 \times 10^{20}\text{ 個}$$

（mol (SiH_4) = (Si)，個）

であり，また，3.0cm＝3.0×10^7nm だから薄膜中の Si 原子は，

$$\frac{(3.0 \times 10^7)^2 \times 90}{(0.54)^3} \times 8 = 4.1 \times 10^{18}\text{ 個}$$

（個（膜中の単位格子），個（Si））

だから，求める割合は

$$\frac{4.1 \times 10^{18}}{1.3 \times 10^{20}} \times 100 \fallingdotseq \underline{3}\ \%$$

問6　$1\ cm^3 = (1.0 \times 10^7)^3 nm^3$ だから，この中に入る原子数は

$$\frac{(1.0 \times 10^7)^3}{(0.54)^3} \times 8 = 5.0 \times 10^{22}\text{ 個}$$

である。また，余分な電子数 1.0×10^{18} 個だけリンP原子が含まれているから

$$\frac{\text{P原子}}{\text{Si原子}} = \frac{1.0 \times 10^{18}}{5.0 \times 10^{22} - 1.0 \times 10^{18}} \fallingdotseq \frac{1.0 \times 10^{18}}{5.0 \times 10^{22}}$$

$$\fallingdotseq \underline{2 \times 10^{-5}}$$

問7　二酸化ケイ素 SiO_2 は正四面体形の SiO_4 の基本単位が互いにO原子を共有した三次元網目状構造でできている。本問のケイ酸塩は Al, Fe, Mg, Ca が含まれており，左図に示すようにして Si 原子の一部が他の金属イオンで置換している。

そして，このケイ酸塩に炭酸ナトリウムを加えて加熱すると，主成分は次のように反応してケイ酸ナトリウムになり，他は金属酸化物となる。

㊟SiO_2

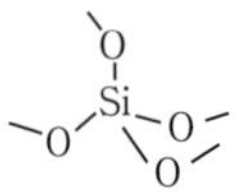

$SiO_2 + Na_2CO_3$

㊟Na_2SiO_3 $\longrightarrow Na_2SiO_3 + CO_2$

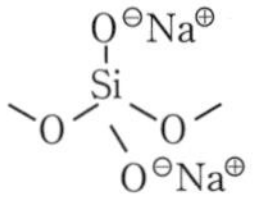

こうして得られた試料に塩酸を加えると，弱酸生成反応が起きる。

Na_2SiO_3

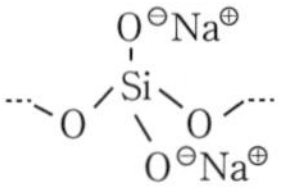

$Na_2SiO_3 + 2HCl \rightarrow 2NaCl + H_2SiO_3$ 反応式

さらにこのゲル状沈殿を十分に加熱乾燥すると下記の変化が起きる。

H_2SiO_3

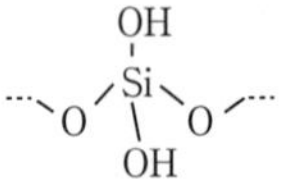

SiO_2

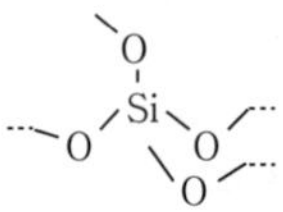

$H_2SiO_3 \rightarrow SiO_2 + H_2O$ 反応式

これより生じた白色固体は十分に加熱とあるから，二酸化ケイ素名称であろう。

問８　溶液(A)，(B)にはCa^{2+}，Mg^{2+}，Al^{3+}，Fe^{3+}が含まれ，このときの分離は次のように表される

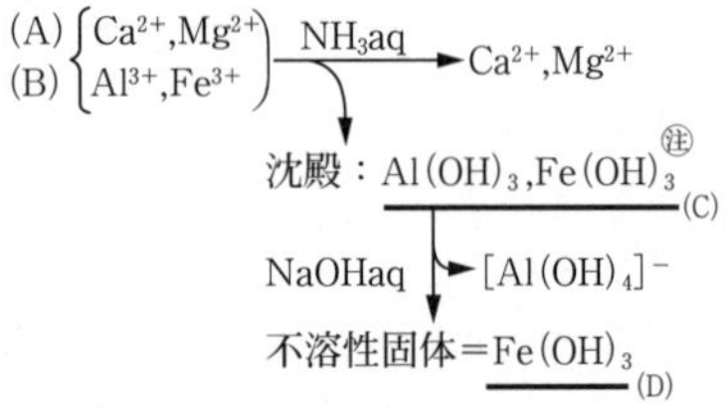

(A)(B) $\begin{cases} Ca^{2+}, Mg^{2+} \\ Al^{3+}, Fe^{3+} \end{cases}$ $\xrightarrow{NH_3aq}$ Ca^{2+}, Mg^{2+}

沈殿：$Al(OH)_3$, $Fe(OH)_3$㊟ (C)

NaOHaq → $[Al(OH)_4]^-$

不溶性固体＝$Fe(OH)_3$ (D)

なお，(A)，(B)には共に強酸が含まれていたので，NH_3水を加えてもNH_3と$NH_4{}^+$の混合溶液となり塩基性があまり強まらないため，$Mg(OH)_2$は沈殿しないのであろう。

㊟沈殿している水酸化鉄(Ⅲ)はOH^-間の脱水が一部起こっており，正確には$Fe(OH)_3$の化学式ではない。

問９　(C)，(D)より酸化物への変化を下に示す。

(C)：$Al(OH)_3 \longrightarrow Al_2O_3 (=102.0)$
　　$Fe(OH)_3 \longrightarrow Fe_2O_3 (=159.6)$ } 47.2mg

(D)：$Fe(OH)_3 \longrightarrow Fe_2O_3$　31.9mg

Fe^{3+}の濃度とAl^{3+}の濃度をそれぞれx mol/L，y mol/Lとおくと，次式が成り立つ。

$$\underset{\frac{mol}{L}}{x} \left| \underset{mmol\,(Fe^{3+})}{\times 250} \right| = \underset{mmol\,(Fe_2O_3)}{\frac{31.9}{159.6}} \left| \underset{mmol\,(Fe^{3+})}{\times 2} \right|$$

$$\underset{\frac{mol}{L}}{y} \left| \underset{mmol\,(Al^{3+})}{\times 250} \right| = \underset{mmol\,(Al_2O_3)}{\frac{47.2-31.9}{102.0}} \left| \underset{mmol\,(Al^{3+})}{\times 2} \right|$$

よって，

$$\begin{cases} x \fallingdotseq \underline{1.6 \times 10^{-3}\ mol/L} & \cdots Fe^{3+} \\ y \fallingdotseq \underline{1.2 \times 10^{-3}\ mol/L} & \cdots Al^{3+} \end{cases}$$

151** 〈解　答〉

問１　ア　酸素　　イ　ケイ素　　ウ　$C+O^{2-} \longrightarrow CO+2e^-$
エ　$2Al+3H_2O \longrightarrow Al_2O_3+3H_2$
オ　$2Al+6HCl \longrightarrow 2AlCl_3+3H_2$
カ　$2Al+2NaOH+6H_2O \longrightarrow 2Na[Al(OH)_4]+3H_2$
キ　不動態

問２　Al　5.4×10^{-1}kg　　気体　6.7×10^2L

問３　(う)
(理由)　強酸 HCl と弱塩基 $Al(OH)_3$ が中和したときに生じる塩なので，水に溶かすと加水分解して酸性を示すから。

問４　(1)　12　　(2)　4　　(3)　$\dfrac{2\sqrt{6}}{3}a$　　(4)　4.0 または 4.1g/cm³

解説

◀ Al の性質と製錬，Al_2O_3 の結晶 ▶

問１　地殻中では質量比で最も多い元素は酸素$_ア$，ケイ素$_イ$，Al そして Fe の順である。

Al_2O_3 の溶融塩電解（融解塩電解）により，本問では次の反応が起こる。

(陰極) $Al^{3+}+3e^- \longrightarrow Al$　……①
(陽極) $C+O^{2-} \longrightarrow CO+2e^-$$_ウ$　……②

Al はイオン化傾向が中位の上方にあって，高温の水蒸気と反応して水素を発生させながら酸化物となる。

$2Al+3H_2O \longrightarrow Al_2O_3+3H_2\uparrow$$_エ$

そして，Al はイオン化傾向が H_2 より大きいので，HCl 水溶液と反応する。

$2Al+6HCl \longrightarrow 2AlCl_3+3H_2$$_オ$

また，Al は両性金属だから，酸だけでなく強塩基の NaOH の水溶液とも反応する。この変化は次のように２段階に分けて考えて，つくることができる。

step1：常温の水との反応
$2Al+6H_2O \longrightarrow 2Al(OH)_3+3H_2$　…(a)

step2：錯塩の生成反応
$Al(OH)_3+NaOH \rightarrow Na[Al(OH)_4]$…(b)

(a)＋2(b)より

$2Al+6H_2O+2NaOH$
$\longrightarrow 2Na[Al(OH)_4]+3H_2$$_カ$

問２　流れた電子は

$$\underset{\text{C/秒}}{400}\left|\times \underset{\text{C}}{4.0\times3600}\right|\times\frac{1}{1.6\times10^{-19}\times6.0\times10^{23}}\Bigg|_{\text{mol}} = 60\text{mol}$$

陰極では①式，陽極では②式が起きたので，生じた Al と CO は次のように計算される。

$$\underset{\text{mol}(e^-)}{60}\left|\times\frac{1}{3}\right|_{\text{mol(Al)}}\times27\times10^{-3}\Big|_{\text{kg}} = \underline{5.4\times10^{-1}}\text{kg}\quad\cdots\text{Al}$$

$$\underset{\text{mol}(e^-)}{60}\left|\times\frac{1}{2}\right|_{\text{mol(CO)}}\times 22.4\Big|_{\text{L}} \fallingdotseq \underline{6.7\times10^2}\text{L}\quad\cdots\text{CO}$$

問3　$AlCl_3$ が水中で電離した Al^{3+} は実際は $[Al(H_2O)_6]^{3+}$ となっており，そして Al^{3+} に配位した H_2O 分子中の H の $\delta+$ は，配位していない通常の H_2O 中の H の $\delta+$ より大きい。その結果，H^+ として電離しやすくなっている。$Al^{3+}(aq)$ が酸性を示す理由をより詳しく説明するとこのようになる。

$$[Al(H_2O)_6]^{3+} + H_2O \rightleftarrows [Al(OH)(H_2O)_5]^{2+} + \underline{H_3O^+}$$

問4　(1)　図1の六方最密構造をO原子がとるから1つのO原子のまわりのO原子数は

上面3個
同一面で6個
下面で3個
の計 <u>12</u> 個である。

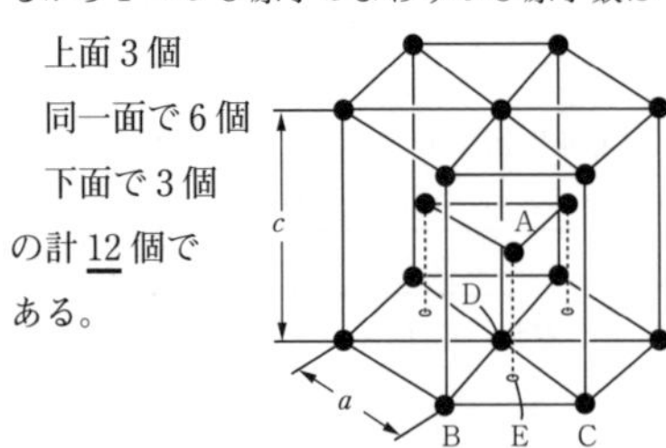

(2)　六角柱の中にあるO原子の数は

$$\left(\frac{1}{6}\right)\times 12 + \left(\frac{1}{2}\right)\times 2 + (1)\times 3 = 6 \text{ 個}$$

である。一方，Al原子は図1に表示されていないが，組成式が Al_2O_3 であるので六角柱の中に Al:O=2:3 で含まれていなくてはならない。よって，六角柱内の Al 原子は，

$$6\times\frac{2}{3} = \underline{4} \text{ 個}$$

(3)　図1に記した正四面体ABCDの高さを h とすると，直角三角形AECに注目して，三平方の定理より

$$\overline{AE}^2 + \overline{EC}^2 = \overline{AC}^2$$

$$\Leftrightarrow\ h^2 + \overline{EC}^2 = a^2$$

ここで，E点は，正三角形BCDの重心にあるから，

$$\overline{EC} = a\times\frac{\sqrt{3}}{2}\times\frac{2}{3} = \frac{a}{\sqrt{3}}$$

よって，

$$h^2 + \left(\frac{a}{\sqrt{3}}\right)^2 = a^2$$

$$h^2 = \frac{2}{3}a^2$$

$$h = \sqrt{\frac{2}{3}}\,a$$

そして，$c=2h$ であるので

$$c = \frac{2\sqrt{6}\,a}{3}$$

(4)　六角柱の底面積は

$$a\times\frac{a}{2}\times\sqrt{3}\times 3$$

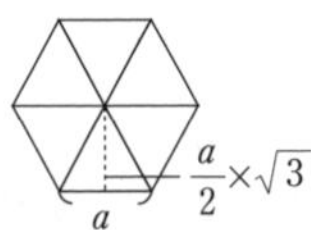

であり，高さ $\frac{2\sqrt{6}}{3}a$ だから，六角柱の体積は

$$\left(a\times\frac{a}{2}\times\sqrt{3}\times 3\right)\times\frac{2\sqrt{6}\,a}{3} = 3\sqrt{2}\,a^3$$

となる。そして，Al_2O_3 がこの中に2個分含まれる。

よって，その密度は

$$\frac{\dfrac{27\times 2+16\times 3}{6.0\times 10^{23}}\times \cancel{2}^{\sqrt{2}}}{3\times\cancel{\sqrt{2}}\times(2.7\times 10^{-8})^3} \fallingdotseq \underline{4.0\ (g/cm^3)}$$

(分母を有理化せずに計算すると <u>4.1</u> となる)

7 物質の性質２（有機化合物）

152 〈解　答〉　1．構造と異性体の基本チェック

(1)　(ア)　D　　(イ)　C　　(ウ)　A　　(エ)　A　　(オ)　B

(2)　①　3　　②　4　　③　7

(3)　①　ホルミル基(アルデヒド基)　　②　アミノ基

　③　カルボキシ基　　④　ヒドロキシ基

(4)　組成式　C_2H_4O　　分子式　$C_4H_8O_2$

解　説

(1)　**【 異性体の分類 】**

分子式が同じで性質が異なる化合物を，たがいに異性体という。

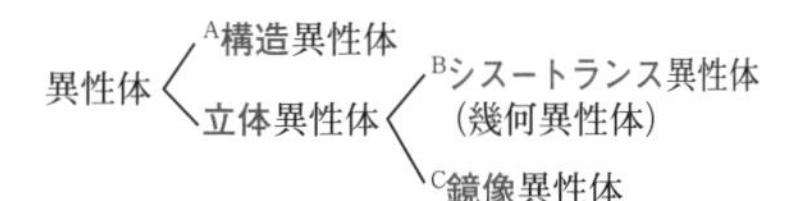

Aは原子の結合の仕方が異なることで生じるもの，Bは分子内の自由回転ができないことにより生じるもの，Cは不斉炭素原子の存在により生じるものである。

(ア)は同一化合物，**(イ)**は結合の仕方は同じだが，中心の炭素が不斉炭素原子(４つの結合手にすべて異なる原子または原子団がついている)で，たがいに実物と鏡像の関係，**(ウ)**と**(エ)**は結合の仕方が異なる，**(オ)**は結合の仕方は同じだが，二重結合(C=C)の自由回転ができない。

(オ)

```
Cl      CH3       CH3      CH3
  \    /            \    /
   C = C             C = C
  /    \            /    \
CH3     Cl        Cl      Cl
 トランス形           シス形
```

(2)　**【 構造異性体 】**

以下でH原子を略して構造異性体を示す。

①

```
-C-C-C-C-C-     -C-C-C-C-        -C-
                   |              |
                  -C-          -C-C-C-
                                  |
                                 -C-
```

⇨ <u>3</u>種類

②

```
      Cl        Cl
      |         |
-C-C-C-    -C-C-C-    -C-C-C-     -C-C-C-
      |         |        |  |      |   |
      Cl        Cl       Cl Cl     Cl  Cl
```

⇨ <u>4</u>種類

③

```
-C-O-C-C-C-     -C-C-O-C-C-

   -C-
    |
-C-C-O-C-      (エーテル３種)

-C-C-C-C-     -C-C-C-C-       -C-
        |          |           |
        OH         OH       -C-C-C-
                               |
                               OH
   -C-
    |
-C-C-C-        (アルコール４種)
    |
    OH
```

⇨ 合計<u>7</u>種類

(3)　**【 官能基の名称 】**

＞C=O は，カルボニル基と呼ばれる。

(4)　**【 組成式・分子式 】**

C，H，Oの原子数の比は，

$$C:H:O=\frac{54.5}{12.0}:\frac{9.1}{1.0}:\frac{36.4}{16.0}$$

$$=4.54:9.1:2.28$$

$$\fallingdotseq 2:4:1$$

よって，組成式は<u>C_2H_4O</u>(式量44.0)

分子量＝組成式量×nより，整数nを決める。

$$88.0=44.0\times n \qquad \therefore \quad n=2$$

よって，分子式は$(C_2H_4O)\times 2$より，<u>$C_4H_8O_2$</u>となる。

第７章

153 〈解　答〉

①，③，⑤，⑦

解　説

◀**原子価と分子式**▶

安定な分子では，各原子の結合手(原子価)が余らないように結合している。したがって，分子式において，**H, Cl, N など奇数の原子価をもつ原子の総数は偶数**となる。飽和鎖式の炭化水素でC数が x のとき，H数は $2x+2$ となる。

$$H\!-\!\left(\begin{array}{c}H\\|\\C\\|\\H\end{array}\right)_{x}\!\!-\!H \Rightarrow C_xH_{2x+2}$$

したがって，C数が x の炭化水素では，H数 $2x+2$ が最大となる。

また，飽和鎖式でC数，N数，O数がそれぞれ x，y，z のとき，H数は $\mathbf{2x+y+2}$ となる。

$$H\!-\!\left(\begin{array}{c}H\\|\\C\\|\\H\end{array}\right)_{x}\!\!-\!\left(\begin{array}{c}N\\|\\H\end{array}\right)_{y}\!\!-\!\left(O\right)_{z}\!-\!H$$

$$\Rightarrow C_xH_{2x+y+2}N_yO_z$$

したがって，C数が x，N数が y の分子では，H数 $2x+y+2$ が最大となる。(最大H数はO数によらない)

① C_5H_{14}：C数5でH数最大 $2\times5+2=12$。よって，不可。

② $C_4H_{10}O$：C数4でH数最大 $2\times4+2=10$。よって，可。

③ $C_4H_{12}N$：H数とN数の合計 $12+1=13$ が奇数だから，不可。

④ $C_3H_6O_2$：C数3でH数最大 $2\times3+2=8$。よって，H数6(偶数)だから，可。

⑤ C_3H_8NO：H数とN数の合計 $8+1=9$ が奇数だから，不可。

⑥ $C_3H_{10}N_2$：C数3，N数2でH数最大 $2\times3+2+2=10$。　よって，可。

⑦ $C_2H_4NO_2$：H数とN数の合計 $4+1=5$ が奇数だから，不可。

154 〈解　答〉

③，⑥

解　説

◀**光学異性体**▶

不斉炭素原子(＊印で示した)の数に注意する。

〔鏡像異性体〕

① $CH_3-\overset{*}{C}H(OH)-\overset{*}{C}H(OH)-CH_2-CH_3$　　2組＝4種

② $CH_3-\overset{*}{C}H(OH)-CH_2-OH$　　1組＝2種

③ $CH_3-\overset{*}{C}H(OH)-CH_2-OCOCH_3$　　1組＝2種

④ $HO-CH_2-CH(OH)-CH_2-OH$　　なし

⑤ $HO-CH_2-\overset{*}{C}H(OH)-CH_2-OCOCH_3$　　1組＝2種

⑥ $HO-CH_2-CH(OCOCH_3)-CH_2-OH$　　なし

(注)　鏡像異性体の1組とは，実物と鏡像の関係にあるもの。通常は，C^* 1個当り鏡像異性体1組が存在しうる。

155〈解　答〉

(1)　CH_2　　(2)　56　　(3)　C_4H_8

解　説

◀分子式の決定▶

(1)　塩化カルシウムには H_2O（分子量 18.0），ソーダ石灰には CO_2（分子量 44.0）がそれぞれ吸収される。C と H の原子数の比は，

$$C:H=\frac{8.80}{44.0}:\frac{3.60}{18.0}\times 2=1:2$$

よって，組成式は $\underline{CH_2}$（式量 14.0）

(2)　気体の状態方程式　$PV=nRT$ より，

$$1.52\times 10^5\times 100\times 10^{-3}$$
$$=\frac{0.256}{M}\times 8.3\times 10^3\times (273+127)$$
$$\therefore\ M=\underline{56}$$

(3)　$14.0\times n=56$　より，$n=4$

よって，分子式は $\underline{C_4H_8}$ となる。

156〈解　答〉

A：組成式 CHO，分子量 116，分子式 $C_4H_4O_4$

A：構造式

```
       O
  H    ‖
   \  C—OH
    C
    ‖
    C
HO—C  \
   ‖    H
   O
```

B：構造式

```
       O
  H    ‖
   \  C—OH
    C
    ‖
    C
   /  \
  H    C—OH
       ‖
       O
```

C：構造式

```
          O
          ‖
  H   C — C
   \ /      \
    C        O
    ‖       /
    C — C
   /      ‖
  H       O
```

解　説

◀構造式の決定▶

実験(1)より，

C　$7.60\times\frac{12.0}{44.0}\fallingdotseq 2.07\,(\mathrm{mg})$，

H　$1.50\times\frac{2.0}{18.0}\fallingdotseq 0.17\,(\mathrm{mg})$

O　$5.00-2.07-0.17=2.76\,(\mathrm{mg})$

$$C:H:O=\frac{2.07}{12.0}:\frac{0.17}{1.0}:\frac{2.76}{16.0}\fallingdotseq 1:1:1$$

よって，組成式 $\underline{CHO}$（式量 29.0）

実験(2)より，

$$\frac{40.0\times 10^{-3}}{M}\times 2=0.100\times\frac{6.90}{1000}\times 1$$

分子量　$M\fallingdotseq 116$

$29.0\times n=116$ より，$n=4$　⇨ $M=\underline{116}$

よって，分子式は　$\underline{C_4H_4O_4}$

実験(3)より，**B** は分子内脱水が容易なシス形のマレイン酸，**A** はトランス形のフマル酸と決まる。

157* 〈解 答〉

1 c　2 b　3

```
       H                        CH3
       |                        |
CH3−C=C−C=O          H−C=C−C=O
     \     |              \     |
     CH2−CH2              CH2−CH2
```

解 説

◀構造式の決定▶

1. 情報(2)～(4)から，わかっている部分の式量をまとめてみると，

```
  |  |  |          〔式量〕
−C=C−C=O            52
        −H             1
       −CH3           15
                    合計68
```

情報(1)より分子量は 96 であるから，残りの式量は 96−68=28 である。結合手は 4 つ残っており，そのうち 2 つは−H と$-CH_3$が直接結合するから，あと 2 つの結合手が使える。一方，$-CH_2-$2 つ分の式量がちょうど 14×2=28 である。情報(5)から 3 個または 4 個の原子からなる環はないので，$-CH_2-CH_2-$が右のような 5 個の環をつくればよい。

```
      |
−C=C−C=O
  |     /
  CH2−CH2
```

2. 分子構造中の ＞C=O には，炭素原子だけが結合しているので，b. ケトンである。

3. 上記の構造の 2 つの−に−H と$-CH_3$をつける方法は 2 通りである。

(補足) 情報(1)よりこの物質の分子式を $C_xH_yO_z$ とすると，

$12x+y+16z=96$

$z=1$ のとき，$12x+y=80$。水素原子数 y は $y \leqq 2x+2$ で，これを満足するのは $x=6$，$y=8$ となるので，$z=1$ のときの分子式は

C_6H_8O

同様にして，$z=2$ で求めると分子式は

$C_5H_4O_2$

$z=3$ では，C_4O_3，$C_3H_{12}O_3$ などありえない分子式となる。以上により，C，H，O からなり分子量が 96 の分子の分子式として

C_6H_8O，$C_5H_4O_2$

が考えられる。情報(2)～(5)より，$C_5H_4O_2$ はありえず，結局 C_6H_8O となる。そして，C=C，C=O，環を一つずつもつ構造となる。

158〈解　答〉　2. 脂肪族化合物（C, H）の基本チェック

(1)　ア　単(一重)　イ　アルカン　ウ　アルケン　エ　アルキン　オ　アルケン

(2)　(a)　A　$CH_3CH_2CH_3$　B　$CH_3CH{=}CH_2$　C　$CH_3C{\equiv}CH$

(b)　A　B　C

(3)　(a)　$CH_2{=}CH{-}CH_2{-}CH_3$（H, H / CH_2-CH_3, H）　CH_3, H / CH_3, H（シス）　CH_3, H / H, CH_3（トランス）　CH_3, CH_3 / H, H

(b)　$CH_3CH{=}CHCH_3$ + Br_2 ⟶ $CH_3{-}CHBr{-}CHBr{-}CH_3$

(c)　ア

解説

(1)【 炭化水素の分類 】

分類(a)は，$_イ$アルカン(Alkane) C_nH_{2n+2} と呼ばれ鎖式で$_ア$単結合のみからなる。分類(b)には鎖式で二重結合を1つもつ$_ウ$アルケン(Alkene) C_nH_{2n}，鎖式で三重結合を1つもつ$_エ$アルキン(Alkyne)などがある。分類(c)には，環を1つもち単結合のみからなるシクロアルカン(C_nH_{2n})などがある。アルカンと比べて，二重結合1つ当り2H，三重結合1つ当り4H，環1つ当り2Hの減少が生じる。

(2)【 脂肪族炭化水素の構造 】

(a)　A，B，Cはそれぞれ$n=3$のときのアルカン，アルケン，アルキンである。

(b)　A：各炭素原子は，それに結合している4つの原子に対して正四面体の中心にある。

B：(H, C)C=C(H, H) 部分は同一平面上にある。

C：C−C≡C−H 部分は同一直線上にある。

(3)【 アルケンの反応 】

分子式 C_4H_8 の構造異性体には以下の5種がある。

アルケン

① $CH_2{=}CH{-}CH_2{-}CH_3$

② $CH_3{-}CH\overset{*}{=}CH{-}CH_3$

（∗シス，トランスあり）

③ $CH_2{=}C(CH_3){-}CH_3$

シクロアルカン

④ シクロブタン（$CH_2{-}CH_2$ / $CH_2{-}CH_2$）　⑤ メチルシクロプロパン（CH_2, CH_2 > $CH{-}CH_3$）

これらのうち，②にはシス，トランスの異性体があり，この異性体も含めると6種となる。

(a)　臭素が付加したので，**X**はアルケン（上記の①～③）とわかる。

(b)，(c)　アルケンの付加反応（ア）である。

$$>C{=}C< + Br_2 \longrightarrow -\underset{Br}{C}-\underset{Br}{C}-$$

この反応により，臭素溶液（褐色）が脱色される。

159 〈解　答〉

問1　ア　白金(ニッケル，パラジウム)　　イ　2

E　メチルシクロプロパン（H_2C–H_2C 環 $CH-CH_3$）

F　H_2C-CH_2 / H_2C-CH_2（環）

G　$CH_3-CH_2-CH_2-CH_3$

H　$CH_2(Br)-CH(Br)-CH_2-CH_3$

問2　(1)

$$C_6H_{12}\ (\text{シクロヘキサン}) + Br_2 \longrightarrow C_6H_{11}Br\ (\text{環の }CH-Br) + HBr$$

シクロヘキサン

$$C_6H_{10}\ (\text{シクロヘキセン},\ CH=CH) + Br_2 \longrightarrow C_6H_{10}Br_2\ (CH-Br,\ CH-Br)$$

シクロヘキセン

(2)　臭素の赤褐色が消えることを確認する。(18字)

解　説

◀アルケンとシクロアルカン▶

問1　C_4H_8 の分子式で表される異性体は，問題158(3)の解説で示したようにアルケンとシクロアルカンで合わせて6種類である。これらが **A**～**F** に相当する。

A,B　シス−2−ブテン　$CH_3(H)C=C(H)CH_3$　　トランス−2−ブテン　$CH_3(H)C=C(CH_3)H$

$\downarrow$ H_2 付加

G　$CH_3-CH_2-CH_2-CH_3$　ブタン

A,B　$\xrightarrow[\text{付加}]{Br_2}$　$CH_3-C^*H(Br)-C^*H(Br)-CH_3$　(不斉炭素原子 C^* 2個)

C　1−ブテン

$CH_2=CHCH_2CH_3 \xrightarrow[\text{付加}]{Br_2}$ **H**　$H-CH(Br)-C^*H(Br)-CH_2-CH_3$　(C^*1個)

D　2−メチルプロペン

$(H)_2C=C(CH_3)_2 \xrightarrow[\text{付加}]{Br_2} H-CH(Br)-C(Br)(CH_3)-CH_3$　(C^*なし)

E，**F** は二重結合をもたないからシクロアルカンであり，**E** はメチル基をもつのでメチルシクロプロパン，**F** はシクロブタンと決まる。

問2　シクロヘキサンと臭素の反応は，光によって生じる**置換**反応である。この反応は，飽和のアルカンでも起こる。

例　$CH_4+Cl_2 \xrightarrow{\text{光}} CH_3Cl+HCl$　など

シクロヘキセンと臭素の反応は，光なしで生じる**付加**反応である。

160 〈解　答〉

問１　A $CH_3-C(=O)-H$　B $CH_3-C(=O)-OH$　C $CH_3-C(=O)-O-CH_2-CH_3$　D $CH_2=CH-O-C(=O)-CH_3$

E $\left[CH_2-CH(OH) \right]_n$

問２　Bは分子間で水素結合をするため，見かけの分子量が大きくなる。(30字)

解　説

◀アセチレンからの反応▶

問１　本問はアセチレンを出発点にした重要な合成経路である。

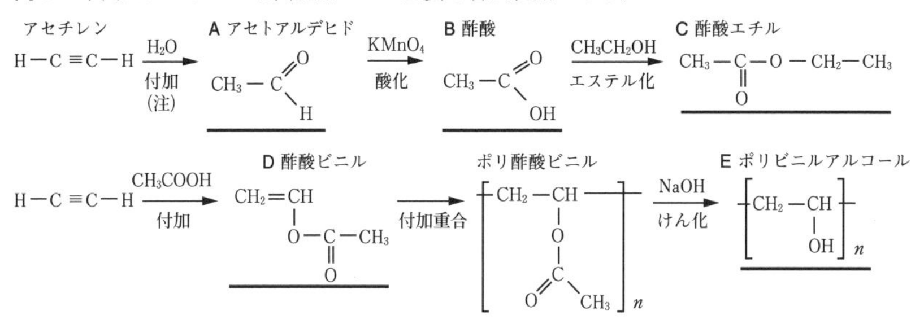

（注）　H−C≡C−HにH_2Oが付加するとまずビニルアルコール$CH_2=CH(OH)$が生じるが，このアルコールは不安定であるため，アセトアルデヒドに変化する。

問２　酢酸は分子間で水素結合をして，下のような二量体を形成する。このため，見かけ上分子量が大きくなり沸点が高くなる。

$CH_3-C(=O\cdots H-O)(-O-H\cdots O=)C-CH_3$

161* 〈解　答〉

(1)　(a)　物質名：臭素，色：赤褐色

(b)　グループ１：１分子中に二重結合を１つもつ鎖式不飽和炭化水素

グループ２：単結合のみで１分子中に環を１つもつ環式飽和炭化水素

(c)　アルケン(B)に臭素(A)を加えると，付加反応が進行する。この反応により，臭素の赤褐色が脱色されるので，色の変化から反応の完結がわかる。

(d)　B：C_7H_{14}，　C：$C_7H_{14}Br_2$　（計算過程は解説参照）

(2)　エチレン　　(3)　エタノール，酢酸　　(4)　植物

(5) $CH_2{=}CH{-}CH_2{-}CH_2{-}CH_2{-}CH_3$

$CH_3(H)C{=}C(H)CH_2{-}CH_2{-}CH_3$（シス）

$CH_3{-}CH_2(H)C{=}C(H)CH_2{-}CH_3$（シス）

$CH_3(H)C{=}C(H)CH_2{-}CH_2{-}CH_3$（トランス）

$CH_3{-}CH_2(H)C{=}C(H)CH_2{-}CH_3$（トランス）

(6) シクロペンタン，メチルシクロブタン，1,1-ジメチルシクロプロパン，エチルシクロプロパン，1,2-ジメチルシクロプロパン

(7) $CH_2{=}CH{-}CH_2{-}CH_3$

解説

◀ C_nH_{2n} で表される炭化水素 ▶

単体 **A** は，臭素 Br_2（分子量 160，常温・常圧で比重 3.2 の赤褐色の液体）である。なお，常温・常圧で単体が液体となるのは，臭素と水銀だけである。

C_nH_{2n} は**グループ 1** がアルケンで，**グループ 2** がシクロアルカンである。

(1) (d)

$$\underset{\textbf{B}}{C_nH_{2n}} + \underset{\textbf{A}}{Br_2} \longrightarrow \underset{\textbf{C}}{C_nH_{2n}Br_2}$$

1mol：1mol

B 1mol 当り，**A** 1mol が付加するので，

$$\frac{0.20}{12\times n+1\times 2n}=\frac{0.32}{80\times 2} \qquad \therefore\ n=7$$

よって，**B** は C_7H_{14} で，**C** は $C_7H_{14}Br_2$ となる。

(5) $\mathbf{G} \xrightarrow[\text{付加}]{H_2} CH_3CH_2CH_2CH_2CH_2CH_3$（ヘキサン）

これより，**G** は C_6H_{12} の直鎖状のアルケンである。具体的には，以下の炭素骨格の⬇の位置に＝のある 3 種がありえる。ただし，②，③の位置にはシス，トランスの異性体がありえる。

C ①⬇ C ②⬇ C ③⬇ C − C − C

(6) C_5H_{10} のシクロアルカンの異性体を調べればよい。

五員環，四員環＋C，三員環（↓へ−C をつける）

(7) C_4H_8 のアルケンに HCl を付加すると，次のような生成物が生じる。

$CH_2{=}CHCH_2CH_3 \xrightarrow{HCl}$ 主 $CH_3\overset{*}{C}H(Cl)CH_2CH_3$，$CH_2(Cl)CH_2CH_2CH_3$

$CH_3CH{=}CHCH_3 \xrightarrow{HCl} CH_3CH_2\overset{*}{C}H(Cl)CH_3$

$CH_2{=}C(CH_3){-}CH_3 \xrightarrow{HCl}$ 主 $CH_3{-}C(Cl)(CH_3){-}CH_3$，$CH_2(Cl){-}CH(CH_3){-}CH_3$

よって，付加生成物が 2 種あってそのうちの 1 つに不斉炭素原子がある **H** は

<u>$CH_2{=}CHCH_2CH_3$</u>

と決まる。

(注)『アルケンに H−X（HCl，H_2O など）が付加するとき，H−X の H 原子は，二重結合（>C=C<）の C 原子のうち H 原子の多くついた C 原子の方へ結合し，主生成物を与える。』という規則がある。

162* 〈解　答〉

(A) $CH_2{=}CH-CH_2-CH_2-CH_2-CH_3$

(B) $CH_3-CH_2-CH{=}CH-CH_2-CH_3$

(C) $CH_3-CH_2-CH{=}C(CH_3)-CH_3$（C に CH_3 が2つ結合）

(G) $CH_3-CH_2-C({=}O)-H$

(H) $CH_3-C({=}O)-CH_3$

解説

◀アルケンのオゾン分解▶

分子式 C_6H_{12} で表される A，B，C は，水素が付加するからアルケンである。

A，B，C のオゾン分解生成物のうち，F，G は銀鏡反応が観察されるのでアルデヒドであり，H はケトンである。オゾン分解により，A からは F と HCHO が生成するので，A は $R^1-CH{=}CH_2$　とおける。

$$\underset{\textsf{A}}{R^1-CH{=}CH_2} \xrightarrow{O_3} \underset{\textsf{F}}{(R^1)(H)C{=}O} + \underset{\text{ホルムアルデヒド}}{O{=}C(H)(H)}$$

また，B からは G のみが生成するので，B は対称アルケンで $R^2-CH{=}CH-R^2$ とおける。

$$\underset{\textsf{B}}{R^2-CH{=}CH-R^2} \xrightarrow{O_3} 2\ \underset{\textsf{G}}{(R^2)(H)C{=}O}$$

そして，G の炭素数は３だから，G は

$$(CH_3-CH_2)(H)C{=}O$$

と決まる。よって，B は

$\underline{CH_3-CH_2-CH{=}CH-CH_2-CH_3}$

である。

次に，A と B に水素が付加すると同一の生成物が生成するから，A は B と同じ直鎖状の炭素骨格をもつ。よって，A は

$\underline{CH_2{=}CH-CH_2-CH_2-CH_2-CH_3}$

である。

一方，オゾン分解により，C からは G と H が生成するので，C は $CH_3-CH_2-CH{=}C(R^3)(R^4)$ とおける。

$$\underset{\textsf{C}}{CH_3-CH_2-CH{=}C(R^3)(R^4)}$$

$$\xrightarrow{O_3} \underset{\textsf{G}}{\underline{(CH_3-CH_2)(H)C{=}O}} + \underset{\textsf{H}}{O{=}C(R^3)(R^4)}$$

H の炭素数は３で，ヨードホルム反応が観察されるので，H は $\underline{(CH_3)(CH_3)C{=}O}$ と決まる。

よって，C は $\underline{CH_3-CH_2-CH{=}C(CH_3)(CH_3)}$

である。

（注）ヨードホルム反応

I_2 と NaOH 水溶液を加えて加熱すると，$CH_3-CH(OH)-R$ または $CH_3-C({=}O)-R$ の構造をもつ化合物に陽性で，特異臭を有するヨードホルム $\mathbf{CHI_3}$ の黄色結晶を析出させる。

163 〈解 答〉 3. 脂肪族（C, H, O）の基本チェック

(1) (ⅰ) ③　(ⅱ) ①, ②
　(ⅲ) ④　(ⅳ) ②

(2) (A) ②　(B) ②, ④, ⑤

(3) $CH_3-C(=O)-O-CH_2-CH_3$

解 説

(1) 【 アルコール 】

(ⅰ)〜(ⅲ) 第1級アルコールを酸化すると，アルデヒドを経てカルボン酸になる。

$$R-CH_2OH \xrightarrow{酸化} R-CHO\,(アルデヒド) \xrightarrow{酸化} R-COOH\,(カルボン酸)$$

第2級アルコールを酸化すると，ケトンになる。

$$R-CH(R')-OH \xrightarrow{酸化} R-C(R')=O\,(ケトン)$$

第3級アルコールは酸化されにくい。

$$R-C(R')(R'')-OH \xrightarrow{酸化} \times$$

(ⅳ) 分子内脱水

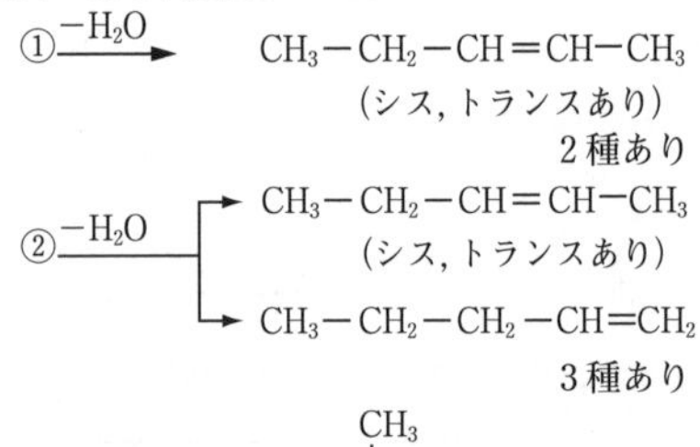

③ $\xrightarrow{-H_2O}$ $CH_2=C(CH_3)-CH_2-CH_3$
　　　　$CH_3-C(CH_3)=CH-CH_3$
2種あり

④ $\xrightarrow{-H_2O}$ $CH_3-CH(CH_3)-CH=CH_2$
1種のみ

よって，3種あるのは②。

(2) 【 官能基の検出 】

(A) 銀鏡反応（アンモニア性 $AgNO_3$ 水溶液）アルデヒド $R-C(H)=O$ のような還元性基をもつ化合物に生じる反応で，銀鏡を析出させる。

② $CH_3-C(H)=O$

(注) フェーリング液による反応も同様の化合物に生じ，Cu_2O の赤色沈殿を析出させる。

(B) ヨードホルム反応（ヨウ素と水酸化ナトリウム水溶液中で加熱）

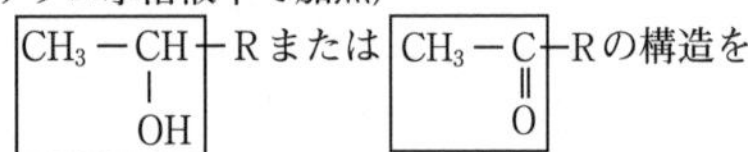

もつ化合物に生じる反応で，特異臭をもつヨードホルム CHI_3 の黄色結晶を析出させる。

② $CH_3-C(H)=O$　④ $CH_3-C(CH_3)=O$
⑤ $CH_3-CH(OH)-CH_2-CH_3$

(3) 【 エステル 】

エステルの加水分解反応は，次式で示される。

$$R-C(=O)-O-R'+H_2O \rightarrow R-C(=O)-OH+R'-OH$$

エステル **A** は酢酸のエステルだから，$CH_3-C(=O)-O-R'$ とおける。分子式（$C_4H_8O_2$）より，R' は C_2H_5 と決まる。

よって，エステル **A** は

$CH_3-C(=O)-O-CH_2-CH_3$（酢酸エチル）である。

164〈解　答〉

問1　$2C_nH_{2n+2}O + 3nO_2 \longrightarrow 2nCO_2 + 2(n+1)H_2O$

問2　$C_4H_{10}O$　　問3　7種類

問4　化合物Aは第2級アルコールである。(17字)

問5

```
CH3－CH2－CH－CH3　2-ブタノール
          |
          OH
```

解説

◀ $C_nH_{2n+2}O$ ▶

問2　**実験1**より,

$$C:\ \frac{121}{22.4\times10^3}\times44\times\frac{12}{44}\times10^3 \fallingdotseq 64.8\,(\text{mg})$$

$$H:\ 122\times\frac{2}{18} \fallingdotseq 13.5\,(\text{mg})$$

$$O:\ 100-(64.8+13.5)=21.7\,(\text{mg})$$

原子数の比

$$C:H:O=\frac{64.8}{12}:\frac{13.5}{1}:\frac{21.7}{16} \fallingdotseq 4:10:1$$

よって，組成式は $C_4H_{10}O$(式量74)

実験2より，空気の平均分子量は28.8だから，化合物**A**の分子量は $28.8\times2.5=72$

よって，**A**の分子式は $C_4H_{10}O$

問3　$C_4H_{10}O$ の異性体は，飽和アルカン C_4H_{10} に(－**O**－)がさし込まれた構造とみなせ，以下の①～⑦の7種類が考えられる。①～④はアルコールで⑤～⑦はエーテル

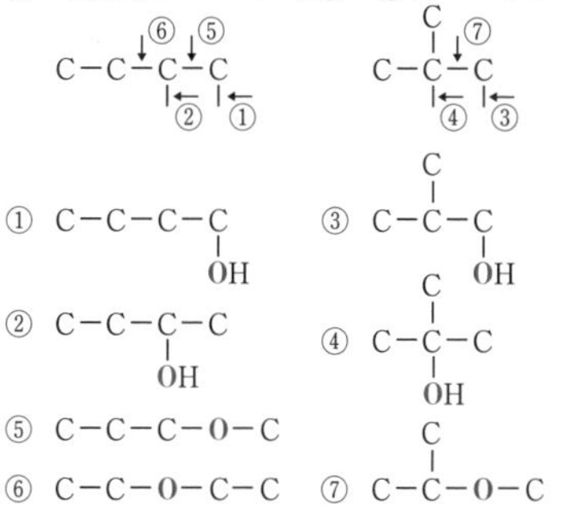

```
     ⑥  ⑤               C
     ↓  ↓               |  ⑦
C－C－C－C            C－C－C
     |← |←              |← |←
     ②  ①               ④  ③

                         C
                         |
① C－C－C－C       ③ C－C－C
            |               |
            OH              OH
                         C
② C－C－C－C             |
        |           ④ C－C－C
        OH               |
                         OH
⑤ C－C－C－O－C          C
                         |
⑥ C－C－O－C－C     ⑦ C－C－O－C
```

問4，5　**実験3**からヒドロキシ基をもつことがわかり，**実験4**から第2級アルコール(2-ブタノール)であることがわかる。

165〈解　答〉

問1　(ア)　エチレン　(イ)　ナトリウムエトキシド　(ウ)　アセトアルデヒド

(エ)　酢酸　(オ)　ジエチルエーテル　(カ)　酢酸エチル

(キ)　エステル　(ク)　ヨードホルム

問2　(a)　$C_6H_{12}O_6 \longrightarrow 2CH_3CH_2OH + 2CO_2$

(b)　$CH_3COOH + CH_3CH_2OH \longrightarrow CH_3COOCH_2CH_3 + H_2O$

解説

◀エタノールの反応▶

問1

$\underset{(ア)}{CH_2=CH_2} + H_2O \xrightarrow{H^+} CH_3CH_2OH$

$2CH_3CH_2OH + 2Na \longrightarrow \underset{(イ)}{2CH_3CH_2ONa} + H_2$

$CH_3CH_2OH \longrightarrow \underset{(ウ)}{CH_3CHO} + 2H^+ + 2e^-$

$CH_3CHO + H_2O \longrightarrow \underset{(エ)}{CH_3COOH} + 2H^+ + 2e^-$

$2CH_3CH_2OH \xrightarrow[130\sim140℃]{濃H_2SO_4} \underset{(オ)}{CH_3CH_2OCH_2CH_3} + H_2O$

$(CH_3CH_2OH \xrightarrow[160\sim170℃]{濃H_2SO_4} CH_2=CH_2 + H_2O)$

$CH_3CH_2OH + 6NaOH + 4I_2$

$\longrightarrow \underset{(ク)}{CHI_3}\downarrow + HCOONa + 5NaI + 5H_2O$

(ヨードホルム反応)

166* 〈解 答〉

問1 $C_5H_{10}O_2$　**問2** CHI_3

問3 不斉炭素原子をもち，鏡像異性体が存在する。

問4 $CH_3-O-CH_2-CH_2-CH_3$　$CH_3-CH_2-O-CH_2-CH_3$

$CH_3-O-CH(CH_3)-CH_3$

問5 1-ブテン，シス-2-ブテン，トランス-2-ブテン

問6 ホルミル基(アルデヒド基)の還元性によるもの。

問7 $H-C(=O)-O-CH(CH_3)-CH_2-CH_3$

解 説

◀脂肪族(C，H，O)▶

実験1より，

$$C:\quad 11.0\times\frac{12.0}{44.0}=3.00\,(mg)$$

$$H:\quad 4.5\times\frac{2.0}{18.0}=0.500\,(mg)$$

$$O:\quad 5.1-(3.00+0.500)=1.60\,(mg)$$

原子数の比　C：H：O＝

$$\frac{3.00}{12.0}:\frac{0.500}{1.0}:\frac{1.60}{16.0}=5:10:2$$

よって，物質**A**の実験式は$C_5H_{10}O_2$(式量102)で，分子量も102だから，分子式は<u>$C_5H_{10}O_2$</u>である。

物質**A**の分子式と**実験2**より，**A**はエステル$R-C(=O)-O-R'$(R，R′はアルキル基で，C原子数の和は4)と考えられる。**A**をNaOHで加水分解(けん化)した後，エーテル層から得られた物質**B**はアルコール，水層に強酸を加え蒸留して得られた物質**C**はカルボン酸である。

実験3より，アルコール**B**はヨードホルム反応陽性で，$CH_3-CH(OH)-$構造をもつ。

実験4より，**B**は旋光性があり不斉炭素原子をもつ。R，R′のC原子数の和が4だから**B**のC原子数は最大4であり，3以下では不斉炭素原子は存在しないから，**B**は2-ブタノール　$CH_3-CH(OH)-CH_2-CH_3$　と決まる。

よって，**C**がギ酸　$H-C(=O)-OH$　と決まる。

実験5は，**B**の分子内脱水反応である。

$CH_2-CH-CH-CH_3$ (①H，OH，②H)　$\xrightarrow{-H_2O}$

① → $CH_2=CH-CH_2-CH_3$

② → (シス) CH_3，CH_3／$C=C$／H，H　，(トランス) CH_3，H／$C=C$／H，CH_3

さて，**C**のギ酸はホルミル基とカルボキシ基を合わせもち，還元性と酸性を示す。

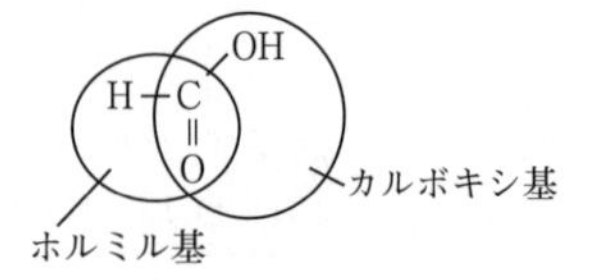

実験6では，ギ酸が酸化剤の$KMnO_4$を還元して，MnO_4^-の赤紫色を脱色させる。

実験7では，ギ酸が炭酸より強い酸なので，$NaHCO_3$と反応してCO_2を発生させる。

$$HCOOH+NaHCO_3 \longrightarrow HCOONa+H_2O+CO_2\uparrow$$

*167** 〈解　答〉

問１

```
    H  O              H  H  O
    |  ‖              |  |  ‖
 H—C—C—OH         H—C—C—C—OH
    |                 |  |
 H—C—C—OH            H  C
    |  ‖                 // \
    H  O                O   OH
```

問２　冷却器の中に常に水を満たしながら流すため。

問３　突沸を防ぐため。

問４　空気

問５　（構造式）　　　　　　　　　　（名称）　酢酸

```
    H  O       O  H
    |  ‖       ‖  |
 H—C—C—O—C—C—H
    |             |
    H             H
```

問６　8.5g

解　説

◀ジカルボン酸▶

問１　元素分析の結果より，

C：　$4.47\times\dfrac{12.0}{44.0}\fallingdotseq 1.219\,(\mathrm{mg})$

H：　$1.37\times\dfrac{2.0}{18.0}\fallingdotseq 0.152\,(\mathrm{mg})$

O：　$3.00-(1.219+0.152)=1.629\,(\mathrm{mg})$

原子数の比は，

$$\mathrm{C:H:O}=\frac{1.219}{12.0}:\frac{0.152}{1.0}:\frac{1.629}{16.0}\fallingdotseq 2:3:2$$

よって，組成式 $C_2H_3O_2$（式量 59.0）と分子量 118 より，分子式は $C_4H_6O_4$。この分子式をもつジカルボン酸は２種ある。

問５，問６　化合物Ｂの分子量は化合物Ａより 18 少なかった。また，Ａはジカルボン酸である。よって，Ａの分子内脱水反応によりＢが生成し，一方，無水酢酸はＡから生じた H_2O と反応して酢酸に変化したと考えられる。

```
        O                         O
        ‖                         ‖
      ／C—OH                   ／C＼
  C2H4                  →  C2H4     O ＋ H2O
      ＼C—OH                   ＼C／
        ‖                         ‖
        O                         O
```

Ａ（分子量118）　　　　　　Ｂ（分子量100）

```
CH3—C—O—C—CH3＋H2O → 2CH3—C—OH
     ‖     ‖                 ‖
     O     O                 O
```

無水酢酸　　　　　　　　　　酢酸

上式より，Ａ 10.0g がすべてＢになるとすると，生成するＢの質量は，

$$\frac{10.0}{118}\times 100=8.47 \Rightarrow \underline{8.5}\,(\mathrm{g})$$

（注）全体を通してみれば，この変化は

```
        O                   O
        ‖                   ‖
      ／C—OH          CH3—C＼
  C2H4           ＋           O
      ＼C—OH          CH3—C／
        ‖                   ‖
        O                   O
                 ↓
        O                   O
        ‖                   ‖
       C＼             CH3—C—OH
  C2H4／  O      ＋
      ＼C／            CH3—C—OH
        ‖                   ‖
        O                   O
```

で表され，これは，酸無水物交換反応である。5，6員環状の酸無水物は鎖状の酸無水物より安定であるためにこの交換反応が起こったと考えられる。

168** 〈解 答〉

問1 A $CH_2=C(CH_3)-O-CO-CH_3$ B $CH_2=C(CH_3)-OH$

問2 (2,4-シクロヘキサジエノン構造式)

問3 (シクロヘキシリデン $=CH_2$，1-メチルシクロヘキセン，4-メチルシクロヘキセン，3-メチルシクロヘキセン 構造式) CH_3

問4 (2-メチルシクロヘキサノール構造式) CH_3, OH

問5 C (2-メチル-1-シクロヘキセニル酢酸エステル構造式) D (6-メチル-1-シクロヘキセニル酢酸エステル構造式) E (シクロヘキシリデンメチル酢酸エステル構造式)

解説

◀エノール型エステルの構造決定▶

問1

ケト型 → B エノール型

B + 酢酸 → A

問2

(フェノール → シクロヘキサジエノン)

問3 C_7H_{12} は不飽和度が2で六員環とC=C結合をもつから，次の4つとなる。

①〜④に C=Cを入れる → ① $=CH_2$ ② $-CH_3$ ③ $-CH_3$ ④ $-CH_3$

問5 C〜Eは分子式 $C_9H_{14}O_2$ だから，不飽和度3で，加水分解して酢酸が生じ，異性化することから，このときに下記の変化が起こると考えられる。

C〜E → F，G（CH_3COOH が生じる）

そして，生成するF，Gには六員環があるので，C〜Eにも六員環がある。（不飽和度3のため，これ以上不飽和結合や環構造は存在しない）

これらのことから，C〜Eは次の6種類(a〜f)であり，その加水分解生成物(a′〜f′)を次ページに示す。

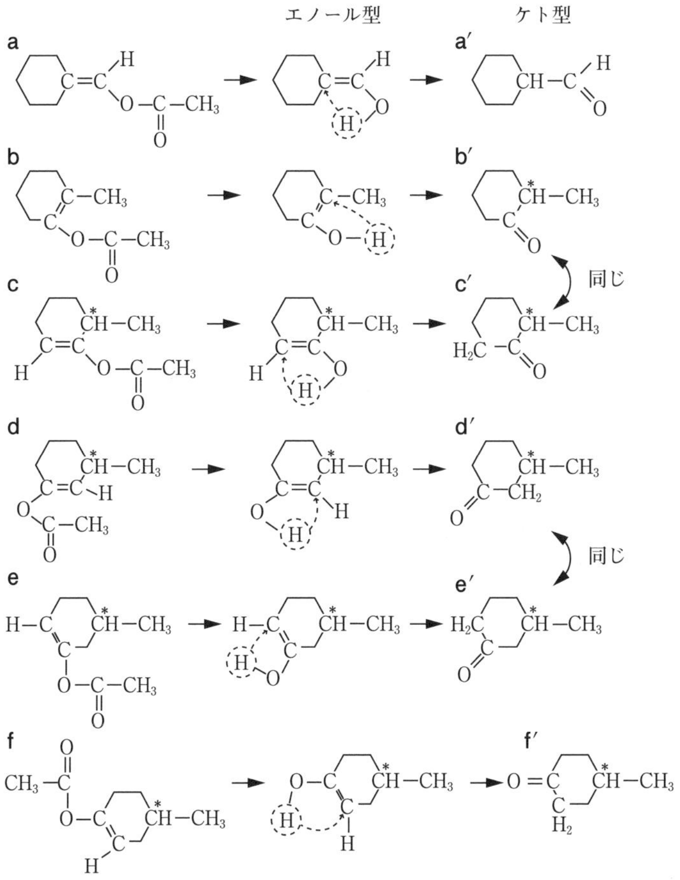

エノール型　ケト型

a → a′

b → b′

c → c′ （b′ と c′ は同じ）

d → d′

e → e′ （d′ と e′ は同じ）

f → f′

上記の中で，フェーリング液を還元するGは a′ となるので，Eは a。

また，C，Dより同一のFが生じ，Cにだけ不斉炭素原子がないから，C：b，D：c，そして，F：b′＝c′ となる。よって，F，H，JとKの関係を下に示す。

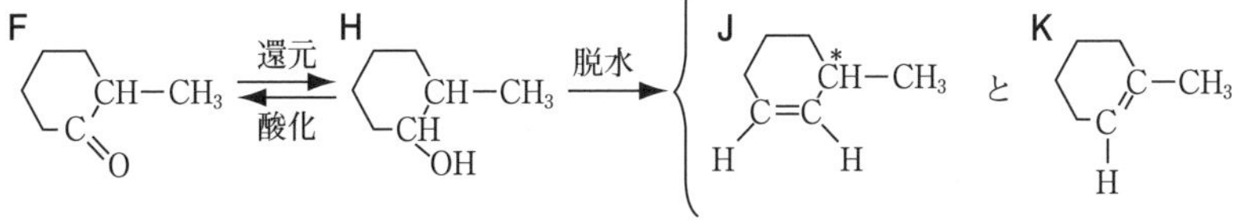

F ⇄（還元／酸化）H →（脱水）J と K

169〈解答〉 4. 芳香族の基本チェック

(1) a ② b ① c ② d ① e ①

(2) **C**

(3) ②, ③

(4) a アセチルサリチル酸
用途：解熱鎮痛剤

$C_6H_4(O-CO-CH_3)(COOH)$

b 塩化鉄(Ⅲ)水溶液による呈色を見る。(16字)

c サリチル酸メチル
用途：外用の消炎鎮痛剤

$C_6H_4(OH)(C(=O)-O-CH_3)$

d エステル化

解説

(1) 【ベンゼンの反応】

ベンゼン環の不飽和結合はかなり安定であり，付加反応より置換反応が起こりやすい。付加反応には特別な条件が必要である。

a $C_6H_6 + 3Cl_2$ →(光, 付加 (<u>②</u>)) $C_6H_6Cl_6$ ベンゼンヘキサクロリド (BHC)

b $C_6H_6 + Cl_2$ →(Fe, 置換 (<u>①</u>)) C_6H_5Cl + HCl クロロベンゼン

c $C_6H_6 + 3H_2$ →(Ni, 付加 (<u>②</u>)) C_6H_{12} シクロヘキサン

d $C_6H_6 + HNO_3$ →(H_2SO_4, 置換 (<u>①</u>)) $C_6H_5NO_2 + H_2O$ ニトロベンゼン

e $C_6H_6 + H_2SO_4$ →(置換 (<u>①</u>)) $C_6H_5SO_3H + H_2O$ ベンゼンスルホン酸

(2) 【フェノール性OHの検出】

ベンゼン環に直結したヒドロキシ基(フェノール性OH)をもつ化合物は，塩化鉄(Ⅲ) $FeCl_3$ 水溶液で呈色する。

A C_6H_5OH (紫)　B $C_6H_4(OH)(CH_3)$ (青)

C $C_6H_4(OH)(COOH)$ (赤紫)　D $C_6H_4(COOH)_2$ 呈色しない

カルボキシ基－COOHはアルコールと反応してエステルを生成する。(エステル化)

$$R-C(=O)-OH + R'-OH \longrightarrow R-C(=O)-O-R' + H_2O$$

以上より，<u>C</u>である。

(3) 【ニトロベンゼン】

①：ニトロベンゼンは，水に不溶の液体で，水より密度が大きい。(約1.2g/mL)

②：(1)のd参照

③：$C_6H_5NO_2$ →(Sn,HCl 還元) $C_6H_5NH_3Cl$ →(OH^-) $C_6H_5NH_2$ アニリン

④：ピクリン酸はフェノールのニトロ化によって得られる。

$$C_6H_5OH + 3HNO_3 \xrightarrow[\text{置換}]{H_2SO_4} C_6H_2(OH)(NO_2)_3 + 3H_2O$$

ピクリン酸

以上より，<u>②</u>と<u>③</u>が正しい。

(4)【サリチル酸】

(i)

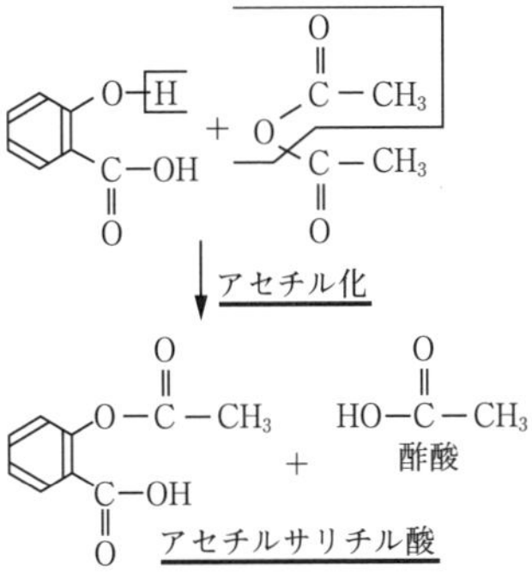

サリチル酸 + 無水酢酸 →(アセチル化)→ アセチルサリチル酸 + 酢酸 (CH_3COOH)

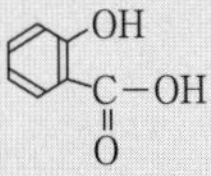

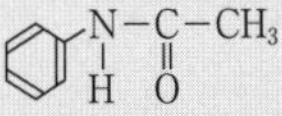

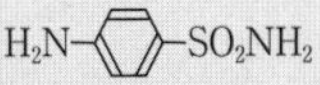

(ii)

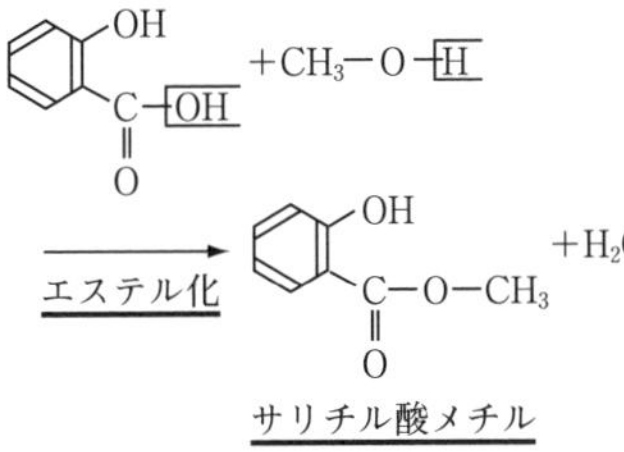

サリチル酸 + CH_3-O-H →(エステル化)→ サリチル酸メチル ($C_6H_4(OH)-COO-CH_3$) + H_2O

170 〈解 答〉

A ($C_6H_4(OH)COOH$)　B ($C_6H_5-NH-CO-CH_3$)　C ($H_2N-C_6H_4-SO_2NH_2$)　D ($C_6H_4(OCOCH_3)COOH$)

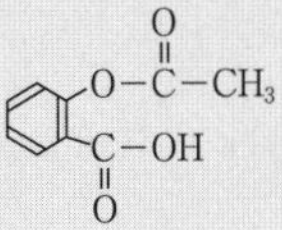

ア　副　　イ　サルファ　　ウ　抗生物質　　エ　ペニシリン
オ　ストレプトマイシン　　カ　耐性菌

解説

◀薬品の化学ー医薬品▶

① 古くからギリシャやインドではヤナギ(Salix)の樹皮を鎮痛の目的で使用していた。19 世紀に入ってその有効成分の抽出が試みられ，サリチル酸の誘導体が単離された。

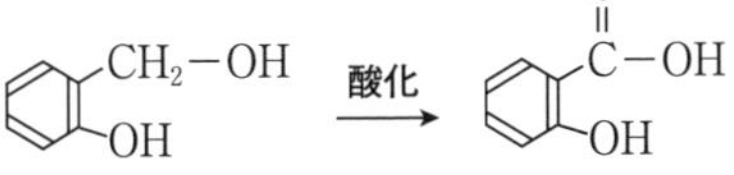

サリチルアルコール ($C_6H_4(OH)-CH_2-OH$) →(酸化)→ サリチル酸（A） ($C_6H_4(OH)-COOH$)

② アセトアニリド(B)は，古くから解熱剤として用いられたが，赤血球を溶解するなどの$_{ア}$副作用があるため，現在は医薬品としては用いられていない。アセトアニリドの構造の一部を変えたアミド系医薬品が，解熱・鎮痛剤として合成され，使用されている。

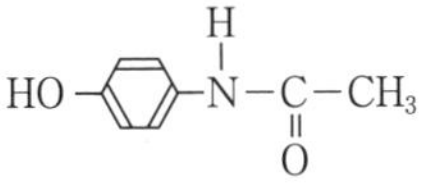

$HO-C_6H_4-NH-CO-CH_3$

アセトアミノフェン

$CH_3-CH_2-O-C_6H_4-NH-CO-CH_3$

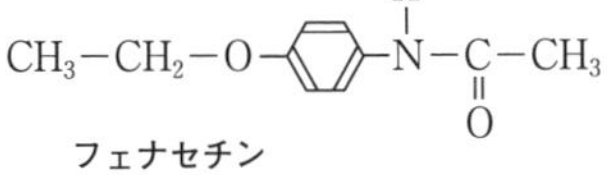

フェナセチン

③ ドイツのドーマクは，すぐれた薬効をもつアゾ染料を発見した。後に，薬効はアゾ染料が体内で代謝されて生じたスルファニルアミド(C)であることがわかった。硫黄を含むこのような医薬品は$_{イ}$サルファ剤とよばれ，有用な抗菌剤として使われている。

サルファ剤 $H_2N-\langle\bigcirc\rangle-SO_2NR_1R_2$

④ アセチルサリチル酸(アスピリン)(**D**)の鎮痛作用は，神経系に痛みを伝える物質(プロスタグランジン)を合成する酵素の働きを抑制することによるものである。

⑤ ウ抗生物質の一種であるエペニシリンはアオカビから得られ，感染症に効果を示す。これはペニシリンが細菌のもつ植物性細胞壁の合成を阻害するためであるが，このような細胞壁をもたないヒトに対しては毒性が低い。

結核は古くからあった病気で，アメリカのワクスマンが土壌細菌から取り出したオストレプトマイシンによりほとんど撲滅されたと思われたが，最近再び増加している。細菌は，突然変異などによってその抗生物質に耐性をもつようになる(カ耐性菌)。

(**注**) 解熱・鎮痛剤のように病気の症状を緩和する薬を対症療法薬という。一方，サルファ剤や抗生物質のように病気の原因となるものに直接作用して治療を行う薬を特効薬(原因療法薬)という。

171 〈解　答〉

問1

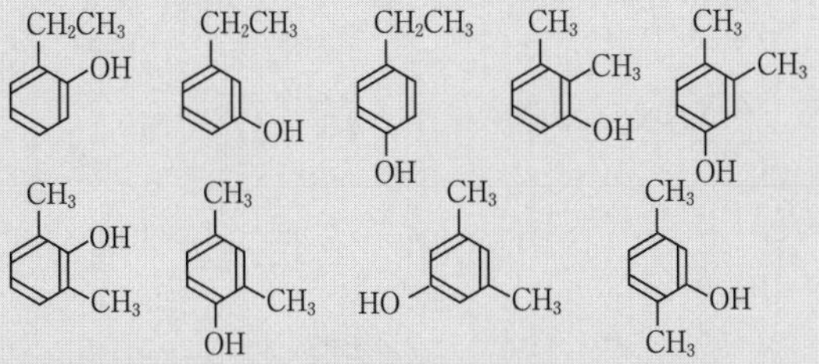

CH_2CH_3 OH　CH_2CH_3 OH　CH_2CH_3 OH　CH_3 CH_3 OH　CH_3 CH_3 OH

CH_3 OH CH_3　CH_3 CH_3 OH　CH_3 HO CH_3　CH_3 OH CH_3

問2

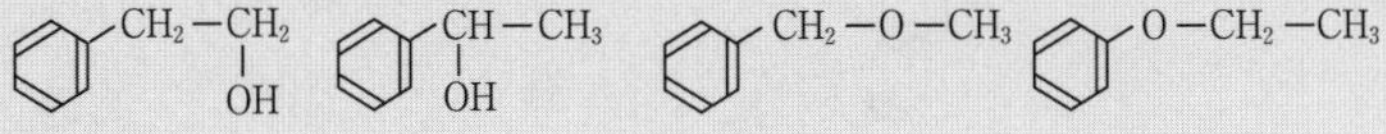

CH_2-CH_2 OH　$CH-CH_3$ OH　CH_2-O-CH_3　$O-CH_2-CH_3$

問3

CH_3 CH_2-OH　CH_3 $O-CH_3$

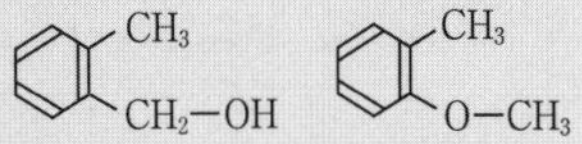

解　説

◀ベンゼン置換体▶

$C_8H_{10}O$ の分子式をもつ芳香族化合物は

$C_8H_{10}O=C_6H_6+(-CH_2-)\times2+(-O-)$

と分解して表してみるとわかるように⌬に $(-CH_2-)$ が2個，$(-O-)$ が1つさし込まれてできたものと考えられる。

問1　**A** は $FeCl_3(aq)$ で呈色するのでベンゼン環に直結した$-OH$ をもつ。よって，以下の化合物の→のところに$-OH$ のある9種の異性体が考えられる。

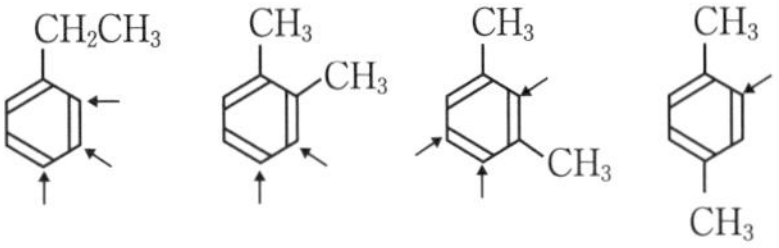

CH_2CH_3　CH_3 CH_3　CH_3 CH_3　CH_3 CH_3

問2　右の構造の→のところに $(-O-)$ のさし込まれた4種が考えられる。

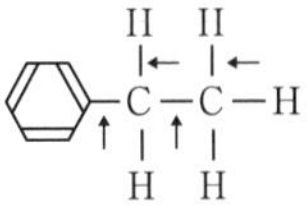

H H C C H H H

問3　右の構造の→のところに $(-O-)$ のさし込まれた2種が考えられる。

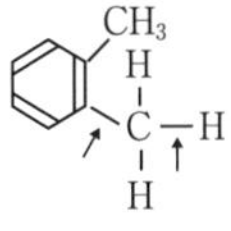

CH_3 H C H H

172 〈解 答〉

(A) クロロベンゼン $-Cl$　　(B) ベンゼンスルホン酸 $-SO_3H$

(C) ニトロベンゼン $-NO_2$　　(D) アニリン $-NH_2$

(E) クメン $-CH(CH_3)_2$　　(F) フェノール $-OH$

(G) ピクリン酸 OH, O_2N, NO_2, NO_2　　(H) 安息香酸 $-C(=O)-OH$

(ア) 融解　(イ) 赤紫

解 説

◀ベンゼンからの反応▶

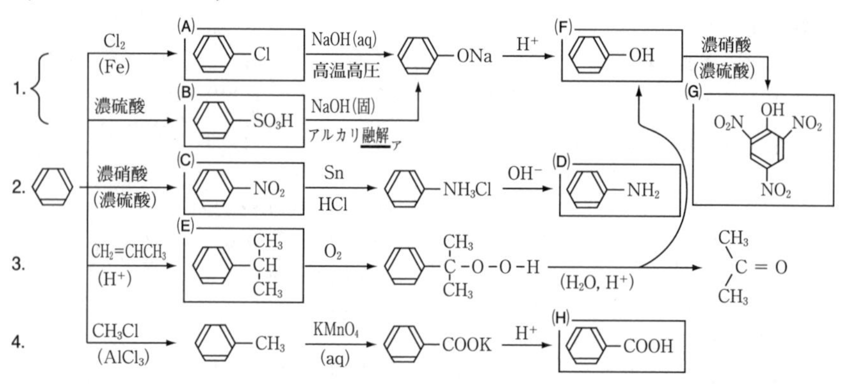

173 〈解　答〉

問１　60℃より高い温度になるとジニトロベンゼンが生成する可能性があるので，温度が上がりすぎないようにした。

問２　硝酸と硫酸を炭酸ナトリウムで中和し，塩として水に溶けやすくした。

問３　$C_6H_5-NO_2$　ニトロベンゼン，2.46g

問４　油状物を蒸留する。

解説

◀ベンゼン誘導体の合成▶

問３

$$C_6H_6 + HNO_3 \xrightarrow{H_2SO_4} C_6H_5-NO_2 + H_2O$$

化合物 A（ニトロベンゼン）

ベンゼン（分子量 78）1mol 当たり，ニトロベンゼン（分子量 123）1mol が得られるので，

$$\frac{1.56}{78} \times 123 = \underline{2.46}\ \mathrm{g}$$

174 〈解　答〉

問１　A：$C_6H_5-NH_2$　B：$C_6H_5-NO_2$　C：C_6H_5-OH　D：C_6H_5-COOH

問２

(a) $C_6H_5-NH_2 + HCl \longrightarrow C_6H_5-NH_3Cl$

(b) $C_6H_5-OH + NaOH \longrightarrow C_6H_5-ONa + H_2O$

(c) $C_6H_5-COOH + NaOH \longrightarrow C_6H_5-COONa + H_2O$

(d) $C_6H_5-ONa + CO_2 + H_2O \longrightarrow C_6H_5-OH + NaHCO_3$

解説

◀有機化合物の分離▶

分離操作は右図のようになる。

（注）　酸の強さが，

C_6H_5-COOH ＞ CO_2（炭酸水）＞ C_6H_5-OH

であるため，C_6H_5-ONa は H_2O+CO_2 と反応して C_6H_5-OH になりエーテルに溶解するが，一方，$C_6H_5-COONa$ は変化せず水層に溶けたままである。

$$C_6H_5-ONa + H_2O + CO_2 \longrightarrow C_6H_5-OH + NaHCO_3$$

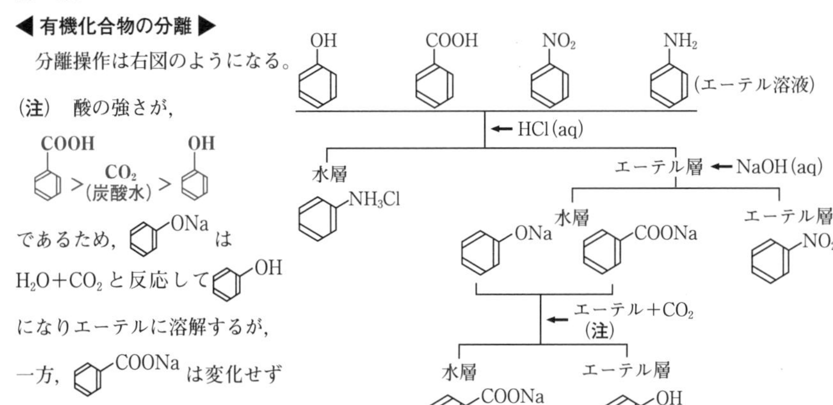

175* 〈解 答〉

問1 濃硝酸と濃硫酸

問2 スズ(または鉄)と濃塩酸(ニッケル触媒と水素でもよい)

問3 $C_6H_5NH_2 + NaNO_2 + 2HCl \longrightarrow C_6H_5N^+ \equiv NCl^- + NaCl + 2H_2O$

問4 ナトリウムフェノキシド, C_6H_5ONa

問5 イ：$C_6H_4(COOH)NH_2$　ウ：$C_6H_5N(CH_3)_2$

解説

◀アゾ化合物の合成▶

問1 $C_6H_5\text{-}H \xrightarrow{\text{ニトロ化}} C_6H_5\text{-}NO_2$

この変化を起こすには$-NO_2$が必要であるが，それはHNO_3($HO \vdots NO_2$)からOHを切り離して得る。そのために強力なH^+放出剤(酸)が必要であるがそれには，H_2SO_4が使われる。

O_2N(:O−H ← H_2SO_4

→ $O_2N^{\oplus}$ + :OH_2 + HSO_4^-

こうして生じた$\oplus NO_2$が，ベンゼンのHと入れかわる。

$C_6H_5\text{-}H + \oplus NO_2 \longrightarrow C_6H_5\text{-}NO_2 + H^+$

このとき生じたH^+はHSO_4^-に返されてH_2SO_4が再生する。よって，硫酸は触媒として使われたことになる。H_2SO_4がHNO_3へH^+を投げつける変化は，H_2OがあるとこれにH^+を投げつけるので起こりにくい。よって，濃硝酸と濃硫酸が試薬である。

問2 $C_6H_5\text{-}\underset{+3}{N}O_2 \longrightarrow C_6H_5\text{-}\underset{-3}{N}H_2$

この変化はNの酸化数が+3から−3に減少しているのでNを還元する反応であり，還元剤が必要である。その還元剤として，安価で使いやすい金属の単体Sn，Fe，Znなどがよく使われる。(また，Ni触媒のもとでのH_2を使うこともある。)金属単体を還元剤として使ったとき，H^+の供給源として濃塩酸がよく使われている。

問3 $C_6H_5\text{-}\underset{-3}{N}H_2 \longrightarrow C_6H_5\text{-}\underset{0}{N}_2Cl$

この変化では，あと1つのNと−3の酸化数を0にあげる酸化剤が必要である。そのために，+3の酸化数のNをもつ$NaNO_2$が使われる。また，$\underset{-2}{O}$をH_2OにするためのH^+も必要である。

H	O	H^+

−N　N　→　$-\overset{+}{N} \equiv N$　$+2H_2O$

H	O^-	H^+

問4，5

$C_6H_5\text{-}N_2Cl \longrightarrow C_6H_5\text{-}N{=}N\text{-}C_6H_4\text{-}X$

この変化は，$C_6H_5\text{-}N_2^+$が別のベンゼン環のHと置換する反応であるが，相手のベンゼン環には$-\ddot{O}^-$，$-\ddot{N}H_2$などの提供性の強い非共有電子対をもつ官能基がないと起こらない。よって，フェノールはフェノキシドイオンの形にしておく必要がある。またメチルレッドの合成では

COOH
$C_6H_4\text{-}N_2^+$ → H-$C_6H_4\text{-}\ddot{N}(CH_3)_2$

のように，$-\ddot{N}(CH_3)_2$をもつ方が受け手の方になる。

176〈解答〉

1 F　　2 D　　3 F

a 1−プロパノール　　b $CH_3-CH_2-CH(OH)-CH_3$

解説

◀フタル酸エステル−内分泌かく乱の疑いがある化学物質として▶

Ⅰ 1 アルコール(エ)の元素分析値より，C，H，O の原子数の比を求めると，

$$C:H:O=66\times\frac{12}{44}\times\frac{1}{12}:36\times\frac{2}{18}\times\frac{1}{1}:(30-18-4)\times\frac{1}{16}=3:8:1$$

よって，組成式は C_3H_8O(式量 60)

また，(エ)の分子量を M とすると，凝固点降下度に関する公式($\varDelta T_f=K_f\cdot m$)に代入して，

$$0.31=1.86\times\frac{5.0}{M}\times\frac{1000}{495}$$

$$\therefore M=60.6$$

組成式量と分子量がほぼ一致するので，分子式は C_3H_8O(F)と決まる。

a アルコール(エ)をおだやかに酸化してできた生成物は，フェーリング液を還元するのでアルデヒドである。よって，(エ)は第一級アルコールの1-プロパノール $CH_3CH_2CH_2OH$ と決まる。

Ⅱ b フタル酸エステル(イ)は，$C_6H_4(COOH)(COOR)$ または $C_6H_4(COOR)_2$ の構造をもつと考えられる。どちらの場合でもエステル 1mol あたり NaOH 2mol と反応するので(−COOH は中和，−COOR はけん化される)，(イ)の分子量を M とすると次式が成り立つ。

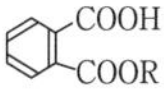

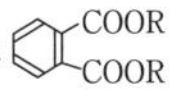

$$\frac{4.44\,(\mathrm{g})}{M\,(\mathrm{g/mol})}\times2+0.500\,(\mathrm{mol/L})\times\frac{20.0}{1000}\,(\mathrm{L})=1.00\,(\mathrm{mol/L})\times\frac{50.0}{1000}\,(\mathrm{L})$$

$$\therefore M=222$$

(イ)が $C_6H_4(COOH)(COOR)$ の構造とすると，R の式量は 57(C_4H_9)となり，$C_6H_4(COOR)_2$ の構造とすると，R の式量は 29(C_2H_5)となる。生成したアルコール(オ)R−OH は不斉炭素原子を有するから，R は C_4H_9 のみ可能であり，(オ)は2-ブタノール $CH_3-CH_2-C^*H(OH)-CH_3$ (C^*は不斉炭素原子)と決まる。

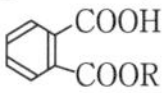

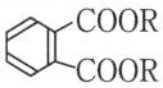

Ⅲ 2 アルコール(カ)は，Na と反応して H_2 を発生するので，ヒドロキシ基(−OH)をもつが，$FeCl_3$ を加えても呈色しないから−OH がベンゼン環に直接結合した構造(フェノール性 OH)ではない。よって，(カ)はベンジルアルコール D である。

Ⅳ 3 以上の考察と問題文より，フタル酸エステル(ア)，(イ)，(ウ)は次のような構造をもつことがわかる。

(ア) $C_6H_4(-CO-O-CH_2-CH_2-CH_3)_2$

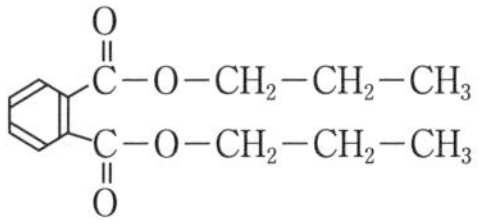

(イ) $C_6H_4(-CO-OH)(-CO-O-CH(CH_3)-CH_2-CH_3)$

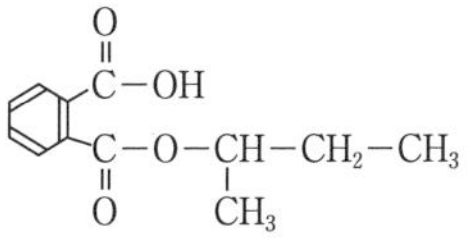

(ウ)

$$\text{C}_6\text{H}_4(\text{CO-O-CH}_2\text{-C}_6\text{H}_5)(\text{CO-O-CH}_2\text{-CH}_2\text{-CH}_2\text{-CH}_3)$$

(ア)，(イ)，(ウ)のうち，$NaHCO_3$と反応して水層に回収されるのは，カルボキシ基$-COOH$をもつ(イ)だけ(F)である。

以上のようなフタル酸エステル類の他に，ダイオキシン類なども内分泌かく乱物質の一種と考えられている。

例 （2,3,7,8-テトラクロロジベンゾ-p-ジオキシン，2,3,7,8-テトラクロロジベンゾフランの構造式：Cl 4個）

177 〈解　答〉

問1 (ア)水が加わると，平衡が左へ移動してサリチル酸メチルの収量が減るため。
(オ)水が加わると，水と無水酢酸が反応して酢酸となり，アセチルサリチル酸の収量が減るため。

問2 (イ)突沸を防ぐため。　(ウ)発生した蒸気を凝縮させて試験管に戻すため。

問3 気体が発生する。

問4

$$\text{C}_6\text{H}_4(\text{COOH})(\text{OH}) + (\text{CH}_3\text{CO})_2\text{O} \longrightarrow \text{C}_6\text{H}_4(\text{COOH})(\text{O-CO-CH}_3) + \text{CH}_3\text{-COOH}$$

問5

$$\text{C}_6\text{H}_6 + \text{CH}_3\text{-CH=CH}_2 \longrightarrow \text{C}_6\text{H}_5\text{-CH(CH}_3\text{)-CH}_3$$

問6 (B)　フェノール　(C)　アセトン

問7 サリチル酸ナトリウムからサリチル酸を遊離させるため。

問8 ベンゼン環に直結するヒドロキシ基(フェノール性OH)をもつ化合物は，塩化鉄(Ⅲ)と反応して呈色する。

問9 サリチル酸メチル

解説

◀医薬品－サリチル酸メチルとアセチルサリチル酸の合成▶

問1

(ア)　反応1の右辺にH_2Oがあるので，H_2Oが加わると，ルシャトリエの原理によりH_2Oが減少する方向(左)に平衡が移動する。このため，サリチル酸メチルの収量が減る。

(オ)　水が加わると，次の反応が起こって無水酢酸が減り，酢酸が増える。このため，反応2が右に進みにくくなり，アセチルサリチル酸の収量が減る。(サリチル酸は酢酸とは反応しにくい。)

$$(CH_3CO)_2O + H_2O \rightarrow 2CH_3COOH$$

問２
（ウ）　加熱している試験管から出てきた蒸気は，長いガラス管内を上昇するうちに冷えて凝縮し，再び試験管に戻る。

問３　次の反応が起こって，二酸化炭素が発生する。

$$\text{C}_6\text{H}_4(\text{OH})\text{COOH} + \text{NaHCO}_3 \rightarrow \text{C}_6\text{H}_4(\text{OH})\text{COONa} + \text{H}_2\text{O} + \text{CO}_2\uparrow$$

$$(\text{H}_2\text{SO}_4 + 2\text{NaHCO}_3 \rightarrow \text{Na}_2\text{SO}_4 + 2\text{H}_2\text{O} + 2\text{CO}_2\uparrow)$$

問４　反応１，２ではいずれもエステル結合が生成するが，反応１はサリチル酸のメチル化，反応２はサリチル酸のアセチル化とよばれる。

問５～７　まず，クメン法によりベンゼンからフェノールが合成される。

$$\text{C}_6\text{H}_6 \xrightarrow{\text{CH}_3-\text{CH}=\text{CH}_2} \text{C}_6\text{H}_5-\text{CH}(\text{CH}_3)_2$$

(A) クメン

$$\xrightarrow{\text{O}_2} \text{C}_6\text{H}_5-\text{C}(\text{CH}_3)_2-\text{O}-\text{O}-\text{H}$$

$$\xrightarrow[\text{H}^+(\text{aq})]{} \text{C}_6\text{H}_5\text{OH} + \text{CH}_3-\text{CO}-\text{CH}_3$$

(**B**) フェノール　(**C**) アセトン

続いて，フェノールのナトリウム塩(ナトリウムフェノキシド)に高温・高圧のCO_2を反応させると，サリチル酸ナトリウムが合成される。これを酸性にすると，サリチル酸が遊離する。

$$\text{C}_6\text{H}_5\text{ONa} + \text{CO}_2 \rightarrow \text{C}_6\text{H}_4(\text{OH})\text{COONa}$$

サリチル酸ナトリウム

$$\downarrow \text{H}^+(\text{aq})$$

$$\text{C}_6\text{H}_4(\text{OH})\text{COOH}$$

サリチル酸

問８　サリチル酸メチルにはフェノール性OHがあるが，アセチルサリチル酸にはこれがない。このため，サリチル酸メチルの方だけが$FeCl_3$により呈色する。

問９　消炎剤として使われるサリチル酸メチルは常温で液体であり，強い芳香をもつ。

178* 〈解 答〉

問1 4個

問2 (構造式：C₆H₅−CH₂−C*(CH₃)(H)(OH) の鏡像異性体の立体図 2種)

問3 c, d: C₆H₅(H)C=C(H)CH₃（シス形），C₆H₅(H)C=C(CH₃)H（トランス形）

e: C₆H₅−CH₂(H)C=CH₂

解説

◀芳香族の構造決定1▶

問1 分子式が $C_9H_{12}O$ で，ベンゼン環と不斉炭素原子(C*で示す)をもつアルコール類には，次の6種の構造異性体がある。

① C₆H₅−C*H(OH)−CH₂−CH₃
② C₆H₅−CH₂−C*H(OH)−CH₃
③ C₆H₅−C*H(CH₃)−CH₂OH
④ (o-CH₃)C₆H₄−C*H(OH)−CH₃
⑤ (m-CH₃)C₆H₄−C*H(OH)−CH₃
⑥ (p-CH₃)C₆H₄−C*H(OH)−CH₃

(これらの鏡像異性体を区別して数えれば，6×2＝12種の異性体が存在する。)

これらを酸化して得られるカルボニル化合物の中で，ヨードホルム反応陽性のもの(CH₃−C(=O)− をもつもの)は，次の4種。

② (酸化)⟶ C₆H₅−CH₂−C(=O)−CH₃

④⑤⑥ (酸化)⟶ ④′ (o-CH₃)C₆H₄−C(=O)−CH₃，⑤′ (m-CH₃)C₆H₄−C(=O)−CH₃，⑥′ (p-CH₃)C₆H₄−C(=O)−CH₃

問2 問1で示した①～⑥のうち，分子内脱水反応によって3種のアルケン類を生じるのは，②だけである。

C₆H₅−CH−C*H−CH₂ （④ H，OH，H ⑫） $-H_2O$ ⟶

④ → ④′ C₆H₅(H)C=C(H)CH₃，④″ C₆H₅(H)C=C(CH₃)H 〔幾何異性体〕

⑫ → ⑫′ C₆H₅−CH₂−CH=CH₂

この②のC*を中心に$-CH_3$，$-OH$，$-H$，$-CH_2-$C₆H₅ が実物と鏡像の関係になるように配置した図を書く。

問3 上記の3種のアルケン類にBr_2を付加すると，

C₆H₅−CH₂−C*H(Br)−CH₂(Br) と C₆H₅−C*H(Br)−C*H(Br)−CH₃

が得られる。(e)から得られた臭素付加物が1個の不斉炭素原子をもつので，(e)は⑫′

C₆H₅−CH₂−CH=CH₂ (⑫′)

であり，(c)と(d)は残りのシス−トランス異性体④′と④″である。

④′ C₆H₅(H)C=C(H)CH₃　④″ C₆H₅(H)C=C(CH₃)H

179* 〈解　答〉

問1　A: $C_6H_5-C(=O)-O-CH_2-CH_3$　B: $C_6H_5-C(=O)-OH$　C: $CH_3-C_6H_4-C(=O)-O-CH_3$

D: $CH_3-C_6H_4-C(=O)-OH$　E: $HO-C(=O)-C_6H_4-C(=O)-OH$　F: $CH_3-C_6H_4-CH_3$

(ア) $C_6H_5-CH_3$　(イ) $CH_3-C_6H_3(Br)-CH_3$

問2　o-キシレン（$C_6H_4(CH_3)_2$, CH_3 が隣接）　m-キシレン（$C_6H_4(CH_3)_2$）　$C_6H_5-CH_2-CH_3$

解　説

◀芳香族の構造決定２▶

（Ⅰ）　Bはトルエンを $KMnO_4$ で酸化して得られるので，安息香酸である。

(ア) $C_6H_5-CH_3$（トルエン）$\xrightarrow[\text{酸化}]{KMnO_4}$ B $C_6H_5-C(=O)-OH$（安息香酸）

Aは B とエタノールのエステルだから，安息香酸エチルである。

A $C_6H_5-C(=O)-O-CH_2-CH_3$（安息香酸エチル）$+H_2O$

$\longrightarrow C_6H_5-C(=O)-OH+CH_3CH_2OH$

（Ⅱ）　Aの異性体Cも芳香族で，メタノールのエステルである。Cとして考えられる構造は，

$CH_3-C_6H_4-C(=O)-O-CH_3$　（他にオルト，メタがある）

$C_6H_5-CH_2-C(=O)-O-CH_3$

（Ⅲ）　Fは分子量106の芳香族炭化水素で，ベンゼン環のH原子１つをBr原子で置換した化合物が１種類となることから，p-キシレンと決まる。

F $CH_3-C_6H_4-CH_3$（p-キシレン）　(イ) （$CH_3-C_6H_3(Br)-CH_3$）１種類

（注）　Fの異性体について，ベンゼン環のH原子１つをBr原子で置換した場合，いずれも１種類とはならない。

o-キシレン：２種類　m-キシレン：３種類　$C_6H_5-CH_2CH_3$：３種類

EはFを $KMnO_4$ で酸化して得られるので，テレフタル酸である。

$CH_3-C_6H_4-CH_3 \xrightarrow[\text{酸化}]{KMnO_4}$ E $HO-C(=O)-C_6H_4-C(=O)-OH$（テレフタル酸）

一方（Ⅱ）より，Cの加水分解生成物であるDを $KMnO_4$ で酸化してもテレフタル酸Eが得られるので，C，Dが決まる。

C $CH_3-C_6H_4-C(=O)-O-CH_3 + H_2O$

$\longrightarrow$ D $CH_3-C_6H_4-C(=O)-OH + CH_3OH$

180* 〈解 答〉

問1 A $C_6H_5-C(=O)-O-CH(CH_3)-CH_2-CH_3$ B $C_6H_5-C(=O)-OH$

C $CH_3-CH(OH)-CH_2-CH_3$ D $CH_3-C(=O)-CH_2-CH_3$

問2 無極性溶媒中の安息香酸は，右式のように2分子間でカルボキシ基のO原子とH原子を水素結合させ，1分子のような状態になる。(60字)

$C_6H_5-C(=O\cdots H-O)(-O-H\cdots O=)C-C_6H_5$

問3 $CH_3CH_2CH(OH)CH_3+4I_2+6NaOH \longrightarrow CH_3CH_2COONa+5NaI+5H_2O+CHI_3$

問4 $CH_2=CH-CH_2-CH_3$ 　(CH₃)(H)C=C(CH₃)(H)（シス）　(CH₃)(H)C=C(H)(CH₃)（トランス）

解 説

◀芳香族の構造決定3▶

Aの分子量および元素分析値より，**A** 1分子に含まれるC, H, Oの個数は，

$$C: 178\times0.742\times\frac{1}{12.0}\fallingdotseq11$$

$$H: 178\times0.079\times\frac{1}{1.0}\fallingdotseq14$$

$$O: (178-11\times12.0-14\times1.0)\times\frac{1}{16.0}=2$$

よって，**A**の分子式は$C_{11}H_{14}O_2$である。

分子式中にO原子が2つあること，また$NaOH$水溶液で加熱すると分解することより，**A**はエステルと考えられる。そして，その加水分解生成物**B**と**C**のうち，**B**は$NaHCO_3$水溶液と反応するのでカルボン酸と考えられる。

$$\underset{\mathbf{A}}{R-C(=O)-O-R'} \xrightarrow{H_2O} \underset{\mathbf{B}}{R-C(=O)-OH}+\underset{\mathbf{C}}{R'-OH}$$

カルボン酸をシクロヘキサンのような無極性溶媒に溶かすと，カルボン酸2分子が水素結合により会合してその大部分が二量体(解答欄の**問2**参照)になると予想される。したがって，凝固点降下法による分子量測定値も見かけ上2倍近くになる。

よって，**B**の真の分子量は約 $\frac{240}{2}=120$ となり，無色の結晶である安息香酸が当てはまる。

$C_6H_5-C(=O)-OH$ (分子量122)

B

一方，**C**の分子式は，

$$\underset{\mathbf{A}}{C_{11}H_{14}O_2}+H_2O-\underset{\mathbf{B}}{C_7H_6O_2}=C_4H_{10}O$$

となる。**C**とその酸化物**D**はヨードホルム反応陽性(**下線部a**)で，また**C**は不斉炭素原子をもつので，**C**は2-ブタノールと決まる。

$CH_3-\overset{*}{C}H(OH)-CH_2CH_3$ **C**（*：不斉炭素原子）　$CH_3-C(=O)-CH_2CH_3$ **D**

また，**C**は分子内脱水反応により，3種類のアルケンを生じる(**下線部b**)。

$$CH_3-CH(OH)-CH_2-CH_3 \xrightarrow{-H_2O} CH_2=CH-CH_2-CH_3,\ CH_3-CH=CH-CH_3$$

(シス,トランスあり)

以上より，**A**が決まる。

$$C_6H_5-C(=O)-OH+H-O-CH(CH_3)(CH_2-CH_3) \xrightarrow{-H_2O} C_6H_5-C(=O)-O-CH(CH_3)(CH_2-CH_3)$$

A

8 物質の性質３（天然有機物と合成高分子化合物）

181〈解　答〉　1．糖類の基本チェック

(1)　(イ)　③，⑤　　(ロ)　①，②　　(ハ)　③，⑤，⑥　　(ニ)　③，⑤

(2)　①　ア　OH　イ　C(=O)H　ウ　OH　エ　H

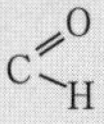

②　A　③　B　④　5

(3)　(ア)　アミロース　(イ)　α-グルコース　(ウ)　縮合　(エ)　$(C_6H_{10}O_5)n$

(オ)　β-グルコース

(4)　171g

(5)　1—⑤　2—①

解説

(1)【 糖類 】

(イ)　糖類の加水分解は，酵素や酸を触媒として進行する。

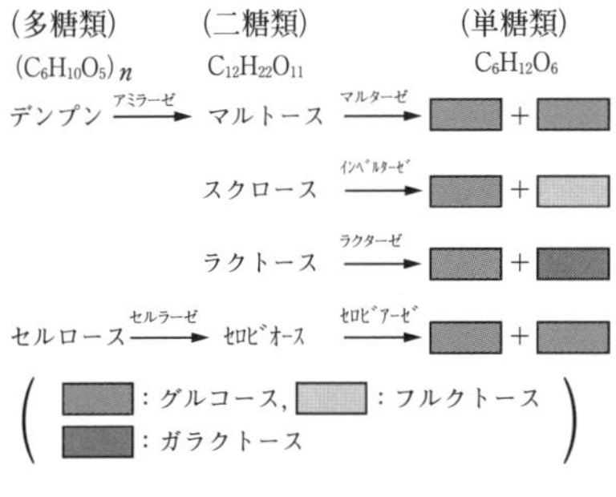

(多糖類)　$(C_6H_{10}O_5)n$　(二糖類)　$C_{12}H_{22}O_{11}$　(単糖類)　$C_6H_{12}O_6$

デンプン —アミラーゼ→ マルトース —マルターゼ→ グルコース＋グルコース

スクロース —インベルターゼ→ グルコース＋フルクトース

ラクトース —ラクターゼ→ グルコース＋ガラクトース

セルロース —セルラーゼ→ セロビオース —セロビアーゼ→ グルコース＋グルコース

（■：グルコース，■：フルクトース，■：ガラクトース）

(ロ)　デンプンやセルロースのような多糖類は高分子化合物。

(ハ)　還元性をもつ糖は，単糖類と二糖類（**スクロースを除く**）。

(ニ)　単糖類は加水分解の終点となる糖。

(注)　スクロースの加水分解酵素の正式名は sucrose → sucrase スクラーゼである。ただ，加水分解で旋光性が逆転する(invert)することよりインベルターゼ(invertase)という慣用名がよく使われている。

(2)【 グルコースの構造 】

A は α-グルコース(⇨②は **A**)，C は β-グルコースである。鎖状構造の B は還元性を示すホルミル基(アルデヒド基)をもつ。（⇨③は **B**）

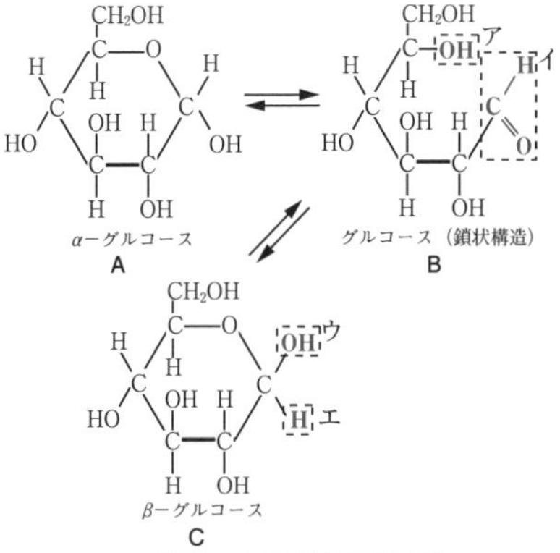

α−グルコース A　⇄　グルコース（鎖状構造）B　⇄　β−グルコース C

グルコースの水溶液中の平衡

A と C は，$-CH_2OH$ 以外の 5 つ(④の答え)の炭素原子，B は，$-CH_2OH$ と $-CHO$ 以外の 4 つの炭素原子がそれぞれ不斉炭素原子となる。なお，ヒドロキシ基($-OH$)は，A，B，C ともに 5 つ含まれている。

⑶ 【 デンプンとセルロース 】

デンプンは，α-グルコースの１位と４位のヒドロキシ基間で縮合重合した**アミロース**と，さらに１位と６位で縮合して枝分かれ構造をもった**アミロペクチン**からなる。

アミロースは通常らせん状に分子鎖が巻かれて筒状になった分子である。一方，アミロペクチンは枝状分子である。

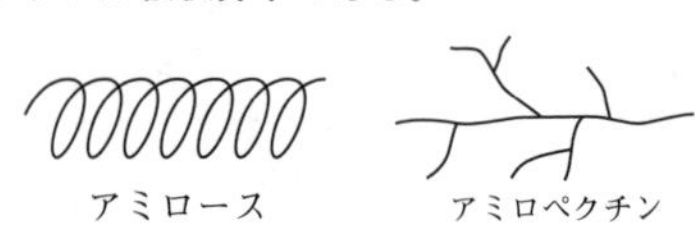

アミロース　　アミロペクチン

セルロースは，β-グルコースの縮合重合体であり，グルコース単位が表裏表裏と繰り返しながらまっすぐに伸びきったテープ状の分子である。

セルロース

⑷ 【 加水分解反応 】

デンプンがマルトースに変化する反応は次式で示される。

$$(C_6H_{10}O_5)_n + \frac{n}{2} H_2O \longrightarrow \frac{n}{2} C_{12}H_{22}O_{11}$$

分子量 $162n$　　　　分子量 342

$$\underbrace{\frac{162}{162n}}_{\text{mol (デンプン)}} \times \underbrace{\frac{n}{2}}_{\text{mol (マルトース)}} \times \underbrace{342}_{\text{g (マルトース)}} = \underline{171\text{g}}$$

⑸ 【 呼吸と ATP 】

グルコースは，生体内で呼吸作用によって分解され，エネルギーが取り出される。

好気呼吸：酸素を必要とする呼吸。解糖系，クエン酸回路，水素伝達系の３つに大別されるが全体は次式で示される。

$$C_6H_{12}O_6 + 6H_2O + 6O_2 \longrightarrow 6CO_2 + 12H_2O + \text{エネルギー}(38\text{ATP})$$

嫌気呼吸：酸素を必要としない呼吸。発酵や腐敗が含まれる。

$$C_6H_{12}O_6 \longrightarrow 2C_2H_5OH + 2CO_2$$

（アルコール発酵）

$$C_6H_{12}O_6 \longrightarrow 2CH_3CH(OH)COOH$$

（乳酸発酵）

ATP（アデノシン三リン酸）：細菌からヒトに至るまで共通のエネルギー貯蔵物質。代謝の過程で得られるエネルギーをこれに蓄える。ADP（アデノシン二リン酸）とリン酸が脱水縮合して ATP になるとき，31kJ のエネルギーが吸収される。

$$ADP + H_3PO_4 \longrightarrow ATP + H_2O \quad \Delta H = 31\text{kJ}$$

1　消費された O_2 と生成された CO_2 が同物質量なので，好気呼吸だけが行われた。

消費された O_2 が 0.12mol なので，上式より，酸化されたグルコース $C_6H_{12}O_6$（分子量 180）は，

$$0.12\text{mol} \times \frac{1}{6} = 0.020\text{mol}$$

$$0.020\text{mol} \times 180\text{g/mol} = \underline{3.6\text{g}}$$

2　好気呼吸のもとで，グルコース 1mol から生成された総 ATP は 38mol である。よって，この反応で生成された ATP は，

$$0.020\text{mol} \times 38 = \underline{0.76\text{mol}}$$

182〈解　答〉

(1)　ア…0　イ…1　ウ…5　エ…2　オ…3　カ…4
(2)　(a)…3

解説

◀糖の性質▶

(1)　**実験1**：**ア**，**イ**，**エ**，**カ**は還元性があるので，グルコース，フルクトース，マルトース，セロビオースのいずれかであり，**ウ**と**オ**はスクロースかデンプンである。

実験2：**ウ**，**エ**，**カ**を酸で加水分解すると**ア**になったので，**ア**はグルコース(⇨0)，**ウ**はデンプン(⇨5)である。

実験3：**オ**はインベルターゼで加水分解されるのでスクロースである。加水分解物**ア**，**イ**の一方の**ア**はグルコースと決まっていたので他方の**イ**はフルクトース(⇨1)である。

実験4：デンプンがアミラーゼで加水分解されて生じる**エ**はマルトース(⇨2)である。

以上より，残る**カ**はセロビオース(⇨4)である。

(2)　糖類(**キ**)　$HO\text{-}(C_6H_{10}O_5)_n\text{-}H$
分子量 $162n+18$

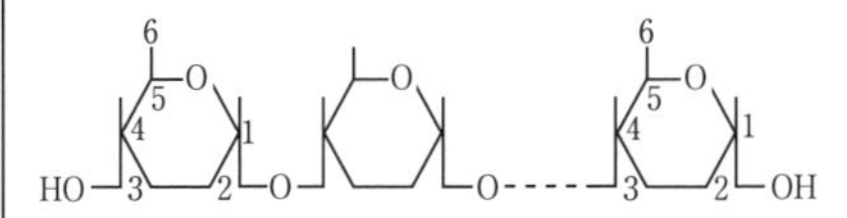

グルコースの還元性は，1位のOHの存在によって生じる。(ここが開環してホルミル基(アルデヒド基)になる。)糖類(**キ**)1分子中にある1位のOHは，末端に1個あるだけである。よって，糖類(**キ**)1molがフェーリング反応すると，Cu_2O　1molを生じる。糖類(**キ**)50gから，Cu_2O　0.1molを生じたから，

$$\frac{50\text{g}}{(162n+18)\text{g/mol}}=0.1\text{mol}$$

∴　$n=2.97$ ⇨ 3

183* 〈解 答〉

問1

問2

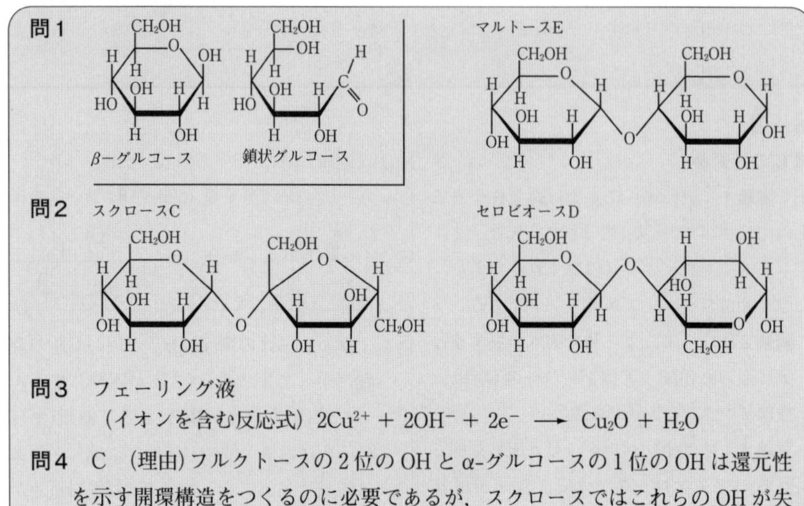

問3 フェーリング液

（イオンを含む反応式）$2Cu^{2+} + 2OH^- + 2e^- \longrightarrow Cu_2O + H_2O$

問4 C （理由）フルクトースの2位のOHとα-グルコースの1位のOHは還元性を示す開環構造をつくるのに必要であるが，スクロースではこれらのOHが失われているため開環できない。

問5 56.8g

解 説

◀糖の構造と性質▶

問2 糖間の縮合は

$$-O \diagdown C - \boxed{OH \quad H} - O - C \longrightarrow -O \diagdown C - O - C \quad (H_2O)$$

のように表される。（この間の結合は，特にグリコシド結合と呼ばれる。）さて，この縮合で，糖間をつないで二糖にするとき，−OHを隣り合わせに並べるとよいが，そのためには，分子を裏返さなくてはならないときがある。（下図で━●は−OH）

スクロースC

O−Mを軸に180°回転

セロビオースD

1−4の炭素を軸に180°回転

こうした回転をほどこした後に縮合させると解答欄にあるような糖の図が得られる。

問4 単糖の鎖⇄環の変化はC=O基への−OH基の付加と脱離の反応による。そして，糖の還元性は，環が開いたときの鎖状構造のC=Oによる。スクロースの場合，このC=O由来の−OHの間で縮合が起こっているため環が開けず，還元性を示すことができない。

問5

$$(C_6H_{10}O_5)_n + nH_2O \longrightarrow nC_6H_{12}O_6$$
デンプン

$$nC_6H_{12}O_6 \longrightarrow 2nC_2H_5OH + 2nCO_2$$
エタノール

デンプン（分子量 $162n$）1mol当り，エタノール（分子量46）$2n$ molが得られるから，

$$\frac{100}{162n}\,\text{mol（デンプン）} \times 2n\,\text{mol（エタノール）} \times 46\,\text{g（エタノール）} = \underline{56.8}\,\text{g}$$

184* 〈解 答〉

問1 (1) 環 (2) 銅(Ⅱ) (3) 還元 (4) 酸化銅(Ⅰ) (5) α-グルコース
(6) 縮合 (7) らせん (8) ヨウ素

ア $-C{\overset{\displaystyle O}{\diagup\!\!\!\!\diagup}} \diagdown H$ （$-CHO$） イ $(C_6H_{10}O_5)_n$

問2 α, β, 鎖状の各グルコースは水溶液中で平衡混合物になっている。このため，フェーリング液による反応により鎖状のグルコースが減少すると，α, βのグルコースがこれを補うように平衡移動する。その結果，グルコースをすべて反応させることができる。

問3 6.3×10^{-2}g

問4 タイプ1…B, タイプ2…A, タイプ3…C

解 説

◀デンプンの加水分解▶

問2

α-グルコース ⇄ 鎖状グルコース ⇄ β-グルコース
［アルデヒド］
↓ 酸化（フェーリング液）
［カルボン酸］

上式に示すように，フェーリング液により鎖状グルコースが酸化されて減少すると，α型，β型のグルコースが鎖状グルコースの減少を補うように平衡移動する。したがって，フェーリング液が十分にあれば，平衡移動によりすべてのグルコースが反応するので，グルコース濃度を測定できる。

問3 銀鏡反応は一般に次式で示される。

（ただし，試薬中のAg^+は，$[Ag(NH_3)_2]^+$となって溶けている。）

$$RCHO+2Ag^++3OH^- \longrightarrow RCOO^-+2Ag\downarrow+2H_2O$$

マルトースをアルデヒドRCHOと考えると，マルトースの1mol当たり，Agが2mol生成する。また，1.0%水溶液10mL中のマルトース（分子量342）は，水溶液の密度を$1.0g/cm^3$とすると，

$$10\times1.0\times\frac{1.0}{100}=0.10\,g$$

である。よって，析出した銀は，

$$\frac{0.10}{342}\ \Big|\times 2\ \Big|\times 108\ \Big| = \underline{0.063}\,g$$

mol（マルトース） mol（Ag） g（Ag）

問4 ヨウ素デンプン反応では，アミロース分子のらせん構造の中にI_2が入り込んで呈色するから，アミロースの分子鎖が短くなると呈色しにくくなる。さて，**タイプ3**は最も速くアミロースの分子鎖が短くなり，**タイプ1**は**タイプ2**より少し早く分子鎖が短くなる。

グルコース単位
タイプ1 タイプ2 タイプ3

よって，図の**A**は**タイプ2**，**B**は**タイプ1**，**C**は**タイプ3**である。

185** 〈解 答〉

問1 グルコースは，環を開いて1分子当たり1個のホルミル基(アルデヒド基)をもつ鎖状構造になることができるために，還元性を示す。一方，グルコースが多数つながったデンプンは，分子鎖の一方の端にある元グルコース部分から1個のホルミル基ができるだけなので，長いデンプン分子を構成するグルコース単位当たりに生じるホルミル基の割合が小さいために実質的には還元性を示さない。

問2 アミロースは熱水に可溶だが，アミロペクチンは熱水にも難溶であること。

問3 $C_{10}H_{20}O_6$，$C_9H_{18}O_6$，$C_8H_{16}O_6$

問4 $C_{10}H_{20}O_6$

問5 4.01%

解 説

◀デンプンの性質とアミロペクチンの枝分かれの割合▶

問3 アミロペクチンを模式的に表すと，次のようになる。

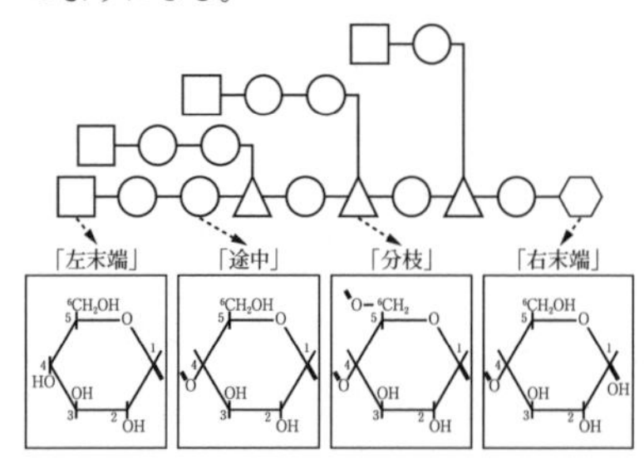

このようなアミロペクチンにある$-OH$をメチル化して$-OCH_3$に変えた後，酸で処理すると，1位の炭素にあるエーテル結合(グリコシド結合)$-O-{}^1C-O-C-$だけが加水分解する。そして，その結合はグルコースどうしの連結部分と「右末端」の$-{}^1C-OCH_3$にあるので，メチル化後の加水分解によって，上記の4種の部分より下記の化合物が生じる。

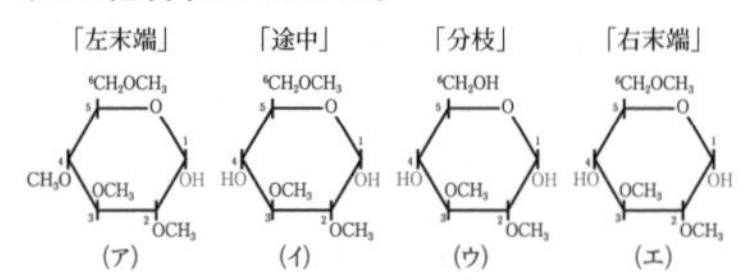

上記の「右末端」より生じた(エ)は「途中」より生じた(イ)と同じになり，結局生成物は本問で与えられているように3種で，その分子式は

(ア)は$\underline{C_{10}H_{20}O_6}$，(イ)は$\underline{C_9H_{18}O_6}$

(ウ)は$\underline{C_8H_{16}O_6}$である。

問4 元素分析の結果より，

$$C: 265\times\frac{12}{44}\fallingdotseq 72.2\,(\text{mg})$$

$$H: 108\times\frac{2}{18}\fallingdotseq 12.0\,(\text{mg})$$

$$O: 142-(72.2+12.0)=57.8\,(\text{mg})$$

原子数の比は

$$C:H:O=\frac{72.2}{12.0}:\frac{12.0}{1.0}:\frac{57.8}{16.0}\fallingdotseq 5:10:3$$

よって，組成式が$C_5H_{10}O_3$だから化合物 **A** は$\underline{C_{10}H_{20}O_6}$

問5 2.43gのアミロペクチンより142mg得られた化合物 **A** は，「左末端(□)」由来の化合物で，□の数は「分枝(△)」の数より1個多いだけである(**問3**の模式図参照)。

よって **A** の数≒△の数だから

$$\frac{\text{「分枝（△）」単位}}{\text{全グルコース単位}}\times 100$$

$$=\frac{\dfrac{0.142}{236}}{\dfrac{2.43}{162}}\times 100\fallingdotseq \underline{4.01}\,(\%)$$

186〈解　答〉　2. アミノ酸，ペプチド，タンパク質，酵素，核酸の基本チェック

(1) 問1　④

問2　酸性：$H_3N^+-CH(CH_3)-C(=O)-OH$　中性：$H_3N^+-CH(CH_3)-C(=O)-O^-$　塩基性：$H_2N-CH(CH_3)-C(=O)-O^-$

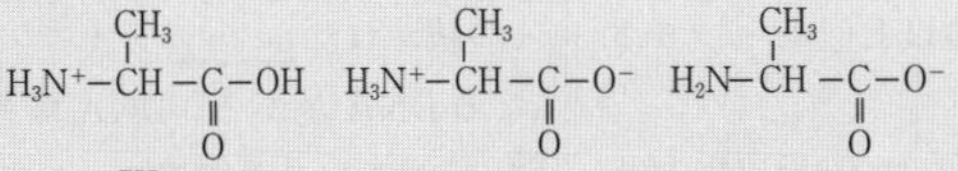

問3　$H-N(H)-CH(CH_3)-C(=O)-O-CH_2-CH_2-CH_3$

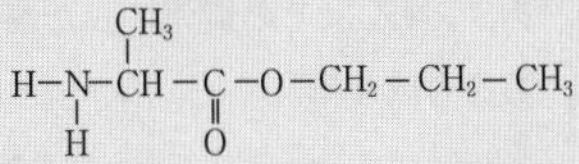

問4　$CH_3-C(=O)-N(H)-CH(CH_3)-C(=O)-OH$

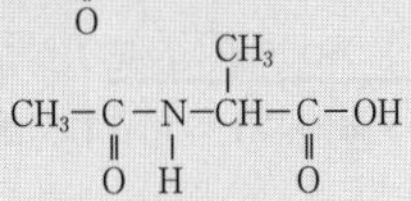

(2) ア．α-アミノ酸　イ．カルボン酸　ウ．カルボキシ　エ．アミド　オ．ペプチド

(3) ①．ビウレット反応　②．キサントプロテイン反応

(4) ア　ヌクレオチド　イ　水素　ウ　アデニン　エ　グアニン　オ　二重らせん

問の答：1.0m

解説

(1) 【アミノ酸】

問1　アミノ酸は両性化合物であり，水中では両性イオンとして存在している。

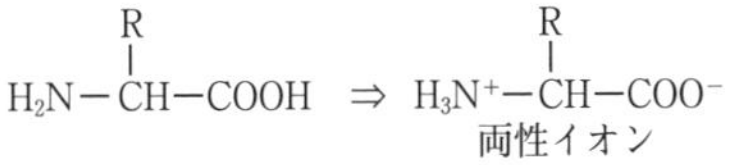

$$H_2N-CH(R)-COOH \Rightarrow H_3N^+-CH(R)-COO^-$$

両性イオン

したがって，一般に水に溶けやすく，酸，塩基とも反応するが有機溶媒には溶けにくい。(①，③は正)

また，結晶中でもイオンとして存在するため，融点が高い。(④は誤)　天然から得られるアミノ酸はL型と呼ばれる鏡像異性体である。(②は正)

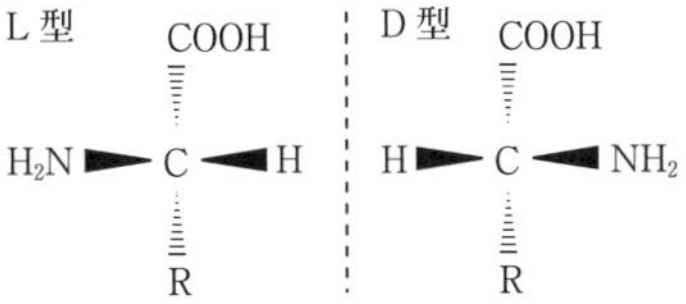

L型：COOH，H_2N ▶ C ◀ H，R　｜　D型：COOH，H ▶ C ◀ NH_2，R

中性アミノ酸は$-NH_2$と$-COOH$の数が等しいが，酸性アミノ酸は$-COOH$の方が多く，塩基性アミノ酸は$-NH_2$の方が多い。(⑤は正)

問2　水溶液の液性により，アミノ酸は次のように変化する。

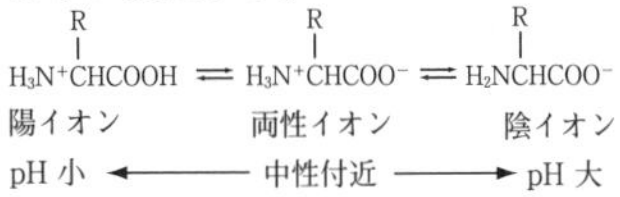

$$H_3N^+CH(R)COOH \rightleftarrows H_3N^+CH(R)COO^- \rightleftarrows H_2NCH(R)COO^-$$

陽イオン　両性イオン　陰イオン

pH 小 ←― 中性付近 ―→ pH 大

問3，問4　アミノ酸のカルボキシ基はエステル化ができる。また，アミノ基はアセチル化ができる。

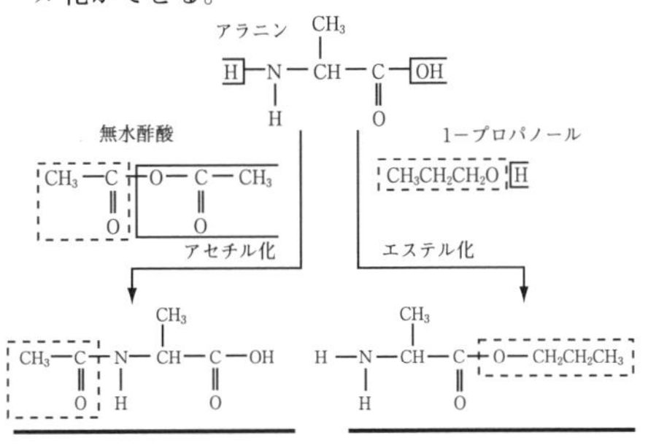

(2) 【タンパク質】

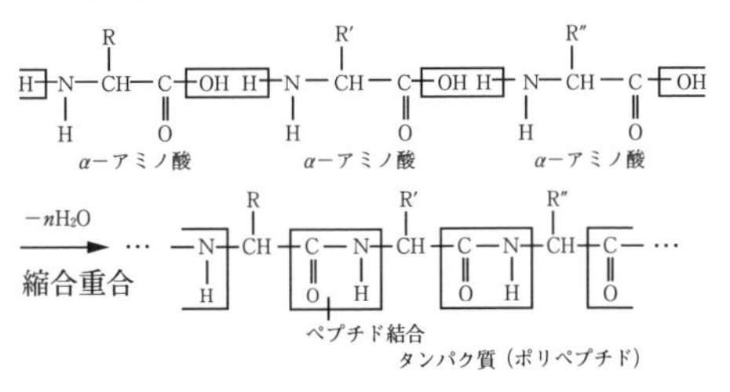

(3) 【タンパク質の検出反応】

① ビウレット反応　ペプチド結合のN原子がCu^{2+}に配位結合することで呈色する。ペプチド結合2つ以上(トリペプチド以上)で反応する。

② キサントプロテイン反応　ベンゼン環をもつアミノ酸がニトロ化されて呈色する。

(4) 【DNA】

生物の細胞には核酸とよばれる高分子が存在し，生物の遺伝に中心的な役割を担っている。核酸は，ヌクレオチドどうしが糖部分とリン酸部分で縮合重合してできたポリヌクレオチドである。核酸には，糖部分がリボース$C_5H_{10}O_5$からなるRNAと，リボースの$-OH$の1つ(2位)が$-H$に置換した(つまりOが1つ抜かれたde oxy)デオキシリボースからなるDNAがある。DNAは遺伝情報を伝え，RNAはその情報にしたがってタンパク質を合成する。

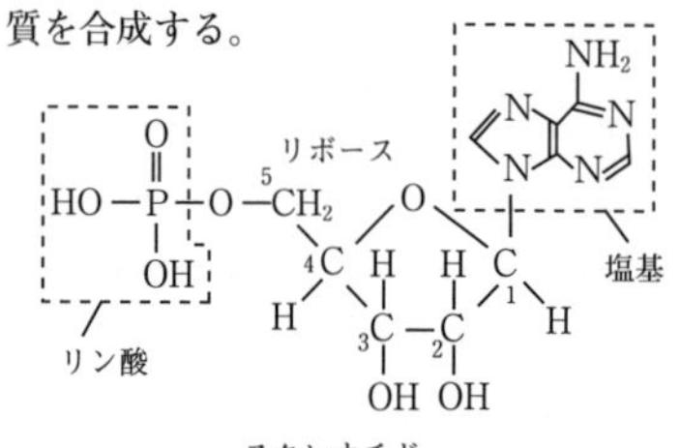

ヌクレオチド

DNA中の有機塩基にはアデニン(A)，グアニン(G)，シトシン(C)，チミン(T)の4種類があり，いろいろな配列順序(塩基配列)になっている。DNAの二重らせん構造は，2本のヌクレオチド鎖が水素結合によってA−T，G−Cの塩基対をつくることにより保たれている。

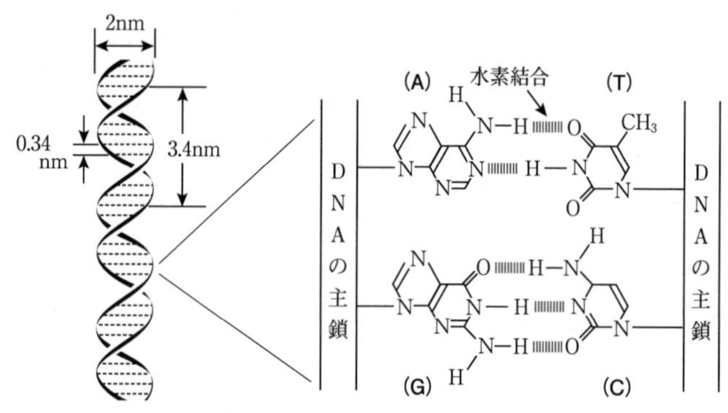

DNAの二重らせん構造

問の解説：

二重らせん1回転中に10塩基対があるので，30億塩基対は$\frac{3\times10^9}{10}=3\times10^8$回転分の二重らせんに相当する。よって，その長さは

$3\times10^8\times3.4=1.02\times10^9$nm ⇨ 1.0m

187〈解　答〉

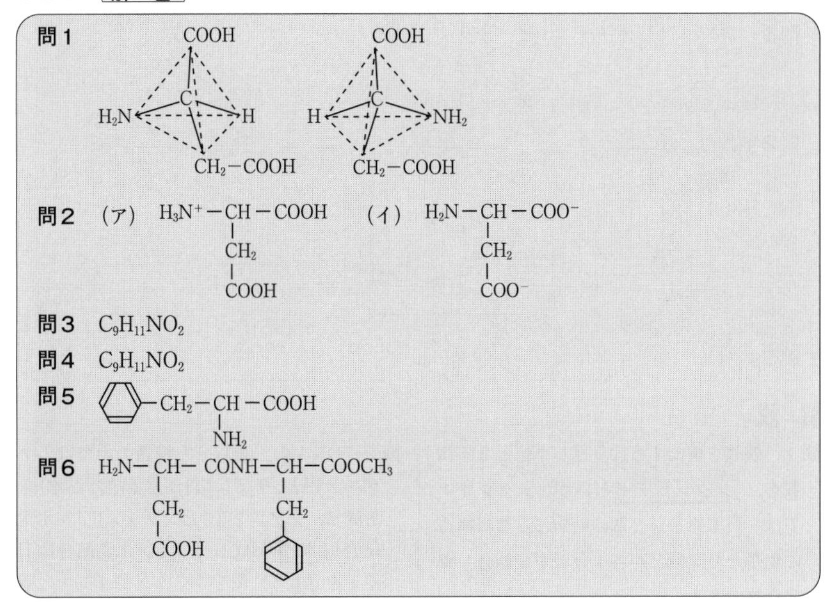

問1 （鏡像異性体の立体構造：中心のCに COOH, H_2N, H, CH_2-COOH が結合したもの2つ）

問2 (ア) $H_3N^+-CH(CH_2COOH)-COOH$　(イ) $H_2N-CH(CH_2COO^-)-COO^-$

問3 $C_9H_{11}NO_2$

問4 $C_9H_{11}NO_2$

問5 $C_6H_5-CH_2-CH(NH_2)-COOH$

問6 $H_2N-CH(CH_2COOH)-CONH-CH(CH_2C_6H_5)-COOCH_3$

解説

◀ジペプチドの構造▶

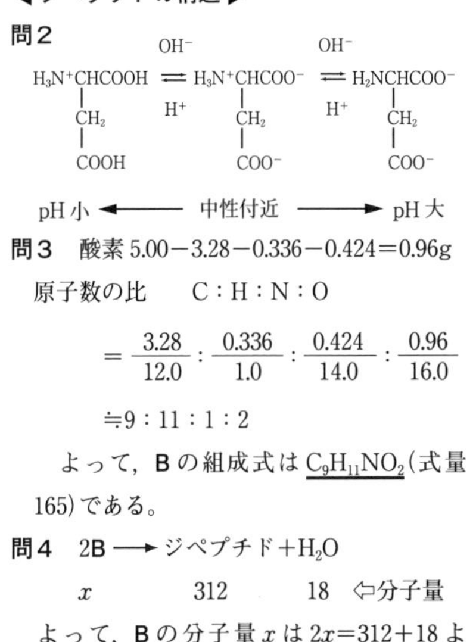

問2

$H_3N^+CH(CH_2COOH)COOH \rightleftarrows H_3N^+CH(CH_2COO^-)COO^- \rightleftarrows H_2NCH(CH_2COO^-)COO^-$（右向き OH^-，左向き H^+）

pH小 ←── 中性付近 ──→ pH大

問3　酸素 5.00−3.28−0.336−0.424＝0.96g

原子数の比　C：H：N：O

$$=\frac{3.28}{12.0}:\frac{0.336}{1.0}:\frac{0.424}{14.0}:\frac{0.96}{16.0}$$

≒9：11：1：2

よって，Bの組成式は$C_9H_{11}NO_2$（式量165）である。

問4　2B ──→ ジペプチド＋H_2O

x　　312　　18　⇦分子量

よって，Bの分子量xは$2x=312+18$より，165となる。そこで，Bの分子式は組成式と同じで，$C_9H_{11}NO_2$である。

問5　Bはα-アミノ酸だから，右のように表される。　$H_2N-CH(R)-COOH$

分子式$C_9H_{11}NO_2$より，RはC_7H_7である。Bはベンゼン環をもち，メチル基をもたないのでRは $C_6H_5-CH_2-$ と決まる。

よって，Bは

$H_2N-CH(CH_2-C_6H_5)-COOH$（フェニルアラニン）

問6　アスパラギン酸　＋　Bのメチルエステル

$H-N(H)-CH(CH_2-COOH)-C(=O)-OH$　$H-N(H)-CH(CH_2-C_6H_5)-C(=O)-O-CH_3$

↓ $-H_2O$

$H-N(H)-CH(CH_2-COOH)-C(=O)-N(H)-CH(CH_2-C_6H_5)-C(=O)-O-CH_3+H_2O$

ジペプチドA

188 〈解 答〉

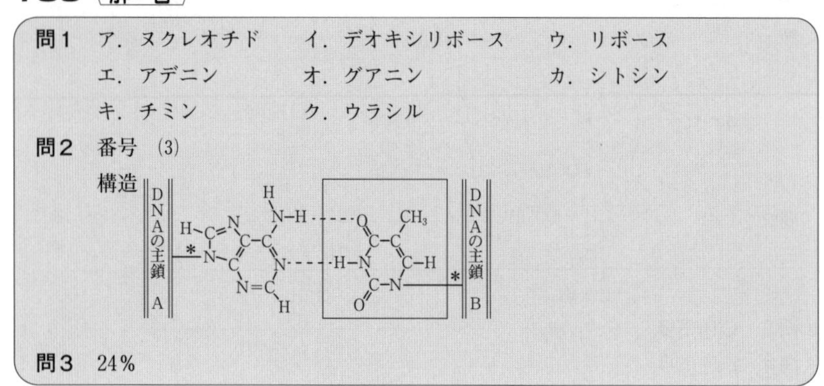

問1 ア．ヌクレオチド　イ．デオキシリボース　ウ．リボース
エ．アデニン　オ．グアニン　カ．シトシン
キ．チミン　ク．ウラシル

問2 番号 (3)
構造

問3 24％

解説

問1 核酸を構成する繰り返し単位となる物質を，ア<u>ヌクレオチド</u>という。ヌクレオチドは，炭素原子が5個の糖類に，環状構造の塩基とリン酸とが各1分子ずつ結合した化合物である。

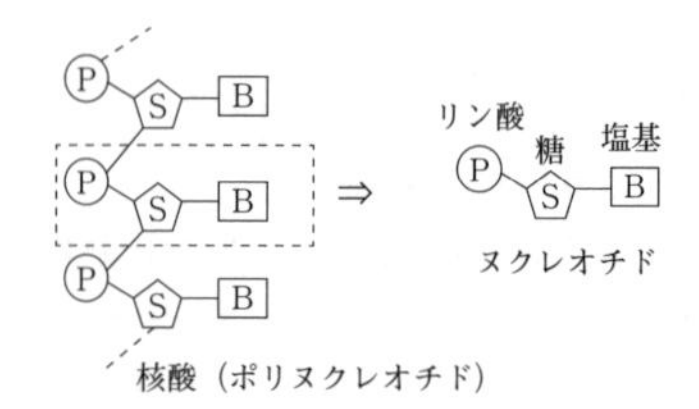

核酸にはDNAとRNAがある。DNAを構成する糖はイ<u>デオキシリボース</u>，RNAを構成する糖はウ<u>リボース</u>である。

デオキシリボース $C_5H_{10}O_4$　　リボース $C_5H_{10}O_5$

DNAを構成する塩基は，エ<u>アデニン</u>(A)，オ<u>グアニン</u>(G)，カ<u>シトシン</u>(C)およびキ<u>チミン</u>(T)の4種類で，RNAを構成する塩基はA，G，Cおよびク<u>ウラシル</u>(U)の4種類である。

問2 DNAの二重らせん構造の中では，アデニン(A)とチミン(T)が水素結合(2本)を形成し，グアニン(G)とシトシン(C)が水素結合(3本)を形成している。水素結合はH原子を介して，環をつくるN原子同士の間で直接形成されるもの(N−H···N)と，環の置換基間で形成されるもの(−N(H)−H····O=C)とがある。

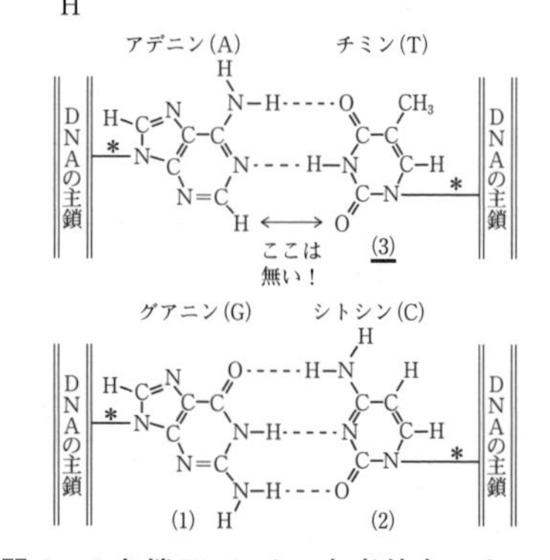

問3 2本鎖DNAは，水素結合によってA::::T G::::Cの塩基対を形成しているので，AとT，GとCはそれぞれ同数(同モル分率)ずつ含まれている。よって，Gが26％(モル％)のとき，Cも26％である。また，AとTはそれぞれ$(100-26\times2)\times\frac{1}{2}=$<u>24</u>％である。

189〈解　答〉

問１　ア：植物　イ：動物　ウ：セルロース　エ：吸湿(吸水)　オ：ケラチン
カ：保温(保湿)　キ：フィブロイン　ク：光沢

問２　木綿…C　　羊毛…A　　絹…B

問３

```
         CH₂ ─OH
          |
  ┌       C ─ O        ┐
  |     /  |    \      |OH
  |  H    H       \   /|
  |   \C           C  / |
  |   /  OH  H    / \   |
  |H    \ |   |  /   H  |
  | \O    C ─ C         |
  |       |   |         |
  └       H   OH        ┘n
```

問４　システイン

問５

```
H            OH          H      CH₃      OH
 \          /             \     |       /
  N─CH₂─C         ,        N─ CH ─C
 /          \\            /              \\
H            O           H                O
```

問６　木綿は，点火すると紙が燃えるようなにおいを出し，速やかに燃えて灰が少し残る。羊毛は，点火すると毛髪や爪が燃えるような強いにおいを出し，ちぢれて徐々に燃え，黒褐色球状の灰が残る。

解説

◀天然繊維とその特徴▶

問１，問２　繊維は次のように分類される。

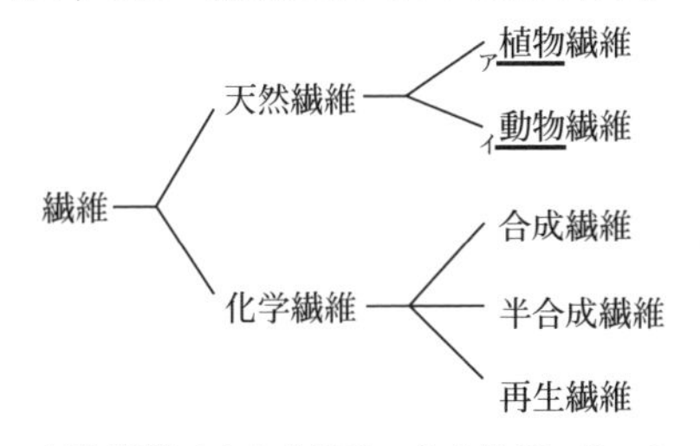

植物繊維である木綿は，主成分がヒドロキシ基を多くもつ$_ウ$セルロースであり，$_エ$吸湿(吸水)性にすぐれている。また，木綿は酸に弱く，塩基に強い。木綿は短い繊維で，その形状は図Cのように扁平でよじれているが，相互にからみ合うので糸にしやすい。なお，植物繊維である麻は，アサの茎から得られ，これも主成分がセルロースであるため，木綿と性質が類似する。

一方，動物繊維である羊毛は，主成分がタンパク質の$_オ$ケラチンである。羊毛は短い繊維で，図Aのように表皮はうろこ状で，クチクラ(キューティクル)とよばれる。羊毛は$_カ$保温性にすぐれ，またシワになりにくいが，摩擦に弱い。また，羊毛は酸に強く，塩基に弱い。羊毛の繊維を圧縮して固めたものがフエルトである。

羊毛の断面

動物繊維である絹も主成分がタンパク質である。まゆから取り出される生糸は，タンパク質の$_キ$フィブロイン(70%～80%)の周囲をタンパク質のセリシン(20～30%)が包んだ構造をしている。生糸は手ざわりが硬く光沢に欠けるが，セリシンの部分を溶かし去ると，フィブロインが現れて，しなやかで$_ク$光沢のある絹糸になる。絹は非常に長い繊維である。この繊維は羊毛と同様，塩基に弱い。また，光が当たるとしだいに黄色くなる。

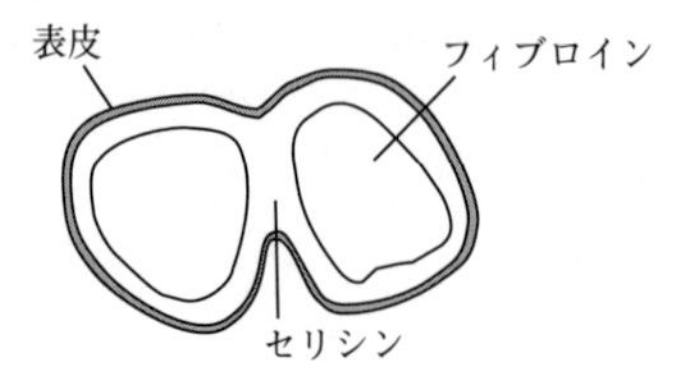

生糸の断面

問3 セルロースはβ-グルコースの縮合重合体である。

問4 ケラチンは髪，羽毛，爪にも含まれるタンパク質で，構成アミノ酸として比較的システインを多く含むため，他のタンパク質よりも硫黄が多い。

$$\left(\text{システイン}\quad \begin{array}{c} \quad CH_2-SH \\ \quad | \\ H_2N-CH-COOH \end{array}\right)$$

ケラチンはα-ヘリックス構造をもち，ペプチド鎖はジスルフィド結合(−S−S−)で結びつけられている。

問5 フィブロインの構成アミノ酸は，グリシン(約45%)，アラニン(約30%)およびセリン(約12%)の3種類でほぼ90%近くを占めている。

$$\left(\text{セリン}\quad \begin{array}{c} \quad CH_2-OH \\ \quad | \\ H_2N-CH-COOH \end{array}\right)$$

問6 木綿はC，H，O元素からなるセルロースを主成分とするが，羊毛や絹はC，H，O，N元素などからなるタンパク質を主成分とするので，点火したときの燃え方やにおいにはっきりとした違いが見られる。羊毛と絹は，燃え方やにおいがよく似ている。

190* 〈解　答〉

問1

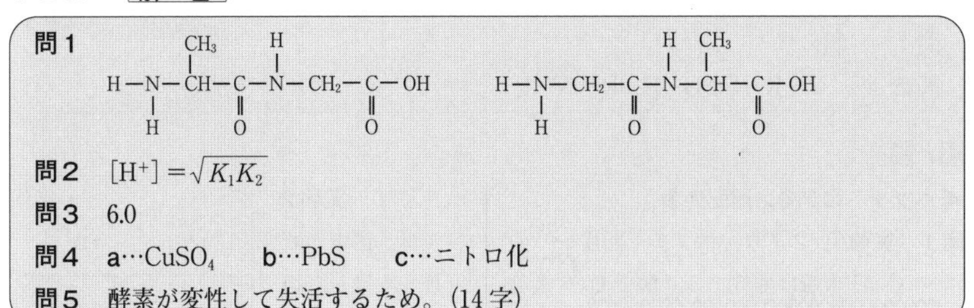

問2　$[H^+]=\sqrt{K_1K_2}$

問3　6.0

問4　a…$CuSO_4$　　b…PbS　　c…ニトロ化

問5　酵素が変性して失活するため。(14字)

解　説

◀グリシンの等電点▶

問2　$H_3N^+-CH_2-COOH$ を G^+,
$H_3N^+-CH_2-COO^-$ を $G^{\pm}$,
$H_2N-CH_2-COO^-$ を G^- で表すと,
(1), (2)式より,

$$K_1=\frac{[G^{\pm}][H^+]}{[G^+]}\quad,\quad K_2=\frac{[G^-][H^+]}{[G^{\pm}]}$$

$$\therefore\quad K_1K_2=\frac{[G^-][H^+]^2}{[G^+]}$$

等電点では $[G^+]=[G^-]$ が成り立つから,

$$K_1K_2=[H^+]^2$$

$$\therefore\quad [H^+]=\underline{\sqrt{K_1K_2}}$$

問3　問2より,

$$\begin{aligned}pH&=-\log[H^+]=-\log\sqrt{K_1K_2}\\&=-\frac{1}{2}\left(\log K_1+\log K_2\right)\\&=-\frac{1}{2}\times\left(-2.4-9.6\right)=\underline{6.0}\end{aligned}$$

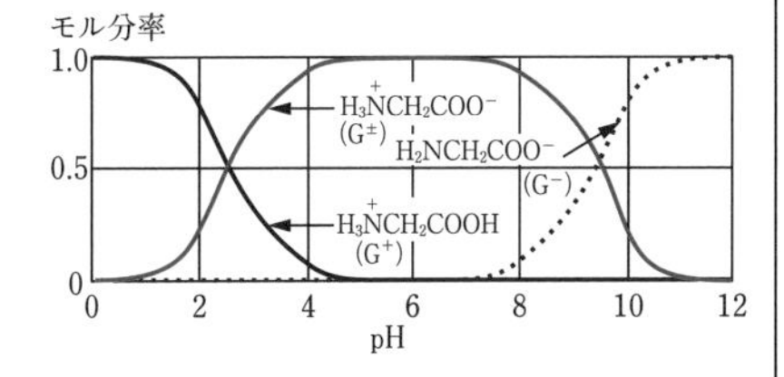

問4　a. ビウレット反応である。

塩基性の下で2つのペプチド結合のNが Cu^{2+} をはさむようにして配位して, 錯イオンを形成して呈色する。

ペプチド結合2つ以上で呈色（赤紫）

b. 硫黄原子を含むアミノ酸の存在によって生じる反応である。

$$\text{タンパク質}\xrightarrow[\text{熱}]{NaOH}S^{2-}\xrightarrow{Pb^{2+}}PbS\downarrow\text{黒色沈殿}$$

c. キサントプロテイン反応である。

ベンゼン環を含むアミノ酸のベンゼン環がニトロ化されて呈色(黄)する。

例　$-CH_2-C_6H_4-OH$（チロシン）

$\xrightarrow{HNO_3}$ $-CH_2-C_6H_3(NO_2)-OH$　黄

問5　酵素の触媒作用はタンパク質の複雑な立体構造に支えられている。よって, その作用には, 特定物質の特定反応にだけ作用する基質特異性, 最適温度, 最適pHがある。高温にすると, 立体構造が壊れてその作用が失われる。

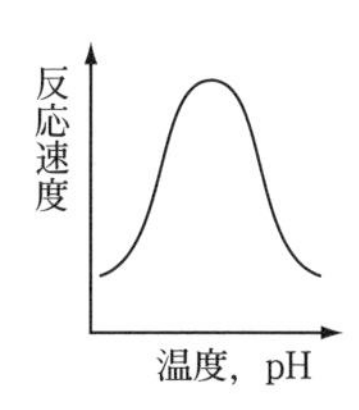

191* 〈解 答〉

問1 6個
問2 G−Y−K−S−G−G−D−A−D

解説

◀ **ペプチドのアミノ酸配列** ▶

問1 **実験1，2**より，ペプチド断片(**イ**)の−COOH末端は酸性アミノ酸で**D**(アスパラギン酸)，ペプチド断片(**ロ**)の−COOH末端は塩基性アミノ酸で**K**(リシン)である。

実験2のグラフのフラットになった部分をみると，断片(**イ**)1molから最終的に**S** 1mol，**G** 2mol，**D** 2mol，**A** 1molの合計6molのアミノ酸が生じたことがわかる。これより，断片(**イ**)1分子は6個のアミノ酸で構成されていると判定できる。そこで，はじめのペプチドは9個のアミノ酸から構成されているので，他方の断片(**ロ**)は9−6=3個のアミノ酸からなる。

問2 **実験3**より，ペプチド断片(**ロ**)の$-NH_2$末端のアミノ酸は，鏡像異性体がないので**G**(グリシン)である。

キサントプロテイン反応はベンゼン環をもつアミノ酸の存在によって生じるから，(**ロ**)には**Y**(チロシン)が含まれる。

問1の解説で示したように，断片(**ロ**)は3個のアミノ酸から構成され，$-NH_2$末端が**G**，−COOH末端が**K**である。したがって，**実験3**より，残りの構成アミノ酸は**Y**である。よって，断片(**ロ**)の配列は

(−NH_2末端)**G−Y−K**(−COOH末端)

さて，**実験2**では，酵素が断片を左端から切断していっているのであるが，

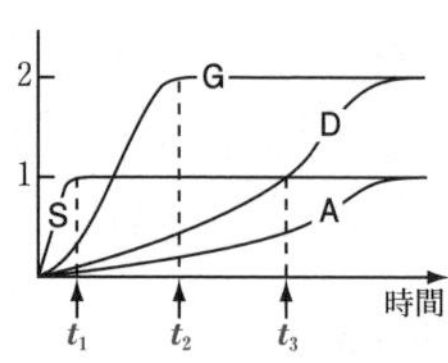

1分子を分解しているのではなく，多数の分子を分解しているので，『左末端をすべて切り離してから，2番目の端が切り離される』というふうにはいかない。その結果，図に見られるように，左末端と推定される**S**がすべて切り離される時点(t_1)より前に，2番目以降のアミノ酸も切り離されている。ただし，**S**が完全に切り離された時点(t_1)で，**G**，**D**，**A**いずれも1mol以下しか出ていないので，**G**，**D**，**A**は**S**より右側にあることは確かである。よって，左から1番目は**S**である。同様にして，**G** 2molが完全に切り離された時点(t_2)で，**D**，**A**は1mol以下しか出ていないので，左から2番目，3番目は**G**である。さらに，**D**が1mol出ている時点(t_3)で**A**はまだ1mol以下なので，左から4番目は**D**である。5，6番目が**D−A**か**A−D**かはこの図からは分からないが，問題文に右端が**D**であると与えてある。よって，断片(**イ**)の配列は

酸性アミノ酸
↓
S−G−G−D−A−D

以上より，断片(**ロ**)と断片(**イ**)をつなぐと，もとのペプチドの配列は

G−Y−K−S−G−G−D−A−D

となる。

192* 〈解　答〉

問1　ア　建染め　　イ　媒染

問2　インジゴは水に溶けないので，これを還元剤で還元して水に溶けるようにしてから，木綿の繊維に浸み込ませる。これを空気にさらすと空気中の酸素で酸化されてもとのインジゴにもどるので，木綿によく染まりつく。

問3　タンパク質からできている羊毛や絹は，構成アミノ酸の塩基性基をもつ。このため酸性染料の一種であるピクリン酸とイオン的に結合して染色される。これに対し，セルロースからできている木綿はこのような基がないので染色されない。

解　説

◀染料と染色▶

問1，問2

図1は，ア<u>建染め</u>染料による染色を示している。この方法は，まず，水に不溶の染料分子を水に可溶の別の形にして繊維中に浸み込ませる。その後，適当な処理により，繊維中で元の染料分子にもどして染色するものである。この代表例が，インジゴによる木綿(ジーンズなど)の染色である。これを模式的に示すと，次のようになる。

水に不溶 —還元→ 水に可溶 —木綿/水→

インジゴ(藍色)　　ホワイトインジゴ(無色)

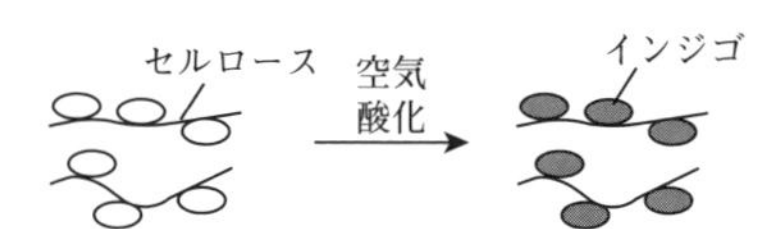

図2は，イ<u>媒染</u>染料による染色を示している。この方法は，まず繊維中にクロムやアルミニウムなどの水溶性の金属塩を浸み込ませ，繊維に金属イオンを結合させる。その後，その繊維を染料の溶液につけると，金属イオンが一方では繊維と結合し，他方では染料分子と結合する。これにより，金属イオンを仲立ちとして，繊維と染料分子を結びつけ，染色するものである。このとき用いられる金属塩は，媒染剤とよばれる。

問3　図3は，酸性・塩基性染料による染色を示している。酸性染料はカルボキシ基やスルホ基などの酸性基をもつので，塩基性基をもつ繊維とイオン的に結合する。また，塩基性染料はアミノ基などの塩基性基をもつので，酸性基をもつ繊維とイオン的に結合する。これにより繊維に染料分子を結びつけ，染色するものである。したがってこの染色法は，カルボキシ基やアミノ基などをもつタンパク質の繊維(羊毛，絹)には適するが，酸性・塩基性基をもたないセルロースの繊維(木綿)には適さない。本問の実験に用いたピクリン酸は，酸性染料の一種である。

なお，実際に用いる酸性染料は，一般にナトリウム塩などの塩の形になっており，これにより羊毛や絹を染色するときは，硫酸または酢酸などを加えた弱い酸性の溶液が使われる。

193* 〈解 答〉

Ⅰ **問1** a：タンパク質　b：活性部位（活性中心）　c：基質特異性

問2 酵素反応では35～40℃付近までは，一般の化学反応と同様に温度とともに反応速度が増加する。しかし最適温度（約40℃）を超えると，タンパク質の変性が生じてくるので酵素の触媒としての機能が失われ，反応速度が急に減少していく。

問3 イ

問4 A…ペプシン　B…トリプシン

Ⅱ **問1** ア…$\dfrac{k_1'}{k_1}$　イ…$[E]_0[S]$　ウ…$[S]$

問2 直線の傾き…$\dfrac{k_2[E]_0}{K}$

問3 $v_{max}=k_2[E]_0$

理由：酵素反応は，酵素と基質が結合することにより進行する。このため酵素濃度が一定で基質濃度がある値以上になると，ほとんどの酵素が基質と結合してしまい，それ以上は酵素が基質と結合できなくなる。

問4 $v=\dfrac{1}{2}v_{max}=\dfrac{k_2[E]_0}{2}$

(5)式より

$$v=\frac{k_2[E]_0[S]}{K+[S]}=\frac{k_2[E]_0}{2}\quad よって，\quad \frac{[S]}{K+[S]}=\frac{1}{2}\quad [S]=K$$

解 説

Ⅰ ◀**酵素反応**▶

問1 酵素は$_a$タンパク質を主体とした高分子化合物であるが，酵素には基質と結合する$_b$活性部位がある。活性部位の形と基質の立体構造が一致しないと互いに結合できない。これにより，1種類の酵素はある特定の基質にしか働かないという性質（$_c$基質特異性）がもたらされる。

問2 酵素には反応速度が最大となる温度（最適温度）があるが，この温度より高温になると，タンパク質の変性により活性部位の立体構造が変化して，基質が結合できなくなる。

問3 pHにより酵素タンパク質の立体構造や基質のイオン化状態などが変化し，これにより基質と酵素の結合が変化するが，タンパク質が分解されてアミノ酸になるわけではない。

問4 酵素の最適pHは，酵素によって異なる。胃液に含まれるペプシンは約1.5，すい液に含まれるトリプシンは約8の最適pHをもつ。

Ⅱ　**◀酵素反応の速度論▶**

問1

$$\mathrm{E+S} \underset{k_1'}{\overset{k_1}{\rightleftarrows}} \mathrm{E \cdot S} \overset{k_2}{\longrightarrow} \mathrm{E+P}$$

二段階の反応において，$k_1 \gg k_2$，$k_1' \gg k_2$ であり，EとSはE・Sとつねに平衡状態にあると仮定しているので，Pの生成速度 v は，$\mathrm{E \cdot S} \overset{k_2}{\longrightarrow} \mathrm{E+P}$ の反応だけでほぼ決まることになる。(このように反応全体の速度を律する段階を，律速段階という。)したがって，v は(1)式で与えられる。

$$v = k_2[\mathrm{E \cdot S}] \qquad \cdots\cdots(1)$$

解離反応($\mathrm{E \cdot S} \underset{k_1}{\overset{k_1'}{\rightleftarrows}} \mathrm{E+S}$)が平衡状態にあるとき，正・逆の反応速度が等しいので次式が成り立つ。

$$k_1'[\mathrm{E \cdot S}] = k_1[\mathrm{E}][\mathrm{S}]$$

よって，

$$K = \frac{[\mathrm{E}][\mathrm{S}]}{[\mathrm{E \cdot S}]} = \underset{ア}{\boxed{\frac{k_1'}{k_1}}} \qquad \cdots\cdots(2)$$

(3)式より $[\mathrm{E}] = [\mathrm{E}]_0 - [\mathrm{E \cdot S}]$

これを，(2)式に代入すると，

$$K = \frac{([\mathrm{E}]_0 - [\mathrm{E \cdot S}])[\mathrm{S}]}{[\mathrm{E \cdot S}]}$$

よって，

$$[\mathrm{E \cdot S}] = \frac{{}_{イ}\boxed{[\mathrm{E}]_0[\mathrm{S}]}}{K + {}_{ウ}\boxed{[\mathrm{S}]}} \qquad \cdots\cdots(4)$$

(4)式を(1)式に代入すると，

$$v = \frac{k_2\,{}_{イ}\boxed{[\mathrm{E}]_0[\mathrm{S}]}}{K + {}_{ウ}\boxed{[\mathrm{S}]}} \qquad \cdots\cdots(5)$$

問2　[S]が十分に小さいとき($[\mathrm{S}] \ll K$)，$K + [\mathrm{S}] \fallingdotseq K$ なので(5)式は次のように近似できる。

$$v = \frac{k_2[\mathrm{E}]_0[\mathrm{S}]}{K + [\mathrm{S}]} \fallingdotseq \frac{k_2[\mathrm{E}]_0}{K}[\mathrm{S}]$$

この式は，v が[S]について1次反応であることを示す。

[S]が十分に小さいとき，図3のグラフはほぼ直線となっており，この式がよく成り立つことがわかる。よって，このときの直線の傾きは $\dfrac{k_2[\mathrm{E}]_0}{K}$ で表される。なお，この傾きは酵素の全濃度 $[\mathrm{E}]_0$ に比例して大きくなることがわかる。

問3　[S]が十分に大きいとき($[\mathrm{S}] \gg K$)，$K + [\mathrm{S}] \fallingdotseq [\mathrm{S}]$ なので(5)式は，次のように近似できる。

$$v = \frac{k_2[\mathrm{E}]_0[\mathrm{S}]}{K + [\mathrm{S}]} \fallingdotseq k_2[\mathrm{E}]_0 \quad \text{で一定}$$

この式は，v が[S]について0次反応であることを示す。

[S]が十分に大きいとき，図3のグラフは最大値で一定となっており，この式がよく成り立つことがわかる。よって，このときの最大値 v_{max} は $k_2[\mathrm{E}]_0$ で表される。

問2～問4の結果を，図3のグラフにまとめて示すと，次のようになる。

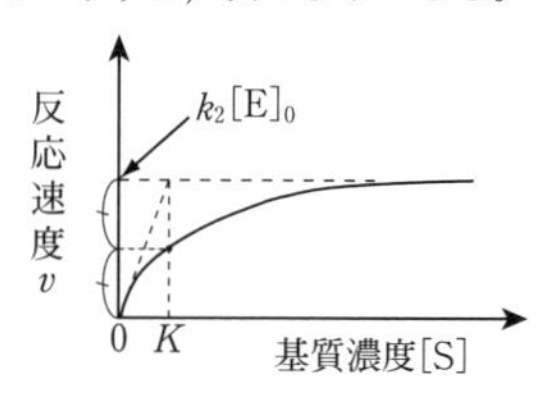

194** 〈解答〉

問1　ア．1　イ．3　ウ．6　エ．4

問2　$N^+{\equiv}N$

問3

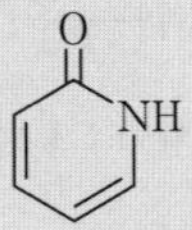

O
NH

問4　チミン

問5　（i）309　（ii）1.02×10^5 個

解説

問1　DNA に含まれる4種類の核酸塩基は，プリン塩基2種類とピリミジン塩基2種類に分けられる。DNA の二重らせん構造では，プリン塩基とピリミジン塩基が水素結合を介して2組の塩基対(アデニン A とチミン T，グアニン G とシトシン C の2組)をつくる。

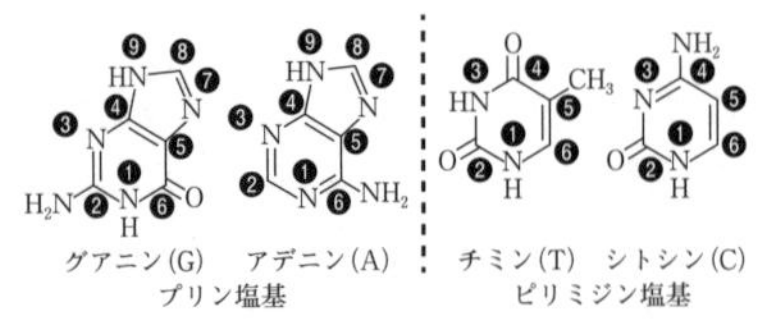

これらの核酸塩基は，次式に示すプリン，ピリミジンの誘導体である。

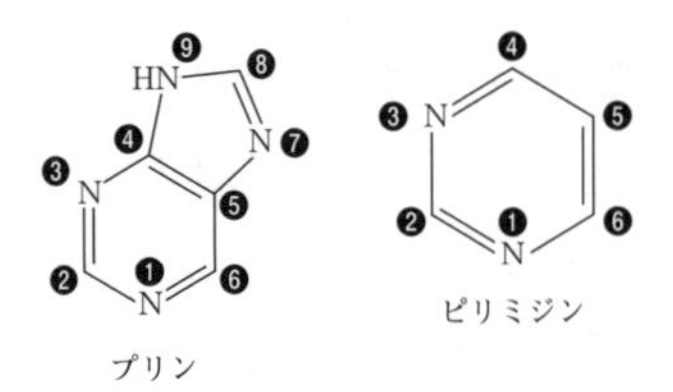

問題文より，水素原子を介して，環をつくるN原子同士の間で直接形成される水素結合（ N−H····N ）と，環の置換基間で形成される水素結合

（ −N−H····O=C ）について，構造上可能なものを調べると，以下のようになる。

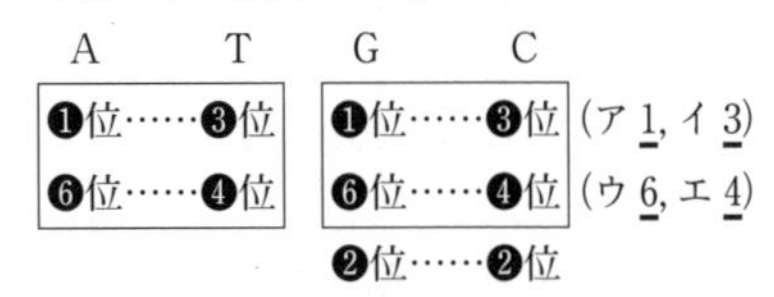

A−T 塩基対は水素結合2個，G−C 塩基対は水素結合3個が可能で，❶位・❸位間以外は，環の置換基間で形成される水素結合である。(プリン塩基❾位とピリミジン塩基❶位は，それぞれ DNA の主鎖につながる部分である。)

問2　化合物**A**はアニリンと類似した構造をもつので，塩酸中で亜硝酸ナトリウム($NaNO_2$)を作用させると，ジアゾ化が起こると推察できる。したがって，生成物の化合物**B**はジアゾニウム塩と考えられる。

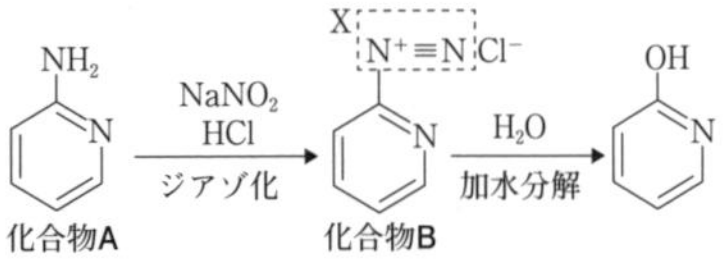

化合物A $\xrightarrow[\text{ジアゾ化}]{NaNO_2,\ HCl}$ 化合物B（X: $N^+{\equiv}NCl^-$） $\xrightarrow[\text{加水分解}]{H_2O}$ （OH 体）

[参考]

アニリン $+ NaNO_2 + 2HCl \xrightarrow[\text{ジアゾ化}]{\text{氷冷}}$ 塩化ベンゼンジアゾニウム $+ NaCl + 2H_2O$

塩化ベンゼンジアゾニウム $+ H_2O \xrightarrow[\text{加水分解}]{5℃以上}$ フェノール $+ N_2\uparrow + HCl$

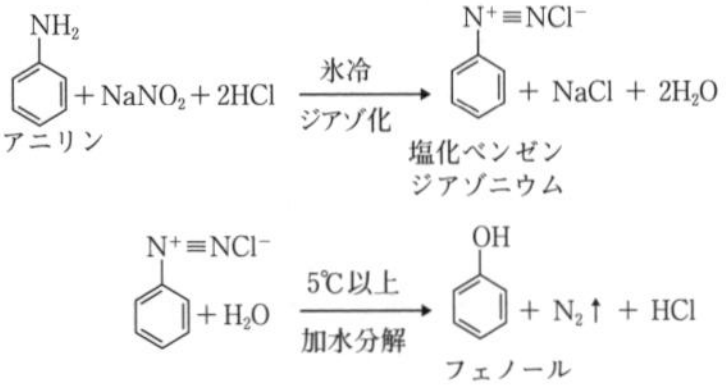

問3　化合物Bを加水分解して得られる化合物は，環内に次のような構造をもつので，異性化すると考えられる。

異性化　アミド結合　化合物C

この変化は，エノール型からケト型への異性化からも類推できる。

異性化　エノール型　ケト型

問4　5-メチルシトシンで同様の脱アミノ化反応(ジアゾ化→加水分解→異性化)が起こると，以下のように変化してチミンになる。DNA分子の中でこの変化が起こると，チミンはDNAで使われる塩基なので，この誤りは修復されることなく異なる塩基配列が生じ，突然変異誘発の原因となり得る。

$NaNO_2$　HCl　ジアゾ化　5−メチルシトシン　H_2O　加水分解　異性化　チミン

一方，5-メチル化されていないもとのシトシンで同様の変化が起こると，RNAに含まれる塩基であるウラシルとなる。

ウラシル

ただ，この場合は，ウラシルはDNAにはない塩基なので，修復酵素によってシトシンに戻されて，誤りが是正される。

問5(ⅰ)DNAにおいて塩基対をつくる核酸塩基どうしは同数ずつ存在する。したがって，4種類の塩基の全塩基数に対する数の比率は，それぞれ以下のようになる。

アデニン	チミン	グアニン	シトシン
10%	10%	$\frac{100-10\times2}{2}=40\%$	40%
同じ値		同じ値	

各ヌクレオチド単位は塩基を一つ含むから，特定の塩基を含むヌクレオチド単位の全ヌクレオチド単位数に対する数の比率は，上と同じになる。よって，ヌクレオチド単位の平均式量は，

$$310\times0.10+300\times0.10+330\times0.40+290\times0.40=\underline{309}$$

(ⅱ)細胞1個に含まれるDNA中のヌクレオチド単位(平均式量309)の物質量は，

$$\frac{3.40\times10^{-12}\text{g}}{309\text{g/mol}}=1.100\times10^{-14}\text{mol}$$

細胞1個に含まれるDNA中のグアニンの物質量は，

$$1.100\times10^{-14}\text{mol}\times0.40=4.400\times10^{-15}\text{mol}\quad\cdots\cdots(1)$$

ベンゾ[*a*]ピレン(分子量252)の物質量(すなわち，その酸化物が結合したグアニンの物質量)は，

$$\frac{1.134\times10^{-7}\text{g}}{252\text{g/mol}}=4.500\times10^{-10}\text{mol}\cdots\cdots(2)$$

よって，DNAを化学修飾できる細胞の数は，(2)÷(1)より，

$$\frac{4.500\times10^{-10}}{4.400\times10^{-15}}\fallingdotseq\underline{1.02\times10^{5}}\text{(個)}$$

なお，ベンゾ[*a*]ピレンとその酸化物は次のような構造式で表される。

ベンゾ[*a*]ピレン

195** 〈解 答〉

問1 ア $C_{10}H_{20}O$　イ 20　ウ 8　エ ペニシリン　オ 耐性

問2

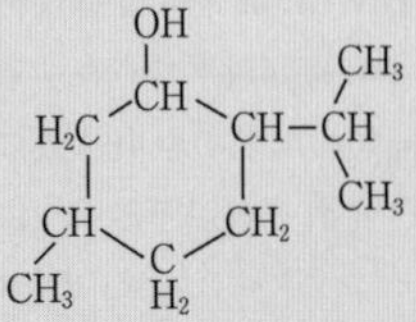

問3 味覚を感じる部分の受容体が酵素と同じようにタンパク質でできていて，特定の立体異性体の構造のみに対して反応するような構造を有するから。

問4

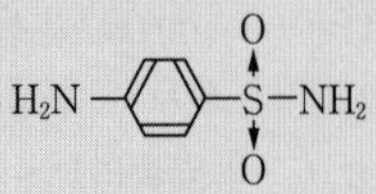

(S→O は S=O でも可)

問5

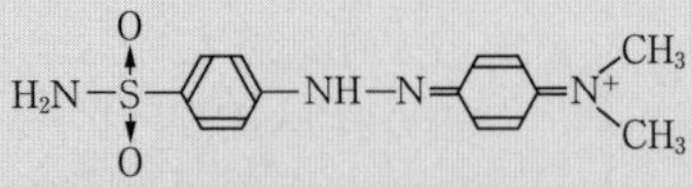

問6 さらし粉水溶液を加えて呈色すれば、化合物 **B** のアミノ基の存在が確められる。

問7

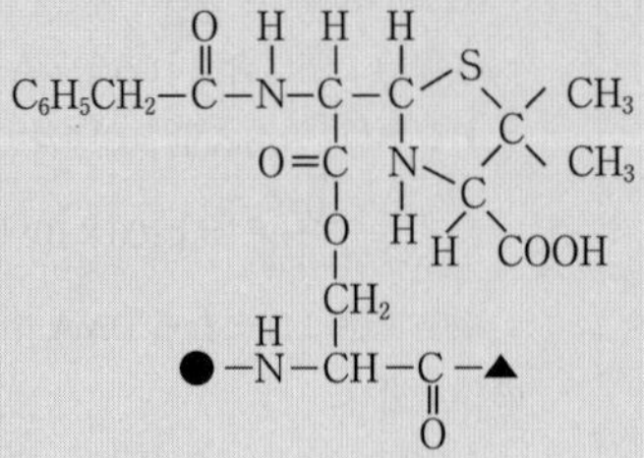

解 説

◀医薬品▶

問1 ア～ウ　元素分析データより

$$C:156\times\frac{76.9}{100}=120 \Rightarrow C:10個$$

$$H,\ O:156-120=36 \Rightarrow O:1個,\ H:20個$$

OH基が1つ以上，2種のアルキル基がある

よって，$\underline{C_{10}H_{20}O}$

イ　メントールは水素が少なくとも1つ以上結合した炭素が六員環を形成し，ヒドロキシ基と炭素数10−6＝4個を使った2種のアルキル基があることから，次のような部分構造のいずれかで示される。

$$C_{10}H_{20}O=C_6H_9\cdot\underbrace{OH}_{X}\cdot\underbrace{CH_3}_{Y}\cdot\underbrace{C_3H_7}_{Z}$$

具体的には下記の①～⑩のところに−Zがある計10種類である

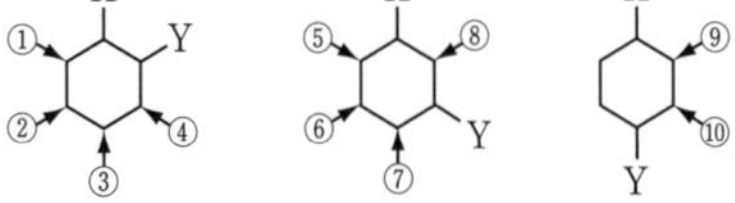

さらにZは$CH_2CH_2CH_3$，$CH(CH_3)_2$の2種あるから，全部で10×2＝$\underline{20}$種考えられる。

ウ　Aには不斉炭素原子が3個あるので，$2^3=\underline{8}$種類の立体異性体が存在する。

問2　20種の中で1位に $-OH$，2位に枝分かれのアルキル基 $-CH(CH_3)_2$，5位に $-CH_3$ があるのは以下のものである。

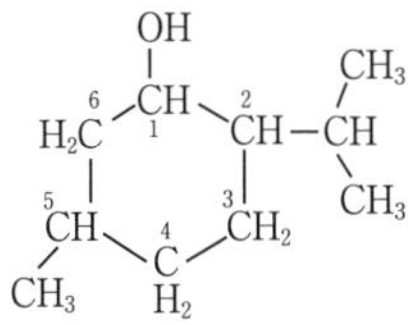

問4　化合物 B（$C_6H_8N_2O_2S$）は化学療法薬の基本構造で *p*-アミノ安息香酸に類似していることから，スルファニル酸と NH_3 との縮合物，すなわちスルファニルアミドである。

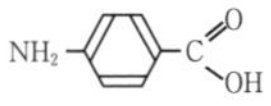

p-アミノ安息香酸

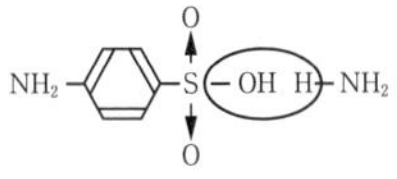

スルファニル酸

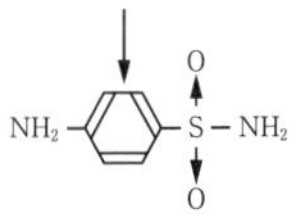

スルファニルアミド

問5　B より，次のようにして C が得られる。

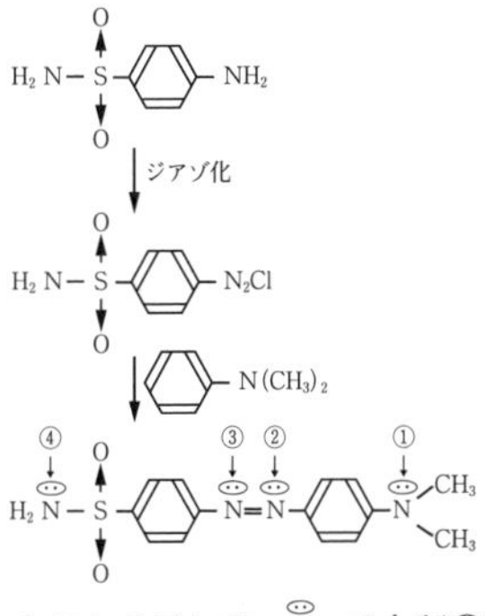

ジアゾ化

生じた分子には $-\ddot{N}-$ が上記①～④の4ケ所あるので H^+ はこのいずれかに結合できるが実際は③である。それは，以下のような構造で N^+ がとなりの2つの $-CH_3$ と，1つおきに連続する二重結合で安定になれるからと考えられる。

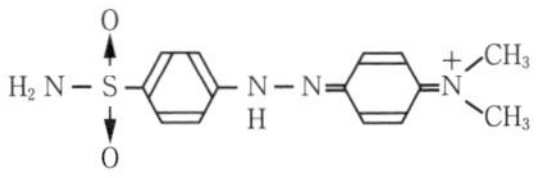

問1－エ，オ，**問7**

青カビより発見された抗生物質 D は<u>ペニシリン</u>エと呼ばれ，β-ラクタム構造4員環のアミドを有する。この4員環のアミドはエネルギー的に不安定である。そしてこの分子は細胞壁をつくる酵素（トランスペプチダーゼ）の活性中心付近のくぼみと形が似ているので，その中にはまり込む。そして，酵素にあるシステイン由来の $-OH$ 基と反応して，環が開き，そのまま活性中心に居すわってしまう。このようにして，酵素の働きを阻害する。

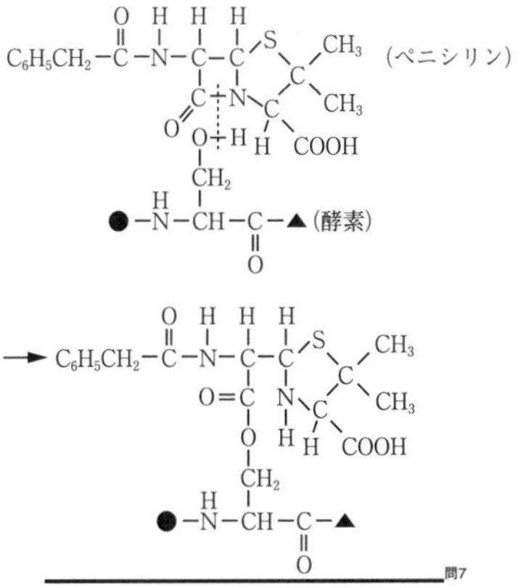

（ペニシリン）

（酵素）

問7

ただ，このような抗生物質を多用すると，抵抗性をもつ細菌が生まれ易く，それを<u>耐性</u>オ菌という。

196 〈解答〉　3. 油脂の基本チェック

(1) ① エステル ② 飽和 ③ 固体 ④ 不飽和 ⑤ 液体 ⑥ 液体
⑦ 水素 ⑧ 高 ⑨ 固体

(2) ①

$$\begin{matrix} CH_2OCOC_{17}H_{33} \\ | \\ CHOCOC_{17}H_{33} \\ | \\ CH_2OCOC_{17}H_{33} \end{matrix} + 3NaOH \longrightarrow \begin{matrix} CH_2OH \\ | \\ CHOH \\ | \\ CH_2OH \end{matrix} + 3C_{17}H_{33}COONa$$

② 884 ③ NaOH 0.75mol セッケン 0.75mol
④ 0.75mol

(3) ②, ③

解説

(1) 【 油脂の構造と性質 】

油脂の構造は，右式で示されるように高級脂肪酸とグリセリンのエステルである。

$$\begin{matrix} CH_2-O-\underset{\|}{C}-R_1 \\ |\qquad\quad O \\ CH-O-\underset{\|}{C}-R_2 \\ |\qquad\quad O \\ CH_2-O-\underset{\|}{C}-R_3 \\ \qquad\quad O \end{matrix}$$

構成脂肪酸の炭素数は偶数であり，18が最も多い。不飽和脂肪酸にはシス型の炭素－炭素二重結合が含まれる。一般に，シス型の分子鎖は分子鎖間の接近ができにくいので分子間力が小さくなる。よって，油脂の融点は，構成脂肪酸の不飽和度が大きいほど低くなる。そこで，油脂に水素を付加させると，融点が高くなる。

(2) 【 油脂のけん化 】

① 一般に，塩基によるエステルの加水分解反応をけん化という。油脂のけん化により，グリセリンとセッケンが得られる。

② $C_3H_8O_3+3C_{17}H_{33}COOH \rightarrow$ 油脂 $+3H_2O$

$92 + 3\times282 = M + 3\times18$

より，$M=\underline{884}$

③ この油脂221gは $\frac{221}{884}=0.25\,mol$ である。①の反応式(解答欄にあり)より，
必要な NaOH　$0.25\times3=\underline{0.75}\,(mol)$
得られるセッケン　$0.25\times3=\underline{0.75}\,(mol)$

④ オレイン酸1分子には二重結合(>C=C<)が1個含まれるから，この油脂1molには(>C=C<)が3mol含まれる。
付加する H_2　$0.25\times3=\underline{0.75}\,(mol)$

(3) 【 セッケンの性質 】

セッケン $R-\underset{\underset{O}{\|}}{C}-O^-Na^+$

$CH_3-CH_2-CH_2-\cdots-CH_2-CH_2-C(=O)O^-\ Na^+$

疎水基　親水基

① セッケン水は，界面活性剤の一種で，水の表面張力を著しく<u>低下させる</u>。(繊維に浸み込みやすくなる)⇨文は誤

② セッケン分子の会合体(ミセル)が油の汚れなどを取り込み，分散させる。(乳化)⇨正

油滴

③ セッケンは Ca^{2+} や Mg^{2+} と不溶性の化合物をつくるので硬水中で泡立ちにくい。
$(RCOO)_2Ca\downarrow$，$(RCOO)_2Mg\downarrow$ ⇨正

④ 界面活性剤は，親水基と親油基(疎水基)の<u>両方をもつ</u>。⇨文は誤

⑤ セッケンは弱酸と強塩基の塩だから，加水分解して弱塩基性を示すのでフェノールフタレインを赤くする。⇨文は誤

$RCOO^- + H_2O \rightleftarrows RCOOH + \underline{OH^-}$

197 〈解答〉

1　⑤
2　③

解説

◀油脂のけん化▶

油脂を水酸化ナトリウム水溶液でけん化したときの化学反応式は次のようになる。

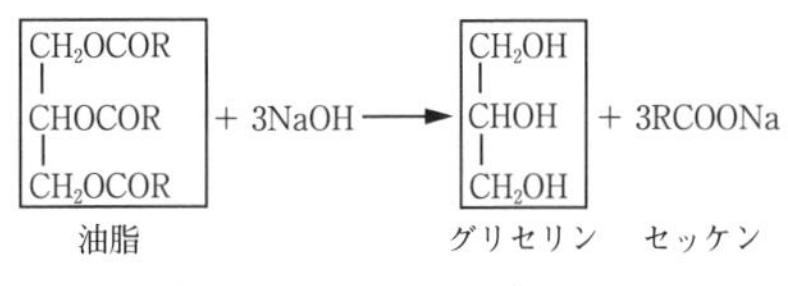

1. 油脂(分子量を M とする)1mol から，グリセリン(分子量 92)1mol が得られるから，

$$\frac{100\ \text{g}}{M\ \text{g/mol}} = \frac{10.4\ \text{g}}{92\text{g/mol}}$$

$\therefore\ M = 884.6$ ⇨<u>⑤</u>

2. この油脂1分子中に含まれる炭素・炭素二重結合($>C=C<$)の数を a とすると，これに付加できる I_2(分子量 254)は a 分子である。したがって，油脂 100g に付加できる I_2 の質量〔g〕の数値(これをヨウ素価という)は，次式で与えられる。

$$\text{ヨウ素価} = \frac{100}{M} \times a \times 254$$

$$\frac{100}{884} \times a \times 254 = 86.0 \quad \therefore \quad a = 3$$

この油脂が一種類の脂肪酸 RCOOH からできているとすると，R 中の二重結合の数は $\frac{a}{3} = \frac{3}{3} = 1$ 個であるから，R は C_nH_{2n-1} とおくことができる。一方，R の式量は油脂の分子式より，$(884-173) \times \frac{1}{3} = 237$ である。

$$12 \times n + 1 \times (2n-1) = 237$$

$$\therefore \quad n = 17$$

したがって，この脂肪酸は

$C_{17}H_{33}COOH$(オレイン酸)

で表される。よって，生成したセッケンは $C_{17}H_{33}COONa$(⇨<u>③</u>)である。

198 〈解答〉

(Ⅰ)　ア　192　　イ　3　　ウ　877
(Ⅱ)　エ　3　　オ　87

解説

◀けん化価とヨウ素価▶

(Ⅰ)　**ア**　油脂 5.00g のけん化に使われた KOH は，

$$0.500 \times \frac{50.0}{1000} - 0.250 \times \frac{15.8}{1000} \times 2 = 0.0171\ \text{mol}$$

よって，油脂 1.00g のけん化に必要な KOH(式量 56.1)のミリグラム数(けん化価)は，

$$0.0171 \times 56.1 \times 10^3 \times \frac{1.00}{5.00} \fallingdotseq \underline{192}$$

イ，ウ　油脂の平均分子量を M とすると，油脂 1mol をけん化するのに必要な KOH は <u>3</u>mol だから，

$$\frac{5.00}{M} \times 3 = 0.0171 \quad \therefore \quad M \fallingdotseq \underline{877}$$

(Ⅱ)　**エ**　油脂1分子中の炭素・炭素二重結合の数を a とすると，H_2 は 2.0g/mol だから，

$$\frac{100}{877} \times a \times 2.0 = 0.684 \quad \therefore \quad a = \underline{3}$$

オ　ヨウ素価の定義より，

$$\frac{100}{877} \times 3 \times 254 \fallingdotseq \underline{87}$$

199〈解 答〉

問1 a 界面活性剤 b グリセリン c 疎水性 d 親水性 e 疎水性

問2 ②

問3

解 説

◀リン脂質，セッケン，合成洗剤▶

問1 細胞膜の主成分であるリン脂質は，次のような構造をもつ。リン脂質は，溶液中で，疎水性部分を内側に向かい合わせ，親水性部分を外側に向けた膜をつくる。

$$\begin{array}{l} R-CO-O-CH_2 \\ R-CO-O-CH \\ \qquad\qquad\quad CH_2-O-P(=O)(OH)-O-X \end{array}$$

疎水性（R） 親水性（$-O-P(=O)(OH)-O-X$）

（X−は H−，$H_2NCH_2CH_2-$，$(CH_3)_3\overset{+}{N}CH_2CH_2-$ など）

脂肪酸残基 ｜ グリセリン部分 ｜ リン酸エステル部分

問2 合成洗剤には，硫酸水素ドデシルのナトリウム塩やアルキルベンゼンスルホン酸ナトリウムなどがある。これらは，いずれも強酸のナトリウム塩なので，水溶液は中性である。

$$C_{12}H_{25}-OH \xrightarrow[\text{エステル化}]{H_2SO_4} C_{12}H_{25}-OSO_3H \xrightarrow[\text{中和}]{NaOH} C_{12}H_{25}-OSO_3Na$$

硫酸ドデシルナトリウム（アルコール系合成洗剤）

$$C_nH_{2n+1}-C_6H_5 \xrightarrow[\text{スルホン化}]{H_2SO_4} C_nH_{2n+1}-C_6H_4-SO_3H \xrightarrow[\text{中和}]{NaOH} C_nH_{2n+1}-C_6H_4-SO_3Na$$

アルキルベンゼンスルホン酸ナトリウム（石油系合成洗剤）

一方，セッケンは，高級脂肪酸（弱酸）のナトリウム塩なので，塩の加水分解により水溶液は弱い塩基性を示す。

$$R-COONa \longrightarrow R-COO^- + Na^+$$

セッケン

$$R-COO^- + H_2O \rightleftarrows R-COOH + OH^-$$

200* 〈解　答〉

問1　けん化
問2　(ア)　884　　(イ)　3mol　　(ウ)　R′…0，　R″…3
　　(エ)　R′…17，　R″…17　　(オ)　R′…35，　R″…29
問3　B

解　説

◀ 油脂の構造決定 ▶

A：油脂
CH_2OCOR'
|
$CHOCOR''$
|
CH_2OCOR'

実① A 884mg —KOH 168mg→ グリセリン 2種の塩 —H^+→ グリセリン 2種の脂肪酸

実② A 884mg —H_2(Ni) 67.2mL（標準状態）→ —KOH→ グリセリン 1種の脂肪酸

実③ A —リパーゼ 1, 3位分解→ 脂肪酸 ($R'COOH$) —H_2→ ×

問2 (ア)　油脂1molをけん化するのに必要なKOH(式量56.0)は3molである。油脂Aの分子量をMとすると，**実験1**より，

$$\underset{\text{mol (A)}}{\frac{0.884}{M}} \times 3 \underset{\text{mol (KOH)}}{} = \underset{\text{mol (KOH)}}{\frac{0.168}{56.0}} \quad ⇨ \quad M=\underline{884}$$

(イ)　油脂1molにH_2がn mol付加するとすると**実験2**より，

$$\underset{\text{mol (A)}}{\frac{0.884}{884}} \times n \underset{\text{mol }(H_2)}{} = \underset{\text{mol }(H_2)}{\frac{67.2}{22400}} \quad ⇨ \quad n=\underline{3}$$

(ウ)　**実験3**より，R′にH_2は付加されなかったので，R′に含まれる二重結合の数は$\underline{0}$である。また，(イ)より，油脂A1分子にH_2 3分子が付加されるから，R″に含まれる二重結合の数は$\underline{3}$である。

(エ)　**実験2**より，H_2が付加した油脂のけん化で得られた脂肪酸ナトリウム塩は一種類なので，R′とR″の炭素数は等しい。R′をC_nH_{2n+1}(飽和)，R″をC_nH_{2n-5}(二重結合3個)とおくと，

油脂A
$CH_2OCOC_nH_{2n+1}$
|
$CHOCOC_nH_{2n-5}$
|
$CH_2OCOC_nH_{2n+1}$

$M=170+42n=884$　⇨　$n=\underline{17}$

(オ)　R′のH数は$2n+1=2\times17+1=\underline{35}$
　R″のH数は$2n-5=2\times17-5=\underline{29}$

問3　下表にみられるように脂肪酸に含まれるC=Cが多いほど融点は低い。よって，一般に，油脂を構成する脂肪酸の不飽和度が大きいほど，その油脂の融点は低くなる。

	C=C	融点	分子量
$C_{17}H_{35}COOH$ ステアリン酸	0	70	284
$C_{17}H_{33}COOH$ オレイン酸	1	14	282
$C_{17}H_{31}COOH$ リノール酸	2	−5	280
$C_{17}H_{29}COOH$ リノレン酸	3	−11	278

201* 〈解　答〉

ア．セッケンはイオン化した状態でミセルとなりエーテルを取り込むが，強酸性下の分子状態ではミセルにならない。

イ．セッケンが加水分解して生じた高級脂肪酸は，疎水基の影響が大きくエーテルに溶けやすい。

ウ．高級脂肪酸がエーテル層に移ると，セッケンの加水分解反応がさらに進み，pH が大きくなる。

エ．脂肪酸のカルボキシ基がなくなって分子間の水素結合がしにくくなり，沸点が低くなる。

解説

◀セッケンの性質▶

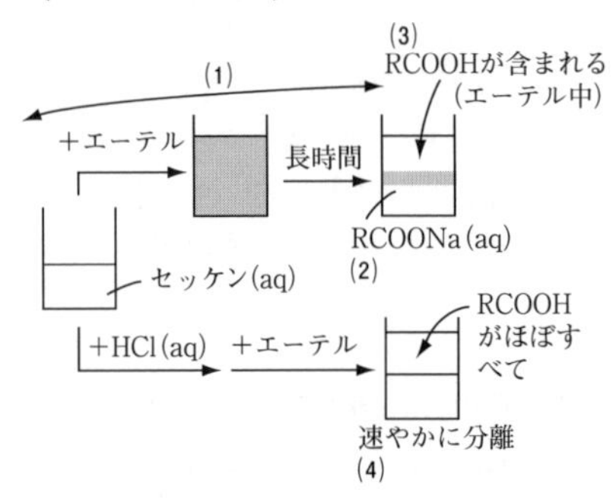

ア．高級脂肪酸ナトリウム塩であるセッケンは界面活性作用があり，水層でミセルコロイドとなり，エーテルを取り込んで乳濁化する。一方，セッケン液に塩酸を加えると，脂肪酸が遊離するため，この作用が失われる。

$$\underset{\text{高級脂肪酸ナトリウム塩}}{RCOONa} + HCl \longrightarrow \underset{\text{高級脂肪酸}}{RCOOH} + NaCl$$

イ．セッケンは水層で一部が加水分解する。

$$RCOONa + H_2O \rightleftarrows RCOOH + NaOH$$

このとき生じた高級脂肪酸 RCOOH は，大きな疎水基の影響により水に溶けにくくエーテルに溶けやすいので，エーテル層に移る。

ウ．前述した加水分解の平衡反応において，高級脂肪酸がエーテル層に移ると，水層の高級脂肪酸がなくなるため平衡が右へ移動し，さらに加水分解反応が進む。この結果，水層の水酸化物イオン濃度が増加して pH が大きくなる。

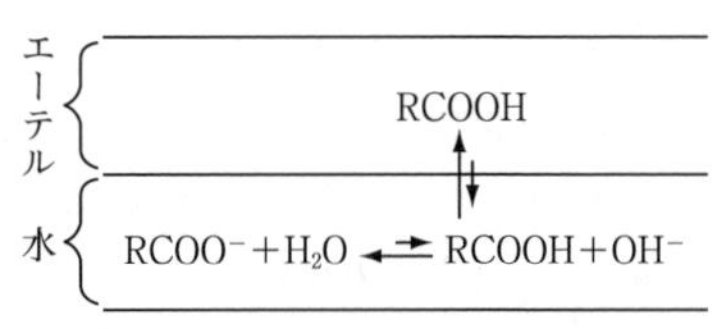

エ．脂肪酸をエステル化すると，カルボキシ基がなくなるため，下図に示すような分子間の水素結合ができなくなり，沸点が低下する。

$$RCOOH + CH_3OH \longrightarrow RCOOCH_3 + H_2O$$

```
       O…H−O
      //     \
R−C           C−R
      \     //
       O−H…O
```

脂肪酸分子間の水素結合

202 〈解　答〉　4. 合成高分子の基本チェック

(1)　ア　付加　　イ　縮合

(a)　$n\ CH_2=CH(C_6H_5) \longrightarrow [-CH_2-CH(C_6H_5)-]_n$

(b)　$n\ H_2N-(CH_2)_6-NH_2 + n\ HO-CO-(CH_2)_4-CO-OH$
$\longrightarrow [-NH-(CH_2)_6-NH-CO-(CH_2)_4-CO-]_n + 2n\ H_2O$

(2)　①　熱可塑性樹脂

②　熱硬化性樹脂

③　a　A　　b　A　　c　B　　d　B　　e　A

(3)　①　ポリ塩化ビニル　1.25×10^4　　②　ポリアクリロニトリル　2.12×10^4

(4)　①　$CH_2=C(CH_3)-CH=CH_2$　　②　加硫

解　説

(1)　**【 高分子の重合形式 】**

単量体(モノマー) $\xrightarrow{\text{重合}}$ 重合体(ポリマー)

重合には，次の2つの形式がある。

〔付加重合〕

ビニル化合物のように二重結合($>C=C<$)をもつ化合物が$_ア$付加反応をくり返して重合体になる。

$n CH_2=CH(X) \longrightarrow [-CH_2-CH(X)-]_n$

ビニル化合物　　ビニル系高分子

〔縮合重合〕

分子どうしから H_2O などの簡単な分子が取れて$_イ$縮合反応をくり返して重合体になる。

ポリアミド，ポリエステルなど

(2)　**【 合成樹脂 】**

①　**熱可塑性**を示す**樹脂**は，一次元の鎖状構造をもつ。

②　**熱硬化性**を示す**樹脂**は，三次元の網目状構造をもつ。

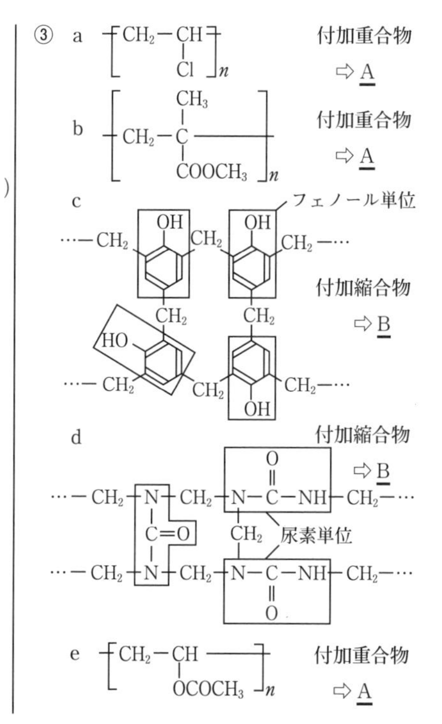

(3) 【 重合度 】

重合度 n はくり返し単位の数である。

①

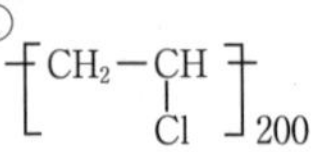

$$\left[\begin{array}{c} CH_2-CH \\ \quad\ | \\ \quad\ Cl \end{array}\right]_{200}$$ ポリ塩化ビニル

分子量　$62.5\times200=1.25\times10^4$

②

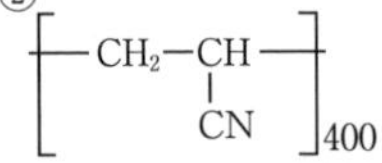

$$\left[\begin{array}{c} CH_2-CH \\ \quad\ | \\ \quad\ CN \end{array}\right]_{400}$$ ポリアクリロニトリル

分子量　$53.0\times400=2.12\times10^4$

(4) 【 天然ゴム 】

① 天然ゴムの主成分はイソプレンが付加重合したもので，シス型のポリイソプレンである。

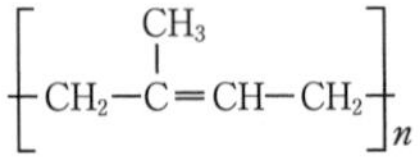

$$\left[\begin{array}{c} \qquad CH_3 \\ \qquad | \\ CH_2-C=CH-CH_2 \end{array}\right]_n$$ ポリイソプレン

② 生ゴムに数％の硫黄を加えて加熱すると，ポリイソプレン分子中の二重結合付近で硫黄原子が結合して分子どうしを結びつける。その結果，弾力性が増して，良いゴムとなる。この操作を**加硫**という。

203 〈解　答〉

ア i, l　イ d　ウ g, i　エ k　オ a
カ n　キ f

解説

◀単量体(モノマー)▶

I群の**ア～キ**の高分子化合物は，それぞれ次のような単量体(モノマー)の重合によって得られる。

ア $HO-C(=O)-C_6H_4-C(=O)-OH$ と
テレフタル酸

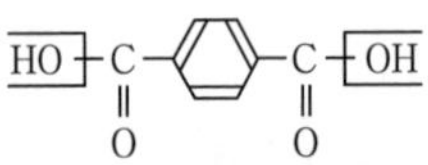

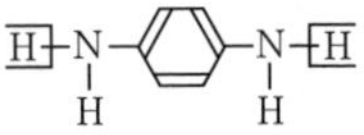

$H-NH-C_6H_4-NH-H$ の縮合重合
p-フェニレンジアミン

イ $CH_2=CH(CH_3)$ の付加重合
プロピレン

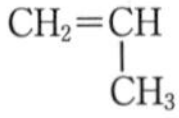

(**イ**はポリプロピレン)

ウ $HO-C(=O)-C_6H_4-C(=O)-OH$ と
テレフタル酸

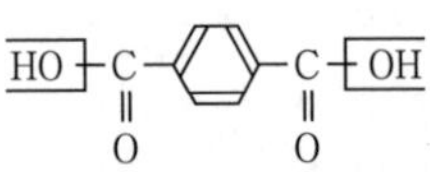

$H-O-CH_2CH_2-O-H$ の縮合重合
エチレングリコール

(**ウ**はポリエチレンテレフタラート)

エ $CH_2=CH(CN)$ の付加重合
アクリロニトリル

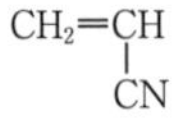

(**エ**はポリアクリロニトリル)

オ $CH_2=C(CH_3)-CH=CH_2$ の付加重合
イソプレン (**オ**はポリイソプレン)

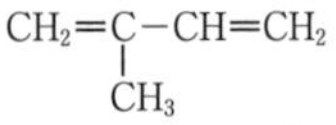

カ $H_2C(CH_2-CH_2-NH)(CH_2-CH_2-C=O)$ の開環重合
ε-カプロラクタム

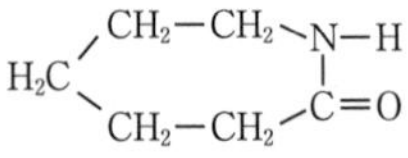

(**カ**はナイロン6)

キ $CH_2=CH(Cl)$ の付加重合
塩化ビニル　(**キ**はポリ塩化ビニル)

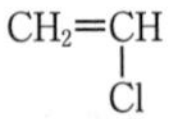

(補足)

アの高分子は，高分子鎖に硬いベンゼン環や CONH 結合を含むため，まっすぐに伸びた硬い分子である。そこで，繊維状に加工したものは丈夫であり，防弾チョッキなどに使われている。(ケブラーと呼ばれている。)

204 〈解　答〉

問1

(a) $\mathrm{\text{-}\!\!\left[CH_2-CH_2\right]\!\!\text{-}_{\mathit{n}}}$

(b) $\mathrm{\left[C(=O)-(CH_2)_4-C(=O)-N(H)-(CH_2)_6-N(H)\right]_{\mathit{n}}}$

(c) $\mathrm{\left[CH_2-CH(C_6H_5)\right]_{\mathit{n}}}$

(d) $\mathrm{\left[CH_2-CH(O-C(=O)-CH_3)\right]_{\mathit{n}}}$

(e) $\mathrm{\left[O-CH_2-CH_2-O-C(=O)-C_6H_4-C(=O)\right]_{\mathit{n}}}$

(f) $\mathrm{\left[CH_2-CH=C(CH_3)-CH_2\right]_{\mathit{n}}}$

問2　(1)　4　(2)　2　(3)　f　(4)　b　(5)　d　(6)　a　(7)　c　(8)　d　(9)　f

解説

◀高分子の構造と性質▶

問2　(1)　(a), (c), (d), (f)は付加重合体で，(b), (e)は縮合重合体である。

(2)　エステル結合 $\left(\mathrm{-O-C(=O)-}\right)$ をもつのは，(d)と(e)である。

(3)　(f)は炭素・炭素二重結合をもつので，酸化されやすい。

(4)　(b)はアミド結合 $\left(\mathrm{-C(=O)-N(H)-}\right)$ をもち，タンパク質の構造に似ている。

(5)　(d)は柔軟性や接着力が大きい。

(6)　(a)は耐水性，耐薬品性にすぐれている。

(7)　イオン交換樹脂は，主にスチレンとジビニルベンゼンの共重合体を母体としている。

(8)　(d)を加水分解してポリビニルアルコールをつくり，それにホルムアルデヒドで処理したものがビニロンである。

(9)　生ゴムに30～40%の硫黄を加えて長時間加熱するとエボナイトが得られる。

205 〈解　答〉

問1　a…炭素間二重結合　b…アクリロニトリル　c…フィブロイン　d…ポリペプチド

問2　開環重合　（構造式）

$$\begin{array}{l} \quad\ \ \mathrm{CH_2-CH_2-C{=}O} \\ \mathrm{H_2C} \qquad\qquad\quad\ \ | \\ \quad\ \ \mathrm{CH_2-CH_2-N-H} \end{array}$$

問3　4：1

解説

◀合成繊維▶

問3　分子量は以下の通り。

アクリロニトリル $\mathrm{CH_2=CHCN}$　53

アクリル酸メチル $\mathrm{CH_2=CHCOOCH_3}$　86

酢酸ビニル　$\mathrm{CH_2=CHOCOCH_3}$　86

アクリル繊維1分子に含まれる主成分のアクリロニトリル分子をx個，他の成分の分子をy個とすると，

平均重合度　$x+y=500$　……①

平均分子量　$53x+86y=29800$　…②

①，②より，

$x=400$，$y=100$　⇨　$x:y=\underline{4:1}$

206 〈解　答〉

問1 ① $CH{\equiv}CH + CH_3COOH \longrightarrow CH_2{=}CHOCOCH_3$

② $n\ \ CH_2{=}CHOCOCH_3 \longrightarrow \left[CH_2{-}CH(OCOCH_3) \right]_n$

③ $\left[CH_2{-}CH(OCOCH_3) \right]_n + nNaOH \longrightarrow \left[CH_2{-}CH(OH) \right]_n + nCH_3COONa$

問2 4.5%

解説

◀ビニロンの合成▶

問2

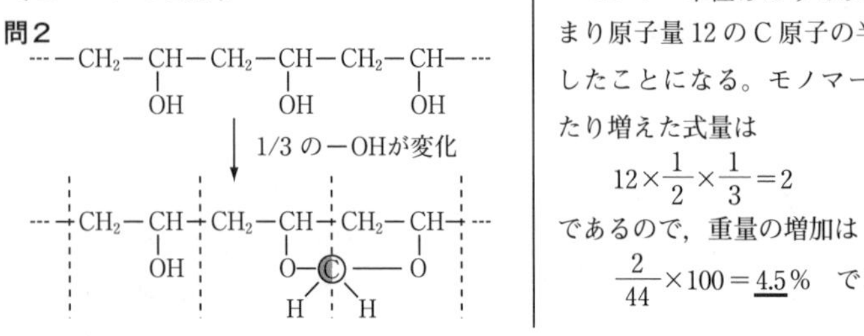

モノマー単位あたりでみると1/3が◐，つまり原子量12のC原子の半分の式量が増加したことになる。モノマー単位(式量44)あたり増えた式量は

$$12\times\frac{1}{2}\times\frac{1}{3}=2$$

であるので，重量の増加は

$$\frac{2}{44}\times100=\underline{4.5}\ \%\quad である。$$

207* 〈解　答〉

問1 原料のジアミンとジカルボン酸の炭素数

問2 四塩化炭素，ベンゼンなど

問3 $ClOC(CH_2)_4COCl + 2H_2O \longrightarrow HOOC(CH_2)_4COOH + 2HCl$

問4 ヘキサメチレンジアミン

(理由)　アミノ基のN原子がもつ非共有電子対に，水分子から生じたH^+が配位結合し，水溶液中のOH^-が増加するため。

問5 $n\,ClOC(CH_2)_4COCl + n\,H_2N(CH_2)_6NH_2$

$\longrightarrow \left[CO(CH_2)_4CONH(CH_2)_6NH \right]_n + 2n\,HCl$

問6 1.58g

問7 100個(または99個)

解説

◀ナイロン66の合成▶

問6　$ClOC(CH_2)_4COCl$(分子量183)

n molが反応して，

$$\left[CO(CH_2)_4CONH(CH_2)_6NH \right]_n$$

(分子量$226n$) 1molが生成する。そして，アジピン酸ジクロリドが70%反応したのだから

$$\frac{1.83}{183}\times0.70\times\frac{1}{n}\times226n \fallingdotseq \underline{1.58}\,(g)$$

の高分子が得られる。

問7　このナイロン66のnの値は，

$226n=1.13\times10^4$より，$n=50$となる。

ナイロン66は，1分子中にアミド結合を$2n$(正確には$2n-1$)個含むので，$2\times50=\underline{100}$(正確には99)個のアミド結合を含む。

208* 〈解　答〉

(1)　7.5×10^2 個　　(2)　56mL

解説

◀イオン交換樹脂▶

高分子化合物AとBは，次のような反応で得られる。

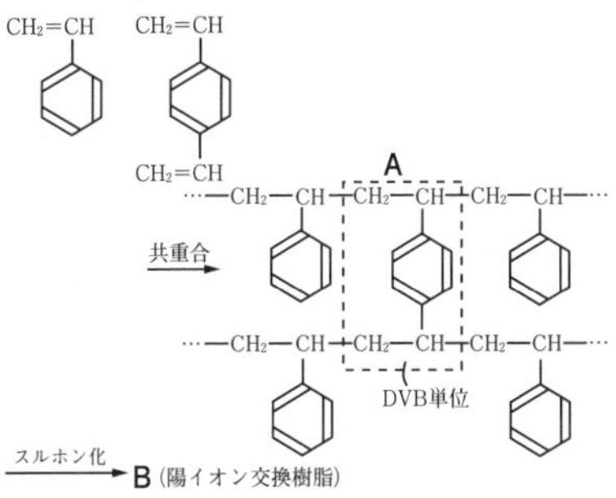

(1)　スチレン C_8H_8(分子量104)とp-ジビニルベンゼン $C_{10}H_{10}$(分子量130)とを，8：1(物質量比)で共重合させてできた高分子化合物Aは，便宜上，次式で表すことができる。

$\left(C_8H_8\right)_{8n}\left(C_{10}H_{10}\right)_n$　高分子化合物A

Aの平均分子量は 8.0×10^4 だから，上式より

$$104\times8n+130\times n=8.0\times10^4$$

$$\therefore\quad n\fallingdotseq83.16$$

C_8H_8，$C_{10}H_{10}$ 各1単位当り，ベンゼン環1個を含むから，A1分子中に存在するベンゼン環は，

$$8n+n=9n=9\times83.16\fallingdotseq748\text{ 個}$$

⇨ $\underline{7.5\times10^2}$ 個となる。

(別解)　C_8H_8 と $C_{10}H_{10}$ の物質量比が8：1なので単量体の平均分子量 $\overline{M}$ は

$$\overline{M}=104\times\frac{8}{9}+130\times\frac{1}{9}$$

$$=104+26\times\frac{1}{9}=106.9$$

よって，分子量 8.0×10^4 の重合体中の単量体の数は

$8.0\times10^4/106.9=748$ ⇨ $\underline{7.5\times10^2}$ 個

(2)　高分子化合物B1分子に平均 m 個のスルホ基$-SO_3H$が含まれるとすると，$m=748\times0.20$ 個となる。

Bを $R\left(SO_3H\right)_m$ で表すと，Na^+ との陽イオン交換反応は，次式で示される。

$$R\left(SO_3H\right)_m+mNa^+$$

$$\longrightarrow R\left(SO_3Na\right)_m+mH^+$$

よって，3.0gのAから得られたBが処理しうるNaCl水溶液の体積を V mLとすると，

$$\frac{3.0}{8.0\times10^4}\times748\times0.20=0.10\times\frac{V}{1000}$$

$\therefore\quad V=56.1\text{mL}$ ⇨ $\underline{56}$mL

(別解)　A 3.0g中に単量体は3.0/106.9mol存在し，その中の0.2倍の物質量の$-SO_3H$がB中にある。これが，NaOHで1：1の物質量比で反応する。よって，

$$\underset{\substack{\text{mol}\\(\text{単量体})}}{\frac{3.0}{106.9}}\times0.20\;\underset{\substack{\text{mol}\\(SO_3H)}}{}=0.10\times\underset{\substack{\text{mol}\\(NaOH)}}{\frac{V}{1000}}$$

⇨ $V=56.1$ ⇨ $\underline{56}$mL

209* 〈解　答〉

31%

解説

◀共重合物の組成比▶

共重合体1分子がブタジエン m 分子とスチレン n 分子からできたものとし，これを次式のように表すことにする。

$$\left[CH_2-CH=CH-CH_2 \right]_m \left[CH_2-CH(C_6H_5) \right]_n$$

共重合体（分子量　50000）

共重合体1分子に付加しうる Br_2 分子（分子量 160）の数は，二重結合（$>C=C<$）の数と同じで m 個である。

共重合体に Br_2 が付加した後の生成物中の臭素は 48%（質量）だから，次式が成り立つ。

$$\frac{160m}{50000+160m}\times 100=48\%$$

$$\therefore\quad m \fallingdotseq 288$$

よって，はじめの共重合体中のブタジエン（分子量 54）成分の質量パーセントは，

$$\frac{54m}{50000}\times 100=\frac{54\times 288}{50000}\times 100$$

$$\fallingdotseq \underline{31}.1\,(\%)$$

（別解） ブタジエンのモル分率を x とすると，単量体の平均分子量 $\overline{M}$ は

$$\overline{M}=54x+104\times(1-x)=104-50x$$

さて，Br_2 の付加物中の Br の質量パーセントが 48% であるということは，たとえば高分子 52g に Br_2 48g が付加することを意味する。よって，

$$\underset{\substack{\text{mol}\\(\text{単量体})}}{\frac{52}{104-50x}}\times \underset{\substack{\text{mol}\\(\text{C=C})}}{x}=\underset{\substack{\text{mol}\\(\text{Br}_2)}}{\frac{48}{160}}$$

$$x=0.465$$

よって，高分子中のブタジエンの質量パーセントは

$$\frac{54x}{104-50x}\times 100=\frac{54\times 0.465}{104-50\times 0.465}\times 100$$

$$=\underline{31}.1\%$$

210* 〈解　答〉

0.82

解説

◀高分子の結晶領域と非結晶領域▶

ポリエチレン繊維 $1cm^3$ のうち，結晶領域を $x\,cm^3$，非結晶領域を $(1-x)\,cm^3$ とすると，全質量について次式が成り立つ。

$$\underset{(g/cm^3)}{1.0}\times \underset{(cm^3)}{x}+\underset{(g/cm^3)}{0.85}\times \underset{(cm^3)}{(1-x)}=0.97\,(g)$$

$$\therefore x=0.80$$

よって，結晶領域の質量分率は，

$$\frac{1.0\times 0.80g}{0.97g}=0.824 \fallingdotseq \underline{0.82}$$

211*〈解　答〉

問1　A　(構造式：o-ヒドロキシベンジルアルコール　OH, CH_2OH)　B　(構造式：2つのフェノールが CH_2 で結ばれたもの)

問2　5

問3　付加反応の比率が小さく，縮合重合による三次元網目構造ができにくい。(33字)

解説

◀フェノール樹脂▶

問1　下線部①の2つの反応は，次式のように表される。

付加反応

(フェノール + $H_2C=O$ → A (CH_2OH 付加体))

縮合反応

(A の CH_2–OH とフェノールの H から H_2O が取れて → B + H_2O)

2つの反応を合わせて，付加縮合ともいう。

問2　付加反応のみから生成する化合物は，(問題文の指定により) フェノールのメタ位が反応しないことに注意すると，次の5種類が考えられる。

(構造式：(A) o-CH_2OH体，p-CH_2OH体，o,p-ジCH_2OH体，o,o'-ジCH_2OH体 (HOH_2C, CH_2OH)，o,o',p-トリCH_2OH体)

問3　中間重合物Xはホルムアルデヒド過剰の条件下での反応物であり，一方，中間重合物Yはフェノール過剰の条件下での反応物である。よって，X, Yの構造は以下のように表すことができる。

(構造式：X　H–[OH, CH_2, CH_2OH を持つ環]$_n$–OH，　Y　H–[OH, CH_2 を持つ環]$_n$–OH)

ホルムアルデヒド過剰で生成したXは，付加反応によってできた $-CH_2OH$ 基が多い。よって，さらに縮合反応が起こりやすい。一方，フェノール過剰で生成したYは，$-CH_2OH$ 基が主に末端にしかない。よって，縮合反応が起こりにくい。

このため，Xはそのまま加熱すれば縮合重合により三次元網目構造が発達して硬化し，フェノール樹脂となる。

これに対し，Yは硬化剤がないと縮合重合が進行しない。

212* 〈解 答〉

問1 (ア) 付加　(イ) シス　(ウ) 加硫　(エ) 架橋
　(オ) エボナイト

問2 ゴム分子内の二重結合の部分が，酸化力の強いオゾンによって酸化され，分子が切断されたりするため。

問3 Ⓐ $\left[-CH_2-CH(CH=CH_2)- \right]$

Ⓑ $\left[-CH_2-C(H)=C(H)-CH_2- \right]$（シス形：H と H が同じ側）

Ⓒ $\left[-CH_2-C(H)=C(H)-CH_2- \right]$（トランス形：H と H が反対側）

(Ⓑ，Ⓒは順不同)

問4 44.8mL

解 説

◀天然ゴムと合成ゴム▶

問1 天然ゴムの主成分は，イソプレン(2-メチル-1,3-ブタジエン) C_5H_8 が$_ア$付加重合した構造をもつ$_イ$シス形ポリイソプレン $(C_5H_8)_n$ である。天然ゴムは，ポリイソプレン分子がシス形であるため，分子全体が曲がりくねった丸まった形をとる。このような分子形は，問題文からもわかるように，ゴム弾性をもつうえで重要である。天然ゴムに5〜8%の硫黄を加えて140℃に加熱すると，硫黄原子によって鎖状のゴム分子間に$_エ$架橋構造が形成され，弾性がずっと大きくなる。このような操作を$_ウ$加硫という。

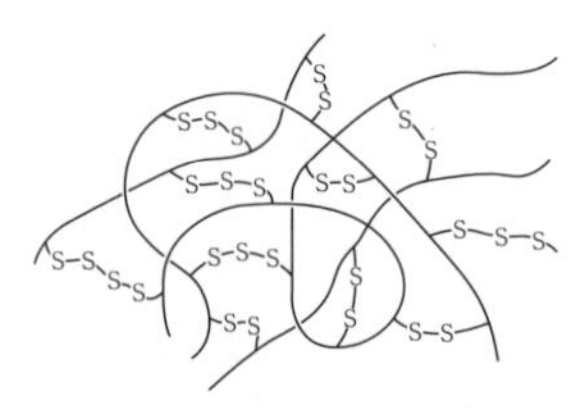

硫黄によるゴム分子間の架橋構造

天然ゴムに30〜40%の硫黄を加えて長時間加熱すると，架橋構造が多数形成されて硬いプラスチック状の黒色物質になる。この物質を$_オ$エボナイトという。

問2 ゴム分子内には，多数の二重結合が存在する。これらの部分が，空気中の酸素や微量のオゾンによって酸化され，さらに分子が切断されたりして劣化していく。オゾンの作用は，ゴムに張力がかかっているとより顕著になり，微量でもゴムに亀裂が生じてくる。

問3 $\overset{1}{C}H_2=\overset{2}{C}H-\overset{3}{C}H=\overset{4}{C}H_2$　1,3-ブタジエン

Ⓐ 1位と2位の炭素原子どうしで付加重合した場合の構造単位。

Ⓑ，Ⓒ 1位と4位の炭素原子どうしで付加重合した場合の構造単位。この場合，中央部の2位と3位の炭素原子間に新たな二重結合が形成されるので，シス形とトランス形が考えられる。

問4 アクリロニトリル C_3H_3N(分子量53)と1,3-ブタジエン C_4H_6(分子量54)を2：3

の物質量比で共重合させて得られるNBRは，形式的には次式のように表すことができる。

$$\left[\!\left(C_3H_3N\right)_2\left(C_4H_6\right)_3\right]_n$$

したがって，このNBR 0.536gの物質量は，

$$\frac{0.536\,\text{g}}{(53\times 2n+54\times 3n)\,\text{g/mol}} = \frac{0.536}{268n}\,\text{mol}$$

で表される。また，次に示すように，このNBR分子1個から発生する N_2 分子は，n 個である。

$$\left[\!\left(C_3H_3N\right)_2\left(C_4H_6\right)_3\right]_n \longrightarrow nN_2$$

以上より，このNBR 0.536gから発生した N_2 の体積(標準状態)は，

$$\frac{0.536}{268n}\,\text{mol}\times n\times 22.4\times 10^3\,\text{mL/mol} = \underline{\underline{44.8\text{mL}}}$$

[別解]

このNBRはアクリロニトリルと1,3-ブタジエンが物質量比2：3で構成されているから，そのモノマー単位の平均式量は

$$53\times\frac{2}{5}+54\times\frac{3}{5}=53.6$$

であり，モノマー単位の平均モル質量は53.6g/molである。よって，このNBRの0.536g＝536mg中には，

$$\frac{536\,\text{mg}}{53.6\,\text{g/mol}}=10\,\text{mmol}$$

(ミリ)

のモノマー単位がある。そのうちの $\frac{2}{5}$ がアクリロニトリル単位であり，その単位1つあたりNが1個あり，そこから $\frac{1}{2}$ 個の N_2 が生じる。以上より，発生した N_2 の体積は，

$$10 \;\Big|\; \times\frac{2}{5} \;\Big|\; \times\frac{1}{2} \;\Big|\; \times 22.4 \;\Big|\; = \underline{\underline{44.8\text{mL}}}$$

10	×2/5	×1/2	×22.4
mmol (モノマー単位)	mmol (N)	mmol (N_2)	mL (N_2)

213* 〈解 答〉

問1 B $\left[CH_2-CH(COOCH_3) \right]_n$ D $\left[O-CH(CH_3)-C(=O) \right]_n$ E $\left[NH-(CH_2)_5-C(=O) \right]_n$

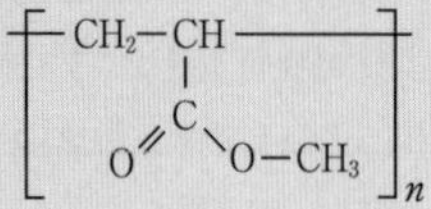

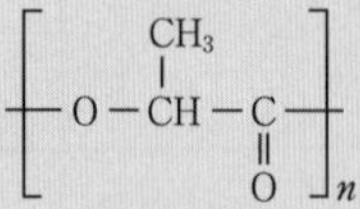

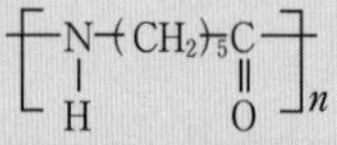

H $HO-CH(CH_3)-C(=O)-ONa$

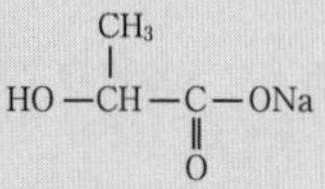

問2 A ポリ酢酸ビニル F ポリビニルアルコール G メタノール

問3 a 付加 b 開環

問4 1：3

問5 ウ，オ

問6 24個

解説

◀高吸水性，生分解性高分子▶

問1～問3 A，B，Cと水酸化ナトリウム水溶液との反応から，A，Bは繰り返し単位$(C_4H_6O_2)$にエステル結合(−COO−)をもち，Cは繰り返し単位$(C_3H_4O_2)$にカルボキシ基(−COOH)をもつと考えられる。また，A，B，Cは，それぞれビニル基をもつ単量体の(a)付加重合により合成されるから，A，B，C，F，Gは次のように決まる。

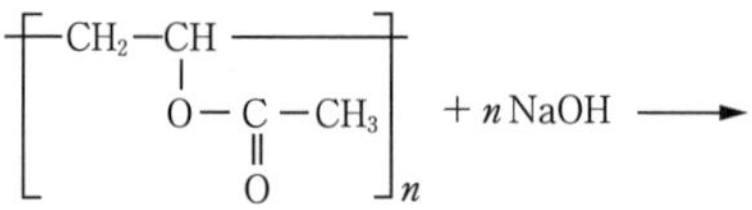

$$\left[CH_2-CH(O-C(=O)-CH_3) \right]_n + n\,NaOH \longrightarrow$$

A ポリ酢酸ビニル

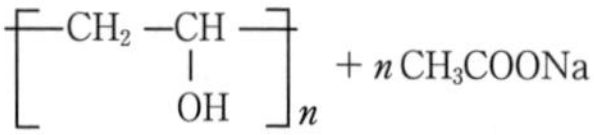

$$\left[CH_2-CH(OH) \right]_n + n\,CH_3COONa$$

F ポリビニルアルコール

$$\left[CH_2-CH(C(=O)-O-CH_3) \right]_n + n\,NaOH \longrightarrow$$

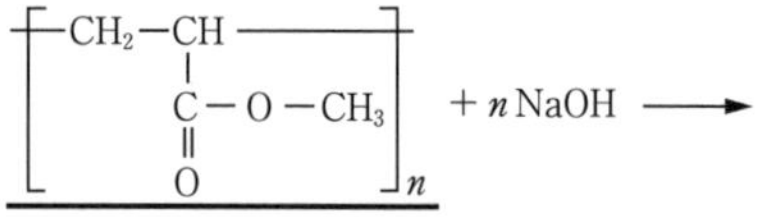

B ポリアクリル酸メチル

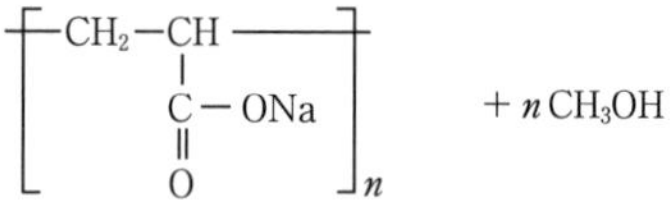

$$\left[CH_2-CH(C(=O)-ONa) \right]_n + n\,CH_3OH$$

ポリアクリル酸ナトリウム G メタノール

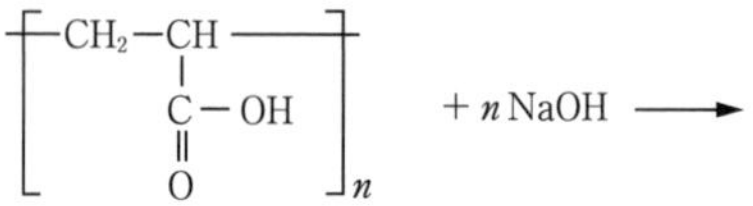

$$\left[CH_2-CH(C(=O)-OH) \right]_n + n\,NaOH \longrightarrow$$

C ポリアクリル酸

$$\left[CH_2-CH(C(=O)-ONa) \right]_n + n\,H_2O$$

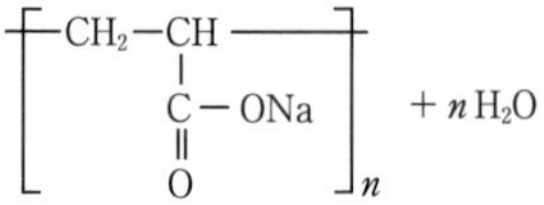

Dは生分解性のポリエステルで，繰り返し単位が$C_3H_4O_2$なので，ポリ乳酸と決まる。

$$\left[\,O-\underset{}{\overset{CH_3}{\overset{|}{CH}}}-\underset{\underset{O}{\|}}{C}\,\right]_n + n\,NaOH \longrightarrow$$

D　ポリ乳酸

$$n\,HO-\overset{CH_3}{\overset{|}{C^{*}H}}-\underset{\underset{O}{\|}}{C}-ONa$$

（分子量112，C*は不斉炭素原子）

H　乳酸ナトリウム

ポリ乳酸は，生分解性があるので，外科手術用の縫合糸，釣り糸などに用いられる。

Eは ε-カプロラクタムの(b)開環重合により合成されるポリアミドなので，ナイロン６である。

$$n\ \left(\text{ring: }(CH_2)_5,\ \underset{\underset{H}{|}}{N}-\underset{\underset{O}{\|}}{C}\right) \longrightarrow \left[\,\underset{\underset{H}{|}}{N}-(CH_2)_5-\underset{\underset{O}{\|}}{C}\,\right]_n$$

ε-カプロラクタム　　　E　ナイロン6

最近ではナイロン66よりも親水性が大きく生分解しやすい次のようなポリアミドが合成されている。

$$\left[\,\underset{\underset{H}{|}}{N}-(CH_2)_6-\underset{\underset{H}{|}}{N}-\underset{\underset{O}{\|}}{C}-\underset{\underset{OH}{|}}{CH}-\underset{\underset{OH}{|}}{CH}-\underset{\underset{O}{\|}}{C}\,\right]_n$$

問４　Aの繰り返し単位の式量は86なので，Aの重合度を n とすると，

$$86n=51600 \qquad \therefore n=600$$

下線部(ア)の反応で生じた高分子化合物中に，Aの繰り返し単位が x 個，Fの繰り返し単位が y 個含まれているとすると，次式が成り立つ。（Fの繰り返し単位の式量は44）

$$x+y=600 \cdots ①$$

$$86x+44y=32700 \cdots ②$$

①，②式より，$x=150$，$y=450$

よって，$x:y=150:450=$ <u>1：3</u>

問５　エボナイトは，生ゴム（ポリイソプレン）に硫黄を40％程度加えたもので，加硫による橋かけ度が大きく，立体網目構造のプラスチックとなっている。

問６　下線部(イ)の樹脂の繰り返し単位の式量は94なので，この樹脂1.0g中の繰り返し単位の総数 a_0 は次式で表される。（N_A はアボガドロ定数）

$$a_0=\frac{1.0\,(\mathrm{g})}{94\,(\mathrm{g/mol})}\times N_A\,(/\mathrm{mol})$$

一方，吸収した水分子の総数 a は，

$$a=\frac{4.5\,(\mathrm{g})}{18\,(\mathrm{g/mol})}\times N_A\,(/\mathrm{mol})$$

よって，

$$\frac{a}{a_0}=\frac{4.5\times94}{18}=23.5\fallingdotseq \underline{24}$$

架橋されたポリアクリル酸ナトリウムを水の中に入れると，ナトリウムイオンが離れて $-CH_2CH(COO^-)-$ イオンどうしが反発し，網目状の高分子鎖が膨らむ。こうしてできたすき間に多量の水が入り込むが，吸収された水は，圧力をかけても離れにくい。高吸水性高分子は，衛生材料や砂漠の緑化などに利用される。

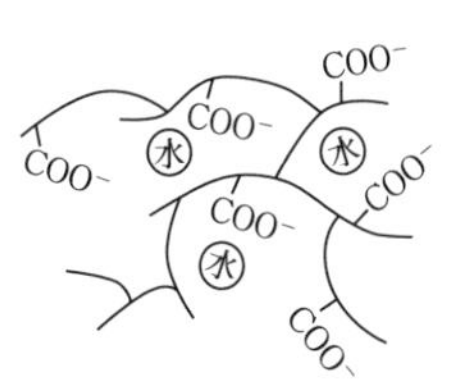

214** 〈解　答〉

問1	(1) ○　(2) ×　(3) ×
問2	ア 10　イ 6　ウ 1.0　エ 4.0
問3	(i) $2n_{\mathrm{B}}p$　(ii) あ $2(n_{\mathrm{A}}-n_{\mathrm{B}}p)$　い $2n_{\mathrm{B}}(1-p)$
問4	1.5×10^2kg

解説

◀合成高分子の重合度の調整▶

問1 (1) ポリエチレン，ポリエチレンテレフタラートおよびアクリル樹脂は，いずれも架橋構造をもたない線状高分子のために熱可塑性を示す ⇨ ○

(2) 不安定なビニルアルコールはすぐに，アセトアルデヒドに変化するため，これを用いた付加重合はできない ⇨ ×

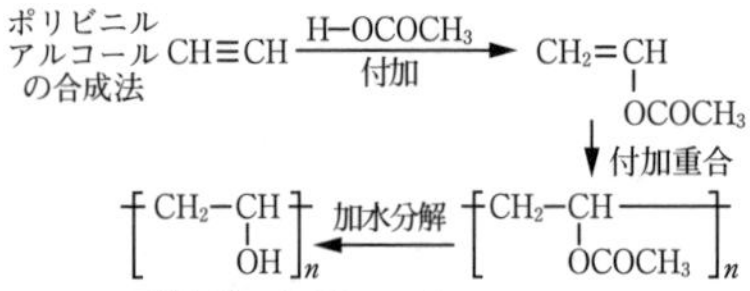

ポリビニルアルコールの合成法 $CH\equiv CH \xrightarrow[\text{付加}]{H-OCOCH_3} CH_2=CH(OCOCH_3)$ $\xrightarrow{\text{付加重合}}$ $[CH_2-CH(OCOCH_3)]_n$ $\xrightarrow{\text{加水分解}}$ $[CH_2-CH(OH)]_n$（ポリビニルアルコール）

(3) 天然ゴムは，イソプレン単位ごとに“シス”型の二重結合があり，ゴム弾性を示す。これに対して，それが“トランス”型のものがあり，ゴム弾性を示さず，これをグッタペルカという。

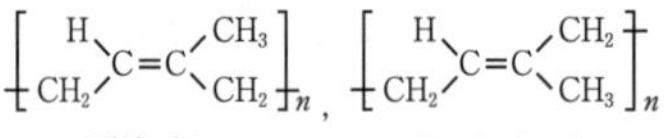

$[CH_2-C(CH_3)=CH-CH_2]_n$（H と CH_3 が同じ側：天然ゴム），$[CH_2-C(CH_3)=CH-CH_2]_n$（H と CH_2 が同じ側：グッタペルカ）

天然ゴム　　グッタペルカ

問2 本問で与えられた表のデータを下に示す。

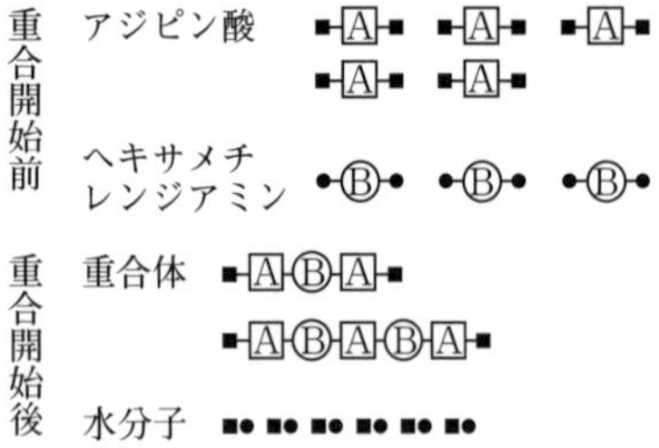

重合開始前	アジピン酸	■A■　■A■　■A■　■A■　■A■
	ヘキサメチレンジアミン	●B●　●B●　●B●
重合開始後	重合体	■A-B-A■ ■A-B-A-B-A■
	水分子	■● ■● ■● ■● ■● ■●

重合前ではカルボキシ基は $2\times5=10$ ア個あり，アミノ基は $2\times3=6$ イ個あり，全部で $10+6=16$ 個の官能基がある。そして，重合後には，重合（アミド結合）に使われたカルボキシ基とアミノ基は共に6個で，残った官能基は $16-6-6=4$ 個である。よって，反応度 p は

$$p=\frac{\text{アミド結合に使われたアミノ基の数}}{\text{重合前のアミノ基の数}}\quad\cdots①$$

$$=\frac{6}{6}=\underline{1.0}_{\text{ウ}}$$

数平均重合度 $\overline{\mathrm{DP}}$ は

$$\overline{\mathrm{DP}}=\frac{\text{重合前の官能基の数}}{\text{重合後の官能基の数}}=\frac{16}{4}=\underline{4.0}_{\text{エ}}$$

問3 アミド結合の数 x とこれに使われたアミノ基の数は同じで，重合前のアミノ基が $2n_{\mathrm{B}}$ 個だから，①式より

$$p=\frac{x}{2n_{\mathrm{B}}} \Rightarrow x=\underline{2n_{\mathrm{B}}p}_{\text{(i)}}$$

よって重合後の官能基の数は

カルボキシ基：$2n_{\mathrm{A}}-x=2n_{\mathrm{A}}-2n_{\mathrm{B}}p=\underline{2(n_{\mathrm{A}}-n_{\mathrm{B}}p)}_{\text{あ}}$

アミノ基：$2n_{\mathrm{B}}-x=2n_{\mathrm{B}}-2n_{\mathrm{B}}p=\underline{2n_{\mathrm{B}}(1-p)}_{\text{い}}$

問4 問3のデータを②に代入すると，

$$\overline{\mathrm{DP}}=\frac{2n_{\mathrm{A}}+2n_{\mathrm{B}}}{2(n_{\mathrm{A}}-n_{\mathrm{B}}p)+2n_{\mathrm{B}}(1-p)}$$

$n_{\mathrm{B}}=1000$mol，$p=0.990$，$\overline{\mathrm{DP}}=100$ を上式に代入すると $n_{\mathrm{A}}=1000$mol だから

$$\underset{\text{mol}}{1000}\times146.0\times\underset{\text{kg}}{\frac{1}{1000}}\fallingdotseq\underline{1.5\times10^2\ (\text{kg})}$$

— MEMO —

— MEMO —